POLISH ACADEMY OF SCIENCE

NICHOLAS COPERNICUS COMPLETE WORKS

I

MACMILLAN AND POLISH SCIENTIFIC PUBLISHERS

THE MANUSCRIPT OF NICHOLAS COPERNICUS' ·ON THE REVOLUTIONS· FACSIMILE

LONDON - WARSAW - CRACOW MCMLXXII

Graphic design: Stefan Nargiełło

Publishers:
The Macmillan Press Ltd. - London
and PWN - Polish Scientific Publishers - Warszawa
S. B. N. 333 14034 6
Printed in Poland
Drukarnia Narodowa, Cracow

EDITION SPONSORED

BY THE COMMITTEE

AND THE INSTITUTE

FOR THE HISTORY OF SCIENCE

AND TECHNOLOGY

OF THE POLISH ACADEMY OF SCIENCE

VOLUME I

Edited by Paweł Czartoryski

Introduction by Jerzy Zathey

Translated by Zygmunt Nierada and Erna Hilfstein

Supervised by Edward Rosen

Reproduction technique by Jan Dorociński

INTRODUCTION TO THE COMPLETE WORKS OF COPERNICUS

The five-hundredth anniversary of the birth of the great Polish astronomer Nicholas Copernicus occurring in 1973 is an event which calls for special celebration.

Finely attuned to the times in which he lived and firmly attached to the soil on which he was born, Copernicus inherited the rich cultural and scientific tradition of his country. Under the rule of the Jagiellonian dynasty Poland was a flourishing and powerful land, which he devotedly served as administrator, economist, politician, and physician.

The great astronomer, born in Toruń, acquired his basic intellectual training at the University of Cracow, which was in those days one of the leading centres for the study of astronomy. In Italy he was able to profit from Renaissance culture at the peak of its glory. From those two mighty sources Copernicus drew the inspiration for the many years of solitary toil spent in his beloved Varmia at the tasks of his life's work. Combining exact observation with rigorous reasoning, he was the first man to provide convincing scientific justification for placing the sun in the centre. In his highly successful endeavour he rose above the level of those around him and opened up new vistas for science. Though many of his contemporaries did not understand him, he remains for posterity the first of the great astronomers of modern times.

His profound desire to win a favourable reception for his heliocentric cosmology is attested throughout the earnest pages of his Revolutions, *the product of the sincere mind and devoted character. Today, paying due homage to the tireless intellectual effort of previous generations, we voice our particular gratitude to this man, who furnishes a shining example not only by reason of the greatness of his achievement, but also by the sense of responsibility reflected in every aspect of his career.*

The forthcoming anniversary provides an occasion for world-wide celebration and calls for a special effort on the part of Polish science. Polish scholars have undertaken an edition of the entire corpus of Copernicus' work. An extensive programme of Copernican research was announced in the Government resolution of 23 March 1967 and the Front for National Unity accordingly created a Committee to organize the celebrations. The Polish Academy of Science assumed the responsibility for the scholarly direction of the work, the main burden of which was carried out by the Research Centre for Copernican Studies of the Institute for the History of Science and Technology.

International cooperation was also secured owing to the helpful attitude of the International Union of History and Philosophy of Science (IUHPS), which established a Copernican Committee for the purpose of coordinating the various research and publication projects undertaken in the member countries. It is to be hoped that the present edition may provide a stimulus for further Copernican studies throughout the world.

The time is ripe for a new critical edition of Copernicus' works, because the existing editions do not fully satisfy present needs.

The first step in this direction was taken in 1843 by Jan Baranowski, Director of the Warsaw Astronomical Observatory, on the occasion of the tricentennial anniversary of the first edition of the Revolutions. *His edition, entitled* Mikołaja Kopernika, Toruńczyka, O obrotach ciał niebieskich ksiąg sześć *(Nicholas Copernicus of Toruń, Six Books on the Revolutions of the Heavenly Spheres), finally appeared in Warsaw, 1854, and contained the Latin text of the* Revolutions *accompanied by a Polish translation, which was the first rendering of this text in any modern language. Also included were Copernicus' essay on* The Coinage of Money, *his* Letter against Werner, *his Latin translation of the Greek* Letters *of Theophylactus Simocatta, his correspondence (to the extent then known), and some other relevant documents. A particularly valuable feature of the Warsaw edition was the first publication of Copernicus' preface to Book I of the* Revolutions. *This preface, which had not been printed previously, was recovered from Copernicus' autograph. In this respect the Warsaw edition was truly a pioneer venture.*

For the quadricentennial anniversary of the birth of Copernicus a group of German scholars prepared in 1873 at Toruń (Thorn) the publication of the Latin text of the Revolutions *under the editorship of Maximilian Curtze. Also in 1873 Leopold Prowe issued his* Monumenta Copernicana, *which he later expanded to form volume II of a biographical work,* Nicolaus Coppernicus *(Berlin, 1883–1884). In 1878 Curtze printed for the first time the* Commentariolus *and Copernicus' notations on the margins and flyleaves of books from his library (*Inedita Copernicana *in* Mitteilungen des Coppernicus Vereins, I*). Lastly, Carl Ludolf Menzzer published in 1878 a German translation of the* Revolutions.

The quadricentennial anniversary of the death of Copernicus occurred in 1943 during World War II. Under German occupation, the Poles were unable to honour the memory of their great compatriot. At the same time the Deutsche Forschungsgemeinschaft (German Research Association) planned to publish a Nikolaus Kopernikus Gesamtausgabe *(Collected Works of Nicholas Copernicus) in nine volumes. Of these, only two have appeared. Volume I, edited by Fritz Kubach (Munich and Berlin, 1944), contains a collotype reproduction of Copernicus' manuscript, with an appendix by Karl Zeller. Volume II (Munich, 1949) contains a critical edition of the Latin text of the* Revolutions *as prepared by Franz Zeller and Karl Zeller.*

During the last two decades the world-wide interest in Copernicus' work has been widened by translation into several modern languages. The Revolutions *was translated into English by Charles G. Wallis, in* Great Books of the Western World *(Chicago: Encyclopedia Britannica, 1952), XVI, 479–838; into Russian, with a selection of other astronomical writings by Copernicus, by Ivan N. Veselovski (Moscow, 1964); into Spanish by Manuel Tagueña Lacorte and Carlos Moreno Cañadas (Mexico, 1969); Book I, Chapters I–XI of the* Revolutions *into French, by*

Alexandre Koyré, 2nd ed. (Paris, 1970); and the minor astronomical works into English by Edward Rosen, Three Copernican Treatises, *3rd ed. (New York, 1971).*
The foregoing publications, however, do not satisfy the need for a definitive edition of Nicholas Copernicus' writings. The present Complete Works, *based on all the extant source materials, undertakes to present a critical version of everything written by the great astronomer. The history of this edition goes back to the plans of the prewar Polish Academy of Arts and Sciences, which were frustrated, as mentioned above, during the German occupation in Poland. With the return of peace the project was revived, and the Polish Academy of Science entrusted its execution to Aleksander Birkenmajer and Ryszard Gansiniec. In 1953 both scholars published a critical edition of Book I, Chapters 1–11, of the* Revolutions *in Latin and Polish, while Gansiniec edited Copernicus' translation of Theophylactus Simocatta's* Letters. *No more could be done at the time, because of the illness and death of both scholars, but the materials collected by them were available for use in the preparation of the present edition.*
The Complete Works of Nicholas Copernicus *are published in three volumes. Volume I presents a reproduction, in full colour, of the autograph of Copernicus'* Revolutions *preserved in the Jagiellonian Library in Cracow, and an analysis of this manuscript. Volume II gives the text of the* Revolutions *with introduction and commentary. Finally, volume III comprises Copernicus' minor works arranged in four sections: astronomy, economics, literature, and correspondence. Each text in volume III is also accompanied by an introduction and commentary. Only texts of unquestionable authenticity are included. Also omitted are works by other authors which, by reason of their close connection with Copernicus, have been incorporated in some previous editions. A collection of documents relating to the life of Copernicus is being published separately by the Polish Academy of Science in the* Studia Copernicana *series.*
The Latin readings offered in the present critical edition are in most instances based on Copernicus' autographs. In the absence of an autograph, the earliest handwritten copies or printed editions have served instead. In the Latin sections, the introduction and commentary are also given in Latin, the universal language of scholarship in Copernicus' time. The Polish version contains a fresh translation of everything written by Copernicus, as well as original introductions and commentaries by Polish contributors. Finally, this English version has been prepared under the supervision of Edward Rosen, Professor of the History of Science in the City University of New York, with the assistance of Mrs Erna Hilfstein. It is our hope that the present trilingual edition of the Complete Works of Nicholas Copernicus *may meet with wide acceptance and provide a basis for further Copernican translations and researches.*

*

This edition is the product of the collective work of a large team of scholars. They have not only given of their scholarly knowledge but also contributed with generous enthu-

siasm to the successful completion of the project. The Jagiellonian University of Cracow has permitted the reproduction of the autograph, while the staff of the Jagiellonian Library have tirelessly assisted in preparing the facsimile. Historians from the Nicholas Copernicus University in Toruń made the results of their researches available. The publishing of the edition has been entrusted to the Cracow branch of the Polish Scientific Publishers and the printing to the Drukarnia Narodowa (National Press) in Cracow.

It is the pleasant duty of the editors to thank all those libraries and archives in many countries that graciously permitted the carrying out of research work on their premises or else furnished microfilms of items in their possession, namely, King's College at Aberdeen; Staatsbibliothek Preussischer Kulturbesitz at Berlin; Jagiellonian Library; National Museum at Cracow (Czartoryski Library); Library of the Polish Academy of Science at Cracow; the Gdańsk Library of the Polish Academy of Science; Staatliches Archivlager at Göttingen; Library of the Ukrainian Academy of Science at Lvov; Archives of the Varmian Diocese at Olsztyn; Bodleian Library at Oxford; Polish Library at Paris; Stadtbibliothek at Schweinfurt; Bibliothèque Municipale at Strasbourg; Riksarkivet at Stockholm; the Archives of Toruń; Universitetbiblioteket at Uppsala; Österreichische Nationalbibliothek at Vienna.

Research Centre for Copernican Studies,
Institute for the History of Science and Technology,
Polish Academy of Science

C O N T E N T S

THE ANALYSIS AND HISTORY OF THE MANUSCRIPT

The present publication of a facsimile of Copernicus' manuscript of the *Revolutions* is the result of an agreement between the Polish Academy of Science, as the publisher of the *Complete Works of Nicholas Copernicus,* and the Jagiellonian University of Cracow, as the depository of the manuscript. As was mentioned above, it was published in facsimile in 1944[1], thereby making Copernicus' autograph generally available to scholars for the first time. Manufactured by the collotype process, mainly in a single tone but with red being used to reproduce the manuscript entries in that colour, the Munich–Berlin facsimile does not render all the details of the autograph and lacks any special aesthetic appeal.

Our chief purpose in undertaking the second facsimile was to obtain the closest possible likeness of the autograph. By using the colour offset technique, we procured a faithful copy, preserving the details and the aesthetic values of the manuscript with great precision. Thus this unique document will interest not merely a small number of specialists but also the educated public everywhere.

Not even the best critical edition of the *Revolutions* is a satisfactory substitute for direct contact with the autograph or a facsimile thereof. In the first place the manuscript is not complete in every particular, so that there may be a certain amount of latitude in apprehending the author's intentions. Secondly, in many places the autograph records different stages in the development of Copernicus' thinking, and thus throws a direct light on his tireless effort to unravel the manifold implications of one of the most important conceptions in the history of science. For a thorough study of the *Revolutions,* therefore, the critical edition of the text, expounded by indispensable commentary, must still be coupled with a careful scrutiny of the autograph.

This examination deals with such important bibliological questions as the arrangement of the manuscript, an analysis of the paper used by Copernicus, the way in which he assembled his sheets of paper into gatherings or quires, and his style of handwriting. From these aspects of the manuscript we may make significant inferences regarding Copernicus' methods of work and the times when he composed the various parts of the *Revolutions.* Moreover, from an investigation of the binding of the manuscript, coupled with external information, the history of the manuscript may be reconstructed. To these problems the present study is dedicated.

I undertook this investigation as the head of the Department of Manuscripts of the Jagiellonian Library in Cracow and as the direct custodian of the autograph. In my researches I was able to follow in the footsteps of earlier Polish bibliologists, especially Aleksander Birkenmajer, whose study of the manuscript after it had been transferred to the Jagiellonian Library was of great help to me.

How should the results of an intensive analysis of Copernicus' manuscript be presented? In a foreword such as this, conciseness and clarity are essential. On the other hand, a full discussion of details and complete documentation are a scholarly necessity. Here I present only the major materials and conclusions treated in detail in my forthcoming monograph entitled "Studia nad rękopisem *De Revolutionibus*" (Studies in the Manuscript of the *Revolutions*).

There is a widespread feeling that jubilee editions do little more than summarize existing knowledge. Nevertheless, experience has taught us that sometimes such periods of intensified research make possible new solutions, broader conceptions, and more profound analyses.

[1] *Nikolaus Kopernikus Gesamtausgabe* (Munich and Berlin: Oldenbourg, 1944), I.

In offering the results of my investigation of the autograph of the *Revolutions* on this occasion, I am fully conscious of the tentative nature of my conclusions, and of the need for further studies.

Finally, I wish to express my sincere and deep gratitude to the many persons who facilitated my task and contributed to the appearance of this work in its present form.[2]

The Paper

In our study of the manuscript of Copernicus' *Revolutions* we shall take as our point of departure the paper on which it was written and which still serves as the material embodiment of the great astronomer's ideas. This paper has already been described and analyzed several times. While taking into account the results of the earlier investigations, the present study will attempt to achieve a fresh solution of the related problems.

The layman may not realize that a sheet of paper surviving from former times may be traced back to the place where it was manufactured and even to a particular paper-mill. The paper produced by a mill may be identified by the watermark visible when the sheet is held up to the light. The size of the sheet may also be distinctive. Another useful feature may be the distance between the chain lines running across the narrow dimension of the paper, and the even smaller interval between the transverse lines, which are crossed at right angles by the chain lines. These two sets of lines were produced by the two grids of fine and somewhat heavier metal wires fastened to the sides of the rectangular wooden frame in which the paper was made. Such frames wore out in the course of time and were replaced by new ones which were purposely designed to produce similar but not identical watermarks.[3] Paper showing no change in watermark, therefore, was produced in a relatively short period, perhaps ranging from a year to three years. If two manuscripts happen to be written on paper bearing the same watermark, and one of these manuscripts can be dated, then that date can be applied to the otherwise undated manuscript. This kind of reasoning of course demands the utmost care. If the watermarks are similar but not identical, this method of dating is naturally less exact. It must be remembered, moreover, that in addition to the period of as much as three years in which the paper was produced, it continued to be on the market for some time afterward. Consequently, even if the watermarks are identical and the date of production is known, the writer may not have used the paper at once. This lag, however, usually amounts to no more than ten years. Hence the results obtained by identifying the paper may provide a valuable basis for further investigation.

In Copernicus' manuscript four kinds of paper can be distinguished by their watermarks, which have been labelled C, D, E, and F. The manuscript's oldest paper is distinguished by watermark C. In this watermark, which occurs in three similar, but somewhat different, forms (see Plate I), a rather thick serpent resembling a hippocampus in posture and curvature, was attached to the second wire near the edge of the frame. The serpent's mouth turns away from the wire in one direction, and the tail in the opposite direction, except its very tip where it reverses itself. The head is surmounted by a crown-like fleuron of three lilies.

[2] According to the editor's wish, the author consented to a translation not completely corresponding to the Polish original. In some parts more details may be found in the Polish and Latin versions. The editor wishes to thank Professor Edward Rosen and Mrs Erna Hilfstein for their persistent effort in revising the English version.

[3] Emmanuel-Joseph Labarre, *Dictionary and Encyclopaedia of Paper and Paper-Making* (2nd ed.; Amsterdam, 1952), pp. 328–330.

From the mouth a tongue protrudes either upward or downward and ends in a fluke. The serpent's winding body is divided lengthwise by the curving line of the back into two halves, which in turn are cut into segments by slanting lines. Twelve regular chain lines are separated by intervals of 2.7 to 3.2 cm, but at a distance of 2 cm from the edges of the paper there are two irregular chain lines, making a total of fourteen.

Changes occurred during the production of paper C on account of the wear of the wire near the serpent's mouth and tongue. Subvariant 1a, appearing on thinner paper, is distinguished by a clearer imprint of the tongue (fol. 3, 7, 46, 63, 70, 74). Subvariant 1b is exhibited by slightly thicker paper (fol. 1, 5, 60, 64, 68, 72, 73). In both subvariants 1a and 1b the watermark appears about 6 cm from the paper's edge. In variant 2 the inclination of the mouth and tongue, and also the shape of the trunk and tail differ considerably in comparison with the two other subvariants, while the watermark itself is near the third chain line, about 9 cm from the paper's edge (fol. 54, 55, 56, 61, 66, 78, 82, 86, 88).

In the fifteenth and sixteenth centuries the serpent often occurred in paper made in France (particularly in the southern part of that country), Spain, and Italy.[4] Although it has not yet been possible to identify the particular paper-mill that used watermark C, the distinctive features of that design may be linked with several published patterns. For instance, a similar watermark was used in southern France toward the end of the fifteenth century, but the subdivisions of the serpent's body were different.[5] Its tongue is the same in a 1520 watermark from Middelburg, Holland, although there are some differences in other details.[6] About five years later a watermark distinguished by the same turn of the serpent's head and the end of its tail appeared also in Middelburg. These similarities encourage us to hope that further studies of French and Dutch paper may lead us to the source of watermark C. However, in the Baltic trade, as it was constituted in Copernicus' time, and in Varmia, where he lived, Dutch paper was much more accessible than were the products of southern France.

The paper used in Copernicus' autograph may be dated more precisely by the astronomical observations recorded on sheets bearing a particular watermark. For example, an observation made by Copernicus on 11 March 1516 is mentioned on folio 88^{v}, which is the next to the last sheet showing watermark C. The autograph's earliest folios likewise belong to the same batch of paper C, as it may be called. Hence we may surmise that Copernicus began writing his autograph on paper C and continued to use it most probably between 1520–1525.

The second watermark, designated D, represents a hand emerging from a cuff having nine ruffles, the fingers being turned upward beneath a crown (Plate II). D falls into two distinct groups, one with a thick thumb, the other with a thin thumb and a thick forefinger. The watermarks belonging to the first group (distinguished by a thick thumb near the chain line) may be called variant 1 (fol. 9, 17, 31, 33, 93, 94, 95, 105, 106, 121, 143, 153, 156, 158, 168, 176, 187). The watermarks in the second group (variant 2) may be further divided into two subvariants. Subvariant 2a, appearing on fol. 11, 14, 16, 111, 138, 144 and 167, is distinguished by a clear imprint of the watermark. The characteristic feature of the subvariant 2b, appearing on fol. 10, 21, 40, 43, 44, 85, 112, 122, 123, 124, 128, 129, 132, 133, 134, 142, 152, 162, 164, 166, 174, 177, 180, 184, 188 and 190, is a light spot placed near the thick fore-

[4] Charles-Moïse Briquet, *Les filigranes* (2nd ed.; Amsterdam: Paper Publication Society, 1968), II, p. 676, no. 13731–13757.

[5] *Ibid.*, II, pp. 680–681, no. 13737–13739, 13747, 13754.

[6] *Ibid.*, IV, no. 13761.

finger. As in C, there are twelve regular chain lines, the interval being 2.9–3.3 cm, with the two irregular additional chain lines at 0.5 to 1.5 cm from the edges of the paper. The watermark lies between the second and third regular chain lines, 7.5–8.0 cm from the edge. There are ten transverse lines in each cm of the sheet. In the autograph D begins at folio 9 and continues, with interruptions, through folio 192.

D was paper of poor quality, reminding us of the numerous complaints that resulted in the decree of Emperor Charles V on 10 October 1530 prohibiting the sale of paper so inferior that it could not be used on both sides.[7]

D (in its general form and especially in the structure of its crown and the distances between the chain lines) is quite similar to 1523 and 1526 watermarks from Tulle in central France.[8] On folios 128 and 166, both of which belong to class D, Copernicus reported his observations of 27 September 1522 and 22 February 1523. Since he was no longer using C when he wrote on these folios, we have some indication of the time when the transition from C to D occurred. Among the later D folios, an observation of 12 March 1529 is mentioned on folio 173ʳ. Hence it would appear that Copernicus used D for perhaps a little more than the decade 1523–1533.

E presents the letter P surmounted by a flower (Plate III, 1). Each sheet has nineteen chain lines at intervals of 2.3 cm, the two outside lines being only 0.7 cm from the edge, while the transverse lines are separated by a distance of 1 mm. This paper occurs in the autograph for the first time in folio 22 and for the last time in folio 213. Unlike C and D, E is almost identical with a published watermark in paper made at Maastricht in 1540.[9] But E must have come into Copernicus' hands before then, since he used it for one letter in August 1537 and two letters in March 1539. Moreover, a large portion of the autograph was written on E prior to 1539. Hence we may tentatively conclude that Copernicus shifted from D to E after 1534.

F resembles D in depicting a hand. But in F the fingers are close together and are surmounted by a clover-leaf with three petals, while the sleeve is simply puffed out at the wrist (Plate III, 2). This watermark occurs only once, on folio 24. The sheet including folios 24 and 25 has twenty chain lines at intervals of 1.9 to 2.2 cm. The same distance between the chain lines occurs on folio 209, which is a single leaf having no watermark. The sentence interrupted at the bottom of folio 23ᵛ in the autograph is continued at the top of folio 26ʳ. Hence folios 24 and 25 were inserted later, as was folio 209, only the recto of which was written on while the verso remains blank. The three inserted folios (24, 25, 209) are the only autograph paper identified as F. The watermark on folio 24 is very similar to a watermark known from Osnabrück, 1538 and from Lorraine, 1540.[10] The closely spaced handwriting on both sides of fol. 24 made the identification of watermark F difficult. However, by the use of infra-red rays it is now possible to make photographs which allow a much better description of this watermark. It shows a high degree of similarity to the aforementioned Osnabrück and Lorraine watermarks with respect to the dimensions of the chain lines, the distances between them, the shape of the hand and fingers, and the cross on the palm of the hand. The same watermark was recently found by J. Drewnowski on Copernicus' letter of 15 April 1541 to Duke Albrecht of Prussia. Thus the folios with watermark F may have been used in 1540 and 1541.

[7] Augustin Blanchet, *Essai sur l'histoire du papier et de sa fabrication* (Paris, 1900), p. 146.

[8] Briquet, II, p. 558, no. 10944, 10946.

[9] *Ibid.*, p. 462, no. 8698.

[10] *Ibid.*, described at II, p. 575, no. 11466.

The Quires

Copernicus' use of four different kinds of paper permitted us to draw some conclusions about the time when he wrote various sections of the *Revolutions*. Additional information of this sort may be obtained from a painstaking analysis of the way in which he assembled his written sheets into quires or gatherings.

All in all, twenty-one such quires make up the manuscript of Copernicus' *Revolutions*. As a general rule he gathered five sheets of paper in each quire to form what is called a quinternion. In one instance, however, in the middle of a regular quinternion, consisting of five sheets of paper C, he inserted a sixth sheet of paper E, thereby producing a sexternion (quire *h*). He created another sexternion by placing a sheet of paper F in quire *c*, which was originally made up of two sheets of D and three of E. Two more sexternions (*e*, *i*) came into existence when Copernicus altered his star catalogue and one of his tables. Whereas these four sexternions exceed the usual quota of five sheets to a quire, there are only four sheets in each of two quires (*d*, *v*). One of these quaternions (*d*) resulted from the removal of a sheet when Copernicus decided to change the order in which he presented that topic. The other (*v*) is a true quaternion assembled for a special purpose. Among the fifteen quinternions, four show irregularities. Thus, the top leaf of quire *a* was cut away. So was a leaf in quire *g* when Copernicus revised another of his tables. In a third quinternion (*p*), a single leaf of paper D was removed and replaced by a leaf of paper E. In the last quire (*x*), which once consisted entirely of paper E, a leaf of paper F was introduced. Although the remaining eleven quires (*b*, *f*, *k*, *l*, *m*, *n*, *o*, *q*, *r*, *s*, *t*) are normal quinternions, in some cases an original sheet was taken away and a new one substituted for it.

For a long time Copernicus felt no need to designate the individual quires in any particular way. Such a system of identification remained unnecessary as long as he himself was the only person handling his autograph. Toward the end of his life, however, when he put his manuscript at the disposal of his disciple, George Joachim Rheticus, so that a copy could be prepared for the printer, Copernicus took the precaution of lettering the quires consecutively.[11] In those days *j* was still widely regarded as a mere variant of *i*. By the same token, *u* was not accepted as a letter separate from *v*, and *w* had no place in Copernicus' Latin alphabet. Hence he lettered his twenty-one quires consecutively from *a* through *x* and placed these characters near the lower right-hand corner of the upper side or recto of the first leaf in each quire. He did not, however, number the leaves within each quire, since they were folded in place. The numbers visible today near the upper right-hand corner of each recto were put there several centuries after Copernicus' death. The under side or verso of the leaves is not numbered, so that the recto numerals running consecutively from 1 through 213 are folio numbers, not page numbers.

For each of the twenty-one quires in Copernicus' autograph the following descriptions indicate

(1) Copernicus' letter designating the quire,
(2) the numbered folios or leaves contained in the quire,
(3) the kind of paper (C, D, E, or F) used for each sheet, consisting of two conjugate folios.

[11] Aleksander Birkenmajer, "Trygonometria Mikołaja Kopernika w autografie głównego jego dzieła", *Studia Źródłoznawcze*, 1971, *15*: 28.

1. Quire *a*, f. 1–9 (4+5), watermark C, added D.

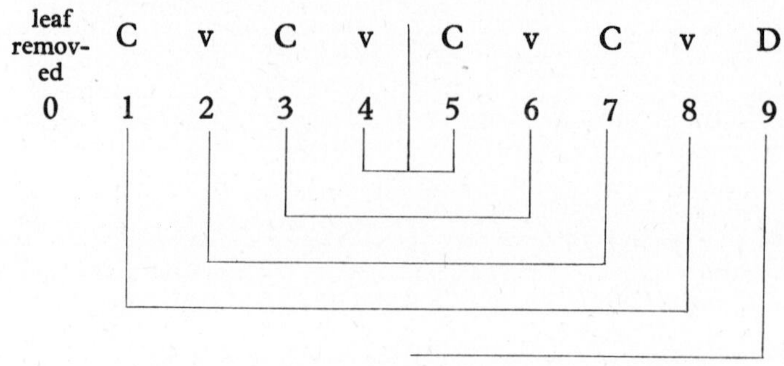

2. Quire *b*, f. 10–19 (5+5), watermark D.

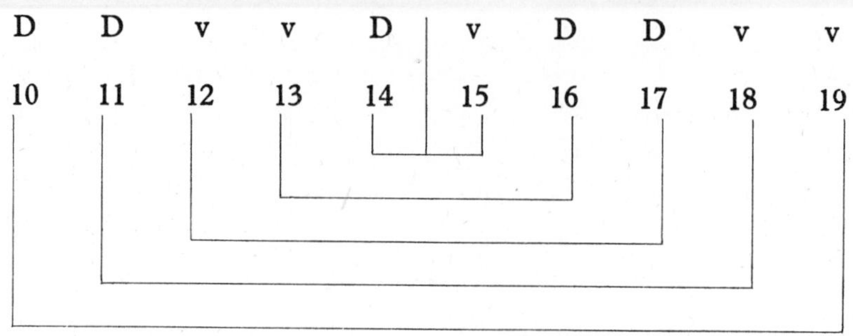

3. Quire *c*, f. 20–31 (4+(1+1)+1+5), watermarks D, E, F.

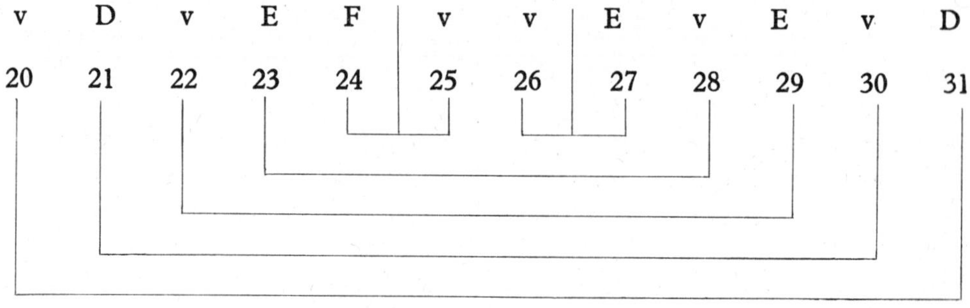

4. Quire *d*, f. 32–39 (4+4), watermark E, one D.

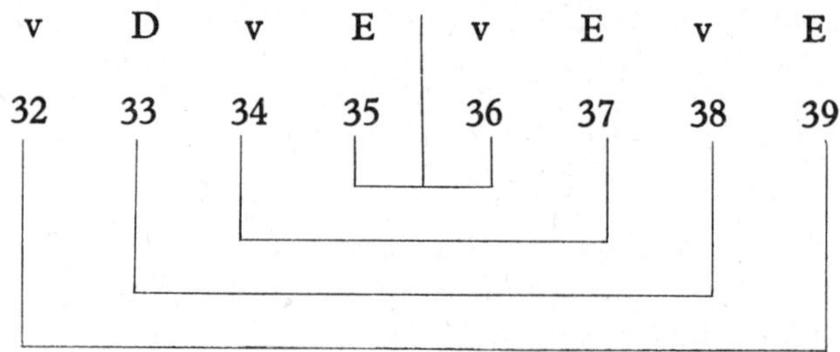

5. Quire *e*, f. 40–51 (5+1+(1+1)+4), watermarks C, D, E.

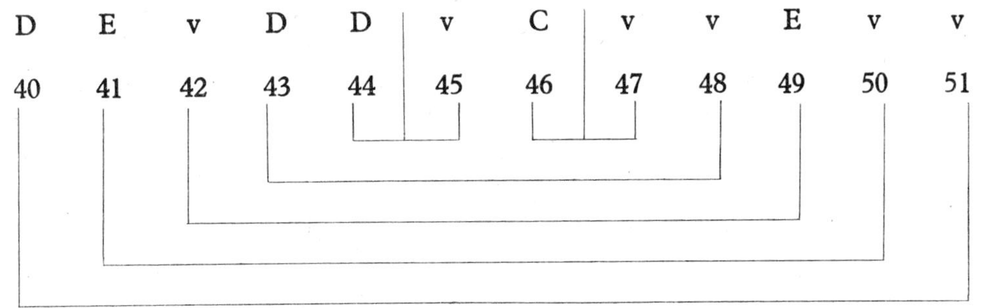

6. Quire *f*, f. 52–61 (5+5), watermark C.

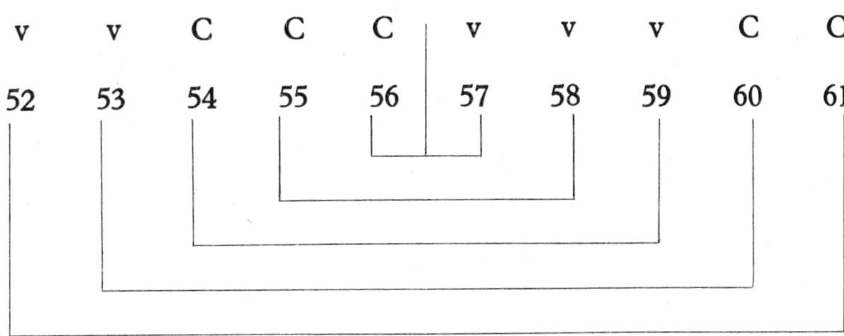

7. Quire *g*, f. 62–70 (5+4), watermark C.

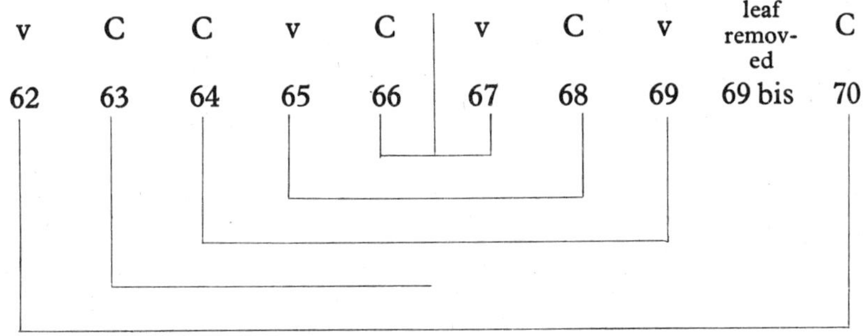

8. Quire *h*, f. 71–82 (6+6), watermark C, E added in the middle.

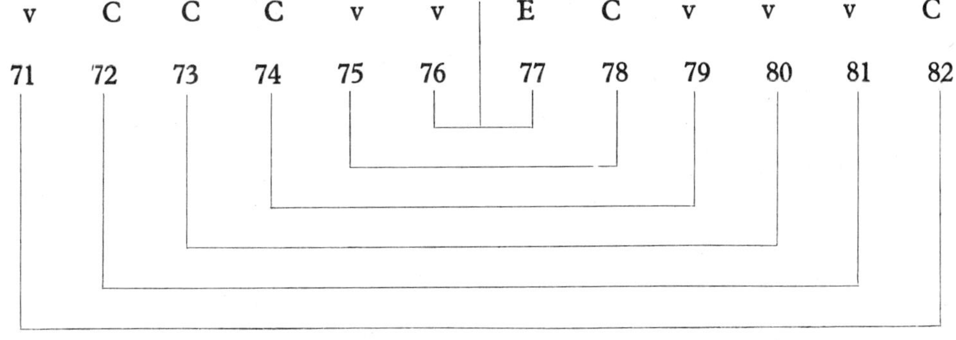

9. Quire *i*, f. 83–94 (5+3+(1+1)+2), watermarks C, D, E.

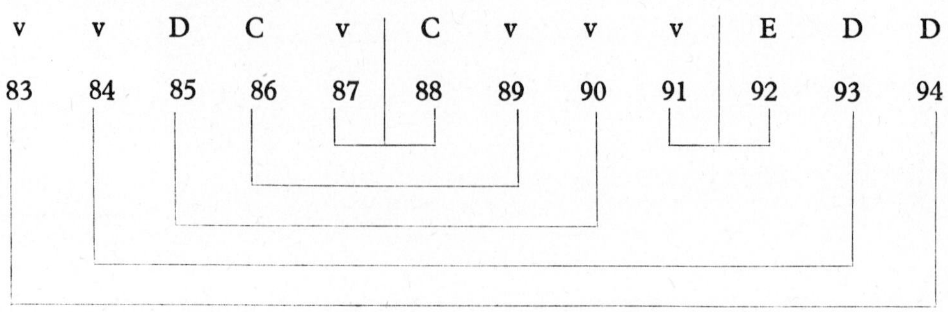

10. Quire *k*, f. 95–104 (5+5), watermarks D, E.

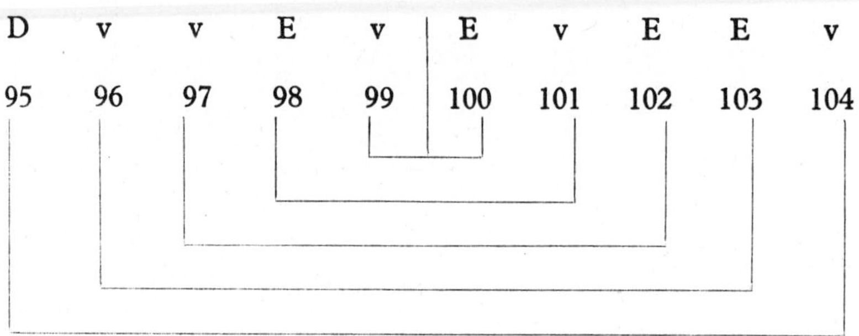

11. Quire *l*, f. 105–114 (5+5), watermark D, E added in the middle.

D D v v E v D D v v

105 106 107 108 109 110 111 112 113 114

12. Quire *m*, f. 115–124 (5+5), watermark D, E added in the middle.

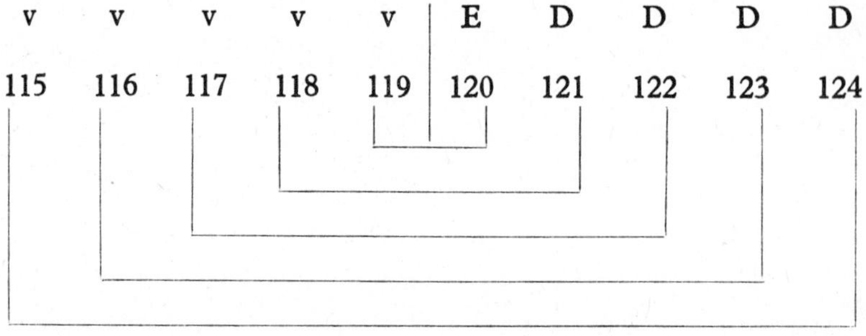

13. Quire *n*, f. 125–134 (5+5), watermark D.

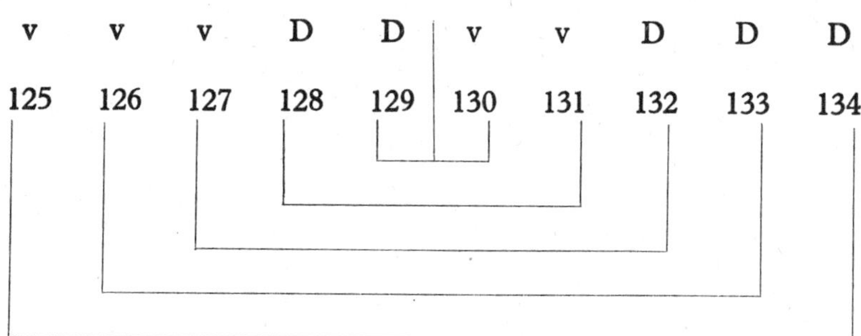

14. Quire *o*, f. 135–144, (5+5), watermark D, E added in the middle.

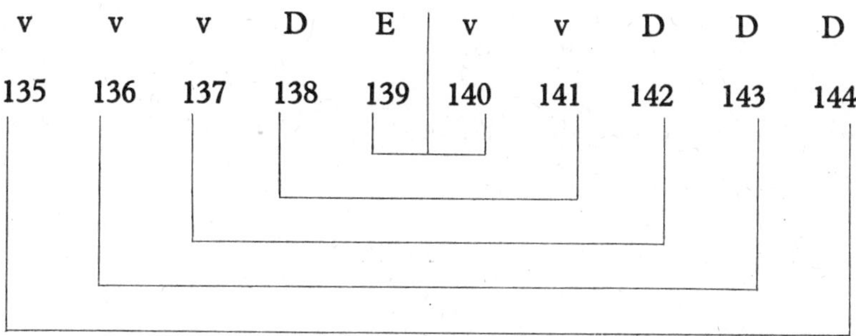

15. Quire *p*, f. 145–154 (5+5), watermarks D, E.

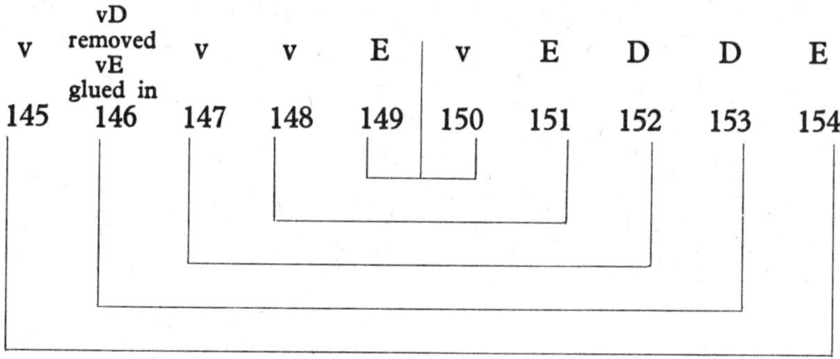

16. Quire *q*, f. 155–164 (5+5), watermark D, E added in the middle.

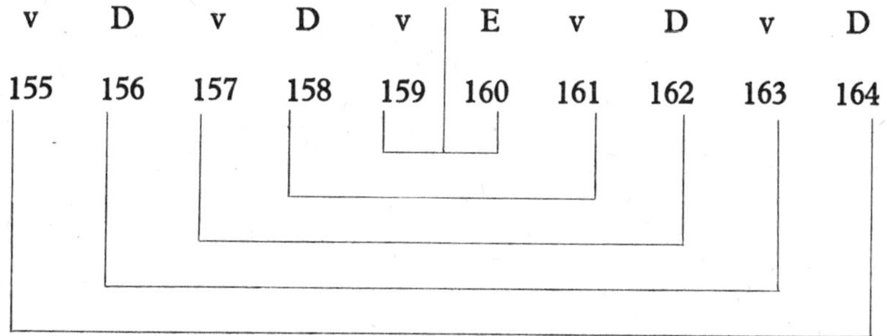

17. Quire *r*, f. 165–174 (5+5), watermark D, E added in the middle.

v	D	D	D	v	E	v	v	v	D
165	166	167	168	169	170	171	172	173	174

18. Quire *s*, f. 175–184 (5+5), watermark D, one E.

v	D	D	E	v	D	v	v	v	D
175	176	177	178	179	180	181	182	183	184

19. Quire *t*, f. 185–194 (5+5), watermarks D, E.

E	v	D	D	v	D	v	v	E	v
185	186	187	188	189	190	191	192	193	194

20. Quire *v*, f. 195–202 (4+4), watermark E.

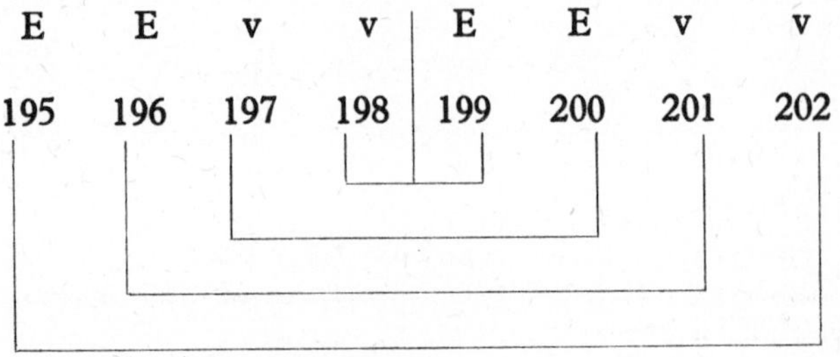

21. Quire *x*, f. 203–213 (4+(1+1)+5), watermark E, F added.

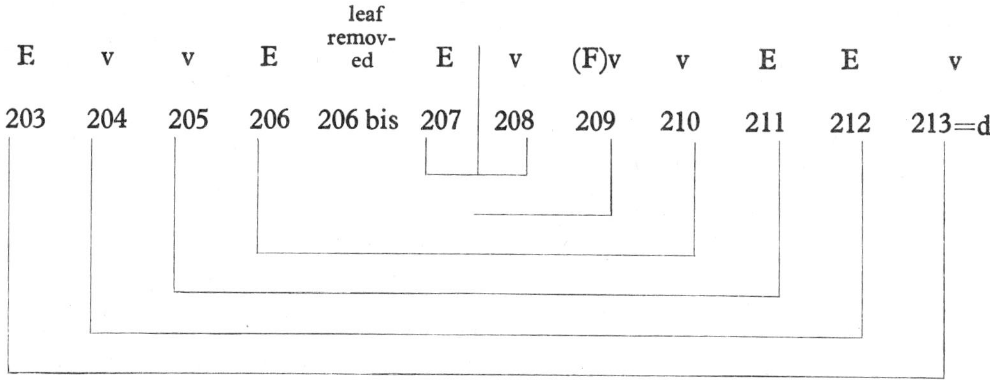

Quire *a* is a quinternion, whose four inner sheets, constituting folios 1–8, are paper C, while the outermost sheet is paper D. Of this last sheet, however, only folio 9 remains, its conjugate folio having been cut away very carefully and the loose edge glued firmly in place. This missing leaf, which has been labelled folio 0 (zero) in order to conform with the existing numeration, had been, before it was removed, the first folio in Copernicus' autograph. Did he himself discard his first folio, or was that amputation performed by someone else? In either case, what was the motive, and when was the operation carried out? On folio 1^r, in the lower right-hand corner, who wrote the letter *a* (which, unlike all the other quire designations, is not in Copernicus' own handwriting)?[12] To these puzzling and important questions no definitive answers are forthcoming as yet. Certain conjectures, however, have been put forward. For instance, was folio 0^r the original title page, and if so, how did Copernicus entitle his masterpiece?[13] Did folio 0 bear a dedication, which was later displaced by Copernicus' magisterial dedication-preface to Pope Paul III? Or was the top page of the autograph perhaps made unpresentable by an ink blot or other unsightly stain or damage? Will these and similar related queries ever receive satisfactory replies?

By contrast with quire *a*, quire *b* presents no special problems, being a normal quinternion comprising folios 10–19. All five sheets of quire *b* are paper D.

On the other hand, quire *c* is more complicated, being a sexternion, as was pointed out above. To the original quinternion, consisting of two outer sheets of paper D and three inner sheets of paper E, a sixth sheet of paper F was added in the middle, furnishing folios 24–25. F, it will be recalled, was the latest paper used by Copernicus in his autograph. He inserted folios 24–25 when he reorganized his section on trigonometry after welcoming Rheticus to Frombork in 1539. The way in which he made this insertion shows that his autograph is not in an absolutely finished condition, and was therefore not ready to be used by the printer. For, as was indicated above, the sentence interrupted at the bottom of folio 23^v continues at the top of the recto of folio 26, not folio 24. Hence, there is a discontinuity in quire *c*, which extends from folio 20 through folio 31.

Quire *d*, like quire *c*, consisted partly of paper D and partly of paper E. However, quire *d* became a quaternion, as was mentioned above, when Copernicus removed an entire sheet.

[12] *Ibid.*, p. 29.

[13] Edward Rosen, "The Authentic Title of Copernicus's Major Work", *Journal of the History of Ideas*, 1943, *4*: 457–474; Ryszard Gansiniec, "Tytuł dzieła astronomicznego Mikołaja Kopernika", *Kwartalnik Historii Nauki i Techniki*, 1958, *3*: 195–219.

At present the last nineteen lines on folio 33^{v} form the beginning of a chapter which Copernicus decided to revise and postpone. Hence he crossed out these nineteen lines, while leaving the rest of folio 33 intact. However, he discarded the next sheet, which presumably contained the remainder of the chapter to be revised. The beginning of the revised chapter now appears at the bottom of folio 36^{v}, while a numerical table occupies folios 34^{r} through 36^{r}. Apparently Copernicus at first intended to put the displaced chapter ahead of the table, and later changed his mind and made it the second chapter following the table. Hence he had no reason to replace the discarded sheet, so that quire *d* remained a quaternion comprising folios 32–39.

On the other hand, quire *e* became a sexternion, when a sheet of paper C (folios 46–47) was inserted in a quinternion consisting of three sheets of D and two of E. The upper part of folio 46^{r}, which is the first page of the inserted sheet, contains an earlier draft of the end of Book II, Chapter 12 (the final version being on folio 41^{r}). The lower part of folio 46^{r} remains blank, while folios 46^{v}–47^{v} originally formed the beginning of a new Book. But this plan was abandoned by Copernicus when he revised the material on folios 46^{v}–47^{v} for incorporation in Book II, Chapter 14 (folios 42^{r}–43^{v}). Nevertheless he did not cross out folios 46–47 nor did he discard this sheet. Instead, he preserved it by inserting it in quire *e*, which was thereby converted into a sexternion. The text of Book II ends near the bottom of folio 44^{r}, and on folio 44^{v} Copernicus began to present his star catalogue by ruling the necessary lines, counting off the required spaces, and writing in the names of eighteen constellations in black ink. Having gone this far, he dropped this tentative layout, in favour of a more attractive presentation whose headings are written in red ink. But he did not discard the tentative layout, and after its first sheet (folios 44–45) he inserted the discarded textual material on folios 46–47. This therefore interrupts the tentative star catalogue, which resumes at folio 48^{r} and continues through folio 51^{r}, while folio 51^{v} remains blank at the end of quire *e*.

Quire *f* is a normal quinternion, consisting of five sheets of paper C. Extending from folio 52^{r} through folio 61^{v}, it contains the first half of the star catalogue. However, in midstream so to speak, Copernicus changed his method of reporting the stars' celestial longitude. As he said in Book II, Chapter 14, "I shall use not the signs of the zodiac ... but the simple and familiar number of degrees" from 0° to 360°. He made this change from the ancient to the modern system only after he had finished writing folio 57^{r}. Until that time he had used the ancient system, which he crossed out on folios 53^{r}–57^{r} and replaced by the modern notation. From folio 57^{v} through folio 69^{v}, where the star catalogue ends, only the modern notation is used. The same statement applies also to the present folio $52^{r\text{-}v}$. This evidently replaced an earlier folio 52, on which Copernicus had used the ancient notation. When he discarded the earlier folio 52, its conjugate leaf, which would have become folio 61, was presumably still blank. The statement just quoted from II, 14 was written after Copernicus had decided to drop the ancient notation in favour of the modern. In other words folio 44^{r}, on which the quoted statement appears in quire *e*, was written after the original version of folios 53^{r}–57^{r} in quire *f*, so that the revision of the introduction to the star catalogue went hand in hand with the revision of the catalogue itself.

Quire *g*, written entirely on paper C, is a quinternion which suffered an amputation of one leaf, as was pointed out above. From folio 62^{r} through folio 69^{v} it contains the remainder of the star catalogue. Folio $70^{r\text{-}v}$ carries an earlier draft of two tables, which were crossed out and replaced by a later version of them on folio $81^{r\text{-}v}$. These two tables on folio $81^{r\text{-}v}$ are preceded on folio $80^{r\text{-}v}$ by two related tables, which presumably correspond in a similar way to the earlier draft of the two tables on the amputated leaf. This came between the end of the star catalogue on folio 69^{v} and the deleted table on folio 70^{r}. Copernicus did not cut away folio 70, as he did remove the amputated leaf (which may be called folio 69 bis), because he was afraid that by doing so he might cause quire *g* to fall apart.

Quire *h* (folios 71^{r}–82^{v}) is a sexternion which Copernicus made by inserting a sheet of paper E (folio 76–77) in the middle of five sheets of paper C, as was stated above. The sentence interrupted at the bottom of folio 75^{v} continues at the top of folio 78^{r}. In the middle of folio 78^{r}, Chapter 5 of Book III originally came to an end. But when Copernicus decided to extend Chapter 5, he put the addition on the inserted sheet, where it occupies the upper part of folio 76^{r}. On folio 76^{v} he placed Chapter 10 of Book III. But finding no use for folio 77, he left blank both sides of that conjugate leaf of folio 76.

Quire *i* (folios 83^{r}–94^{v}) became a sexternion when a sheet of paper E was inserted in a quinternion consisting of three outer sheets of D and two inner sheets of C (this was the last time C was used in the autograph). In Book III after Chapter 13 Copernicus put two pairs of related tables on folios 90^{r-v} and 93^{r-v}. Then at the top of folio 94^{r} he wrote the heading of Chapter 14. But at this point he remembered that the two pairs of tables on folios 90 and 93 were not enough. Hence he crossed out the chapter heading and used the rest of folio 94^{r} for a table. On folio 94^{v} he repeated the chapter heading and proceeded to write Chapter 14, which continues from the end of quire *i* on folio 94^{v} into quire *k*. At some later time, when he realized that the single table on folio 94^{r} lacked its companion, he crossed it out and wrote the pair of missing tables on the recto and verso of the first leaf of a sheet of paper E, the conjugate leaf remaining blank. This sheet of paper E was then inserted in quire *i* out of its proper place, so that it became folios 91–92, whereas it should have followed folio 93. The shift from the table on folio 94^{r} to that on folio 91^{r} occurred after Copernicus had written Book III, Chapter 21. For where the two tables differ, the numerical value of folio 91^{r} appears as a correction in the left margin of folio 102^{v}, line 2. The chapter numbers in this paragraph refer to Copernicus' autograph, but not to the printed editions, where these chapters are numbered 14, 15, and 22.

Quire *k* (folios 95^{r}–104^{v}) is a normal quinternion. Its outermost sheet (conjugate folios 95 and 104) is paper D, while the four inner sheets are paper E.

Quire *l* (folios 105^{r}–114^{v}) is another normal quinternion. Its four outer sheets are paper D, while the middle sheet (folio 109–110) is E.

Quire *m* (folios 115^{r}–124^{v}) is still another normal quinternion. Like quire *l*, its four outer sheets are paper D, while the middle sheet (folio 119–120) is E.

Quire *n* (folios 125^{r}–134^{v}) is a normal quinternion. All five of its sheets are paper D.

Quire *o* (folios 135^{r}–144^{v}) is a normal quinternion. Its four outer sheets are paper D, while its middle sheet (folio 139–140) is E. On folio 141^{v} Copernicus concludes his discussion of the moon, remarking that the "fifth book of the *Revolutions* ends" at this point. However, in the final division of the *Revolutions* into six books, the treatment of the moon became Book IV.

Quire *p* (folios 145^{r}–154^{v}) is a quinternion, consisting originally of three sheets of paper E and two of D. But, as was pointed out above, folio 146 (paper D) was cut away, leaving a strip to which a leaf of paper E was attached to form a new folio 146[14], whose conjugate leaf (folio 153) is the original paper D.

Quire *q* (folios 155^{r}–164^{v}) is a normal quinternion whose four outer sheets are paper D, while the innermost sheet (folio 159–160) is E.

[14] A. Birkenmajer, pp. 50–51.

The same description applies to quire *r* (folios 165^{r}–174^{v}), with an inner sheet (folio 169–170) of E and four outer sheets of D. On two of these D sheets (folios 173^{r} and 174^{r}), as we saw above, Copernicus discusses an observation which he made on 12 March 1529. Hence he wrote quire *r* no earlier than 1529 and continued to use paper D until that time.

Quire *s* (folios 175^{r}–184^{v}) is a normal quinternion, with four sheets of paper D and one (folio 178, 181) of E. On folio 180^{v}, where Book V, Chapter 30 begins, Copernicus failed to put the number of the chapter alongside the heading, as he usually did. Moreover, he interrupted the chapter at the bottom of folio 182^{r} with the remark that the continuation was indicated by a special sign which is found at the top of folio 195^{v} at the beginning of quire *v*. He did not resume Chapter 30 at the beginning of the next quire (*t*) because immediately after the break in Chapter 30 he started a set of ten related tables (folios 182^{v}–187^{r}) which take up the rest of quire *s* and the first two and a half folios of quire *t*.

Quire *t* (folios 185^{r}–194^{v}) is a normal quinternion, with two outer sheets of paper E, and three inner sheets of D, the last time paper D was used in the autograph. On folio 188^{r} Copernicus interrupted Book V at Chapter 35, using a different special symbol to signify that the last two chapters (35–36) of Book V are to be found on folios 197^{v}–201^{r} in quire *v*. In quire *t* Copernicus started Book VI at folio 188^{v}.

Quire *v* (folios 195^{r}–202^{v}) consists exclusively of paper E. As was stated above, it is a true quaternion, containing only four sheets, but its last two and a half pages (folios 201^{v}, 202^{r-v}) remain blank. The beginning of quire *v*, as we just saw, is taken up by the continuation of Book V, Chapter 30, followed by Chapters 31–33 (folios 195^{r}–197^{r}) and 35–36 (folios 197^{v}–201^{r}). In other words, quire *v* was never intended to be a normal quinternion carrying the autograph forward in the customary way. On the contrary, quire *v* is evidently an irregular unit which was put together to catch the overflow, so to speak, of Book V.

Quire *x* (folios 203^{r}–213^{v}) was a quinternion which consisted originally of five sheets of paper E. But, as was mentioned above, one leaf of F was inserted later (folio 209).[15] Copernicus used the recto of folio 209 to revise the end of Book VI, Chapter 8. But he left the verso of folio 209 blank because the set of tables coming between Chapters 8 and 9 occupies folios 210^{r}–211^{v}. The only other place in the autograph where paper F was used is folios 24–25, on which Copernicus reorganized his section on trigonometry. Presumably he rewrote the close of Book VI, Chapter 8, at about the same time, that is, after Rheticus' arrival in Frombork in the spring of 1539. The autograph of the *Revolutions* is concluded by six lines on folio 212^{v}, the rest of that page remaining blank.

The Handwriting

Was the manuscript of the *Revolutions*, which is reproduced in the present volume, written by the hand of Copernicus himself? The answer to this question is supplied both by external and internal evidence.

The external evidence is the statement on the recto of the second flyleaf of the manuscript that on 19 December 1603 Jakob Christmann acquired this manuscript, which had been "written by [Copernicus'] own hand". The circumstances under which Christmann made this declaration will be examined later in connection with the history of the manuscript.

The internal evidence comes from a careful comparison of the handwriting in the manuscript of the *Revolutions* with the handwriting in the extant letters signed by Copernicus himself. In his capacity as an administrator, moreover, he also made many entries in an offi-

[15] *Ibid.*, p. 68.

cial register of "Leases of Abandoned Farms" (*Locationes mansorum desertorum*).[16] Since these entries are dated, they can be utilized in conjunction with his letters, which also are dated, to establish a chronological sequence of samples of Copernicus' handwriting. Its permanent characteristics can thereby be recognized as well as progressive changes in its style and in the formation of individual letters of the alphabet. In this way Copernicus' handwriting can be distinguished from that of any of his associates whose style may resemble his to a greater or lesser degree (see Plates IV–VII).

But in fact the manuscript of the *Revolutions* is not written throughout in a single uniform style. Two somewhat different manners have been recognized in it. One is more deliberate, nearly vertical, and larger, as in the star catalogue. By contrast, the other is smaller, tilted forward, and more rapid. The latter may be called "cursive", in contradistinction to the former, which may be labelled "formal". Both the cursive and the formal styles, however, are typical of Renaissance humanism and quite different from the models followed by the medieval scribes.

Since the autograph's capital letters differ in form from the small letters or minuscules, we may begin our analysis with the capital letter A. Its left-hand stroke, made by an upward motion of the quill pen, usually starts without any serif. It is thin at the bottom and gradually thickens as it slopes forward and upward. From the top of the left-hand stroke the pen descends vigorously and almost vertically without being lifted to form the right-hand stroke. Stopping suddenly, the pen is raised to proceed from right to left in the horizontal stroke, which slopes slightly downward. It may sometimes start to the right of the right-hand stroke, and usually it ends well past the left-hand stroke.[17]

Capital E usually begins as though it were going to be a capital L. The downward stroke of the E starts without any serif, however, and then continues as the bottom horizontal stroke without any lifting of the pen. The other two horizontal strokes are then added separately, the top stroke sometimes beginning slightly to the left of the downward stroke.[18]

Capital I usually begins with a serif at the top. It is written with a single stroke of the pen, moving rapidly downward and toward the left, and often ends with a turn in that direction.[19]

Like capital I, capital O is made with a single stroke starting at the top and moving either clockwise or counterclockwise, as is shown by an occasional gap in the circle or termination beyond it.[20]

Where we nowadays write capital U with a rounded bottom, as in the name of the constellation Ursa Maior (Great Bear), Copernicus still used the form with the pointed bottom, that is, our capital V. He made this letter with a single stroke, starting with a serif at the top of the left-hand member and descending vigorously toward the right. The upward thrust is usually less powerful and often ends slightly below the top of the left-hand member, occasionally finishing with a short turn toward the left.[21]

Capital B is made by attaching the number 3 to an initial downward stroke, capital I,

[16] Nicolai Copernici *Locationes mansorum desertorum,* ed. Marianus Biskup (Olsztyn: 1970), with the English version at pp. 27–33.

[17] For example see fol. 9ʳ, line 15 and 135ᵛ, line 12 up; different on fol. 126ᵛ, line 7 up. See also Plate VIII, 1–5 and example of capital A from Copernicus' letter: Plate VI, line 4 up.

[18] Fol. 126ᵛ, line 7; fol. 3ʳ, line 5; fol. 124ᵛ, line 16 up. Plate IX, 1–3; Plate IV, lines 3, 4 and 5 up; Plate V, lines 3 and 4 up; Plate VI, lines 3 and 5 up.

[19] Fol. 154ᵛ, line 8; fol. 10ʳ, lines 2 and 11. Plate IX, 4–5; Plate IV, line 7.

[20] Fol. 204ᵛ, line 16 up; fol. 8ʳ, line 20 up. Plate X, 3; Plate IV, line 1.

[21] Fol. 140ʳ, line 6 up; fol. 5ᵛ, line 18; fol. 186ʳ, line 1 and elongated form: fol. 28ᵛ, line 14. Plate X, 1–2.

or capital L. Sometimes the upper loop of the 3 is bigger and more vigorously written than the lower loop, while at other times the opposite is true.[22] Capital P looks like capital B minus its lower loop.[23] When a downward sweep is added to capital P, the result is capital R.[24] A similar, or somewhat longer, tail joined to capital O produces capital Q.[25] Capital D is a combination of a vertical line and a single loop, usually starting far to the left of the upright member with a thin stroke that thickens as it turns downward.[26]

Capital C starts from the top and thickens as it sweeps down and toward the right.[27] This stroke continues upward to form capital G,[28] which however, is sometimes terminated by a separate downward vertical stroke. Capital T sometimes shows a short serif at the foot of the vertical stroke.[29] Capital F begins as a right angle, to which the lower horizontal stroke is then added.[30] In capital H, two rather widely separated vertical strokes are crossed somewhat below their midpoint by a horizontal dash that extends beyond one or both of the upright bars.[31] Capital N, however, was apparently often made in a rounded form, in which the second stroke is usually higher than the first one. In another form an oblique bar joins two vertical strokes.[32] Capital M consists of a thin vertical stroke, slightly bent, followed by a vigorous *u*.[33] In capital S the upper loop is often bigger than the lower, which frequently extends somewhat to the left.[34] Capital L is slightly bent, while capital Z is similar to the numeral 2 and 3.[35]

The minuscule letters may be considered in connection with the aforementioned designations of the quires in the autograph of the *Revolutions*. The letter *a* on fol. 1 was not formed by the writer of the autograph. His *a* trails off with a weak loop and a sprawling stroke toward the right,[36] whereas the *a* on fol. 1 is constituted by a vigorous loop and a downward thrust turning slightly toward the left at the end. Although the *b* on fol. 10 does not begin with the small serif seen on many examples in the autograph, its downward vertical stroke and terminal loop bear a close resemblance to the letter *b* in the manuscript, particularly in its diagrams.[37] On fol. 20, *c* starts with the characteristic horizontal stroke, which then turns downward to form a right angle and trails off weakly toward the right; besides this form, a more rounded *c* occurs in the autograph, particularly in its diagrams.[38] On fol. 32, *d* has an abnormal appearance due to its having been written as a correction over a previous *e*. The *e* on fol. 40 ends with a downward turn; an upward turn also appears in the autograph, especially in its diagrams.[39] The

[22] Fol. 32^{r}, line 15; fol. 54^{r}, line 15. Plate XI, 3; Plate IV, line 12.

[23] Fol. 40^{v}, lines 16 and 17; fol. 139^{v}, line 14 up. Plate X, 4; Plate V, line 1; Plate VI, line 6 up.

[24] Fol. 7^{r}, line 9; fol. 18^{r}, line 1. Plate XI, 4–5; Plate IV, line 1, 7; Plate VI, line 1, 3.

[25] Fol. 1^{r}, lines 4 and 8. Plate XIV, 2.

[26] Fol. 8^{r}, lines 1 and 11. Plate XI, 1–2.

[27] Fol. 1^{r}, line 10; fol. 1^{v}, line 4 up. Plate XII, 1–3.

[28] Fol. 1^{r}, line 18.

[29] Fol. 2^{r}, line 9; fol. 39^{v}, line 1; fol. 108^{v}, line 8 up. Plate XII, 5.

[30] Fol. 58^{r}, line 6 up; vol. 58^{v}, line 1; fol. 59^{v}, line 1; fol. 60^{r}, line 1. Plate X, 5. Usually capital F resembles minuscule *f*, while F written in block letters is used in the headings of tables.

[31] Fol. 3^{r}, lines 14 up and 15 up; fol. 10^{v}, line 11 up. Plate XIII, 4–5.

[32] Vertical N: fol. 4^{r}, line 11 up; round N: fol. 4^{r}, margin and fol. 193^{v}, line 12 up. Plate XIII, 2–3.

[33] Fol. 8^{r}, lines 11, 26. Plate XIII, 1.

[34] Fol. 6^{r}, lines 4 down and 3 up. Plate XII, 4.

[35] Fol. 78^{r}, line 14 and fol. 87^{r}, line 8 up. Plate XIV, 1, 3–5.

[36] Fol. 14^{r-v}, diagrams. For minuscule letters see also Plate XV.

[37] Fol. 19^{v}, 24^{v}, 25^{r}, 194^{r} and diagrams.

[38] Fol. 20^{r}, line 8 up and diagrams.

[39] Fol. 95^{r}, diagram.

f on fol. 52 has a strongly curved upper member, which appears in the autograph as an alternative to the horizontal upper member that makes the minuscule *f* look like a capital F of reduced size.[40] The *g* on fol. 62 is one of the forms of that letter found in the autograph. In this instance the upper loop is quite small, as it usually is; the lower loop, however, closes at the top of the upper lopp, instead of at the bottom in the more common pattern.[41] The *h* on fol. 71 consists of a slightly tilted downward stroke, followed by a small open loop. The *i* on fol. 83 is not accompanied by a dot, as sometimes happens in the autograph.[42] The *k* on fol. 95 consists of a nearly vertical downward stroke, to the bottom of which is attached a form resembling the rounded *c*. The *l* on fol. 105 is a right angle made with a longer downward vertical stroke and ending with a rather short horizontal bar. On fol. 115 *m* is identical with the *m* in the diagram on that page. The *n* on fol. 125 closely resembles the *n* in the diagrams on fol. 95^{v} and 178^{v}. The *o* on fol. 135 is a typical closed circle. The *p* on fol. 145 consists of a slightly tilted downward stroke, near the top of which the closed loop is attached. In the *q* on fol. 155, the small closed loop is attached to the top of a downward stroke that turns toward the right at the bottom. On fol. 165, *r* as the signature of the quire closely resembles the letter *r* in line 7 on that same page. On fol. 175, *s* as the signature of the quire looks like several other examples of that letter on the same page, but the signature is quite different from the elongated form of *s* frequently found in the manuscript.[43] On fol. 185, the signature of the quire really has the shape of a capital T, because the vertical stroke barely rises above the horizontal member, half of which extends to the left of the upright line; in the autograph's minuscule *t*, on the other hand, the vertical line regularly rises high above the horizontal member, which is usually confined to the right-hand side of the downward stroke.[44] On fol. 195, *v* as the signature of the quire has a pointed, not a rounded, bottom. On fol. 203, *x* has its longest extension downward to the left, in the manner frequently seen in the autograph.[45]

All in all, there can be little doubt that the same hand wrote the autograph and the quire signatures (except *a*, where the original top page was cut away, as we saw above). In the main, the autograph was written by Copernicus himself, since its similarity to his signed letters and identifiable documentary entries is beyond dispute.

Apart from the star catalogue and the numerous tables, there are no ruled lines in the autograph. Nor could a ruled guide be placed beneath paper C, D, E, and F, none of which is transparent. In the absence of such help, Copernicus' writing in the autograph does not cling to absolutely horizontal lines, but shows a tendency to rise slightly as the hand proceeds from left to right.[46] This trait indicates a certain eagerness to get on with the job.

Although the bulk of the autograph was unquestionably written by Copernicus himself, its margins bear a certain number of modifications made by his disciple and editor Rheticus. The latter was a professor of mathematics at Wittenberg University with a special interest in trigonometry. In the trigonometrical section of the autograph, the left, right, and bottom margins of fol. 21^{r} display editorial changes in the recognizably different handwriting of Rheticus, which is known from his signed extant letters. Some further notes were made by Rheticus on folios 21^{r}, 24^{r}, 71^{r}, 72^{r}, 188^{r}, (and perhaps 8^{v} and 187^{v}). He carried this process of

[40] Fol. 151^{r}, diagram.
[41] Fol. 95^{r}, diagram, lines 5 up and 3 up.
[42] Fol. 82^{v}, line 12 up; fol. 83^{r}, line 15.
[43] Fol. 6^{r}, last line; 6^{v}, line 1.
[44] Fol. 185^{r}, line 1.
[45] Fol. 2^{v}, lines 7 up and 17 up.
[46] Fol. 15^{r}, last line; fol. 100^{r}, last line.

revising Copernicus' manuscript for the printer further when he made his own copy of the autograph. It was Rheticus' copy that was used in the printing of the first edition of the *Revolutions* at Nuremberg in 1543, and his copy has not survived. On the other hand, Copernicus' autograph shows none of the markings customarily introduced into a manuscript by contemporary printers.

In addition to the two handwritings of Copernicus and Rheticus in the autograph of the *Revolutions*, a third hand different from theirs has been identified on fol. 107^v, where a marginal entry indicates that the word *longissima* is required by the context. The absence of this word from the autograph was observed by those responsible for the first edition, who inserted it. Then a comparison of the first edition with the autograph by a later owner of it evidently induced him to make the marginal notation on fol. 107^v. The same reasoning applies to the word *congruere* in the margin of fol. 109^r. The positive identification of this third hand in the autograph may be provided by a comparison of *longissima* and *congruere* with a surviving manuscript written by Jakob Christmann, who, as we saw above, acquired the autograph of the *Revolutions* on 19 December 1603 and described it presumably by his own hand as "written by [Copernicus'] own hand." The correctness of this description is confirmed by the foregoing analysis of the internal evidence.

The Binding

The autograph of the *Revolutions* was written by Copernicus, as we saw above, in twenty-one quires. When he finally decided to release his manuscript to be printed, he himself lettered the quire signatures. Besides taking this precaution against any possible disturbance of the correct order of the quires, did he also guard against the loss of any of them by having them all sewn together to form a bound volume?

At the present time the quires show only a single set of stitches. Hence, the autograph was bound only once, because we may exclude the highly unlikely possibility that a second binder would have passed his thread through the very holes made by the first binder. Since the latter did his work about sixty years after the death of Copernicus, as we shall soon see, the author himself did not have his autograph bound. Instead, he kept his twenty-one quires together in some such customary container as a folder or a box, of which no trace remains.

In the binding of the autograph, the cardboard covers were glued to an outside wrapper consisting of a sheet of parchment. Recently this wrapper was carefully lifted away from the rear cover, and we then learned that there is writing only on the outer side of the parchment. This scarcely legible document, written in German, comes from the times of Emperor Maximilian II (1564–1576). An incomplete date seems to point to 1566. Further research is required to ascertain the precise character of the parchment.[47]

When the wrapper was lifted away from the rear cover, inside we found not only the usual piece of cardboard but also some padding. This consists of sections of the page proofs of a book which was printed at Heidelberg by Gotthard Vögelin in 1603, as some portions of the title page informed us. The running head at the top of the book's pages gave us the title, *De inquisitione Hispanica* (Concerning the Spanish Inquisition). From surviving copies of the book the name of the author is obtained as Reginald Consalvus, a latinized form of Gonzales (see Plates XX–XXIII).

This Gonzales discussed the Spanish Inquisition, of which he had been a victim, in a book published at Heidelberg in Latin in 1567, and in the following year in French and English

[47] See facsimile, front and rear covers of the manuscript.

translations. The version printed at Heidelberg in 1 603 comprises seven lectures based on Gonzales' reports and delivered publicly in Philosophy Hall at Heidelberg. The volume carries a dedication by Professor Simon Stenius (Stein) of Heidelberg.[48]

As the author of the dedication, Stein presumably also read the page proofs, and thereafter had at his disposal the pieces that in due course became the padding inside the cover of Copernicus' autograph. This was acquired by Jakob Christmann, "Dean of the Faculty of Arts" at Heidelberg, on 19 December 1603. On the following day Christmann was succeeded as dean by Stein. When the Copernicus autograph was bound for its owner Christmann, the padding for its cover came from the files of his colleague Stein.

The flyleaf on whose recto Christmann's ownership inscription was written and on whose verso the next purchaser's inscription likewise appears was identified in the nineteenth century by the letter *b*, placed near the upper right-hand corner of the recto. This flyleaf *b* was glued to the block of the manuscript and not sewn with it. The paper of which flyleaf *b* is made has been called B. Paper B has seven chain lines at intervals of 2.6–3.2 cm, and has a watermark 9 cm high between the fourth and fifth chain lines. This watermark shows a coat of arms with a horizontal band running across the middle and a rod rising vertically, surmounted by a three-leaf clover and entwined by a serpent protruding its long tongue. Although paper B has not yet been traced back to any particular mill, closely related watermarks are found in paper that was made in the second half of the sixteenth century and the first two decades of the seventeenth century, but especially frequently between 1580 and 1600, in southwest Germany.[49] Such a product would naturally have found its way into the hands of the bookbinder in 1603.

Also made of paper B is flyleaf *c*, which was glued to the block of the manuscript, like flyleaf *b*. Flyleaves *b* and *c* were glued to the front of the manuscript, while flyleaf *e*, which is likewise made of paper B, is found at the back of the manuscript. The letter *d* was assigned through an error, which mistook the blank leaf of the last quire *x* for a rear flyleaf.

The front flyleaf *a* is made of a rather thick and brittle paper A, which is found nowhere else in the manuscript. Like paper B, A has seven chain lines, but these are slightly closer together, at distances of 2.5–2.7 cm, the first chain line being 2 cm from the edge of the paper. The watermark, 7.5 cm high and placed between the fourth and fifth chain lines, displays a capital letter P surmounted by a flower with four leaves spreading out from the same stem. The bottom of the P is bifurcated, and a small object hangs below it. Somewhat similar watermarks are found in paper made in northern France and Germany between 1550 and 1560, after Copernicus' death.[50] Paper of a quality like A might well be part of a bookbinder's stock.

Endpapers *a* and *e*, unlike *b* and *c*, are true flyleaves. Usually both flyleaves were made of the same material. But in the case of Copernicus' autograph, flyleaf *a* at the front is made of paper A, while flyleaf *e* at the rear is made of paper B. It will be recalled that paper B shows seven chain lines at distances of 2.6–3.2 cm. Seven chain lines separated from one another by similar distances were found in the sheet of paper that was glued to the turned-over edges of the parchment wrapper attaching it to the inside of the front and rear cover. This sheet could be photographed against light when the rear cover was disassembled (see

[48] *Die Matrikel der Universität Heidelberg,* ed. G. Toepke (Heidelberg, 1886), II, pp. 117, 146, 191, 468–474, 476.

[49] Briquet, I, p. 117, no. 1451; Friedrich Hössle, *Württembergische Papiergeschichte* (Biberach, 1926), pp. 40, 50, 61, 70, 71, 76, 77, 81, 82, 95, 96, 99, strikingly similar watermarks being used by Mathias Betz of Reutlingen (c. 1595), Andreas Mickh (c. 1594), and Jörg Dietz of Esslingen (c. 1556). See Plate XVI, 2.

[50] Briquet, II, 462 and 469, no. 8833, 8890. See Plate XVI, 1.

Plate XVII). The corresponding sheet on the inside of the front cover was not detached, in order to avoid possible damage to the writing on it. But an examination of it in place suggested that it was made of the same paper as the corresponding sheet at the rear, that is, of paper B.

In brief summary, our investigation of the binding of Copernicus' autograph would indicate that the author himself kept his quires loose and unbound. When the autograph came into the hands of Rheticus, it was still unbound. Later a discarded legal parchment was used as a protective wrapper. After the autograph had been transported to Heidelberg, it was bound around 1604. It was then that pieces of the page proofs of a book printed at Heidelberg in 1603 were inserted as padding inside the parchment wrapper.

The History of Copernicus' Autograph

While the first edition of Copernicus' *Revolutions* was being printed at Nuremberg in 1543, the typesetters had before them Rheticus' copy of the manuscript. They did not have Copernicus' autograph, which shows no trace of the marks then customarily made in a manuscript by printers. At the death of Copernicus the autograph of the *Revolutions* passed into the hands of his closest friend, Tiedemann Giese. He in turn relinquished it to Rheticus, who, after supervising the early stages of the printing of the book at Nuremberg, went to Leipzig University, which had just appointed him professor of mathematics.[51]

Later on Rheticus moved to Cracow, where he spent nearly eighteen years of his life. He was visited there by Valentine Otho, a Wittenberg student who was interested in Rheticus' work in trigonometry and became his disciple, collaborator, and continuator. When Rheticus departed from Cracow for Košice (Kaschau), where he had found a wealthy patron willing to finance the time-consuming computation of his trigonometrical tables, he asked Otho to join him and bring Copernicus' autograph along. Soon thereafter, on 4 December 1574, Rheticus died at Košice, leaving the autograph to Otho.

Otho made a notable contribution to the development of mathematics by completing and publishing Rheticus' extensive tables. After Otho's death, on 19 December 1603 Copernicus' autograph was secured from Otho's library by Jakob Christmann, Dean of the Faculty of Arts, "for use in the study of mathematics" (*ad usum studii mathematici*). Two corrections in the margins of the autograph may be related to his book, published in 1611, on *Lunar Theory, Demonstrated by Means of New Hypotheses and Observations*.[52]

After his death, his widow sold Copernicus' autograph to a Czech student who had registered at Heidelberg on 19 June 1613. The sale was consummated at a worthy price (*digno redemptum pretio*) on 17 January 1614. The purchaser, John Amos Comenius (or Nivanus, as he called himself after his birthplace Nivnice), who later gained renown as an educator, led a troubled and turbulent life. Exactly when and where he disposed of Copernicus' autograph are questions which cannot be answered on the basis of the scanty information available at the present time.

From the library of Comenius, Copernicus' autograph passed, directly or indirectly, into the possession of Otto F. von Nostitz. With his own hand (*M. P.* = *Manu Propria*), the new owner wrote his name on the recto of folio *c*, toward the bottom. After his death in 1665, the library in his castle at Jawor in Silesia was catalogued on 5 October 1667, one of the items being Copernicus' autograph. From Jawor it was later transferred to the Nostitz palace in Prague and regularly appeared in the enumerations of the library maintained by that noble

[51] Karl Heinz Burmeister, *Georg Joachim Rhetikus* (Wiesbaden: Pressler, 1968), I, 81.

[52] Jakob Christmann, *Theoria lunae ex novis hypothesibus et observationibus demonstrata* (Heidelberg, 1611).

Czech family famous for its collections of artistic and literary treasures.[53] In the inventory of 1769 Copernicus' autograph is listed as 156, the number which still appears near the bottom of its spine. Glued to the inside of its front cover is a printed bookplate of the Nostitz library, dated 1774.

As long as Copernicus' autograph remained in the hands of Rheticus, Otho, Christmann, and Comenius, its existence was not mentioned in any publications. This situation changed, however, after the autograph was incorporated in the Nostitz library. In 1788 a description of noteworthy libraries of Prague referred to Copernicus' autograph, as did also an account of Prague seven years later.[54] These first two printed references evoked no special response.

An entirely different result was produced by an article published in April 1840 in a Prague weekly newspaper.[55] This article was translated from Czech into German for a weekly issued in Toruń, Copernicus' birthplace, and also into Polish.[56] In Poland the consequences marked a turning point, since the persons responsible for the 1854 Warsaw edition of the *Revolutions* were able to utilize Copernicus' autograph for a limited time. The description of the autograph on the inside of its front cover beneath the bookplate of the Nostitz library is signed by Erwein Nostitz and dated 1854. In the preparation of the 1873 Thorn (Toruń) edition of the *Revolutions* the editors had unlimited access to the autograph. This manuscript was then published in facsimile as Volume I of the *Nikolaus Kopernikus Gesamtausgabe* in 1944.

In 1945 the Nostitz Library in Prague was nationalized, and Copernicus' autograph thereby became state property. On 5 July 1956 the Czechoslovak government presented the priceless document to Poland. On 25 September 1956 the manuscript was placed in the custody of the first institution of higher learning attended by Copernicus, the Jagiellonian University in Cracow, which takes great pride in being the repository of the immortal creation of its most celebrated student.

Description of the Manuscript

Jagiellonian University Library, Cracow, Ms BJ 10,000. Latin and Greek. Written about 1520–1541. Paper, 28 × 19 cm, 213 leaves, 2 paste-downs, 4 flyleaves. Sixteenth-century humanistic cursive. Bound at the beginning of the seventeenth century in a parchment document.

Contents: Nicholas Copernicus, *De revolutionibus*, Books I–VI, autograph. Book I, fol. 1^r–26^r; Book II, fol. 26^v–70^v; Book III, fol. 71^r–106^r; Book IV, fol. 106^v–141^v; Book V, fol. 142^r–188^r, 197^v–201^v; Book VI, fol. 188^v–197^r, 203^r–212^v.

Incipit: Fol. 1^r [Proemium]: [I]nter multa ac varia litterarum artiumque studia. Fol. 1^v [Liber I]: Capitulum primum. Quod mundus sit sphaericus. Principio advertendum nobis est globosum esse mundum.

Explicit: Fol. 212^v: remanebit praepollens latitudo quaesita.

Paper: The manuscript proper consists of four kinds of paper, designated C, D, E, and F.

[53] *The Nostitz Papers, Monumenta chartae papyraceae historiam illustrantia* (Hilversum: Paper Publication Society, 1956).

[54] Friedrich K. G. Hirsching, *Versuch einer Beschreibung sehenswürdiger Bibliotheken Teutschlands* (Erlangen, 1788), III, 472; Jaroslav Schaller, *Beschreibung der Königl. Hauptstadt Prag,* (1795), p. 290, as cited by Quido Vetter, "Sur les destins du manuscrit pragois de Kopernik *De revolutionibus orbium coelestium libri sex*", *Mém. Soc. Roy. de Bohême* (Vestn. Král. České Spol. Nauk) (Prague, 1931), p. 12.

[55] Karl Slavomir Amerling, "Květy", supplement, 30 April 1840, no. 16, p. 63; cited by Vetter, p. 13; translated into Polish in Ludwik Antoni Birkenmajer, *Mikołaj Kopernik* (Kraków, 1900), pp. 641–642.

[56] *Rozmaitości* (Lwów), 1840, no. 35, pp. 290–292; *Thorner Wochenblatt*, 1840, no. 49, p. 597; reprinted by *Morgenblatt für gebildete Stände* (Tübingen), 1840, no. 254.

Paper C, watermark: a serpent with a fleuron above its head; made about 1520–1525, presumably in Holland; fol. 1–8, 46–47, 52–75, 78–82, 86–89.

Paper D, watermark: a hand with the fingers spread out beneath a crown; made in the 1520's, presumably in France; fol. 9–21, 30–31, 33, 38, 40, 43–45, 48, 51, 83–85, 90, 93–95, 104–108, 111–118, 121–138, 141–144, 147, 152–153, 155–158, 161–168, 171–177, 179–180, 182–184, 187–192.

Paper E, watermark: the letter P surmounted by a flower; Maastricht, Holland, 1538–1540; fol. 22–23, 26–29, 32, 34–37, 39, 41–42, 49–50, 76–77, 91–92, 96–103, 109–110, 119–120, 139–140, 145–146, 148–151, 154, 159–160, 169–170, 178, 181, 185–186, 193–208, 210–213.

Paper F, watermark: a hand with the fingers upright beneath a clover-leaf with three petals, known in Osnabrück 1538, Lorraine 1540; fol. 24–25, 209.

Leaves and quires: The manuscript consists of 213 leaves, numbered 1–212 in pencil in the upper right-hand corner of the recto of each leaf by the then owner, Erwein Nostitz (1806–1872), in 1854. The leaves are gathered in twenty-one quires, designated by the lower-case letters of the Latin alphabet from *a* through *x*. These letters were written in ink in the lower right-hand corner of the recto of the first leaf of each quire. With the exception of *a*, these quire signatures were written by Copernicus.

As a rule, the quires are quinternions. But as Copernicus made changes in his manuscript, he converted five quires into sexternions (*c, e, h, i, x*), and one into a quaternion (*d*). There is also a true quaternion (*v*), assembled for a special purpose. Three quinternions (*a, g, p*) and one sexternion (*x*) are not complete.

Handwriting: The entire text was written by Copernicus himself in a humanistic cursive hand based on Italian models, some passages being presented in a more formal and deliberate style. Editorial changes in the margins and interlinear modifications were made by Rheticus on fol. 21^r, 24^r, 71^r, 72^r, 188^r, (and perhaps 8^v and 187^v). Two corrections, written in a seventeenth-century hand and ascribed to Christmann, were entered in the margins of fol. 107^v and 109^r.

Binding: Copernicus did not have the manuscript bound. It was kept for a time in a parchment document, which later was used for the binding made at Heidelberg about 1603. The padding inside the rear cover consists of pieces of the page proofs of Consalvus' book *De inquisitione Hispanica,* printed by Gotthard Vögelin at Heidelberg in 1603. Flyleaf *a*, which is entirely blank, is made of paper A. This was manufactured about 1550 with a watermark consisting of a capital letter P between a flower above it and an object below it. The entirely blank last leaf of quire *x*, mistakenly lettered flyleaf *d*, is now correctly numbered folio 213. It is followed by flyleaf *e*, which is also entirely blank. Flyleaf *e* is made of paper B, as are also flyleaves *b* and *c* as well as the paste-downs on the front and rear covers. Paper B was manufactured toward the end of the sixteenth century with a watermark showing a coat of arms beneath a rod entwined by a serpent.

Provenance: To the inside of the front cover is affixed the Nostitz coat of arms, proclaiming their ownership of the manuscript in 1774. Beneath their bookplate the following description is written in ink, covering the same previous text in pencil:

> Das Manuscript enthält: 212 Blätter, ausserdem 3 Vorblätter von denen das 1ᵉ leer ist, das 2ᵉ die Aufzählung der verschiedenen Eigenthümer und das 3ᵉ Blatt den Namen: "Otto f V Nostitz" trägt, endlich 2 leere Nachblätter – im Ganzen also: 217 Blätter. Zwischen dem 69 und 70ᵉⁿ Blatt ist ein Blatt herausgeschnitten.
> Das 77ᵉ Blatt ist ein ganz leeres von dem oben ein zollbreiter Streif abgeschnitten ist.
> Das 92ᵉ Blatt ist ein ganz leeres.

Das 146e Blatt war herausgeschnitten und ist wieder hineingeklebt.
Das 202e Blatt ist ein ganz leeres.
Zwischen dem 206en und 207en Blatt ist ein Blatt herausgeschnitten.
1854. Erwein Nostitz

(The manuscript contains 212 leaves, plus 3 front flyleaves, of which the first is blank, the second enumerates the various owners, and the third bears the signature "Otto f V Nostitz," and finally two blank rear flyleaves – altogether therefore 217 leaves. Between fol. 69 and 70 a leaf has been cut away. Fol. 77 is entirely blank and a strip as wide as an inch has been cut away from the top of it. Fol. 92 is entirely blank. Fol. 146 was cut out and pasted in again. Fol. 202 is entirely blank. Between fol. 206 and 207 a leaf has been cut away.
1854. Erwein Nostitz)

Spread all over the recto of flyleaf *b* is the following inscription:

Venerabilis et eximii Iuris utriusque Doctoris, Domini Nicolai Copernick, Canonici Varmiensis, in Borussia Germaniae mathematici celeberrimi opus de revolutionibus coelestibus propria manu exaratum: et hactenus in bibliotheca Georgii Ioachimi Rhetici, item Valentini Othonis conservatum, ad usum studii mathematici procuravit M. Iacobus Christmannus Decanus Facultatis artium, anno 1603. die 19 Decembris.

(The work on the heavenly revolutions, written with his own hand by Nicholas Copernicus, canon of Varmia, a most celebrated mathematician of Prussia in Germany, a venerable and outstanding doctor of both [canon and civil] law, and preserved heretofore in the library of George Joachim Rheticus and also Valentine Otho, was acquired to be used in the study of mathematics by Professor Jakob Christmann, Dean of the Faculty of Arts, on 19 December 1603.)

The upper part of the verso of flyleaf *b* bears the following inscription:

Hunc librum a vidua pie defuncti M. Jac. Christmanni digno redemptum pretio, in suam transtulit Bibliothecam JOHANNES AMOS NIVANUS: Anno 1614. 17 Januarii. Heidelbergae.

(This book, bought at a worthy price from the widow of Professor Jakob Christmann of pious memory, was transferred to his own library by John Amos Nivanus [Comenius] on 17 January 1614 at Heidelberg.)

Toward the bottom of the recto of flyleaf *c* there is the following signature: Otto f V Nostitz mp.

History of the manuscript: its successive owners and places of preservation:

1. Nicholas Copernicus (1473–1543), Frombork.
2. Tiedemann Giese (1480–1550), Varmia.
3. George Joachim Rheticus (1514–1574), Leipzig, Cracow, Košice.
4. Valentine Otho (c. 1545– c. 1603), Košice, Heidelberg.
5. Jakob Christmann (1554–1613), Heidelberg.
6. John Amos Comenius (1592–1670), places unknown.
7. Otto F. von Nostitz (1608–1664) and his heirs, Jawor in Silesia, Prague.
8. National Museum Library (1945–1956), Prague.
9. Jagiellonian University Library (from 1956), Cracow.

Jerzy Zathey

LIST OF PLATES

PLATES I-XXIII

PLATE I. WATERMARK C.

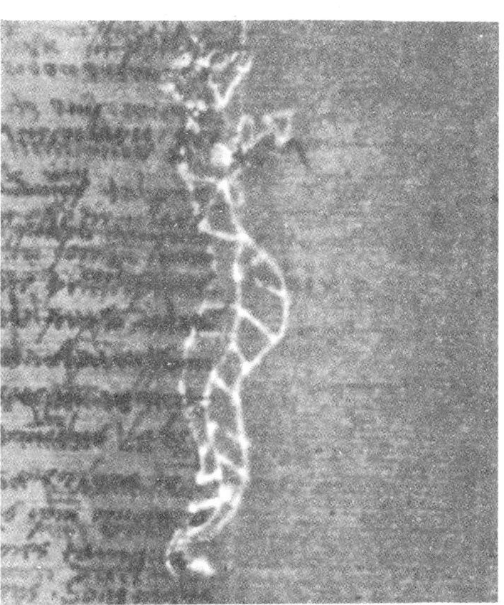

1. Watermark C1a (fol. 3), drawing and infra-red photograph.

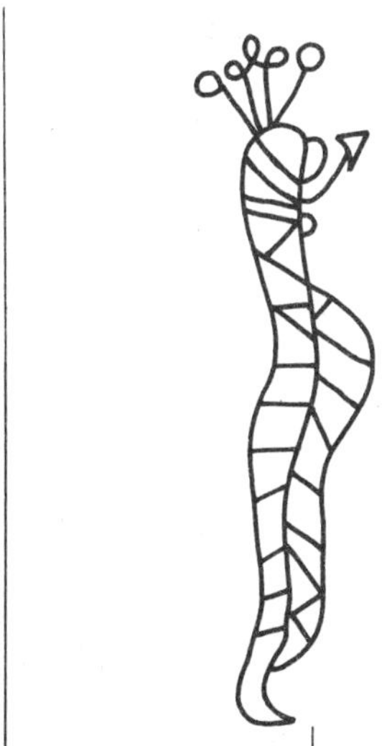

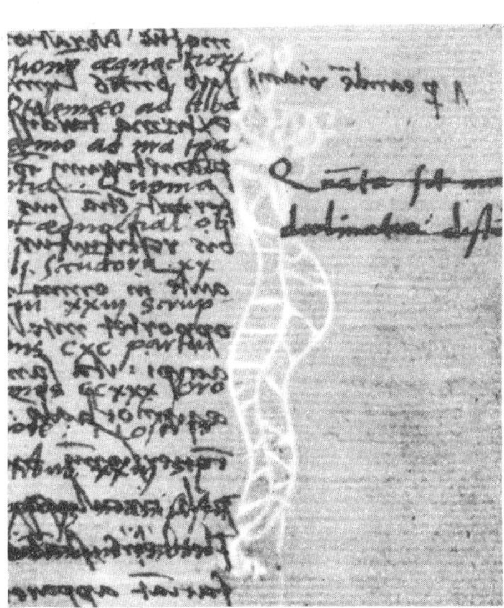

2. Watermark C1b (fol. 73), drawing and photograph.

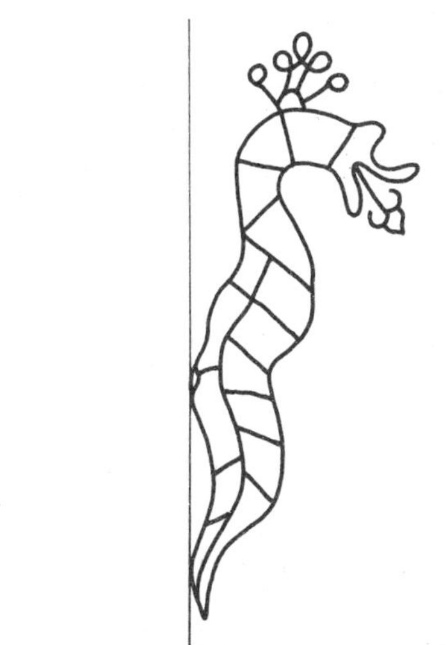

3. Watermark C2 (fol. 66), drawing and infra-red photograph.

PLATE II. WATERMARK D.

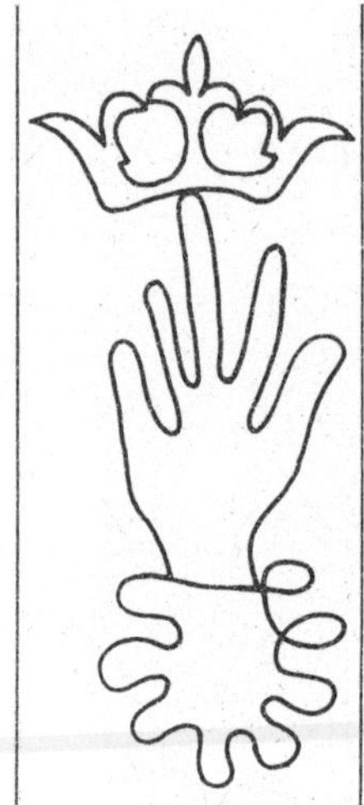

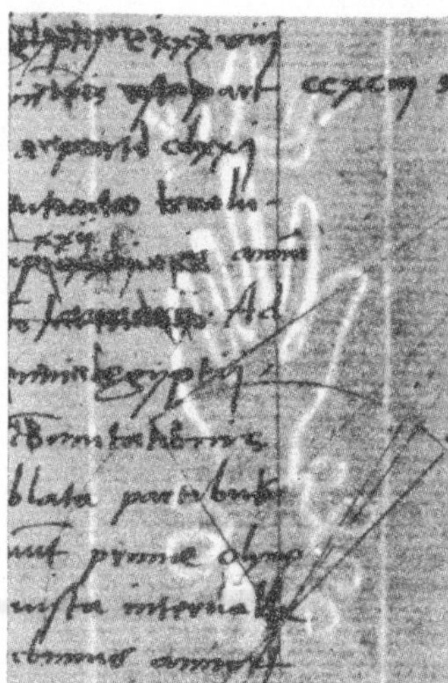

1. Watermark D1 (fol. 168), drawing and photograph.

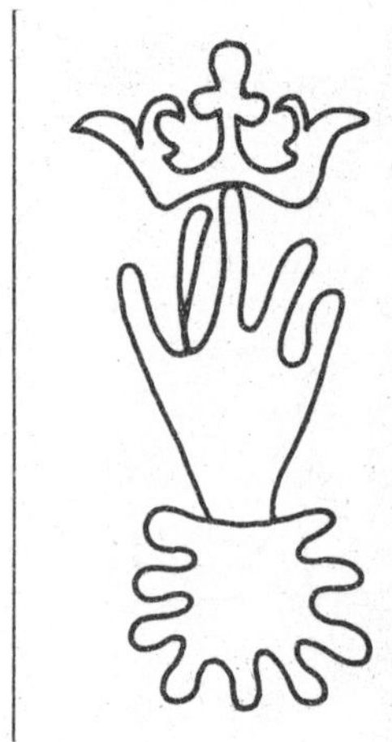

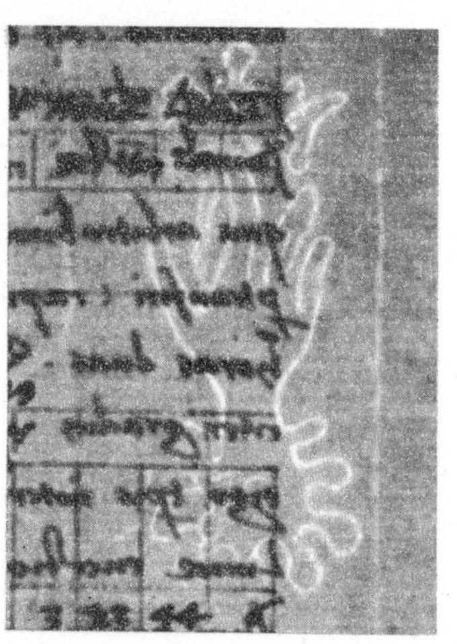

2. Watermark D2a (fol. 138), drawing and infra-red photograph.

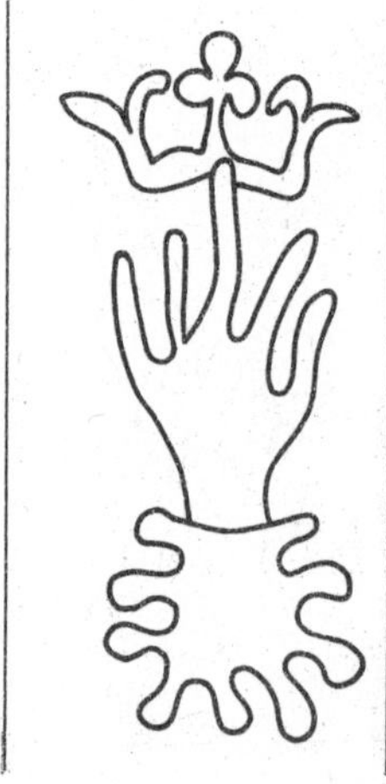

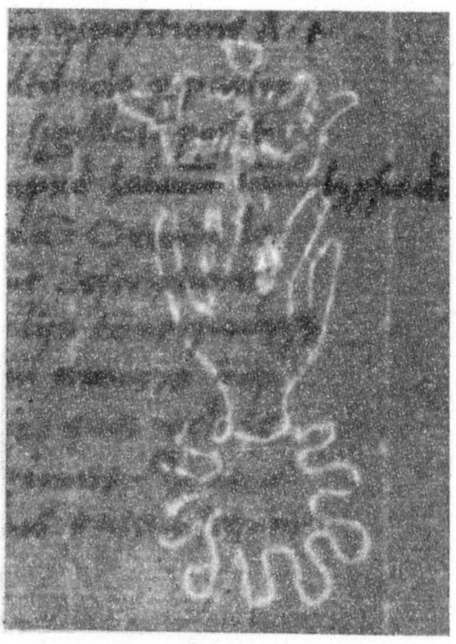

3. Watermark D2b (fol. 44), drawing and photograph.

PLATE III. WATERMARKS E AND F.

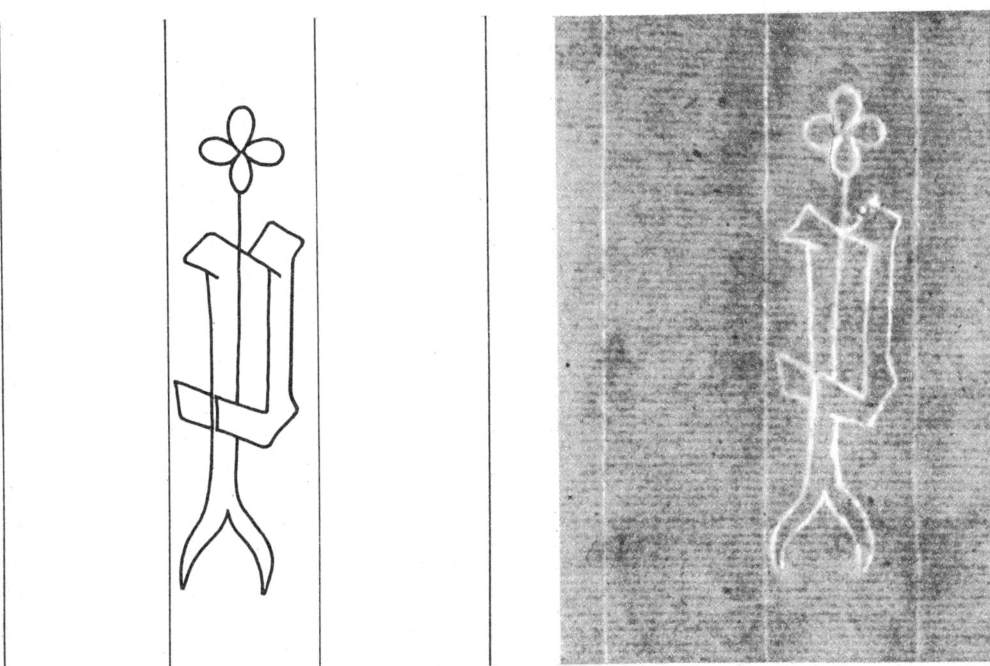

1. Watermark E (fol. 77), drawing and photograph.

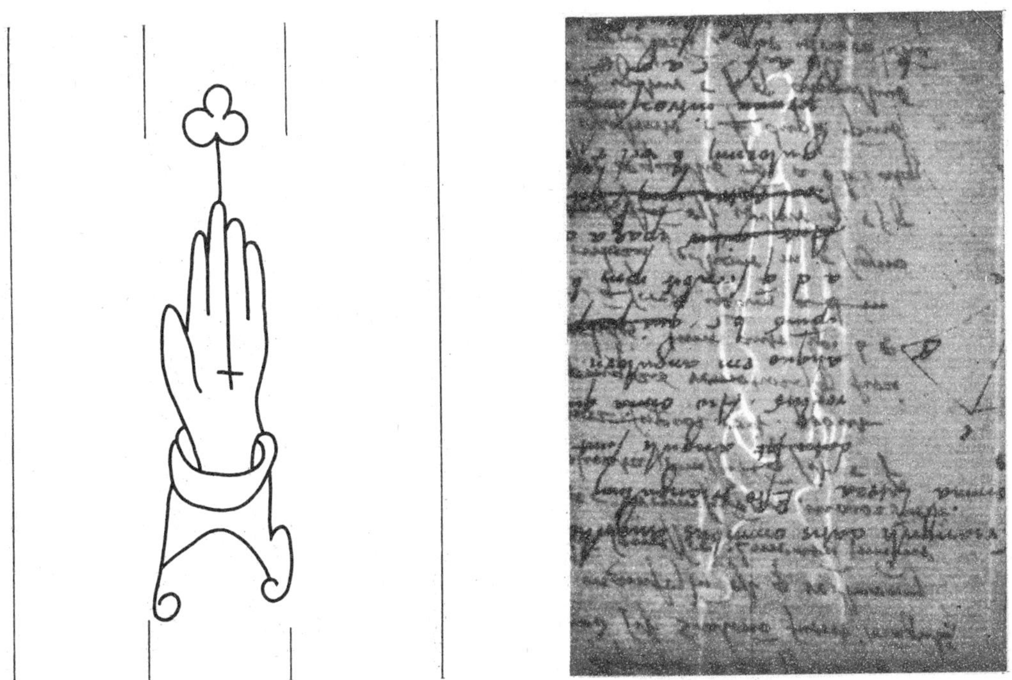

2. Watermark F (fol. 24), drawing and infra-red photograph.

PLATE IV. AUTOGRAPH LETTER OF COPERNICUS TO DANTISCUS. FROMBORK, 9 AUGUST 1537.

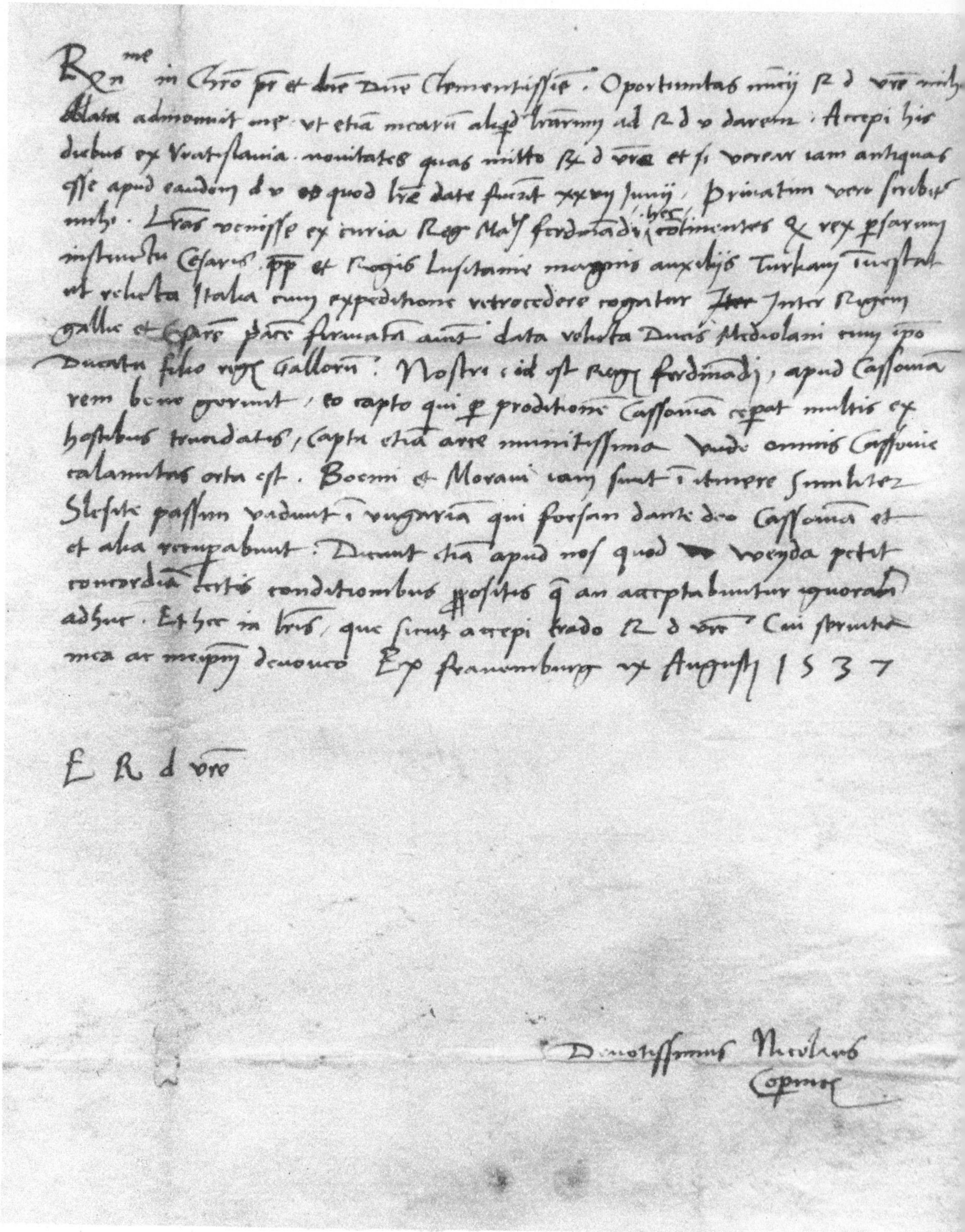

Rev^me in Chro pr et dne Dne Clementissime. Oportunitas nuncij R d vre mihi
oblata admonuit me ut etia meoru aliqd lrarum ad R d v darem. Accepi his
diebus ex Vratislavia novitates quas mitto R d vre et si vereor iam antiquas
esse apud eandem d v eo quod lre date fuerunt xxvj Junij. Privatim vero scribit
mihi. Lras venisse ex curia Reg Mat^s Ferdinandi liber Colimentes & rex Persarum
instinctu Cesaree Mtis et Regis Lusitanie magnis auxilijs Turkam infestat
et relicta Italia cum expeditione retrocedere cogitur. Inter Regem
Gallie et Cesare pace firmata aiunt data relicta Ducis Mediolani cum ipso
Ducatu filio regis Gallorum. Nostri id est Regis Ferdinandi, apud Cassovia
rem bene gesserunt, eo capto qui per proditionem Cassoviam cepit multis ex
hostibus trucidatis, capta etia arce munitissima unde omnis Cassovie
calamitas orta est. Boemi & Moravi iam sunt in itinere similiter
Slesite passim vadunt in Ungaria qui forsan dante deo Cassovia et
et alia recuperabunt. Dicunt etia apud nos quod Voievoda petet
concordia certis conditionibus positis q an acceptabuntur ignoratur
adhuc. Et hec in lris, que sicut accepi trado R d vre Cui servitia
mea ac meipsum devoveo Ex Fraunburg ix Augusti 1537

E R d vre

Devotissimus Nicolaus
Copernic

PLATE V. AUTOGRAPH LETTER OF COPERNICUS TO DANTISCUS. FROMBORK, 28 SEPTEMBER 1537.

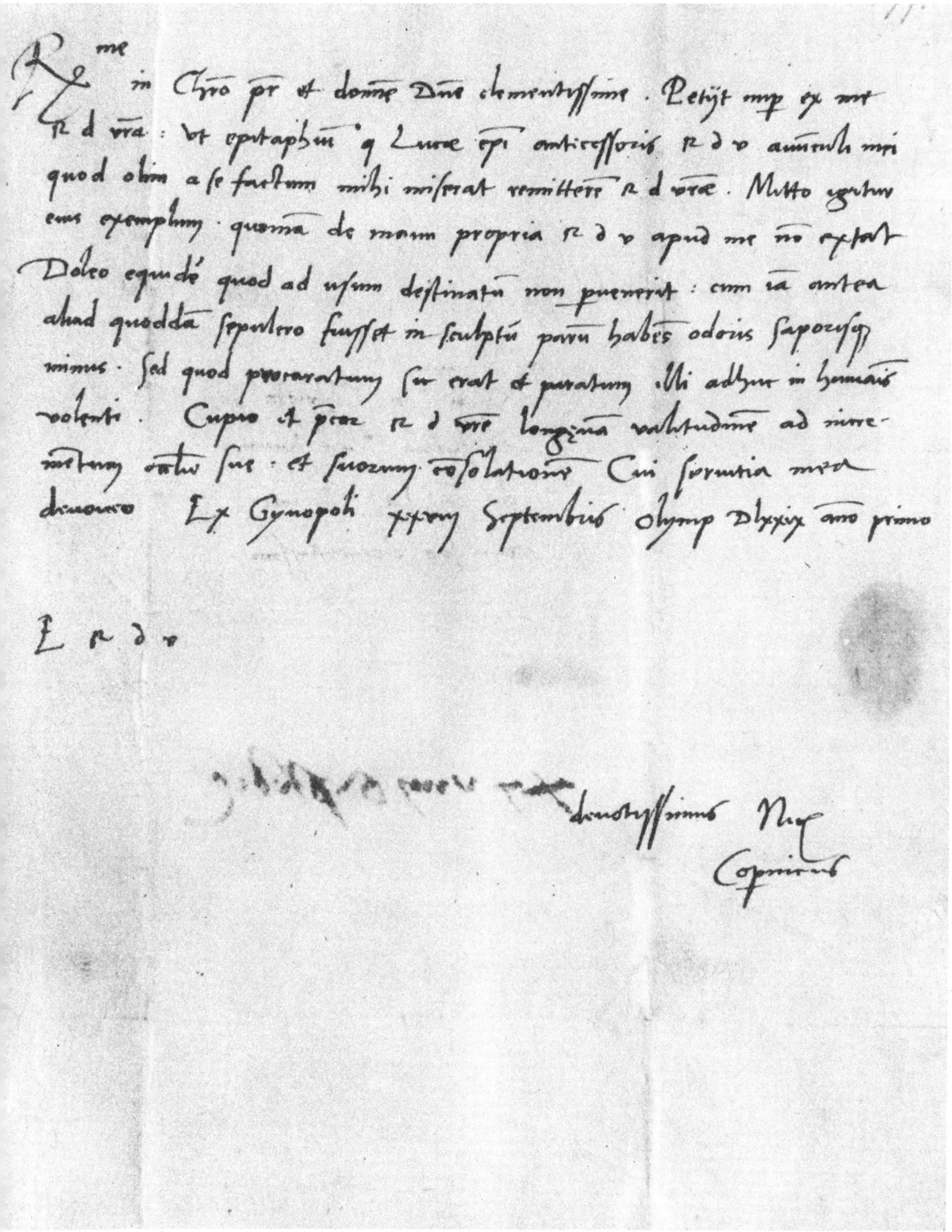

Rme in Chro pr et dome Dne clementissime. Petijt nup ex me
R d vra: vt epitaphiu q Lucae epi antecessoris R d v auunculi mei
quod olim a se factum mihi miserat remitterem R d vrae. Mitto igitur
eius exemplum quoniam de manu propria R d v apud me no extat
Doleo equide quod ad usum destinatu non pvenerit: cum iam antea
aliud quoddam sepulcro fuisset insculptu paru habes odoris saporisq
minus. Sed quod praeparatum fuerat et paratum illi adhuc in humanis
volenti. Cupio et precor R d vre longaeua valetudine ad incre-
mentum ouiu suarum et suorum cosolatione Cui servitia mea
devoveo Ex Gynopoli xxvij Septembris olymp Dlxxix anno primo

E R d v

deditissimus Nic
Copnicus

PLATE VI. AUTOGRAPH LETTER OF COPERNICUS TO DANTISCUS. FROMBORK, 3 MARCH 1539.

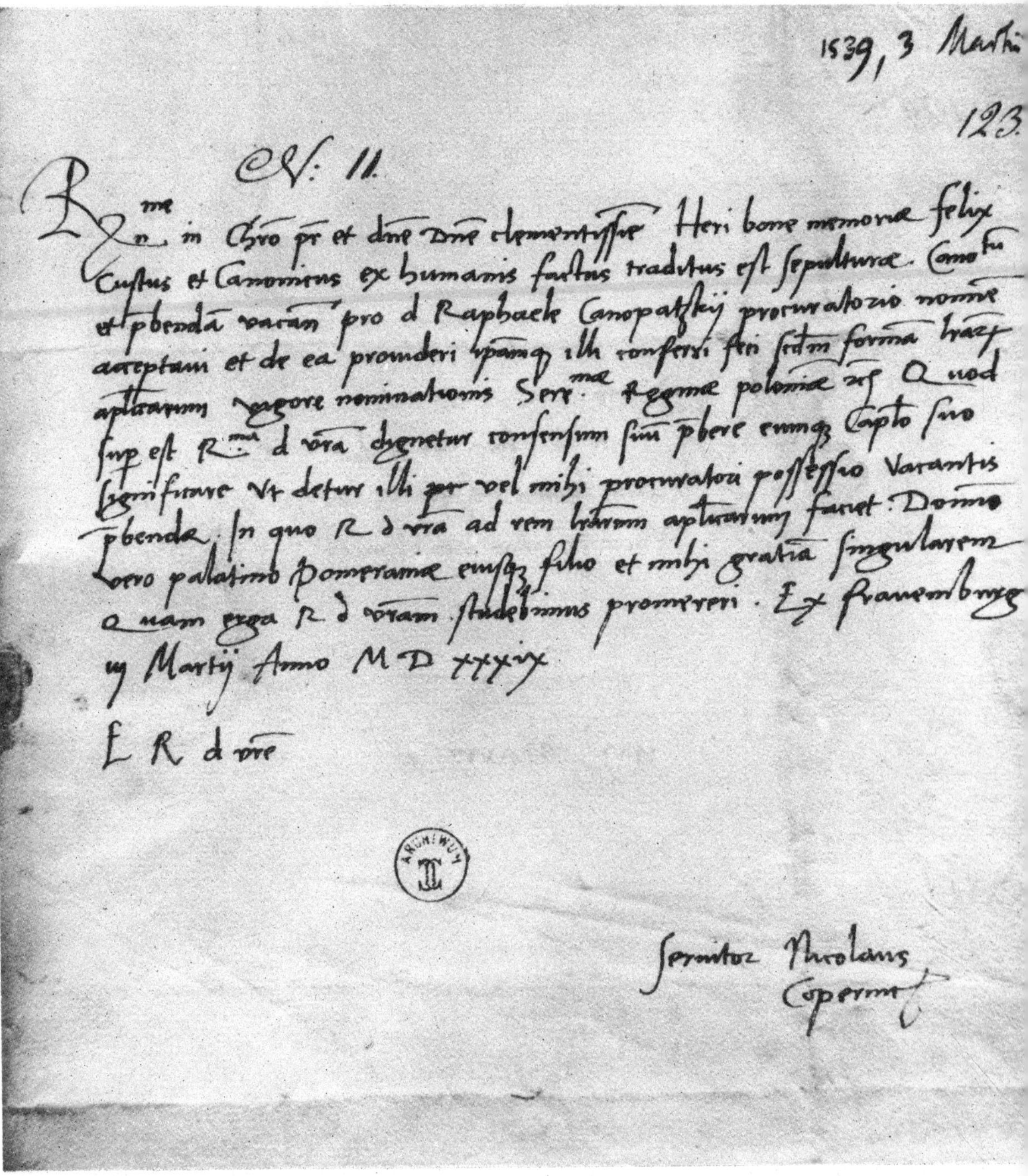

1539, 3 Martii

123.

N: 11.

Rme in Chro pr et dne Dne clementissime Heri bone memorie felix
Custus et Canonicus ex humanis factus traditus est sepulture. Canonicatum
et pbenda vacan pro d Raphaele Conopatzkij procuratorio nomine
acceptavi et de ea provideri ipsumque illi conferri feci scdm forma lrarum
aplicarum vigore nominationis Serme Regine polonie etc. Quod
sup est Rma d vra dignetur consensum suum pbere eumque Capto suo
significare Ut detur illi per vel mihi procuratori possessio Varantis
pbende. In quo R d vra ad rem lrarum aplicarum faciet Domino
Lucio palatino Pomeranie eiusque filio et mihi gratiam singularem
Quam erga R d vram studebimus promereri. Ex Frauenburg
iij Martij Anno MDXXXIX

E R d vre

Servitor Nicolaus
Copernic

PLATE VII. AUTOGRAPH NOTES BY COPERNICUS IN THE 1511 AND 1512 ACCOUNTS OF THE VARMIAN CHAPTER (RIKSARKIVET STOCKHOLM), RATIONES, FOL. 67, 69.

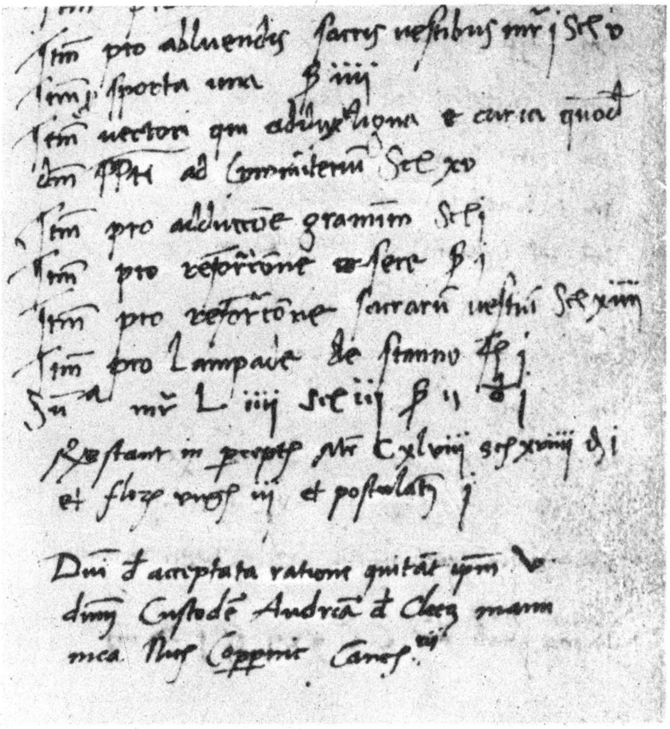

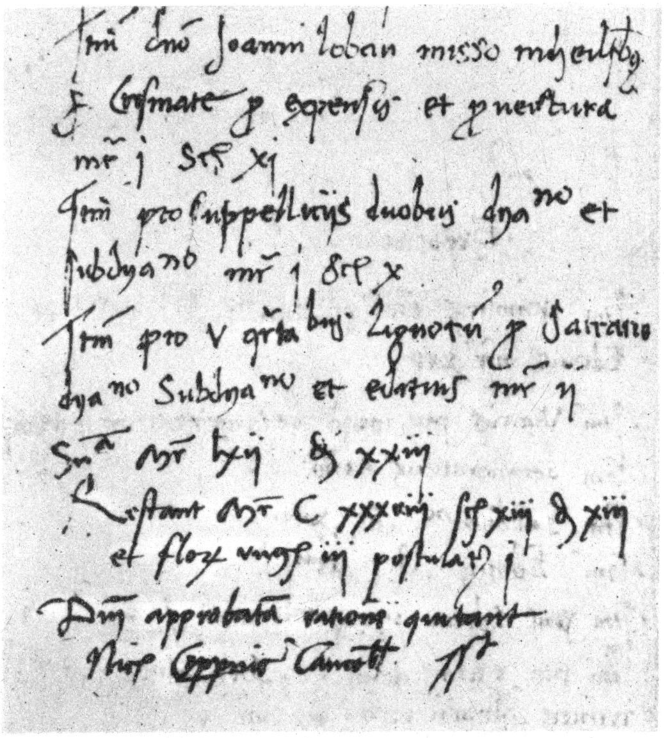

PLATE VIII. ENLARGED LETTERS A, TAKEN FROM THE MANUSCRIPT OF *DE REV*. AND FROM COPERNICUS' LETTERS.

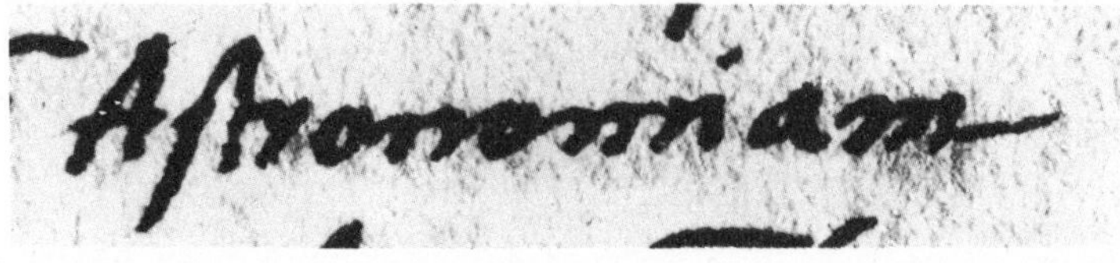

1. MS fol. 1^{r}, l. 14.

2. MS fol. 1^{r}, l. 15, and letter from 2 December 1538, l. 2.

3. MS fol. 2^{r}, l. 25, and letter from 8 June 1536, l. 1.

4. MS fol. 127^{r}, l. 19, and letter from 29 February 1524, l. 3 up.

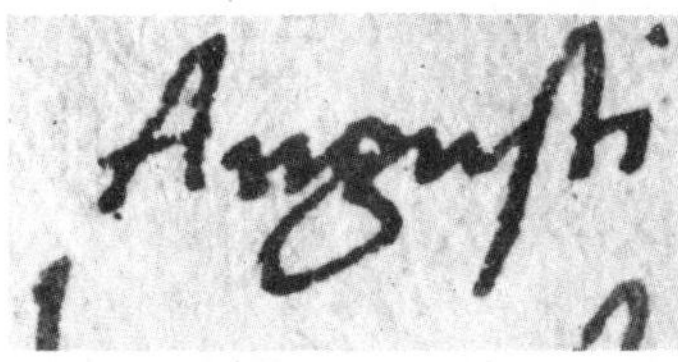

5. MS fol. 127^{r}, l. 20, and letter from 9 August 1537, l. 4 up.

PLATE IX. ENLARGED LETTERS E AND I, TAKEN FROM THE MANUSCRIPT OF *DE REV.* AND FROM COPERNICUS' LETTERS.

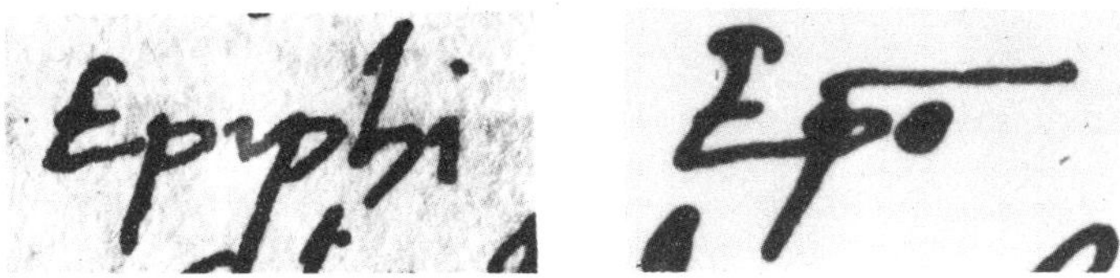

1. MS fol. 176^{v}, l. 22, and letter from 25 April 1538, address (E).

2. MS fol. 85^{v}, l. 5 up, and letter from 3 March 1539, l. 5 up (E).

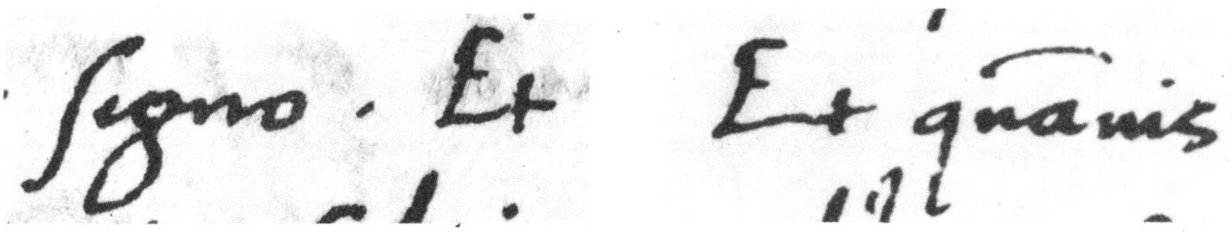

3. MS fol. 192^{r}, l. 20, and letter from 2 December 1538, l. 3 (E).

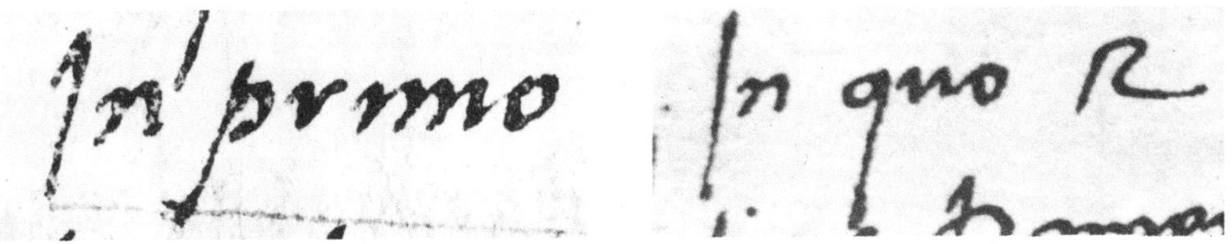

4. MS fol. 61^{v}, l. 6 up, and letter from 3 March 1539, l. 8 (I).

5. MS fol. 79^{r}, l. 16 up, and letter from 2 December 1538, l. 7 (I).

PLATE X. ENLARGED LETTERS V, O, P, AND F, TAKEN FROM THE MANUSCRIPT OF *DE REV*. AND FROM COPERNICUS' LETTERS

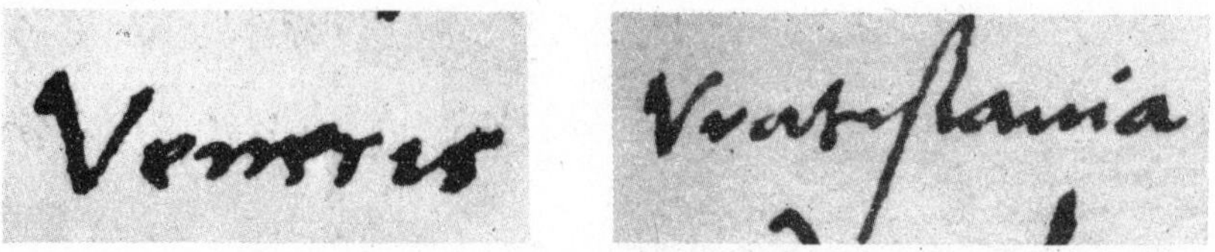

1. MS fol. 169^{v}, l. 8, and letter from 9 August 1537, l. 3 (pointed V).

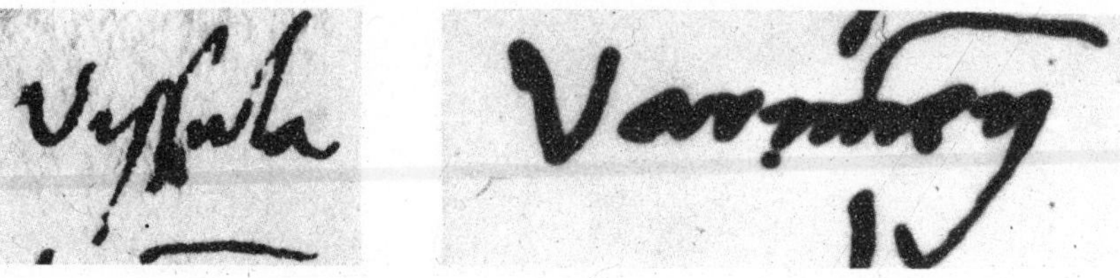

2. MS fol. 180^{r}, l. 10, and letter from 25 April 1538, address (round V).

3. MS fol. 118^{v}, l. 10 (O).

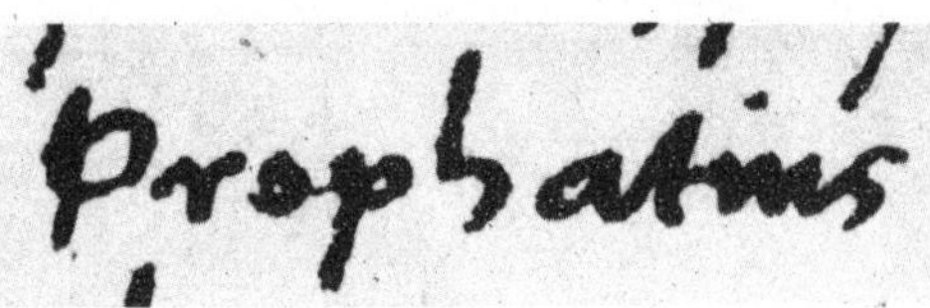

4. MS fol. 79^{r}, l. 16 up (P).

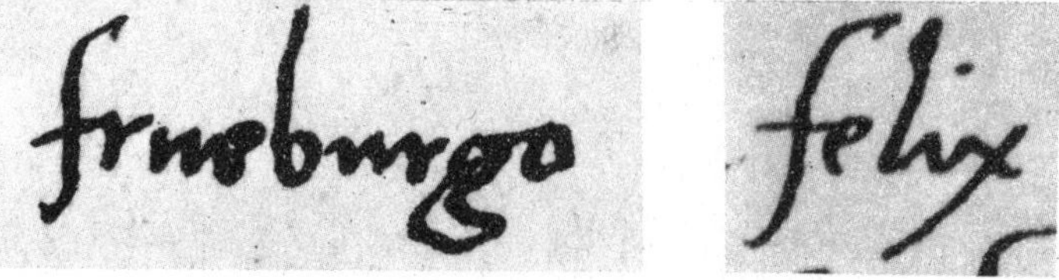

5. MS fol. 72^{r}, l. 10 up, and letter from 3 March 1539, l. 1 (F).

PLATE XI. ENLARGED LETTERS D, B, AND R, TAKEN FROM THE MANUSCRIPT OF *DE REV.* AND FROM COPERNICUS' LETTERS.

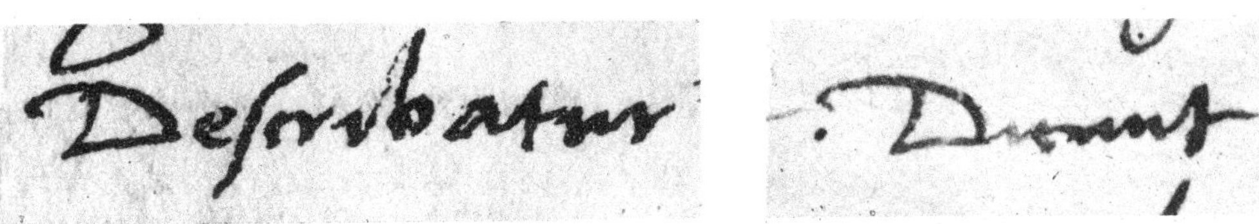

1. MS fol. 119^{r}, l. 4, and letter from 9 August 1537, l. 7 up (D).

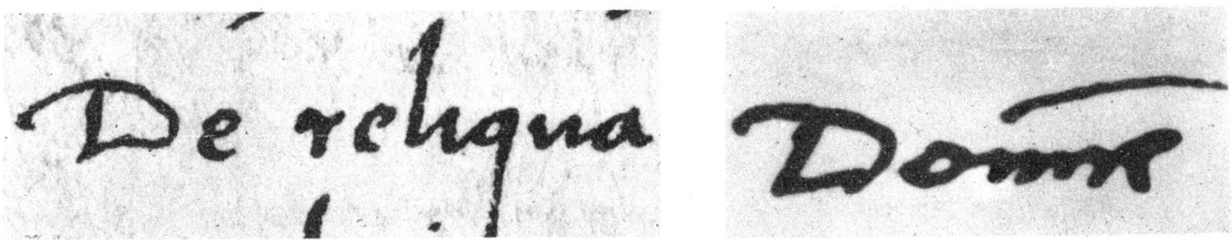

2. MS fol. 119^{r}, l. 21, and letter from 25 April 1538, l. 1 (D).

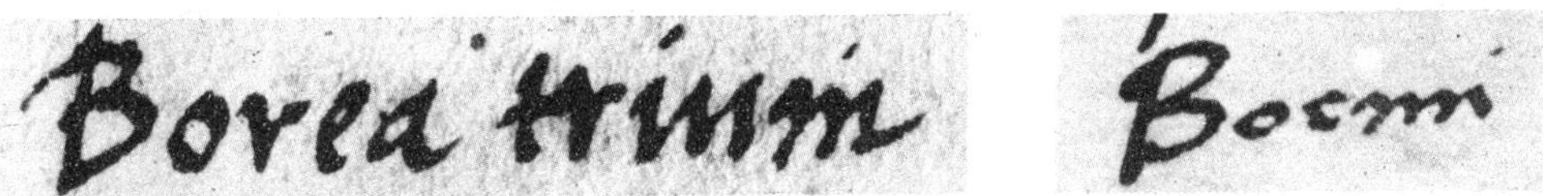

3. MS fol. 62^{r}, l. 9 up, and letter from 9 August 1537, l. 9 up (B).

4. MS fol. 130^{v}, l. 13, and letter from 25 April 1538, l. 2 (R).

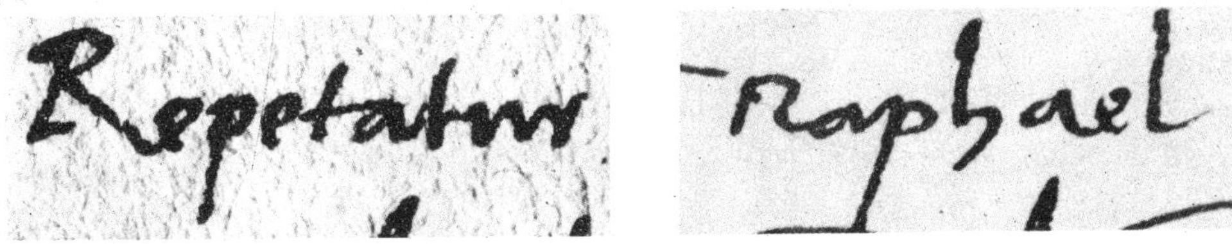

5. MS fol. 136^{r}, l. 13 up, and letter from 11 March 1539, l. 4 (R).

PLATE XII. ENLARGED LETTERS C, S, AND T, TAKEN FROM THE MANUSCRIPT OF *DE REV.* AND FROM COPERNICUS' LETTERS.

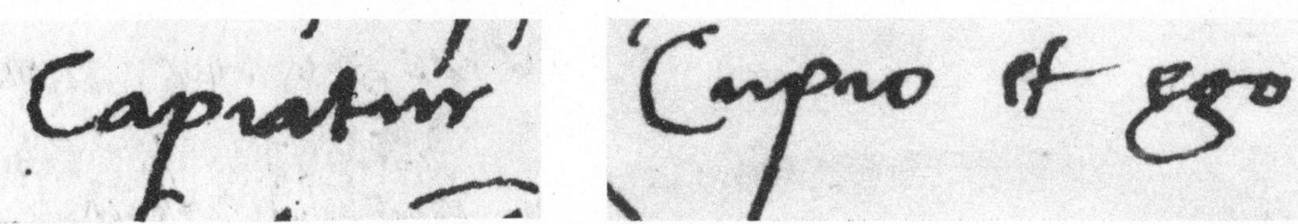

1. MS fol. 119[r], l. 9 up, and letter from 11 March 1539, l. 6 (C).

2. MS fol. 118[v], l. 11, and letter from 25 April 1538, l. 3 (C).

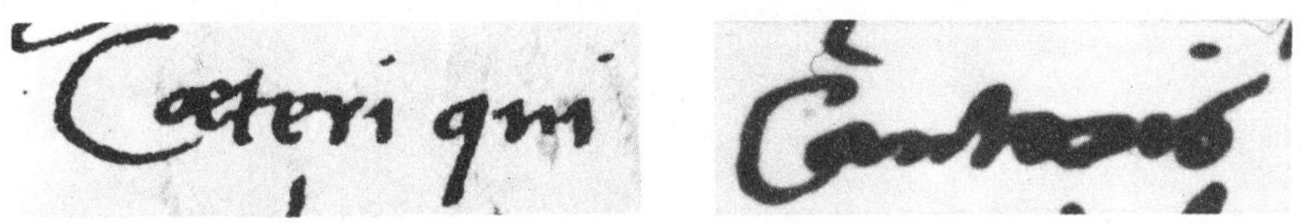

3. MS fol. 32[r], l. 10, and letter from 25 April 1538, l. 4 (C).

4. MS fol. 137[v], l. 8, and letter from 8 June 1536, l. 5 (S).

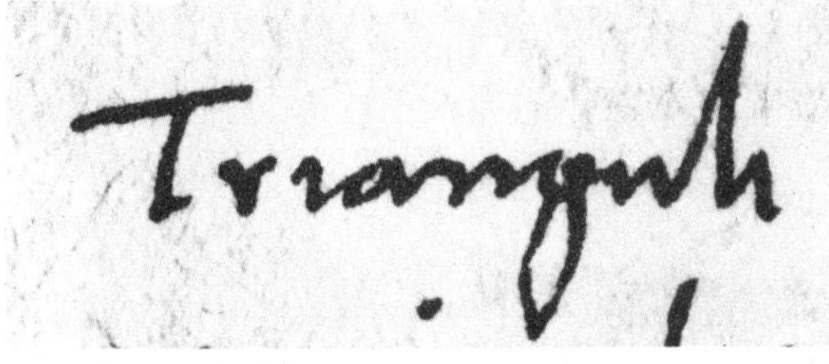

5. MS fol. 24[v], l. 15 (T).

PLATE XIII. ENLARGED LETTERS M, N, AND H, TAKEN FROM THE MANUSCRIPT OF *DE REV.* AND FROM COPERNICUS' LETTERS.

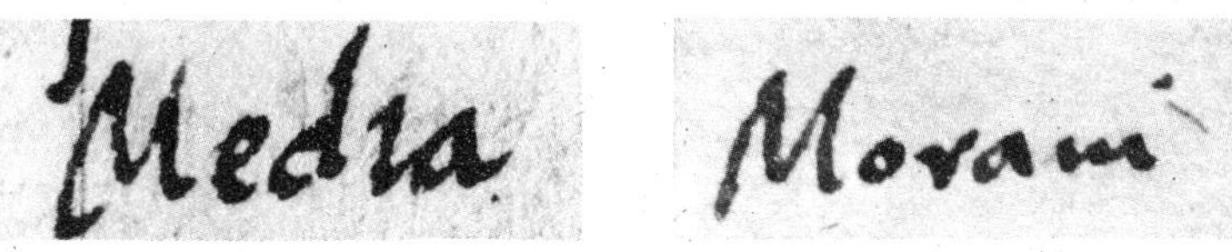

1. MS fol. 62^{r}, l. 10 up, and letter from 9 August 1537, l. 12 (M).

2. MS fol. 180^{v}, l. 21, and letter from 3 March 1539 (signature, N).

3. MS fol. 121^{r}, l. 2 up, and letter from 8 June 1536 (signature, N).

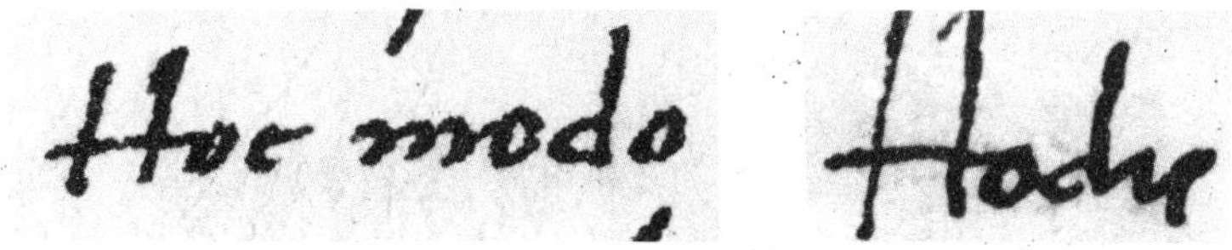

4. MS fol. 121^{r}, l. 5 up, and letter from 11 March 1539, l. 1 (H).

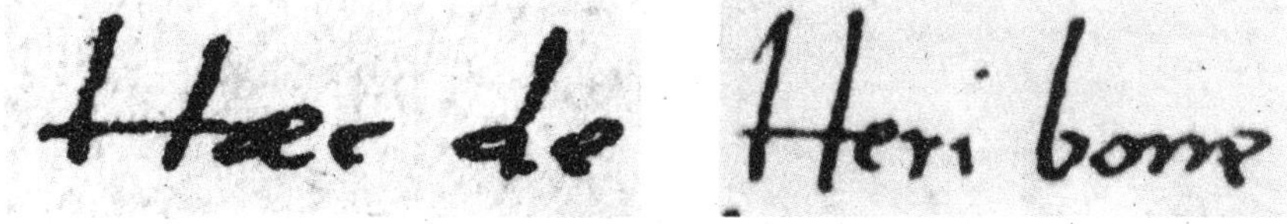

5. MS fol. 141^{v}, l. 6 up, and letter from 3 March 1539, l. 1 (H).

PLATE XIV. ENLARGED LETTERS L, Q, AND Z, TAKEN FROM THE MANUSCRIPT OF *DE REV.* AND FROM COPERNICUS' LETTERS.

1. MS fol. 141^{v}, l. 6 up, and letter from 28 September 1537 l. 2 (L).

2. MS fol. 119^{r}, l. 11 (Q).

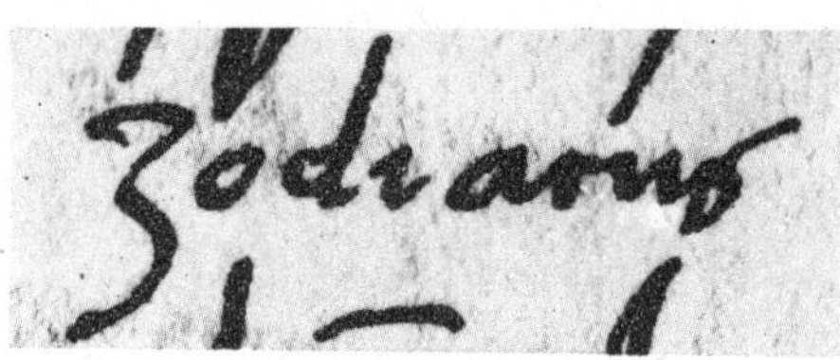

3. MS fol. 47^{v}, l. 13 up (Z).

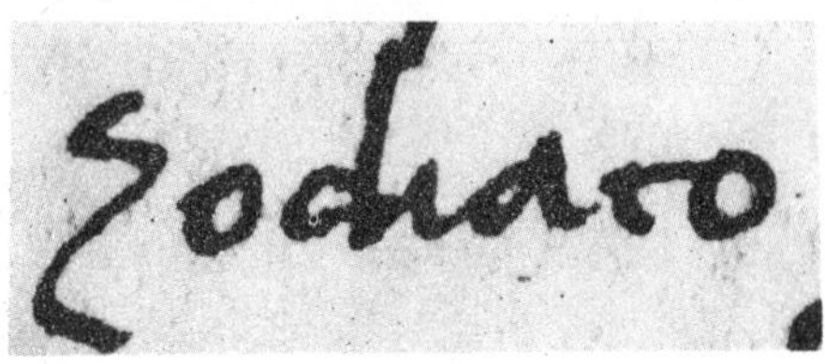

4. MS fol. 47^{r}, l. 4 up (Z).

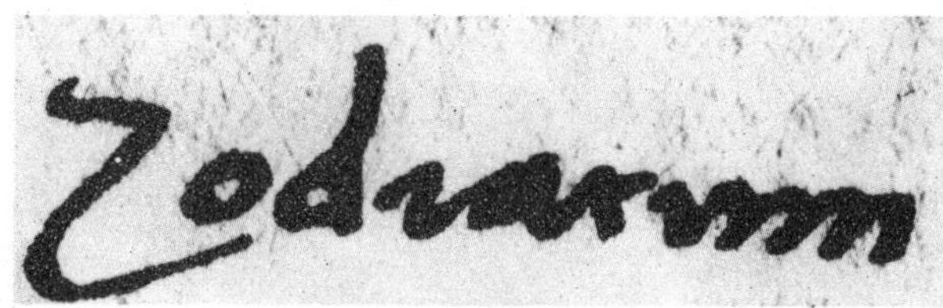

5. MS fol. 26^{v}, l. 13 up (Z).

PLATE XV. MINUSCULE LETTERS TAKEN FROM THE MANUSCRIPT OF *DE REV.*

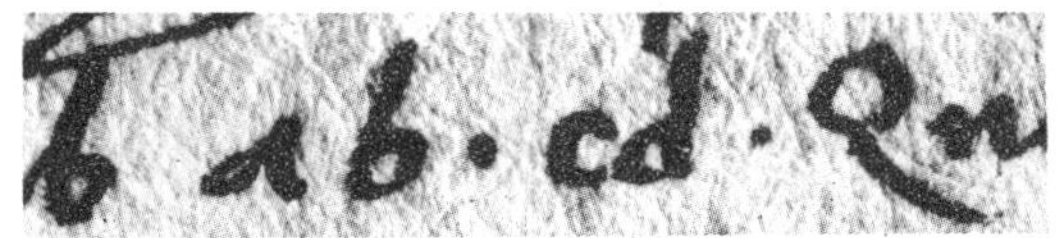

1. MS fol. 14^{r}, l. 18.

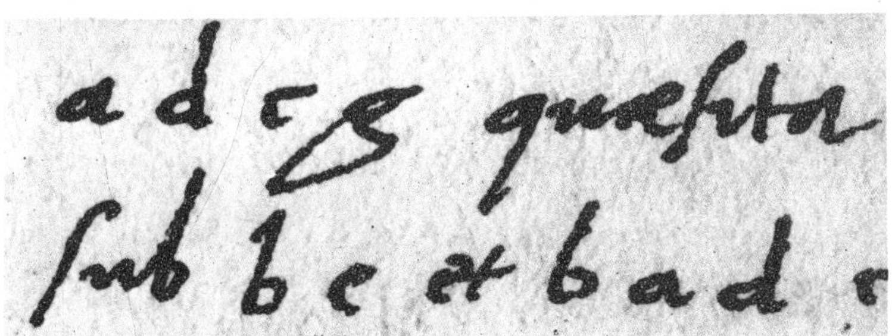

2. MS fol. 141^{v}, l. 10 and 11.

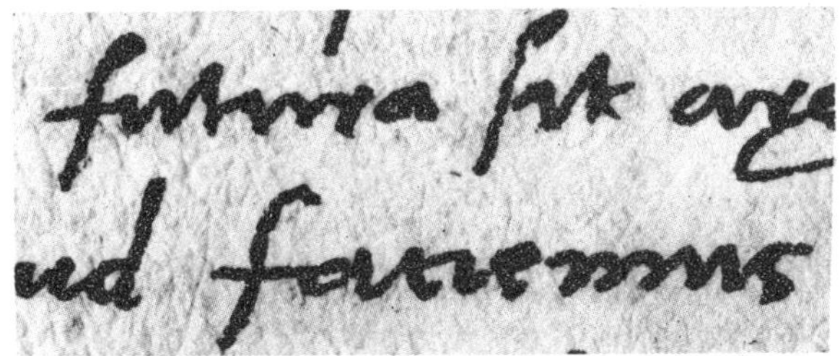

3. MS fol. 108^{r}, l. 11 and 12 up.

4. MS fol. 156^{v}, l. 21.

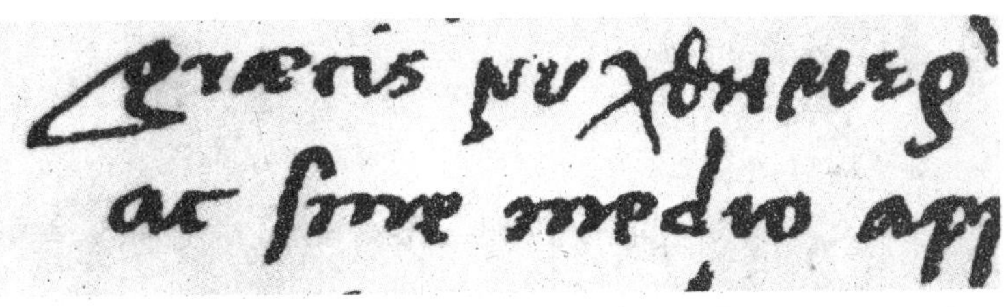

5. MS fol. 26^{v}, l. 6 and 7.

PLATE XVI. WATERMARKS OF THE BINDING: A AND B.

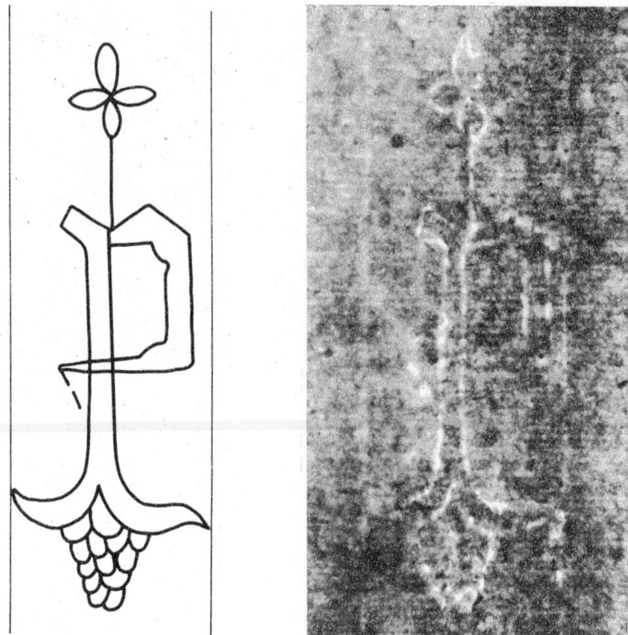

1. Watermark A, fol. *a*, drawing and photograph.

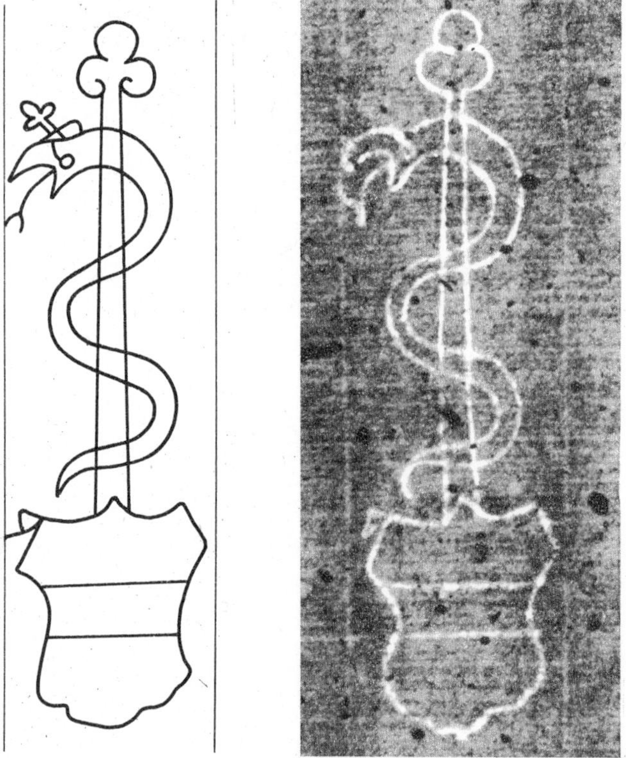

2. Watermark B, fol. *c*, drawing and photograph.

PLATE XVII. THE CHAIN LINES AND THE TRANSVERSE LINES OF THE PASTE-DOWN OF THE REAR COVER SEEN AGAINST THE LIGHT (JUNE 1969).

PLATE XVIII. THE REAR COVER AFTER REMOVING THE PASTE-DOWN AND CARDBOARD (JUNE 1969).

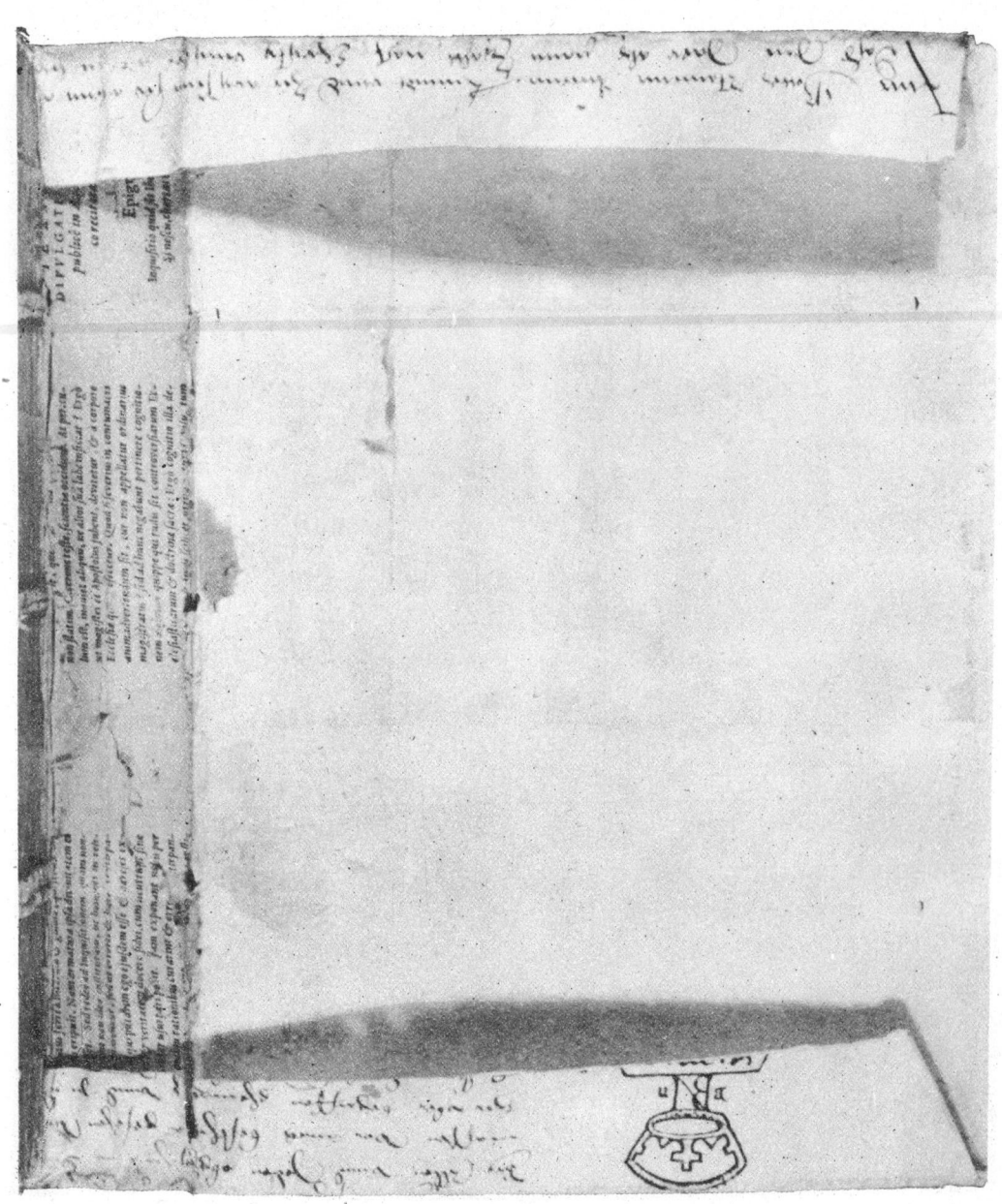

PLATE XIX. THE UPPER AND THE LOWER PART OF THE PARCHMENT DOCUMENT (JUNE 1969).

PLATE XX. THE PADDING OF THE REAR COVER – THE PAGE PROOFS WITH A PART OF THE TITLE PAGE.

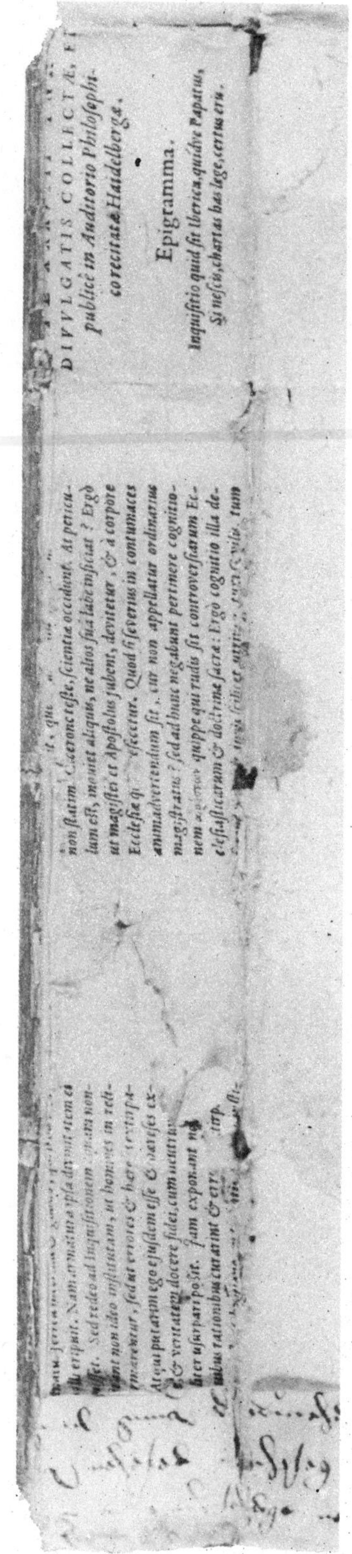

DIVULGATIS COLLECTÆ, ET publicè in Auditorio Philosophico recitatæ Haidelbergæ.

Epigramma.

Inquisitio quid sit Iberica, quidve Papatus, Si nescis, chartas has lege, certus eris.

The part which remained in the manuscript.

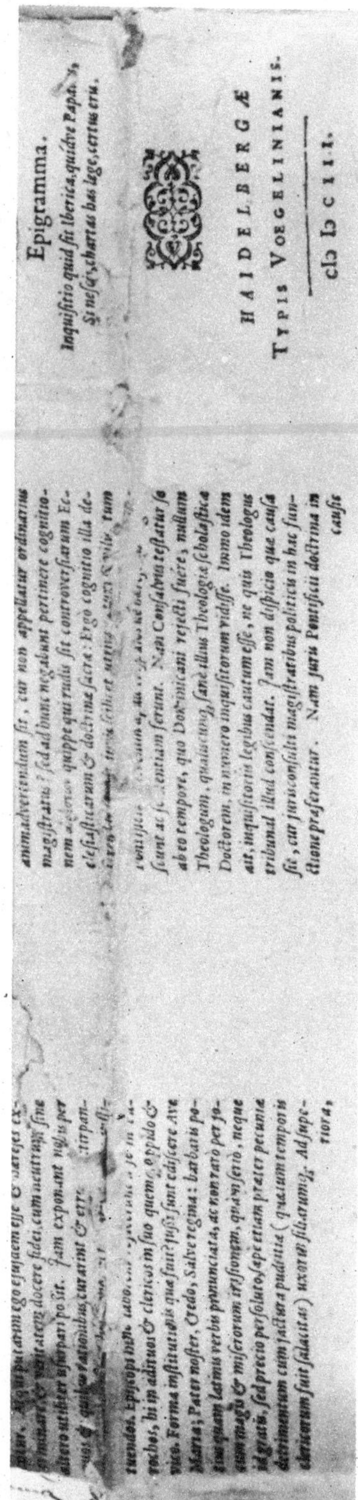

Epigramma.

Inquisitio quid sit Iberica, quidve Papatus, Si nescis, chartas has lege, certus eris.

HAIDELBERGÆ

TYPIS VOEGELINIANIS.

clɔ Iɔ CIII.

The part which was taken out.

PLATE XXI. PAGE PROOFS OF CONSALVUS' BOOK TAKEN OUT OF THE COVER.
PARTS OF PP. 5, 8 AND 1.

HISPANICA 5

qui ments illustrat, allicit & invitat, & eos, qui tan-
tum munus non animo pertinace repudiant ad Christi
consßionem & societatem perducit. Hæc Orosius. Ad
pœnas autem, de quib. dixi sufferendas nō semper attra-
hebantur ii, qui ad satietatem usque Christo maledixe-
rant, sed frequētißimè illi, qui levicula aliqua ceremonia
ex Mahumetismo vel Judaismo repetita usi fuissent. Ad
hujus terribilis tribunalis confirmationem quod attinet,
video q [illegible] ri posse, cu[illegible] illa tribuenda sit? Autor quem nos
sequimur sive sit ille Reginaldus Consalvus Montanus
sive alius, tribuit hanc Sixto Quarto. Quia antē hic obiit
anno 1484. necesse est Inquisitionem institutam fuisse
annis aliquot antequam omnes Saraceni à Ferdinando
Hisp anis expellerentur. Platina sanè nullam hujus rei
m entionem facit in vita Sixti de quo in superioribus
aliquid diximus. Verisimile quidem videtur eo anno in-
troductam, quo Mauri omnes exterminati, quo tempore
Alexander Sextus Pontifex fuit, qui etiam teste Vola-
terran[illegible] Ferdinando ob victoriam illam & fortasse ob
Inquisit[illegible]onem recens inventam Catholici appellationem
tribuit, quo titulo adhuc hodiè reges Hispanorum or-
nantur. Ac sanè cogitans aliquis de Inquisitione ipsa
& de Alexandro Sexto facilè concedet officinam illam
cruciatuum dignam fuisse hoc confirmatore quem omni-
um scelerum libidinumq; maculis notatißimum fuisse
vel Italia ipsa dixerit. Ac Guicciardinus scribit regem
Neapolitanum cognita novi pontificis renunciatione, re-
gina uxori suæ cùm lacrimis, a quibus vel in [illegible] horū morte
abstinere consuerat, significasse: Eum creatum esse Pon-
A 5 *tificem*

8 DE INQVISITIONE

conjectes eum venatorem esse: Jam quis eum concionа-
torem Evangelicum putet, cujus lateri satellites illi, quo-
rum paulò antè mentionem feci, affixi hæreant? Ac sanè
hic negligentia Episcoporum & Theologorum tum tem-
poris admiratione digna. Si enim aliqui extitissent, qui
hoc munus erudiendi novos Christianos in pietatis do-
ctrina sibi commissum divinitus dicerent, & ad se fun-
ctionis hujus labores pertinere contenderent, novo illo
tribunali facilè Ecclesia Hispanicæ carere potuissent;
quod sanè etsi videtur tum regia, tum pontificia
auctoritate int[illegible]roductum & constabilitum, non tamen
omnium suffragiis app[illegible]obatum est, nec illico ab omnibus
receptum. Nam cùm rex Ferdinandus magno conatu ni-
teretur Inquisitionem obtrudere patrio Aragoniæ regno,
proceres primum modestè hanc deprecati sunt, deindè
cum vis immineret, vi quoq; obstiterunt, quod dicerent
tribunal illud magis ad immutionem libertatis specta-
re, quàm ad religionis vel emendationem, vel conserva-
tionem. Neq; prius hoc sedem stabilem fixit, quam ex
utraq; parte multum sanguinis effusum est, ut ex intro-
ductionis initiis facilè judicari potuerit tribunal illud
cruentum fore. Ac quam grata proceribus & populo In-
quisitio fuerit, testatur cædes Aepilæ. Hic cum summa
auctoritate ad id muneris à Rege missus apud Cæsarau-
gustam à proceribus interfectus est in ipso summo urbis
templo, quæ cædes illi posteà divinitatem apud supersti-
tiosum vulgus peperit. Perhibent enim cruorem recens
occisi ad ipsum usque altare ebulliendo promanasse, quod
prodigium ita interpretati fuére, quasi Deus contestari
voluerit

HISPANICA 1

ORATIO I.

QVia series annorum in historiarum ex-
positione deduxit nos ad id tempus, quo
Hispanica inquisitio & introducta &
confirmata fuit, non ingratum me fa-
cturum arbitror adolescentibus, si ora-
tiunculis aliquot carnificinæ illius execrabilis & inau-
ditæ sævitiam aliquo modo demonstravero, ut vel ex hoc
uno intelligi poßit, quid Papatus sit, & quid nobis me-
tuendum, si jugum illud quod misericordia Dei superiore
seculo nobis detraxit, denuo (quod idem Deus avertat)
subire cogamur. Ex fructibus enim arbor dignoscitur &
pontificia religio, non ex verbis tantum sed ex factis ju-
dicanda, quorum ea est atrocitas, ut omnium tyranno-
rum crudelitatem longo intervallo post se relinquat.

De Inquisitione autem Hispanica verba facturi opera
pretium, credo, fuerit, ante omnia quid illa sit, vel defi-
niendo vel describendo, explanare. Est igitur Inquisitio,
ut nunc quidem usurpatur, horribilis, execrabilis, & post
Ecclesiæ nomen cognitum, inaudita etiam apud effera-
tißimas gentes, & ut uno verbo dicam, planè Diabolica
tam animi quàm corporis, carnificina, quam contra fa
& jus divinum ac humanum Romani Pontificis manci-
pia permissu Regum & jussu Antichristi, exercent in fi
deles, ea immanitate qua major animo concipi nequeat,
nedum oratione exponi, tantum in hunc finem, ut ido-
lolatria Hetrusca stabiliatur & superstitio Romana ad
posteritatem propagetur cum certo fidei Christianæ in-
A 3 *teritu.*

PLATE XXII. PAGE PROOFS OF CONSALVUS' BOOK TAKEN OUT OF THE COVER. PARTS OF PP. A2v, 9, 12, AND OF THE TITLE PAGE.

ORATIO

[illegible] in parochos, hi in adituos & clericos in suo quemque oppido & vico. Forma institutionis quae fuit? jussi sunt ediscere Ave Maria; Pater noster, Credo, Salve regina: barbaris potius quam latinis verbis pronunciata, ac non raro per jocum magis & miserorum irrisionem, quam serio, neque id gratis, sed precio persoluto, saepe etiam praeter pecuniae detrimentum cum jactura pudicitiae (qualium temporis clericorum fuit salacitas) uxorum filiarumque. Ad superiora,

[illegible] scunt ac sententiam ferunt. Nam Consalvius testatur se ab eo tempore, quo Dominicani rejecti fuere, nullum Theologum, qualiscunque sane illius Theologiae scholasticae Doctorem, in numero inquisitorum vidisse. Immo idem ait, inquisitoriis legibus cautum esse, ne quis Theologus tribunal illud conscendat. Jam non dispicio quae causa sit, cur jurisconsulti magistratibus politicis in hac functione praeferantur. Nam juris Pontificii doctrina in causis

HAIDELBERGÆ

TYPIS VOEGELINIANIS.

CIϽ IϽ C I I I.

PLATE XXIII. THE TITLE PAGE OF CONSALVUS' BOOK, COPY FROM THE JAGIELLONIAN LIBRARY, 4192 THEOL.

DE
INQVISITIONE
HISPANICA,
Oratiunculæ septem
Ex narrationibus
REGINALDI CON-
SALVI MONTANI
ANTE XXXVIII ANNOS
DIVVLGATIS COLLECTÆ, ET
publicè in Auditorio Philosophi-
co recitatæ Haidelbergæ.

Epigramma.

Inquisitio quid sit Iberica, quidve Papatus,
Si nescis, chartas has lege, certus eris.

HAIDELBERGÆ
TYPIS VOEGELINIANIS,

CIƆ IƆ CIII.

How the Facsimile of the Autograph Was Produced

Copernicus wrote his autograph on four kinds of paper which differed in tone and shade. In their four and a half centuries of existence these sheets have not all reacted in the same way to the atmospheric conditions in which they have been preserved. Each page has become foxed to a certain extent, but these brownish spots are not uniform and range from very light to quite dark. Moreover, the ink has permeated some sheets to a greater degree than others, so that the markings on the reverse side vary in intensity.

For these reasons the facsimile was produced by the offset process. A special contact screen having 60 lines to the centimeter and 16 grades of optical thickness permitted adjustments to be made that were suited to each individual page, and brought the facsimile into a complete tonal agreement with the original.

Copernicus used various kinds of ink, which range in shade from reddish-brown to deep black. In many cases different shades appear on the same page. Although the faithful reproduction of these variations might have required a number of colours in the printing process, the employment of the special contact screen obviated this complication and permitted the nonuniform background of each page and these various shades of the handwriting on it to be reproduced with complete fidelity. In addition, the unintentional dots, spots, and soil marks reappear unaltered.

Inevitably, the successive stages of the reproduction process and imperfections in the material employed caused deviations in the final product. These were eliminated by a team of paleographers, who systematically and repeatedly compared every printed page with the original.

The facsimile was executed on special offset paper weighing 120 gr/sq m. The shades were matched with those of the four types of Copernicus' paper which were mentioned above. In size too, our paper agrees with the original, if allowance is made for slight deviations due to the shrinkage occurring during the wet printing process.

All things considered, we may evaluate the agreement between our facsimile and the original, as follows:

(a) background: overall tone	95%
(b) background: shade	85%
(c) handwriting: less intense black	85%
(d) handwriting: deep black	95%
(e) handwriting: red	95%

Jan Dorociński

FACSIMILE

[illegible] Grossmechtigsten [illegible] vnnd [illegible]

[illegible] Römischer Kayserlicher [illegible]

[illegible] vnnd [illegible]

[illegible]

[illegible] Lambertus Lanholtz [illegible]

[illegible] das der Edell vnnd [illegible]

[illegible] vnnd [illegible]

[illegible] debito tempore appellirt. Die Appellation [illegible]

[illegible] vnnd [illegible]

[illegible] Johann Graff zu Ostfriesland [illegible]

[illegible] Graffschafft zu Ostfriesland [illegible]

[illegible] Lanholtz [illegible] vnnd [illegible]

[illegible]

[illegible] vnnd [illegible]

[illegible] Appellation [illegible]

[illegible] vnnd [illegible]

[illegible] Protestation [illegible]

[illegible] vnnd [illegible]

[illegible]

Das Manuscript enthält: 212 Blätter, außerdem 3 Vorblätter von denen das 1te leer ist, das 2te die Aufzählung der verschiedenen Eigenthümer u. das 3te Blatt den Namen: „Otto Nostitz" trägt, endlich 2 leere Nachblätter

im Ganzen also: 217 Blätter.

Zwischen dem 69 u. 70ten Blatt ist ein Blatt herausgeschnitten.

Das 77te Blatt ist ein ganz leeres von dem oben ein zollbreiter Streif abgeschnitten ist.

Das 92te Blatt ist ein ganz leeres. –

Das 146te Blatt war herausgeschnitten u. ist wieder hineingeklebt.

Das 202te Blatt ist ein ganz leeres.

Zwischen dem 206te u. 207te Blatt ist ein Blatt herausgeschnitten.

1854.

Erwin Nostitz

b

Venerabilis & eximij
Iuris utriusq; Doctoris,
Dni Nicolai Copernick,
Canonici Varmiensis, in
Borussia Germaniae ma"
thematici celeberrimi opus
de revolutionibus coelestibus
propria manu exaratum:
& hactenus in bibliotheca
Georgij Ioachimi Rhetici,
item Valentini Othonis
conservatum, ad usum studij
mathematici procuravit
M. Iacobus Christmannus
Decanus Facultatis ar"
tium, anno 1603. die 19
Decembris.

Hunc librum à vidua piè defuncti
M. Jac. Christmanni digno redemptum
pretio, in suam transtulit Bibliothecam
JOHANNES AMOS NIVANUS: Anno 1614
17 Januarij. Heidelbergæ.

Otto [illegible]

Nter multa ac varia literarum artiumque studia: quibus
hominum ingenia vegetantur, ea praecipue amplectanda
existimo: summoque prosequenda studio: quae in rebus pul-
cherrimis, et scitu dignissimis versantur. Qualia sunt
quae de divinis mundi revolutionibus: cirsuque syderum
magnitudinibus: distantiis: ortu et occasu: caetero-
rumque in caelo apparentium causis, pertractat: ac tota
denique forma explicat. Quid autem caelo pulcrius
nempe quod continet pulcra omnia: quod vel ipsa nomina
declarant: Caelum et Mundus. hoc puritatis et ornamenti:
illud caelati appellatione. Ipsum plerique philosophorum ob ni-
miam eius excellentiam, visibilem deum vocaverunt. Proinde
si artium dignitates penes suam de qua tractat materiam aestimentur
erit haec longe praestantissima: quam alii quidem Astronomiam
alii Astrologiam: multi vero priscorum mathematices consu-
mationem vocant. Ipsa nimirum ingenuarum artium caput: dig-
nissima homine libero: omnibus fere mathematices speciebus
fulcitur. Arithmetrica Geometrica. Optice: Geodesia Mecha-
nica et si quae sunt aliae: omnes ad illam sese conferunt. At
cum omnium bonarum artium sit abstrahere a vitiis: et hominis
mentem ad meliora dirigere: haec praeter incredibile animi
voluptatem abundantius id praestare potest. Quis enim inhaerendo
iis quae in optimo ordine constituta videat divina dispe-
satione dirigi: assidua eorum contemplatione: et quadam
consuetudine non provocetur ad optima: admireturque opi-
ficem omnium in quo tota felicitas est et omne bonum. Neque
enim frustra divinus ille psaltes delectatum se diceret in factura
dei: et in operibus manuum eius exultaturum: nisi quod hysce
mediis: quasi vehiculo quodam ad summi boni contemplationem
perducamur. Quantam vero utilitatem et ornamentum Reipub.
conferat: ut privatorum commoda innumerabilia transeamus
optime animadvertit plato. Qui in septimo Legum libro id
maxime expetendum putat: ut per eam dierum ordine in menses
et annos digestae tempora in solemnitates quoque et sacrificia: Viva

vigilantemque redderet civitatem. Et si quis, inquit, necessariam
hanc negat homini optimarum doctrinarum qualibet percepturo
stultissime cogitabit: et multum abesse putat: ut quisquam
divinus effici appellarique possit: qui nec Solis: nec Lunae: nec
reliquorum syderum necessariam habeat cognitionem. Porro divina haec magis quam humana scientia: quae de rebus altissimis
inquirit: non caret difficultatibus. Praesertim quod circa eius
principia et assumptiones quas Graeci hypotheses vocant
plerosque discordes fuisse videamus: qui ea tractaturi ag-
gressi sunt: ac proinde non eisdem rationibus innixos. Praeterea quod syderum cursus et stellarum revolutio non potuerit
certo numero definiri: et ad perfectam notitiam deduci: nisi
cum tempore: et multis anteactis observationibus: quibus
ut ita dicam per manus traderetur posteritati. Nam et si
C. Ptolemaeus Alexandrinus: qui admiranda sollertia et
diligentia caeteris longe praestat ex quadringentorum et amplius
annorum observatis totam hanc artem paene consummaverit
ut iam nihil deesse videretur: quod non attigisset. Videmus
tamen pleraque non convenire iis quae traditioni eius sequi debebant
aliis etiam quibusdam motibus repertis illi nondum cognitis. Unde
et Plutarchus ubi de anno Solis vertente disserit: hactenus
inquit syderum motus mathematicorum peritiam vincit.
Nam ut de anno ipso exemplificem: quam diversae semper de eo fuerint
Ita de aliis stellis sententiae puto manifestum: adeo ut multi desperaverint
posse certam eius rationem inveniri. ~~Attamen ne huius rei~~
~~difficultatis praetextu ignaviam videar contegisse,~~ tentabo
favente Deo: sine quo nihil possumus, latius de his inquirere
cum tanto plura habeamus adminicula: quae nostrae sub-
veniant institutioni: quanto maiori temporis intervallo huius
artis autores nos praecesserunt: quorum inventis: quae a nobis
quoque de novo sunt reperta comparare licebit. Multa praeterea
aliter quam priores fateor me traditurum: ipsorum licet mu-
nere: utpote qui primum ipsarum rerum inquisitionis aditum
patefecerunt. Quod mundus sit sphaericus. Cap. primum

Principio advertendum nobis est globosum esse mundum sive quod
ipsa forma perfectissima sit omnium: nullo indigens compagine
tota integritas: ~~cui neque addi vel minui possit~~. Sive

qd ipa capacissima sit figurarum: quae comphensurum
omnia et conservaturum maxie decet: sive etia qd absolutae
quaeq; mundi partes, Sole dico Luna et stellas, tali forma
conspiciamus: sive q hac universa appetunt terminari
quod in aquae guttis caeterisq; liquidis corporibus appet
dum p se terminari cupiunt: Quo minus tale forma divinis
corporibus attributa quisqua dubitaverit

Q terra quoq; sphaerica sit Cap ij

Terram quoq; globosam esse: quoniã ab omni parte centro
suo innititur. Tametsi absolutus orbis no statim videatur
in tanta montium excelsitate: descensuq; vallium: quae tame
universã terrae rotunditate minime variet. Quod ita manifestu est. Nam ad septemtrione undequaq; commeantibus
vertex ille diurnae revolutionis paulatim attollitur: altero
tantundẽ ex adverso subeunte: pluresq; stellae: circa septentriones videtur no occidere: et in austro qdam ãplius
no oriri. Ita Canopum no cernit Italia. Aegypto patente
Et Italia postrema fluvij stellam videt: qua regio nra
plagae rigentioris ignorat. E contrario, in austrum
trãseuntibus attolluntur illa residentibus ijs q nobis
excelsa sunt. Interea et ipae polorum inclinationes ad e-
mensa terrarũ spacia eandẽ ubiq; ratione habet: quod
i nulla alia q sphaerica figura cotingit. Unde manifestu
est terram quoq; verticibus includi: et pp hoc globosã esse
Adde etiã quod defectus solis et Lunae vespertinos, orietis
incolae no sentiunt: neq; matutinos ad occasu habitantes
Medios aut, illi quide tardius: hij vero citius videt. Eidẽ
quoq; formae aquas inniti, a navigantibus dpraehenditur
quoniã quae e navi terra no cernitur: ex summitate mali
spectatur. ac vicissim: si quid i summitate mali fulgens
adhibeatur, a terra promoto navigio: paulatim descendere
videtur in littore manentibus: donec postremo quasi oc-
cidens occultetur. Constat etiã aquas sua natura fluentes
inferiora semp petere: cado quae terra: nec a littore ad
ulteriora niti: qm quae convexitas illius exposcit patiatur.
Quaobrem tanto excelsiore terra esse convenit: quaecumq;
ex oceano assurgit

Quomodo terra cum aqua unũ globũ pficiat C iij

Huic ergo circumfusus oceanus maria passim pfundes

declivioresque eius descensus implet. Itaque minus esse aquarum quam
terrae oportebat: ne tota absorbuisset aqua tellurem et ambobus
in idem centrum contendentibus gravitate sua: sed ut aliquas terrae
partes animantium saluti relinqueret: atque tot hinc inde patentes
insulas. Nam et ipsa continens, terrarumque orbis, quid aliud est
quam insula maior ~~magna~~ caeteris. Nec audiendi sunt peripateticorum
quidam: qui universam aquam decies ~~maiorem~~ tota terra maiorem
prodiderunt. Quod scilicet in transmutatione elementorum ex aliqua
parte terrae ~~fiunt~~ decem aquarum ~~fiat~~ in resolutione fiat, coniecturam
accipientes: aiuntque terram quadantenus sic prominere: quod
non undequaque secundum gravitatem aequilibret cavernosa existens
atque aliud esse centrum gravitatis, aliud centrum magnitudinis.
Sed falluntur geometricae artis ignorantia: nescientes quod
neque septies aqua potest esse maior: ut aliqua pars terrae
siccaretur: nisi tota centrum gravitatis evacuaret: daretque
locum aquis: tamquam se gravioribus. Quoniam sphaerae se invicem || a
~~habet~~ in tripla ratione sunt suorum dimetientium. Si igitur septem
partibus aquarum terra esset octava: diameter eius non posset
esse maior: quam quae ex centro ad ~~...~~ circumferentiam aquarum.
Tantum abest: ut etiam decies maior sit aqua. Quod etiam
non sit aliquid inter centrum gravitatis terrae et magnitudinis
eius: hinc accipi potest: quod convexitas terrae ab oceano
expaciata non continuo semper intumescit abscessu, alioqui
arceret quam maxime aquas marinas: nec aliquo modo sineret
interna maria tam vastosque sinus irrumpere. Rursum
a littore oceani: non cessaret aucta semper ~~aquarum~~ profunditas
abyssi: quo minus insula vel scopulus vel terrenum quippiam
~~amplius~~ occurreret navigantibus longius progressis.
Iam vero constat inter aegyptium mare arabicumque sinum
vix quindecim superesse stadia in medio fere orbis terrarum
Et vicissim Ptolemaeus in sua Cosmographia ad medium
usque circulum terram habitabilem extendit: relicta insuper in-
cognita terra: ubi recentiores Cathagiam et amplissimas
regiones: usque ad lx circuli longitudinis gradus adie-
cerunt: ut iam maiori longitudine terra habitetur quam
sit reliquum oceani. His etiam si addantur insulae aetate
nostra, sub Hispaniarum Lusitaniaeque principibus repertae et
praesertim America ab inventore denominata navium praefecto

Quam ob incognitam adhuc eius magnitudinem: alterum orbem ~~subam~~ terrarum putant: praeter multas alias insulas antea incognitas quo minus etiam miremur antipodes sive antichthones esse: ipsam enim Americam geometrica ratio ex illius situ Indiae gangeticae e diametro oppositam credi cogit. Ex his demum omnibus puto manifestum: terram simul et aquam uni centro gravitatis inniti: nec esse aliud magnitudinis terrae: quae cum sit gravior dehiscentes eius partes aqua expleri: et idcirco modicam esse comparatione terrae aquam: et si superficietenus plus forsitan aquae appareat. Talem quippe figuram habere terram cum circumfluentibus aquis necesse est: qualem umbra ipsius ostendit: absolutis enim circuli ~~ac~~ anfractibus Lunam deficientem efficit. Non igitur plana est terra, ut Empedocles et Anaximenes opinati sunt. Neque tympanoides, ut Leucippus: neque scaphoides, ut Heracletus: nec alio modo cava, ut Democritus. Neque rursus Cylindroides, ut Anaximander. Neque ex inferna parte infinita radicitus crassitudine submissa, ut Xenophanes: sed rotunditate absoluta, ut philosophi sentiunt.

Quod motus corporum caelestium sit aequalis ac circularis: perpetuus: vel ex circularibus compositus Ca iiij

Post haec memorabimus corporum caelestium motum esse circulare. Mobilitas enim sphaerae: est in circulum volvi: ipso actu formam suam exprimentis: in simplicissimo corpore, ubi non est reperire principium et finem: nec unum ab altero secernere, dum per eadem in seipsam movetur. Sunt autem plures penes orbium multitudinem motus. Apertissima omnium est cotidiana revolutio: quam graeci νυχθήμερον vocant hoc est diurni nocturnique temporis spacium. Hac totus mundus labi putatur ab ortu in occasum, terra excepta. Haec mensura communis omnium motuum intelligitur: cum etiam tempus ipsum numero potissimum dierum metiamur. Deinde alias revolutiones tanquam contranitentes, hoc est ab occasu in ortum videmus. Solis inquam Lunae et quinque errantium. Ita Sol nobis annum dispensat. Luna menses: vulgatissima quoque tempora. Sic alii quinque planetae suum quisque circuitum facit. Sunt tamen in multiplici differentia: primum quod non in eisdem polis: quibus primus ille motus obvolvuntur: per obliquitatem signiferi currentes: Deinde quod in suo ipso circuitu, non videntur aequaliter ferri. Nam Sol et Luna modo tardi: ~~modo~~: modo velociores cursu deprehenduntur. Ceteras autem quinque errantes stellas: quandoque etiam repedare et hinc inde stationes facere cernimus. Et cum Sol suo semper et directo itinere proficiscatur, illi variis modis errant

modo in austrum modo in septentrionem evagantes. Unde planetae
dicti sunt. Adde etiam quod aliquando propinquiores terrae fiunt
et perigei vocantur alias longiores: et dicuntur apogei. fateri
nihilominus oportet circulares esse motus: vel ex pluribus
circulis compositos: eo quod inaequalitates huiusmodi certa lege statisque
observant restitutionibus: quod fieri non posset, si circulares non
essent. Solus enim circulus est: qui potest pacta reducere. Que-
admodum verbi gratia Sol motu circulorum composito, dierum et noctium inaequalitatem et quatuor anni tempora nobis reducit in quo
plures motus intelliguntur. ~~Et idcirco fieri nequit~~ Quoniam fieri
nequit, ut caeleste corpus simplex uno orbe inaequaliter moveatur
Id enim evenire oporteret, vel propter virtutis moventis inconstantiam
sive adscita sit: sive intima natura: vel propter revoluti corporis
disparitatem. Cum vero ab utroque abhorreat intellectus: sitque indignum
tale quicque quiddam in illis existimari: quae in optima sunt ordinatione constituta: consentaneum est, aequales illorum motus
apparere nobis inaequales: vel propter diversos illorum polos circulorum: sive etiam quod terra non sit in medio circulorum in quibus
ſ et illa volvuntur: ſ nobis a terra spectantibus horum transitus syderum
accidat ~~visu eos non~~ ob inaequales ~~servare~~ distantias ~~ab omni parte~~
~~illorum orbium. sed ut~~ propinquiora semper remotioribus maiora =
= videri ~~videntur~~, ut in opticis est demonstratum, sic in circumferentiis
orbis aequalibus, ob diversam visus distantiam apparebunt
motus inaequales temporibus aequalibus. Quam ob causam
ante omnia puto necessarium: ut diligenter animadvertamus: quae
sit ad caelum terrae habitudo: ne dum excelsissima scrutari
volumus: quae nobis proxima sunt ignoremus: ac eodem errore quae
telluris sunt attribuamus caelestibus

An terrae competat motus circularis et de loco eius Ca. 5

Jam quidem demonstratum est terram quoque globi formam habere
videndum arbitror: an etiam formam eius sequatur motus et
quem locum universitatis obtineat: sine quibus non est ~~certam~~
invenire certam apparentium in caelo rationem. Quamquam
in medio mundi terram quiescere inter autores plerumque convenit
ut inopinabile putent sive etiam ridiculum contrarium sentire
Si tamen attentius rem consyderemus: videbitur haec quaestio
nondum absoluta et idcirco minime contemnenda. Omnis enim
quae videtur secundum locum mutatio, aut est propter spectatae rei
motum: aut videntis: aut certe disparem utriusque mutationem

Nam inter mota aequaliter ad eadem: non percipitur motus: inter visum dico et videns. Terra autem est: unde caelestis ille circuitus aspicitur: et visui reproducitur nostro. Si igitur motus aliquis terrae deputetur, ipse in universis quae extrinsecus sunt idem apparebit sed ad partem oppositam tanquam praetereuntia: qualis est revolutio quotidiana imprimis: Haec enim totum mundum videtur rapere, praeterquam terram: quaeque circa ipsam sunt. Atque si caelum nihil de hoc motu habere concesseris: terram vero ab occasu in ortum volvi: quantum ad apparentem in Sole et Luna et stellis ortum et occasum: si quis serio animadvertat inveniet haec sic se habere. Cumque caelum sit quod continet omnia et caelat omnia communis universorum locus: non statim apparet: cur non magis contento quam continenti, locato quam locanti motus attribuatur. Erant sane huius sententiae Heraclides et Ecphantus pytagoricis in medio mundi terram volventes: Existimabant enim stellas obiectu terrae occidere: easque cessione illius oriri. Quo assumpto sequitur et alia, nec minor de loco terrae dubitatio: quamvis iam ab omnibus fere receptum creditumque sit, medium mundi esse terram. Quoniam si quis neget medium sive centrum mundi terram obtinere nec tamen fateatur tantam esse distantiam, quae ad non erratium sydereum stellarum sphaeram comparabilis fuerit: sed insignem ac evidentem ad Solis aliorumque syderum orbes: putetque propterea motum illorum apparere diversum: tanquam ad aliud sint regulata centrum quam sit centrum terrae: non ineptam forsitan poterit diversi motus apparentis rationem afferre. Quod enim errantia sydera propinquiora terrae: et eadem remotiora cernuntur, necessario arguit centrum terrae non esse illorum circulorum centrum. Quo minus etiam constet, terra ne illis, an illa terrae annuant et abnuant nec adeo mirum fuerit: si quis praeter illam quotidianam revolutionem, alium quendam terrae motum opinaretur. Nempe terram volvi: atque etiam pluribus motibus vagantem: et unam esse ex astris Philolaus pythagoricus sensisse fertur: mathematicus non vulgaris: utpote cuius visendi gratia Plato non distulit Italiam petere: quemadmodum qui vitam platonis scripsere tradunt. Multi vero existimaverunt geometrica ratione demonstrari posse: terram esse in medio mundi: et ad immensitatem caeli instar puncti centri vicem obtinere: ac ea ob causam immobilem esse: quod moto universo centrum manet immotum: et quae proxima sunt centro tardissime feruntur. ~~Ut Euclides in phaenomenis hoc modo~~

F ac Nicetus Syracusanus apud Ciceronem F

De immensitate caeli ad magnitudinem terrae C vj

Quod enim haec tanta terrae moles nulla habeat aestimatione ad caeli magnitudine ex eo potest intelligi. Quoniam finitores circuli (sic enim ὁρίζοντας apud graecos interpretatur) tota caeli sphaera bifaria secat: quod fieri no posset: si insignis esset terrae magnitudo ad caelu comparata: vel a centro mundi distantia. Circulus enim bifaria secas sphaera per centru est sphaerae: et maximus circumscribilium circulus. Esto namque horizon circulus a b c d: terra vero a qua visus noster sit e et ipsum centru horizontis in quo ~~definite~~ definiuntur apparentia ab non apparentibus. Aspiciatur autem per dioptram sive horoscopium vel chorobate in e collocata principium cancri exorientis in c puncto: et eo momento apparet capricorni principium ~~ad~~ occidere in a. Cum igitur a e c fuerint in linea recta per dioptra, constat ipsam esse dimetientem signiferi, eo quod sex signa semicirculu apparentia terminant et e centru idem, quod horizontis. Rursus commutata revolutione: qua principium capricorni oriatur in b videbitur quoque tunc cancri occasus in d: eritque b e d linea recta et ipsa dimetiens signiferi. Iam vero apparuit etiam a e c dimetiente esse eiusdem circuli: patet in sectione communi illud esse centru. Sic igitur horizon circulus signiferum qui maximus est sphaerae circulus bifariam semper dissecat. Atqui in sphaera si circulus per mediu aliquem maximorum secat: ipse quoque secans maximus est: maximorum ergo unus est horizon, et centrum eius idem quod signiferi prout apparet: cum tamen necesse sit aliam esse lineam quae a superficie terrae et quae a centro. sed propter immensitatem respectu terrae fiunt similes parallelis: quae prae nimia distantia termini, apparent esse linea una: quando mutuum quod continent spacium, ad earum longitudinem efficitur incomparabile sensu: eo modo, quo demonstratur in opticis. ~~Quod eorum quae spectantur unumquodque longitudinem intervalli habet aliquam: quo adveniente non amplius spectatur.~~ Hoc nimirum argumento satis apparet, immensum esse caelum comparatione terrae: ac infinitae magnitudinis speciem prae se ferre: sed sensus aestimatione terram esse respectu caeli: ut punctum ad corpus

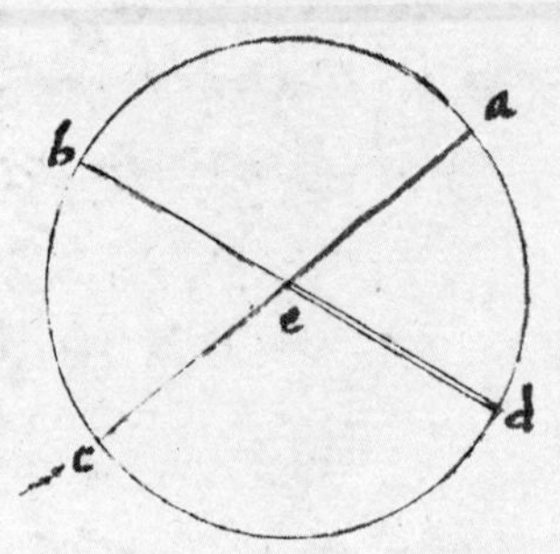

et finiti ad infinitum magnitudine: nec aliud demonstrasse videtur
Neque enim sequitur: in medio ~~mundi~~ terram quiescere oportere. quin [mundi]
magis etiam miremur: si tanta mundi vastitas sub xxiiij horarum
spatio revolvatur potius: quam minimum eius, quod est terra
Nam quod aiunt centrum immobile, et proxima centro minime
moveri non arguit terram in medio mundi quiescere: nec aliter
quam si dicas caelum volvi: at polos quiescere: et quae proxima sunt
polis minime moveri. Quemadmodum Cynosura multo tardius
moveri cernitur, quam aquila vel canicula: quia circulum describit
minorem proxima polo. cum ea omnia unius sint sphaerae cuius
mobilitas ad axem suum desinens omnium suarum partium motum
sibi invicem non admittit aequalem: quas tamen paritate temporis
non aequalitate spacij revolutio totius reducat. Ad hoc ergo ni-
titur ratio argumenti: quasi terra pars fuerit caelestis sphaerae
eiusdemque speciei et motus, ut ~~quae~~ proxima centro parum
moveatur. Movebitur ergo et ipsa corpus existens non centrum
sub eodem tempore ad similes caelestis circuli circumferentias licet
minores. Quod quam falsum sit luce clarius est: oporteret enim
~~alio~~ in loco semper esse meridiem alio semper mediam noctem: ut nec
ortus et occasus quotidiani possent accidere, cum unus et
inseparabilis fuerit motus totius et partis. Eorum vero quae
differentia rerum absolvit, longe diversa ratio est: ut quae
breviori clauduntur ambitu revolvantur citius his quae maiorem
circulum ambiunt. Sic Saturnus supremum erraticum sydus tri-
gesimo anno revolvitur: et Luna quae proculdubio terrae
proxima est menstruum complet circuitum: et ipsa denique
terra diurni nocturni temporis spacio circuire putabitur
Resurgit ergo eadem de quotidiana revolutione dubitatio
Sed et locus eius adhuc quaeritur minus etiam ex supradictis
certus. Nihil enim aliud habet illa demonstratio quam
indefinitam caeli ad terram magnitudinem: At quousque
se extendat haec immensitas minime constat. Quemadmodum
ex adverso in minimis corpusculis: ac insectilibus quae atomi
vocantur: cum sensibilia non sint duplicata vel aliquoties
sumpta: non statim componunt visibile corpus. At possunt
adeo multiplicari, ut demum sufficiant [in] apparentem coalescere
magnitudinem. Ita quoque de loco terrae, quamvis in centro
mundi non fuerit distantia tamen [ipsa] incomparabilem adhuc esse

praesertim ad non errantium stellarum sphaeram

Cur antiqui arbitrati sint terram in medio mundi quiescere tanquam centrum — Cap. vij

Quamobrem aliis quibusdam rationibus prisci philosophi conati sunt astruere terram in medio mundi consistere. potissimam vero causam allegant gravitatis et levitatis. Quippe gravissimum est terrae elementum: et ponderosa omnia feruntur ad ipsam: in intimum eius contendentia medium. Nam globosa existente terra in quam gravia undequaque rectis ad superficiem angulis suapte natura feruntur: nisi in ipsa superficie retinerentur ad centrum eius concurrerent. Quandoquidem linea recta: quae se planitiei horizontis qua sphaera contingit, rectis accomodat angulis, ad centrum ducit. Ea vero quae ad medium feruntur: sequi videtur, ut in medio quiescant. Tanto igitur magis tota terra conquiesceret in medio: et quae cadentia omnia in se recipiat suo pondere immobilis permanebit. ~~Idem~~ Idem quoque comprobare nituntur ratione motus et ipsius natura. Unius quippe ac simplicis corporis simplicem esse motum ait Aristoteles. Simplicium vero ~~corporum~~ motuum alium rectum: alium circularem. Rectorum autem alium sursum: alium deorsum. Quocirca omnem motum simplicem: aut ad medium esse: qui deorsum: aut a medio, qui sursum: aut circa medium: et ipsum esse circularem. Modo convenit terrae quidem et aquae, quae gravia existimantur deorsum ferri: quod est medium petere. Aeri vero et igni quae levitate praedita sunt: sursum et a medio removeri. Consentaneum videtur: his quatuor elementis rectum concedi motum: caelestibus autem corporibus circa medium in orbem volvi. Haec Aristoteles. Si igitur inquit Ptolemaeus alexandrinus terra volveretur saltem revolutione quotidiana, oporteret accidere contraria supradictis. Etenim concitatissimum esse motum oporteret: ac celeritatem eius insuperabilem: quae in xxiiij horis totum terrae transmitteret ambitum. Quae vero repentina vertigine concitantur: videntur ad collectionem prorsus inepta: magisque unita dissipari: nisi cohaerentia aliqua firmitate contineantur: et iamdudum inquit dissipata terra caelum ipsum (quod admodum ridiculosum est,) excidisset: et eo magis animantia atque alia quaecunque soluta onera haudquaquam inconcussa manerent. Sed neque cadentia

in directum subiret ad destinatum sibi locum: et ad perpendiculum
tanta interim pernicitate subductum. Nubes quoque et quaevis
alia in aere pendentia semper in occasum ferri videremus.

Solutio dictarum rationum ac earum insufficientia. Ca. viij
His sane et similibus causis aiunt terram in medio mundi quiescere
et proculdubio sic se habere. Verum si quispiam volui terram
opinetur: dicet utique motum esse naturalem: non violentum.
Quae vero secundum naturam sunt contrarios operantur effectus
his quae secundum violentiam. ~~Quae enim~~ Quibus enim vis vel impetus infertur dissolui necesse est: et diu subsistere nequeunt.
Quae vero a natura fiunt recte se habent et conservantur
in optima sua compositione. Frustra ergo timet Ptolemaeus
ne terra dissipetur, et terrestria omnia ~~dissipentur~~ in revolutione
facta per efficaciam naturae: quae longe alia est quam artis: vel
quae assequi possit humano ingenio. Sed cur non illud etiam
magis de mundo suspicetur: cuius tanto velociorem esse motum
oportet: quanto maius est caelum terra. An ideo immensum factum
est ~~mundus~~ caelum: quod ineffabili motus vehementia divi-
mitur a medio: collapsurum alioqui si staret? Certe si locum haberet
haec ratio magnitudo quoque caeli abibit in infinitum. Nam
quanto magis ipso motus impetu rapiatur in sublime: tanto
velocior erit motus: ob crescentem semper circumferentiam
quam necesse sit in xxiiij horarum spacio pertransire, ac vicissim
crescente motu, cresceret immensitas caeli. Ita velocitas magnitudinem: et magnitudo velocitatem in infinitum sese promovebunt
At iuxta illud axioma physicum: quod infinitum est pertransiri
nequit: nec ulla ratione moveri. Stabit ergo necessario caelum.
Sed dicunt extra caelum non esse corpus: non locum: non vacuum
ac prorsus nihil. et idcirco non esse quo possit evadere caelum.
Tunc sane mirum est: si a nihilo potest cohiberi aliquid.
At si caelum fuerit infinitum: et interiori tantummodo finitum
concavitate, magis forsitan verificabitur extra caelum
esse nihil: cum unumquodque fuerit in ipso: quamcunque occu-
paverit magnitudinem sed permanebit caelum immobile. Nam
potissimum quo astruere nituntur mundum esse ~~infi~~ finitum
~~est~~ motus. Sive igitur finitus sit mundus sive infinitus, dis-
putationi physiologorum dimittamus: hoc certum habentes
quod terra verticibus conclusa superficie globosa terminatur

Cur ergo hæsitamus adhuc mobilitatẽ illi formæ suæ a
natura cogruentem concedere magis q̃ totus labatur mũdus   ˄ quod ˄
cuius finis ignoratur: sciriq; nequit: neq; fateamur ipius quo-
tidianæ revolutionis in cælo apparentiam esse et ĩ terra ve-
ritatem. Et hæc pinde se habere ac si diceret Virgilianus
Aeneas, cum ait: Provehimur portu terræq; urbesq; recedunt
Quoniã fluitante sub trãquillitate navigio: cuncta quæ
extrinsecus sunt ad motus illius imaginem moveri cernuntur
a navigantibus: ac vicissim se quiescere putat cum omnibus
q̃ secum sunt. Ita nimirũ in motu terræ potest cotingere
ut totus circuire mũdus existimetur. Quid ergo diceremus
de nubibus: cæterisq; quomodolibet in äere pendentibus:
vel subsidentibus: ac rursum tendentibus in sublimia? nisi
quod nõ solum terra cum aqueo elemento sibi coniũcto sic moveatur: sed nõ modica quoq; pars äeris: et quæcũq; eodem
modo terræ cognatione habent. Sive propinquus aer terrea
aqueave materia pmixtus eandẽ sequatur natura quam
terra: sive quod acqsititius sit motus aeris: quẽ a terra
per contiguitatẽ ppetua revolutione ac absq; resistentia
participat. Vicissim nõ dispari admiratione supmam äeris
regionem motum sequi celeste aiunt: quod repentina illa
sydera Cometæ inq̃ et pogoniæ vocata a græcis indicat
quarũ generatioñem ipm deputat locũ: quæ instar alioꝝ
quoq; syderũ oriuntur et occidunt. Nos ob magnã a terra
distantiã eam äeris partẽ ab illo terrestri motũ destitutam
dicere possumus. Proinde tranqllus apparebit aer: q terræ
proximus: et in ipo suspensa. Nisi vento vel alio quovis
impetu: ultro citroq;: ut contigit agitentur. Quid enim
est aliud ventus in äere q̃ fluctus in mari? Cadentiũ
vero et ascendentiũ duplicem esse motũ fateamur oportet
mũdi compatione. et omnio compositũ ex recto et circulari. Quandoqdem q pondere suo deprimuntur. cum sint
maxime terrea, non dubiũ: qui eande servet partes natura, quã suũ totum. Nec alia ratione contingit in
ijs: quæ ignea vi rapiuntur ĩ sublimia ~~ascendit~~. Nam
et terrestris hic ignis terrena potissimũ materia alitur
et flamam non aliud esse definiut q̃ fumũ ardentem.
Est autẽ ignis proprietas, extendere quæ ĩvaserit: quod

essent tanta vi: ut nulla ratione: nullis machinis possit cohiberi: quin rupto carcere suum expleat opus. Motus autem
extensivus est a centro ad circumferentiam. Ac proinde si quid
ex terrenis partibus accensum fuerit fertur a medio in sublime. Igitur quod aiunt simplicis corporis esse motum simplicem, de circulari imprimis verificatur: quamdiu corpus
simplex in loco suo naturali ac unitate sua permanserit. In
loco siquidem non alius quam circularis est motus: qui manet in
se totus quiescenti similis. Rectus autem supervenit iis quae
a loco suo naturali peregrinantur vel extruduntur: vel quomodo
libet extra ipsum sunt. Nihil autem ordinationi totius et
formae mundi tantum repugnat: quantum extra locum suum qdquam
esse. Rectus ergo motus non accidit: nisi rebus non recte
se habentibus: neque perfectis secundum naturam: dum separantur
a suo toto et eius deserunt unitatem. Praeterea quae sursum
et deorsum aguntur, etiam absque circulari, non faciunt motum
simplicem uniformem et aequalem: levitate enim vel sui ponderis
impetu nequeunt temperari. Et quaecumque decidunt a principio
lentum facientia motum, velocitatem augent cadendo. Vbi-
cursum vicissim ignem hunc terrenum (neque enim alium videmus),
raptum in sublime statim languescere cernimus: tanquam
confessa causa violentiae terrestris materiae. Circularis
autem aequaliter semper volvitur: indeficientem enim causam
habet: illi vero desinere festinantes ^ consecuta siquidem ^ per quae
locum suum cessant esse gravia vel levia: cessatque ille motus
Cum ergo motus circularis sit universorum, partium vero
etiam rectus, dicere possumus manere cum recto circularem
sicut cum aegro animal. Nempe et hoc: quod Aristoteles
in tria genera distribuit motum simplicem: a medio: ad medium: et circa medium, rationis solummodo actus putabitur
Quemadmodum lineam: punctum: et superficiem secernimus quidem
cum tamen unum sine alio subsistere nequeat et nullum
eorum sine corpore. His etiam accedit: quod nobilior atque
divinior conditio immobilitatis existimatur, quam mutationis
et instabilitatis, quae terrae magis ob hoc quam mundo conveniat
Addo etiam quod satis absurdum videretur: continenti
sive locanti motum ascribi: et non potius contento et locato: quod terra est terra. Cum denique manifestum sit
errantia sydera propinquiora fieri terrae ac remotiora

erit tunc etiam qui circa medium, quod volunt esse centrum terrae: a medio quoque et ad ipsum unius corporis motus. Oportet igitur motum: qui circa medium est generalius accipere: ac satis esse: dum unusquisque motus sui ipsius medio incumbat. Vides ergo, quod ex his omnibus probabilior sit mobilitas terrae: quam eius quies: praesertim in quotidiana revolutione: tamquam terrae maxime propria. Et haec ad primam quaestionis partem puto sufficere.

An terrae plures possint attribui motus et de centro mundi

Capitulum ix

Cum igitur nihil prohibeat mobilitatem terrae: Videndum nunc arbitror, an etiam plures illi motus conveniant: ut possit una errantium syderum existimari. Quod enim omnium revolutionum centrum non sit: motus erratium inaequalis apparens: et variabiles eorum a terra distantiae declarant: quae in homocentro terrae circulo non possunt intelligi. Pluribus ergo existentibus centris: de centro quoque mundi non temere quis dubitabit: an videlicet fuerit istud gravitatis terrenae: an aliud. Equidem existimo gravitatem non aliud esse: quam appetitiam quandam naturalem partibus inditam a divina providentia opificis universorum ut in unitatem integritatemque suam sese conferant in formam globi coeuntes. Quam affectionem credibile est etiam Soli Lunae caeterisque errantium fulgoribus inesse: ut eius efficacia in ea qua se repraesentant rotunditate permaneant: quae nihilominus multis modis suos efficiunt circuitus. Si igitur et terra faciat alios: utpote secundum centrum: necesse erit eos esse qui similiter extrinsecus in multis apparent: e quibus invenimus annuum circuitum. Quoniam si permutatus fuerit a Solari in terrestrem, Soli immobilitate concessa, ortus et occasus signorum ac stellarum fixarum: quibus matutinae vespertinaeque fiunt, eodem modo apparebunt errantium quoque stationes: retrogradationes atque progressus non illorum: sed telluris esse motus videbitur: quem illa suis mutuant apparentiis. Ipse denique Sol medium mundi putabitur possidere. Quae omnia ratio ordinis: quo illa sibi invicem succedunt: et mundi totius armonia nos docet si modo rem ipsam ambobus (ut aiunt) oculis inspiciamus

De ordine cælestium orbium Cap ~~ix~~ x

Altissimum visibilium omnium, cælum fixarum stellarum esse neminem video dubitare. Errantium vero seriem penes revolutionum suarum magnitudinem accipere voluisse priscos philosophos, assumpta ratione, quod æquali celeritate delatorum quæ longius distant tardius ferri videntur: ut apud Euclidem in opticis demonstratur. Ideoque Lunam brevissimo temporis spacio circuire existimant: quod proxima terræ minimo circulo volvatur. Supremum vero Saturnum: qui plurimo tempore maximum ambitum circuit: Sub eo Iovem: post hunc Martem. De Venere vero atque Mercurio diversæ reperiuntur sententiæ: eo quod non omnifariam elongantur a Sole, ut illi. Quamobrem alii supra Solem eos collocant: ut Platonis Timæus alii sub ipso: ut Ptolemæus: et bona pars recentiorum. Alpetragius superiorem Sole Venerem facit: et inferiorem Mercurium. Igitur qui Platonem sequuntur: quod existiment omnes stellas obscura alioqui corpora, lumine Solari concepto resplendere: si sub Sole essent: ob non multam ab eo divulsionem, dimidiatas aut certe a rotunditate deficientes cernerentur: Nam lumen sursum ferme: hoc est versus Solem referrent acceptum: ut in nova Luna vel desinente videmus. Oportere etiam aiunt obiectu eorum, quandoque Solem impediri: et pro eorum magnitudine lumen illius ~~impediri~~ [deficere]: quod cum nunquam appareat: nullatenus Solem eos subire putant. Contra vero qui sub Sole Venerem et Mercurium ponunt, ex amplitudine spacii: quod inter Solem et Lunam comperiunt vendicant rationem. Maximam enim Lunæ a terra distantiam, partium sexagintaquatuor: et sextantis unius qualium quæ ex centro terræ est una, ~~receptam~~, invenerunt decies octies fere usque ad infimum Solis intervallum contineri: et illarum esse partium MCLX: inter ipsum ergo et Lunam ~~Mx~~ Miiijc. Proinde ne tanta vastitas remaneret inanis, ex absidum intervallis quibus crassitudinem illorum orbium ratiocinantur, comperiunt eosdem proxime compleri numeros. Ut altissimæ Lunæ succedat infimum Mercurii: cuius summum proxima Venus sequatur quæ demum summa abside sua ad infimum Solis quasi pertingat. Etenim inter absides Mercurii prefatarum partium clxxvij s fere supputant: deinde reliquum Veneris intervallo partium cmx proxime compleri spacium. Non ergo fatentur in stellis opacitatem esse aliquam Lunari similem: sed vel proprio lumine: vel Solari totis imbuto corporibus fulgere et idcirco

— deficere

Solem nō impediri: quod sit eventu rarissimū: ut aspectui
Solis interponantur: latitudine plerumqȝ cedentes. Praeterea qđ parva sit corpora cōparatione Solis: cum Venus
etiā Mercurio maior existens vix centesimā Solis partem
Machometes obtegere potest: ut vult Albategnius Aratensis: qui ~~decuplo~~
decuplo maiore existimat Solis dimetientem. Et ideo nō facile
videri tantillā sub p̄stantissimo Lumine maculā. Quamvis
et Averroes in ptolemaica parafrasi nigricās quiddam se
vidisse meminit: quādo Solis et Mercurÿ copulā numeris
inveniebat expositā: ac ita decernūt haec duo sydera sub
Solari circulo moveri. Sed haec quoqȝ ratio quā infirma sit
et incerta ex eo manifestum: quod cum XXXVIII sint eius q̄
a centro terrae ad superficie usqȝ ad proxima Luna sc̄dm ptole.
sed sc̄dm veriore aestimatione plusq̄ LII, ut infra patebit:
nihil tamē aliud in tanto spacio novimus cōtineri q̄ aere
et si placet etiā ~~aethera~~ quod igneū vocat elementum. Insup
quod dimetiente circuli Veneris p̄ quē a Sole hinc inde XLV
sextuplo partibus plus minusve digreditur maiorē esse oportet quā
quae ex centro terrae ad infimā illius abside: ut suo dēmonstrabitur loco: Quid ergo dicet in toto eo spacio contineri: ~~quod~~
tanto maiori, q̄ quod terra aere aethera Luna atqȝ Mercurium capit? et praeterea ~~totum illud~~ quod ingens ille Veneris
occuparet: si cir. terra ~~ut~~ quietam volveretur? epicyclus ~~posset capere voluerit~~? Illa quoqȝ ptolemaei
argumētatio: q̄ oportuerit mediū ferri Sole inter omnifariam digredientes ab ipso: et nō digredientes: q̄ sit impsuasibilis ex eo patet: quod Luna omnifaria et ipsa digrediens
prodit eius falsitatē. Quā vero causā allegabunt ÿ qui sub
Sole Venere deinde Mercuriū ponūt: vel alio ordine sepant
quod nō etiā sepatos faciūt circuitus et a Sole diversos
ut caeteri errantiū: si modo velocitatis tarditatisqȝ ratio
nō fallit ordine? Oportebit igitur vel terra nō esse centrum
ad quod ordo syderū orbiūqȝ referatur: aut certe rationem
ordinis nō esse: nec apparere cur magis Saturni q̄ Iovi
seu alio cuivis supior debeatur locus. Quapp minime contemnendū arbitror: quod Martianus Capellae q encyclopaedia
scripsit: et p̄ quidam alÿ Latinorū pcalluerunt. Existimant
eni: quod Venus et Mercurius circumcurrat Sole in medio
existente: et ea ob causam ab illo nō ulterius digredi putat
q̄ suorū convexitas orbiū patiatur: quoniā terra nō ambiunt
ut caeteri: sed absidas conversas habent. Quid ergo aliud volūt

significare, quod circa solem esse centrum illorum orbium. Ita profecto mercurialis orbis intra Venereum, quem duplo et amplius maiorem esse conveniat, clauderetur: obtineretque locum in ipsa amplitudine sibi sufficientem. Hinc sumpta occasione, si quis Saturnum quoque Iovem et Martem ad illud ipsum centrum conferat: dummodo magnitudinem illorum orbium tantam intelligat: quae cum illis etiam immanentem contineat ambiatque terram, non errabit. Quod canonica illorum motuum ratio declarat. Constat enim propinquiores esse terrae semper circa vespertinum exortum: hoc est quando soli opponuntur: mediante inter illos et solem terra: remotissimos autem a terra in occasu vespertino: quando circa solem occultantur dum videlicet inter eos atque terram solem habemus. Quae satis indicant centrum illorum ad solem magis pertinere: et idem esse ad quod etiam Venus et Mercurius suas obvolutiones conferunt. At vero omnibus his uni medio innixis, necesse est id quod inter convexum orbem Veneris et concavum Martis relinquitur spatium: orbem quoque sive sphaeram discerni cum illis homocentrum secundum utramque superficiem: quae terram cum pedissequa eius Luna et quicquid sub Lunari globo continetur recipiat. Nullatenus enim separare possumus a terra Lunam citra controversiam illi proximam existentem: praesertim cum in eo spatio convenientem satis et abundantem illi locum reperiamus. Proinde non pudet nos fateri hoc totum quod Luna praecingit ac centrum terrae per orbem illum magnum inter caeteras erraticas stellas annua revolutione circa solem transire: et circa ipsum esse centrum mundi: quo etiam sole immobili permanente: quicquid de motu solis apparet: hoc potius in mobilitate terrae verificari: tantam vero esse mundi magnitudinem: ut cum illa terrae a sole distantia: ad quoslibet alios orbes erratum siderum magnitudinem habeat pro ratione suarum illarum amplitudinum satis evidentem: ad non errantium stellarum sphaeram collata non appareat: quod facilius concedendum puto: quam in infinita pene orbium multitudine distrahi intellectum: quod coacti sunt facere: qui terram in medio mundi detinuerunt: sed naturae sagacitas magis sequenda est: quae sicut maxime cavit superfluum quiddam vel inutile produxisse: ita potius unam saepe rem multis ditavit effectibus. Quae omnia cum difficilia sint ac pene inopinabilia nempe contra multorum sententiam: in processu tamen favente deo: ipso sole clariora faciemus: mathematicarum saltem artem non ignorantibus. Quapropter prima

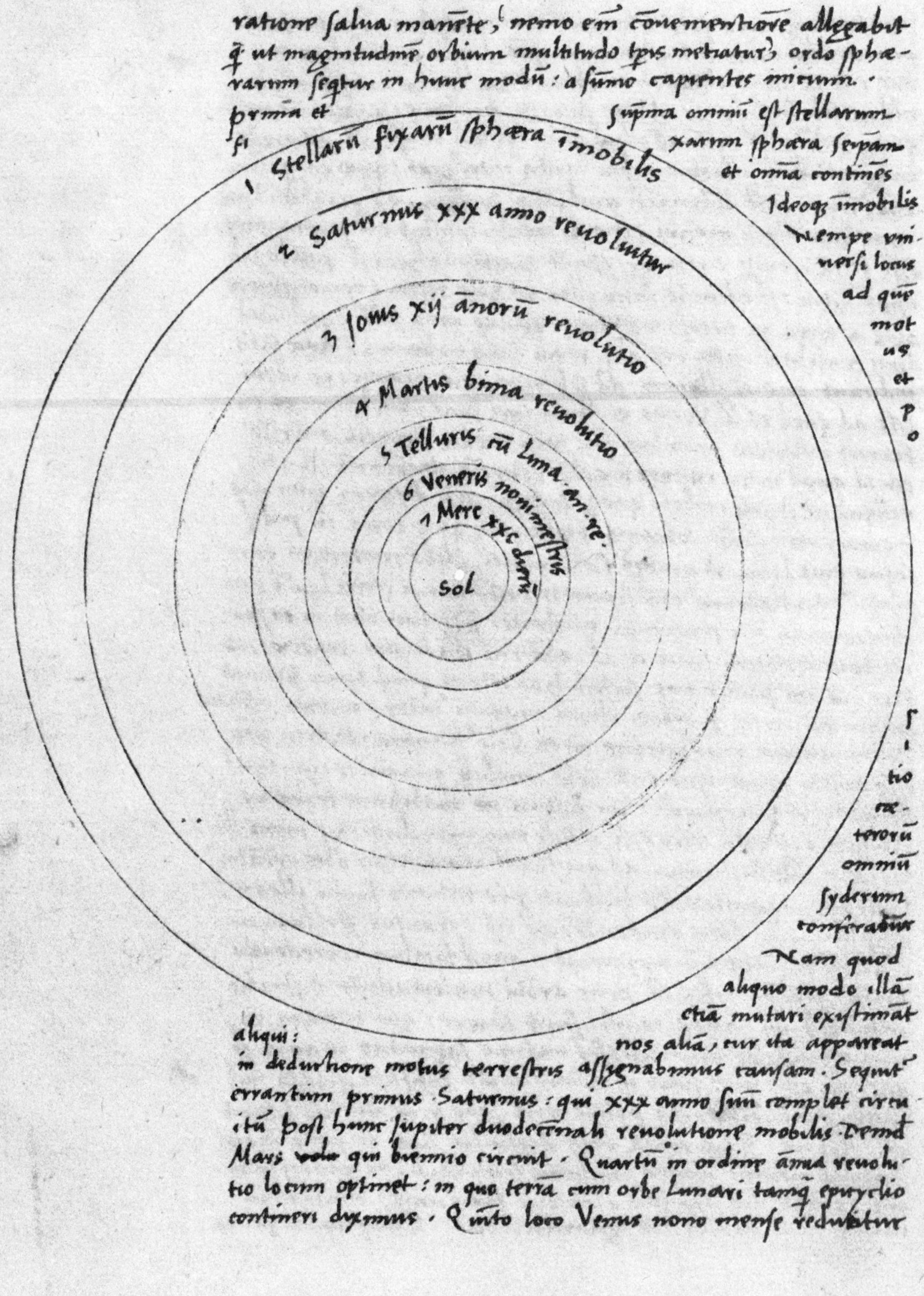

ratione salua manente; nemo enim convenientiore allegabit quam ut magnitudine orbium multitudo temporis metiatur; ordo sphaerarum sequitur in hunc modum: a summo capientes initium. Prima et suprema omnium est stellarum fixarum sphaera seipsam et omnia continens Ideoque immobilis Nempe universi locus ad quem motus et positio ceterorum omnium syderum conferatur. Nam quod aliquo modo illam etiam mutari existimat aliqui: nos aliam, cur ita appareat in deductione motus terrestris assignabimus causam. Sequitur errantium primus Saturnus: qui xxx anno suum complet circuitum. Post hunc Jupiter duodecennali revolutione mobilis. Deinde Mars ~~vel~~ qui biennio circuit. Quartum in ordine annua revolutio locum optinet: in quo terra cum orbe Lunari tanquam epicyclio contineri diximus. Quinto loco Venus nono mense reducitur

Sextum denique locum Mercurius tenet octuaginta dierum
spacio circumcurrens. In medio vero omnium residet Sol.
Quis enim in hoc pulcherrimo templo lampadem hanc in alio vel
meliori loco poneret: quam unde totum simul possit illuminare.
Siquidem non inepte quidam lucernam mundi: alij mentem: alij rectorem
vocant. Trimegistus visibilem deum. Sophoclis Electra intuentem
omnia. Ita profecto tamquam in solio regali Sol residens circum-
agentem gubernat astrorum familiam. Tellus quoque minime
fraudatur Lunari ministerio. sed ut aristoteles de animalibus ait.
maximam Luna cum terra cognationem habet. Concipit interea
a Sole terra: et impregnatur annuo partu. Invenimus ~~autem~~ sub [igitur]
hac ordinatione admirandam mundi symmetriam: ac certum armoniae
nexum motus et magnitudinis orbium: qualis alio modo reperiri
non potest. Hic enim licet animadvertere, non segniter contemplanti
Cur maior in Iove progressus et regressus appareat quam in Saturno
et minor quam in Marte. ac rursus maior in Venere quam Mercurio.
Quodque frequentior appareat in Saturno talis reciprocatio quam
in Iove: rarior adhuc in Marte, et in Venere quam in Mercurio
praeterea quod Saturnus Iupiter et Mars acronycti propinquiores sint
terrae quam circa eorum occultationem et apparitionem. Maxime vero
Mars pernox factus magnitudine Iovem aequare videtur, colore
dumtaxat rutilo discretus; illic autem vix inter secundae magnitudinis stellas
~~conspicitur invenitur~~, sedula observatione sectantibus ipsum cognitus
Quae omnia ex eadem causa procedunt quae in telluris est motu.
Quod autem nihil eorum apparet in fixis immensam illorum arguit
celsitudinem: quae faciat etiam annui motus orbem sive eius imaginem
ab oculis evanescere. Quoniam omne visibile longitudinem distantiae
habet aliquam, quam ~~adveniente~~ non amplius spectatur: ut demon- [ultra]
stratur in Opticis ~~apud Euclidem~~. Quod enim a supremo errantium
Saturno ad fixarum sphaeram adhuc plurimum intersit, scintillantia
illorum lumina demonstrant. Quo indicio maxime discernuntur
a planetis. Quodque inter mota et non mota maximam oportebat
esse differentiam. Tanta nimirum est divina haec Opt. Max. fabrica.

De triplici motu telluris demonstratio — Ca. decimum

Cum igitur mobilitati terrenae tot tantaque errantium syderum
consentiant testimonia, iam ipsum motum in summa exponemus
quatenus apparentia per ipsum tamquam hypothesim demonstrentur.
triplicem omnino oportet admittere. Primum, quem diximus νυ-
χθημερινὸν a grecis vocari, diei noctisque circuitum proprium ~~ac~~
~~Irradiationem~~: circa axem telluris: ab occasu in ortum vergentem:
prout in diversum mundus ferri putatur. aequinoctialem circulum describendo: quem non nulli aequidialem dicunt: imitantes significationem

graecorum: apud quos ἰσημερινός vocatur. Secundus est motus centri annuus: qui circulum signorum describit circa Solem ab occasu similiter in ortum: id est in consequentia procurrens: inter Venerem et Martem, ut diximus, cum sibi incumbentibus. Quo fit ut ipse Sol simili motu Zodiacum pertransire videatur. Quemadmodum verbi gratia, Capricornum centro terrae permeante, Sol Cancrum videatur pertransire: ex aquario Leonem: et sic deinceps, ut dicebamus. Ad hunc circulum qui per medium signorum est et eius superficiem oportet intelligi aequinoctialem circulum et axem terrae convertibilem habere inclinationem. Quoniam si fixa maneret: et non nisi centri motum simpliciter sequerentur, nulla appareret dierum et noctium inaequalitas: sed semper vel solstitium: vel bruma vel aequinoctium: vel aestas vel hiems: vel utcumque eadem temporis qualitas maneret sui similis. Sequitur ergo tertius declinationis motus annua quoque revolutione, sed in praecedentia, hoc est contra motum centri reflectens. Sicque ambobus invicem aequalibus fere et obviis mutuo, evenit: ut axis terrae et in ipso maximus parallelorum aequinoctialis in eandem fere mundi partem spectent: perinde ac si immobiles permanerent. Sol interim moveri cernitur per obliquitatem signiferi: eo motu quo centrum terrae: nec aliter quam si ipsum esset centrum mundi: dummodo memineris Solis et terrae distantiam visus nostros iam excessisse in stellarum fixarum sphaera. Quae cum talia sint quae oculis subiici magis quam dici desiderat, describamus circulum a b c d quem repraesentaverit annuus centri terrae circuitus in superficie signiferi: et sit e circa centrum eius Sol. Quem quidem circulum secabo quadrifariam subtensis diametris a e c et b e d. Punctum a teneat Cancri principium b Librae c Capricorni d Arietis. Assumamus autem centrum terrae primum in a super quo designabo terrestrem aequinoctialem f g h i sed non in eodem plano: nisi quod g a i dimetiens sit circulorum sectio communis aequinoctialis inquam et signiferi. Ducta quoque diametro f a h ad rectos angulos ipsi g a i sit f maximae declinationis limes in ~~boream~~ austrum h vero in ~~austrum~~ boream. His sane sic propositis. Solem circa e centrum videbunt terrestres sub capricorno brumalem conversionem facientem: quam maxima declinatio ~~austrina~~ borea h ad Solem conversa efficit. Quoniam declinatio aequinoctialis ad a e lineam per revolutionem diurnam deformat sibi tropicum ~~Solstitialem~~ hiemalem parallelum secundum distantiam quam sub e a h angulus inclinationis comprehendit. Proficiscatur modo centrum terrae in consequentia ac tantundem f maximae declinationis terminus in praecedentia donec utrique in b peregerint quadrantes circulorum. Manet interim e a i angulus semper aequalis ipsi a e b propter aequalitatem revolutionum et dimetientes semper ad invicem f a h ad f b h et g a i ad g b i

aequinoctialis quam aequinoctiali parallelus. Quae propter causam iam sepe dictam apparent eadē in immensitate caeli. Igitur ex b librae principio e sub Ariete apparebit: coincidetque sectio circulorum communis in una linea g b i e ad quam diurna revolutio nullam admittet declinationē: sed omnis declinatio erit a lateribus. Itaque sol in aequinoctio verno videbitur. Pergat centrum terrae cum assumptis conditionibus: et parto in c semicirculo, apparebit Sol cancrum ingredi. At f austrina aequinoctialis circuli declinatio ad Solem conversa, faciet illum boreum videri aestivum tropicum percurrentem pro ratione anguli e c f inclinationis. Rursus avertente se f ad tertium circuli quadrantem sectio communis g i in lineam e d cadet denuo: unde Sol in Libra spectatus videbitur autumni aequinoctium confecisse. Ac deinceps eodē processu h se paulatim ad Solē se convertentes redire faciet ea que in principio unde digredi cepimus. Aliter Sit itidem in subiecto plano a e c ~~circuli abc et~~ dimetiens et sectio communis circuli abc erecti ad ipsum planum. In quo circa a et c hoc est sub cancro et capricorno designetur per vices circulus terrae per polos qui sit d g f i et axis terrae sit d f boreus polus d austrinus f et g i dimetiens circuli aequinoctialis. Quando igitur d f ad Solem se convertit qui sit circa e atque aequinoctialis circuli inclinatio borea secundum angulum g sub i a e: tunc motus circa axē describet parallelum aequinoctiali austrinum secundum dimetientem k l et distantia l i tropicum capricorni in Sole apparentē. Sive ut rectius dicam. Motus ille circa axē ad visum a c superficiē insurgit conicam: in centro terrae habentē fastigium basim vero circulum aequinoctiali parallelum: in opposito quoque signo c omnia pari modo eveniunt: sed conversa. Patet igitur quomodo occurrentes invicem bini motus: centri inquam et inclinationis cogunt axē terrae in eodē libramento manere ac positione consimili: et apparere omnia quasi sint solares motus

Dicebamus autem centri et declinationis annuas revolutiones
propemodum esse æquales: quoniam si adamussim id esset, oporteret
æquinoctialia, solstitialiaque puncta, ac totam signiferi obliquitatem
sub stellarum fixarum sphæra haudquaquam permutari: sed cum modica sit differentia, non nisi cum tempore grandescens patefacta est:
a ptolemaeo quidem ad nos usque partium prope xxi: quibus illa
iam anticipant. Qua ob causam crediderunt aliqui stellarum quoque
fixarum sphæram moveri: quibus idcirco nona sphæra superior
placuit: quæ dum non sufficeret, nunc recentiores decimam superaddunt
nedum tamen finem assecuti: quem speramus ex motu terræ nos
consecuturos. Quo tamquam principio et hypothesi utemur in
demonstrationibus aliorum. ~~Et si fateamur Solis Lunæque cursum~~
~~in immobilitate quoque terræ demonstrari posse. in cæteris vero~~
~~errantibus minus congruit. Credibile est hisce similibusque~~
~~causis~~ philolaum mobilitatem terræ sensisse: quod etiam nonnulli
Aristarchum samium ferunt in eadem fuisse sententia. non illa
ratione moti: quam allegat reprobatque Aristoteles. Sed cum
talia sint: quæ nisi acri ingenio et diligentia diuturna comprehendi non possent: latuisse tunc plerumque philosophos: et fuisse admodum paucos: qui eo tempore sydereorum motuum callucrint
rationem, a platone non tacetur. At si philolao vel cuivis
pythagorico intellecta fuerint: verisimile tamen est ad po-
steros non profudisse. Erat enim pythagoreorum observatia
non tradere literis ~~litis~~: nec pandere omnibus arcana philosophiæ
Sed amicorum duntaxat et propinquorum fidei committere
ac per manus tradere. Cuius rei monumentum extat
Lysidis ad Hipparchum epistola: quam ob memorandas sententias
et ut appareat, quam preciosam penes se habuerint philosophiam
placuit hic inserere: atque hunc primo libro per ipsam im-
ponere finem. Est ergo exemplum epistolæ: quod e græco
vertimus hoc modo. ~~Lysis Hipparcho Salut~~
Post excessum pythagoræ: nunquam mihi persuasisse futurum
ut societas discipulorum eius disiungeretur. Postquam autem
præter spem, tamquam naufragio facto alius alio delati
dispersique sumus, pium tamen est diviniorum illius præcep-
torum meminisse: neque communicare philosophiæ bona, iis qui neque
animi purificationem somniaverint. Non enim decet ea
porrigere omnibus: quæ tantis laboribus sumus conse-
cuti. Quemadmodum neque Eleusiniarum dearum arcana pro-
phanis hominibus licet patefacere: peræque enim iniqui

ac impii haberentur utrique ista facientes. Operae pretium
est autem recensere: quantum temporis consumpserimus in abstergendis
maculis: quae pectoribus nostris inhaerebant: donec quinque
labentibus annis, praeceptorum illius facti sumus capaces
Quemadmodum enim pictores post expurgationem astrinxerunt
acrimonia quadam vestimentorum tincturam: ut inabluibilem
imbibant colorem et qui postea non facile possit evanescere. Ita
divinus ille vir philosophiae praeparavit amatores: quo minus
spe frustraretur: quam de aliquibus virtute concepisset. Non
enim mercenariam vendebat doctrinam. Neque laqueos, quibus
multi sophistarum mentes iuvenum implicant, utilitate vacantes
adnectebat: sed divinarum humanarumque rerum erat praeceptor.
Quidam vero doctrinam illius simulantes multa et magna
faciunt: et perverso ordine: neque ut oportuit instruunt iuventutem
Quamobrem importunos ac protervos reddunt auditores. Per
miscent enim turbulentis ac impuris moribus syncera praecepta
philosophiae. Perinde enim est ac si quis in altum puteum coeno
plenum puram ac liquidam aquam infundat: nam coenum conturbat
et aquam amittit. Sic accidit iis: qui hoc modo docent atque
docentur. Densae enim et opacae silvae mentem et praecordia
eorum occupant: qui rite non fuerint initiati: omnemque animi
mansuetudinem: et rationem impediunt. Subeunt hanc silvam
omnia vitiorum genera: quae depascuntur: arcent: nec aliquo
modo sinunt prodire rationem. Nominabimus autem primum
ipsorum ingredientium matres incontinentiam: et avaritiam Suntque
ambae fecundissimae. Nam incontinentia incestus: ebrietates
stupra: et contra naturam voluptates parit: et vehementes
quosdam impetus: qui ad mortem usque et praecipitium impellunt
Jam enim libido quosdam usque adeo inflammavit: ut neque ma-
tribus neque pignoribus abstinuerit: quos etiam contra leges
patriam: civitatem: et tyrannos induxit: ~~ut vinctos~~
mittitque laqueos: ut vinctos ad extremum usque supplicium
coegerit. Ex avaritia autem genitae sunt rapinae par-
ricidia: sacrilegia: veneficia: atque aliae eiusdem generis sorores
Oportet igitur huiusce silvae latebras: in quibus affectus
isti versantur: igne ferro: et omni conatu excidere. Cumque
ingenuam rationem his affectibus liberatam intellexerimus:
tunc optimam frugem: et fructuosam illi inseremus. Haec
tu quidem Hipparche non parvo studio didiceras. Sed parum

o bone vir servasti, siculo luxu degustato, cuius grã nihil
postponere debuisses. Aiunt etiam plerique te publice phi
losophari: quod vetuit Pythagoras: qui Damae filiae
suae comentariolos testamẽto relinquẽs mãdauit:
ne cuiq̃ eos extra familiã traderet. Quos cũ
magna pecunia vendere posset, noluit
Sed paupertatẽ et iussa pris aestimauit
auro cariora. Aiũt etiã: qđ Dama
moriẽs Vitaliae filiae suae idẽ reliq̃ret
fidei cõmissũ. Nos aũt virilis
sexus in officiosi sumus ĩ pcep
tore: sed trãsgressores pfessionis
nr̃ae. Si igitur te emẽda-
ueris gratũ habeo. Sin
minus mortuus
es mihi

x

Quae ex philosophia naturali ad institutionem nostram necessaria videbantur tanquam principia et hypotheses Mundum videlicet sphaericum immensum, simile infinito Stellarum quoque fixarum sphaeram omnia continentem immobilem esse. Caeterorum vero corporum caelestium motum circularem, summatim recensuimus. Assumpsimus etiam quibusdam revolutionibus mobilem esse tellurem: quibus tanquam primario lapidi totam astrorum scientiam instruere intendimus. Quoniam vero demonstrationes: quibus in toto fere opere utemur in rectis lineis et circumferentiis: in planis, convexisque triangulis versantur: de quibus etsi multa iam pateant in Euclidis elementis: non tamen habent: quod hic maxime quaeritur, quomodo ex angulis latera: et ex lateribus anguli possint accipi. Quoniam angulus subtensam lineam rectam non metitur: sicut nec ipsa angulum sed circumferentia. Quo circa inventus est modus: per quem lineae subtensae cuilibet circumferentiae cognoscantur: quarum adminiculo ipsam circumferentiam angulo respondentem ac vicissim per circumferentiam rectam lineam quae angulum subtendit liceat accipere. Quapropter non alienum esse videtur: si hoc libro sequente de his lineis tractaverimus. De lateribus quoque et angulis tam planorum quam etiam sphaericorum triangulorum: quae Ptolemaeus sparsim ac per exempla tradidit: quatenus hoc loco semel absolvatur: ac deinde quae tradituri sumus fiant apertiora.

De rectis lineis quae in circulo subtenduntur Cap. primum

Circulum communi mathematicorum consensu in CCCLX partes distribuimus. Dimetientem vero CXX partibus adsciscebant prisci. At posteriores: ut scrupulorum evitarent involutionem in multiplicationibus et divisionibus numerorum circa ipsas lineas: quae ut plurimum incommensurabiles sunt longitudine saepius etiam potentia: alii duodecies centena millia: alii vigesies alii aliter rationalem constituerunt diametrum, ab eo tempore: quo indicae numerorum figurae sunt usu receptae. Qui quidem numerus quemcunque alium: sive graecum sive latinum singulari quadam promptitudine in ratiociniis sese accommodat. Nos quoque eam ob causam accepimus diametri CC partes tanquam sufficientes quae possint errorem excludere patentem. Quae enim se non habent sicut numerus ad numerum in his proximum assequi satis est.

Hoc ante sex theorematis explicabimus et uno problemate Ptolemaeu fere secuti

Theorema primum

Data circuli diametro latera quoque trigoni, tetragoni, hexagoni pentagoni et decagoni dari: quae idem circulus circumscribit. Quonia quae ex centro, dimidia diametri aequalis est latere hexagoni. Trianguli vero latus triplum: quadrati duplu potest eo, qd ab hexagoni latere fit quadratum: prout apud Euclidem in elementis demonstrata sunt. Dantur ergo longitudine hexagoni latus partiu C tetragoni partiu 141422 trigoni part 173205 Sit iam latus hexagoni a b quod per problema i secundi sive decimu sexti Euclidis media et extrema ratione secetur in c signo et maius segmentum sit c b cui aequalis apponatur b d. Erit igitur et tota abd extrema et media ratione dissecta: et minus segmentum b d apposita decagoni latus inscripti circulo cuius ab fuerit hexagoni latus: quod ex quinto et ix precepto xiii libri Euclidis fit manifestu. ~~Secetur etia a b bifaria in e~~ Ipa vero bd dabitur hoc modo: secetur a b bifaria in e. patet per iii preptu eiusde libri Eucl: quod e b d quintuplum potest eius quod ex e b. Sed datur longitudine partiu L a qua datur potentia quintupli et ipa e b d longitudine partiu 111803 quibus si 50000 auferantur ipius e b ~~remanet~~ b d partiu 61803 latus decagoni quaesitum

a c e b d

f Sed e b

Latus quoque pentagoni: quod potest hexagoni latus simul et decagoni datur partiu 117557. Data ergo circuli diametro, datur latera trigoni, tetragoni, pentagoni hexagoni, et decagoni eidem circulo inscriptibiliu: quod erat demonstrand

Porisma

Proinde manifestum est: quod cum alicuius circumferentiae subtensa fuerit data, illam quoque dari: q reliqua de semicirculo subtendit. Quonia in semicirculo angulus rectus est. In rectangulis aut triangulis, quod a subtensa recto angulo fit quadratu hoc est diametri, aequale est quadratis factis a lateribus angulum rectum comprehendentibus. Quonia igitur decagoni latus: quod xxxvi partes circumferetiae subtendit demonstrata est partiu 61803 quaru dimetiens est CC. Datur etia quae reliquas semicirculi cxliiii partes subtendit illaru partiu 190211 Et per latus pentagoni quod 117557 partibus diametri lxxii partiu subtendit circumferetiam datur recta linea q reliqs semicirculi cviii partes subtendit partiu 161803.

Theorema ii εισαγογον

rectangulum sub diagonijs comprehensum

Si quadrilaterum ~~in~~ circulo inscriptum fuerit: ~~quod sub diagonijs rectangulum~~ aequale est eis: quae sub lateribus oppositis continetur. Esto enim quadrilaterum inscriptum circulo abcd. aio quod sub ac et db diagonijs esse aequale eis quae sub ~~abcd et sub~~ ab. dc et sub ad. bc. Faciamus enim angulum abe aequalem ei qui sub cbd. Erit ergo totus abd angulus toti ebc aequalis, assumpto ebd utrique communi. Anguli quoque sub acb et bda sibiinvicem sunt aequales in eodem circuli segmento: et idcirco bina triangula similia, habebunt latera proportionalia: ut bc ad bd sic ec ad ad. et quod sub ec et bd aequale est ei quod sub bc et ad. Sed et triangula abe et cbd similia sunt: eo quod anguli qui sub abe et cbd facti sunt aequales: et qui sub bac et bdc eandem circuli ~~subtendunt~~ circumferentiam suscipientes sunt aequales. Fit rursum ab ad bd sicut ae ad cd; et quod sub ab et cd aequale ei quod sub ae et bd. Sed iam declaratum est: quod sub ad. bc tantum esse quantum sub bd et ec. Coniunctim igitur quod sub bd et ac aequale est eis quae sub ad. bc et sub ab. cd. Quod ostendisse fuerit oportunum.

Theorema tertium

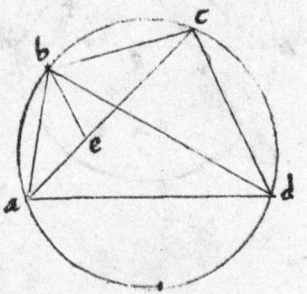

Ex his enim si inaequalium circumferentiarum rectae subtensae fuerint datae in semicirculo: eius etiam qua maior minorem excedit subtensa datur. Ut in semicirculo abcd et dimetiente ad datae inaequalium circumferentiarum subtensae sint ab et ac. Volentibus nobis inquirere subtendentem bc. dantur ex supradictis reliquarum de semicirculo circumferentiarum subtensae bd et cd quibus continget in semicirculo quadrilaterum abcd cuius diagonij ac et bd dantur, cum tribus lateribus ab. ad et cd in quo sicut iam demonstratum est: quod sub ac et bd aequale est eo quod sub ab. cd et quod sub ad et bc. Si ergo quod sub ab et cd auferatur ab eo quod sub ac et bd reliquum erit quod sub ad et bc. Itaque per ad divisore quatenus possibile est subtensa bc numeratur quaesita. Proinde cum ex superioribus data sint ~~verbi gratia pentagoni et hexagoni~~ latera datur hac ratione subtendens gradus xij quibus illa se excedunt estque partium illarum dimetientis 20905

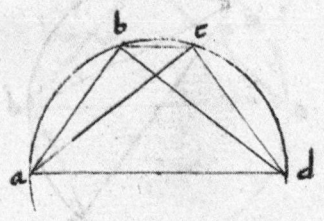

Theorema. Quartum

Data subtendente quamlibet circumferentiam: datur etiam subtendens dimidiae. Describamus circulum abc, cuius dimetiens sit ac sitque bc circumferentia data cum sua subtensa et ex centro e ~~excitetur~~ ef sit ad angulos rectos ipsi bc. quae idcirco per iiij ~~[illegible]~~ ~~propositum~~ tertij euclidis secabit ipsam bc bifariam in f et circumferentiam extensa in d, subtendatur etiam ab, bd. Quoniam igitur triangula abc et efc rectangula sunt et insuper angulum

p et bd

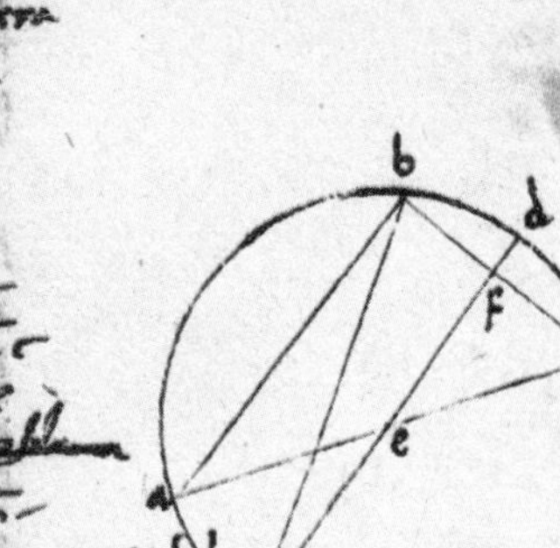

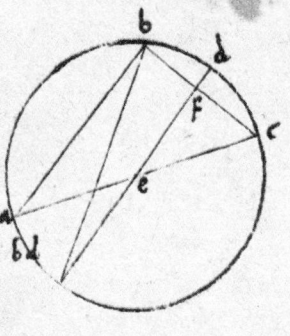

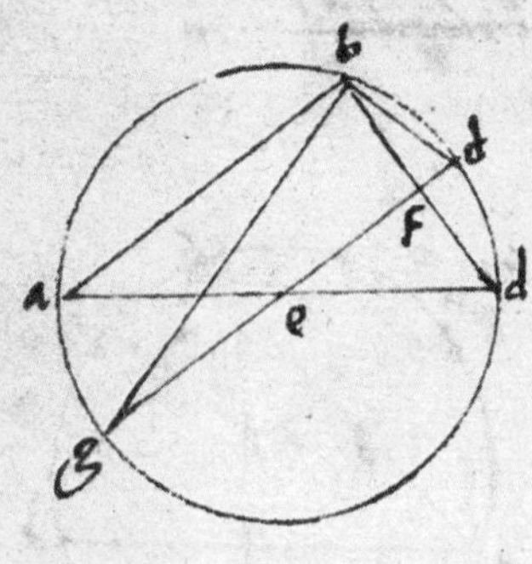

e f habentes communē habentes similia. Est ergo e f dimidium
est ipi b f c sic e f ipius a b dimidiū: sed a b datur quae reliquā
semicirculi circumferentiā subtendit: datur ergo et e f atque
reliqua d f a dimidia diametro quae compleatur ^ut sit^ d e g et
coniungatur b g. In triangulo igitur b d g ab angulo b
recto descendit ^per^pendicularis ad basim ^b f^. Quod igitur ^
sub g d f aequalis est ei quae ex b d. datur ergo b d longitudine
quae dimidiam b d c circumferentiam subtendit. Cumque iam
data sit quae ~~xij~~ gradus subtendit xij datur etiā vj gradibus
subtensa partium 10467 et iij gradibus partiū 5235 et
i s partiū 2618 et dodrantis partis 1309.

Theorema Quintum

Rursus cum datae fuerint duarum circumferentiarū subtensae
datur etiā quae totam ex ij compositā circumferentiam subtendit. Sint ^in circulo^ datae subtensae a b et b c. aio totius etiam
a b c subtensam dari. Transmissis enim dimetientibus a f d
et b f e subtendantur etiā rectae lineae b d et c e: quae ex p̄-
cedentibus dantur: propter a b et b c datas: et d e aequalis
est ipi a b: Connexa c d concludatur quadrangulum
b c d e: cuius diagonij b d et c e cum tribus lateribus b c
d e et b e dantur: reliquū etiā c d per secundum theo~~matrema~~ dabitur: ac proinde c a subtensa tanq̄ reliqua semicirculi subtensa datur totius ac circumferentia a b c quae q̄rebatur
Porro cum hactenus repertae sint rectae lineae: quae tres: quae
i s: quae quadrante vnius subtendit: quibus intervallis possit
aliquis canona exactissima ratione texere: Attamē si per gradus
ascendere et aliū alii coniungere vel per semisses vel alio modo
de subtensis eorum partiū nō immerito dubitabit. Quoniam
graphicae rationes quibus demonstrarentur nos deficiunt. Nihil
tamē prohibet per aliū modū, citra errorē sensui notabilem
et assumpto numero minime dissentiente, id assequi. Quod
et Ptolemaeus circa vnius gradus et semissis subtensas
quaesiuit admonendo nos primū.

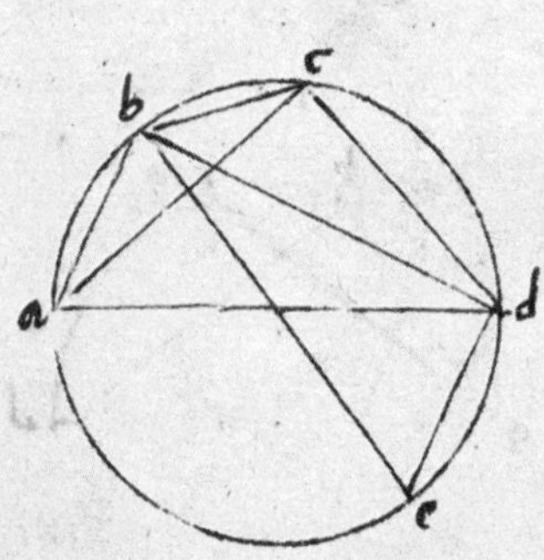

Theorema Sextum

Maiorē esse rationē circumferentiarū q̄ rectarū subtensarū
maioris ad minorem. Sint in circulo binae circumferē-
tiae inaequales coniunctae a b et b c. maior autē b c. Aio
maiorē esse rationē b c ad a b q̄ subtensarū b c ad a b.
Quae comprehendant angulū b. qui bifariā dispescetur per
lineā b d et coniungantur a c quae secet b d in e signo simul et a d et c d quae aequales sunt propter aequales circumferentias
quibus subtenduntur. Quoniam igitur trianguli a b c linea

quae per medium secat angulum secat etiam a c in e. erunt basis segmenta ec ad ae sicut quoniam maior est bc quam ab maior etiam ec quam eb. Extendatur d f perpendicularis ipsi a c quae secabit ipsam b c bifariam in f signo quod necessarium est in ec maiori segmento inveniri. Et quoniam omnis trianguli maiori angulo maiore latere subtenditur: in triangulo d e f latus d e maius est ipso d f et adhuc a d maius ipso d e. quapropter d centro intervallo autem d e descripta circumferentia a d secabit et d f transibit. secet igitur a d in h et extendatur in rectam linea d f i. Quoniam igitur sector e d i maior est triangulo e d f. ~~At sectoris e d i, e d i ad sectorem e d h maior est ratio quam trianguli e d f ad sectorem e d h. et trianguli e d f ad sectorem e d h maior etiam quam ad triangulum a d e. Multo igitur magis sectoris d e i maior ratio est ad e d h quam trianguli e d f ad e d a.~~ Atqui sectores circumferentiis sive angulis qui in centro: triangula vero quae sub eodem vertice basibus suis sunt proportionalia. Idcirco maior ratio angulorum e d f ad a d e quam basium e f ad a e. Igitur et coniunctim angulus f d a maior est ad a d e quam a f ad a e ac eodem modo c d a ad a d e quam a c ad a e. Ac dividendo maior est etiam c d e ad e d a quam c e ad e a. Sunt autem ipsi anguli c d e ad e d a: ut c b circumferentia ad a b circumferentiam. basis autem c e ad a e sicut b c subtensa ad a b ~~[illegible]~~ subtensam. Est igitur ratio maior c b circumferentiae ad a b circumferentiam quam b c subtensae ad a b subtensam quod erat demonstrandum

f sicut bc ad abf

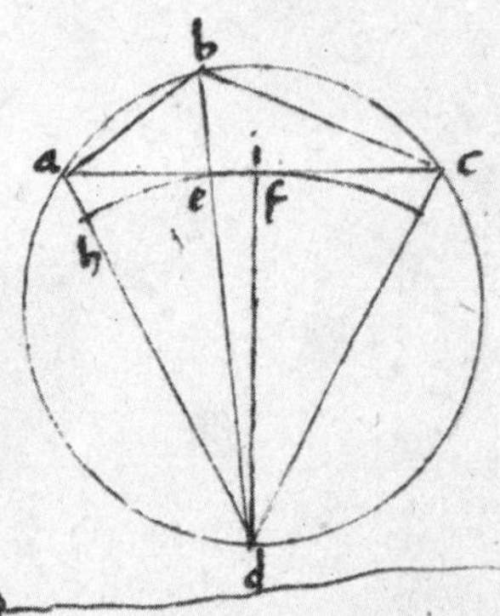

triangulum vero d e a maius d e h sectore. Triangulum igitur d e f ad d e a triangulum minorem habebit rationem quam d e i sector ad d e h sectorem

Problema

At quoniam circumferentia rectae sibi subtensae semper maior existit cum sit recta brevissima earum quae terminos habent eosdem. Ipsa tamen inaequalitas: a maioribus ad minores circuli sectiones ad aequalitatem tendit: ut tandem ad extremum circuli contactum recta et ambitiosa simul exeant. Oportet igitur: ut ante illud absque manifesto discrimine invicem differant. Sit enim verbi gratia a b circumferentia gradus iii et a c gradus i s a b subtendens demonstrata est partium 5235 quarum dimetiens posita est cc et b c earundem partium 2618 Et cum dupla sit a b circumferentia ad a c. subtensa tamen a b minor est quam dupla ad subtensam a c quae una tantummodo particulam ~~[illegible]~~ 2617 superaddit. Si vero capiamus a b partium graduum unius et semissis ac a c dodrantem unius gradus: habebimus a b subtensam partium quidem 2618 et a c part 1309 quae etsi maior esse debet dimidio ipsius ab subtensae: nihil tamen videtur differre a dimidio: sed eandem iam apparere

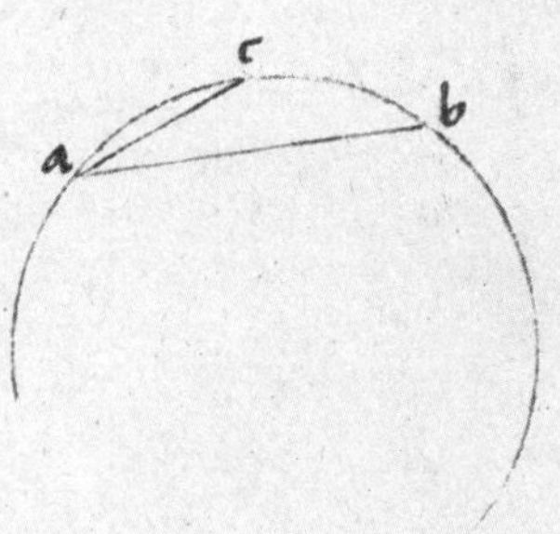

ratione circumferentiarum rectarumque linearum. Cum ergo consequenter nos pervenisse videmus: ubi rectae et circumferentiae differentia sensum prorsus evadit tamquam una linea factarum: non dubitamus ipsius dodrantis unius gradus 1309 aequa ratione ipsi gradui et reliquis partibus subtensas accomodare. Ut tribus partibus adiecto quadrante constituamus unum gradum subtendentem partibus 1745 dimidium gradum part. 872½ atque trientis parte 582 proxime. Verumtamen satis arbitror: si semisses duntaxat linearum, duplam circumferentiam subtendentium, assignemus in canone: Quo compendio, sub quadrante comprehendemus: quod in semicirculum oportebat diffundi. Ac eo praesertim quod frequentiori usu veniunt in demonstratione: et calculo semisses ipsae: quam linearum asses. Exposuimus autem Canonem auctum per sextantes graduum: tres ordines habentem: in primo sunt gradus sive partes circumferentiae et sextantes: secundus continet numerum dimidiae lineae subtendentis duplam circumferentiam tertius habet differentiam ipsorum numerorum, quae singulis gradibus interiacet: e quibus licet proportionaliter addere quod singuli cogerent Scrupulis graduum. Est ergo tabula haec —

Canon subtensarum in circulo rectarum linearum

Circumferentiae pt	Circumferentiae Sc	Semisses dupl. circum.	partes unius grad.	Circumferentiae pt	Circumferentiae Sc	Semisses Dup. circum.	unius gradus partes
0	10	291	291	3	10	5524	290
0	20	582		3	20	5814	
0	30	873		3	30	6105	
0	40	1163		3	40	6395	
0	50	1454		3	50	6685	
1	0	1745		4	0	6975	
1	10	2036		4	10	7265	
1	20	2327		4	20	7555	
1	30	2617		4	30	7845	
1	40	2908		4	40	8135	
1	50	3199		4	50	8425	
2	0	3490		5	0	8715	
2	10	3781		5	10	9005	
2	20	4071		5	20	9295	
2	30	4362		5	30	9585	
2	40	4653	291	5	40	9874	290
2	50	4943	290	5	50	10164	289
3	0	5234		6	0	10453	289

Canon subtensarũ in circulo rectarũ linearũ

Circũ ferẽtiæ		Semisses dup circ̃	vnius grad partes	Circũ ferẽtiæ		Semisses duplæ circũfe	vnius grad part
6	10	10742	289		10	21076	284
	20	11031			20	21360	
	30	11320			30	21644	
	40	11609			40	21928	
	50	11898			50	22212	
7	0	12187		13	0	22495	283
	10	12476			10	22778	
	20	12764			20	23062	
	30	13053	288		30	23344	
	40	13341			40	23627	
	50	13629			50	23900	282
8	0	13917		14	0	24192	
	10	14205			10	24474	
	20	14493			20	24756	
	30	14781			30	25038	281
	40	15069			40	25319	
	50	15356	287		50	25601	
9	0	15643		15	0	25882	
	10	15931			10	26163	
	20	16218			20	26443	280
	30	16505			30	26724	
	40	16792			40	27004	
	50	17078			50	27284	
10	0	17365		16	0	27564	279
	10	17651	286		10	27843	
	20	17937			20	28122	
	30	18223			30	28401	
	40	18509			40	28680	
	50	18795			50	28959	278
11	0	19081		17	0	29237	
	10	19366	285		10	29515	
	20	19652			20	29793	
	30	19937			30	30071	277
	40	20222			40	30348	
	50	20507			50	30625	
12	0	20791		18	0	30902	

Canon subtensarum in circulo

Circumferentiæ pt	sc	Semisses dup circ subtens	vnus grad ptes	Circumferentiæ pt	sc	Semiss subtenden dupla circu	vnius grad part
	10	31178	276		10	40939	265
	20	454	6		20	41204	5
	30	730	6		30	469	5
	40	32006	6		40	734	4
	50	282	5		50	998	4
19	0	557	5	25	0	42262	4
	10	832	5		10	125	3
	20	33106	5		20	788	3
	30	381	4		30	43351	3
	40	655	4		40	393	2
	50	929	4		50	555	2
20	0	34202	4	26	0	837	2
	10	475	3		10	44098	1
	20	748	3		20	359	1
	30	35021	3		30	620	0
	40	293	2		40	880	0
	50	562	2		50	45140	260
21	0	832	2	27	0	399	259
	10	36108	1		10	658	9
	20	379	1		20	916	8
	30	650	1		30	46175	8
	40	920	0		40	433	8
	50	37190	0		50	690	7
22	0	460	270	28	0	947	7
	10	739	269		10	47204	6
	20	999	9		20	460	6
	30	38268	9		30	716	5
	40	538	8		40	971	5
	50	805	8		50	48226	5
23	0	39073	8	29	0	481	4
	10	341	7		10	735	4
	20	608	7		20	989	3
	30	875	7		30	49242	3
	40	40141	6		40	495	2
	50	408	6		50	748	2
24	0	674	266	30	0	50000	252

rectarum Linearum

Circum ferētiæ pt	sc	Semiss subtenden duplā circūf	vnius grad part	Circum ferētiæ pt	sc	Semiss subtendent dup circū	vnius grad ptes
30	10	50252	251		10	59014	235
	20	503	1		20	248	4
	30	754	0		30	482	4
	40	51004	0		40	716	3
	50	254	250		50	949	3
31	0	504	249	37	0	60181	2
	10	753	9		10	414	2
	20	52002	8		20	645	1
	30	250	8		30	876	1
	40	498	7		40	61177	9
	50	745	7		50	377	230
32	0	992	6	38	0	566	229
	10	53238	6		10	795	9
	20	484	6		20	62024	9
	30	730	5		30	251	8
	40	975	5		40	479	8
	50	54220	4		50	706	7
33	0	464	4	39	0	932	7
	10	708	3		10	63158	6
	20	951	3		20	383	6
	30	55194	2		30	608	5
	40	436	2		40	832	5
	50	678	1		50	056	4
34	0	919	1	40	0	64279	3
	10	56160	0		10	201	2
	20	400	240		20	423	2
	30	641	239		30	945	1
	40	880	9		40	65166	0
	50	57119	8		50	386	220
35	0	358	8	41	0	606	219
	10	596	8		10	825	9
	20	833	7		20	66044	8
	30	58070	0		30	262	8
	40	307	7		40	480	7
	50	543	7		50	697	7
36	0	779	2 9	42	0	913	6

CANON SVBTENSARVM IN CIRCVLO

Circum ferentiae ptes	sc	Semiss. subtendentium dup. circu.	[illegible] grad ptes	Circum ferentiae pt	sc	Semiss. sub tendent. dup. circu.	[illegible] grad ptes
42	10	67129	215		10	508	4
	20	344	5		20	702	4
	30	559	4		30	896	4
	40	773	4		40	75088	2
	50	987	3		50	280	1
43	0	68200	2	49	0	471	0
	10	412	2		10	661	190
	20	624	1		20	851	189
	30	835	1		30	76040	9
	40	69046	9		40	229	8
	50	256	210		50	417	7
44	0	466	209	50	0	604	7
	10	675	9		10	791	6
	20	883	8		20	977	6
	30	70091	7		30	77162	5
	40	298	7		40	347	4
	50	505	6		50	531	4
45	0	711	5	51	0	715	3
	10	916	5		10	897	2
	20	71121	4		20	78079	2
	30	325	4		30	261	1
	40	529	3		40	442	0
	50	732	2		50	622	180
46	0	934	2	52	0	808	179
	10	72136	1		10	980	8
	20	337	0		20	79158	8
	30	537	200		30	335	7
	40	737	199		40	512	6
	50	937	9		50	688	6
47	0	73135	8	53	0	864	5
	10	333	7		10	80038	4
	20	531	7		20	212	4
	30	728	6		30	386	3
	40	924	5		40	558	2
	50	74119	5		50	730	2
48	0	314	4	54	0	902	1

RECTARVM LINEARVM.

Circumferentiae pt.	sc.	Semiss. subtendentium dup. circum.	unius grad. ptes.	Circumferentiae pt.	sc.	Semiss. subtendent. dup. cir.	unius grad. ptes
	10	81072	170		10	747	4
	20	242	169		20	892	4
	30	411	9		30	87036	3
	40	580	8		40	178	2
	50	748	7		50	320	2
55	0	915	7	61	0	462	1
	10	82082	6		10	603	140
	20	248	5		20	743	139
	30	413	4		30	882	9
	40	577	4		40	88020	8
	50	741	3		50	158	7
56	0	904	2	62	0	295	7
	10	83066	2		10	431	6
	20	228	1		20	566	5
	30	389	160		30	701	4
	40	549	159		40	835	4
	50	708	9		50	968	3
57	0	867	8	63	0	89101	2
	10	84025	7		10	232	1
	20	182	7		20	363	1
	30	339	6		30	493	130
	40	495	5		40	622	129
	50	650	5		50	751	8
58	0	805	4	64	0	879	8
	10	959	3		10	90006	7
	20	85112	2		20	133	6
	30	264	2		30	258	6
	40	415	1		40	383	5
	50	566	0		50	507	4
59	0	717	150	65	0	631	3
	10	866	149		10	755	2
	20	86015	8		20	875	1
	30	163	7		30	996	1
	40	310	7		40	91116	120
	50	457	6		50	235	119
60	0	602	5	66	0	354	8

CANON SUBTENSARUM IN CIRCULO

Circumferentiae pt	scr	Semiss sbtendentium dup. cir	Unius grad part	Circumferent pt	scr	Semiss sbtendent dup. cir	Unius grad ptes
66	10	472	118		10	195	89
	20	590	7		20	284	8
	30	706	6		30	372	7
	40	822	5		40	499	6
	50	936	4		50	555	5
67	0	92050	3	73	0	600	5
	10	164	3		10	715	4
	20	276	2		20	799	3
	30	388	1		30	882	2
	40	499	110		40	964	1
	50	609	109		50	96045	1
68	0	718	9	74	0	126	80
	10	827	8		10	206	79
	20	935	7		20	285	8
	30	93042	6		30	363	7
	40	148	5		40	440	7
	50	253	5		50	517	6
69	0	358	4	75	0	592	5
	10	462	3		10	667	4
	20	565	2		20	742	3
	30	667	2		30	815	2
	40	769	1		40	887	2
	50	870	100		50	959	1
70	0	969	99	76	0	97030	70
	10	94068	8		10	009	69
	20	167	8		20	169	8
	30	264	7		30	237	8
	40	361	6		40	304	7
	50	457	5		50	371	6
71	0	552	4	77	0	437	5
	10	646	3		10	502	4
	20	739	3		20	566	3
	30	832	2		30	630	3
	40	924	1		40	692	2
	50	95015	0		50	754	1
72	0	105	90	78	0	815	60

RECTARUM LINEARUM

Circumferentiae pt	sc	semiss subtendentium dup: cir	unius gradus ptes	Circumferentiae pt	sc	semiss subtendentium dup: cir	unius gradus ptes
	10	875	59		10	99482	29
	20	934	8		20	511	8
	30	992	8		30	539	7
	40	98050	7		40	567	7
	50	107	5		50	594	6
79	0	163	5	85	0	620	5
	10	218	4		10	644	4
	20	272	4		20	668	3
	30	325	3		30	692	2
	40	378	2		40	714	2
	50	430	1		50	736	21
80	0	481	590	86	0	755	20
	10	531	49		10	776	19
	20	580	9		20	795	18
	30	629	8		30	813	8
	40	676	7		40	830	7
	50	723	6		50	847	6
81	0	769	5	87	0	863	5
	10	814	4		10	878	4
	20	858	3		20	892	3
	30	902	2		30	905	2
	40	944	2		40	917	2
	50	986	1		50	928	11
82	0	99027	40	88	0	939	10
	10	047	39		10	949	19
	20	106	8		20	958	8
	30	144	8		30	966	7
	40	182	7		40	973	6
	50	219	6		50	979	6
83	0	255	5	89	0	985	5
	10	290	4		10	989	4
	20	324	3		20	993	3
	30	357	3		30	996	2
	40	389	2		40	998	1
	50	421	1		50	99999	0
84	0	452	30	90	0	100000	0

De lateribus et angulis triangulorum planorum rectilineorum

Cap. ij

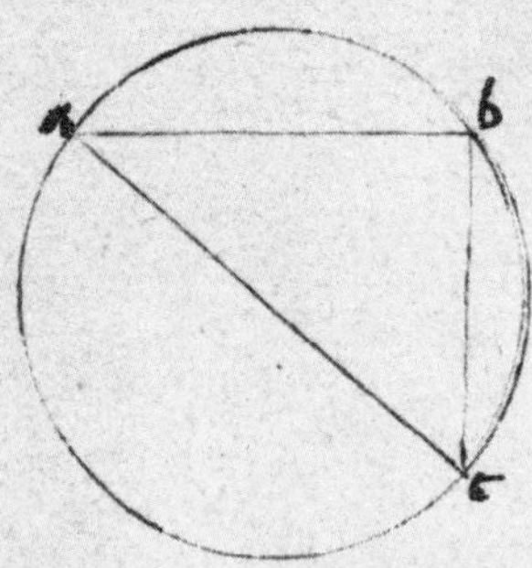

Trianguli datorum angulorum dantur latera. Sit inquam triangulum abc cui per quintum problema quarti Euclidis circumscribatur circulus: erunt igitur ~~er~~ et ab, bc, ca circumferentiae datae: eo modo quo ccclx partes sunt ~~qua~~ duobus rectis aequales. Datis autem circumferentiis: dantur etiam latera trianguli inscripti circulo tanquam subtensae: per expositum canonem: in partibus quibus dimetiens assumpta est cc.

Si vero cum aliquo angulorum duo trianguli latera fuerint data et reliquum latus cum caeteris angulis cognoscentur. Aut enim latera data aequalia sunt: et si inaequalia: sed angulus datus aut rectus est: acutus vel obtusus. Ac rursus latera data datum angulum vel comprehendunt vel ~~no~~ non comprehendunt.

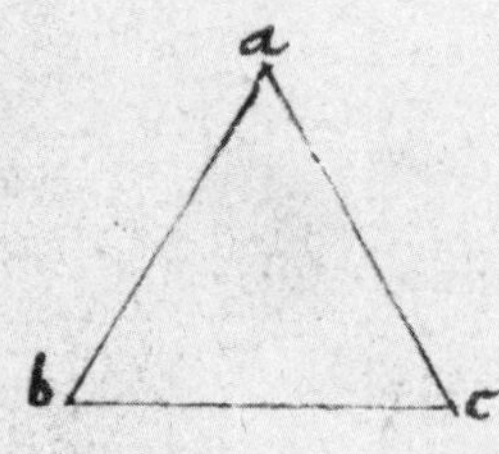

Sit ergo primum in triangulo abc duo latera ab et ac data aequalia: quae angulum a datum comprehendunt: Caeteri igitur: qui ad basim bc cum sint aequales etiam dantur: uti dimidia residui ipsius a e duobus rectis. Et si qui circa basim angulus primitus fuerit datus: datur mox ipsi compar: atque ex his binorum rectorum reliquus: sed datorum angulorum trianguli dantur latera: datur et ipsa bc basis: ex canone in partibus: quibus ab vel ac tanquam ex centro fuerit c partium sive dimetiens cc partium.

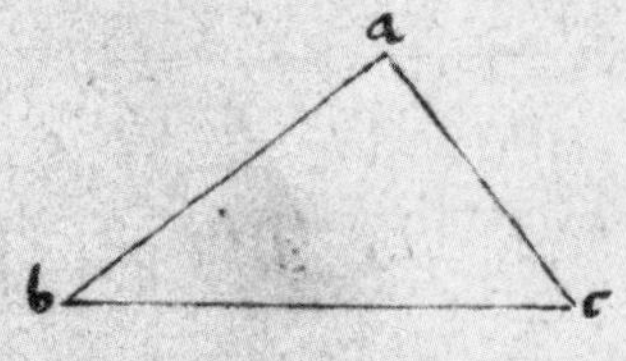

Quod si angulus qui sub bac rectus fuerit datis comprehensus lateribus idem eveniet. Quoniam liquidissimum est quod quae ex ab et ac fiunt quadrata aequalia sunt ei quod a basi bc datur ergo longitudine bc. et ipsa latera invicem rationis. Sed segmentum circuli: quod orthogonium suscipit triangulum semicirculus est: cuius bc basis dimetiens fuerit. Quibus igitur bc partibus fuerit cc dabuntur ab et ac tanquam subtendentes reliquos angulos b, c. quos idcirco ratio canonis patefaciet in partibus quibus ~~circuli circumcurrentes~~ clxx ~~pre~~ ~~ccclx~~ sunt duobus rectis aequales. Idem eveniet si bc fuerit datum cum altero rectum angulum comprehendentium quod iam liquidissime constare arbitror.

(abr) Sit iam datus qui sub ~~bac~~ angulus acutus: datis etiam comprehensus lateribus ab et bc et ex a signo descendat perpendicularis ad bc producta si oportuerit: prout intra vel extra triangulum cadat: quae sit ad per quam discernuntur duo orthogonii abd et adc. Et quoniam in abd dantur anguli. Nam d rectus et b per hypothesim: dantur ergo ad et bd tanquam subtendentes angulos a et b in partibus quibus ab est cc

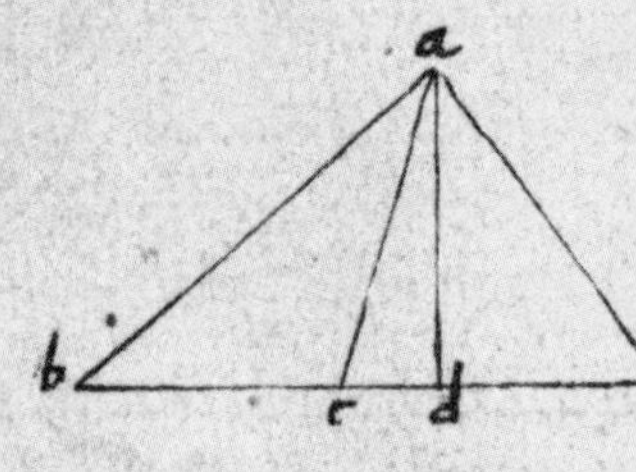

dimetiens circuli per canonem. Et eadem ratione, qua ab dabatur
longitudine dantur ad et bd similiter. Datur etiam cd
quia bc et bd se invicem excedunt. Igitur et in triangulo
rectangulo adc datis lateribus ad et cd datur latus quaesitum
ac et angulus acd per precedentem demonstrationem. ~~Quod si non~~
~~bc sed ac latus datum subtendet angulum b datum fuerit~~ —

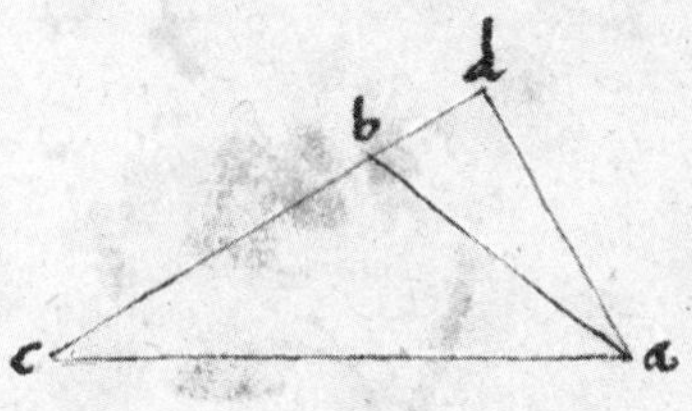

Nec aliter eveniret si b angulus ~~acutus~~ fuerit obtusus. quoniam
ex a signo in bc extensam rectam lineam perpendicularis acta ad
efficit triangulum orthogonium abd datorum angulorum: Nam
abd angulus exterior ipsi abc datur et d rectus: dantur
ergo bd et ad ~~in~~ partibus quibus ab fuerit cc et quoniam
ba et bc rationem habent invicem datam: datur ergo et ab earundem
partium quibus bd ac tota cbd. Idcirco et in triangulo
rectangulo adc cum data sint duo latera ad et cd datur
etiam ac quaesitum et angulus bac cum reliquo acb quae quaerebantur.

Sit iam alterutrum datorum laterum subtendens angulum b datum
quod sit ac cum ab: datur ergo per canonem ac in partibus
quibus est dimetiens circuli circumscribentis triangulum
abc partium cc et pro ratione data ipsius ac ad ab datur in
similibus partibus ab atque per canonem qui sub acb angulus
cum reliquo bac angulo: per quem etiam cb subtensa datur.
qua ratione data dantur quomodolibet magnitudine.

Datis omnibus trianguli lateribus dantur anguli

De isopleuro notum est quod ut inducetur: quod singuli eius
anguli trientem obtineat duorum rectorum. In isoscele[illegible] quoque
perspicuum est. Nam aequalia latera ad tertium [illegible]: sicut
[illegible] diametri ad ~~subtendentem circumferentiam~~ [illegible] quam — subtensa circumferentia per qua
[illegible] angulus equalibus comprehensus lateribus ex canone
[illegible] circa centrum ccclx sunt quatuor rectis aequales: deinde
ceteri anguli qui ad basim etiam dantur e duobus rectis tamen
dimidia. Superest ergo nunc et in scalenis triangulis id demonstrare:
quae similiter in orthogonios partiemur. Sit ergo
triangulum scalenum datorum laterum abc et ad latus quod
longissimum fuerit utputa bc descendat perpendicularis ad.

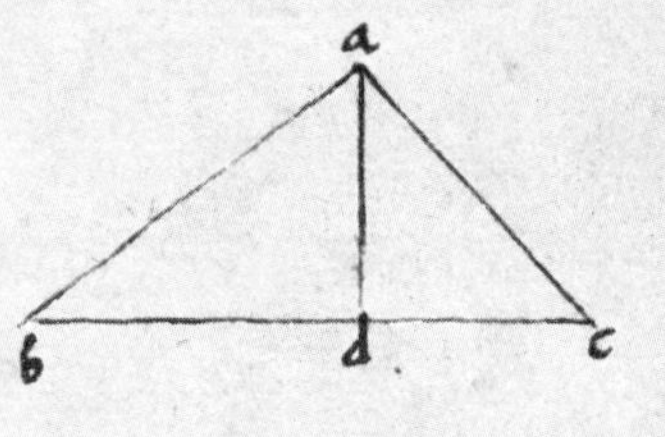

Admonet ante nos xiii ~~[illegible]~~ secundi Euclidis: quod ab quod
acutum subtendit angulum minus sit potestate ceteris duobus
lateribus: in eo quod fit sub bc et cd bis. Nam acutum
angulum c esse oportet: eveniret aliter et ab longissimum
esse latus contra hypothesim: Quod ex xvii primi Euclidis
et duabus sequentibus licet animadvertere: Dantur ergo bd et

dc et erunt orthogonia abd et adc datorum laterum et angulorum ut iam sepius est repetitum: quibus etiam constant anguli trianguli abc quaesiti

Alter

Idem commodius forsitan penultima tertii Euclidis nobis exhibebit. [Margin: o brevius] Super breviussimo latus quod sit bc facto c centro intervallo autem bc describemus circulum: qui ambo latera quae supersunt vel alterum eorum secabit. Secet modo utrumque: ab in e signo et ac in d porrecta etiam linea adc in f signum ad complendam diametrum dcf. His ita constructis manifestum est ex illo Euclideo precepto. Quoniam quod sub fad aequale est ei quod sub bae: cum sit utrumque aequale quadrato lineae quae ex a circulum contingit. Sed tota af data est cum sit omnia ipsius segmenta data: nempe cf cd aequalia ipsi bc quae sit ex centro ad circumferentiam: et ad quam ca ipsam cd excedit. Quapropter et quod sub bae datum est et ipsa ae longitudine cum reliqua be subtendente circumferentiam be. Connexa ec habebimus triangulum bce isopleurum (isosceles) datorum laterum datur ergo angulus ebc. Hinc et in triangulo abc reliqui anguli c et a per precedentia cognoscentur. Non secet autem circulus ipsum ab ut in sequenti figura: ubi ab in curvam circumferentiam cadit: erit nihilominus be data et in triangulo bce isoscele angulus cbe datus: et exterior qui sub abc ac eodem prorsus argumento demonstrationis dantur quo prius dantur anguli reliqui. Et haec de triangulis rectilineis dicta sufficiant: in quibus magis pars geodesiae consistit. Nunc ad sphaerica convertamur

De triangulis sphaericis Ca iii

Triangulum convexum hoc loco accipimus eum: qui tribus maximorum circulorum circumferentiis in superficie sphaerica continetur. Angulorum vero differentiam et magnitudinem, penes circumferentiam maximi circuli: qui in puncto sectionis tamquam polo describitur: quamque circumferentiam circulorum quadrantes angulum comprehendentes intercceperunt. Nam qualis est circumferentia sic intercepta ad totam circumferentiam: talis est angulus sectionis ad iiii rectos: quos diximus ccclx partes aequales continere.

a · Si fuerint tres circumferentiae maximorum circulorum sphaerae: quarum duae quaelibet simul iunctae: tertiae fuerint longiores: ex his ex his triangulum componi posse sphaericum perspicuum est Nam quod hic de circunferentiis proponitur, necessarium viderim

xxiii primi

libri Euclidis praeceptum demonstrat de angulis: cum sit eadem ratio angulorum et circumferentiarum: et circuli maximi sint qui per centrum sphaerae, patet, quod tres illi ~~communes~~ circulorum ~~sectiones~~ sectores quorum sunt circumferentiae, apud centrum sphaerae angulum constituunt solidum. Manifestum est ergo quod proponitur.

2 b Quamlibet circumferentiam trianguli hemicyclo minorem esse oportet II

Hemicyclium enim nullum angulum circa centrum efficit: sed in lineam rectam procumbit, at reliqui duo anguli quorum sunt circumferentiae: solidum in centro concludere nequeunt proinde neque triangulum sphaericum. Et hanc fuisse causam arbitror Cur Ptolemaeus in huiusce generis triangulorum explanatione praesertim circa figuram sectoris sphaerici protestetur, ne assumptae circumferentiae semicirculo maiores existant.

3 c In triangulis sphaericis rectum habentibus angulum: subtendens duplum lateris: quod recto opponitur angulo, ad subtensam duplo alterius rectum angulum comprehendentium, est, sicut dimetiens sphaerae, ad eam, quae duplum anguli sub reliquo et primo lateribus comprehensi in maximo sphaerae circulo ~~ex~~ subtendit. III

Esto namque trianguli sphaericum abc cuius c angulus rectus existat. Dico quod subtensa dupli ab ad subtensam dupli bc est sicut dimetiens sphaerae ad eam quae in maximo circulo duplum anguli bac subtendit. Facto in a polo describatur circumferentia maximi circuli de et compleantur quadrantes circulorum abd et ace. Et ex centro f † agantur communes circulorum sectiones: fa ipsorum abd et ace. ~~fe~~ ipsorum autem ace et de sit fe atque fd ipsorum abd et de. Insuper et fc circulorum ac et bc. Deinde ad angulos rectos agantur bg ipsi fa: bi ipsi fc et dk ipsi fe et connectatur gi. Quoniam igitur si circulus circulum per polos secat, ad angulos rectos ipsum secat: erit angulus, qui sub aed comprehenditur, rectus et acb per hypothesim. et ~~ambo~~ utrumque planum ~~aef~~ edf et bcf rectum ad ipsum aef. Quapropter si ex k signo ipsi fke communi sectioni ad rectos angulos in subiecto plano † excitaretur: comprehendet quoque cum kd angulum rectum per rectorum adinvicem planorum diffinitionem ~~sic rectae lineae: quae ad subiectum planum recta est~~ † etiam kd ad aef recta est. At eadem ratione bi ad idem planum erigitur: et idcirco adinvicem sunt dk et bi ⁋ Verum etiam gb ad fd: eo quod fgb et gfd anguli sint recti Erit per decimam Undecimi elementorum Euclidis angulus fdk ipsi gbi aequalis. At qui sub fkd rectus est et gib per diffinitionem erectae lineae. Similium igitur triangulorum proportionalia sunt

† sphaerae

† recta linea

† per quartam undecimi Euclidis

latera: et ut df ad bg, sic dk ad bc. At bi est dimidia subtendẽtis duplã ab circumferentiam, quoniam ad angulũ rectũ est ad eam quæ ex centro af: et eadẽ ratione bg dimidia subtendentis duplũ latus bc et dk semissis subtendentis duplã de sive anguli dupli a atque df dimidia diametri sphæræ. Patet igitur, quod subtensa dupli ipsius ab ad subtensã dupli bc est sicut dimetiẽs ad eam quæ duplũ anguli a sive interceptæ circumferentiæ dk subtẽdit quod demonstrasse fuerit oportunum.

+D In quocunque triangulo rectum angulũ habẽte: alius insuper angulus fuerit datus, cum quolibet latere, reliquus etiã angulus cum reliquis lateribus dabitur. Sit enim triangulũ abc habens angulum a rectum et cum ipso etiã alterutrũ utputa b datũ. De latere vero dato trifariã ponimus divisionẽ. Aut enim fuerit qui datis adiacet angulis: ut ab: aut recto tantũ ut ac: aut qui opponitur recto ut bc. Sit ergo primũ ab latus datum et facto c polo, describatur circumferentia maximi circuli de et cõpletis quadrantibus cad et cbe producatur ab et de donec se invicem secent in f signo. Erit ergo vicissim in f polus ipsius

p̄ recti cad eo quod circa a et d sunt anguli: et quoniam si in sphæra ~~maximus orbis orbẽ aliquẽ ad rectos secuerit angulos~~ maximi orbes ad rectos sese invicem secuerit angulos: bifariã et per polos se invicem secãt. Sunt ergo et abf et def quadrãtes circulorũ. Cumque data sit ab: datur et reliqua quadrantis bf: et angulus ebf ad verticẽ ipsi abc dato æqualis. Sed per præcedentẽ demonstrationẽ subtensa dupli bf ad subtendentẽ dupli ef est sicut dimetiens sphære ad subtendentẽ duplũ anguli ebf: sed tres earum datæ sunt, dimetiẽs sphæræ: duplæ bf atque anguli dupli ebf sive semisses ipsarum, datur ergo per xv sexti Euclidis etiã dimidia subtendentis duplã ef per canonẽ ipsa ef circumferentia: et reliqua quadrantis de sive angulus c quæsitus. Eodem modo ac vicissim sunt subtensæ duplarũ de ad ab et ebc ad cb sed tres iam datæ sunt de: ab: et cbe quadrantis circuli datur ergo et quarta subtendens duplũ cb et ipsum latus cb quæsitũ. Et quoniam subtensæ duplarũ sunt ipsarum cb ad ca: ut bf ad ef: quoniam utrorumque sunt rationes sicuti dimetientis sphæræ ad subtensam duplo cba angulo: et quæ uni eædem sunt rationes sibi invicẽ sunt eædem. Tribus iã igitur datis bf: ef et cb datur quarta ca et ipsum ca tertiũ latus trianguli abc. Sit iam ac latus assumptũ in datis propositumque sit invenire ab et bc latera cum reliquo angulo c. Habebit rursus permutatim subtensa dupli ca ad subtensam dupli cb eandem rationẽ qua subtendens duplum abc angulum ad dimetientem: quibus cb latus datur et reliqua ad et

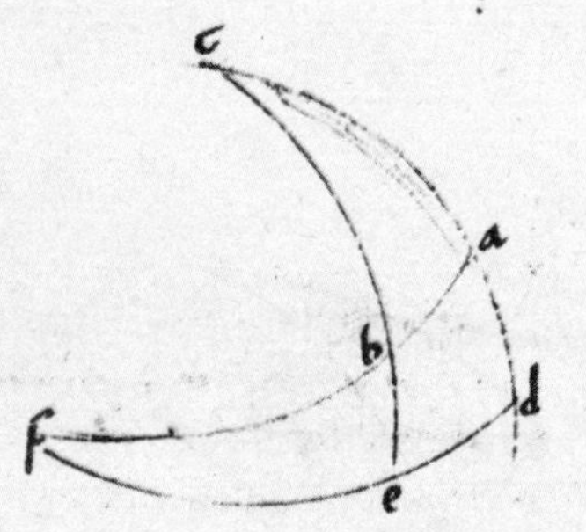

b c ex quadrantibus circulorum. Ita rursus habebimus: ~~ut ad ad be sic abf ad bf~~ ut subtensam dupli a d ad subtensam dupli b e sic subtensam dupli abf et est dimetiens ad subtensam dupli b f datur ergo b f circumferentia: quodque superest ab latus: Simili ratiocinatione ut in precedentibus: ex subtendentibus dupla ~~ab~~: b c. ab et f b e datur subtensa dupli d e sive angulus c reliquus Porro si b c fuerit in assumpto: dabitur rursus ut antea a c et reliquae a d et b e: quibus per subtensas rectas lineas et diametro ut saepe dictum datur b f circumferentia et reliquum a b latus: ac subinde iuxta precedens Theorema per b c: ab et c b e datas proditur e d circumferentia angulus videlicet c reliquus que querebamus. Sicque rursus in triangulo a b c duobus angulis a et b datis: quorum a rectus extitit cum aliquo trium laterum, datus est angulus tertius cum reliquis duobus lateribus quod erat demonstrandum

V

Trianguli datorum angulorum: quorum aliquis rectus fuerit, dantur Latera. Manente adhuc precedente figura: ubi propter angulum c datum datur d e circumferentia et reliqua e f ex quadrante circuli. Et quoniam b e f est angulus rectus: eo quod b e descendit a polo ipsius d e f: et qui sub e b f angulus est ad verticem dato. Triangulum igitur b e f rectum e angulum habens: et insuper b datum cum latere e f datorum est angulorum et laterum per theorema precedens. Datur ergo b f et reliqua ex quadrante a b: ac itidem in triangulo a b c reliqua latera a c et b c dari per precedentia demonstratur

XI

Omne triangulum cuius duo latera fuerint data cum aliquo angulo datorum efficitur angulorum et Laterum. ~~Esto~~ triangulo a b c cuius angulus a sit datus: cum binis lateribus: quae vel comprehendunt datum angulum vel non comprehendunt. Sint ergo primum comprehendentes ipsum a b et a c data latera. et facto in c polo, describatur circumferentia maximi circuli d e f et compleatur quadrantes c a d et c b e atque a b productum secet d e in f signo. Ita quoque in triangulo a d f datur a d latus reliquum quadrantis ex a c: angulus etiam b a d ex c a b ad duos rectos: nam eadem est ratio angulorum atque dimensio quae rectarum linearum ac planorum sectione contingunt: et d angulus est rectus. Igitur per tertium huius erit ipsum triangulum a d f datorum angulorum et laterum. Ac rursus trianguli b e f inventus est angulus f, et e rectus per polum sectione, latus quoque b f, quo tota a b f excedit a b. Erit ergo per idem Theorema et b e f triangulum datorum angulorum et laterum. Unde ex b e datur b c reliquum quadrantis et latus quesitum: et ex e f reliquum totius d e f quod d e, et est angulus c atque per angulum qui sub e b f is qui ad verticem a b c quaesitus. Quod si loco a b assumatur c b: quod dato opponitur angulo, idem eveniet. Dantur enim reliqua quadrantum a d et b e. atque eodem

M.

Nam si latera data fuerint aequalia erunt qui ad basim anguli aequales. et deducta a vertice ad basim circumferentia angulus rectus, facile patebunt quesita. per ~~vel~~ revol ... ~~precedens~~ ex ...

la– Sim la in ut ... ante fuerit tera data aequalia in

argumento duo triangula adf et bef datorum angulorum et laterum: ut prius. E quibus triangulum abc propositum datorum sit laterum et angulorum: quod intendebatur

XII ~~At 12~~ N

Adhuc aut si duo anguli utrimque dati fuerit cum aliquo latere eadem eveniet. Manente em prestructione figurae prioris, sint trianguli abc duo anguli acb et bac dati cum latere ac quod utrique adiacet angulo. Porro si alter angulorum datorum rectus fuisset, poterat cetera omnia per quartum precedens rationando consequi. Hoc aut differre volumus, quo ~~neuter~~ sit rectus. Erit igitur ad reliqua quadrantis ex acd. et qui sub bad angulus e duobus rectis a bac atque d rectus. Igitur trianguli afd per quartum huius dantur anguli cum lateribus. At per c angulum datu datur de circumferentia et reliqua ef atque bef rectus, et f angulus communis utrique triangulo. dantur itidem per quartum huius be et fb quibus cetera constabunt latera ab et bc quaesita. Ceterum si alter angulorum datorum lateri dato oppositus fuerit: utputa si abc angulus detur loco eius qui sub acb remanentibus ceteris: constabit eadem ac priori demonstratione totum adf trianguli datis angulis et lateribus: ac particulare bef triangulum similiter: quoniam propter angulum f utrique communem: et ebf qui ad verticem est dato: et e rectum cuncta etiam latera eius dari in precedentibus demonstratum e quibus tandem sequitur eadem: quae diximus: sunt enim haec omnia mutuo semper nexu colligata: atque perpetuo uti forma globi decet.

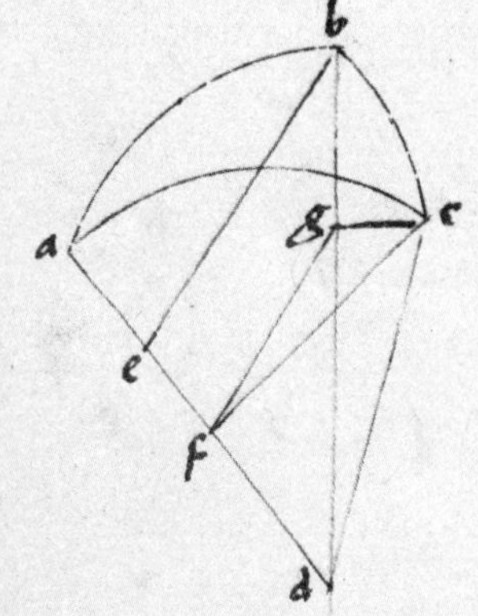

~~Trianguli demum datis omnibus lateribus dantur anguli.~~ Sint utique trianguli in superficie sphaerae abc omnia latera data: aio omnes quoque angulos inveniri. ~~Assumpto enim d centro sphaerae agantur ad bd et cd communes~~ illorum circulorum sectiones Et ipsi ad ad angulos rectos excitentur be et cf. Insuper et fg ad be et coniungatur cg. His ita pstructis manifestum est: quod eb sit semissis duplae ab circumferentiae in partibus quibus bd ponitur c̄. Similiter et fc dimidia est subtendentis duplam ac circumferentiam, datur ergo et ipsa cf in homologis partibus quibus est cd aequalis ipsi bd. Triangula vero bed et gfd aequalium angulorum sunt: quoniam fdg communis est datus utrisque per ab circumferentiam, et qui circa e et f utrique sunt recti. Sunt igitur proportionalium laterum ~~ut bd ad de sic dg ad d be sic dg ad fg~~ ut de ad be sic df ad fg, sed dantur etiam ed et df in eisdem partibus: quibus est bd sive cd propter angulos reliquos ebg et fcd datos: et quod sub ed et fg aequale est ei quod sub df et eb datur ergo et fg in homologis partibus quibus datur cf [illegible] et reliquum sit latus dg datur. Cum igitur in ~~triangulo dcg duo latera dg et dc data sint cum angulo~~

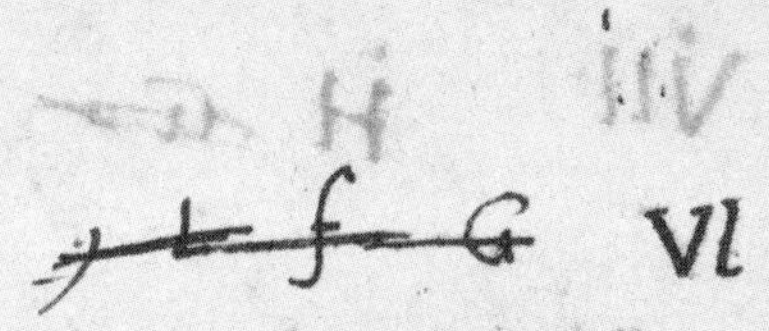

cdg per bc circumferentiam datam: et tertium latus cg per quartum triangulorum planorum dabitur: quo sit: ut etiam trianguli cgf datorum iam laterum detur angulus cfg per ultimum planorum: et est angulus sectionis ipsorum abc circulorum: quo consequuto: reliqui anguli per per sextum huius invenientur.

Si in eadem sphaera bina triangula rectum angulum, ac insuper alium aequalem habuerint alterum alteri: unumque latus uni lateri aequale: sive quod aequalibus adiacet angulis sive quod alterutri aequalium angulorum opponitur: reliqua quoque latera reliquis lateribus aequalia alterum alteri, ac ~~reliquum~~ angulum angulo reliquum reliquo aequalem habebunt. Sit hemisphaerium abc in quo suscribiantur bina triangula abd et cef quorum anguli a et c sint recti, et praeterea angulus adb aequalis ipsi cfe: unumque latus uni lateri, et primum, quod aequalibus ipsis adiacet angulis, hoc est ad ipsi ce. Aio latus quoque ab lateri cf et bd ipsi ef, ac reliquum angulum abd reliquo cfe esse aequalia. Sumptis enim in b et f polis, describantur maximorum circulorum quadrantes ghi et ikl compleanturque adi et cei: quos se invicem secare necesse est in polo hemisperii qui sit in i signo: eo quod anguli circa a et c sunt recti: atque quod ghi et cei per polos ipsius abc circuli sunt descripti. Quoniam igitur ad et ce assumuntur latera aequalia: erunt igitur reliquae di et ik aequales circumferentiae. et anguli idh et eki: sunt enim ad verticem positi assumptorum aequalium et qui circa h et k sunt recti. et quae uni sunt eaedem rationes inter se sunt eaedem: erit par ratio subtensae dupli id ad subtensam dupli hi atque subtensae duplicis ei ad subtensam duplicis ik: cum sit utraque per tertium praecedens sicuti dimetientis sphaerae ad subtendentem duplum angulum idh sive aequalem dupli qui sub iek. Et per xiiii quinti elementorum Euclidis, cum sit subtendens duplam di circumferentiam aequalis ei, quae duplam ie subtendit, erunt quoque duplicibus subtensae ik et hi aequales, et quemadmodum in circulis aequalibus, aequales rectae lineae circumferentias auferunt aequales et partes eodem modo multiplicium in eadem sunt ratione, erunt ipsae simplices ih et ik circumferentiae aequales: ac reliqui quadrantium gh et kl: quibus constat angulos b et c aequales. Quapropter eadem quoque ratio est subtensae duplicis ad ad subtensam duplicis bd: atque subtensae dupli ce ad subtensam dupli bd: quae subtensae duplicis ec ad subtensam duplicis ef. Utraque enim est: ut subtendentis dupla hg sive aequalem ipsi kl ad subtensam duplicis bdh, hoc est: dimetientis per tertium theorema conversum et ad est aequalis ipsi ce. Ergo per xiiii quinti elementorum Euclidis: bd aequalis est ipsi ef per subtensas ipsius duplicibus rectis lineis. Eodem modo per bd et cf aequales demonstrabimus

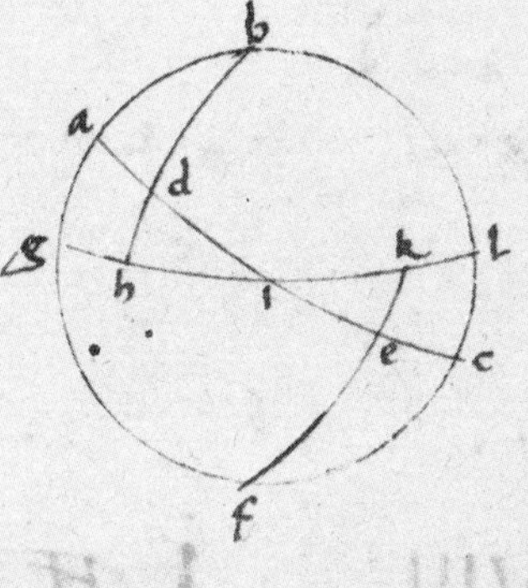

reliqua latera et angulos æquales. At rursum si a b et e f assumantur æqualia latera eadem sequentur penes rationem
identitatem

VII H ~~G~~ IV

Jam quoqz si nō fuerit angulus rectus, dummodo latus quod æq-
libus adiacet angulis alterum alteri æquale fuerit, itide demostrabitur. Quemadmodū si binorum triagulorū a b d et c e f
duo anguli b et d utrumqz fuerit æquales, duobus angulis e
et f alter alteri: Latus quoqz b d quod æqualibus angulis latere
e f: Dico rursus æqlatera et æqangula esse ipa triangula.
Susceptis enim denuo polis in b et f describantur maximorum
circulorū circumferentiæ g h et k l. Et productæ a d et g h se
secent in n: atqz e c et l k simili productæ in m. Quoniā
igitur bina triangula h d n et e k m angulos h d n et k e m
habēt æquales, qui sunt ad verticē assumptis æqualibus
et qui circa h et k sunt recti p polos sectione: latera etiam
d h et e k æqualia: Æqangula sunt ergo ipa triangula et
æqlatera p pcedentem demonstratione. At rursus quia g h
et k l æquales sunt circumferentiæ pp angulos b et f positos
æquales, tota ergo g h n toti m k l æqualis p axioma additionis
æqualium. Sunt igitur et hic bina triangula a g n et m c l
habentia unū latus g n æquale uni m l: angulū quoqz a n g
æquale c m l atqz g et l rectos. Erunt ob id ipa quoqz triangula æqualiū laterū et angulorū. Cum igitur æqualia ab æq-
libus sublata fuerint relinquentur æqualia a d ipi c e, a b ipi
e f atqz b a d angulus reliquo e f angulo. Quod erat demonstrandum. ~~Hæc aūt demonstratio ab altera parte nō procedet~~: si
~~videlicet latera assumantur æqualia: quæ alterutro æqualium
angulorū opposita fuerint: quoniā a d n et g h n: m e c et m k l non
sunt quadrantes circulorū, angulis a et c nō existentibus rectis
sed possent maiores et minores esse illæ circumferentiæ.~~

f adiacet
f æquale

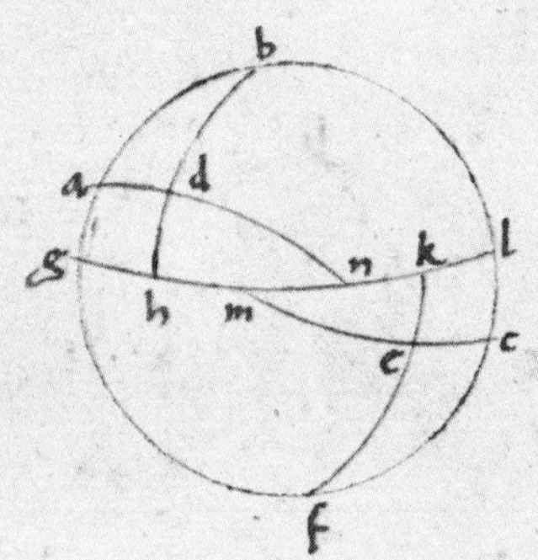

VIII I ~~F~~

Adhuc aūt si bina triagula duo latera, duobus lateribus æqualia
habuerint alterū alteri: et angulū angulo æqualē: sive quē latera
æqualia cōprehendūt: sive q ad basim fuerit: basim quoqz basi
ac reliquos angulos reliquis habebunt æquales. Ut in pcedenti
figura sit latus a b æquale lateri e f et a d ipi c e. Ac primū
angulus a æqualibus cōprehensus lateribus angulo c. Dico,
basim quoqz b d basi e f. et angulū b ipi f. et reliquū b d a reliquo
c e f esse æqualia. habebimus enim bina triangula a g n et c l m
quorum anguli g et l sunt recti: atqz g a n æqualē ipi m c l qui
reliq sunt æqualiū b a d et e c f. æqangula igitur sunt et æqlatera ipa triagula. quapp ex æqualibus a d et c e relinquitur
etiā d n et m e: ~~et angulus d n h~~ æqualia. sed iā patuit

f [illegible]

XIII

Trianguli demum datis omnibus lateribus dantur anguli.
Sint trianguli abc omnia latera data, aio omnes quoque
angulos inveniri. Aut enim triangulum ipsum latera habebit aequalia, vel minime. Sint ergo primum aequalia ab, ac.
Manifestum est, quod etiam semisses subtendentium ~~ipsorum~~
dupla ipsorum aequales erunt. Sint ipsae be, ce, quae se invicem
secabunt in e signo, propter aequalem earum distantiam a centro sphaerae
quae est in sectione circulorum communi de, quod patet per iiij
diffinitione tertii Euclidis et eius conversione. Sed per tertiam
eiusdem libri propo. deb angulus rectus est in abd plano.
et dec similiter ~~similiter~~ in plano acd. Igitur bec est
angulus inclinationis ipsorum planorum per iiij diffinitionem
undecimi Eucl. quem hoc modo inveniemus. Cum enim subtensa fuerit recta linea bc, habebimus triangulum recti-
lineum bec datorum laterum per datas illorum circumferentias.
~~Et per ultimum~~ fiet etiam datorum angulorum, et angulum
bec habebimus quaesitum, bac est ~~aequalem~~ bac sphaericum, et reliquos per precedentia. Quod si scaleno fuerit triangulo
~~ut~~ in secunda figura, manifestum est quod rectarum
sub ipsis ~~semissem~~ duplis semisses lineae minime
se tangent. Quoniam si ac circumferentia maior fuerit
ipsa ab, sub ipsa ac duplicata semissis, quae sit cf
cadet inferius, sin minor, superior erit. prout
accidit tales lineas propinquiores remotioresque fieri
a centro per xv tertii Euclidis. tunc autem ipsi be
parallelus agatur fg, quae secet ipsam ~~ad in~~
~~g signo~~ bd communem circulorum sectionem in g signo
et connectatur cg. Manifestum est igitur quod efg
angulus est rectus, nempe aequalis ipsi aeb, atque
efc, dimidia subtensa existente cf dupli ipsius
ac, etiam rectus. Erit igitur cfg angulus
sectionis ipsorum ab, ac circulorum, quem deinceps etiam
assequimur. Nam df ad fg est sicut de ad
eb. similes enim sunt dfg et deb trianguli. † At
in eadem ratione est etiam dg ad db, dabitur etiam
ipsa dg in partibus quibus est dc 100000. Quare etiam

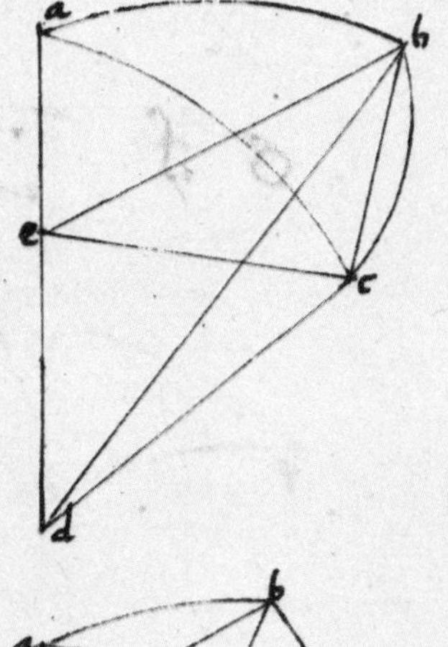

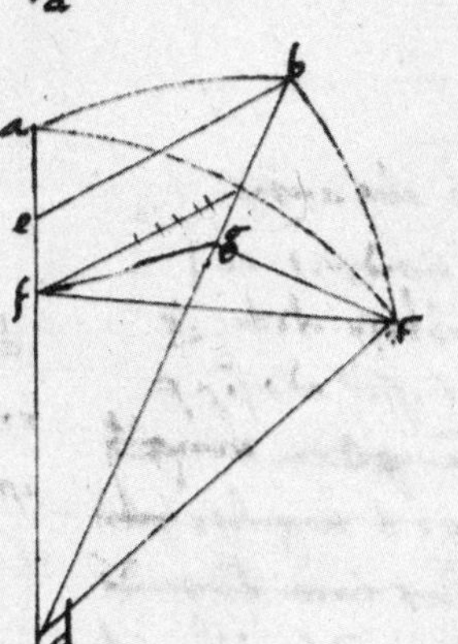

† Datur igitur FG in iisdem partibus
quibus etiam FC data est.

qui sub g d e angulus datus est per b e circumferentias ergo per secunda planorum datur g e latus in eisdem partibus quibus reliqua latera trianguli g f e plani. Igitur per ultima planorum habebimus g f e angulum, hoc est b a e sphaericum quaesitum, ac deinde reliquos per superiorum sphaericorum proprium. ~~Haec autem de triangulis attigisse nobis sufficiat ad propositum nostrum unde digressi fuimus festinantibus~~.

Et Haec quoque de triangulis sphaericis breviori modo ac simplici ratione a nobis ~~exposita~~ explicata sunt. Quae Ptolemeus alii per rationem multiplicem compositionis prosecutus est, habebat autem usum non in hac arte solum. Verum etiam in Cosmographia circa explicandas locorum distantias atque situs infinitas utilitates.

et divisione sit

XV

Trianguli datis omnibus angulis, etiam nullo recto, datur omnia latera. Esto triangulum a b c cuius omnes ~~latera data sit~~ anguli sint dati nullus autem eorum rectus. Aio omnia quoque latera eius dari. Ab aliquo enim angulorum puta a descendat per polos ipsius b c ~~qui propterea secabit~~ circumferentia a d, quae secabit ipsam b c ~~circa~~ ad angulos rectos ~~Aut igitur~~ ipsaque a d cadet in triangulum ~~vel extra ipsum, sed non cadet~~ nisi alter angulorum b vel c ad basim obtusus esset. Cadat ~~ergo fiet primum introrsumque et~~ completis igitur quadrantibus b a f, c a g et d a e factisque polis in b c describantur circumferentiae e f, e g. Erunt igitur et circa f g anguli recti. Triangulorum igitur rectum angulum habentium erit ratio a e dimidiae quae sub duplo a e ad dimidiam sub duplo e f, quae dimidiae

et alter acutus, quod si acciderit ab ipso obtuso descendens esset ad basim f

~~Quoniam igitur trianguli a b d et a c d angulos habent utrosque rectos circa d, eandem habebunt rationem semissis sub a b ad dimidiam sub a d quam quae ex centro sphaerae ad dimidiam quae sub duplo a d.~~

diametri sphaere ad dimidia subtendentis dupli anguli e a f Similiter in triangulo a e g, angulu rectum habente g semissis quae sub duplo a e, ad semissem sub duplo e g eandem habebit rationem, qua dimidia diametri sphaere ad dimidia quae dupli anguli e a g subtendit. Per aequa igitur rationem dimidia sub duplo e f ad dimidia sub duplo e g rationem habebit, quam semisses sub duplo anguli e a f ad semissem sub duplo anguli e a g. Habebimus ergo ipsorum ratione angulorum e a f et e a g, hoc est b a g ad c a d, qui illis ad verticem sunt. Totus autem b a c datus est. Per praecedens igitur theorema etiam b a d et c a d anguli dabuntur. Deinde per quintum, latera a b, b d, a c, c d totumque b c assequemur. ~~Quod si extra triangulum ceciderit ad~~, ut in sequenti figura idem procedet ~~argumentum~~

quae

datos

Et quoniam f e, e g circumferentiae datae sunt, sunt enim residua quibus anguli a et b differunt a rectis.

XIIII

Si data circumferentia ~~semicirculo maior~~ ~~semicirculo minor~~ circuli, ut utrumque segmentorum sit minus semicirculo, utrumque secetur, et ratio dimidiae subtendentis dupli unius segmenti ad dimidiam subtendentis dupli alterius data fuerit, dabuntur etiam ipsorum segmentorum circumferentiae. ~~Sit enim circumferentia~~ Detur enim circumferentia ~~circa~~ a b c circa d centrum, quae utrumque secetur in b signo, fueritque autem ratio dimidiae sub duplo a b ad dimidiam sub duplo b c data, aio etiam a b et b c dari circumferentias. Subtendatur enim ~~a b c~~ a c recta, quam secet ~~circa~~ ~~d e b~~ dimetiens in e signo. A terminis autem a c perpendiculares cadant ad ipsum ~~d e b~~ dimetientem quae sint a f, c g, quas oportet esse semisses sub duplis a b et b c. Triangulorum igitur a e f, et c e g rectangulorum anguli qui ad e vertice sunt aequales, et ipsi propterea trianguli aequianguli ac similes, habent latera proportionalia aequos angulos respicientia, ~~Quibus igitur~~ ut a f ad c g, sic a e

quae ita sit ut segmenta sit semicirculo minora.

aliquo modo in longitudine

F dabitur ex his tota aec in eisdem

b c a g e k d f

ad ec. Quibus igitur numeris af vel gc data fuerint habebimus in eisdem ae et ec. Sed tota aec subtendens abc circumferentiam datur in partibus, quibus ex centro de est, quibus etiam ipsius ac dimidia ak et reliqua ek. Coniungatur da dk quae etiam dabuntur in eisdem partibus quibus db, tanquam semissis subtendens reliquum segmentum ipsius abc a semicirculo comprehensum sub angulo, et angulus igitur dak datur comprehendens dimidiam abc circumferentiam. Sed et trianguli edk duobus lateribus datis et angulo ekd recto, dabitur etiam edk. Hinc totus sub eda angulus comprehendens ae circumferentiam, qua etiam reliqua cb constabit quarum expetebatur demonstratio.

[D·A·K.

†A·D·K.

†E·D·K.

Haec obiter de triangulis prout instituto nostro fuerint necessaria modo sufficiant. Quae si latius tractari debuissent, singulari opus erat volumine.

angulum qui sub d n h æqualem esse ei qui sub e m k et qui circa h k sunt recti: erunt quoque bina triangula d h n et e m k æqualium invicem angulorum et laterum: e quibus etiam b d relinquitur æqualis ipsi e f et g h ipsi k l quibus sunt b et f anguli æquales: ac reliqui a d b et f e c æquales. Quod si pro lateribus a d et e c assumantur bases b d et e f æquales, æqualibus angulis obiectis, residentibus cæteris, eodem modo demonstrabitur: quoniam per angulos g a n et m c l æquales exteriores: et g. c rectos: atque a g ipsi c l. habebimus itidem bina triangula a g n et m c l quæ prius æqualium invicem angulorum et laterum: illa quoque particularia d h n et m e k similiter per h et k angulos rectos: et d h n. k m e æquales: atque d h. e k latera æqualia: quæ reliqua sunt quadratum: e quibus eadem sequuntur: quæ diximus

– d n h

Isoscelium quoque in sphæra triangulorum: qui ad basim anguli sunt sibiinvicem æquales. Esto triangulum a b c: cuius duo latera a b et a c sunt æqualia: dico etiam quod anguli qui super basim sunt a b c et a c b sunt æqualia. Ab a vertice descendat maximus orbis: qui secet basim ad angulos rectos, hoc est per polos sit qui a d. Cum igitur binorum triangulorum a b d et a d c latus b a est æquale lateri a c et a d utrique commune: et anguli qui circa d recti: patet per præcedentem demonstrationem quod anguli qui sub a b c et a c b sunt æquales quod erat demonstrandum

K IX

Deinque bina quælibet triangula æqualia latera habentia alterum alteri æquales etiam angulos habebunt alterum alteri sigillatim. Quoniam enim trina utrobique circulorum maximorum segmenta pyramides constituunt, quarum fastigia habentes in centro sphæræ: bases autem triangula, quæ sub rectis lineis circumferentias triangulorum connexorum subtendentibus plana continentur: suntque illæ pyramides similes et æquales, per diffinitionem æqualium similiumque solidarum figurarum: ratio autem similitudinis est ut angulos quorumque modo sujecti habeat ad invicem æqualem alterum alterius. habebunt ergo angulos ipsa triangula æquales invicem: Ep Et præcipue qui generalius diffiniunt similitudinem figurarum, eas esse volunt: quæcumque similes habent declinationes, ac in eisdem angulos sibi invicem æquales e quibus manifestum esse puto, quod in sphæra triangula quæ invicem æquilatera sunt similia esse, ut in planis.

~~Hæc obiter de triangulis sphæricis attigisse nobis sufficerat ad propositum nostrum unde digressi sumus festinantibus~~

X

L porisma. Hinc sequitur quod quæ per verticem trianguli Isoscelis circumscriptia ad rectos angulos cadit in basim, basim simul et angulum æqualibus comprehensum lateribus bifariam secabit et econverso: quod constat per hanc et præcedentem demonstrationem

Vm ~~igitur in primo libro~~ tres in summa telluris motus
exposuerimus: quibus polliciti sumus apparentia syderum
omnia demonstrare: id deinceps per partes examinando
singula et inquirendo pro posse nostro faciemus. Incipiemus autem
a notissima omnium diurni nocturnique temporis revolutione: quam a
Graecis νυχθήμερον diximus appellari: quamque globo terrestri maxime
ac sine medio appropriatam suscepimus: quoniam ab ipsa menses:
anni: et alia tempora multis nominibus exurgunt tanquam ab unitate
numerus: ~~et tempus est mensura motus~~. De dierum igitur et
noctium inaequalitate: de ortu et occasu Solis: partium Zodiaci: et
signorum: quaeque id genus ipsam revolutionem consequuntur pauca
quaedam dicemus. Eo praesertim quod multi de his abunde satis
scripserint: quae tamen nostris astipulantur et consentiunt. Nihilque
refert: si quod illi per quietam terram, et mundi vertiginem demonstrant; hoc nos ex opposito suscipientes ad eandem concurramus
metam, quoniam in ~~magnitudinibus~~ his quae ad invicem sunt
ita contingit: ut vicissim sibi ipsis consentiunt. Nihil tamen
eorum quae necessaria fuerint praetermittemus. Nemo vero
miretur, si adhuc ortum et occasum Solis et stellarum atque
his similia simpliciter nominaverimus: sed noverit nos consueto sermone loqui: qui possit recipi ab omnibus: semper
tamen in mente tenentes, quod. Qui terra vehimur, nobis
Sol Lunaque transit: Stellarumque vices redeunt, iterumque recedunt

De circulis et eorum nominibus Cap primum

Circulum aequinoctialem diximus: maximum parallelorum globi
terreni circa polos revolutionis suae cotidianae descriptorum
Zodiacum vero per medium signorum circulum: sub quo centrum
ipsius terrae annua revolutione circuit. At quoniam Zodiacus
aequinoctiali obliquus existit: pro modo inclinationis axis
terrae ad illum, per quotidianam terrae revolutionem binos orbes
utrobique se contingentes describit: tanquam extremos limites obliquitatis suae, quos vocant tropicos. Sol enim in his tropas, hoc est
conversiones facere videtur hiemalem videlicet et aestivam. Unde
et eum, qui boreas est solstitialem tropicum: brumalem alterum qui
ad austrum appellare consueverunt: prout in summaria terrestrium
revolutionum enarratione superius est expositum. Deinde sequitur
dictus horizon: quem finitorem vocant latini: definit enim nobis
apparentem mundi partem: ab ea, quae occultatur: ad quem oriri
videntur omnia quae occidunt: centrum habentem in superficie terrae

poli ad verticem nostrum. At quoniam terra ad caeli immensitatem incomparabilis existit: praesertim, quod etiam totum hoc, quod inter Solem et Lunam existit, iuxta hypothesim nostram, ad magnitudinem caeli converni nequit: videtur horizon circulus caelum bifariam secare tamquam per medii centrum: ut a principio demonstravimus. Quatenus autem obliquus fuerit ad aequinoctialem horizon: contingit et ipse geminos hinc inde parallelos circulos: boreum quidem semper apparentium: austrinum vero semper occultorum: ac illum arcticum, hunc antarcticum nominatos a Proclo et Graecis fere: qui pro modo obliquitatis horizontis: sive elevationis poli aequinoctialis, maiores minoresve fiunt. Superest meridianus: qui per polos horizontis etiam per aequinoctialis circuli polos incedit: et idcirco erectus ad utrumque circulum: quem cum attigerit Sol meridiem mediamque noctem ostendit. At hij duo circuli centrum in superficie terrae habentes, finitorem dico et meridianum, sequuntur omnino motum terrae: et utrumque visus nostros. Nam oculus ubique centrum sphaerae omnium circumquaque visibilium sibi assumit. Proinde omnes etiam circuli in terra sumpti: suas in caelo similesque circulorum imagines referunt ut in Cosmographia et circa terrae dimensiones ~~ab Eratosthene et Posidonio caeterisque aequis~~ demonstratur. Et hij quidem sunt circuli propria nomina habentes: cum alij possint infinitis modis designari

De obliquitate signiferi et distantia tropicorum et quomodo capiantur. Cap ij

Signifer ergo circulus, cum inter tropicos et aequinoctialem oblique incedat: necessarium iam existimo: ut ipsorum tropicorum distantia ac proinde angulum sectionis aequinoctialis et signiferi circulorum quantus ipse sit experiamur: id enim sensu propere necessarium et artificio instrumentorum, quibus hoc potissimum habetur. Ut praeparetur quadrum lignum: vel magis ex alia solidiori materia lapide vel metallo, ne forte aeris alteratione inconstans lignum fallere posset operantem. Sit autem una eius superficies exactissime complanata. habeatque latitudinem: quae sectionibus admittendis sufficiat: ut esset cubitorum trium vel quatuor. Nam in uno angulorum sumpto centro: quadrans circuli pro illius capacitate designatur et distinguitur in partes XC aequales: quae itidem subdividuntur in scrupula LX vel quae possint capere. Deinde ad centrum gnomon affigitur kylindroides optime tornatus: et erectus ad illam superficiem parumper emineat: quantum forsan digiti latitudine vel minus. Hoc instrumento sic parato lineam meridianam explicare convenit: in pavimento strato ad planiciem horizontis: et quam diligenter exaequato per hydroscopium vel chorobaten: ne in aliqua parte dependeat. In

hoc enim descripto circulo, e centro eius gnomon erigitur: et
obseruantes quandoque ante meridiem vbi umbrae extremitas
circumferentiam circuli tetigerit: signabimus. Similiter post
meridiem faciemus: et circumferentiam circuli inter duo signa
iam notata iacentem bifariam secabimus. Hoc nempe modo a centro
per sectionis punctum educta recta linea meridiem nobis et septentrionem infallibiliter indicabit. Ad hanc ergo tanquam basim
erigitur planities instrumenti et ad perpendiculum figitur, conuerso
ad meridiem centro, a quo descendens linea examinati rectis angulis lineae meridianae coniungat. Euenit enim hoc modo: ut superficies instrumenti meridianum habeat circulum. Hinc solsticij et
brumae diebus meridianae solis umbrae sunt obseruandae, per indice
illum siue kylindrum e centro cadentes, adhibito quopiam circa
subiecta quadrantis circumferentia: quo locus umbrae certius
teneatur, et adnotabimus quam accuratissime medium umbrae in
partibus et scrupulis. Nam si hoc fecerimus, circumferentia quae
inter duas umbras signata solsticialem et brumalem inuenta fuerit
tropicorum distantiam ac totam signiferi obliquitatem nobis ostendet
cuius accepto dimidio, habebimus, quantum ipsi tropici ab aequinoctiali distant: et quantus sit angulus inclinationis aequinoctialis ad eum qui per medium signorum est, circulum fiet manifestum.
Ptolemaeus igitur interuallum hoc, quod inter iam dictos limites
est boreum et austrinum deprehendit partium xlvij scrup primorum xlij
secundorum xl quarum est circulus ccclx. prout etiam ante se ab
ab Hipparcho et Erotosthene repit obseruatum, sintque partes
xi quarum totus circulus fuerit lxxxiij. et exinde dimidia differentiae, quae partium est xxiij Scrup primorum lj secundorum xx
continebat tropicorum ab aequinoctiali circulo distantiam quibus
circulus est part ccclx, et angulum sectionis cum signifero. Exi-
stimauit igitur Ptolemaeus inuariabiliter sic se habere: et per-
mansurum semper. Verum ab eo tempore inueniuntur haec continue
decreuisse ad nos usque, Reperta est enim iam a nobis et alijs quibusdam
coetaneis nostris distantia tropicorum partium esse non amplius xlvj
et scrup primorum lviij fere et angulus sectionis part xxiij scrup
xxix, ut satis iam pateat mobilem esse etiam signiferi obliquationem: de qua plura inferius, vbi etiam ostendemus coniectura satis
probabili: nunquam maiorem fuisse partibus xxiij scruput lij
nec unquam minorem futuram part xxiij scrup xxviij

De circumferentijs et angulis secantium sese circulorum, aequinoctialis, signiferi, et meridiani: e quibus est declinatio et ascensio recta, deque eorum supputatione. Cap. iij

Quod igitur de fimtore dicebamus ab ipso oriri et occidere mundi partes. Hoc apud circulum meridianum caelum mediare dicimus. Qui utique etiam xxiiii horarum spacio signiferum cum aequinoctiali transmittit: dirimitque secando eorum a sectione verna vel autumnali circumferentias dirimiturque vicissim ab illis intercepta circumferentia. Cumque sint omnes maximi constituunt triangulum sphaericum orthogonium: rectus quippe angulus est: quo meridianus aequinoctialem per polos ut definitum est, secat; vocant autem circumferentiam meridiani sive cuiuslibet per polos circuli sic interceptam declinationem zodiaci segmenti. Eam vero, quae ex circulo aequinoctiali consentit ascensionem rectam, simul exeuntem cum compari sibi zodiaci circumferentia. Quae omnia in triangulo convexo facile demonstrantur. Sit enim abcd circulus transiens per polos aequinoctialis simul et zodiaci, quem plerique colurum appellant: medietas signiferi aec, medietas aequinoctialis bed sectio verna in e signo solstitium in a: bruma in c. Assumatur autem f polus quotidianae revolutionis: et ex signifero eg circumferentia partium verbi gratia xxx cui superinducatur quadrans circuli fgh. Tunc manifestum est: quod in triangulo egh datur latus eg partium xxx cum angulo geh cum fuerit minimus partium xxiii scrupulorum xxviii secundum maximam declinationem ab quibus cclx sunt quatuor recti: et angulus ghe rectus est. Igitur per quartum sphaericorum ipsum egh triangulum datorum erit angulorum et laterum. Nempe demonstratum est: quod subtensa duplicis eg ad subtensam duplicis gh est sicut subtendentis duplam age sive dimetientis sphaerae ad subtensam duplicis ab, et semisses earum similiter. quoniam dupli age semissis est ex centro partium C et quae sub ab earundem partium 3982 at eg part 50000 et quoniam si quatuor numeri proportionales fuerint; quod sub mediis continetur equale est ei quod sub extremis: habebimus semissem subtendentis duplam gh circumferentiam partium 19905 et per ipsam in canone eandem gh partium xi scrupulorum xxix [declinatione segmento eg respondentem]. Quapropter et in triangulo afg dantur latera fg partium 78 scrupulorum xxxi et ag earundem 60 tamquam reliqua quadrantum et angulus fag est rectus; erunt eodem modo subtendentes duplicium fg. ag. fgh. et bh sive eorum semisses proportionales. Cum autem ex his tres sint datae: dabitur etiam quarta bh partium 62 scrupulorum 6. ascensio recta a puncto solstitii sive he partium 27 scrupulorum 54 a verno aequinoctio. Similiter ex datis lateribus fg partium 78 scrupulorum xxxi et af earundem partium lxvi scrupulorum xxx et quadrante circuli habebimus angulum agf partium lxix scrupulorum xxiii s proxime: cui ad verticem positus hge est aequalis. Hoc exemplo et in caeteris faciemus. Illud autem non oportet ignorare: quod meridianus circulus signiferum [in signis] quibus tropicos contingit ad rectos secat angulos: nam per polos ipsum tunc secat, ut diximus. Ad puncta vero aequinoctialia

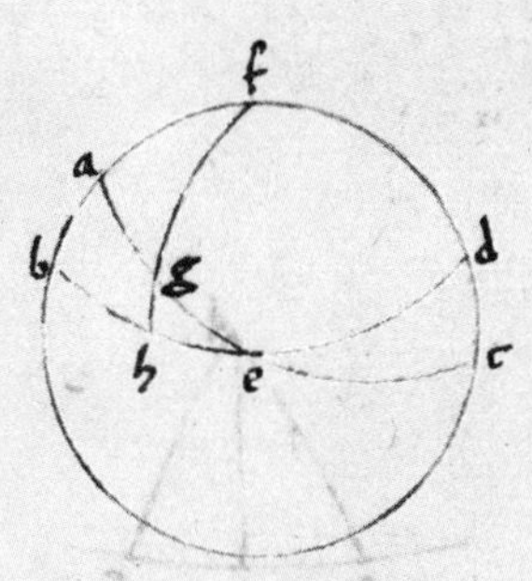

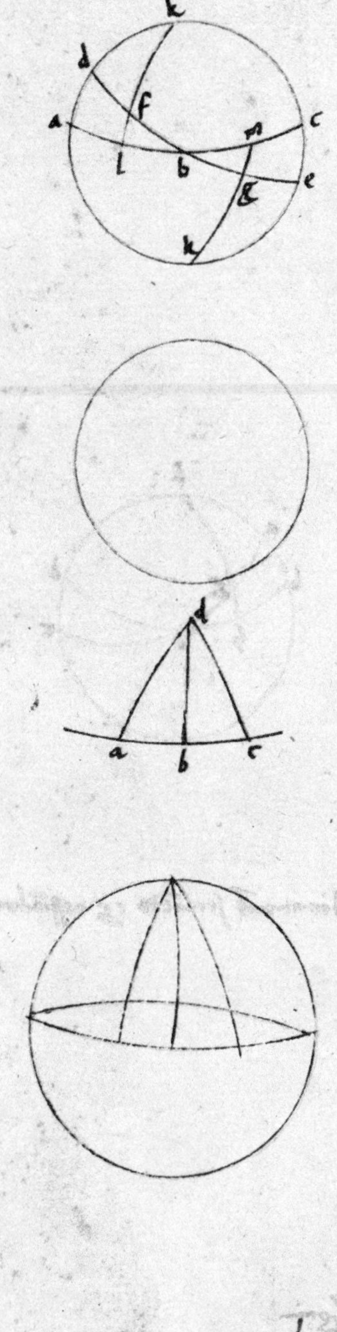

eo minore recto facit angulũ : quo signifer a recto declinat
Vt iam qdem partiũ sit lxvi 8cf xxxij . Est etiã animadvertendum
quod ad aequales signiferi circumferentias : quae ab aequinoctialibus
tropicisue punctis sumuntur : anguli et latera triangulorũ sequuntur
aequalia : quemadmodum si descripserimus aequinoctiale circumferentiam
a b c et signiferũ d b e sese in b signo secantes in quo sit aequinoctiũ
assumpserimusq aequales circumferentias f b et b g atq p polũ motus
diurni q sit k binos quadrantes circulorũ k f l et k m g : erunt
bina triangula f l b et b m g quorũ latera b f et b g sunt
aequalia , et anguli q ad b vertice et qui circa l et m recti . Igit
p ix sphaericorũ aequaliũ laterũ et angulorũ . Ita f l et m g
declinatiões aequales et ascensiones rectae l b et b m et reliquus
angulus f reliquo g . Eodem modo patebit in assumptis a puncto
tropico aequalibus circumferentijs . Veluti cum ab et bc hinc inde
aequales fuerint a tropico contactu b deductis eum ex d aequinoctialis circuli polo quadrantibus d a . d b : erunt similiter bina triangula a b d et d b c quorũ bases a b et b c et latus b d utriq commune sunt aequalia et anguli q circa b recti , per xi sphaericorum
demonstrabuntur triangula ipa aequaliũ esse laterũ et angulorum
quo manifestum fit , quod unius in signifero quadrantis anguli
tales et circumferentiae expositae reliqs totius circuli quadrantibus
consentiet . Quorum exemplũ canonica descriptione subijciemus
in primo qdem ordine ponentur partes signiferi : sequenti loco declinationes partibus illis respondẽtes . Tertio loco scrupula qbus
differunt et excedunt has : quae fiunt sub maxima signiferi obliq-
tate particulares declinationes : quarũ summa est scrupulorũ xxiiij
simili modo et in angulorũ tabella faciemus ; ~~sed ascensionum~~
~~rectarum differentia~~ . Necesse est enim ad mutationẽ obliquitatis
signiferi omnia mutari quae ipam sequuntur . Porro in ascensione
recta p q modica reperitur ipa differentia : utpote quae decima
unius tpis parte non excedat : queq in horario spacio centesima
solummodo et quinquagesima efficiat . Tempora siquidem vocant
prisci , circuli aequinoctialis partes , quae signiferi partibus coori-
untur : quarũ utrarumq circulus est , ut saepe diximus ccclx
sed pro earum de discretione , signiferi partes gradus : aequinoctialis vero tpa pleriq nominaverunt : quod et nos deinceps
imitabimur . Cum igitur tantula sit haec differentia ,
quae merito possit contemni : nõ piguit etiam apponere
~~[illegible]~~
~~[illegible]~~ . E quibus tum
etiã in quauis alia signiferi obliquatione eadẽ patebit : ~~si pro-~~
~~ratione excessus a minima ad maximam obliquitatem signiferi~~
~~similes partes singulis coaptantur . Vt exempli gratia in ob-~~
~~liquitate~~

~~Vt inferius apparebit~~

hec deleri nõ debet
vsqz ad prox . C .

Canon declinationum meridiano

30 dia	Decli natio		Differ	30 dia	Decli natio		Differ	30 Dia	Decli natio		Differ
part	par	sc	sc	part	p	sc	so	pt	p	sc	sc
1	0	24	0	31	11	50	11	61	20	23	20
2	0	48	1	32	12	11	12	62	20	35	21
3	1	12	1	33	12	32	12	63	20	47	21
4	1	36	2	34	12	52	13	64	20	58	21
5	2	0	2	35	13	52	13	65	21	9	21
6	2	23	2	36	13	32	14	66	21	20	22
7	2	47	3	37	13	32	14	67	21	30	22
8	3	11	3	38	14	52	14	68	21	40	22
9	3	35	4	39	14	31	14	69	21	49	22
10	3	58	4	40	14	50	14	70	21	58	22
11	4	22	4	41	15	29	15	71	22	7	22
12	4	45	4	42	15	27	15	72	22	15	23
13	5	9	4	43	15	46	16	73	22	23	23
14	5	32	5	44	16	4	16	74	22	30	23
15	5	55	5	45	16	22	16	75	22	37	23
16	6	19	6	46	16	39	17	76	22	44	23
17	6	41	6	47	16	56	17	77	22	50	23
18	7	4	7	48	17	13	17	78	22	55	23
19	7	27	7	49	17	30	18	79	23	1	24
20	7	49	8	50	17	46	18	80	23	5	24
21	8	12	8	51	18	1	18	81	23	10	24
22	8	34	8	52	18	17	18	82	23	13	24
23	8	57	9	53	18	32	19	83	23	17	24
24	9	19	9	54	18	47	19	84	23	20	24
25	9	41	9	55	19	2	19	85	23	22	24
26	10	3	10	56	19	16	19	86	23	24	24
27	10	25	10	57	19	30	20	87	23	26	24
28	10	46	10	58	19	44	20	88	23	27	24
29	11	8	10	59	19	57	20	89	23	28	24
30	11	29	11	60	20	10	20	90	23	28	24

Canon ascensionum rectarum

Zodia	Tempora		Differentia	Zodia	Tempora		Differentia	Zodia	Tempora		Differentia
pt	pt	st	st	pt	pt	st	st	pt	pt	st	st
1	0	55	55	31	28	54	4	61	58	51	4
2	1	50	50	32	29	51	4	62	59	54	4
3	2	45	45	33	30	50	4	63	60	57	4
4	3	40	40	34	31	46	4	64	62	0	4
5	4	35	35	35	32	45	4	65	63	3	4
6	5	30	31	36	33	43	5	66	64	6	3
7	6	25	1	37	34	41	5	67	65	9	3
8	7	20	1	38	35	40	5	68	66	13	3
9	8	15	1	39	36	38	5	69	67	17	3
10	9	11	1	40	37	37	5	70	68	21	3
11	10	6	1	41	38	36	5	71	69	25	3
12	11	0	2	42	39	35	5	72	70	29	3
13	11	57	2	43	40	34	5	73	71	33	3
14	12	52	2	44	41	33	6	74	72	38	2
15	13	48	2	45	42	32	6	75	73	43	2
16	14	43	2	46	43	31	6	76	74	47	2
17	15	49	2	47	44	32	5	77	75	52	2
18	16	34	3	48	45	32	5	78	76	57	2
19	17	31	3	49	46	32	5	79	78	2	2
20	18	27	3	50	47	33	5	80	79	7	2
21	19	23	3	51	48	34	5	81	80	12	1
22	20	19	3	52	49	35	5	82	81	17	1
23	21	15	3	53	50	36	5	83	82	22	1
24	22	10	4	54	51	37	5	84	83	27	1
25	23	9	4	55	52	38	4	85	84	33	1
26	24	6	4	56	53	41	4	86	85	38	0
27	25	3	4	57	54	43	4	87	86	43	0
28	26	0	4	58	55	45	4	88	87	48	0
29	26	57	4	59	56	46	4	89	88	54	0
30	27	54	4	60	57	48	4	90	90	0	0

Canon angulorum meridianorum.

30 dia	Angulus		Dif for	30 dia	Angulus		Dif for	30 dia	Angul		Dif for
pt	pt	sc	sc	pt	pt	sc	sc	pt	pt	sc	sc
1	66	32	24	31	69	35	21	61	78	7	12
2	66	33	24	32	69	48	21	62	78	29	12
3	66	34	24	33	70	0	20	63	78	51	11
4	66	35	24	34	70	13	20	64	79	14	11
5	66	37	24	35	70	26	20	65	79	36	11
6	66	39	24	36	70	39	20	66	79	59	10
7	66	42	24	37	70	53	20	67	80	22	10
8	66	44	24	38	71	7	19	68	80	45	10
9	66	47	24	39	71	22	19	69	81	9	9
10	66	51	24	40	71	36	19	70	81	33	9
11	66	55	24	41	71	52	19	71	81	58	8
12	66	59	24	42	72	8	18	72	82	22	8
13	67	4	23	43	72	24	18	73	82	46	7
14	67	10	23	44	72	39	18	74	83	11	7
15	67	15	23	45	72	55	17	75	83	35	6
16	67	21	23	46	73	11	17	76	84	0	6
17	67	27	23	47	73	28	17	77	84	25	6
18	67	34	23	48	73	47	17	78	84	50	5
19	67	41	23	49	74	6	16	79	85	15	5
20	67	49	23	50	74	24	16	80	85	40	4
21	67	56	23	51	74	42	16	81	86	5	4
22	68	4	22	52	75	1	15	82	86	30	3
23	68	13	22	53	75	21	15	83	86	55	3
24	68	22	22	54	75	40	15	84	87	19	3
25	68	32	22	55	76	1	14	85	87	53	2
26	68	41	22	56	76	21	14	86	88	17	2
27	68	51	22	57	76	42	14	87	88	41	1
28	69	2	21	58	77	3	13	88	89	6	1
29	69	13	21	59	77	24	13	89	89	33	0
30	69	24	21	60	77	45	13	90	90	0	0

liquitate partium xxiii scr xxxviii si velim cognoscere quanta xxx
gradibus signiferi ab aequinoctio sumptis declinatio debeatur.
Invenio quidem in canone partes xi scr xxix at in differentia scr xi
quae in solidum adderetur maxima signiferi obliquitati quae erat
ut diximus partium xxiii scr lii. At iam ponitur esse partium xx iii
scr xxxii maior minus vi scrupulis quam sit minima: quae sunt quarta
pars ex xxiiii scr quibus maxima excedit obliquitas. Similis
autem rationis partes e scrup xi sunt fere iii: quae cum adiecero
partibus xi scr xxix habebo xi - xxxii quibus tunc declinabunt
gradus xxx signiferi ab aequinoctio sumpti. Eodem modo et in
angulis et ascensionibus rectis licebit facere: nisi quod hic
addere adiicere semper oportet: illis semper auferre: ut omnia pro
tempore prodeant examinatiora.

De finitoris sectionibus cap iiii

Horizon autem circulus: alius est rectae sphaerae: alius obliquae.
Nam rectae sphaerae horizon dicitur: ad quem aequinoctialis
erigitur: sive qui per polos est aequinoctialis circuli. Obliquae vero
sphaerae vocamus eum: ad quem circulus aequinoctialis inclinatur.
Igitur in horizonte rectae sphaerae omnia oriuntur et occidunt
fiuntque dies noctibus semper aequales. Omnes enim parallelos
motu diurno descriptos bifariam secat horizon: nempe per
polos: et contingunt ubi quam iam circa meridianum explicavimus.
Diem vero hic accipimus ab ortu solis ad occasum: non utcumque
a luce ad tenebras: uti vulgus intelligit a diluculo ad primam
facem de quo tamen circa ortum et occasum signorum praeterea
dicemus. E contrario ubi axis terrae erigitur horizonti:
nihil oritur et occidit: sed in girum omnia versa semper in aperto
sunt: vel in occulto: nisi quod alius motus effecerit: qualis est
annuus: quo sequitur per semestre spacium diem ibi durare perpetuum
reliquo tempore noctem: nec alio quam hiemis et aestatis discrimine. quoniam aequinoctialis convenit in horizonte. Porro in sphaera
obliqua: quaedam oriuntur et occidunt: quaedam in aperto sunt
semper alia in occulto: fiunt interim dies et noctes inaequales.
Talis enim horizon contingit duos parallelos iuxta modum
inclinationis: quorum is qui ad apparentem polum est definit
semper patentia: et ex adverso quod ad latentem polum latentia semper.
Inter hos ergo limites per totam latitudinem incedens horizon
omnes qui sunt inter eos paralleli in circumferentias secat inaequales. Maximus enim circulus qualis est horizon minorem
in sphaera bifariam secare nequit nisi per polos: alioque et sectus erit
maximus: ut circulus aequinoctialis. Obliquus ergo finiens dirimit in hemisphaerio superiori ad apparentem polum maiorem parallelorum circumferentiam: eis quae ad occultum: ac versum: in quibus
Sol motu diurno apparens efficit dierum et noctium disparitatem.

Quomodo etiã cuiuslibet sideris extra circulũ q̃ p medium signorũ est positi; cuius tamẽ latitudo cum longitudine co(n)stiterit, declinatio et ascensio recta pateat: et cum quo gradu signiferi cœlum mediat   Cap iiij

Hæc de signifero et æquinoctiali circulo ac eorũ mutuis sectionibus exposita sunt. Verum ad quotidianã revolutionẽ nõ solum inter est scire: quæ p ipm signiferũ apparent: qbus solaris tantũmodo apparentiæ: aperiuntur causæ: sed etiam ut eorum quæ extra ipm sunt stellarum fixarum errantiumque quorum tamẽ longitudo et latitudo datæ fuerit declinatio ab æquinoctiali circulo et ascensio recta similiter demonstrentur. Describatur ergo circulus, p polos æquinoctialis et signiferi a b c d hemicyclus æquinoctialis sit a e c sup polũ f et signiferi b e d sup polũ g sectio æquinoctialis in e signo: a polo autẽ g p stellam deducatur circumferentia g h k l sitq3 stellæ locus datus in h signo p quã a polo diurni motus descendat circuli quadrans f h m n. Tunc manifestum est: quod stella quæ in h existit meridianũ incidet cum eum duobus m et n signis: et ipa h m n circũferentia est declinatio stellæ ab æquinoctiali circulo. et e n ascensio in sphæra recta: quæ quærimus. Quoniã igitur in triangulo k e l latus k e datũ et angulus k e l et e k l rectus. datur ergo p quartũ sphæricorum latera k l et e l cum reliquo angulo q sub k l e: tota ergo g h k l datur circumferentia. Et propterea in triangulo h l n duo anguli dati sunt h l n et l n h rectus cũ latere h l. dantur ergo p ~~septimum sphæricorum~~ idẽ quartũ sphæricorum reliqua latera h n et declinatio stellæ et l n quæq3 supest n e ~~ast~~ ascensio recta qua ab æquinoctio sphæra ad stellam pmutatur. Vel alio modo: Si ex pcedentibus k e circumferentiam signiferi assumas tanq ascensionẽ rectam ipius l e: dabitur ipa l e vicissim ex canone ascensionum rectarum et l k ut declinatio congruens ipi l e: atq3 angulus qui sub k l e p canone angulorum meridianorũ e quibus reliqua: ut iam demonstrata sunt cognoscentur. Deinde p p e n ascensionẽ rectam dantur partes signiferi e m qbus stella cum m signo cælum mediat

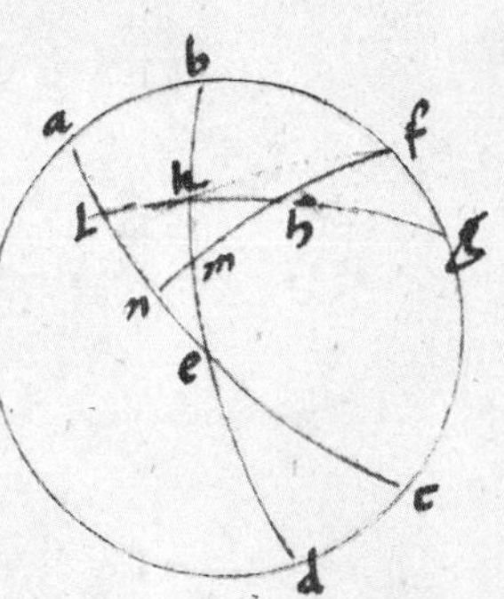

De finitoris sectionibus   Cap v

Horizon autẽ circulus: alius est rectæ sphæræ: alius obliquæ. Nam rectæ sphæræ horizon dicitur: ad quẽ æquinoctialis erectus: sive q per polos est æquinoctialis circuli. Obliquæ vero sphæræ vocamus eũ: ad quẽ circulus æquinoctialis inclinatur. Igitur in horizonte recto omnia oriuntur et occidunt: fiuntq3 dies noctibus semper aequales. Omnes enim parallelos motu diurno descriptos per medium secat horizon: nempe per polos: et accidunt ibi quae iam circa meridianum explicavimus. Diem vero hic accipimus: ab ortu solis ad occasum: non utcumque a luce ad tenebras: uti vulgus intelligit: quod est a diluculo ad primam facem de quo tamen circa ortum et occasum signorum plura dicemus. E contrario ubi axis terrae erigitur horizonti: nihil oritur et occidit: sed in girum omnia versata semper in aperto sunt: vel in occulto: nisi quod alius motus produxerit: qualis est annuus circa solem: quo sequitur per semestre spatium diem ibi durare perpetuum: reliquo tempore noctem: nec alio quam hiemis et aestatis discrimine: quoniam aequinoctialis circulus ibi convenit in horizonte. Porro in sphaera obliqua: quaedam oriuntur et occidunt: quaedam in aperto sunt semper: aut in occulto fiunt interim dies et noctes inaequales. Ubi horizon obliquus existens contingit duos circulos parallelos iuxta modum inclinationis: quorum is qui ad apparentem polum est definit semper patentia: et ex adverso qui ad latentem est polum latentia. Inter hos ergo limites per totam latitudinem incedens horizon omnes in medio parallelos: in circumferentias secat inaequales excepto aequinoctiali: qui maximus est parallelorum: et maximi circuli bifariam bifariam se invicem secant. Ipse igitur finiens obliquus dirimit in hemisphaerio superiori versus apparentem polum maiores parallelorum circumferentias: eis quae ad austrinum latentemque polum et e converso in occulto hemisphaerio. In quibus Sol motu diurno apparens: efficit dierum et noctium disparitatem

Quae sit umbrarum meridianarum differentiae Cap vj

Sunt et umbrarum meridianarum differentiae: quibus alii perisci: alii amphiscii: alii heteroscii vocantur. Periscii quidem sunt: quos circumumbratiles dicere possumus: circumquaque
vertex — solis umbram sortientes. Et sunt ii quorum sive polus horizontis minus vel non amplius abest a polo terrae: quam tropicus ab aequinoctiali: ibi enim parallelos quos attingit horizon: limites
vel occultorum — existentes semper apparentium tropicis sunt maiores vel aequales. Ac proinde Sol aestivus in semper apparentibus eminens eo tempore gnomonum umbras quoquoversum proiicit. At ubi horizon tropicos circulos tangit fiunt et ipsi semper apparentium et semper occultorum limites. Quapropter Sol in solstitio pro media nocte terram radere cernitur quo momento totus signifer circulus convenit

in horizonte: et confestim sex signa simul oriuntur: et totidē ex adverso simul occidunt: et polus signiferi cum polo horizontis coincidit. Amphiscij qui meridianas umbras ad utramq partem mittunt: sunt inter utrumq tropicū habitantes: qd spaciū prisci mediā zonā vocāt: et quoniā p omne illum tractum signifer circulus bis rectus consistit: ut in scdo phenomenō theoremate apud Euclidē dmonstratur: bis ibidē absumuntur umbrae gnomonū: et Sole hinc inde transmigrante gnomones modo in austrū modo in boream umbras trasmittūt. Caeteri qui inter hos et illos habitamus heteroscij sumus: eo quod in altera solummodo parte, hoc est septentrionē mittimus umbras meridianas. Consueverunt autē prisci mathematici orbem terrarū in septem climata secare: utputa p Meroen per Sienā: per Alexandriā: per Rodon: per Hellespontum per mediū pontū: per Borysthenē: per Bizantiū: et caetera per singulos parallelos ad differentiam et excessum maximorū dierum: umbrarū quoq longitudinē, quas in meridie sub aequinoctijs: ac utrisq Solis conversionibus p gnomones observarunt et penes elevationē poli: sive latitudinem cuiusq segmenti. Haec cum tpe partim mutata nō prorsus eadē sint quae olim: propter mutabilem (ut diximus) signiferi obliqtatē: quae latuit priores sive, ut rectius dicā: propter aequinoctialis circuli ad signiferi planū variatam inclinationē: a qua illa pendēt. Sed elevationes poli sive latitudines locorū: et umbrae aequinoctiales consentiunt ijs q antiquitus inveniuntur adnotata: quod oportebat accidere: quoniā circulus aequinoctialis sequitur polum globi terrae. Quocirca et illa segmenta nō satis exacte p quaecunq umbrarū et dierū accidentia designantur et definiuntur: sed rectius p ipsorū ab aequinoctiali circulo distantias: quae manet ppetuo. Illa vero tropicorum mutatio quāquam pmodica existens; modica circa loca austrina dierum et umbrarū diversitatē admittit: ad septemtrionē tendentibus fit evidentior. Quod vero gnomonū umbras concernit manifestū est: quod ad quālibet altitudinē Solis data pcipiatur umbrae longitudo et econverso: Queadmodū si fuerit gnomō ab qui iaciat umbrā bc Cumq ideo ex tpe rectus existat ad planū horizontis, necesse est: ut abc angulum semp rectum efficiat: p diffinitionē rectarū ad planū linearum. Quapp si connectatur ac habebimus abc triangulū rectangulum: et ad datā Solis altitudinē: datū etiā habebimus eum qui sub acb angulū. Et p primum triangulorū planorum pceptū ab gnomonis ad umbram suā bc ratio dabitur et ipa bc longitudo. Vicissim quoq cum ab et bc fuerit data constabit etiā p tertiū planorum angulus acb et Solis elevatio umbrā illa pro tpe efficientis.

Hoc modo prisci in descriptione illorū secmētorum globi terre
cum in æquinoctijs, tum in utraqꝫ trope suascuiusqꝫ umbrarū
meridianarū longitudines adsignarint.

Maximus dies: latitudo ortus et inclinatio sphaere quomodo inuicem d̄monstrentur: et de reliqs dierꝫ differentijs c. vij

Ita quoqꝫ ad qualibet obliqtatē sphæræ, siue inclinatiōe horizōtis
maximū minimūqꝫ diē cum latitudiē ortus: ac reliquam
dierum differētiam simul demōstrabimus. Est autē latitudo
ortus, circumferētia circuli horizontis ab ortu solsticiali
ad brumalē intercepta: siue utrinqꝫ ab exortu æquinoctiali distantia. Sit igitur meridianus orbis abcd et in hemi-
sphærio orientali semicirculus horizontis bed æquinoctialis circuli aec; cuius polus boreus sit f. Assumpto Solis exortu sb
æstiua conversione in g signo describatur fgh circumferētia
maximi circuli. Quoniā igitur mobilitas sphæræ terrestris
in f polo circuli æquinoctialis peragitur: necesse est g h signa
in meridiano abcd congruere: quoniā paralleli circa eosdē
sunt polos: per quos maximi quiqꝫ circuli similes auferunt
ex illis circumferētias: Quapp idem tempus, quod est ab
ortu ipsius g ad meridiē metitur etiā a[e] eh circumferetiam, et reliqua semicirculi subterranea partē ch a media
nocte ad ortum. Est aūt semicirculus aec: et quadrantes sūt
circulorū ae et ec cum sit a polo ipsius abcd: erit propterea eh dimidia differētia maximi diei ad æquinoctialē
et eg inter æquinoctialē et solstitialem exortum latitudo. Cum
igitur in triangulo egh constiterit angulus qui sub geh
obliqtatis sphæræ iuxta ab circūferentiā: et q sub ghe rectꝰ
cum latere gh p distantiā tropici æstiui ab æquinoctiali
reliqua etiā latera p quartū sphæricorū eh dimidia dif-
ferentia diei æquinoctiali ~~[illegible]~~ et maximi et ge latitudo ortus, dantr.
Idcirco etiā si cum latere gh latus eh maximi diei et
æquinoctialis differētia, vel eg datum fuerit: datur q circa
e angulus inclinationis sphæræ ac pinde fd elevatio
poli supra horizonta. Qui etiam si non tropicum: sed
aliud quodcumqꝫ in signifero g punctū sumatur, utraqꝫ
nihilominus eg et eh circumferētia patebit. Quoniā
p canonē declinationū supius expositū nota fit gh cir-
circumferētia declinationis: que parte ipsam signiferi co-
rerrit: fietqꝫ cætera eodem modo demonstrationis aperta.
Unde etiam sequitur, quod partes signiferi: quæ æqualiter
a tropico distant easdē auferunt horizontis circumferentias ab æquinoctiali exortu: et ad easdem partes: facituqꝫ
dierum et noctium magnitudines inuicem æquales: quod est

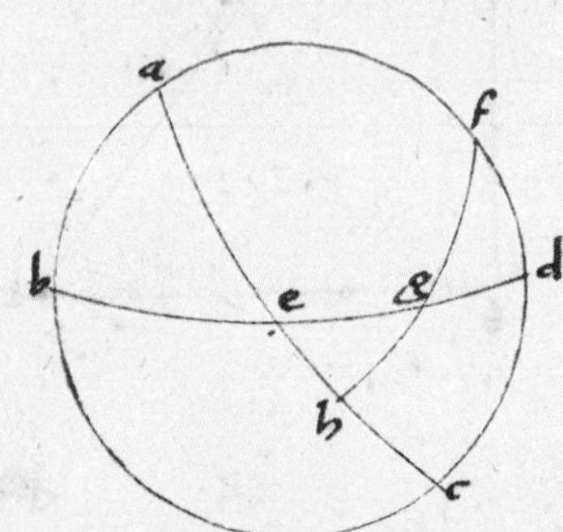

quonia ide parallelus, utrimq habet signiferi gradu: cum sit aequalis ad eandemq parte ipsorum declinatio. Ad utramq vero parte ab aequinoctiali sectione aequalibus sumptis circumferentijs accidunt rursus latitudines ortus aequales: sed in diversas partes: ac permutati dieru et noctiu magnitudines eo quod aequales utrobiq describunt circumferetiam parallelorum: prout ipsa signa aequaliter ab aequinoctio distantia declinationes ab orbe aequinoctiali habet aequales. Describantur enim in eade figura parallelorum circumferetiae et sit g m et k n: quae secent finiente b e d in g k signis: accomodato etia ab austrino polo l quadrate maximi circuli l k o. Quonia igitur h g declinatio aequalis est ipsi k o erunt bina triangula d f g et b l k: quoru duo latera alterum alteri f g aequale est ipsi l k et f d elevatio poli ipsi l b et anguli qui circa b d sunt recti. Tertiu igitur latus d g tertio b k aequale: e quibus etia relinquuntur g e: e k latitudines ortus aequales. Quapp cum hic quoq duo latera e g: g h sint aequalia duobus e k: k o: et anguli q sunt ad e vertice aequales: reliqua e h: k o ob id latera aequalia quibus additis aequalibus, colligitur tota o e c circumferetia toti a e h aequalis. Atq maximi e polos circuli parallelorum orbiu similes auferunt circumferetias: erunt et ipsae g m k n similes invicem et aequales. Quod erat demonstrandu.

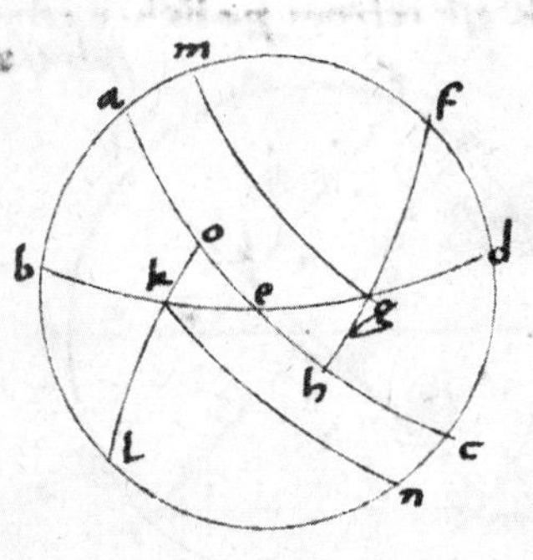

At haec omnia possunt alio quoq modo demonstrari. Descripto itidem meridiano circulo a b c d cuius centru sit e. dimetiens aequinoctialis et communis ipsoru orbiu sectio sit a e c dimetiens horizontis ac linea meridiana b e d axis sphaerae l e m polus appares l occultus m. Assumpta distantia conversionis aestivae, vel quaelibet alia declinatio sit a f. ad quam agatur f g dimetiens paralleli, in sectione quoq communi cum meridiano: quae secabit axem in k: linea meridiana in n. Quonia igitur parallela sectiu Posydonij diffinitione sunt: quae nec annuunt nec abnuunt: sed lineas perpendiculares interiis sortiuntur ubiq aequales: erit ipsa k e recta linea aequalis dimidiae subtendetis duplam a f circumferetiam. Similiter k n erit dimidia subtendentis circumferetiam paralleli: cuius q ex centro est f k: per qua quide differentia dies aequinoctialis differt a diverso idq propterea: qd omnes semicirculi, quoru illae communes sectiones existunt: hoc est, quoru sunt dimetientes, utputa b e d horizontis obliq l e m horizontis recti a e c aequinoctiat et f k g paralleli recti sunt ad planu orbis a b c d. Et qs inter se faciunt sectiones per xix undecimi lib. ele Euch. sunt eidem plano perpendiculares in e k n signis et per

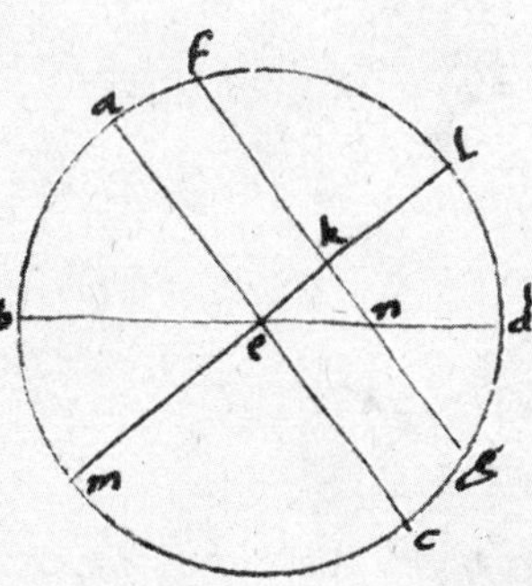

J et k est centrum pallch: e cetr sphaere

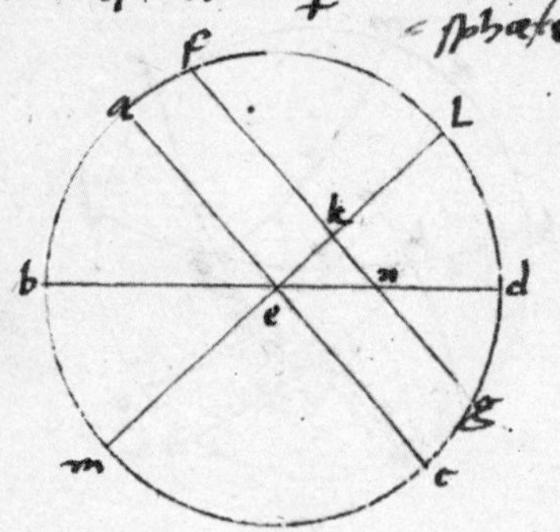

sextam eiusdem, paralleli. Quapp et e n semisses est subtendentis
dupla circumferentiam horizontis: qua oriens paralleli differt
ab ortu æquinoctiali. Cum igitur a f declinatio fuerit data
cum reliqua quadrantis f l constabunt semisses subtendē-
tiū dupla k e ipsius a f et f k ipsius f l in partibus quibus
a e est c̄. In triangulo vero e k n rectāgulo, qui sub k e n
angulus datur penes d l elevationē poli: et reliquus k n e
æqualis ipsi a e b, quod in obliqua sphæra paralleli pariter
inclinantur ad horizontē: dantur in eisdem partibus latera
quarum q ex centro sphæræ est c̄. Quibus igitur q ex cētro
f k paralleli fuerit c̄ dabitur etiā ipsa k n tanq dimidia
subtendentis totā differentiam diei æquinoctialis et paralleli
in partibus: quibus similiter orbis paralleli unus est ccclx.
Ex his manifestum est: rationē f k ad k n constare e duabus
rationibus, videlicet. Subtensæ dupli f l ad subtensā dupli
a f id est f k ad k e: atq subtensæ dupli a b ad subtensam
dupli d l estq sicut e k ad k n: ~~[illegible]~~ nempe inter f k et k n
assumitur e k. Similiter quoq b e ad e n rationē componunt
b e ad e k atq k e ad e n prout ~~latius apud ptolemaeum per~~
~~sphaerica [illegible]~~. Sic eodem existimo nō solū dierū et
noctiū inæqualitatē: verumetiā lunæ et stellarū: quarū-
cunq declinatio data fuerit, parallelorū p eos motu
diurno descriptorū segmenta, discerni: quæ supra terram
sunt, ab iis quæ subtus: quibus ortus et occasus illorum
facile poterit intelligi: ~~de quibus tum quoq dicemus~~.

~~De ortu et signorum ac partium signiferi atq stellarum~~

Siquidē dierū magnitudinibus et differentiis expositis,
opportuno ordine suadet ratio ascensionum obliquarum
~~[illegible] [illegible] differentia ascensionum rectae et obliquae qua~~
~~[illegible] diei aequinoctialis et diversi: quas iam exposuimus~~
Quibus inq̄ temporibus dodecatemoria: hoc est Zodiaci sic
duodenæ partes: vel quelibet aliæ ipsius circumferentiæ, attolluntur. Cum nō sit alia ascensionum rectæ et obliq̄ differentia: q diei æquinoctialis et diversi: quas iā exposuimus. Porro dodecatemoria mutuatis animantium quæ
stellarum sunt immobilium nominibus, ab æquinoctio verno
initium capientes: Arietem: taurum: Geminos: Cancrū
et reliqua, ut ex ordine sequuntur, appellarunt. Sit ergo
maioris evidentiæ causa meridianus orbis a b c d cum
semicirculo a e c æquinoctiali et horizonte b e d: qui se secēt
in e puncto. Assumatur autē in h æquinoctiū p qd signifer
circulus f h i secet finientem in L, per quā sectionem a
polo k descendat quadrans circuli magni k L m. Ita sane
apparet, quod cum circumferentia Zodiaci h L attollitur

Differẽtiæ ascensionũ obliquæ sphæræ

Declina°	31		32		33		34		35		36 poli	
	p	sc	p	sc	p	sc	p	sc	p	sc	p	sc
1	0	36	0	37	0	39	0	40	0	42	0	44
2	1	12	1	15	1	18	1	21	1	24	1	27
3	1	48	1	53	1	57	2	2	2	6	2	11
4	2	24	2	30	2	36	2	42	2	48	2	55
5	3	1	3	8	3	15	3	23	3	31	3	39
6	3	37	3	46	3	55	4	4	4	13	4	23
7	4	14	4	24	4	34	4	45	4	36	5	7
8	4	51	5	2	5	14	5	26	5	39	5	52
9	5	28	5	41	5	54	6	8	6	22	6	36
10	6	5	6	20	6	35	6	50	7	6	7	22
11	6	42	6	59	7	15	7	32	7	49	8	7
12	7	20	7	38	7	56	8	15	8	34	8	53
13	7	58	8	18	8	37	8	58	9	18	9	39
14	8	37	8	58	9	19	9	41	10	3	10	26
15	9	16	9	38	10	1	10	25	10	49	11	14
16	9	55	10	19	10	44	11	9	11	35	12	2
17	10	35	11	1	11	27	11	54	12	22	12	50
18	11	16	11	43	12	11	12	40	13	9	13	39
19	11	56	12	25	12	55	13	26	13	57	14	29
20	12	38	13	9	13	40	14	13	14	46	15	20
21	13	20	13	53	14	26	15	40	15	36	16	12
22	14	3	14	37	15	13	15	49	16	27	17	5
23	14	47	15	23	16	0	16	38	17	17	17	58
24	15	31	16	9	16	48	17	29	18	10	18	52
25	16	16	16	56	17	38	18	20	19	3	19	48
26	17	2	17	45	18	28	19	12	19	58	20	45
27	17	50	18	34	19	19	20	6	20	54	21	44
28	18	38	19	24	20	12	21	1	21	51	22	43
29	19	27	20	16	21	6	21	57	22	50	23	45
30	20	18	21	9	22	1	22	55	23	51	24	48
31	21	10	22	3	22	58	23	55	24	53	25	53
32	22	3	22	59	23	56	24	56	25	57	27	0
33	22	57	23	54	24	19	25	59	27	3	28	9
34	23	55	24	56	25	59	27	4	28	10	29	21
35	24	53	25	57	27	3	28	10	29	21	30	35
36	25	53	27	0	28	9	29	21	30	35	31	52

Canō differētiæ ascensionū obliquæ sphæræ

elenā … poli

Declinā	37		38		39		40		41		42	
	p	sc										
1	0	45	0	47	0	49	0	50	0	52	0	54
2	1	31	1	34	1	37	1	41	1	44	1	48
3	2	16	2	21	2	26	2	31	2	37	2	42
4	3	1	3	8	3	15	3	22	3	29	3	37
5	3	47	3	55	4	4	4	13	4	22	4	31
6	4	33	4	43	4	53	5	4	5	15	5	26
7	5	19	5	30	5	42	5	55	6	8	6	21
8	6	5	6	18	6	32	6	46	7	1	7	16
9	6	51	7	6	7	22	7	38	7	55	8	12
10	7	38	7	55	8	13	8	30	8	49	9	8
11	8	25	8	44	9	3	9	23	9	44	10	5
12	9	13	9	34	9	55	10	16	10	39	11	2
13	10	1	10	24	10	46	11	10	11	35	12	0
14	10	50	11	14	11	39	12	5	12	31	12	58
15	11	39	12	5	12	32	13	0	13	28	13	58
16	12	29	12	57	13	26	13	55	14	26	14	58
17	13	19	13	49	14	20	14	52	15	25	15	59
18	14	10	14	42	15	15	15	49	16	24	17	1
19	15	2	15	36	16	11	16	48	17	25	18	4
20	15	55	16	31	17	8	17	47	18	27	19	8
21	16	49	17	27	18	7	18	47	19	30	20	13
22	17	44	18	24	19	6	19	49	20	34	21	20
23	18	39	19	22	20	6	20	52	21	39	22	28
24	19	36	20	21	21	8	21	56	22	46	23	38
25	20	34	21	21	22	11	23	2	23	55	24	50
26	21	34	22	24	23	16	24	10	25	5	26	3
27	22	35	23	28	24	22	25	19	26	17	27	18
28	23	37	24	33	25	30	26	30	27	31	28	36
29	24	41	25	40	26	40	27	43	28	48	29	57
30	25	47	26	49	27	52	28	59	30	7	31	19
31	26	55	28	0	29	7	30	17	31	29	32	45
32	28	5	29	13	30	54	31	31	32	54	34	14
33	29	18	30	29	31	44	33	1	34	22	35	47
34	30	32	31	48	33	6	34	27	35	54	37	24
35	31	51	33	10	34	33	35	59	37	30	39	5
36	33	12	34	35	36	2	37	34	39	10	40	51

Differentiæ ascensionum obliquæ sphære

…enā

Declinatio	43		44		45		46		47		48		pols
1	0	56	0	58	1	0	1	2	1	4	1	7	
2	1	52	1	56	2	0	2	4	2	9	2	13	
3	2	48	2	54	3	0	3	7	3	13	3	20	
4	3	44	3	52	4	1	4	9	4	18	4	27	
5	4	41	4	51	5	1	5	12	5	23	5	35	
6	5	37	5	50	6	2	6	15	6	28	6	42	
7	6	34	6	49	7	3	7	18	7	34	7	50	
8	7	3[illegible]	7	48	8	5	8	22	8	40	8	59	
9	8	30	8	48	9	7	9	26	9	47	10	8	
10	9	28	9	48	10	9	10	31	10	54	11	18	
11	10	27	10	49	11	13	11	37	12	2	12	28	
12	11	26	11	51	12	16	12	43	13	11	13	39	
13	12	26	12	53	13	21	13	50	14	20	14	51	
14	13	27	13	56	14	26	14	58	15	30	16	5	
15	14	28	15	0	15	32	16	7	16	42	17	19	
16	15	31	16	5	16	40	17	16	17	54	18	34	
17	16	34	17	10	17	48	18	27	19	8	19	51	
18	17	38	18	17	18	58	19	40	20	23	21	9	
19	18	44	19	25	20	9	20	53	21	40	22	29	
20	19	50	20	35	21	21	22	8	22	58	23	51	
21	20	59	21	46	22	34	23	25	24	18	25	14	
22	22	8	22	58	23	50	24	44	25	40	26	40	
23	23	19	24	12	25	7	26	5	27	5	28	8	
24	24	32	25	28	26	26	27	27	28	31	29	38	
25	25	47	26	46	27	48	28	52	30	0	31	12	
26	27	3	28	6	29	11	30	20	31	32	32	48	
27	28	22	29	29	30	38	31	51	33	7	34	28	
28	29	44	30	54	32	7	33	25	34	46	36	12	
29	31	8	32	22	33	40	35	2	36	28	38	0	
30	32	35	33	53	35	16	36	43	38	15	39	53	
31	34	5	35	28	36	56	38	29	40	7	41	52	
32	35	38	37	7	38	40	40	19	42	4	43	57	
33	37	16	38	50	40	30	42	15	44	8	46	9	
34	38	58	40	39	42	25	44	18	46	20	48	31	
35	40	46	42	33	44	[illegible]	46	23	48	36	51	3	
36	42	39	44	33	46	36	48	47	51	11	53	47	

Differentiae ascensionum obliquae sphaerae

eleva° … pol

Declinatio	49		50		51		52		53		54	
1	1	9	1	12	1	14	1	17	1	20	1	23
2	2	18	2	23	2	28	2	34	2	39	2	45
3	3	27	3	35	3	43	3	51	3	59	4	8
4	4	37	4	47	4	57	5	8	5	19	5	31
5	5	47	5	50	6	12	6	26	6	40	6	55
6	6	57	7	12	7	27	7	44	8	1	8	19
7	8	7	8	25	8	43	9	2	9	23	9	44
8	9	18	9	38	10	0	10	22	10	45	11	9
9	10	30	10	53	11	17	11	42	12	8	12	35
10	11	42	12	8	12	35	13	3	13	32	14	3
11	12	55	13	24	13	53	14	24	14	57	15	31
12	14	9	14	40	15	13	15	47	16	23	17	0
13	15	24	15	58	16	34	17	11	17	50	18	32
14	16	40	17	17	17	56	18	37	19	19	20	4
15	17	57	18	39	19	19	20	4	20	50	21	38
16	19	16	19	59	20	44	21	32	22	22	23	15
17	20	36	21	22	22	11	23	2	23	56	24	53
18	21	57	22	47	23	39	24	34	25	33	26	34
19	23	20	24	14	25	10	26	9	27	11	28	17
20	24	45	25	42	26	43	27	46	28	53	30	4
21	26	12	27	14	28	18	29	26	30	37	31	54
22	27	42	28	47	29	56	31	8	32	25	33	47
23	29	14	30	23	31	37	32	54	34	17	35	45
24	31	4	32	3	33	21	34	44	36	13	37	48
25	32	26	33	46	35	10	36	39	38	14	39	59
26	34	6	35	32	37	2	38	38	40	20	42	10
27	35	53	37	23	39	0	40	42	42	33	44	32
28	37	43	39	19	41	2	42	53	44	53	47	2
29	39	37	41	21	43	12	45	12	47	21	49	44
30	41	37	43	29	45	29	47	39	50	1	52	37
31	43	44	45	44	47	54	50	16	52	53	55	48
32	45	57	48	8	50	30	53	7	56	1	59	19
33	48	19	50	44	53	20	56	13	59	28	63	21
34	50	54	53	30	56	20	59	42	63	31	68	11
35	53	40	56	34	59	58	63	40	68	18	74	32
36	56	42	59	59	63	47	68	26	74	36	90	0

Differentiæ ascensionũ obliquæ sphæræ

Declin. gr.	55		56		57		58		59		60	
1	1	28	1	29	1	32	1	36	1	40	1	44
2	2	52	2	58	3	5	3	12	3	20	3	28
3	4	17	4	27	4	38	4	49	5	0	5	12
4	5	44	5	57	6	11	6	25	6	41	6	57
5	7	11	7	27	7	44	8	3	8	22	8	43
6	8	38	8	58	9	19	9	41	10	4	10	29
7	10	6	10	29	10	54	11	20	11	47	12	17
8	11	35	12	1	12	30	13	0	13	32	14	5
9	13	4	13	35	14	7	14	41	15	17	15	55
10	14	35	15	9	15	45	16	23	17	4	17	47
11	16	7	16	45	17	25	18	8	18	53	19	41
12	17	40	18	22	19	6	19	53	20	43	21	36
13	19	15	20	1	20	50	21	41	22	36	23	34
14	20	52	21	42	22	35	23	31	24	31	25	35
15	22	30	23	24	24	22	25	23	26	29	27	39
16	24	10	25	9	26	12	27	19	28	30	29	47
17	25	53	26	57	28	5	29	18	30	35	31	59
18	27	39	28	48	30	1	31	20	32	44	34	19
19	29	27	30	41	32	1	33	26	34	58	36	37
20	31	19	32	39	34	5	35	37	37	17	39	5
21	33	15	34	41	36	14	37	54	39	42	41	40
22	35	14	36	48	38	28	40	17	42	15	44	25
23	37	19	39	0	40	49	42	47	44	57	47	20
24	39	29	41	18	43	17	45	26	47	49	50	27
25	41	45	43	44	45	54	48	16	50	54	53	52
26	44	9	46	18	48	41	51	19	54	16	57	39
27	46	41	49	4	51	41	54	38	58	0	61	57
28	49	24	52	1	54	58	58	19	62	14	67	4
29	52	20	55	16	58	36	62	31	67	18	73	46
30	55	32	58	52	62	45	67	31	73	55	90	0
31	59	6	62	58	67	42	74	4	90	0		
32	63	10	67	53	74	12	90	0				
33	68	1	74	19	90	0						
34	74	33	90	0								
35	90	0										
36	Quod hic vacat eis est quæ nec oriunt nec occidunt											

…ad … poli

De horis et partibus diei et noctis   Cap viij

Ex his igitur manifestũ est. Quod si cum declinatione Solis in Canone sumpta differentia dierũ sub proposita poli elevatione adiecerimus quadranti circuli in declinatione borea vel subtraxerimus in austrina, quodq exinde prodierit duplicemus, habebimus illius diei magnitudinem: et quod reliquum est circuli, noctis spaciũ: quorũ utrumlibet divisum p xv ptes tpales, ostendet, quod horarũ æqualiũ fuerit. Duodecima vero parte sumpta, habebimus horæ tpalis comensuram. Quæ quidẽ horæ diei sui, cuius semp duodecimæ partes sunt, adsumunt nomenculatura. Proinde horæ Solstitiales æquinoctiales et brumales denominatæ a priscis inveniuntur. Nec ep vero aliæ in usu primitus erat, quã istæ, a luce ad tenebras xij sed noctẽ in quatuor Vigilias sive custodias dividebat. duravitq tales horarũ usus omniũ tacito gentiũ consensu lõgo tpe: cuius grã Clepsydræ inventæ sunt: quibus p subtractione additioneq aquarũ distillatium diversitati dierũ horas cõcinnabant: ne etiã sub nubilo lateret discretio temporis. Postea vero q̃ horæ pasti pariles, et diurno nocturnoque tpi communes vulgo sunt receptæ, utpote quæ observatu faciliores existunt, temporales illæ in eã devenerunt antiquatione, ut si quepiam ex vulgo, q̃ sit prima diei vel tertia vel sexta vel nona vel undecima roges, nõ habet quod respondeat, vel certe id quod ad rẽ minime ptinet. Iam ipm quoq horarũ æqualiũ numerũ, alij a meridie, alij ab occasu, alij a media nocte, nonnulli ab ortu Solis accipiunt prout cuiq civitati fuerit constitutũ

~~De angulis inclinationis signiferi ad horizontem   Cap ix~~

~~Signifer autem circulus obliquus existens ad axem sphaeræ varios etiã efficit angulos cum horizonte. Quod enim bis cingatur ad eum, qui inter duos polos sectus est polo verticem, ut diximus inter umbrarum differentias~~

De ascensione obliqua partium signiferi: et quemadmodũ ad quemlibet gradum oriente detur et is q̃ celũ mediat   Cap viij

Ita quidẽ dierũ et noctiũ magnitudine et differentia expositis oportuno ordine, sequitur expositio ascensionũ obliquarũ quibus inq temporibus dodecatemoria, hoc est Zodiaci duodenæ partes vel quælibet aliæ ipsius circumferentiæ attollunt

cum non sint aliae ascensionum rectae et obliquae differentiae, quam diei aequinoctialis et diversi: quales exposuimus. Porro dodecatemoria mutuatis animantium, quae stellarum sunt immobilium nominibus ab aequinoctio verno initium capientes, Ariete, Taurum, Geminos, Cancrum et reliqua ut ex ordine sequuntur appellarunt. Repetito igitur maioris evidentiae causa meridiano orbe abcd cum semicirculo aec aequinoctiali et horizonte bed quae se secent in e signo. Assumatur autem in h aequinoctium per quod signifer fhi circulus secet finitorem in l, per quam sectionem a polo k aequinoctialis descendat quadrans circuli magni klm. Ita sane apparet: quod cum circumferentia zodiaci hl attollitur he aequinoctialis: sed in sphaera recta ascendebat cum ~~ha~~ hem harum differentia est ipsa em: quam antea demonstravimus esse dimidiam diei aequinoctialis et diversi. Sed quae illic adiiciebatur in declinatione borea, hic aufertur: ac vicissim additur in austrina ~~ut asce~~ ~~sio obliqua prodeat~~ ascensioni rectae ut obliqua prodeat. Et proinde quantum per totum signum aliave signiferi circumferentia emergat, fiet manifestum per numeratas ascensiones a principio ~~usque~~ ad finem. Ex his sequitur, quod cum datus fuerit gradus aliquis signiferi qui oritur ab aequinoctio sumptus, datur etiam is qui caelum mediat. Quoniam cum data fuerit l orientis declinatio penes hl distantia ab aequinoctio: et hem ascensio recta, ac tota ahem semidiurna circumferentia. Reliqua igitur ah datur: quae est ascensio recta ipsius fh quae etiam datur per tabulam sive quod afh angulus sectionis ahf datur cum latere ah et quae sub ~~fh~~ fah rectus. Itaque tota signiferi fhl circumferentia inter orientem caelumque mediantem gradum datur. Viceversa si qui caelum mediat prius fuerit datus: utputa fh circumferentia, sciemus etiam eum, qui oritur: noscetur enim af declinatio et ~~pp~~ angulum obliquitatis sphaerae afb et fb reliqua. In triangulo autem bfl angulus bfl ex superioribus datur et fbl rectus cum latere fb: datur ergo latus fhl quaesitum. vel aliter ut inferius

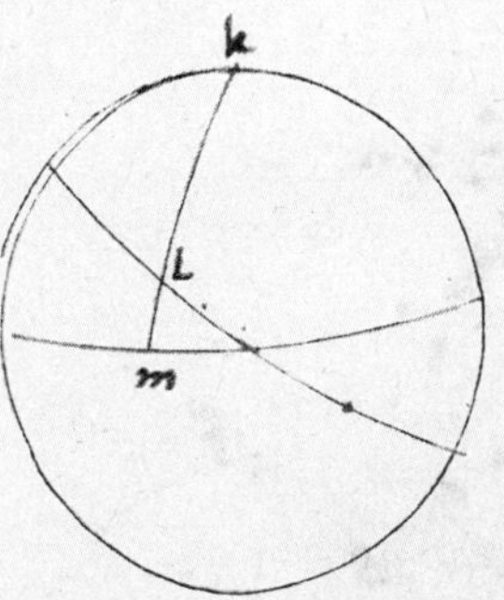

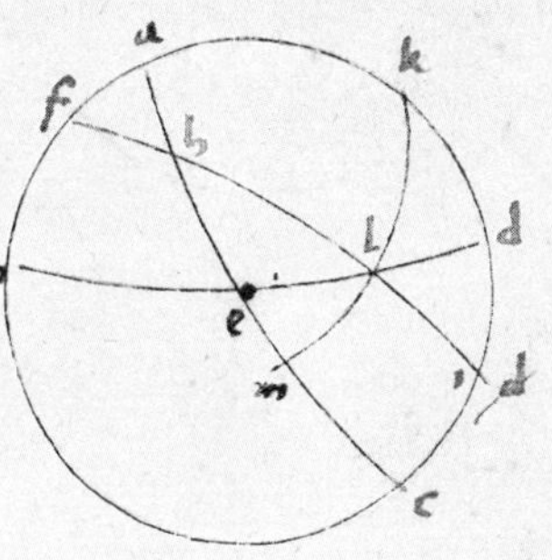

De angulo sectionis signiferi cum horizonte — Ca. ix

Signifer praeterea circulus obliquus existens ad axem sphaerae varios efficit angulos cum horizonte. Quod enim bis erigatur ad ipsum iis qui inter tropicos habitant, iam diximus circa umbrarum differentias. Nobis autem sufficere arbitror, eos duntaxat angulos demonstrasse: qui ~~nobis~~ heteroscijs habitatoribus id est nobis serviunt: e quibus universalis eoru ratio facile itelligetur. Quod igitur in obliqua sphaera: oriente aequinoctio sive principio arietis, signifer circulus tanto inclinatior sit vergatque ad horizonta, quantu addit maxima declinatio austrina quae in principio Capricorni existit, mediu tunc coelu tenente: ac vicissim elevatior maiore efficies angulu orientale, quando principiu Librae emergit: et Cancri initium mediu caeli tenet satis puto manifestum. Quoniam tres hij circuli, aequinoctial. signifer et horizon. per eande sectione communem congruunt in polis meridiani circuli: cuius interceptae per illos circumferentiae angulu illum orientale patefaciunt, quatus ipe censeatur. Ut aute ad ceteras quoque signiferi partes via pateat dimensionis Sit rursus meridianus circulus abcd: medietas horizontis bed medietas aut signiferi aec cuius utcumque gradus oriatur in e Propositum est nobis invenire angulu aeb quatus ipe, secundu quod quatuor recti sunt ccclx. Cum ergo datur oriens e, dat' etia ex predentibus, quod celu mediat, atque a e circumferentia Et quoniam angulus abe rectus est, datur ratio subtensae dupli a e ad subtensa dupli ab, sicut dimetientis sphaerae ad dupli subtensa dupli eius quae angulum aeb metitur, datur ergo et ipa aeb angulus. Quod si non orientis sed medij caeli grad' fuerit datus q sit a: nihilominus angulus ille orientis mesus erit. facto em in e polo, describatur quadrans circuli maxi fgh et copleantur quadrantes eag: ebh. Quoniam igitur ab meridiana altitudo datur: et reliqua quadrantis af angulus quoque fag ex predentibus, et fag rectus: datur erg fg circumferetia et reliqua gh: que angulu orientem metitur qsitum. Proinde etia hic manifestum est. quomodo ad gradum q celum mediat, detur ille q oritur. Eo quod subtensa dupli gh ad subtensam dupli ab sit sicut dimeties ad eam que a e duplam subtendit, ut in triagulis sphaericis Harum quoque reru subiecimus trina tabularu exempla Prima erit ascensionu in sphaera recta ab Ariete sumpto principio, et incremento senu partiu Zodiaci Secunda ascensionu in sphaera obliqua similr per senos gradus a parallelo cui polus elevatur xxxix partiu usque ad eum lvij habet partes, media incrementa per trinos gradus constitutuentes. Reliqua angulorn horizontaliu et ipa per senos gradus sub eisde sectionibus viij Et ea omnia scdm minimam signiferi obliquitate partiu xxiij scr xxviij. Quae nro fere seculo congruit

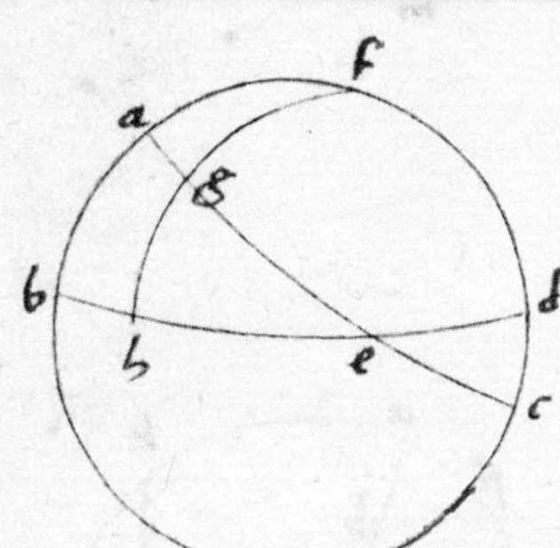

Canō ascensionū sygnorū ī obuolutione rectæ sphæræ

Zodiaci		Ascension		Unius gradus		Zodiaci		Ascension		Unius grad.	
Sig	G	par	sc	par	sc	Sig	G	pt	sc	pt	sc
♈	6	5	30	0	55	♎	6	185	30	0	55
	12	11	0	0	55		12	191	0	0	55
	18	16	34	0	56		18	196	34	0	56
	24	22	10	0	56		24	202	10	0	56
	30	27	54	0	57		30	207	54	0	57
♉	6	33	43	0	58	♏	6	213	43	0	58
	12	39	35	0	59		12	219	35	0	59
	18	45	32	1	0		18	225	32	1	0
	24	51	37	1	1		24	231	37	1	1
	30	57	48	1	2		30	237	48	1	2
♊	6	64	6	1	3	♐	6	244	6	1	3
	12	70	29	1	4		12	250	29	1	4
	18	76	57	1	5		18	256	57	1	5
	24	83	27	1	5		24	263	27	1	5
	30	90	0	1	5		30	270	0	1	5
♋	6	96	33	1	5	♑	6	276	33	1	5
	12	103	3	1	5		12	283	3	1	5
	18	109	31	1	5		18	289	31	1	5
	24	115	54	1	4		24	295	54	1	4
	30	122	12	1	3		30	302	12	1	3
♌	6	128	23	1	2	♒	6	308	23	1	2
	12	134	28	1	1		12	314	28	1	1
	18	140	25	1	0		18	320	25	1	0
	24	146	17	0	59		24	326	17	0	59
	30	152	6	0	58		30	332	6	0	58
♍	6	157	50	0	57	♓	6	337	50	0	57
	12	163	26	0	56		12	343	26	0	56
	18	169	0	0	56		18	349	0	0	56
	24	174	30	0	55		24	354	30	0	55
	30	180	0	0	55		30	360	0	0	55

39	42	45	48	51	54	57
♈	♈	♈	♈	♈	♈	♈
10 57	11 40	12 34	13 40	14		
21 36	22 55	24 33	26 30			
1 40	3 30	5 40	8 23			
11 1	14 7	15 42	18 52			
19 36	22 56	24 42	27 59			
23 37	29 56	2 45	6 1			
4 49	7 10	9 58	13 12			
11 18	13 47	16 29	19 49			
17 35	19 50	22 30	25 29			
23 9	25 28	28 2	0 54			
28 32	0 46	3 14	5 56			
3 38	5 48	8 9	10 42			
8 33	10 37	12 50	15 14			
13 17	15 14	17 20	19 37			
17 53	19 44	21 44	23 53			
22 23	24 11	26 3	28 4			
26 55	28 36	0 18	2 12			
1 22	2 56	4 34	6 19			
5 52	7 19	8 50	10 27			
10 24	11 44	13 9	14 37			
14 58	16 12	17 28	18 50			
19 38	20 44	21 53	23 5			
24 22	25 20	26 21	27 27			
29 12	0 2	0 56	1 53			
4 8	4 51	5 36	6 23			
9 10	9 44	10 21	10 59			
14 16	14 44	15 11	15 40			
19 29	19 47	20 6	20 24			
24 44	24 52	25 2	25 12			
30 0	30 0	30 0	30 0			

Tab. ascensionum ~~in obaolut~~. obliquæ sphæræ

Eleuat		39		42		45		48		51		54		57		poli
Zodia		Ascensi		Ascensi		Ascensi		Ascẽsio		Ascẽsi		Ascensi		Ascensio		
S.	G.	pt	sc	pt	sc	pt	sc	pt	sc	pt	sc	pt	sc	pt	sc	
♈	6	3	34	3	20	3	6	2	50	2	32	2	12	1	49	
	12	7	10	6	44	6	15	5	44	5	8	4	27	3	40	
	18	10	50	10	10	9	27	8	39	7	47	6	44	5	34	
	24	14	32	13	39	12	43	11	40	10	28	9	7	7	32	
	30	18	26	17	21	16	11	14	51	13	26	11	40	9	40	
♉	6	22	30	21	12	19	46	18	14	16	25	14	22	11	57	
	12	26	39	25	10	23	32	21	42	19	38	17	13	14	23	
	18	31	0	29	20	27	29	25	24	23	2	20	17	17	2	
	24	35	38	33	47	31	43	29	25	26	47	23	42	20	2	
	30	40	30	38	30	36	15	33	41	30	49	27	26	23	22	
♊	6	45	39	43	31	41	7	38	23	35	15	31	34	27	7	
	12	51	8	48	52	46	20	43	27	40	8	36	13	31	26	
	18	56	56	54	35	51	56	48	56	45	28	41	22	36	20	
	24	63	0	60	36	57	54	54	49	51	15	47	1	41	49	
	30	69	25	66	59	64	16	61	10	57	34	53	28	48	2	
♋	6	76	6	73	42	71	0	67	55	64	21	60	7	54	55	
	12	83	2	80	41	78	2	75	2	71	34	67	28	62	26	
	18	90	10	87	54	85	22	82	29	79	10	75	15	70	28	
	24	97	27	95	19	92	55	90	11	87	3	83	22	78	55	
	30	104	54	102	54	100	39	98	5	95	13	91	50	87	46	
♌	6	112	24	110	33	108	30	106	11	103	33	100	28	96	48	
	12	119	50	118	16	116	25	114	20	111	58	109	13	105	58	
	18	127	29	126	0	124	23	122	32	120	28	118	3	115	13	
	24	135	4	133	46	132	21	130	48	128	59	126	56	124	31	
	30	142	38	141	33	140	23	139	3	137	38	135	52	133	52	
♍	6	150	11	149	19	148	23	147	20	146	8	144	47	143	12	
	12	157	41	157	1	156	19	155	29	154	38	153	36	153	~~36~~	24
	18	165	7	164	40	164	12	163	41	163	5	162	24	162	~~24~~	47
	24	172	34	172	21	172	6	171	51	171	33	171	12	170	~~12~~	49
	30	180	0	180	0	180	80	180	0	180	0	180	0	180	0	

Tabula ascensionū obliquæ sphæræ

Elevati		39		42		45		48		51		54		57 poli	
Zodia		Ascensi		Ascensio		Ascensi		Ascensi		Ascensi		Ascensi		Ascensio	
S	G	pt	sc	pt	sc	pt	sc	pt	sc	pts	sc	pt	sc	pt	sc
♎	6	187	26	187	39	187	54	188	9	188	27	188	48	189	11
	12	194	53	195	19	195	48	196	19	196	55	197	36	198	23
	18	202	21	203	0	203	43	204	39	205	34	206	25	207	36
	24	209	49	210	41	11	38	12	40	13	52	15	13	16	48
	30	217	49	218	27	19	37	20	57	22	22	24	8	26	8
♏	6	224	56	226	14	27	38	29	12	31	1	33	4	35	29
	12	232	56	34	0	35	38	37	28	39	32	41	57	44	47
	18	240	36	41	44	43	35	45	40	48	2	50	47	54	2
	24	247	36	49	27	51	30	53	49	56	27	59	32	63	12
	30	255	36	57	6	59	21	61	52	64	47	68	10	72	14
♐	6	262	8	64	41	67	5	69	49	72	57	76	38	81	5
	12	269	50	72	6	74	38	77	31	80	50	84	45	89	32
	18	276	58	79	19	81	58	84	58	88	26	92	32	297	34
	24	283	54	86	18	89	0	92	5	295	39	299	53	305	5
	30	290	35	93	1	295	45	298	50	302	26	306	42	11	58
♑	6	297	0	299	24	302	6	305	11	308	45	12	49	18	11
	12	303	4	305	25	308	4	11	4	14	32	18	38	23	40
	18	308	52	11	8	13	40	16	33	19	52	23	47	28	34
	24	314	21	16	29	18	53	21	37	24	45	28	26	32	53
	30	319	30	21	30	23	45	26	19	29	11	32	34	36	38
♒	6	324	21	26	13	28	18	30	35	33	13	36	18	39	58
	12	339	0	30	40	32	31	34	36	36	58	39	43	42	58
	18	333	21	34	50	36	27	38	18	40	22	42	47	45	37
	24	337	30	38	48	40	3	41	46	43	35	45	38	48	3
	30	341	34	42	39	43	49	45	9	46	34	48	20	50	20
♓	6	345	29	46	21	47	17	48	20	49	32	50	53	52	28
	12	349	11	49	51	50	39	51	21	52	14	353	16	354	26
	18	352	50	353	16	353	45	354	16	354	52	355	33	356	20
	24	356	26	356	40	356	23	357	10	357	53	357	48	358	11
	30	360	0	360	0	360	0	360	0	360	0	360	0	360	0

Tab. angulorũ signiferi cum horizonte factorum.

Elena	39		42		45		48		51		54		57		Zodia	poli
Zodia	Angulus		Angul		Angul		Angul		Angul		Angul		Angul		Zodiaci	
S G	pt	sc	pt	sc	pt	sc	pt	sc	pt	sc	pt	sc	pt	sc	S G	
♈ 0	74	28	71	28	68	28	65	28	62	28	59	28	56	28	30	b
6	27	37	24	36	21	36	18	36	15	35	12	35	9	35	24	
12	27	49	24	49	21	48	18	47	15	45	12	43	9	41	18	
18	28	13	25	9	22	6	19	3	16	59	12	56	9	53	12	
24	28	45	25	40	22	34	19	29	16	23	13	18	10	13	6 ♓	
30	29	27	26	15	23	11	20	5	16	56	13	45	10	31	30	
♉ 6	30	19	27	9	23	59	20	48	17	35	14	20	11	2	24	
12	31	21	28	9	24	56	21	41	18	23	15	3	11	49 (struck)	18	40
18	32	35	29	20	26	3	22	43	19	21	15	56	12	28	12	
24	34	5	30	43	27	23	24	2	20	41	16	59	13	37 (struck)	6 ♒	20
30	35	40	32	17	28	52	25	26	21	52	18	14	14	26	30	
♊ 6	37	29	34	1	30	37	27	5	23	11	19	42	15	48	24	
12	39	32	36	4	32	32	28	56	25	15	21	25	17	23	18	
18	41	44	38	14	34	41	31	3	27	18	23	25	19	16	12	
24	44	8	40	32	37	2	33	22	29	35	25	37	21	26	6 ♑	
30	46	41	43	11	39	33	35	53	32	5	28	6	23	52	30	
♋ 6	49	18	45	51	42	15	38	35	34	44	30	50	26	36	24	
12	52	3	48	34	45	0	41	8	37	55	33	43	29	34	18	
18	54	44	51	20	47	48	44	13	40	31	36	40	32	39	12	
24	57	30	54	5	50	38	47	6	43	33	39	43	35	50	6 ♐	
30	60	4	56	42	53	22	49	54	46	21	42	43	38	56	30	
♌ 6	62	40	59	27	56	0	52	34	49	9	42 (struck)	43 (struck)	41	57	24	45 37
12	64	59	61	44	58	26	55	7	51	46	48	19	44	48	18	
18	67	7	63	56	60	20	57	26	54	6	50	47	47	24	12	
24	68	59	65	52	62	42	59	30	56	17	53	7	49	47	6 ♏	
30	70	38	67	27	64	38	61	17	58	9	54	58	52	38	30	
♍ 6	72	0	68	53	66	51	62	46	59	37	56	27	53	16	24	
12	73	4	70	2	66	59	63	56	60	53	57	50	54	46	18	
18	73	51	70	50	67	49	64	48	61	46	58	45	55	44	12	
24	74	19	71	20	68	20	65	19	62	18	59	17	56	16	6	
30	27	32	24	32	21	32	18	32	15	32	12	32	9	32	0 ♎	a

De usu harum tabularum Ca v y

Usus autem tabularū iam patet ex demonstratis. Quoniā si cum gradu Solis cognito, acceperimus ascensionē rectam eius pro qualibet hora æquali quindena tpa adiecerimus rejectis integri circuli ccclx partibus si excreverit, quod reliquū fuerit ascensionis rectæ, gradum signiferi ī medio caelo se concernente ostendet ad horā a meridie propositā. Similr si circa ascensionē obliquā regionis tuæ idem feceris gradum signiferi orientē habebis ad horā ab ortu Solis assumptā. In stellis etiā quibuscumq, quae extra circulum signorū sunt: quarū ascensio recta constiterit ut supra docuimus, dantur p canones hos gradus signiferi: q cum ipsis p eandē ascensionem rectā a principio Arietis cœlum mediat atqz p ascensionē obliquā ipsorum, qui gradus signiferi oriat cum ipsis: prout ascensiones et partes signiferi sese proferūt e regione tabularum. Pari modo sed p locum semp oppositum operabere circa occasum. Praeterea si ascensioni rectæ q cœlum mediat addatur quadrans circuli, quod inde colligit est ascensio obliqua orientis: Quapp p gradum medij cœli datur etiam is qui oritur et econverso. Sequitur tabula angulorū signiferi cum horizonte, qui sumuntur p gradū signiferi orientem, ~~quae etiā~~ quibus etiā intelligitur quātus ~~nege~~ nonagesimus gradus signiferi ab horizonte elevetur: quod in eclypsibus Solaribus maxime, est scitu necessarium

De angulis et circumferentijs eorū qui p polos horizontis fiunt ad eundem circulum signorum Cap

Sequitur ut angulorum et circumferentiarum, quae in sectiōnibus signiferi cum ijs q per vertice fiunt horizontis, exponamus rationē: in quibus est altitudo supra horizonta. Atqui de meridiana Solis altitudine: sive cuiuslibet gradus signiferi cœlum mediantis: et angulo sectionis cum meridiano supius expositum est: cum et ipse meridianus circulus eorum q p vertice fiunt horizontis unus existat. De angulo quoqz orientis iam sermo praecessit

cuius qui reliquus est a recto: ipse est quem p verticem horizontis
quadrans circuli cum signifero oriente suscipit. Sup est ergo
de medijs videre sectionibus, repetita superiori figura, circuli mq meridiani cum semicirculis signiferi et horizontis
et assumatur quodlibet signum inter meridie et ortu vel oc- (signiferi)
casum sitque g. p quod a polo horizontis f descendat quadrans circuli f g h: Quoniam ea hora tota a g e datur
circumferentia signiferi inter meridianum et horizonte: et a g
p hypothesim: similiter et a f pp altitudine meridiana a b
datam cum angulo ipo meridiano f a g datur etia f g p
demonstrata sphaericorum et reliqua g h altitudo ipius g
cum angulo f g a q quaerebamus. Hec de angulis et sectionibus circa signiferum in transcursu a ptolemaeo decerpsimus
ad generalem nos referentes triangulorum sphaericorum traditione. In qua si quis sese exercere voluerit pquam plures
qua quas modo exemplificando tractavimus utilitates p
seipsum poterit invenire

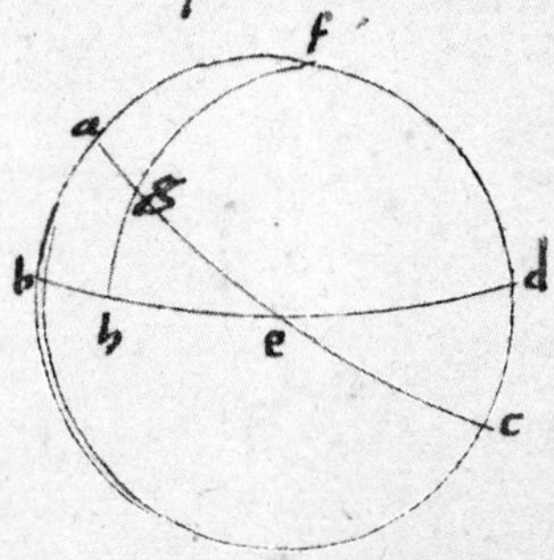

De ortu et occasu syderum

Ad cotidiana quoque revolutione ptinere videtur ortum et occasus syderum: non solum illi simplices de quibus modo diximus: sed quibus modis matutina vespertinaque fiunt: quod quamvis annuae revolutionis concursu ea contingunt, aptius tamen hoc loco dicetur. Prisci mathematici separant veros ab apparentibus. Verorum quidem matutinus est ortus syderis quando cum Sole simul emergit. Occasus aut matutinus: quando oriente Sole sydus occidit: quod medio toto tpe matutinum dicebat. At vespertinus ortus quando Sole occumbente sydus emergit: Occasus aute vespertinus cum Sole occidente sydus pariter occidit quod medio quoque tpe vespertinum dicitur: utpote quod inter diem praestruitur: et illud quod nocte successit. Apparentium vero, matutinus sideris ortus est: cum diluculo et ante Solis ortu primo se profert in conspectum ac incipit apparere. Occasus autem matutinus: quo Sole orituro sydus occumbere novissime videtur. Vespertinus ortus est: cum i crepusculo sydus apparuerit primu oriri: Occasus aute vespertinus, cum post Solis occasum iamamplius apparere desinit: et de cetero Solis adventu sydus occultatur. Donec in exortu matutino in priore

se proferat ordine. Haec in stellis haerentibus, solutis quoque
Saturno Ioue et Marte eodem modo se habent. Venus autem
et Mercurius aliter ortus et occasus faciunt: non enim accessu Solis
praeoccupantur ut illi: nec eius ~~abscess~~ deteguntur abscessu. Sed
praevenientes Solis fulgori sese miscent, eripiuntque. Illi ortum vespertinum, matutinumque facientes occasum, nequaquam latent
quin suis fere procedant luminibus: at hij sine discrimine ~~inter~~
~~ortum et occ~~ ab occasu in ortu ~~latet~~ delitescunt, nec usquam
conspici possunt. Est et alia differentia: quod in illis ortus
et occasus matutini, veri sunt apparentibus priores: vespertini
posteriores: prout illic Solis ortum praecedunt, hic eius occasum
sequuntur. In inferioribus autem matutini ac vespertini exortus
apparentes posteriores sunt veris: occasus autem priores.
Modus autem ~~discernendi~~ quo discernatur ex supradictis potest
intelligi ubi ascensionem obliquam stellae cuiuslibet, locum habentis
cognitum exposuimus: et cum quo gradu signiferi oriatur
vel occidat: in quo gradu vel ei opposito, si tunc Sol apparuerit, verum ortum vel occasum, matutinum vespertinumve
sydus efficiet. Ab his differunt apparentes penes cuiusque sideris
claritatem et magnitudinem: ut quae maiori lumine pollent brevi-
ores habent latebras solarium radiorum iis quae obscuriores sunt.
Et limites occultationis et apparentiae, subterraneis circumfe-
^ per rentijs circulorum, qui ^ polos sunt horizontis, inter ipsum horizonte
atque Solem capiuntur. Suntque stellis adhaerentibus primarijs
partes fere xij Saturno xj Ioui x Marti xj s Veneri
quinque Mercurio x. In toto vero, quo diurnae lucis reliquum
nocti caedit: quod crepusculum vel diluculum complectitur,
sunt partes xviij iam dicti circuli, quibus partibus Sole
submoto minores quoque stellae incipiunt apparere, qua quidem
distantia capiunt aliqui subiectum horizonti ~~ter~~ subterraneum
parallelum, quem dum Sol attingit aiunt diescere: vel noctem impleri.
Cum ergo sciverimus cum quo gradu signiferi sydus oriatur vel
occidat: noverimusque angulum sectionis ipsius signiferi in
eadem parte cum horizonte; si tunc quoque inter orientem
gradum et Solem tot partes signiferi invenerimus, quot
sufficiant conveniatque Solis profunditati ab horizonte, iuxta
terminos praescriptos propositi sideris, pronunciabimus primum
~~eius~~ ipsius emersum vel occultationem fieri. Quae vero
de altitudine Solis supra terram in praecedenti demonstratione

exposuimus, quae omnia conveniunt eius etiam ~~profundationem~~ descensu sub terra: neque enim alio quam positione differunt: quemadmodum quae occidunt apparenti hemisphaerio, latenti oriuntur suntque omnia viceversa, ac intellectu facilia. Quocirca de ortu et occasu syderum, ~~et itemque~~ adeoque de globi terrestris revolutione quotidiana dicta sufficiant.

De inquirendis stellarum locis ac fixarum canonica descriptione

Post expositam a nobis quotidianam revolutionem globi terrae, et quae eam sequuntur, iam annui circuitus sequi debebant demonstrationes. At quoniam ~~Solensis Aratus~~ ~~ac~~ priscorum aliqui mathematicorum ~~a phaenomenis~~ stellarum non errantium phaenomena praecedere censuerunt tamquam huius artis primordia: quam idcirco sententiam nobis sequendam putavimus: quod inter principia et hypotheses assumserimus non errantium stellarum sphaeram omnino immobilem esse, ad quam vagantium omnium syderum errores ex aequo conferantur. Sed ne quis miretur cur hunc suscepimus ordinem, cum Ptolemaeus in sua magna constructione existimaverit stellarum fixarum explanationem fieri non posse: nisi prius de Sole et Luna praecesserint cognitiones et propterea quae stellas fixas attinet censuit eousque differenda. Huic sententiae occurrendum putamus. Quod si de numeris intelligas, quibus Lunae Solisque motus apparens supputatur stabit fortasse sententia. Nam et Menelaus geometres plerasque stellas earumque loca lunaribus ~~aut~~ coniunctionibus per numeros est assecutus. Multo vero melius efficiemus, si adminiculo instrumentorum per Solis et Lunae diligenter examinata loca stellam quamlibet capiamus, ut mox docebimus. Nos etiam admonet ~~irritus~~ irritus illorum conatus: qui simpliciter ab aequinoctiis vel solstitiis, nec etiam a stellis fixis, anni solaris magnitudinem definiendam existimarunt, in quo numquam ad nos usque potuerunt convenire: adeo ut nulla in parte fuerit discordia maior. Animadverterat hoc Ptolemaeus qui cum annum Solarem suo tempore expendisset non sine suspitione erroris: qui cum tempore posset emergere, admonuit posteritatem ut ulteriorem post hac scrutaretur eius rei certitudinem. Operaeprecium igitur nobis visum est: ut hoc libro ostendamus quomodo artificio instrumentorum Solis et Lunae loca capiantur ad alia sidera perscrutanda — etiam

quantum videlicet ab aequinoctio verno aliisve mundi cardinibus distent: quae deinde ~~aliorum syderum~~ praebebunt nobis ~~aditum~~ come quibus ~~tandem~~ stellarum fixarum sphaera asterismis intexta eiusque imagines oculis exponamus

~~De loco solis observando instrumentorum usu~~

Quibus autem instrumentis tropicorum distantia: signiferi obliquitas et inclinatio sphaerae sive poli aequinoctialis altitudo caperetur, superius est expositum. Eodem modo quamlibet aliam Solis meridianam altitudinem possumus accipere. Quae altitudo secundum differentiam eius ad inclinationem sphaerae: quantum Sol declinet a circulo aequinoctiali nobis exhibebit: per quam deinde declinationem locus eius ab aequinoctio vel solstitio sumptus fiet etiam manifestus in ipso meridie. Videtur autem Sol xxiiii horarum spatio unum fere gradum pertransire: venit quoque horaria portione Scrup. ii s. Unde ad quamlibet aliam horam constitutam facile coniectabitur locus eius.

~~De luna et stellis eodem modo capiendis~~

Pro lunari vero et stellarum locis observandis aliud construit instrumentum: quod Astrolabum vocat Ptolemaeus. Fabricantur enim bini orbes: sive orbium margines quadrilateri: ~~hoc est~~ ut videlicet ~~pro~~ planis lateribus sive maxillis ~~superficies~~ concavam et convexa ad angulos rectos excipiat: aequales per omnia et similes: magnitudine convenientes: ne scilicet magnitudine nimia minus fiant tractabiles: neve aliorum amplitudo plus tribuat exilitate partibus dividendis. Latitudo autem eorum et crassitudo sint ad minimum trigesimae partis diametri. Conserentur ergo et conectentur rectis invicem angulis: congruentibus invicem cavis et convexis veluti in unius globi rotunditate. Eorum vero alter circuli signorum. alter eius qui per utrosque polos: aequinoctialis inquam et signiferi, transit, vicem obtineat. Ille ergo signorum circulus partibus aequalibus quibus solet cccl x est distribuendus a lateribus: quae rursum subdividantur pro instrumenti capacitate. In altero quoque circulo: emensis a zodiaco quadrantibus, poli ipsius signiferi assignentur a quibus sumpta distantia pro modulo obliquitatis signiferi notentur etiam poli aequinoctialis circuli. His sic expeditis

parantur alii bini orbes, per eosdem zodiaci fabrefacti polos in
quibus moveantur, exterior et interior. Qui crassitudines
inter duo plana aequales: latitudines vero maxillarum similes
illis habeant. Ita conformati, ut maioris cava superficies convexam, ac minoris convexitas concavam zodiaci ubique contingat: ne tamen eorum circumductio impediatur: sed zodiacum ipsum cum suo ~~med~~ meridiano faciliter ac se invicem
libere sinat pertransire. Hos igitur orbes in polis illis zodiaci secundum diametrum cum sollertia perforabimus: inpingemusque
axonia quibus connectentur ferantque. Interior quoque
orbis in CCCLX partes aequales dividatur: ut in singulis
quadrantibus ad polos exeant nonaginta. In cuius insuper
cavitate alius orbis et ipse quintus collocandus est, ~~ac eodem~~
~~plano sub quo integer maneat~~ ac sub eodem plano convertibilis: cui ad maxillas infixa sint systematia e diametro
meatus habentia atque dioptra sive specilla unde lux siderea
irrumpere exireque possit: ut in dioptra solet in ipso diametro
orbis: cui etiam hinc inde coaptentur offendicula quaedam indices
~~nume~~ numerorum orbis continentis latitudinum gratia observandarum. Tandem orbis adhibendus est sextus: qui totum capiat
sustineatque astrolabium in polorum aequinoctialium fixuris appensum: et columellae cuipiam impositus ac ea subfultus
erectusque plano horizontis: polis etiam ad inclinationem sphaerae
collatis meridianum naturali similem positione teneat ab
eoque minime vacillet. Sic igitur parato instrumento, quando
alicuius stellae locum accipere voluerimus, ad vesperam vel
Sole iam obituro et eo tempore quando Lunam quoque habuerimus
in prospectu: exteriorem orbem convertemus ad gradum zo- converteremus
diaci in quo tunc Solem per praecedentia cognitum acceperimus
convertemusque ad ipsum Solem orbium sectionem: quousque uterque
eorum zodiacus inquam et exterior ille qui per polos est orbis seipsum pariter obumbret: tunc quoque interiorem orbem Lunae
advertimus: et oculo ad planum eius posito: ubi Lunam ex
adverso veluti eodem plano dissectam videbimus: notabimus
locum in instrumenti signifero: ipse enim tunc erit Lunae locus
secundum longitudinem visus. Et enim sine ipsa non erat modus
locis stellarum comprehendendis: utpote quae ex omnibus sola -

diei et noctis sit particeps. Deinde nocte superveniente, quando
stella cuius locum inquirimus iam conspici potest: exteriorem
orbē loco Lunae coaptamus: per quē ad Lunā ipsam sicut in
Sole faciebamus conferimus positionē astrolabij. Tunc quoque
interiorē circulum vertimus ad stellā donec videbitur ad-
haerere planitiei orbis: atque per specilla: q̄ in contento sunt
orbiculo conspiciatur. Ita enim et longitudinē cum latitudinē
stellae comptam habebimus. Haec dum aguntur, quis gradus
Zodiaci caelum mediat oculis subijcitur: et ideirco quibus
horis res ipsa gesta fuerit liquido constabit. Exemplo Pto.
Qui Antonini pij Imp. anno s[ecun]do. Nona die pharmuthi,
mensis octavi aegyptiorum in Alexandria circa Solis occasū
volens observare locum stellae: quae in pectore leonis basiliscus
siue regulus vocatur. Astrolabio ad Solem iā occumbentem
comparato quinque horis aequinoctialibus a meridie transactis
(et semuncia vix) Dum Sol in iij s partibus piscium inveniretur: reperit Lunā
a Sole sequente part[ibus] xcij et octava unius p[er] admotum
interiorē circulum quapp[ropter] visus est tunc Lunae locus in v
partibus et sextante geminorū. Et post horae dimidium
quo sexta a meridie implebatur: et stella iam apparere
coepisset, quarto gradu geminorum caelum mediante, ~~retulit~~
convertit exteriorē orbem instrumenti ad iam dep[re]hensū Lunae
locum p[er]gens cum orbe interiori: accepit a Luna stellae dista-
tiam in consequentia signorum partibus lvij et decima unius.
Quoniā igitur luna reperiebatur ab occidente Sole in partibus
ut dictum est, xcij et octava: quae terminabant Lunā in v
partibus et sextante Geminorum. At conveniebat sub dimidio
horae spacio Lunā fuisse motā p[er] quadrante unius grad[us]
quandoquidē hor[a]ria portio in motu Lunari dimidiū gradum
plus minusve excipit: sed propter commutationē tunc ablativā
Lunae oportebat esse paulo minus quadrante fuisse, quod
circiter unciā definivit, quocirca Lunā fuisse in v grad[ibus]
et triente Geminorū. Sed ubi de Lunaribus commutationib[us]
p[er]tractaverimus: apparebit non tantam fuisse differentiā
ut satis liquere possit locum Lunae visum plus triente
vixque minus duabus quintis excessisse quinque gradus geminorū. quibus additi gradus lvij cum decima unius
parte colligunt locum stellae in ij s partibus Leonis fere
distante a Solis aestiva conversione part[ibus] xxxij s cum latitudine

borea sextantes gradus. Hic erat basilisci locus per quem et
caeterarum non errantium stellarum patuit accessus. Facta est
ante haec ptolemaei obseruatio Anno Christi secundum Romanos
CXXXIX die xxiiij februarij. Olympiade CCXXIX anno eius
primo. Ita vir ille mathematicorum eminentissimus, quantum
eo tempore quaeque stellarum ab aequinoctio verno locum obtinuisset
adnotauit animaliumque caelestium exposuit asterismos. Quibus
haud parum studio huic nostro subuenit: nosque labore satis arduo
releuauit. Ut qui stellarum loca non ad aequinoctia: quae in tempore
mutantur: sed aequinoctia ad stellarum fixarum sphaera referenda
putauimus, facile possimus ab alio quopiam immutabili principio deducere syderum descriptionem. Quam ab ariete tamquam
primo signo: et a prima eius stella, quae in capite eius est assumi placuit. Ut sic eadem semper et absoluta facies maneat ijs
quae veluti infixa ac cohaerentia perpetua semel capta sede col-
lucent. Sunt autem cura et sollertia mirabili antiquorum in xlviij
formas digesta, exceptis ijs quae a quarto fere per Rodon climate
semper latentium circulus dirimebat. Sicque informes stellae ut illis
incognitae remanserant. Neque enim aliam ob causam simulacris
formatae sunt stellae secundum Theonis iunioris in expositione A-
rataea sententiam: nisi ut tanta earum multitudo per partes
discerneretur: et denominationibus quibusdam sigillatim possit
designari, antiquo satis instituto, cum etiam apud ~~Iobum~~ ia[m] Hesiodum et Homerum
nominatas fuisse pleides: Hyadas: Arcturum: Oriona le-
gamus. In earum igitur secundum longitudinem descriptione
non utemur dodecatemorijs: quae ab aequinoctijs conuersionibusque
deducuntur: sed simplici et consueto graduum numero in
caeteris ptolemeum sequemur, paucis exceptis, quae vel de-
prauata vel utcumque aliter se habere comperimus. Quatenus
autem ipsarum distantia ab illis cardinibus pateat sequens
libro docebimus

Vrsæ maioris quã Elicen vocãt

Draconis

4

Cephei

5

Bootis

inter ortum atque meridiem: sitque η cum quadrante ζηθ
et quoniam ea hora datur αηε circumferentia atque αη
similiter et αε cum angulo meridiano ζαη. Ergo per quintum
sphaericorum datur ζα circumferentia, et ζηα angulus quem
quaerebamus. Ut autem quae dupla εη ad eam quae dupla ηθ
subtendit: et subtendentium duplas εα ad αβ circumferentias
sunt enim utrique, ut semidiametri ad schoerm anguli ηεθ
datur ergo ηθ altitudo puncti recepti η. Atqui in triangulo ηθε latera ηε: ηθ data sunt: cum ε angulo et
θ rectus est: exhibebimus etiam ex eis reliquum εηθ angulum
metitum. Et haec de angulis et circulorum sectionibus in
transcursu a Ptolemaeo et aliis decerpsimus, ad generalem
nos referentes triangulorum traditionem. In qua si quis sese
exercere voluerit, multo plures quam quas modo exemplificando
tractavimus ~~invenit~~ utilitates per se poterit invenire

De ortu et occasu signorum

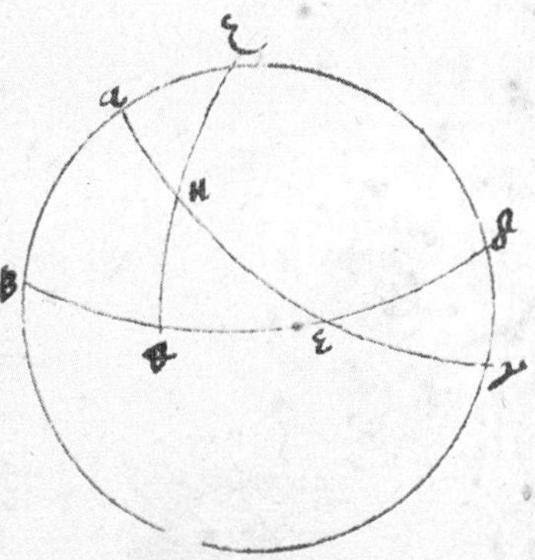

ost expositam a nobis cotidianam terrae revolutionem et quae eam sequuntur de diebus et noctibus et earum partibus atque differentiis: iam annui circuitus sequi debebant demonstrationes. At quoniam non paucorum mathematicorum consensu phaenomena stellarum fixarum praecedere consueverunt tanquam huius artis primordia qua sententiam nobis maxime sequendam putavimus: qui inter principia et hypotheses assumpsimus non errantium stellarum sphaeram omnino immobilem esse, ad quam reliquorum syderum circuitiones ex aequali conferantur. Nam motus exigit quiddam quod quiescat. Sed ne quis miretur: cur hunc suscepimus ordinem: cum Ptolemeus in sua magna constructione existimaverit stellarum fixarum explanationem fieri non posse, nisi prius ante Sole et Luna praecesserit cognitiones: et propterea: quae in stellis fixis sunt apparentia censuit eousque deferenda. Fatebor equidem neque stellarum loca absque Lunari, nec rursus Lunares absque loco Solis accipi posse. Sed haec esse talia quae adminiculo instrumentorum sunt exigenda: neque aliter id existimavi intelligi oportere. Qui vero canonicam motuum revolutionumque rationem scrutari voluerit, nihil unquam efficiet si ad stellas fixas nullum habuerit respectum. Hinc est quod Pto. et alij qui ante et post ipsum: qui anni solaris magnitudinem solummodo ab aequinoctijs vel solsticijs sumentes principia nobis proferre adnixi sunt nunquam de ea convenire potuerunt, adeo ut in nulla parte fuerit discordia maior. Quae plerosque sic perturbavit: ut de adipiscenda syderum scientia pene desperarent. fatereturque in caelestibus esse motus humano ingenio incomprehensibiles. Animadverterat hoc Ptolemeus et cum annum solarem suo tempore expendisset non sine suspicione erroris: qui cum tempore posset apparere, admonuit posteritatem ut ulteriore post hac scrutaretur eius rei certitudinem. Operae pretium igitur nobis visum: ut hoc libro primum ostendamus: quatenus artificio instrumentorum Solis

Lunae et stellarum loca capiatur, quatenus videlicet ab aequinoctiali puncto vel solstitio distent: ac deinde stellarum fixarum sphaeram asterismis intextam exponamus

Quibus instrumentis tropicorum distantia: signiferi obliquitas et inclinatio sphaerae, sive poli aequinoctialis sublimitas capetur superius est expositum: Eodem modo quamlibet aliam Solis meridianam altitudinem accipere possumus. Quae nobis secundum differentiam eius ad inclinationem sphaerae, declinationem ipsius Solis ab aequinoctiali circulo exhibebit. ac deinde locus eius ab aequinoctio vel solstitio sumptus fiet etiam manifestus. Videtur autem Sol xxiiii horarum spacio unam fere partem pertransire: veniunt pro horaria portione scrup 2 1/2 Unde ad quamlibet aliam a meridie horam constitutam facile coniectabitur locus eius

Pro Lunari vero et stellarum locis observandis aliud construitur instrumentum: quod Astrolabium vocat ptolemeus. fabricantur enim bini orbes: sive orbium margines quadrilateri: hoc est planis lateribus sive maxillis convexam et concavam superficies ad angulos rectos excipientibus, aequales per omnia et similes magnitudine convenientes: ne scilicet magnitudine nimia minus fiant tractabiles: cum alioqui amplitudo plus tribuat exilitate partibus dividendis. Latitudo autem eorum et crassitudo sint ad minimum trigesimae partis diametri. Conserentur ergo et conectentur rectis angulis per diametrum, congruentibus invicem cavis et convexis, veluti in unius globi rotunditate. Eorum vero alter circuli signorum, alter eius qui per utrosque polos aequinoctialis inquam et zodiaci transit, vicem obtineat. Ille ergo signorum circulus partibus aequalibus quibus solet 360 est distribuendus a lateribus: quae rursum subdividantur pro instrumenti capacitate. In altero quoque circulo, emensis a Zodiaco quadrantibus poli ipsius assignentur: a quibus sumpta distantia pro modo obliquitatis signiferi notentur etiam poli aequinoctiales. His sic expeditis parantur alii duo orbes inaequales secundum diametros

crassitudine vero et latitudine instar illorum. Hij ambo in
polis illis Zodiacj appensi inexiq; sint ~~fo~~ exterior et interior: facta cum solertia perforatione et axibus impactis
in quibus volvatur. Ipsi vero sic conformatj existant: ut exterior
convexa: interior cava illorum attingat absq; tamen offen-
diculo: quod circumductionem eorum posset impedire. Interioris quoq; orbis quadrantes partibus secentur similibus
quibus Zodiacus dividebatur. In cuius insuper cavitate
alius orbis collocandus est in eodem plano et in ipso sine
impedimento convertibilis et ei cognatus, cui infixa sint syste-
mata e diametro meatus habentia: ut in dioptra solet
latitudinum gratia observandarum. Demum orbis adhibendus
est sextus: qui totum valeat sustinere Astrolabium in-
ut diximus cognoscibilibus librante et appensum. Et columellae sive alij cuipiam eminentiori loco impositus et eo ful-
tus: erectusq; ad planiciem horizontis: polis etiam ad
inclinationem sphaerae collatis meridianum natura similem
positionem teneat, ab eoq; minime vacillet. Sic igitur
praeparato instrumento, quando alicuius stellae locum accipere
volumus: ad vesperam vel Sole iam occasuro et eo tempore
quando Luna quoq; viderj potest conferimus exteriorem
orbem ad gradum Zodiacj instrumentj in quo tunc sol putabitur apparere ~~prius receptum~~: convertimusq; ad ipsum Solem
orbium sectionem: quousq; ~~intrinsecus~~ uterq; Zodiacus et exterior
ille per quem per polos seipsos pariter et per medium obumbrent.
Tunc quoq; interiorem orbem ad Lunam convertimus: et oculo
ad latus posito ubi Lunam ex opposito latere veluti eodem
plano dissecta videbimus signamus locum in signifero
instrumentj: ipse enim tunc erit Lunae locus secundum longitudinem. Nam sine ipsa non erat modus perveniendi ad
loca stellarum: quae mediatricem agit sola inter lucem et
tenebras. Deinde nocte superveniente: quando stella, cuius
locum optamus, iam spectabilis facta est: exteriorem
orbem super locum Lunae ponimus: per quem ad Lunam ipsam
sicut in Sole faciebamus conferimus positionem astrolabij.
Tunc quoq; interiorem circulum vertimus ad stellam: donec

Coronæ boreæ

Engonasi genuculatoris

Lyræ siue fidiculæ

Oloris siue auis

Cassiopeæ

persei

Orpiuchus

Serpentarij ophiuchi

Serpentis

Sagittæ

Aquilæ

Delphini

Sectionis equi

pegasi equi alati

SIGNORUM STELLARŪQUE DESCRIPTIO CANONICA
ET PRIMO QUAE SUNT SEPTEMTRIONALIS PLAGAE

FORMAE STELLARUM	Longitud.		Latitudinis		Magnitudo
VRSAE MINORIS SIVE CYNOSURAE	part.	sc.	part.	sc.	
In extremo caudae	53	30	66	0	3
Sequens in cauda	55	50	70	0	4
In eductione caudae	69	20	74	0	4
In latere quadrāguli p̄cedente australior	83	0	75	20	4
eiusdem lateris borea	87	0	77	40	4
earum q̄ in latere sequētis australior	100	30	72	40	2
Eiusdem lateris borea	109	30	74	50	2
Stellae septem quarum secundae magnitudinis 2 tertiae 1 quartae 4.					
Et quae circa Cynosurā informis in latere sequente ad rectam lineam maxime australis	103	20	71	10	4

Septem

VRSAE MAIORIS QUAM ELICEN VOCANT

FORMAE STELLARUM	Longitud. part.	Longitud. sc.	Latitudinis part.	Latitudinis sc.	Magnitudo
Quae in rostro	78	40	39	50	4
In binis oculis praecedēs	79	10	43	0	5
Sequens hanc	79	40	43	0	5
In fronte duarum p̄cedens	79	30	47	10	5
Sequēs in fronte	81	0	47	0	5
Quae in extrema auricula p̄cedente	81	30	50	30	5
Duarum in collo antecedens	84	40	43	50	4
Sequens	92	50	44	20	4
In pectore duarum borea	94	20	44	0	4
Australior	93	20	42	0	4
In genu sinistro anteriori	89	0	35	0	3
Duarum in pede sinistro priori borea	89	50	29	0	3
Quae magis ad austrum	88	40	28	30	3
In genu dextro priori	89	0	36	0	4
Quae sub ipso genu	101	10	33	30	4
Quae in humero	104	0	49	0	2
Quae in ilibus	105	30	44	30	2
Quae in eductione caudae	116	30	51	0	3

trionalis

BOREAE PLAGAE

Formæ stellarum	longitudinis		Latitudinis		magnitudo
In sinistro crure posteriore	117	20	46	30	2
Duarum precedens in pede sinistro posteriore	106	0	29	38	3
Sequens hanc	107	30	28	15	3
Quæ in sinistra cavitate	115	0	35	15	4
Duarum quæ in pede dextro posteriore borea	123	10	25	50	3
Quæ magis ad austrum	123	40	25	0	3
Prima trium in cauda post eductionem	125	30	53	30	2
Media earum	131	20	55	40	2
Ultima et in extrema cauda	143	10	54	0	2

Stellæ 27 quarum secundæ magnitudinis 6 tertiæ 8 Quartæ 8 quintæ 5

Quæ circa eum informes

Formæ stellarum	longitudinis		Latitudinis		magnitudo
Quæ a cauda in austrum	141	10	39	45	3
Antecedens hanc obscurior	133	30	41	20	5
Inter ursæ pedes priores et caput leonis	98	20	17	15	4
Quæ magis ab hac in borea	96	40	19	10	4
Ultima trium obscurarum	99	30	20	0	obscura
Antecedens hanc	95	30	22	45	obscura
Quæ magis antecedit	94	30	23	15	obscura
Quæ intra priores pedes et geminos	100	20	22	15	obscura

Informium 8 quarum mag tertiæ 1 quartæ 2 quintæ 1 obscuræ 4

Draconis

Formæ stellarum	longitudinis		Latitudinis		magnitudo
Quæ in lingua	200	0	76	30	4
In ore	215	10	78	30	4 ma
Supra oculum	216	30	75	40	3
In gena	229	40	75	20	4
Supra caput	233	30	75	30	3
In prima colli inflexione borea	258	40	82	20	4
Australis ipsarum	295	50	78	15	4
Media earundem	262	10	80	20	4
Quæ sequitur has ab ortu in conversione secunda	282	50	81	10	4
Australis lateris precedentis quadrilateri	331	20	81	40	4
borea eiusdem lateris	343	50	83	0	4
Borea lateris sequentis	1	0	78	50	4

BOREAE PLAGAE

formæ Stellarū	longitud			Latitu		Magnitudo	
Australis eiusdem lateris	346	16	10	77	50	4	
In inflectione tertia australis trianguli	4	4	0	80	30	4	
Reliquarū trianguli præcedens	15	15	0	81	40	5	
Quæ sequitur	19	19	30	80	15	5	
In triangulo antecedente triū	66	6	20	83	30	4	
Reliquarū eiusdē trianguli australis	43	13	40	83	30	4	
Quæ borealior superioribus duabus	35	5	10	84	50	4	
Duarū paruarū a triāgulo sequēs	200	20	0	87	30	6	+
Antecedēs earū	195	15	0	86	50	6	
Triū quæ in rectū sequūtur australis	152	2	30	81	15	5	
Media trium	142	2	50	83	0	5	
Quæ magis in borea ipsarum	151	1	0	84	50	3	
Post hæc ad occasū duarū q̄ magis i bor.	153	3	20	78	0	3	
Magis in austrū	156	6	30	74	40	4	Maior
Hinc ad occasū i cōuersione caudæ	156	6	0	70	0	3	
Duarū plurimū distantiū precedens	120	0	40	64	40	4	
Quæ sequitur ipsam	124	4	30	65	30	3	
Sequēs in cauda	192	12	30	61	15	3	
In extrema cauda	188	6	30	56	15	3	

Stellarū ergo 31 tertiæ mag. 8 quartæ 16 quītæ 5 sextæ 2

Cephei

In pede dextro	28	28	40	75	40	4	
In sinistro pede	26	26	20	64	15	4	
In latere dextro sub cingulo	0	0	40	71	10	4	
Quæ supra dextrū humerū attingit	340	10	0	69	0	3	
Quæ dextrā vertebra coxe contingit	332	2	40	72	0	4	
Quæ seqtur eandē coxā attingens	333	3	20	74	0	4	
Quæ in pectore	352	22	0	65	30	5	
In brachio sinistro	1	1	0	62	30	4	Maior
Triū in tiara australis	339	9	40	60	15	5	
Media ipsarum	340	10	40	61	15	4	
Borea trium	342	12	20	61	30	5	

Stellæ 11 mag tertiæ 1 quartæ 7 quītæ 3

BOREAE PLAGAE

Informiũ duarũ q̃ p̃cedit tiaram	337	36	0		64	0	5	
Quæ sequitur ipsam	344	13	40		59	30	4	
Bootis siue arctophilacis								
In manu sinistra triũ p̃cedens	145	25	40		58	40	5	
Media triũ australior	147	27	30		58	20	5	
Seques triũ	149	29	0		60	10	5	
Quæ in vertebra sinistra coxæ	143	23	0		54	40	5	
In sinistro humero	163	13	0		49	0	3	
In capite	170	20	0		53	50	4	Ma
In dextro humero	179	29	0		48	40	4	
In colorobo duarũ australior	179	29	0		53	15	4	
Quæ magis ĩ boreã in extremo colorobi	178	28	20		57	30	4	
Duarũ sub humero ĩ venabulo borea	181	1	0		46	10	4	Ma
Australior ipsarum	181	1	40		45	30	5	
In dextræ manus extremo	181	1	35		41	20	5	
Duarũ in vola p̃cedens	180	0	0		41	40	5	
Quæ sequitur ipsam	180	0	20		42	30	5	
In extremo colorobi manubrio	181	1	0		40	20	5	
In dextro crure	173	23	20		40	15	3	
Duarũ in cingulo q̃ sequitur	169	19	0		41	40	4	
Quæ antecedit	168	18	20		42	10	4	Ma
In calcaneo dextro	178	28	40		28	0	3	
In sinistro crure borea triũ	164	14	40		28	0	3	
Media triũ	163	13	50		26	30	4	
Australior ipsarum	164	14	50		25	0	4	
Stellæ 22 · quarũ in mag tertia 4 · ĩ quarta 9 ĩ quinta 9								
Informis ĩter crura quã arcturũ vocãt	170	29	20		31	30	1	
Coronæ boreę								
Lucens in corona	188	8	0		44	30	2	Ma
præcedens omniũ	185	5	0		46	10	4	Ma
Seques in boreã	185	5	10		48	0	5	
Seques magis ĩ boreã	193	13	0		50	30	6	
Quæ sequitur lucentẽ ab austro	191	11	30		44	45	4	

BOREAE PLAGAE								
Quæ proxime sequitur		190	10	30	44	50	4	
Post has longius sequẽs		194	14	40	46	10	4	
Quæ sequitur omnes in corona		195	15	0	49	20	4	

Stellæ 8 quarum mag. secundæ 1 quartæ 5 quintæ 1 Sextæ 1

Engonasi

In capite		221	11	0	37	30	3	
In axilla dextra		207	27	0	43	0	3	
In dextro brachio		205	25	0	40	10	3	
In dextris ilibus		201	21	20	37	10	4	
In sinistro humero	220	190	10	0	48	0	3	
In sinistro bracchio		225	15	20	49	30	4	Maior
In sinistris ilibus		231	21	0	42	0	4	
Trium in sinistra uola		238	28	50	52	50	4	Maior
Borea duarum reliquarum		235	25	0	54	0	4	Maior
Australior		234	24	50	53	0	4	
In dextro latere		207	27	10	56	10	3	
In sinistro latere		213	3	30	53	30	4	
In clune sinistro		213	3	20	56	10	5	
In eductione eiusdẽ cruris		214	4	30	58	30	5	
In crure sinistro triũ ꝑcedens		217	7	20	59	50	3	
Sequẽs hanc		218	8	40	60	20	4	
Tertia sequẽs		219	9	40	61	15	4	
In sinistro genu		237	24	10	61	0	4	
In sinistra nate		225	15	30	69	20	4	
In pede sinistro triũ ꝑcedens		188	8	40	70	15	6	
Media earum		220	10	10	71	15	6	
Sequẽs trium		223	13	0	72	0	6	
In eductione dextri cruris		207	24	0	60	15	4	Maior
Eiusdẽ cruris borealior		198	18	50	63	0	4	
In dextro genu		189	9	0	65	30	4	Maior
Sub eodẽ genu duarum australior		186	6	40	63	40	4	
Quæ magis in boream		183	3	30	64	15	4	

BOREA SIGNA

In tibia dextra	184	4	30	60	0	4	
In extremo dextri ped eadē q̄ ī extrēe colorobo Bootis	178	28	20	57	30	4	
Preter hanc stellæ 28. Mag tertia 6 quartæ 17 quintæ 2 sextæ 3							
Informis a dextro bracchio australior	206	26	0	38	10	5	

Lyræ

Lucida q̄ lyra siue fidicula uocatur	250	10	40	62	0	1	
Duarū adiacentiū borea	253	13	40	62	40	4	mai
Quæ magis in austrum	253	13	40	61	0	4	ma
In medio eductionis cornuū	262	22	0	60	0	4	
Duarū continuarū ad ortū in borea	265	25	20	61	20	4	
Quæ magis in austrū	265	25	20	60	20	4	
Præcedentiū in iuctura duarū borea	254	14	20	56	10	3	
Australior	254	14	10	55	0	4	min
Sequētium duarꝫ ī eodē iugo borea	257	17	30	55	20	3	
Quæ magis in austrum	258	17	20	54	45	4	min
Stellarꝫ 10 magnitudiꝫ primæ 1 tertiæ 2 quartæ 7							

Oloris seu auis

In ore	267	27	50	49	20	3	
In capite	272	2	20	50	30	5	
In medio collo	279	9	20	54	30	4	Mai
In pectore	291	21	50	56	20	3	
In cauda lucens	302	2	30	60	0	2	
In ancone dextræ alæ	282	12	40	64	40	3	
Triū in dextra uola australior	285	15	50	69	40	4	
Media	284	14	30	71	30	4	Mai
Vltima triū et in extrema ala	310	10	0	74	0	4	Mai
In ancone sinistræ alæ	294	24	10	49	30	3	
In medio ipsius alæ	298	28	10	52	10	4	Mai
In eiusdē extremo	300	0	0	74	0	3	
In pede sinistro	303	3	20	55	10	4	Mai
In sinistro genu	307	7	50	57	0	4	
In dextro pedi duarꝫ p̄cedens	294	24	30	64	0	4	

BOREA SIGNA

Quæ sequitur	296	26	0	04	30	4	
In dextro genu nebulosa	304	5	30	03	45	5	

Stellæ 17 quarꝫ mag sextæ 1 tertiæ 5 quartę 9 quintæ 2

Et duæ circa olorem informes

Sub sinistra ala duarꝫ australior	306	6	0	49	40	4	
Quæ magis in borea	307	7	10	51	40	4	

Caßiopeæ

In capite	1	1	10	45	20	4	
In pectore	4	4	10	46	45	3	Maior
In cingulo	6	6	20	47	50	4	
Super cathedra ad coxas	10	10	0	49	0	3	Maior
Ad genua	13	13	40	45	30	3	
In crure	20	20	20	47	45	4	
In extremo pedis	355	25	0	48	20	4	
In sinistro brachio	8	8	0	44	20	4	
In sinistro cubito	7	7	40	45	0	5	
In dextro cubito	357	27	40	50	0	6	
In sedis pede	8	8	20	52	40	4	
In ascensu medio	1	1	10	51	40	3	minor
In extremo	27	27	10	51	~~48~~	6	40

Stellæ 13 quarꝫ mag. tertiæ 4 quartæ 6 quintæ 1 sextæ 2

Persei

In extremo dextræ manus obuolutione nebulosa	~~21~~	21	0	40	30	nebulosa	
In dextro cubito	~~344~~	24	30	37	30	4	
In humero dextro	~~346~~	26	0	34	30	4	minor
In sinistro humero	~~20~~	20	50	32	20	4	
In capite siue nebula	~~344~~	24	0	34	30	4	
In scapulis	~~344~~	24	50	31	10	4	
In dextro latere fulgẽs	~~348~~	28	10	30	0	2	
In eodẽ latere triũ præcedens	~~348~~	28	40	27	30	4	
Media		30	20	27	40	4	
Reliqua triũ		31	0	27	30	3	
In cubito sinistro		24	0	27	0	4	

BOREA SIGNA

	longitudinis partes	scrupula	latitudinis partes	scrupula	magn.	
In sinistra manu et capite Medusae lucēs	23	0	23	0	2	
Eiusdē capitis sequens	22	30	21	0	4	
Quae praeit in eodem capite	21	0	21	0	4	
praecedens etiā hanc	20	10	22	15	4	
In dextro genu	38	10	28	15	4	
praecedēs hanc in genu	37	10	28	10	4	
In ventre duarū p̄cedens	35	40	25	10	4	
Sequens	37	20	26	15	4	
In dextro coxendice	37	30	24	30	5	
In dextra sura	39	40	28	45	5	
In sinistra coxa	30	10	21	40	4	Ma
In sinistro genu	32	0	19	50	3	
In sinistro crure	31	40	14	45	3	Ma
In sinistro calcaneo	24	30	12	0	3	mi
In summo pedis sinistra parte	29	40	11	0	3	Ma

Stellae 26 quarū mag. ~~prima~~ secdae 2 tertiae 5 quartae 16 quintae 2 nebulosa 1

Circa persea informes

	longitudinis partes	scrupula	latitudinis partes	scrupula	magn.
Quae ad ortum a sinistro genu	34	10	31	0	5
In boream a dextro genu	38	20	31	0	5
Antecedens a capite Medusae	18	0	20	40	obscura

Stellarū trium mag. quintae 2 obscura una

Hemiochi siue aurige

	partes		scrupula	latitudinis partes	scrupula	magn.	
Duarū in capite australior	55	~~25~~	50	30	0	4	
Quae magis in boreā	55	~~25~~	40	30	50	4	
In sinistro humero fulgēs quae vocat capellā	78	~~18~~	20	22	30	1	
In dextro humero	56	~~26~~	10	20	0	2	
In dextro cubito	54	~~24~~	30	15	15	4	
In dextra vola	56	~~26~~	10	13	30	4	Ma
In sinistro cubito	45	~~15~~	20	20	40	4	Ma
b+ In sinistra vola q̄ haedorū sequēs	b 46	~~16~~	30	18	0	4	Mai
a+ ~~Seq~~ Antecedēs haedorum	a 45	~~15~~	30	18	0	4	min
In sinistra sura	53	~~23~~	10	10	10	3	min
In dextra sura et extremo cornu tauri boreo	49	~~19~~	0	5	0	3	Mai

BOREA Signa

	partes		scr					
In talo	49	19	20		8	30	5	
In clune	49	19	40		12	20	5	
In sinistro pede exigua	24	24	0		10	20	6	

Stellæ 14 quarū primæ mag 1 sedæ 1 tertiæ 2 quartæ 7 quītæ 2 sextæ 1

Ophiuchi siue serpentarij

In capite	228	18	10		36	0	3	
In dextro humero duarū pcedens	231	21	20		27	15	4	Maior
Sequens	232	22	20		26	45	4	
In sinistro humero duarū pcedes	216	6	40		33	0	4	
Quæ sequitur	218	8	0		31	50	4	
In ancone sinistro	211	1	40		34	30	4	
In sinistra manu duarū pcedēs	208	28	20		17	0	4	
Sequēs	209	29	20		12	30	3	
In dextro ancone	220	20	0		15	0	4	
In dextra manu pcedens	205	25	40		18	40	4	minor
Sequens	207	27	40		14	20	4	
In genu dextro	224	14	30		4	30	3	
In dextra tibia	227	17	0	bor	2	15	3	Maior
In pede dextro ex quatuor pcedens	226	16	20	Aust	2	15	4	Maior
Sequens	227	17	40	Aust	1	30	4	Maior
Tertia sequens	228	18	20	aust	0	20	4	Maior
Reliqua sequens	229	19	10	aust	0	45	5	Maior
Quæ calcaneū cōtingit	229	19	30	aust	1	0	5	
In sinistro genu	215	5	30	bor	11	50	3	
In crure sinistro ad rectā lineā borea triū	215	5	0	bor	5	20	5	Maior
Media earum	214	4	0	bor	3	10	5	
Australior trium	213	3	10	bor	1	40	5	Maior
In sinistro calcaneo	215	5	40	bor	0	40	5	
Domēsticā sinistri pedis attingens	214	4	0	Aust	0	45	4	

Stelle 24 quarū mag tertiæ 5 quarte 13 quintæ 6

Circa Ophiuchum informes

Ab ortu ī dextrū humerū maxīe borea triū	235	25	20		28	10	4
Media trium	236	26	0		26	20	4

BOREA SIGNA

Australis trium	233	23	40		25	0	4	
Adhuc sequēs tres	237	27	0		27	0	4	
Separata a quatuor ī septētriones	238	28	0		33	0	4	
Informium ergo 5 magnitudinis quartæ omnes								
Serpentis ophiuchi								
In quadrilatero q̄ in gena	192	12	10		38	0	4	
Quæ nares attingit	201	21	0		40	0	4	
In tempore	197	17	40		35	0	3	
In eductione colli	195	15	20		34	15	3	
Media quadrilaterj et ī ore	194	14	40		37	15	4	
A capite in septemtriones	201	21	30		42	30	4	
In prima colli cōversione	195	15	0		29	15	3	
Sequentiū triū borea	198	18	10		26	30	4	
Media earum	197	17	40		25	20	3	
Australior trium	199	19	40		24	0	3	
Duarum pcedens in sinistra serpētarij	202	22	0		16	30	4	
Quæ sequitur hāc ī eadē manu	211	1	30		16	15	5	
Quæ post coxā dextram	227	17	0		10	30	4	
Sequentiū duarum austrina	230	20	20		8	30	4	Ma
Quæ borea	231	21	10		10	30	4	
Post dextrā manū in inflexione caudæ	237	27	0		20	0	4	
Sequens in cauda	242	2	0		21	10	4	Ma
In extrema cauda	241	11	40		27	0	4	
Stellæ 18 quarum mag tertiæ 5 quartæ 12 quintæ una								
Sagittæ								
In cuspide	273	3	30		39	20	4	
In harundine triū sequēs	270	0	0		39	10	6	
Media ipsarum	269	29	10		39	40	5	
Antecedens trium	268	28	0		39	0	5	
In glyphide	266	26	40		38	45	5	
Stellæ quinque quarū mag quartæ 1 quītæ 3 sextæ 1								
Aquilæ								
In medio capite	270	0	30		26	50	4	

BOREA SIGNA

In collo	268	28	10	27	10	3	
In scapulis lucidā quā vocāt aglam	267	27	10	29	10	2	Maior
proxima huic magis in boreā	268	28	0	30	0	3	minor
In sinistro humero p̄cedens	266	26	30	31	30	3	
Quæ sequitur	269	29	20	31	30	5	
In dextro humero antecedens	263	23	0	28	40	5	
Quæ sequitur	264	24	30	26	40	5	Maior
In cauda lacteū circulū attingēs	255	15	30	26	30	3	
Stelle noue quarum mag secdæ 1 tertiæ 4 quartæ 1 qntæ 3							
Circa aquilam informes							
A capite in austrum præcedens	272	2	0	21	40	3	
Quæ sequitur	272	2	10	29	10	3	
Ab humero dextro versus africū	259	19	20	25	0	4	Maior
Ad austrum	261	21	30	20	0	3	
Magis ad austrum	263	23	0	15	30	5	
Quæ præcedit omnes	254	14	30	18	10	3	
Informiū 6 quarum mag tertiæ 4 quartæ 1 et qntæ vna							

Delphini

In cauda triū præcedens	281	11	0	29	10	3	minor
Reliquarū duarum magis borea	282	12	0	29	0	4	minor
Australior	282	12	0	26	40	4	
In romboide p̄cedentis lateris australior	281	11	50	32	0	3	minor
Eiusdē lateris borea	283	13	30	33	50	3	minor
Sequentis lateris austrina	284	14	40	32	0	3	minor
Eiusdē lateris borea	286	16	50	33	10	3	minor
Inter caudā et rombū triū australior	280	10	50	34	15	6	
Cæterarum duarum ī boreā p̄cedens	280	10	50	31	50	6	
Quæ sequitur	282	12	20	31	30	6	
Stellæ 10 utpnta mag tertiæ 5 quartæ 2 sextæ 3							

Equi sectionis

In capite duarū præcedens	289	19	40	20	30	obscura
Sequens	292	21	20	20	40	obscura
In ore duarum præcedens	289	19	40	25	30	obscura

BOREA SIGNA

	Longitud			Latitu		mag	
Quae sequitur	291	21	0		25	0	obscur.
Stellae quatuor obscurae omnes							
Equi alati seu pegasi							
In rictu	298	40		21	26	30	3 Mai
In capite duarum propinquarum borea	302	40			15	50	3
Quae magis in austrum	301	20		16	34	0	4
In iuba duarum australior	314	40			15	0	2 5
Quae magis in borea	313	50			16	0	4 5
In cervice duarum praecedens	312	10		18	25	0	4 3
Sequens	313	50		19	18	0	4
In sinistra suffragine	305	40		36	24	30	4 Mai
In sinistro genu	311	0		34	29	15	4 Mai
In dextra suffragine	317	0		41	29	10	4 Mai
In pectore duarum propinquarum praecedens	319	30		29	18	0	4
Sequens	320	20			29	30	4
In dextro genu duarum borea	322	20			35	0	3
In austrum magis	321	50			24	30	5
In corpore duarum sub ala quae borea	327	50			25	40	4
Quae australior	328	20			25	0	4
In scapulis et armo alae	350	0			19	40	2 min
In dextro humero et cruris eductione	325	30			31	0	2 min
In extrema ala	335	30			12	30	2 min
In umbilico quae et capiti Andromedae communis	341	10			26	0	2 min
Stellae 20 nempe mag secundae 4 tertiae 4 quartae 9 quintae 3							
Andromedae							
Quae in scapulis	348	40			24	30	3
In dextro humero	349	40			27	0	4
In sinistro humero	347	40			23	0	4
In dextro brachio trium australior	347	0			32	0	4
Quae magis in borea	348	0			33	30	4
Media trium	348	20			32	20	5
In summa manu dextra trium australior	343	0			41	0	4
Media earum	344	0			42	0	4

BOREA SIGNA

	Longitudo		Latit			mag	
borea trium	345	30		44	0	4	
In sinistro brachio	347	30		17	30	4	
In sinistro cubito	349	0		15	40	3	
In cingulo triū australis	357	10	25	26	20	3	
Media	355	10		30	0	3	
Septemtrionalis triū	355	20		32	30	3	
In pede sinistro	10	10		23	0	3	
In dextro pede	10	30		37	20	4	Maior
Australior ab his	8	30		35	20	4	Maior
Sub poplite duarū borea	5	40		29	0	4	
Austrina	5	20		28	0	4	
In dextro genu	5	30		35	30	5	
In syrmate siue tractu duarū borea	6	0		34	30	5	
Austrina	7	30		32	30	5	
A dextra manu excedēs et īformis	5	0		44	0	3	

Stellæ 23 earū mag tertiæ 7 quartæ 13 quintæ 4

Trianguli

In apice trianguli	4	20		16	30	3
In basi pcedens triū	9	20		20	40	3
Media	9	30		20	20	4
Sequens trium	10	10		19	0	3

Stellæ 4 earū mag tertiæ 3 quartæ vna

Igitur in ipsa septemtrionali plaga stellæ omnes 360 Magnitudīs primæ 3 secūdæ 18 tertiæ 81 quartæ 177 quīntæ 58 sextæ 13 nebulosa i obscuræ nouem

eorū QVAE MEDIA ET CIRCA SIGNIFERVM SVNT CIRCVLVM

ARIETIS

In cornu duarū pcedēs et prima oīm	0	0	bor	7	20	3	minor
Sequens in cornu	1	0	bor	8	20	3	
In rictu duarū borea	4	20	bor	7	40	5	

MEDIA QVAE CIRCA SIGNIFERU	Longi partes		Latitudis	partes		Magnitu	
Quæ magis in austrũ	4	50	bor	6	0	5	
In ceruice	9	50	bor	5	30	5	
In renibus	10	50	bor	6	0	6	
Quæ in eductione caudæ	14	40	bor	4	50	5	
In cauda triũ pcedens	17	10	bor	1	40	4	
Media	18	40	bor	2	30	4	
Sequens trium	20	20	bor	1	50	4	
In coxendice	13	0	bor	1	10	5	
In poplite	11	20	Aust	1	30	5	
In extremo pede posteriore	8	30	Aust	5	15	4	Mai
Stellæ 13 quarum mag tertiæ 2 quartæ 4 quintæ 6 sextæ vna							
Circa arietẽ informes							
Lucida supra caput	3	50	bor	10	0	3	maio
Supra dorsum maxĩe septẽtrionaria	15	0	bor	10	10	4	
Reliquarũ triũ paruarum borea	14	40	bor	12	40	5	
Media	13	0	bor	10	40	5	
Australis earum	12	30	bor	10	40	5	
Stellæ 5 quarum mag tertiæ 1 quartæ 1 quintæ 3							
Tauri							
In sectione ex quatuor maxĩe borea	19	40	Aust	6	0	4	
Altera post ipsam	19	20	aust	7	15	4	
Tertia	18	0	aust	8	30	4	
Quarta maxĩe austrina	17	50	aust	9	15	4	
In dextro armo	23	0	aust	9	30	5	
In pectore	27	0	aust	8	0	3	
In dextro genu	30	0	aust	12	40	4	
In suffragine dextra	26	20	aust	14	50	4	
In sinistro genu	35	30	aust	10	0	4	
In sinistra subfragine	36	20	aust	13	30	4	
hyades — In facie 5 q̃ succulæ vocãtur. q̃ i naribus	32	0	aust	5	45	3	min
Inter hãc et boreũ oculum	33	40	aust	4	15	3	min
Inter eandẽ et oculũ australem	34	10	aust	0	50	3	min
In ipso oculo lucens palilicium dicta //	36	0	aust	5	10	1	

// Romanis

MEDIA QVAE CIRCA Signiferum	lōgitudīs partes		Latitu	partes		Magni tu	
In oculo boreo	35	10	aust	3	0	3	minor
Quæ inter originē australis cornu et aurē	40	30	aust	4	0	4	
In eodē cornu duarum australior	43	40	aust	5	0	4	
Quæ magis in boream	43	20	aust	3	30	5	
In extremo eiusdem	50	30	aust	2	30	3	
In origine cornu septētrionalis	49	0	aust	4	0	4	Venus apogea 48.20
In extremo eiusdē quæque in dextro pede	49	0	bor	5	0	3	
In aure boreo duarum borea / Heinrichi	35	20	bor	4	30	5	
Australis earum	35	0	bor	4	0	5	
In ceruice duarum exiguarum p̄cedens	30	20	bor	0	40	5	
Quæ sequitur	32	20	bor	1	0	6	
In collo quadrilateri p̄cedentiū austrina	31	20	bor	5	0	5	
eiusdē lateris borea	32	10	bor	7	10	5	
Sequentis lateris australis	35	20	bor	3	0	5	
huius lateris borea	35	0	bor	5	0	5	
pleadū p̄cedentis lateris boreus terminus	25	30	bor	4	30	5	vergiliæ
Eiusdem lateris australis terminus	25	40	bor	4	40	5	
pleadū sequēs angustissimus terminus	27	0	bor	5	20	5	
Exigua pleadū et ab extremis secta	26	0	bor	3	0	5	

Stellarum 32 absque ea quæ in extremo cornu septemtrionali magnitudinis primæ est 1 tertiæ 6 quartæ 11 quintæ 13 sextæ una

Quæ circa taurū informes	18	20	aust	17	30	4
Inter pedē et armū deorsum	43	20	aust	2	0	5
~~Circa austrinū cornu p̄cedēs trium~~	~~38~~	~~20~~	aust	~~1~~	~~45~~	~~5~~
Media trium	47	20	aust	1	45	5
Sequēs triū	49	20	aust	2	0	5
Sub extremo eiusdē cornu duarum borea	52	20	aust	6	20	5
Austrina	52	20	aust	7	40	5
Sub boreo cornu quinque præcedens	50	20	bor	2	40	5
Altera sequens	52	20	bor	1	0	5
Tertia sequens	54	20	bor	1	20	5
Reliquarum duarum quæ borea	55	40	bor	3	20	5
Quæ australis	56	40	bor	1	15	5

QVAE CIRCA SIGNIFER[illegible]

Stellarū ii informiū mag quartæ i quintæ decem

Geminorū

In capite gemini præcedentis · Castoris	76	40	bor	9	30	2	
In capite gemī sequentis subflaua pollux	79	50	bor	6	15	2	
In sinistro cubito gemī præcedentis	70	0	bor	10	0	4	
In eodem brachio	72	0	bor	7	20	4	
In scapulis eiusdē gemini	75	20	bor	5	30	4	
In dextro humero eiusdē	77	20	bor	4	50	4	
In sinistro humero sequentis gemī	80	0	bor	2	40	4	
In dextro latere antecedentis gemī	75	0	bor	2	40	5	
In sinistro latere sequentis gemī	76	30	bor	3	0	5	
In sinistro genu precedentis gemī	65	30	bor	1	30	3	
In sinistro genu sequentis	71	35	aust	2	30	3	
In sinistro bubone eiusdem	75	0	aust	0	30	3	
In cauitate dextra eiusdem	74	40	aust	0	40	3	
In pede præcedentis gemī præcedens	60	0		1	30	4	Mai
In eodē pede sequens	61	30		1	15	4	
63 ~~40~~ 20 In extremo pede præcedentis gemī	63	30	aust	3	30	4	
In summo pede sequentis	64	20	aust	7	30	3	
In infimo eiusdem pedis	68	0	aust	10	30	4	

Stellæ 18 quarū mag scdæ 2 tertiæ 5 quartæ 9 quintæ 2

Circa geminos informes

Præcedēs ad summum pedē gemī præcedentis	57	30	Aust	0	40	4	
Quæ ante genu eiusdem lucet	59	50	bor	5	50	4	Mai
Antecedēs genu sinistrū sequētis gemī	68	30	aust	2	15	5	
Sequentiū dextrā manū ge· sequēn triū borea	81	40	aust	1	20	5	
Media	79	40	aust	3	20	5	
Australis triū q̄ circa brachiū dextrū	79	20	aust	4	30	5	
Lucidens sequens tres	84	0	aust	2	40	4	

Stellæ 7 informiū mag quartæ 3 quintæ 4

Cancri

In pectore nebulosi media q̄ præsepe uocatur	93	40	bor	0	40	nebulos

~~Martis apog 10~~

QVAE CIRCA SIGNIFERŪ							
Quadrilateri duarũ p̄cedentiũ borea	91	0	bor	1	15	4	minor
Austrina	91	20	aust	1	10	4	minor
Sequentiũ duarũ q̄ vocatur asini borea	93	40	bor	2	40	4	~~Maior~~
Australis asinus	94	40	aust	0	10	4	Maior
In chele seu brachio austrino	99	50	aust	5	30	4	
In brachio septemtrionali	91	40	bor	11	50	4	
In extremo pedis borei	86	0	bor	1	0	5	
In extremo pedis austrini	90	30	aust	7	30	4	Maior
Stellarũ novẽ mag quartae 7 quintae 1 nebulosa una							
Circa Cancerum informes							
Supra cubitũ australis cheles	~~130~~ 103	0	aust	2	40	4	minor
Sequẽs ab extremo eiusdẽ cheles	105	0	aust	5	40	4	minor
Supra nubeculã duarũ praecedens	97	20	bor	4	50	5	
Sequens hanc	100	20	bor	7	15	5	
Quatuor informiũ, mag quartae 2 quintae 2							
Leonis							
In naribus	101	40	bor	10	0	4	
In hiatu	104	30	bor	7	30	4	
In capite duarũ borea	107	40	bor	12	0	3	
Australis	107	30	bor	9	30	3	Maior
In cervice triũ borea	113	30	bor	11	0	3	Martis apog 109 50
Media	115	30	bor	8	30	2	
Australis triũ	114	0	bor	4	30	3	
d. In pectore quã basiliscũ sive regulũ vocãt	115	50		0	10	1 A	
In pectore duarũ austrina	116	50	Aust	1	50	4	
Antecedẽs parũ eã q̄ in corde	113	20	Aust	0	15	5	
In genu dextro priori	110	40	0	0	0	5	
In drace dextra	117	30	Aust	3	40	6	
In genu sinistro anteriori	122	30	aust	4	10	4	
In drace sinistra	115	50	aust	4	15	4	
In sinistra axilla	122	30	aust	0	10	4	
In ventre triũ antecedẽs	120	20	bor	4	0	6	
Sequentiũ duarũ borea	126	20	bor	5	20	6	

Quæ circa signiferum	Longitud partes		Latitu partes			Magnit	
Quæ australis	125	40	boz	2	20	6	
In lumbis duarꝝ q̄ præit	124	40	boz	12	15	5	
Quæ sequitur	127	30	boz	13	40	2	
In clune duarꝝ borea	127	40	boz	11	30	5	
Austrina	129	40	boz	9	40	3	
In posteriori coxa	133	40	boz	5	50	3	
In cavitate	135	0	~~aust~~	1	15	4	boz
In posteriori cubito	135	0	~~boz~~	0	50	4	aust
In pede posteriori	134	0	aust	3	0	5	
In extremo caudæ	137	50	boz	11	50	1	mi
Stellarꝝ 27 mag primæ 2 secdæ 2 tertiæ 6 quartæ 8 qntæ 5 sextæ.							
Circa Leonem informes							
Supra dorsum duarꝝ p̄cedens	119	20	boz	13	20	5	
Quæ sequitur	121	30	boz	15	30	5	
Sub ventre triũ borea	129	50	boz	1	10	4	mi
Media	130	30	aust	0	30	5	
Australis trium	132	20	aust	2	40	5	
Inter extrema leonis et vrsæ nebulosæ īuolutionis quã vocant.							
Beronices crines, q̄ maxīe ī borea	138	10	boz	30	0	lumino	
Australiũ duarꝝ p̄cedens	133	50	boz	25	0	obscur	
Quæ sequitur ī figura folij hæderæ	141	50	boz	25	30	obscur	
Informiũ 8 mag quartæ 1 quintæ 4 luminosa 1 obscuræ 2							
Virginis							
In sũmo capite duarꝝ p̄cedens austrina	139	40	boz	4	15	5	
Sequẽs septẽtrionalior	140	20	bor	5	40	5	
In vultu duarũ borea	144	0	boz	8	0	5	
Australis	143	30	boz	5	30	5	
In extremo alæ sinistræ et austrinæ	142	20	boz	6	0	3	
Earũ q̄ in sinistra ala 4 præcedens	151	35	boz	1	10	3	
Altera sequens	156	30	boz	2	50	3	
Tertia	160	30	boz	2	50	5	
Ultima quatuor sequẽs	164	20	boz	1	40	4	
In dextro latere sub cingulo	157	40	boz	8	30	3	

Quæ circa signiferum	Longi partes		Latitu partes			Magni	
In dextra et borea ala trium præcedens	151	30	bor	13	50	5	
Reliquarum duarum austrina	153	30	bor	11	40	6	Jovis apog 154 20
Spatium borea vocata Vindemiator	155	30	bor	15	10	3	maior
In sinistra manu quæ spica vocatur	170	0	Aust	2	0	1	
Sub perizomate et in clune dextra	168	10	bor	8	40	3	
In sinistra coxa quadrilaterum præcedentium borea	169	40	bor	2	20	5	
Australis	170	20	bor	0	10	6	
Sequentium duarum borea	173	20	bor	1	30	4	
Austrina	171	20	bor	0	20	5	
In genu sinistro	175	0	bor	1	30	4	
In postremo coxæ dextræ	171	20	bor	8	30	5	
In syrmate quæ media	180	0	bor	7	30	4	
Quæ austrina	180	40	bor	2	40	4	
Quæ borea	181	40	bor	11	40	4	
In sinistro et austrino pede	183	20	bor	0	30	4	Mercurij apog 183 20
In dextro et boreo pede	186	0	bor	9	50	3	
Stellarum 26 mag. primæ 1 tertiæ 6 quartæ 6 quintæ 11 sextæ 2							
Circa virginem informes							
Sub brachio sinistro in directum trium præced	158	0	Aust	3	30	5	
Media	162	20	Aust	3	30	5	
Sequens	165	35	Aust	3	20	5	
Sub spica in recta linea trium præcedens	170	30	aust	7	20	6	
Media earum quæ et dupla	171	30	aust	8	20	5	
Sequens ex tribus	173	20	aust	7	50	6	
Informium 6 magnitudinis quintæ 4 sextæ 2							
Chelarum							
In extrema austrina chele duarum lucens	191	20	bor	0	40	2	Maior
Obscurior in boream	190	20	bor	2	30	5	
In extrema borea chele duarum lucens	195	30	bor	8	30	2	
Obscurior præcedens hanc	191	0	bor	8	30	5	
In medio cheles austrinæ	197	20	bor	1	40	4	
In eadem quæ præit	194	40	bor	1	15	4	

Quae circa signiferū formae stellarū	longit partes		Latitu partes			Ma gni
In media chele borea	200	50	bor	3	45	4
In eadem quae sequitur	206	20	bor	4	30	4

Stellae octo quarum magnitudis sextae 2 quartae 4 quintae duae

Circa chelas informes

In borea a chele borea triū praecedēs	199	30	bor	9	0	5
Sequētium duarum australis	207	0	bor	6	40	4
Borea ipsarum	207	40	bor	9	15	4
Inter chelas ex tribus quae sequitur	205	30	bor	5	30	6
Reliquarum duarum praecedentium borea	203	40	bor	2	0	4
Quae australis	204	30	bor	1	30	5
Sub austrina chele triū praecedens	196	20	aust	7	30	3
Reliquarum sequētium duarum borea	204	30	aust	8	10	4
Australis	205	20	aust	9	40	4

Informiū 9 magnitudis tertiae 1 quartae 5 quintae 2 sextae una

Scorpii

In fronte lucentiū triū borea	209	40	bor	1	20	3	Mai
Media	209	0	aust	1	40	3	
Australis trium	209	0	aust	5	0	3	
Quae magis ad austrū et in pede	209	20	aust	7	50	3	
Duarum coniunctarum fulgēs borea	210	20	bor	1	40	4	
Australis	210	40	bor	0	30	4	
In corpore triū lucidarum praecedens	214	0	aust	3	45	3	
Media rutilās Antares vocata	216	0	aust	4	0	2	Mai
Sequens trium	217	50	aust	5	30	3	
In ultimo acetabulo duarum praecedens	212	40	aust	6	10	5	
Sequens	213	50	aust	6	40	5	
In primo corporis spondylo	221	50	aust	11	0	3	
In scdo spondylo	222	10	aust	15	0	4	
In tertio duplicis borea	223	20	aust	18	40	4	
Austrina duplicis	223	30	aust	18	0	3	
In quarto spondylo	226	30	aust	19	30	3	
In quinto	231	30	aust	18	50	3	

Saturni apogeon 226 30

Formæ stellarũ	Longitudinis partes		Latitudinis	partes		Magnitudo	
In sexto spondylo	233	50	aust	16	40	3	
In septimo quæ proxĩa aculeo	232	20	aust	15	10	3	
In ipõ aculeo duarũ sequẽs	230	40	aust	13	20	3	
Antecedens	230	20	aust	13	30	4	
Stellæ 21 quarũ scdæ mag 1 tertiæ 13 quartæ 5 quintæ 2							
Circa scorpiũ informes							
Nebulosa seques aculeum	234	30	Aust	13	15	nebulosa	
Ab aculeo in borea duarũ præcedẽs	228	50	aust	6	10	5	
Quæ sequitur	232	50	aust	4	10	5	
Informiũ triũ. mag quintæ 2 nebulosa vna							
Sagittarij							
In cuspide sagittæ	237	50	aust	6	30	3	
In manubrio sinistræ manus	241	0	aust	6	30	3	
In australi parte arcus	241	20	aust	10	50	3	
In septẽtrionalis duarũ ~~præcedẽs~~ australior	242	20	Aust	1	30	3	
Magis in boreã ĩ extremitate arcus	240	0	bor	2	50	4	
In humero sinistro	248	40	aust	3	10	3	
Antecedẽs hanc in iaculo	246	20	aust	3	50	4	
In oculo nebulosa duplex	248	30	bor	0	45	nebulosa	
In capite triũ quæ anteit	249	0	bor	2	10	4	
Media	251	0	bor	1	30	4	maior
Sequens	252	30	bor	2	0	4	
In boreo cõtactu triũ australior	254	40	bor	2	50	4	
Media	255	40	bor	4	30	4	
Borea trium	256	10	bor	6	30	4	
Sequẽs tres obscura	259	0	bor	5	30	6	
In australi contactu duarũ borea	262	50	bor	5	30	5	
Australis	261	0	bor	2	0	6	
In humero dextro	255	40	aust	1	50	5	
In dextro cubito	258	10	aust	2	50	5	
In scapulis	253	20	aust	2	30	5	
In armo	251	0	aust	4	30	4	Maior
Subaxilla	249	40	aust	6	45	3	

Quæ circa signiferum

In subfragine sinistra priore	241	0	aust	23	0	2
In genu eiusdem cruris	240	20	aust	18	0	2
In priori dextra suffragine	240	0	aust	13	0	3
In sinistra scapula	260	40	aust	13	30	3
In anteriori dextro genu	260	0	aust	20	10	3
In eductione caudæ 4 borei lateris p̄cedens	261	10	aust	4	50	5
Sequēs eiusdem lateris	262	10	aust	4	50	5
Austrini lateris p̄cedens	261	50	aust	5	50	5
Sequens eiusdē lateris	263	0	aust	6	30	5

Stellæ 31 quarum mag secūdæ 2 tertiæ 9 quartæ 9 qntæ 8 sextæ 2 nebulosa vna

Capricorni

In præcedente cornu triū borea	270	40	bor	7	30	3
Media	271	0	bor	6	40	6
Australis trium	270	40	bor	5	0	3
In extremo sequentis cornu	272	20	bor	8	0	6
In rictu trium australis	272	20	bor	0	45	6
Reliquarum duarū præcedens	272	0	bor	1	45	6
Sequens	272	10	bor	1	30	6
Sub oculo dextro	270	30	bor	0	40	5
In ceruice duarū borea	275	0	bor	4	50	6
Australis	275	10	aust	0	50	5
In dextro genu	274	10	aust	6	30	4
In sinistro genu subfracto	275	0	aust	8	40	4
In sinistro humero	280	0	aust	7	40	4
Sub aluo duarum cōtiguarum p̄cedens	283	30	aust	6	50	4
Sequens	283	40	aust	6	0	5
In medio corpore triū sequēs	282	0	aust	4	15	5
Reliquarum præcedentiū australis	280	0	aust	4	0	5
Septemtrionalis earum	280	0	aust	2	50	5
In dorso duarum quæ anteit	280	0	aust	0	0	4
Sequens	284	20	aust	0	50	4
In australi spina antecedēs duarum	286	40	aust	4	45	4
Sequens	288	20	aust	4	30	4

Quæ circa signiferũ

In edinctione caudæ duarũ præcedẽs	288	40	aust	2	10	3
Sequens	289	40	aust	2	0	3
In borea parte caudæ quatuor p̃cedens	290	10	aust	2	20	4
Reliquarũ triũ australis	292	0	aust	5	0	5
Media	291	0	aust	2	50	5
Borea q̃ in extremo caudæ	292	0	bor	4	20	5

Stellæ 28 quarũ mag tertiæ 4 quartæ 9 quintæ 9 sextæ 6

Aquarij

In capite	293	40	bor	15	45	5
In humero dextro q̃ clarior	299	44	bor	11	0	3
Quæ obscurior	298	30	bor	9	40	5
In humero sinistro	290	0	bor	8	50	3
Sub axilla	290	40	bor	6	15	5
Sub sinistra manu ĩ veste sequẽs triũ	280	0	bor	5	30	3
Media	279	30	bor	8	0	4
Antecedẽs triũ	278	0	bor	8	30	3
In cubito dextro	302	50	bor	8	45	3
In dextra manu quæ borea	303	0	bor	10	45	3
Reliquarũ duarũ australiũ p̃cedens	305	20	bor	9	0	3
Quæ sequitur	306	40	bor	8	30	3
In dextra coxa duarũ p̃pinquarũ p̃cedens	299	30	bor	3	0	4
Sequens	300	20	bor	2	10	5
In dextro clune	302	0	aust	0	50	4
In sinistro clune duarũ australis	295	0	aust	1	40	4
Septemtrionalior	295	30	bor	4	0	6
In dextra tibia australis	305	0	aust	7	30	3
Borea	304	40	aust	5	0	4
In sinistra coxa	301	0	aust	5	40	5
In sinistra tibia duarũ australis	300	40	aust	10	0	5
Septemtrionalis sub genu	302	10	aust	9	0	5
In profusione aq̃ a manu prima	303	20	bor	2	0	4
Sequens australior	308	10	bor	0	10	4

Quæ circa signiferū

Quæ sequitur in primo flexu aquæ	311	0	aust	1	10	4	
Sequens hanc	313	20	aust	0	30	4	
In altero flexu australi	313	50	aust	1	40	4	
Sequentiū duarum borea	312	30	aust	3	30	4	
Australis	312	50	aust	4	10	4	
In austrū auulsa	314	40	aust	8	15	5	
Post hanc duarū coniunctarū p̄cedens	316	0	aust	11	0	5	
Sequens	316	30	aust	10	50	5	
In tertio aq̄ flexu borea triū	315	0	aust	14	0	5	
Media	316	0	aust	14	45	5	
Sequens triū	316	30	aust	15	40	5	
Sequentiū exēplo simili triū borea	310	20	aust	14	10	4	
Media	310	50	aust	15	0	4	
Australis trium	311	40	aust	15	45	4	
In ultima inflectione triū p̄cedens	305	10	aust	14	50	4	
Sequentiū duarū australis	306	0	aust	15	20	4	
Borea	306	30	aust	14	0	4	
Vltima aq̄ et in ore piscis austrini	300	20	aust	23	0	1	
Stellarū 42 mag primæ 1 tertiæ 9 quartæ 18 q̄tæ 13 sextæ 1							
Circa aquarium informes							
Sequentiū flexū aq̄ triū præcedens	320	0	aust	15	30	4	
Reliquarū duarū borea	323	0	aust	14	20	4	
Australis earum	322	20	aust	18	15	4	
Stellæ tres magnitudine quarta maiores							

Piscium

In ore piscis antecedentis	315	0	boz	9	15	4	
In occipite duarū australis	317	30	boz	7	30	4	Ma
Borea	321	30	boz	9	30	4	
In dorso duarū q̄ p̄reit	319	20	boz	9	20	4	
Quæ sequitur	324	0	boz	7	30	4	
In aluo præcedens	319	20	boz	4	30	4	
Sequens	323	0	boz	2	30	4	

Quæ circa signiferum

In cauda eiusdē piscis	329	20	bor	6	20	4
In lino eius prima a cauda	334	20	bor	5	45	6
Quæ sequitur	336	20	bor	2	45	6
post has triū lucidarū præcedens	340	30	bor	2	15	4
Media	343	50	bor	1	10	4
Sequens	346	20	aust	1	20	4
In flexura duarū exiguarū borea	345	40	aust	2	0	6
Australis	346	20	aust	5	0	6
post inflexionē triū præcedens	350	20	aust	2	20	4
Media	352	0	aust	4	40	4
Sequens	354	0	aust	7	45	4
In nexu amborū linorum	356	0	aust	8	30	3
In boreo lino a cōnexu præcedēs	354	0	aust	4	20	4
post hāc triū propinquarū australis	353	30	bor	1	30	5
Media	353	40	bor	5	20	3
Borea triū et ultima ī lino	353	50	bor	9	0	4
Piscis sequētis in ore duarū borea	355	20	bor	21	45	5
Australis	355	0	bor	21	30	5
In capite triū parvarū quæ sequitur	352	0	bor	20	0	6
Media	351	0	bor	19	40	6
Quæ præit ex tribus	350	20	bor	23	0	6
In australi spina triū præcedens prope cubitū	349	0	bor	14	20	4
Media andromades sinistræ	349	40	bor	13	0	4
Sequens triū	351	0	bor	12	0	4
In alvo duarū quæ borea	355	30	bor	17	0	4
Quæ magis in austrū	352	40	bor	15	20	4
In spina sequente prope caudā	353	20	bor	11	45	4

Stellarū 34 ~~quarū~~ mag tertiæ 2 quartæ 22 quintæ 3 sextæ 7

Omnes ergo quæ ī signifero sunt: stellæ 346. Nempe magnitudis primæ 5 secūdæ 9 tertiæ 54 quartæ 133 quintæ 105 sextæ viginti septem nebulosæ 3. Et coma quā supius Beronices crines diximus appellari a Conone mathematico extra numerum.

Quæ circa pisces informes

In quadrilatero sub pisce præcedente borei lateris q pit 324 · 30 aust 2 · 40
Quæ sequitur 325 · 35 aust 2 · 30 Australis lateris antecedens 324 · 0 aust 5 · 6
Sequens 325 · 40 aust 5 · 30 Informes 4 magnitudis quartæ

EORVM QVAE AVSTRALIS SVNT PLAGAE

Ceti

Jn extremitate naris	11	0		7	45	4
Jn mandibula sequẽs triũ	11	0		11	20	3
Media in ore medio	6	0		11	30	3
praecedens triũ in gena	3	50		14	0	3
Jn oculo	4	0		8	10	4
Jn capillamẽto borea	5	30		6	20	4
Jn iuba praecedens	1	0		4	10	4
Jn pectore 4 p̃cedentium borea	355	20		24	30	4
Australis	356	40		28	0	4
Sequentiũ borea	0	0		25	10	4
Australis	0	20		27	30	3
Jn corpore triũ quae media	345	20		25	20	3
Australis	346	20		30	30	4
Borea triũ	348	20		20	0	3
Ad caudã duarũ sequẽs	343	0		15	20	3
praecedens	338	20		15	40	3
Jn cauda quadrilateris sequentiũ borea	335	0		11	40	5
Australis	334	0		13	40	5
Antecedentiũ reliquarũ borea	332	40		13	0	5
Australis	332	20		14	0	5
Jn extremitate septẽtrionali caudae	327	40		9	30	3
Jn extremitate australi caudae	329	0		20	20	3

Stellae 22 quarũ mag tertiae 10 quartae 8 quintae 4

Orionis

Jn capite nebulosa	50	20		16	30	nebulos.	
Jn humero dextro lucida rubescẽs	55	20		17	0	1	
Jn humero sinistro	43	40		17	30	2	Mai
Quae sequitur hanc	48	20		18	0	4	min
Jn dextro cubito	57	40		14	30	4	
Jn ulna dextra	59	40		11	50	6	
Jn manu dextra 4 australiũ sequẽs	59	50		10	40	4	
praecedens	59	20		9	45	4	

Australia signa

Borei lateris sequens	60	40	8	15	6
præcedens eiusdē Lateris	59	0	8	15	6
In cotorobo duarū præcedens	55	0	3	45	5
Sequens	57	40	3	15	5
In dorso 4 ad lineā rectā quæ sequitur	50	50	19	40	4
Secto præcedens	49	40	20	0	6
Tertio præcedens	48	40	20	20	6
Quarto loco præcedēs	47	30	20	30	5
In clypeo maxīe borea ex nouē	43	50	8	0	4
Secunda	42	40	8	10	4
Tertia	41	20	10	15	4
Quarta	39	40	12	50	4
Quinta	38	30	14	15	4
Sexta	37	50	15	50	3
Septima	38	10	17	10	3
Octaua	38	40	20	20	3
Reliqua ex his maxīe australis	39	40	21	30	3
In balteo fulgentiū triū præcedēs	48	40	24	10	2
Media	50	40	24	50	2
Sequēs triū ad rectā lineā	52	40	25	30	2
In manubrio ensis	47	10	25	50	3
In ense triū borea	50	10	28	40	4
Media	50	0	29	30	3
Australis	50	20	29	50	3 minor
In extremo ensis duarū sequens	51	0	30	30	4
præcedens	49	30	30	50	4
In sinistro pede clara et fluuio communis	42	30	31	30	1
In tibia ~~dextra~~ sinistra	44	20	30	15	4 maior
In ~~sura dextra~~ sinistro calcaneo	46	40	31	10	4
In ~~extremo~~ dextro pede genu	53	30	33	30	3

Stellarū 38 mag primæ 2 secūdæ 4 tertiæ 8 quartæ 15 quintæ 3 sextæ 5 et nebulosa una

Eluuij

Australia signa							
Quæ a sinistro pede Orionis ī pricipio fluvij	41	40			31	50	4
In flexura ad crus Orionis maxīe borea	42	10			28	15	4
post hanc duarū sequēs	41	20			29	50	4
Quæ præit	38	0			28	15	4
Deinde duarꝝ q̄ sequitur	36	30			25	15	4
Quæ præcedit	33	30			25	20	4
Post hæc sequens triū	29	40			26	0	4
Media	29	0			27	0	4
Antecedens triū	26	18			27	50	4
Post intervallū sequēs ex quatuor	20	20			32	50	3
Quæ præit hanc	18	0			31	0	4
Tertio pręcedens	17	30			28	50	3
Antecedens omnes quatuor	15	30			28	0	3
Rursus simili modo q̄ seqt̄ur ex quatuor	10	30			25	30	3
Antecedens hanc	8	10			23	50	4
præcedens hanc etiā	5	30			23	10	3
Quæ antecedit has quatuor	3	50			23	15	4
Quæ ī cōversione fluvij pectus ceti cōtingit	358		30		32	10	4
Quæ sequitur hanc	359	10			34	50	4
Sequentiū triū præcedēs	2	10			38	30	4
Media	7	10			38	10	4
Sequens trium	10	50			39	0	5
In quadrilatero p̄cedentiū duarꝝ borea	14	40			41	30	4
Austrina	14	50			42	30	4
Sequentis lateris antecedens	15	30			43	20	4
Sequens earum quatuor	18	0			43	20	4
Versus ortū continuatarꝝ duarꝝ borea	27	30			50	20	4
Magis in austrū	28	20			51	45	4
In reflexione duarꝝ sequens	21	30			53	50	4
præcedens	19	10			53	10	4
In reliqua distantia triū sequens	11	10			53	0	4
Media	8	10			53	30	4
præcedens trium	5	10			52	0	4

Australia signa

In extremo fluminis fulgens	353	30	53	30	1

Stellæ 34 mag. prima 1 tertia 5 quarta 27 quinta una

Leporis

In auribus quadrilateri præcedentium borea	43	0	35	0	5	
Australis	43	10	36	30	5	
Sequentis lateris borea	44	40	35	30	5	
Australis	44	40	36	40	5	
In mento	42	30	39	40	4	Maior
In extremo pedis sinistri priori	39	30	45	15	4	Maior
In medio corpore	48	50	41	30	3	
Sub aluo	48	10	44	20	3	
In posterioribus pedibus duarum borea	54	20	44	0	4	
Quæ magis in austrum	52	20	45	50	4	
In lumbo	53	20	38	20	4	
In extrema cauda	56	0	38	10	4	

Stellæ 12 mag. tertia 2 quarta 6 quinta 4

Canis

In ore splendidissima uocata canis	71	0	39	10	1	Maxima
In auribus	73	0	35	0	4	
In capite	74	40	36	30	5	
In collo duarum borea	76	40	37	45	4	
Australis	78	40	40	0	4	
In pectore	73	50	42	30	5	
In genu dextro duarum borea	69	30	41	15	5	
Australis	69	20	42	30	5	
In extremo priori pede	64	20	41	20	3	
In genu sinistro duarum præcedens	68	0	46	30	5	
Sequens	69	30	45	50	5	
In humero sinistro duarum sequens	78	0	46	0	4	
Quæ præit	75	0	47	0	5	
In coxa sinistra	80	0	48	45	3	minor
Sub aluo inter femora	77	0	51	30	3	

Australia signa

In cauitate pedis dextri	76	20		55	10	4
In extremo ipuis pedis	77	0		55	40	3
In extrema cauda	85	30		50	30	3 mim
Stellæ 18 mag. prima 1 tertia 5 quarta 5 quinta 7						
Circa canẽ informes						
A septemtrione ad verticem canis	72	50		25	15	4
Sub posterioribus pedib⁹ ad rectã lineã aust	63	20		60	30	4
Quæ magis in boreã	64	40		58	45	4
Quæ etiã hac septẽtrionalior	66	20		57	0	4
Residua ipaꝝ quatuor maxĩe borea	67	30		56	0	4
Ad occasũ quasi ad rectã lineã triũ p̃cedens	50	20		55	30	4
Media	53	40		57	40	4
Sequẽs triũ	55	40		59	30	4
Sub his duaꝝ lucidaꝝ p̃cedens	52	20		59	40	2
Antecedens	49	20		57	40	2
Reliqua australior supradictis	45	30		59	30	4
Stellæ 11 mag. secũda 2 quarta 9						

Caniculæ seu procyonis

In ceruice	78	20		14	0	4
In femore fulgens ipa προκυον seu canicula	82	30		16	10	1
Duaꝝ mag prima 1 quarta 1						

Argus siue nauis

In extrema naue duaꝝ p̃cedens	93	40		42	40	5
Sequens	97	40		43	20	3
In pupi duarũ quæ borea	92	10		46	0	4
Quæ magis in austrũ	92	10		46	0	4
Præcedens duas	88	40		45	30	4
In medio scuto fulgens	89	40		47	15	4
Sub scuto p̃cedens triũ	88	40		49	45	4
Sequens	92	40		49	50	4
Media trium	91	50		49	15	4
In extremo gubernaculo	97	20		49	50	4
In carina pupis duaꝝ borea	87	20		53	0	4

Australia signa

Australis	87	20	58	30	3	
In soleo pupis borea	93	30	55	30	5	
In eodẽ soleo triũ præcedẽs	95	30	58	30	5	
Media	98	40	57	15	4	
Sequens	99	50	57	45	4	
Lucida sequẽs in transtro	104	30	58	20	2	
Sub hac duarũ obscurarũ pcedens	101	30	60	0	5	
Sequens	104	20	59	20	5	
Supra dictã fulgẽtem duarũ pcedens	106	30	56	40	5	
Sequens	107	40	57	0	5	
In scutulis et statione mali borea triũ	119	0	51	30	4	Maior
Media	119	30	55	30	4	Maior
Australis trium	117	20	57	10	4	
Sub his duarũ coniunctarũ borea	122	30	60	0	4	
Australior	122	20	61	15	4	
In medio mali duarũ australis	113	30	51	30	4	
Borea	112	40	49	0	4	
In sũmo veli duarũ antecedens	111	20	43	20	4	
Sequens	112	20	43	30	4	
Sub tertia q sequitur scutũ	98	30	54	30	2	minor
In sectione instrati	100	50	51	15	2	
Inter remos in carina	95	0	63	0	4	
Quæ sequitur hac obscura	102	20	64	30	6	
Lucida q sequitur hac in statione	113	20	63	50	2	
Ad austrũ magis infra carinã fulgẽs	121	50	69	40	2	
Sequentiũ hanc triũ antecedens	128	30	65	40	3	
Media	134	40	65	50	3	
Sequens	139	20	65	50	2	
Sequẽtiũ duarũ ad sectionẽ præcedẽs	144	20	62	50	3	
Sequens	151	20	62	15	3	
In temone boreo et anẽcedente q preit	57	20	65	50	4	Maior
Quæ sequitur	73	30	65	40	3	Maior
Quæ ĩ temone reliquo pcedit Canobus	70	30	75	0	1	

Australia signa

Reliqua sequens hanc	82	20		71	50	3 Mau
Stellæ 45 mag prima 1 seda 6 tertia 8 quarta 22 qnta 7 sexta vna						
Hydræ						
In capite 5 præcedentiũ duarũ ĩ naribus aust	97	20		15	0	4
Borea duarũ et in oculo	98	40		113	40	4
Sequentiũ duarũ borea et ĩ occipite	99	0		11	30	4
Australis earũ et in hiatu	98	50		14	45	4
Quæ sequitur has omnes in gena	100	50		12	15	4
In productione ceruicis duarũ præcedens	103	40		11	50	5
Quæ sequitur	106	40		13	30	4
In flexu colli triũ media	111	40		15	20	4
Sequens hanc	114	0		14	50	4
Quæ maxĩe australis	111	40		17	10	4
Ab austro duarũ contiguarũ obscura et bor	112	30		19	45	6
Lucida earũ sequẽs et australis	113	20		20	30	2
post flexum colli triũ antecedens	119	20		26	30	4
Sequens	124	30		23	15	4
Media earum	122	0		26	0	4
Quæ ĩ rectã lineã triũ præcedit	131	20		24	30	3
Media	133	20		23	0	4
Sequens	136	20		22	10	3
Sub basi crateris duarũ borea	144	50		25	45	4
Australis	145	40		30	10	4
post has in triquetro præcedens	155	30		31	20	4
Earũ australis	157	50		34	10	4
Sequens earũdem triũ	159	30		31	40	3
post eorũ proxima caudæ	173	20		13	30	4
In extrema cauda	186	50		17	30	4
Stella 25 · Mag seda 1 tertia 3 quarta 19 quinta 1 sexta 1						
Circa Hydram Informes						
In basi crateris q̃ et ydræ cõmunis	0	0		0	0	0
In medio cratere australis duarũ	0	0		0	0	0
Borea ipsarum	0	0		0	0	0

Australia signa

A capite ad austrum	96	0		23	15	3	
Sequens eas quae sunt in collo	124	20		26	0	3	
Informes 2 magnitudinis tertiae							
Crateris							
In basi crateris quae et hydrae communis	139	40		23	0	4	
In medio cratere australis duarum	146	0		19	30	4	
Borea ipsarum	143	30		18	0	4	
In australi circumferentia orificij	150	20		18	30	4	Maior
In boreo ambitu	142	40		13	40	4	
In australi ansa	152	30		16	30	4	minor
In ansa borea	145	0		11	50	4	
Stellae septem magnitudine quarta							
Corui							
In rostro et hydrae communis	158	40		21	30	3	
In ceruice	157	40		19	40	3	
In pectore	160	0		18	10	5	
In ala dextra et praecedente	160	50		14	50	3	
In ala sequente duarum antecedens	160	0		12	30	3	
Sequens	161	20		11	45	4	
In extremo pede communis hydrae	163	50		18	10	3	
Stellarum 7 mag tertiae 5 quartae 1 et quintae una							
Centauri							
In capite 4 maxime australis	183	50		21	20	5	
Quae magis in boream	183	20		13	50	5	
Mediantium duarum praecedens	182	30		20	30	5	
Sequens et reliqua ex quatuor	183	20		20	0	5	
In humero sinistro et praecedente	179	30		25	30	3	
In humero dextro	189	0		22	30	3	
In armo sinistro	182	30		17	30	4	
In scuto 4 ~~praed~~ praecedentium duarum borea	191	30		22	30	4	
Australis	192	30		23	45	4	
Reliquarum duarum quae in summitate scuti	195	20		18	15	4	
Quae magis in austrum	196	50		20	50	4	

Austrina signa

In latere dextro triũ præcedens	186	40	28	20	4
Media	187	20	29	20	4
Sequens	188	30	28	0	4
In brachio dextro	189	40	26	30	4
In dextro cubito	196	10	25	15	3
In extrema manu dextra	200	50	24	0	4
In eductione corporis humani lucens	191	20	33	30	3
Duarꝫ obscurarꝫ sequẽs	191	0	31	0	5
præcedens	189	50	30	20	5
In ductu dorsi	185	30	33	50	5
Antecedens hãc in dorso equi	182	20	37	30	5
In lumbis triũ sequens	179	10	40	0	3
Media	178	20	40	20	4
Antecedens triũ	176	0	41	0	5
In dextra coxa duarꝫ cõtiguarꝫ pcedẽs	176	0	46	10	2
Sequens	176	40	46	45	4
In pectore sub ala equi	191	40	40	45	4
Sub aluo duarꝫ præcedens	179	50	43	0	2
Sequens	181	0	43	45	3
In cauo pedis dextri	183	20	51	10	2
In sura eiusdem	188	40	51	40	2
In cauo pedis sinistri	188	40	55	10	4
Sub musculo eiusdem	184	30	55	40	4
In sũmo pede dextro priore	181	40	41	10	1
In genu sinistro	197	30	45	20	2
Deforis sub femore dextro	188	0	49	10	3

Stellæ 37 mag. prima 1 secũda 5 tertia 7 quarta 15 quinta 9.

Bestiæ quã tenet Centaurus

In sũmo pede posteriore ad manũ centauri	201	20	24	50	3
In cauo eiusdem pedis	199	10	20	10	3
In armo duarꝫ præcedens	204	20	21	15	4
Sequens	207	30	21	0	4
In medio corpore	206	20	25	10	4

Australia Signa

In alvo	203	30		27	0	5
In coxa	204	10		29	0	5
In ductu coxae duarum borea	208	0		28	30	5
Australis	207	0		30	0	5
In summo lumbo 8	208	40		33	10	5
In extrema cauda trium australis	195	20		31	20	5
Media	195	10		30	0	4
Septemtrionalis trium	196	20		29	20	4
In iugulo duarum australis	212	10		17	0	4
Borea	212	40		15	20	4
In rictu duarum praecedens	209	0		13	30	4
Sequens	210	0		12	50	4
In priori pede duarum australior	240	40		11	30	4
Quae magis in boream	239	50		10	0	4

Stellae 19 magnitudinis tertia 2 quarta 11 quinta 6

Laris seu thuribuli

In basi duarum borea	231	0		22	40	5
Australis	233	40		25	45	4
In media arula	229	30		26	30	4
In foculo trium borea	224	0		30	20	5
Reliquarum duarum contiguarum australis	228	30		34	10	4
Borea	228	20		33	20	4
In media flamma	224	10		34	10	4

Stellae 7 magnitudine quarta 5 quinta 2

Coronae austrinae

Quae ad ambitum australem foris procedit	242	30		21	30	4
Quae hanc sequitur in corona	245	0		21	0	5
Sequens hanc	246	30		20	20	5
Quae etiam hanc sequitur	248	10		20	0	4
Post hanc ante genu sagittarij	249	30		18	30	5
Maxime borea in genu lucens	250	40		17	10	4
Magis borea	250	10		16	0	4

Signorum et stellarum descriptio formae stellarum	Longitu			Latitudis		Magnitu
Adhuc magis in boreã	249	50	Aust	15	20	4
In ambitu boreo duarum sequẽs	248	30		15	50	6
praecedens	248	0		14	50	6
Ex intervallo pcedens has	245	10		14	40	5
Quae etiã hanc antecedit	243	0		15	50	5
Reliqua magis in austrũ	242	30		18	30	5
Stellae 13 mag. quarta 5 quinta 6 sexta 2						
Piscis austrini						
In ore atque eadẽ quae in extrema aqua	300	20		23	0	1
In capite trium pcedens	294	0		21	20	4
Media	298	30		22	15	4
Sequens	299	0		22	30	4
Quae ad branchiã	297	40		16	15	4
In spina australi atque dorso	288	30		19	30	5
In alvo duarum sequens	294	30		15	10	5
Antecedens	292	10		14	30	4
In spina septẽtrionali sequẽs triũ	288	30		15	15	4
Media	285	10		16	30	4
praecedens trium	284	20		18	10	4
In extrema cauda	289	29		22	15	4
Stellae praeter primã 11 quarum mag. quartae 9 quintae 2						
Circa piscem austrinũ informes						
praecedentiũ piscem lucidarum q̃ anteit	271	20		22	20	3
Media	274	30		22	10	3
Sequens triũ	277	20		21	0	3
Quae hanc pcedit obscura	275	20		20	50	5
Caeterarum ad septemtrionẽ australior	277	10		16	0	4
Quae magis in boreã	277	10		14	50	4

Stellae 6 quarũ magnitudinis tertiae 3 quartae 2 quintae una

In ipsa australi partae stellae 316 quarum pimae magnitudinis septẽ secdae 18 tertiae 60 quartae 167 quintae 54 sextae 9 nebulosa 1

Itaque omnes insimul stellae 1022 quarum primae magnitudinis 15 secdae 45 tertiae 208 quartae 474 qntae 216 sextae 50 obscuraeq 9

* nebulosae quinque *

*

Ca motus anomaliæ æquinoctiorum in annis et sexagenis annorum

Anni pa-riles	Motus						Anni	Motus				
1	0	0	6	17	29	NABON	31	0	3	15	2	17
2	0	0	12	34	59	ASSARIS	32	0	3	21	19	47
3	0	0	18	52	28	Locus	33	0	3	27	37	16
4	0	0	25	9	58	s g sc	34	0	3	33	44	46
5	0	0	31	27	28	~~4 47 27~~	35	0	3	40	12	16
6	0	0	37	24	58	4 48 22	36	0	3	46	29	45
7	0	0	44	2	28	Alexandrj	37	0	3	52	47	15
8	0	0	50	19	56	~~5 31 55~~	38	0	3	59	44	44
9	0	0	56	37	26	5 32 49	39	0	4	5	22	14
10	0	1	2	54	56	Cæsaris	40	0	4	11	39	44
11	0	1	9	12	25	0 1 58	41	0	4	17	57	13
12	0	1	15	29	55		42	0	4	24	14	43
13	0	1	21	47	24	Christi	43	0	4	30	32	12
14	0	1	28	4	54	~~0 5 49~~	44	0	4	36	49	42
15	0	1	34	22	24	0 6 41	45	0	4	43	7	12
16	0	1	40	39	53	0 6 15	46	0	4	49	24	41
17	0	1	46	57	23		47	0	4	55	42	11
18	0	1	53	14	52		48	0	5	1	59	40
19	0	1	59	32	22		49	0	5	8	17	10
20	0	2	5	49	52		50	0	5	14	34	40
21	0	2	12	7	21		51	0	5	20	52	9
22	0	2	18	24	51		52	0	5	27	9	39
23	0	2	24	42	20		53	0	5	33	27	8
24	0	2	30	59	50		54	0	5	39	44	38
25	0	2	37	17	20		55	0	5	46	2	8
26	0	2	43	34	49		56	0	5	52	19	37
27	0	2	49	52	19		57	0	5	58	37	7
28	0	2	56	9	48		58	0	6	4	54	36
29	0	3	2	27	18		59	0	6	11	12	6
30	0	3	8	44	48		60	0	6	17	29	36

Ca motus anomalie æqnoctiorũ ĩ diebus et sexagenis dierũ

Dies	Motus					Dies	Motus				
1	0	0	0	1	2	31	0	0	0	32	3
2	0	0	0	2	4	32	0	0	0	33	5
3	0	0	0	3	6	33	0	0	0	34	7
4	0	0	0	4	8	34	0	0	0	35	9
5	0	0	0	5	10	35	0	0	0	36	11
6	0	0	0	6	12	36	0	0	0	37	13
7	0	0	0	7	14	37	0	0	0	38	15
8	0	0	0	8	16	38	0	0	0	39	17
9	0	0	0	9	18	39	0	0	0	40	19
10	0	0	0	10	20	40	0	0	0	41	22
11	0	0	0	11	22	41	0	0	0	42	24
12	0	0	0	12	24	42	0	0	0	43	26
13	0	0	0	13	26	43	0	0	0	44	28
14	0	0	0	14	28	44	0	0	0	45	30
15	0	0	0	15	30	45	0	0	0	46	32
16	0	0	0	16	32	46	0	0	0	47	34
17	0	0	0	17	34	47	0	0	0	48	36
18	0	0	0	18	36	48	0	0	0	49	38
19	0	0	0	19	38	49	0	0	0	50	40
20	0	0	0	20	41	50	0	0	0	51	42
21	0	0	0	21	43	51	0	0	0	52	44
22	0	0	0	22	45	52	0	0	0	53	46
23	0	0	0	23	47	53	0	0	0	54	48
24	0	0	0	24	49	54	0	0	0	55	50
25	0	0	0	25	51	55	0	0	0	56	52
26	0	0	0	26	53	56	0	0	0	57	54
27	0	0	0	27	55	57	0	0	0	58	56
28	0	0	0	28	57	58	0	0	0	59	58
29	0	0	0	29	59	59	0	0	1	1	0
30	0	0	0	31	1	60	0	0	1	2	3

*) Semp memoria tenentes quod q fiut p motu terræ circuli et poli sunt similes et eodē modo in cælo appareat ut sepe dictu est, atqz d his hic agimus

De æquoctioru solstitioruqz anticipation Ca i

Stellarum fixaru facie depicta, ad ea quæ annuæ revolutionis sunt trāseundum nobis est: et eam ob causam de mutationē æquoctioru pp quā stellæ quoqz fixæ moveri creduntur, primo tractabimus *

Invenimus autē priscos mathematicos annū vertentē sive naturalē non distinxisse qui ab æquoctio vel solstitio | nō est distinxisse ab eo, qui ab aliquā stellaru fixaru | Hinc est quod annos olympiacos: quos ab exortu Caniculæ auspicabāt eosdem esse putaret: qui sunt ab solstitio, nondū cognita differentia alterius ab altero. Hipparchus aūt Rodius vir miræ sagacitatis primus aīadvertit hæc invicem distare qui dum anni magnitudinē attentius observaret, maiorē invenit eum ad stellas fixas compatum q ad æquoctia sive solsticia. Unde existimavit stellis quoqz fixis aliquē inesse motum in consequētia: sed lentulū adeo nec stati pceptibilē At iam tractu tpis factus est evidentissimus: quo longe iā aliū ortum et occasum stellaru signoru et stellaru cernimus ab antiquorum pscripto. Ac dodecatemoria signoru circuli a stellarum hærentiū signis magno satis intervallo a semivicem recesserunt: quæ primitus nominibus simul ac positione congruebant. Ipse tn pterea motus inæqualis repitur | causam reddere volentes diversas attulerut sententias. Alij libramentum esse quodā mūdi pendentis: quale et in planetis motu invenimus circa latitudines eoru, atqz hinc inde a certis limitibus quātum processerit, redditurum aliquādo censuert et esse expatiationē eius utrobiqz a medio suo nō maiorem viij gradibus. Sed hæc opinio iam antiquata residere nō potuit: eo maximē quod iā satis liquidum sit, ultra q ter octo gradibus dissidere caput Arietis stellati ab æquoctio verno et aliæ stellæ similiter, nullo interim tot sæculis regressionis vestigio pcepto. Alij progredi quidē stellaru fixaru sphæra opinati sunt sed passibus inæqualibus nullum tamē certū modum definierut. Accessit insup aliud naturæ miraculū Quod obliqtas signiferi non tanta nobis appareat: q ante

Margin: confiteatur sinuntur

Margin: recessisse eius diversitatis

~~que circulorum numerum ostendere ut hi eos ad sp... stellarum orbem perpetuo~~ =

ptolemaeum ut supra diximus. Quorum causa alij nonam sphaeram: alij decimam excogitaverunt: quibus illa sic fieri arbitrati sunt: nec tamen poterat praestare quod pollicebantur. Iam quoque undecima sphaera in lucem prodire coepat ~~quasi censet esse in tanto numero circulorum~~ ~~Quos~~ ut superfluum facile refutabimus in motu terrae =

Nam ut in primo libro iam partim est a nobis expositum binae revolutiones annuae, declinationis inquam et centri telluris non omnino pares existunt. Dum videlicet restitutio declinationis modico praeveniat centri periodum. Unde sequi necesse est: ut aequinoctia et conversiones videantur anticipare: non quod stellarum fixarum sphaera in consequentia feratur: sed magis circulus aequinoctialis in praecedentia obliquus existens plano signiferi iuxta modum deflectionis axis globi terrestris. F

F magis enim ad rem esset aequinoctialem circulum obliquum dici signifero: quam signiferum aequinoctiali: minoris ad maiorem comparatione. Multo enim maior est signifer solis ~~...~~ et terrae distantia descriptus ~~...~~ annuo circuitu quam aequinoctialis qui ~~...~~ cotidiano, ut dictum est, motu circa axem terrae designatur. F

Et per hunc modum aequinoctiales illae sectiones cum tota signiferi obliquitate successu temporis praevenire cernuntur stellae vero postponi. Huius autem motus mensura et ~~causa~~ ratio diversitatis ideo latuit priores: quod revolutio eius quanta sit adhuc ignoretur ob inexpectabilem eius tarditatem: utpote quae a tot saeculis quibus primum innotuit mortalibus, vix quintamdecimam partem circuli peregerit. Nihilominus tamen quantum in nobis est per ea quae ex historia observationum ad nostra usque memoriam de his accepimus, efficiemus certiora

Historia observationum comprobantium inaequalem aequinoctiorum conversionumque praecessionem Ca ij

Prima igitur lxxvi annorum secundum Calippum periodo: anno eius xxxvi qui erat ab excessu Alexandri magni annus xxx. Timochares Alexandrinus cui primo fixarum loca stellarum curae fuerunt, spicam quam tenet Virgo prodidit a solstitiali puncto elongatam partibus lxxxij et triente cum latitudine austrina duarum partium. Et eam quae in fronte Scorpij e tribus maxime borea: atque prima in ordine formationis ipsius signi habuisse ~~...~~ latitudine partes i et trientis. Longitudine vero xxxij partes ab autumni aequinoctio. Ac rursus eiusdem periodi anno xlviij spicam Virginis

longitudine lxxxvj s partium ab aestiva conversione reperit manente eadem latitudine. Hipparchus autem anno L tertiae
Calippi prodit Alexandri vero anno ciiic eam quae in Leonis
pectore regulus vocatur invenit ab aestiva conversione sequentem
partibus xxix s et triente unius partis. Deinde Menelaus
geometres Romanus Anno primo Traiani principis qui
fuit a nativitate Christi IC a morte Alexandri ccccxxij Spicam
Virginis lxxxvj partibus et quadrante partis ~~ab aequinoctio au-~~ à solstitio
~~tumni~~ distantem longitudine prodidit. Illam quoque vero
quae in fronte Scorpii partibus xxxvj minus uncia ~~unius~~ ab aequinoctio autumni
Hos secutus Ptolemaeus secundo ut dictum est anno Anto-
rte nini pii Regulum Leonis xxxij s partes a solstitio. ~~ab ae-~~
ndri ~~quinoctio vero autumni Spicam~~ [Spicam] partibus lxxxvj s ~~et~~ distantem vero ab aequinoctio autumni
Lxij in fronte Scorpii ~~partes~~ xxxvi cum triente longitudinis
partes obtinuisse cognovit. Latitudine nullatenus mutata
quemadmodum superius in expositione Canonica est ex-
pressum. Et haec sicuti ab illis prodita sunt ~~enar-~~
~~ravimus~~ recensuimus. Post multum vero temporis: nempe
anno Alexandrini occubitus Mccij Albategnius aratensis observatio successit: cui potissimum fidem licet
adhibere. quo anno Regulus sive basiliscus Leonis ad
xliiij gradus et v Scrup a solstitio: atque illa in fronte
Scorpii ad iiij L partes et L Scrup ab autumni aequinoctio
visa sunt pervenisse: in quibus omnibus latitudo cuiusque
sua semper mansit eadem: ut non amplius in hac parte
habeat aliquid dubitationis. Quapropter nos etiam Anno Christi
MDXXV primo post intercalarem secundum Romanos: qui ab Alexandri
~~Alexandri~~ morte aegyptiorum annorum est MDcccil observavimus saepe nominatam spicam in ~~Varmia~~ prussiae. et ~~ime~~ Frueburgo
videbatur maxima eius altitudo in circulo meridiano partium proxime xxvij Latitudinem vero ~~Varmiensis~~ loci invenimus esse partium liiij Scrupulorum primorum xix s. Quapropter
constabat eius declinatio ab aequinoctiali partium viij scrupulorum xl
Unde patefactus est locus eius ut sequitur. Descripsimus
enim meridianum circulum per polos utriusque signiferi et aequinoctialis: qui sit abcd in sectiones communes atque dimetientes in quibus
fuerint aec aequinoctialis et bed zodiaci cuius polus boreus
sit f axis feg Sitque b Capricorni d Cancri principium

assumatur autem bh circumferentia: quae sit aequalis austrinae
latitudini stellae duarum partium: et ab h signo ad bd parallelus agatur hl quae secet axem Zodiaci in i: aequinoctialem
in k. Capiatur etiam secundum declinationem stellae austrinam
circumferentia partium viij scrupulorum xl m a et a signo m agatur
m n parallelus ad ac quae secabit parallelum Zodiaci
hl secet ergo in o signo: et op recta linea ad angulos
rectos: aequalis erit semissi subtendentis duplam ~~am~~ ipsius
am declinationis. Atvero circuli quorum sunt dimetientes
fg: hl: et mn recti sunt ad planum abcd: et communes
eorum sectiones per xix undecimi Elementorum Euclides ad
angulos rectos eidem plano in o i signis: ipsae per Sextum
eiusdem sunt invicem paralleli. Et quoniam i ~~e~~ est centrum
cuius dimetiens est hl. Erit igitur ipsa oi aequalis dimidiae
subtendentis duplam circumferentiam in circulo dimetientis
hl eique similem qua stella distat a principio Librae secundum
longitudinem quam quaerimus. Invenitur autem hoc modo. Nam
anguli qui sub ~~o~~ kp et aeb sunt aequales, exterior interiori
et opposito et opk rectus. Quocirca eiusdem sunt rationis
op ad ok: dimidia subtensae dupli ab ad be: et dimidia subtensae dupli ah ad hik f. Sed ab partium est xxiij scrupulorum xxviij s
et eius semissis subtendentis duplam est partium 39832 quarum
be est 100000 et abh partium xxv scrupulorum xxviij s cuius semissis
subtensae dupli partium 43010 ac mn ~~a~~ est semissis subtendentis
duplum declinationis partium 15069 sequitur ex his tota hik
partium 107978 et ~~reliqua~~ ok partium ~~3783~~ et reliqua h ~~io~~ 37831
70147. Sed ~~hoc~~ dupla hoi subtendit segmentum circuli hgl
partium clxxvj erit ipsa hoi partium 99939 quarum be erant
100000: et reliqua igitur oi partium 29892 / quatenus
autem hoi est dimidia diametri: ~~erit oi partium~~ partium
100000 erit oi partium 29810: cui competit circumferentia partium xvij scrupulorum xxi proxime qua distabat Spica Virginis
a principio Librae: et hic erat ipsius stellae locus. Ante
decennium quoque ~~hoc~~ anno videlicet MDxv invenimus ipsam
scrupulorum 36 declinari partibus viij scrupulorum ~~xxxvj~~ xx et locum eius in partibus xvij
scrupulorum 14 ~~x~~ Librae. Hanc autem Ptolemaeus prodidit decli-
natam semisse duntaxat unius partis: fuisset ergo locus
eius in xxvj partibus xl scrupulorum Virginis quod verius
esse videtur praecedentium observationum comparatione. Hinc
satis liquidum esse videtur: quod toto fere tempore a Timochari

f comprehendunt enim triangulos similes ipsi opk f

ad ptolemeu in annis cccc xxxij permutata fuerit æquinoctia et conversiones precedendo in centenis plerumque annis per gradum unum, habita semper ratione temporis ad longitudinem transitus illorum: quae tota erat partium iiij cum triente unius. Nam et æstiva tropen ad basiliscum Leonis conferendo ab Hypparcho ad Ptolemæum in annis cclxvi transierunt gradus ij cum ~~decante~~ triubus tertijs: ut hic quoque comparatione temporis in centenis annis unum gradum anticipasse reperiatur. Porro quae in prima fronte Scorpi ipsius Albategni ad eam quae Menelai in medijs annis DCCLXXXij cum praeterierit grad. xi scrup. lv neutique unum gradum centum anni sed lxvj videbuntur attribuendi. A ptolemaeo autem in annis DCCXLij unum gradum annis lxv solummodo. Si denique reliquum annorum spacium DCXLV ad differentiam gradum ix scrup xi observationis nostræ conferatur obtinebit annos lxxi gradus unus. E quibus patet tardiorem fuisse precessionem æquinoctiorum ante Ptolemaeum in illis cccc annis quam a Ptolemaeo ad Albategnium: et hanc quoque velociorem ab Albategnio ad nostra tempora.

In motu quoque obliquitatis invenitur differentia. Quoniam Aristarchus Samius invenit ipsam Zodiaci et æquinoctialis obliquitatem partium xxiij scrup primorum lj secundorum xx eandem quam Ptolemeus. Albategnius partium xxiij scrup xxxvi. Arzachel hyspanus post illum annis cxc partium xxiij scrup xxxiiij: atque idem iterum post annos ccxxx Prophatius Judeus duobus fere scrupulis minorem: Nostris autem temporibus non invenitur maior partibus xxiij scr xxviij s ~~vel xxix fidem aliquas~~: ut hinc quoque manifestum sit ab ~~Hi~~ Aristarcho ad Ptolemaeum fuisse minimum motum maximum vero ab ipso Pto. ad Alba.

~~Quanta sit maxima minimaque declinatio distantia tropicorum~~

Hypotheses quibus æquinoctiorum obliquitatisque signiferi et æquinoctialis mutatio demonstretur Cap iij

Quod igitur æquinoctia et solstitia permutantur inæquali motu ex his videtur esse manifestum. Cuius causam nemo forsitan meliorem afferet ~~aliquis~~: quam axis terræ, et polorum circuli æquinoctialis deflexum quendam. Id enim ex hypothesi motus terræ sequi videtur: Cum manifestum sit circulum qui per medium signorum est immutabilem perpetuo manere (attestantibus id certis stellarum hærentium latitudinibus) æquinoctialem vero mutari. Quoniam si motus axis terræ simpliciter et exacte conveniret

cum motu centri, nulla penitus (ut diximus) appareret aequinoctiorum conversionumque ~~mutatio~~ praecessio. At cum inter
se differant: sed differentia inaequali, necesse fuit etiam solstitia et aequinoctia inaequali motu praecedere loca stellarum.
Eodem modo circa motum declinationis contingit: qui etiam
inaequaliter permutat obliquitatem signiferi: quae tamen obliquitas rectius aequinoctiali concederetur. Quam ob causam
binos omnino polorum motus reciprocos pendentibus similes
librationibus oportet intelligi. quoniam poli et circuli in sphaera
sibi invicem cohaerent et consentiunt. Alius igitur motus erit
qui inclinationem circulorum permutat, illorum circulorum, polis
ita delatis sursum deorsumque circa angulum sectionis. Alius
qui solstitiales aequinoctialesque praecessiones auget et minuit
hinc inde per transversum facta commotione. Hos autem
motus librationes vocamus: eo quod pendentium instar
per eandem viam sub binis limitibus, in medio concitatiores fiunt: circa
extrema tardissimi. Quales plerumque circa latitudines
planetarum contingunt (ut suo loco videbimus. Differunt etiam suis revolutionibus quod inaequalitas aequinoctiorum
bis restituitur sub una obliquitatis restitutione. Sicut
autem in omni motu inaequali apparente medium quoddam
oportet intelligi: per quod inaequalitatis ratio possit
accipi: ita sane et hic medios polos mediumque circulum
aequinoctialem: sectiones quoque aequinoctiales et puncta
conversionum media necesse erat cogitare: sub quibus
poli circulusque aequinoctialis terrestris hinc inde deflectentes, statis tamen limitibus motus illos aequales
faciat apparere diversos. Itaque binae illae librationes
concurrentes invicem efficiunt: ut poli terrae cum tempore
lineas quasdam describant corollae intortae similes.
At quoniam haec verbis ~~explica~~ sufficienter explicasse
facile non est: ac eo minus ut vereor auditu percipientur
nisi etiam conspiciantur oculis: Describamus igitur signorum in sphaera circulum abcd polus eius boreus
sit e principium Capricorni a Cancri c Arietis b Librae
d: et per a c signa atque e polum circulus aec: maxima
distantia polorum Zodiaci et aequinoctialis borealium sit ef
minima eg, ac perinde medio loco sit i polus: in quo describatur bhd circulus aequinoctialis qui medius vocetur

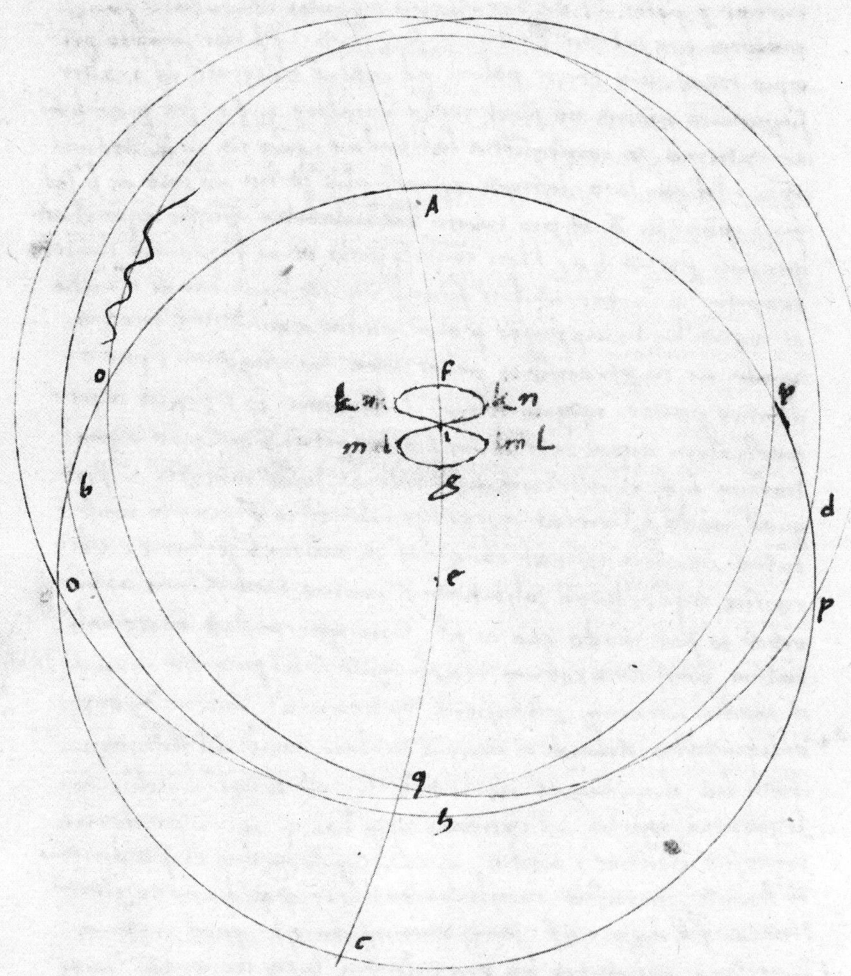

Et b d aequinoctia media: Quae omnia circa e polum aequali
semper motu in praecedentia ferantur id est contra signorum
ordinem sub fixarum stellarum sphaera lento ut dictum
est motu. Iam intelligantur bini motus polorum terrestrium
reciprocantes pendentibus similes: Unus inter f g limites
qui motus anomaliae, hoc est inaequalitatis, declinationis
vocabitur. Alter in transversum a praecedentibus [in consequentia et a] conse-
quentibus in antecedentia: quem aequinoctiorum vocabimus
anomaliam: duplo velociore priori. Hij ambo motus
in polis terrae congruentes mirabili modo deflectunt eos
Primum enim sub f constituto polo terrae boreo, descriptus in eo

circulus aequinoctialis per eadem b d sectiones transibit in quibus nempe per polos a f e c circuli: sed angulos obliquitatis faciet maiores pro ratione f i circumferentiae. Ab hoc sumpto principio transiturum terrae polum ad mediam obliquitatem in i, alter superveniens motus non sinit recta incedere per f i: sed per ambitum ac extremam in consequentia latitudinem, quae sit in k deducit ipsum. In quo loco descripti aequinoctialis sectio non erit in b sed post ipsam in o et pro tanto ~~retardabitur~~ [minuitur] praecessio aequinoctiorum quantum fuerit b o. Hinc conversus polus et in praecedentia tendens excipitur a concurrentibus simul utrisque motibus in i medio et aequinoctialis apparens per omnia unitur aequali sive medio. ~~deinde~~ ac eo pertransiens polus terrae transmigrat in praecedentes partes, ~~usque in alterum l limitem~~ et separat aequinoctialem apparentem a medio, augetque praecessionem aequinoctiorum usque in alterum l limitem. Inde revertens aufert quod modo adiecerat aequinoctiis: donec in g puncto constitutus minimam efficiat obliquitatem in eadem b sectione. Ubi rursus aequinoctiorum solstitiorumque motus tardissimus apparebit eo fere modo quo in f. Quo tempore constat inaequalitatem ~~praecessionis~~ eorum revolutionem suam peregisse: quando a medio utrimque pertransierit extremorum: motus vero obliquitatis ~~dimid~~ a maxima declinatione ad minimam dimidium duntaxat circuitum. Exinde pergens polus consequentia repetit ad extremum usque limitem in m ac demum reversus unitur in medio: rursumque vergens in praecedentia n limitem emensus concludit tandem quam diximus intortam lineam f k i l g m i n f. Itaque manifestum est: quod in una reversione obliquitatis bis praecedentium bisque sequentium limitem terrae polus attingit.

f aparentis o q p

Quomodo motus reciprocus sive librationis ex circularibus constet. Cap IIII

Quod igitur iste modus apparentiis consentiat commodo declarabimus. Interim vero quaeret aliquis: quonam modo ~~fieri~~ possit illarum librationum aequalitas intelligi cum a principio dictum sit motum caelestem aequalem esse vel ex aequalibus ac circularibus compositum. Hic autem = duo motus in uno apparent sub utrisque terminis quibus necesse est cessationem intervenire. fatebimur quidem geminatos

= utrobique

esse: At ex aequalibus hoc modo demonstratur. Sit recta
linea ab: quae quadrifariam [secetur] in c d e signis et in d centro
describantur circuli homocentri ac in eodem plano adb
et cde: et in circumferentia interioris circuli assumatur
utcumque f signum et ipso f centro intervallo vero fd circulus describatur ghd: qui secet ab rectam lineam in h signo et
agatur dimetiens dfg. Ostendendum est: quod geminis motibus
circulorum ghd et cfe concurrentibus invicem h mobile per eandem rectam lineam ab hinc inde reciprocando repat.
Quod erit si intelligatur f h moveri in diversam partem
et duplo magis ipso f. Quoniam idem angulus: qui sub cdf
in centro circuli cfe et circumferentia ipsius ghd con-
sistens comprehendit utramque circumferentiam circulorum aequalium gh dupla ipsi fc. Posito quod aliquando in
coniunctione rectarum linearum acd et dfg mobile
h fuerit in g, congruente cum a: et f in c. Nunc
autem in dextras partes per fc motum est centrum
f et ipsum h per gh circumferentiam in sinistras duplo
maiores ipsi cf [vel econtra]. H igitur in linea ab reclinabitur
alioquin accideret partem esse maiorem suo toto: quod
facile puto intelligi: recessit autem a priori loco secundum
longitudinem ah, retractum per infractam lineam dfh aequalem
ipsi ad eo intervallo quo dimetiens dfg excedit subtensam
dh. Et hoc modo perducitur h ad d centrum: quod erit in contactu tangente circulo ab rectam lineam: dum videlicet gd
ad rectos angulos ipsi ab constiterit: ac deinde in b alterum limitem perveniet
a quo rursus simili ratione revertetur. ~~Vocant autem aliqui
motum hunc in latitudine circuli hoc est dimetiente: cuius~~
tamen periodum et dimensionem a circumcurrente ipsius deducunt
ut paulo inferius ostendemus. Estque hic obiter animadvertendum
quod si circuli hg et cf fuerint inaequales manentibus
caeteris conditionibus non rectam lineam sed conicam sive
Cylindricam sectionem describent quam ellypsim vocant
mathematici: sed de his alias

Inaequalitatis anticipantium aequinoctiorum et obliquitatis
demonstratio Cap. v

Ex his igitur nunc demonstrabimus qua ratione motus

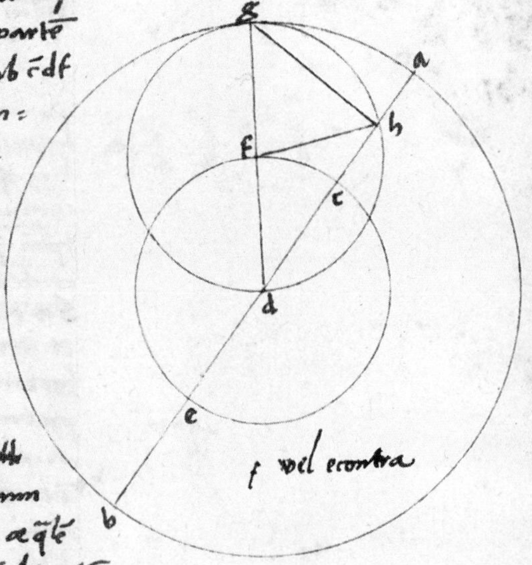

patet igitur ~~binis~~ e duobus motibus circularibus: et hoc modo sibi invicem occurrentibus in rectam lineam motum componi, et ex aequalibus reciprocum, et inaequalem, quod erat demonstrandum. E quibus etiam sequitur: quod GH recta linea semper erit ad angulos rectos ipsi AB: rectum enim angulum in semicirculo DHG lineae comprehendent: Et ideirco GH semissis erit subtendentis duplam AG circumferentiam et DH altera semissis subtendentis duplum eius quod superest ex AGB quadrantis circuli: eo quod ~~ab~~ AGB circulus duplus existat ipsi HGD secundum diametrum.

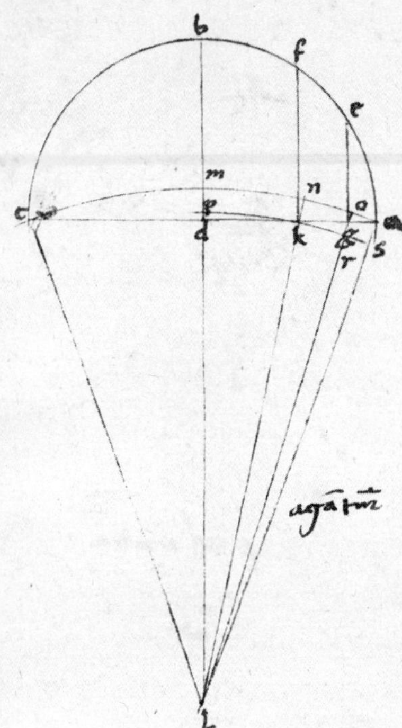

Inaequalitatis anticipationum aequinoctiorum et obliquitatis demonstratio Cap 4

Eam ob causam vocant aliqui motum hunc circuli in latitudine hoc est in diametrum: cuius tamen periodum et aequalitatem in circumcurrente: at dimensionem in subtensis lineis accipiunt. Ipsum propterea inaequalem apparere, et velociorem circa centrum ac tardiorem apud circumferentiam facile demonstratur. Sit enim semicirculus ABC centrum eius D dimetiens ADC: qui et secetur bifariam in B signo. assumantur autem circumferentiae AE et BF aequales: et ab F E signis, in ipsam ADC perpendiculares ~~excitentur~~ agatur EG: FK. Quoniam igitur dupla DK subtendit duplum BF et dupla EG duplum ipsius AE aequales igitur sunt DK et EG: sed AG per septimam tertii Ele. Euclides minor est ipsa GE minor etiam erit ipsa DK. Aequali vero tempore pertransferunt GA et KD propter AE et BF circumferentias aequales: tardior ergo motus est circa circa A circumferentiam quam circa D centrum: ~~quod erat demonstrandum~~ ~~Supp~~ Hoc demonstra, suscipiatur ~~Suscipiatur~~ centrum terrae in L ita ut LD recta linea sit ad angulos rectos ipsi ABC hemicyclii: et per A C signa describatur in L centro circumferentia circuli AMC et in rectum linea ducatur LDM. Erit ideirco in M polus hemicyclii ABC et ADC circulorum sectio communis. et coniungantur LA: LC: similiter et LK: LG: quae ~~post~~ extensae in rectum secent AMC circumferentiam in N O. Quoniam igitur angulus qui sub LDK rectus est acutus igitur qui sub LKD. Quare et LK linea longior est quam LD. tanto magis in amblygoniis triangulis latus LG maius est ~~lateribus~~ latere LK et LA ipso LG. Centro igitur L intervallo LK descriptus circulus: extra ipsam LD cadet: reliquas autem LG et LA secabit: describatur et sit additio — ad finem quinti Ca[pitis]

Sit denuo circulus abcd per polos signiferi, et aequinoctialis medii quem colurum cancri medium possumus appellare. Medietas Zodiaci sit dbe. aequinoctialis medius akc secantes se invicem in e signo in quo erit aequinoctium medium, polus autem aequinoctialis sit f per quem describatur circulus magnus fet erit propterea et ipse colurus aequinoctiorum mediorum sive aequalium Separemus iam facilioris gratia demonstrationis librationem aequinoctiorum ab obliquitate signiferi. Sumpta in ef coluro circumferentia fg per quam ~~ad~~ avulsus intelligatur g polus apparens aequinoctialis ab f polo medio et super g polo describatur alkc semicirculus aequinoctialis apparentis qui secabit Zodiacum in kl erit igitur ipsum l signum aequinoctium apparens distans a medio per le circumferentiam quam efficit ek aequalis ipsi fg ~~Cum ergo~~ Quod si in k facto polo descripserimus circulum agc, et intelligatur quod polus aequinoctialis in ipso quo fg libratio fuerit ocius interim polus non manserit in g signo Sed ~~[illegible]~~ alterius impulsu librationis abierit in obliquitate signiferi per go circumferentiam, manente igitur bed zodiaco permutabitur aequinoctialis verus apparens penes o poli transpositionem ~~quod operaepretium erat considerasse~~ Et erit similiter kl ipsius sectionis ~~capture~~ l apparentis aequinoctii motus citatior circa e medium, lentissimus in extremis ~~[illegible]~~ proportionalis fere libramento polorum iam demonstrato ~~[illegible]~~ Quod operaepretium erat annotasse

Quae sit maxima differentia sectionum aequinoctialis et Zodiaci Ca X

Simili modo, quae de mutatione obliquitatis signiferi et aequinoctialis exposita sunt comprobabimus invenimusque recte se habere. Habemus enim ad annum secundum Antonini apud Ptolemaeum anomaliam simplicem examinatam partium xxi et quadrantis sub qua reperta est obliquitas maxima partium xxiii scrup li secundorum xx ab hoc loco ad nostram observationem sunt anni circiter Mccclxxxvii in quibus anomaliae simplicis locus numeratur part cxliiii scrup iiii, ac eo tempore reperitur obliquitas part xxiii scrup xxviii cum duabus fere quintis unius scrupuli. Super quibus repetatur a b c circumferentia Zodiaci vel pro ea recta propter eius exiguitatem, et super ipsam anomaliae simplicis hemicyclium in b polo sicut prius, Sitque a maximae declinationis limes, c minimae, quorum scrutamur differentiam. Assumatur ergo a e circumferentia parvi circuli partium xxi scrup xv et reliqua quadrantis e d partium erit partium lxviii scrup xlv, tota autem e d f secundum numerationem part cxliiii scrup iiii et reliqua d f part lxxv scrup xix. Demittantur e g et f k perpendiculares diametro a b c. Erit autem g k circumferentia maximi circuli propter differentiam obliquationum a Ptolemaeo ad nos cognita scrup primorum xxii secundorum lvi. Sed g b semissis et rectae similis dimidia est subtendentis duplum e d, sive ei aequalis partium 932, quarum fuerit a c instar dimetientis part 2000, quarum effectam etiam k b semissis subtendentis duplum d f part 967, datur tota g k partium earum 1899 quarum est a c 2000. Sed quarum g k fuerat scrup primorum xxii secundorum lvi erit a c scrup xxiiii proxime inter maximam minimamque obliquitatem differentia quam perscrutati sumus. Qua constat maximam fuisse obliquitatem inter Timocharim et Ptolemaeum partium xxiii scrup lii completorum atque minimam appetere partium xxiii scrup xxviii. Hinc etiam quaecunque mediae contingunt inclinationes horum circulorum, eadem ratione, quemadmodum circa praecessionem exposuimus invenimus.

p k r s. Et quoniam triangulum l d k minus est sectore l p k triangulum vero l g a maius sectore l r s: et propterea ~~maior~~ minor ratio trianguli l d k ~~ad triangulum l g a quam sectoris l p k ad sectore l r s~~ ad sectore l p k quam trianguli l g a ad sectorem l r s. Vicissim quoque erit ~~d f~~ l d k triangulum ad l g a triangulum in minori ratione quam sector l p k ad sectore l r s. At per primam sexti elementorum Euclidis sicut l d k triangulum ad l g a triangulum sic est basis d k ad basim a g. Sectoris autem ad sectorem est ratio sicut d f l angulus ad ~~l r~~ r l s angulum sive m o circumferentiae ad o a circumferentiam. In minori igitur ratione est d k ad g a quam m o ad o a. Iam vero demonstravimus maiorem esse d k quam g a: tanto fortius igitur maior erit m o quam o a quae sub aequalibus temporum intervallis descriptae intelliguntur per polos terrae secundum a c et b f circumferentias aequales: quod erat demonstrandum.

omalie Veruntamen cum adeo modica sit differentia inter maximam minimamque obliquitatem: quae non excedit duas quintas unius gradus: erit quoque inter a m c curvam et a d c rectam differentia insensibilis: ut nihil erroris emerget si simpliciter per a d c lineam et semicirculum a b c operati fuerimus. ~~Eadem ponere~~ Idem fere accidit circa alterum motum qui aequinoctia respicit ac polorum Quoniam nec ipse ad medium gradum ascendit ut apparebit inferius.

De aequalibus motibus praecessionis aequinoctiorum et inclinationis Zodiaci Cap vj

Omnis autem circularis motus diversus apparens in quatuor terminis versatur. Est enim ubi tardus apparet, ubi velox tamquam in extremis et ubi mediocris: ut in medijs. Quoniam a fine diminutionis et augmenti principio transit ad mediocrem a mediocri gradescit in velocitate: rursus a velori in mediocrem tendit: inde quod reliquum est ab aequalitate ~~in priorem~~ priorem revertitur tarditatem: quibus datur intelligi in qua parte circuli, diversitatis sive anomaliae locus ~~aequinoctiorum~~ pro tempore fuerit, quibus indicijs ipsa anomaliae restitutio per etiam capitur. Ut in quadripartito circulo sit a summae tarditatis locus, b crescens mediocritas: c finis augmenti atque principium diminutionis: d mediocritas decrescens. Quoniam igitur, ut supra recitatum est, a Timochari ad Ptolemaeum praecessionis aequinoctiorum apparens

praeteris temporibus tardior motus, repertus est: et quia aequalis
aliquandiu atque et uniformis apparebat: ut Aristylli
Hipparchi, Agrippae et Menelai medio tempore observata ostendunt
arguit motum ipsum aequinoctiorum apparentem simpliciter fuisse
tardissimum: et medio tempore in augmenti principio: quando
cessans diminutio, incipienti augmento coniuncta, mutua
compensatione efficiebat, ut interim motus uniformis
videretur. Quapropter Timochareos observatio in ultima
parte circuli sub d a reponenda est. Ptolemaica vero primum incidet quadrantem sub a b. Rursus quia in secundo
intervallo a Ptolemaeo ad Albategnium Aratensem: velocior motus reperitur, quam in tertio: declarat summam velocitatem hoc est c signum in secundo temporis intervallo oc-
quadrante circuli cd

cu praeterisse et
anomalia ad tertium iam
pervenisse quadrantem

sub cd: et intervallo tertio ad nos usque anomaliae resti-
tutionem propemodum compleri: et reverti ad principium
Timochareos. Nam si MDCCCXIX annis a Timochari ad nos totum circuitum in partibus quibus solet
CCCLX comprehendamus, habebimus pro ratione annorum
CCCCXXXII circumferentia partium XVC S. Annorum vero DCC
XLII, partes CXLVII scrup LI atque in reliquis annis DCVL reliquam circuferentiam partium CXXVII scrup XXXIX. Haec
omnia ac simplici coniectura accepimus: sed examinatiori
calculo revolventes, quatenus observatis exactius consentirent
invenimus anomaliae motum in MDCCCXIX annis
aegyptijs XXI gradibus et XXIIII scrupul sua revolutionem
completam iam excessisse: et tempus periodi annos
MDCCXVII solummodo aegyptios continere: qua ratione
proditum est primum circuli segmentum partium
XC scrup XXXV: alterum part CLV scrup XXXIIII: tertium vero
sub annis DXLIII reliquas circuli partes CXIII scrup LI continebit. His ita constitutis, praecessionis quoque aequinoctiorum
medius motus patuit: et ipsum esse gradum XXIII scrup LVII
sub eisdem annis MDCCXVII quibus omnis diversitas in
pristinum statum restituta est. Quoniam in annis MDCCC
XIX habuimus motum apparentem grad XXV scrup I fere

Verum a Timochari in annis CIJ quibus anni MDCCXVIJ
distant a MDCCCXIX oportebat motum apparentē fuisse
circiter grad. j scrup. iiij : eo quod maius sculum tunc fuisse
verisimile sit, q̄ ut in centenis annis unum exegisset grad.
quādo decrescebat adhuc ~~motus apparens~~ fine decrementi
nondū consecutus. Proinde si graduum unū et decima ~~qntam~~
auferamus ex partibus XXV scrup. j remanebit quē diximus
in annis MDCCXVIJ aegyptijs medius aequalisq; motus
diverso ac apparenti tunc coaequatus grad. XXIIJ scrup. LVIIJ
quibus integra praecessionis aequinoctiorū ac aequalis revolutio
consurgit in annis XXV DCCCXVI : in quo tpe fiunt circuitiones anomaliae XV cum XXVIIJ parte fere. Huic quoq;
rationi sese accomodat obliquitatis motus : cuius revolutionē
duplo tardiorē q̄ aequinoctiorū praecessionē dicebamus. Itaq;
quod Ptolemaeus prodiderit ~~[illegible]~~ partiū XXIIJ scrup. primorū
LI secundorū XX ante se in annis CCCC ab Aristarcho Samio
minime mutatā fuisse : indicat ipsam tunc circa maximae
obliquitatis limitem pene constetisse : quando videlicet et
praecessio aequinoctiorum erat in motu tardissimo. At nunc
quoq; dum eadem tarditatis appetit restitutio, inclinatio
axis nō item in maximā, sed in minimam transit : quam
medio tpe Albategnius, ut dictum, repit partiū XXIIJ scrup.
XXXV. Arzachel Hyspanus post illum annis CXC ~~scrup.~~
partiū XXIIJ scrup. XXXIIIJ, ac itidem post annos CCXXX
Prophatius Judeus duobus proxime scrup. minore. Quod
deniq; nostra occurrit tpa ~~Georgius purbachius anno Chri~~
~~MCCCCLX partiū ut illi XXIIJ scrup. vero XXXIIJ adnotavit~~
~~[illegible] [illegible] [illegible] anno [illegible] per ultra plus~~
~~integras scrup. XXX et amplius quiddā~~ f Nos ab annis
XXX frequēti observatione ~~[illegible] [illegible] scrup. XXVIIJ~~
XXIIJ partes f Ubi rursus liquidissime patet ~~maxima~~ obliquitatis permutationē a Ptolemaeo, ad ~~[illegible]~~ CM annos accidisse maiorē q̄ in alio quovis intervallo tpis. Cum ergo
iam habeamus anomaliae circuitum, ~~habebimus etiam~~ praecessionis
in annis MDCCXVIJ : habebimus etiam sub eo tempore
obliquitatis dimidiū periodum : ac in annis MMMCCCCXXXIIIJ
integrā eius restitutionē. Quapropter si CCCLX gradus

o obliquitatem

f Joanes Regiomontanus part 23 scrup 28 et dimidij

f ~~paru differunt~~

f scrup. XXXIJ et duos fere quintas unius scrupuli, a quibus Georgius purbachius et Joannes a monte regio q̄ proxime nos praecesserunt parum
differunt

per eundē īīīccccxxxiiij annorū numerū partiti fuerimus
vel gradus clxxx per MDCCxvij exibit annuus motus ~~equat~~ simplex
anomaliæ ~~præcessionis æquinoctiorū~~ Scrup prima vi Secunda xvij: Tertia
xxiiij quarta ix. Hæc rursus per ccclxv dies distributa —
reddunt diurnū motū Scrupulorū sextorum i Tertiorū ij
quartorū ij. Similiter præcessionis æquinoctiorū medius, cū
fuerit distributus per annos MDCCxvij: et erat gradus xxiiij
Scrup prima lvij: exibit annuus motus Scrup 2 L 3 xij
quarta v: atque hunc per dies ccclxv diurnus motus Scrup
tertia viij quarta xv. Vt autē motus ipsi fiant aptiores
et in promptu habeantur, quādo fuerit oportunū, tabulas
sive canonas eorum apponemus per continuam æqualemque
annui motus adiectionē, reiectis semper lx in priora scrup
vel gradus si excreverit: easque aggerenimus usque ad ordinē
lx annorū, comoditatis gratia. Quoniā in annorum
sexagenis eadem sese offert facies numerorū, denominationibus partiū et scrupulorū solummodo transpositis: ut
quæ prius secūda erat prima fiant: et sic de cæteris: quo
compendio per has breves tabellas infra annos īīīDC saltē
duplici introitu licebit accipere et colligere in annis propositis motus æquales. Ita quoque in dierū numero se habet
Vtemur autē ~~in hoc toto opere~~ in supputatione motuū
cælestiū annis ubique ægyptijs, qui soli inter civiles repiunt°
æquales: oportebat enim mensuram congruere cū mensurato
quod in annis Romanorū, græcorū et persarū nō adeo
convenit: quibus nō uno modo: sed prout cuique placuit
gentiū intercalatur. Annus autē ægyptius nihil affert
ambiguitatis sub certo dierum numero ccclxv in quibus
sub duodenis mensibus æqualibus, quos ex ordine appellat
ipsi ~~Thoth~~ suis nominibus. Thoth: phaophi: Athyr: Chiach
Tybi: Mechyr: phamenoth: pharmuthi: pachon: pauni
Epiphi: Mesori. in quibus ex æquo comprehenduntur vi
sexagenæ dierū et quinque residui dies intercalares noiant
Suntque ob hoc in motibus æqualibus dinumerandis āni
ægyptiorum accomodatissimi: in quos alij quilibet anni
resolutione dierū facile
reducuntur

Aequalis motus præcessionis æquinoctiorum in annis et sexagenis

Anni	Lōgitud part et scrup MOTVS						Anni	Lōgitudis partes et scrup MOTVS				
1	0	0	0	50	12		31	0	0	25	56	14
2	0	0	1	40	24		32	0	0	26	46	26
3	0	0	2	30	36	Chri	33	0	0	27	36	38
4	0	0	3	20	48	locus	34	0	0	28	26	50
5	0	0	4	11	0	5 32	35	0	0	29	17	2
6	0	0	5	1	12		36	0	0	30	7	15
7	0	0	5	51	24		37	0	0	30	57	27
8	0	0	6	41	36		38	0	0	31	47	39
9	0	0	7	31	48		39	0	0	32	37	51
10	0	0	8	22	0		40	0	0	33	28	3
11	0	0	9	12	12		41	0	0	34	18	15
12	0	0	10	2	25		42	0	0	35	8	27
13	0	0	10	52	37		43	0	0	35	58	39
14	0	0	11	42	49		44	0	0	36	48	51
15	0	0	12	33	1		45	0	0	37	39	3
16	0	0	13	23	13		46	0	0	38	29	15
17	0	0	14	13	25		47	0	0	39	19	27
18	0	0	15	3	37		48	0	0	40	9	40
19	0	0	15	53	49		49	0	0	40	59	52
20	0	0	16	44	1		50	0	0	41	50	4
21	0	0	17	34	13		51	0	0	42	40	16
22	0	0	18	24	25		52	0	0	43	30	28
23	0	0	19	14	37		53	0	0	44	20	40
24	0	0	20	4	50		54	0	0	45	10	52
25	0	0	20	55	2		55	0	0	46	1	4
26	0	0	21	45	14		56	0	0	46	51	16
27	0	0	22	35	26		57	0	0	47	41	28
28	0	0	23	25	38		58	0	0	48	31	40
29	0	0	24	15	50		59	0	0	49	21	52
30	0	0	25	6	2		60	0	0	50	12	5

~~9 45~~

Aequat motus p̄cessionis aeqnoctioz ī diebus et sexagenis

Dies	Motus					Dies	Motus				
1	0	0	0	0	8	31	0	0	0	4	15
2				0	16	32				4	24
3				0	24	33				4	32
4				0	33	34				4	40
5				0	41	35				4	48
6				0	49	36				4	57
7				0	57	37				5	5
8				1	6	38				5	13
9				1	14	39				5	21
10				1	22	40				5	30
11				1	30	41				5	38
12				1	39	42				5	46
13				1	47	43				5	54
14				1	55	44				6	3
15				2	3	45				6	11
16				2	12	46				6	19
17				2	20	47				6	27
18				2	28	48				6	36
19				2	36	49				6	44
20				2	45	50				6	52
21				2	53	51				7	0
22				3	1	52				7	9
23				3	9	53				7	17
24				3	18	54				7	25
25				3	26	55				7	33
26				3	34	56				7	42
27				3	42	57				7	50
28				3	51	58				7	58
29				3	59	59				8	6
30	0	0	0	4	7	60	0	0	0	8	15

Anomaliae aequinoctiorum motus in annis et Sexagenis annorum

An ni			Motus				An ni			Motus		
1	0	0	6	17	24	Christi	31	0	3	14	59	28
2		0	12	34	48	locus	32		3	21	16	52
3		0	18	52	12	6 45	33		3	27	34	16
4		0	25	9	36		34		3	33	51	46 i
5		0	31	27	0		35		3	40	9	5
6		0	37	44	44		36		3	46	26	29
7		0	44	1	49		37		3	52	43	53
8		0	50	19	13		38		3	59	1	17
9		0	56	36	36		39		4	5	18	42
10		1	2	54	1		40		4	11	36	6
11		1	9	11	25		41		4	17	53	30
12		1	15	28	49		42		4	24	10	54
13		1	21	46	13		43		4	30	28	18
14		1	28	3	38		44		4	36	45	42
15		1	34	21	2		45		4	43	3	6
16		1	40	38	26		46		4	49	20	31
17		1	46	55	50		47		4	55	37	55
18		1	53	13	14		48		5	1	55	19
19		1	59	30	38		49		5	8	12	43
20		2	5	48	3		50		5	14	30	7
21		2	12	5	27		51		5	20	47	31
22		2	18	22	51		52		5	27	4	55
23		2	24	40	15		53		5	33	22	20
24		2	30	57	39		54		5	39	39	44
25		2	37	15	3		55		5	45	57	8
26		2	43	32	27		56		5	52	14	32
27		2	49	49	52		57		5	58	31	56
28		2	56	7	16		58		6	4	49	20
29		3	2	24	40		59		6	11	6	45
30	0	3	8	42	4		60	0	6	17	24	9

Anomaliæ æquinoctiorū motus ī diebus et sexagēis dierum

Dies	Motus					Dies	Motus				
1	0	0	0	1	2	31	0	0	0	32	3
2				2	4	32				33	5
3				3	6	33				34	7
4				4	8	34				35	9
5				5	10	35				36	11
6				6	12	36				37	13
7				7	14	37				38	15
8				8	16	38				39	17
9				9	18	39				40	19
10				10	20	40				41	21
11				11	22	41				42	23
12				12	24	42				43	25
13				13	26	43				44	27
14				14	28	44				45	29
15				15	4	45				46	31
16				16	6	46				47	33
17				17	8	47				48	35
18				18	36	48				49	37
19				19	38	49				50	39
20				20	40	50				51	41
21				21	42	51				52	43
22				22	44	52				53	45
23				23	46	53				54	47
24				24	48	54				55	49
25				25	50	55				56	51
26				26	52	56				57	53
27				27	54	57				58	55
28				28	56	58				59	57
29				29	58	59			1	0	59
30	0	0	0	31	1	60	0	0	1	2	2

Quae sit maxima differentia inter aequalem apparentemque praecessionem aequinoctiorum Cap viij

~~Cum igitur aequalem mediumque motum praecessionis aequinoctiorum pro posse nostro exposuerimus, inquirendum nobis est, quanta sit eius et apparentis motus maxima differentia per quam facile etiam particulares capiemus. Iam quidem patet anomaliae duplicis motus idest aequinoctiorum in annis ccccxxxij a Timochari ad Ptolemaeum partium fuisse xc scrup xxxv medium vero motum partium vj praecessionis partium vj apparens partium iiij scrupulorum xx horum differentia pars una scrup xl. At quoniam in medio illius temporis summum tarditatis terminum et principium augmenti posuimus: in quo necesse erat medium motum cum apparente convenisse ac apparentia aequinoctia cum medijs, sequitur quod hinc inde semisses aequalesque distantiae ab illo termino fuerint: partes in quadrantibus xlv scr xvij s. et differentiae similiter aequinoctiorum apparentium a medijs scrupulorum primorum l~~

Medijs motibus sic expositis ingrediendum iam est, quanta sit inter aequalem aequinoctiorum apparentemque motum maxima differentia sive dimetiens circuli per quem currunt anomaliae motus hoc enim cognito facile erit quascumque alias ipsorum motuum differentias discernere. Quoniam igitur ut supra recitatum est inter primam Timocharis et Ptolemei sub secundo Antonini ~~anno~~ anno fuerunt CDxxxij anni: in quo tempore medius motus est partium vj apparens autem erat partium iiij scr xx horum differentia pars una scrupulis xl Anomaliae quoque duplicis motus partium ~~xc~~ xc scrup xxxv Visum est etiam in medio huius temporis vel circiter apparentem motum scopum maximae tarditatis attigisse in quo necesse est ipsum cum medio congruere motu: atque in eadem circulorum sectione [fuisse] verum, ac medium aequinoctium. Quapropter facta motus et temporis bifaria distributione ~~hinc~~, erunt utrobique diversi et aequalis motus differentiae dextantes unius gradus: ~~quod~~ [quas] hinc inde anomaliaris circuli circumferentiae sub partibus xlv Scrup xvij s comprehendunt. Quibus sic constitutis, esto Zodiaci circumferentia

[marginal: a parvi circuli]

ā b c æquinoctialis medius d b e et ~~in~~ b sectione sit media
~~alterutrum~~ æquinoctiorum apparentium: sive ~~verni~~ Arietis sive libræ
et per polos ipsius d b e descendat f b. Assumatur autem in ā b c
circumferentiæ utrobique ~~æquales bg~~ bk per dextantes gradum — b i
ut sit tota ~~gbk~~ unius partis et scrup xl. Inducantur etiam — i b k
~~bhg~~ duæ circumferentiæ circulorum æquinoctialium apparentium
i g et ~~hk~~ hk ad angulos rectos ipsi f b. Dico autem ad an- — h k
gulos rectos: cum tamen ipsorum i g et ~~hk~~ hm poli sæpius — h k
existant extra b f circulum inserviente se motu declinationis
uti visum est in ypothesi: sed ob modicam valde distantiam
quæ cum maxima fuerit cccel parte recti non excedit
utimur illis tamquam rectis ad sensum angulis: nullus
enim propterea error apparebit. Quoniam igitur in tria-
gulo i b g angulus d b g datur lxvi sec xx quoniam
reliquus a recto d b a partium erat xxiii scrup xl f et ~~hgb~~ ig b
~~bgi~~ rectus atque etiam qui sub b i g fere æqualis ipsi i b d alterno
et latus i b scrupulorum L: datur ergo et b g circumferentia distantiæ polorum medii et apparentis æquatoris
Scrup xx. Similiter in triangulo b h k duo anguli
b h k et h b k duobus i b g et i g b sunt æquales et
latus ~~bg~~ b k lateri b i: æqualis etiam erit b h ipsi b g
Scrup xx. Sed quoniam hæc omnia circa minima versantur
utpote quæ ~~gradum~~ sesqui gradum non attingunt zodiaci
in quibus subtensæ rectæ lineæ suis circumferentiis
propemodum coæquantur: vixque in tertiis aliqua diversitas reperitur. Nos autem qui in primis scrupulis
contenti sumus. Nihil erroris committemus si pro circumferentiis rectis utamur lineis: erunt enim g b et
b h ipsis i b et b k proportionales: eruntque ~~in ipsis~~ similis rationis motus in utrisque tam polis quam sectionibus
~~Quapropter describamus circulum a b c semicirculum super~~
~~d centro diametros eius sit a d c secetur bifariam in b~~
~~signo ubi summæ tarditatis limes et principium augmenti~~
~~intelligatur~~ f Sit igitur portio circuli signorum ā b c in
quo æquinoctiorum medium sit b ~~in~~ quo sumpto polo
describatur semicirculus ā d c ~~qui bifariam secetur in d~~
~~signo sub quo signo summus tarditatis limes intelligatur~~

qui secat

f extrēs in f b h

f mediæ obliquitatis signiferi

quoniam

~~f quibus sic constitutis~~

qui secet circulum signorum in a c signis: deducatur etiam a polo zodiaci d b qui ~~etiam~~ bifariam secabit descriptum semicirculum in d sub quo summus tarditatis limes intelligatur et augmenti principium: In a d quadrante capiatur d e circumferentia partium xlv scrup xvii s, et per e signum a polo zodiaci descendat e f sit que scrupulorum L propositum est ex his invenire totam b f a

b f Manifestum est igitur quod dupla b f subtendit duplum d e segmentum: sicut autem b f partium 7107 ad a f b partes 10000 ita 50 sprius b f ~~ad~~ Scrupula ad a f b 70 datur ergo a b ~~partium fere~~ gradus unus scrup x[+] et tanta est medii apparentisque motus aequinoctiorum maxima differentia quam quaerebamus: quamque sequitur maxima polorum deflectio scrupulorum ~~xxviii xxviii~~ xxviii; ~~quae apud Sebastianum~~

[+] ~~ad scrup xi ... in istorio~~

De particularibus ipsorum motuum differentiis et earum canonica expositio Cap viii

Cum igitur data sit a b scrupulorum lxx: quae circumferentia nihil distare videtur a recta subtensa secundum longitudinem non erit difficile quascumque alias particulares differentias mediis apparentibusque motibus exhibere: quas graeci prosthaphaereses vocant: iuniores aequationes: quarum ablatione vel adiectione apparentiae concinnantur. Nos graeco potius vocabulo tamquam magis apposito utemur. Si igitur e d fuerit trium graduum: penes rationem a b ad subtensam b f habebimus b f prosthaphaeresim scrup iiii: si sex graduum erunt sc vii pro novem gradibus ii et sic de ceteris. Circa obliquitatis quoque mutationem simili ratione faciendum putamus ubi inter maximam minimamque inventa sunt ut diximus sc xxiiii quae sub semicirculo anomaliae simplicis conficiuntur in annis MDCCXVII: et media consistentia sub quadrante circuli erit scrup xii ubi erit polus parvi circuli huius anomaliae sub obliquitate partium xxiii sc xl. Atque in hunc modum sicut diximus ~~reliquas differentiae partibus extractis: occurrit~~ reliquas differentiae partes extrahemus proportionales fere pro ut in canone subiecto continetur: Et si variis modis per hasce demonstrationes componi possunt motus apparentes Ille tamen modus magis placuit per quem particulares quaeque prosthaphaereses separatim capiantur: quo fiat calculus ipsorum motuum intellectu facilior: magisque congruat explicationibus demonstratorum. Conscripsimus igitur

~~X aequinoctiales scrup~~ lxx respondet in anomalia aequinoctiorum ~~...~~ quam appellamus duplicem altera vero simplicem

tabula lx versuum aucta per triadas partium circuli. Ita
enim neque diffusam amplitudinem occupabit: neque coarctata
nimis brevitatem habere videbitur: prout in caeteris con
similibus faciemus. Haec modo quatuor ordines habebit
quorum primi duo utriusque semicirculi gradus continent
quem numerum communem appellamus, eo quod per simplicem
numerum, obliquitas signorum circuli sumitur, duplicatus
prostaphaeresi aequinoctiorum serviet: cuius exordium a prin-
Tertio cipio augmenti sumitur. Secundo loco prosthaphaereses aequi
noctiorum collocabuntur singulis triptys ~~congruentes~~ ad-
dendae vel detrahendae medio motui quem a prima stella
capitis arietis auspicamur in aequinoctium vernum: ablativae
prosthaphaereses in anomalia semicirculo minore sive primo
ordine, adiectivae in secundo ac semicirculo sequente. Ultimo denique
loco scrupula sunt, differentiae obliquitatis ~~pat in subiecta~~
~~formula~~ proportionum vocata ascendentia ad summam sexage-
nariam. Quoniam pro maximo minoreque obliquitatis excessu scrupulorum
xxiiii ponimus lx: quae pro ratione reliquorum excessuum ~~sexagesimae~~
= similis rationis partes continuamus: et propterea in principio et fine anomaliae
ponimus lx. Ubi vero excessus ad xxii scrup. pervenerit ut
in anomalia xxxiii graduum eius loco ponimus lv. sic pro
xx scrup: l ~~et q l~~ ut in anomalia xlviii grad. et per hunc
modum in caeteris prout in subiecta formula

Tab prosthaphæreseon æqnoctiat et obliqtatis signiferi

Numeri Comunes		æqnoct prosth		obliq		Numeri comunes		Aqnoct prosth		obliqui	
G	G	G	sc	sc	ppork	G	G	G	sc	sc	pportionu
3	357	0	4		60	93	267	1	10	11	28
6	354	0	7	~~24~~	60	96	264	1	10	11	27
9	351	0	11		60	99	261	1	9	10	25
12	348	0	14	~~24~~	59	102	258	1	9	10	24
15	345	0	18		59	105	255	1	8	9	22
18	342	0	21	~~24~~	59	108	252	1	7	8	21
21	339	0	25		58	111	249	1	5	8	19
24	336	0	28	~~24~~	57	114	246	1	4	7	18
27	333	0	32	~~23~~	56	117	243	1	2	7	16
30	330	0	35	~~23~~	56	120	240	1	1	6	15
33	327	0	38	~~23~~	55	123	237	0	59	5	14
36	324	0	41	~~23~~	54	126	234	0	56	5	12
39	321	0	44		53	129	231	0	54	4	11
42	318	0	47	~~22~~	52	132	228	0	52	4	10
45	315	0	49		51	135	225	0	49	4	9
48	312	0	52	~~22~~	50	138	222	0	47	3	8
51	309	0	54		49	141	219	0	44	3	7
54	306	0	56	~~21~~	48	144	216	0	41	2	6
57	303	0	59	~~21~~	46	147	213	0	38	2	5
60	300	1	1	~~21~~	45	150	210	0	35	2	4
63	297	1	2		44	153	207	0	32	2	3
66	294	1	4	~~20~~	42	156	204	0	28	1	3
69	291	1	5		41	159	201	0	25	1	2
72	288	1	7	~~19~~	39	162	198	0	21	1	1
75	285	1	8		38	165	195	0	18	1	1
78	282	1	9	~~19~~	36	168	192	0	14	0	1
81	279	1	9	~~18~~	35	171	189	0	11	0	0
84	276	1	10		33	174	186	0	7	0	0
87	273	1	10		32	177	183	0	4	0	0
90	270	1	10	~~16~~	30	180	180	0	0	0	0

De eorum quae circa praecessionem aequinoctiorum exposita sunt examinatione ac emendatione Cap ix

At quoniam per coniecturam sumpsimus augmenti principium in motu differente, medio tempore fuisse: ab anno xxxvi primae sectionis Calippi periodi ad secundum Antonini: a quodam principio anomaliae motum ordimur. Quod an recte fecerimus, et observatis consentiat oportet adhuc nos experiri. Repetamus illa tria observata sydera Timocharidis Ptolemaei et Albategni Aratei: et manifestum est quod in primo intervallo fuerunt anni aegyptii ccccxxxii: in secundo anni DCCXLII. Motus aequalis in primo temporis spacio erat partium vi differens part iiii scr xx: anomaliae duplicis partium xc scr xxxv auferentis motui aequali parte i scr xl. In secundo motus aequalis partium x scrup xxi diversi part xi s: anomaliae duplicis part clv

34 scrup xxx adiicientis aequali motui part i scrup ix. Sit modo zodiaci circumferentia uti prius a b c: et in b quod sit aequinoctium medium vernum sumpto polo circumferentia autem a b partis unius et scrup x describatur circulus a d c e: motus autem aequalis ipsius b intelligatur in partes a hoc est in praecedentia atque a sit limes occidentalis in quo aequinoctium diversum maxime praeit: et c orientalis in quo maxime sequitur. a polo quoque zodiaci per b signum descendat d b e: qui cum circulo signorum quadrifariam secabit a d c e circulum parvum: quoniam rectis angulis se invicem per polos. Cum autem fuerit motus in hemicyclo a d c ad consequentia: et reliquum c e a ad praecedentia erit medium tarditatis aequinoctii apparentis in d propter renitentiam ad ipsius b progressum: in e vero maxima velocitas, promoventibus se invicem motibus in easdem partes. Suscipiatur etiam ante et post d circumferentiae f d: d g: utraque partium partium xlv scrup xvii s. Sit f primus terminus anomaliae, quo Timocharis. g secundus quo Ptolemaei, et tertius p qui Albategni: ~~Et f d g ... circumferentia partium xc scrup xxxv g c e p post~~ per quae signa descendant maximi circuli per polos signiferi f n: g m et o p: qui omnes in parvulo circulo rectis lineis persimiles existunt. Erit igitur f d g circumferentia partium 90 scrup xxxv: auferens a motu medio partes in n una scrup xl et g c e p partium clv scr xxx adiiciens in o parte i scr ix: quocirca et reliqua p a f reliquam o n addet scrupulorum xxxi quarum similiter est a b scrup lxx. Cum vero tota d g c e p circumferentia fuerit partium cc scrup lis et e p excessus semicirculi partium xx scrupulorum lis erit igitur b o tamquam recta per canonem subtensarum

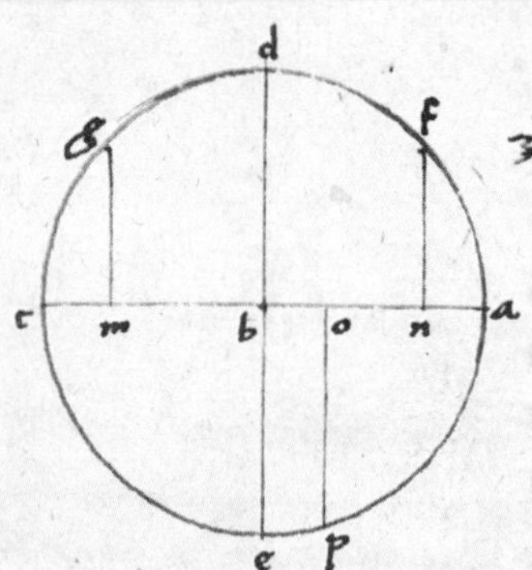

secant

anomaliae

x quarum circuli a d c e sunt ccclx

‡ quarum a b c est pars i scr xx

q part cxiii scr li

in circulo linearu partiu 356 quaru est a b 1000: sed quaru
ab scrupulorũ est lxx erit b o scrup xxiiij fere et b n posita est
scrup l tota igitur n b o scrupulorũ est lxxiiij et reliqua scrup a n o
xxvij: sed in pstructis erat n b o pars 1 scr ix et reliqua n o
scrup xxxj: deficit hic scrup v quæ illinc abundat. Revolued'
est igitur a d c o circulus, quousque partis utriusque fiat copensatio
Hoc ante factum erat. Si d g circuferentia capiamus partium
xlij s ut in reliqua d f sint part xlviij scrup ~~[illegible]~~ v per hoc enim
utrique errori videbatur esse satysfactum ac cæteris omnibus. Quoniã
a summo limite tarditatis d sumpto principio: erit anomaliæ motus
in primo termino tota d g c e p a f circumferentia partiũ cccxj
scrup ~~[illegible]~~ lv. In secundo d g partiũ xlij s. In tertio d g c e p partiũ
[illegible]iij cijc scrup ~~iiij~~. Et quibus a b fuerit scrupulis lxx, erit in primo
termino b n prosthaphæresis adiectitia iuxta pphabitas demonstrationes scrupulorũ lij: In secundo n b scrup iij subablatiua. Atque
in tertio termino rursus adiectitia b o scrup scrup fere xxj.
tota igitur m n colligit partem una scrup xl tota quoque n b o in primo intervallo
in secundo intervallo partem una scrup ix: quæ satis exacte
conveniunt observatis. Quibus etiã patet anomalia simplex i primo primo termino part clx scrup ~~[illegible]~~ lviij
De locis æqualiũ motuũ æquinoctiorum et anomaliæ costituẽdis C. xi in secũdo part xxj ~~scrup [illegible]~~
His omnibus sic expeditis supest, ut ipsorum motuũ æquinoctij in tertio part ic scrup ~~[illegible]~~
verni loca constituamus: quæ ab aliquibus radices vocantur, a quod erat declarandum
pro tempore quocunque proposito deducuntur supputationes.
Huius rei supremum scopum constituit ptolemæus, principium
regni Nabonassarij: Caldeorum: quẽ plerique nominis affinitate
decepti Nabuchodonassar esse putarunt, quẽ longe posteriore
fuisse ratio tporum ac supputatio ptolemæi declarat: quæ apud
historiographos in Salmanassar caldeorũ regem cadit. Nos
aute notiora tempora secuti: satis esse putavimus, si a prima
Olympiade exorsi fuerimus: quæ xxviij annis Nabonassar ~~[illegible]~~
præcessisse reperitur ab æstiva conversione sumpto auspicio: quo tpe
canicula græcis exortum faciebat: et Agon celebrabatur olym-
picus: Ut Censorinus ac alij probati Autores prodiderunt.
Unde sectum exactiore supputatione tporum, quæ in motibus
cœlestibus ~~supputandis~~ calculandis est necessaria: a prima olympiade a meridie ad Nabonassar ac meridie primæ diei mensis ac merid primi diei
Thoth secundum ægyptios sunt anni xxvij et dies cclxvij. Hinc ad Alex- mensis ecatonbæonos græcorum
andri decessum anni ægyptij ccccxxiiij: a morte ante Alexadri

ad initium annorum Julij caesaris anni aegyptij cclxxviij dies
cxviij s ad mediam noctem ante kl Januarij, unde Julius
Caesar anni a se constituti fecit principium. Qui pont Max suo
tertio et M Emilij lepidi consulatu annum ipsum instituit. Ex
hoc anno ita a Jul Caes ordinato caeteri deinceps Juliani sunt
appellati: eique ex quarto caesaris consulatu ad Octavianum
Augustum Romanis quidem anni xviij, inde kl Januarij
quamvis ante diem xvj kl februarij Julij Caesaris divi filius
Imp. Augustus sententia [illegible] plancj a Senatu caeterisque
civibus appellatus fuerit se septimo et M Vipsano Cons.
Sed Egyptij, quod biennio ante in potestate venerit Romanorum, post Antonij et Cleopatrae occasum habent annos
xv dies ccxlvj s in meridie primae diei mensis thoth: qui
Romanis erat tertius ante kl septembris. Quaobrem ab Augusto
ad annos Christi a Januario similiter incipientes sunt anni secundum
Romanos xxvij secundum Egyptios autem anni totum xxviij
dies cxxx s. Hinc ad secundum Antonini annum quo C ptolemaeus
stellarum loca a se observata descripsit sunt anni Romani
cxxxviij dies lv: qui anni addunt Egyptijs dies xxxiiij.
Colliguntur a prima olympiade usque huc anni cMxiij dies
ci. Sub quo quidem tempore aequinoctiorum anticessio aequalis est
gradus xij scrup prima xliiij. Anomaliae simplicis grad
xcv scr scrup xliiij. Atque anno secundo Antonini, ut proditum est, aequinoctium vernum primam stellarum, quae in capite
Arietis sunt, praecedebat vj gradus et xl scrupula, et cum
f duplicata — esset anomalia partium xlij ~~scrup xlvij~~ fuit aequalis
apparentisque motus differentia ablativa scrup xlviij: quae
dum reddita fuerit apparenti motui partium vj scrup xl
colliget ipsum medium aequinoctij verni locum grad vij scrup
xxviij: quibus si ccclx totius circuli gradus addiderimus: et
a summa auferamus gradus xij scrup xliiij, habebimus
ad primam olympiadem quae coepit a meridie primae diei
mensis Ecatombeonos apud Athenienses medium aequinoctij
verni locum gradus cccliiij scrup xliiij: nempe quod tunc
sequebatur primam stellam arietis grad v scrup xvj.
Simili modo, si grad ~~xlij scrup xxx anomaliae~~ demantur
gradus vc scrup ~~xliij~~ xlv remanebunt ad idem olympiadum

— gradib. xxi scr. xv ~~scrup~~ ~~xv~~ anomaliae simplicis —

principium, anomaliae simplicis locus grad. ccxxc scrup ~~[illegible]~~ xxx
Ac rursus per adiectionem motuum factam penes distantiam
temporum, reiectis semper ccclx gradibus quoties abundauerit
habebimus loca siue radices Alexandri, motus aequalis grad
viii scrup ii anomaliae simplicis grad ~~cccxxxiii scrup [illegible]~~ cccxxxv scr ~~xxxiii~~ lii
Caesaris medium motum grad iiii scrup lv ~~[illegible]~~ Anomaliae grad ~~[illegible]~~ vi
~~[illegible]~~ scrup iii ~~[illegible]~~ Christi locum medium grad v scrup xxxii ~~[illegible]~~
Anomaliae grad vi scrup ~~[illegible]~~ ac sic de caeteris ad quaelibet a Christo
temporis sumpta principia radices motuum capiemus

De praecessionis aequinoctii verni et obliquitatis supputatione Cap. xi

Quandocumque igitur locum aequinoctii verni capere voluerimus
Si ab assumpto principio ad datum tempus anni fuerint inaequales
quales Romanorum sunt, quibus vulgo utimur, eos in annos
aequales siue aegyptios digeremus: neque enim aliis in calculatione motuum aequalium utemur, quam aegyptiis annis propter causam
quam diximus. Ipsum vero numerum annorum quatenus sexagenario maior fuerit in sexagenas distribuemus: quibus
sexagenis, dum tabulas motuum ingressi fuerimus primum
locum in motibus occurrentem tamquam supernumerarium transibimus, et a secundo incipientes loco gradum sexagenas si quae
fuerint cum caeteris gradibus et scrupulis, quae sequuntur accipiemus: Deinde cum reliquis annis secundo introitu, et a
primo loco ut iacet capiemus sexagenas: grad et scrup
occurrentia. Similiter in diebus faciemus et in sexagenis
dierum: quibuscumque aequales motus per tabulas dierum et scrupulorum adiungere voluerimus: quamvis hoc loco scrupula
dierum non iniuria ~~cedent~~ contemnerentur: siue etiam dies
ipsi ob istorum motuum tarditatem: cum in diario motu non
nisi de tertiis secundisue scrupulis agatur. Haec igitur
omnia cum aggregauerimus cum sua radice: addendo singula singulis iuxta species suas ~~[illegible]~~ reiectisque sex graduum sexagenis si excreuerint, habebimus ad tempus propositum locum medium aequinoctii verni: quo prima stella
arietis antecedit, siue ipsius stellae aequinoctium sequentis
Eodem modo et anomaliam capiemus. Cum ipsa quae autem
anomalia simplici in tabula diuersitatis ultimo loco posita
Scrupula proportionum inueniemus: quae seruabimus ad partem

Deinde cum anomalia duplicata in tertio ordine eiusdē
tabulae inveniemus prosthaphaeresim, id est gradus et scrup
quibus verus motus differt a medio. Ipsamq prosthaphaeresim si anomalia duplex fuerit minor semicirculo
subtrahemus ac a medio motu: Sin aute semicirculū
excesserit plus habens CLXXX gradibus addemus ipsam
medio motui: et quod ita collectum residuumve fuerit
veram apparentemq praecessionē aequinoctij verni continebit
sive quatum vicissim prima stella arietis ab ipso verno
aequinoctio fuerit tunc elongata. Quod si cuiusvis alius
stellae locum quaeris, numerū eius in descriptione stellarum
adsignatum addito. Quoniā vero quae ope consistunt
exemplis aptiora fieri consueverunt. Propositum nobis
sit ad XVI Kl Maij Anno Chri MDXXV locū verum
aequinoctij verni invenire una cum obliquitate zodiaci et
quatum spica virginis ab eodē aequinoctio distiterit. Patet
igitur: quod in annis Romanis MDXXIIIJ diebus CVJ
a principio annorū Chri ad hoc tpus intercalati sunt dies
ccclxxxi ſ: qui in annis paribus faciunt MDXXV et dies
CXXIJ: suntq annorū sexagenae XXV et an XXV. Duae quoq
sexagenae dierū cum duobus diebus. Annorū aute sexagenis duabus XXV in tabula medij motus respondēt grad
XX scrup prima LV secta IJ. Annis XXV scrup prima XX
secta LV. Dierum sexagenis duabus scrup secta XVJ reliquorū
duorū sunt in tertijs. Haec omnia cum radice quae erat
grad V scrup prima XXXIJ colligunt grad XXVJ scrup ~~[illegible]~~ XLVJ
media praecessione verni aequinoctij. Similiter anomaliae simplicis motus habet in sexagenis annorū XXV dicas sexag
gradum et grad XXXVIJ scrup prima XV secta IJ In annis
quoq XXV grad IJ scrup prima XXXVIJ secta XV. In duabus
sexag dierum scrup prima IJ sectiiij ac in totidē diebus
secta IJ: Haec quoq cum radice quae est grad VJ scrup XLV
prima ~~XLIJ~~ faciunt S IJ g XLVJ scrup ~~[illegible]~~ anomaliā sim- XL
plicem p quā in tabula diversitas ultimo loco scrupula
proportionū occurretia in usum praecedentis obliquitatis
servabo. Deinde cum anomalia duplicata quae habet
S V grad XXXIIJ scrup ~~[illegible]~~ ~~[illegible]~~ invenio prosthaphaeresim

Marginal notes (left):

+ hoc est annis I d XVJ

+ et capitur hoc loco unū
solū +

|duplex|

scrup xxxij adiectiua eo quod anomalia maior est semicirculo quae cum addatur medio motui: provenit vera appares
pressio aequinoctij verni grad xxvij scrup xxi cui si denique
addam clxxvij gradus quibus spica virginis distat a prima
stella arietis habebo locum eius ab aequinoctio verno in
consequentia in xvij grad et xxi scrup quo fere ubi
fere tpe obseruationis nrae reperiebatur.
Obliquitas autem Zodiaci et declinationis eam habet ratio-
cinationem, quod cum Scrupula proportionum fuerit lx excessus in canone declinationum sunt appositi, differentiae
inquam sub maxima minimaque obliquitate, in solidum adduntur suis
suis partibus declinationum: hoc aute loco unitas illorum
Scrupulorum addet obliquitati tantummodo secunda xxiiij
Quare declinationes partium signiferi in canone positae ut
sunt durat hoc tpe, ppter minimam obliquitatem ia nobis apparente
mutabilis alias evidentius: Quemadmodum verbi gratia. Si
anomalia simplex fuerit quingentarum partium, qualis erat in annis
Chri DCCCXXC aegyptijs dantur per ipsam Scrup proportionum
xxv. At sicut lx scrup ad xxiiij differentiae maxime et minimae obliquitatis, ita xxv ad x: quae addita xxviij colligit
obliquitatem pro eo tpe existente part xxiij scrup xxxviij. Si
tunc quoque alicuius partis Zodiaci utpote iiij gradus tauri
qui sunt ab aequinoctio gradus xxxiij declinationem nosse veli
invenio in canone partes xij scrup xxxij, cum excessu Scrupulorum xij. Sicut aut lx ad xxv ita xij ad v: quae addita
partibus declinationis faciunt partes xij scrup xxxvij pro
xxxiij gradibus Zodiaci. Eodem modo circa angulos sectionis
Zodiaci et aequinoctialis: ac ascensiones rectas facere possumus
si no magis placeat per rationes triangulorum sphaericorum
nisi quod addere illis semp oportet his adimere: ut omnia
pro tpe prodeant examinatiora

De anni Solaris magnitudine et differentia Cap xiij

Quod aute praecessio aequinoctiorum conversionumque sic se habeat quod ab inflexione axis terrae
uti diximus: motus quoque annuus centri terrae: qualis circa Sole
apparet, de quo ia disserendum nobis est, confirmabit.
Sequi minirum oportet: ut cum anua magnitudo ad alteru
aequinoctiorum vel solstitiorum fuerit collata, fiat
inaequalis: propter inaequale ipsorum terminorum permutatione

sunt enim haec cohaerentia inuicem. Quaobrem separandus est nobis, ac definiendus temporalis annus a sydereo. Naturalem quippe vocamus annum: qui nobis quaternas vicissitudines temperat annuas. Sydereum vero eum, qui ad aliquam stellarum non errantium revoluitur. Quod autem annus naturalis quem etiam vertentem vocant, inaequalis existit: priscorum obseruata multitipliciter declarat. Nam Calippus. Aristarchus Samius et Archimedes Syracusanus, ultra dies integros ccclxv quartam diei partem continere definiunt: ab aestiua conversione principium anni sumentes more Atheniensium. Verum C ptolemeus aduertens difficilem esse et scrupulosam solstitiorum apprehensionem, haud satis confisus est illorum obseruatis. Contulitque se potius ad Hypparchum: qui non tam Solares conversiones, quam etiam aequinoctia in Rhodo notata post se reliquit: et prodidit aliquantulum deesse quartae diei. Quod postea Ptolemeus decreuit esse trecentesimam partem diei, hoc modo. Assumit enim autumni aequinoctium quam accuratissime ab illo obseruatum in Rhodo post excessum Alexandri magni anno clxxvij, tertio intercalarium die secundum Aegyptios in media nocte quam sequebatur quartus intercalarium. Deinde subiungit Ptolemeus idem aequinoctium a se obseruatum Alexandriae anno tertio Antonini: qui erat a morte Alexandri annus cccclxiij nona die mensis Athyr aegyptiorum tertij una hora fere post ortum Solis. Fuerunt inter hanc ergo, et Hypparchi considerationem anni aegyptij cclxxxv: dies lxx: horae vij et quinta pars quadrans unius horae: cum debuisset esse lxxj dies et vj horae, si annus vertens fuisset ultra dies integros quadrante diei. Defecit igitur in annis cclxxxv dies unus minus vigesima parte diei. Unde sequitur, ut in annis ccc intercidat dies totus. Simile quo ab aequinoctio verno sumit coniecturam Nam quod ab Hypparcho adnotatum meminit Alexandri anno clxxviij die xxvij Mechir sexti mensis aegyptiorum in ortu Solis: ipse in anno eiusdem cccclxiij reperit septimo die mensis Pachon noni secundum aegyptios post meridiem una hora et paulo plus: atque itidem in annis cclxxxv die unum deesse minus vigesima parte diei. Hisce ptolemaeus adiutus indicijs, definivit annum vertentem esse dierum ccclxv scrup primorum xiiij secundorum xlviij. Post haec Albategnius in Arata Syriae non minori solertia post obitum Alexandrij anno Mccvj aequinoctium autumni consideravit: inventque ipsum fuisse post septimum diem mensis pachon in nocte sequente horis vij et duabus quintis fere, hoc est ante lucem diei octavi per horas iiij et tres quintas. Hanc igitur considerationem suam ad illam ptolemaei conferendo, factam anno tertio Antonini una hora post ortum Solis Alexandriae: quae decem partibus ad occasum distat ab Arata, reccepit ad meridianum suum Aratensem coaequando: ad quem oportebat fuisse una hora et duabus tertijs ab ortu Solis. Igitur in intervallo aequalium annorum DCCXLIIJ erat dies superflui clxxviij horae xvij et iij quintae: pro aggregato quartarum in dies cxvc et dodrantem. Deficientibus ergo diebus vij et duabus quintis unius horae, visum est centesimam et sextam partem deesse quartae. Sumpta ergo e septem diebus et duabus quintis horae secundum annorum numerum septingentesima et quadragesima tertia parte, et sunt scrupula horarij xiij secunda xxxvj, reiecit a quadrante: et produxit annum naturalem continere dies ccclxv horas v scrup prima xlvj secunda xxiiij. Observavimus et nos autumni aequinoctium in ~~Varmia~~ [Frueburgo quam ~~...~~ Gynopoli dicere possimus] Anno Christi nati MDxv decimo octavo ante Calend Octobris. erat autem post Alexandri morte [annos] aegyptiorum MDcccxl sexto die mensis phaophi ~~hora~~ [hor. s post] ortu Solis. At quoniam Arata magis ad oriente est hac nostra regione quasi xxv gradibus[†]. fuerunt ergo in medio tempore[†] inter hoc nostrum et Albategni aequinoctium ultra annos aegyptios DCXXXIIJ, dies cliij horae vj et dodrans horae loco dierum cliiij et vj horarum. Ab illa vero Alexandrina ptolemaei observatione ad eundem locum et tempus nostrae observationis sunt anni aegyptij Mccclxxvj, dies cccxxxij[†]: differimus enim ab Alexandria quasi per hora una. Excidissent ergo a tempore quidem Albategni nobis in DCXXXIIJ annis dies v minus una hora et quadrante, ac per annos cxxviij dies unus. A ptolemaeo autem in annis Mccclxxvj dies xij fere et sub annis cxv dies unus: estque utrobique factus annus inaequalis.

[† quae faciunt hor. ij minus triente]

[† ~~...~~ et hora s]

Accepimus etiã vernũ æquoctium, quod factũ est eodem
anno sequẽte a Chro nato MDXVI ~~ante ortum Solis horis~~ iiij
horis et ~~quadrante~~ ++ ad diem quintum ante Idus Martij. ++ triente post mediã noctis
Suntqz ab illo verno Ptolemaei æquoctio habita meri-
diani Alexandrini ad nostrum comparationẽ anni ægyptij ~~a fuisse et a~~
MCCCLXXVI dies CCCXXXII horæ XVI cum triente: ubi etiã
apparet impares esse æquoctiorum verni et autumni
distantias. Adeo multum interest ut annus Solaris hoc
modo sumptus æqualis existat. Quod enim autumnalibus
æquoctijs inter Ptolemeũ et nos, prout ostensũ est, iuxta
æqualẽ annorũ distributionẽ centesima et quintadecima
pars defuerit quadranti diei, nõ congruit Albategnino
æquoctio ad dimidiũ diem. Deinde quod est ab Albategnio ad nos, ubi centesimã vigesimã octavã partem
diei oportebat deesse quartæ, consonat Ptolemæo: sed
prędicit numerus observatũ illius æquoctiũ ultra diem
totum, ad Hipparchum supra biduũ. Similiter et Alba-
tegnii ratio a Ptolemæo sumpta, per biduũ transcendit
Hipparchicum æquoctiũ. Rectius igitur anni solaris
æqualitas a nõ errantiũ stellarũ sphæra sumitur primus = F Sumitur: q[uo]d p[rimus]
~~prodidit~~ Thebites Choræ filius et eius magnitudinẽ = invenit
esse dierũ CCCLXV scrupulorũ primorũ XV secundorũ XXIIII
quæ sunt horæ VI scrup. prima IX secda XII proxime
sumpto verisimili argumento, quod in æquoctiorũ con-
versionumqz occursu tardiori, longior annus videretur
q̃ in velociori idqz certa proportione. Quod fieri nõ
potuit, nisi æqualitas esset in comparatione ad fixarũ
stellarum sphæram. Quapp nõ est audiendus Pto.
in hac parte: qui absurdum et ineptum existimavit
anni Solis æqualitatẽ metiri per ad aliquã stellarũ
fixarum restitutionẽ: nec magis congruere quam si
a Ioue vel Saturno hoc faceret aliquis. Itaqz in promptu
causa est, cur ante Ptolemeũ longior fuerit annus
~~ne~~ temporarius: qui post ipm multiplici differentia
factus sit brevior. Sed circa annũ quoqz asterote-
rida sive sidereũ potest error accidere in modico tamẽ

ac longe minor eo, quē iam explicauimus. Idq3 propterea
qd ~~motus quoq3~~ idē motus centri terræ circa solē apparēs
etiā inæqualis existit alia duplici diuersitate. Quarum
differentiarum prima atq3 simplex anniuersaria habet restitutionē: altera, quæ primā permutando variat, non statim, sed
longo temporū tractu pcepta est. Quo circa neq3 simplex
neq3 facilis est cognitu ratio annuæ æqualitatis. Nam
si quis simpliciter ad certā alicuius stellæ distantiā voluerit ſ loca habentis cognitū ſ
ipsam accipe (quod fieri potest usu astrolabi mediāte Luna
quēadmodū circa basiliscum Leonis exemplificauimus) nō
penitus vitabit errorē: nisi tunc Sol propter ſ vel nulla ſ motū terræ
tunc prosthaphæresim habuerit vel similē et æqualem in
utroq3 termino sortiatur. Quod nisi euenerit: et aliqua
penes inæqualitatē eorū fuerit differētia, nō utiq3 in tem
poribus æqualibus æqualis circuitus videbitur accidisse.
Sed si in utroq3 termino ~~dempta~~ tota diuersitas deducta, vel
pro ratione adhibita fuerit, pfectum opus erit. Porro
ipsius quoq3 diuersitatis apphensio precedente medij motus,
quē propterea quærimus, exigit cognitionē: ~~in quibus tanquā~~
~~in archimedea circuli quadratura versamur~~. Veruntamē
ut ad resolutionē huius modi aliquādo veniamus, quatuor
omnino causas inuenimus inæqualis apparentiæ. Prima
est inæqualitas præcessionis æquinoctiorū quā exposuimus
Altera est qua sol signiferi partes inæquales intercipe uidet̄ — circumferentias
quæ fere anniuersaria est. Tertia quæ etiā hanc variat quāq3
secundā diuersitatē vocabimus. ~~Qua supest~~ Quarta superest
quæ mutat absides centri terræ sūmam et infimā, ut inferius
apparebit. Ex his omnibus secunda solūmodo nota Ptolemæo quæ ~~ipsa~~ nō potuisset inæqualitatē annalē producere — sola
sed cæteris implicata magis id facit. Ad demonstrādam
vero æqualitatis et apparentiæ Solaris differentiā, exactissiā
anni ratio nō videtur necessaria: sed satis esse si pro āni
magnitudine ccclxv dies cum quadrante caperemus i demonstratione in quibus ille motus primæ diuersitatis
completur ~~nullum errorem committeremus~~: Quandoquidem
qd a toto circulo tam parū destat: in minori subsumptu

magnitudine penitus evanescat. Sed propter ordinis bonitatem ac facilitatem doctrinae, motus aequales annuae ~~et~~ revolutionis centri terrae hic proponimus: quos deinde cum aequalitatis et apparentiae differentiis, per demonstrationes necessarias astruemus

De aequalibus mediisque motibus revolutionum centri terrae

Cap xiiij

Anni magnitudinem et eius aequalitatem: quam Thebit benchorae prodidit, uno duntaxat secundo scrupulo invenimus esse maiorem, ut sit dierum ccclxv scrupulorum primorum xv secundorum xxiiij quae sunt horae aequales vj scrupula prima vi secunda xxxx ~~[illegible]~~ [margin: 1 et tertiis x / quartorum x] pateatque certa ipsius aequalitas ad non erratium stellarum sphaeram. Cum ergo ccclx unius circuli gradus multiplicaverimus per ccclxv dies et collectum diviserimus per dies ccclxv: scrup prima xv secunda xxiiij [1. 3. x. 4.] habebimus unius anni aegyptij motum in sexagenis v gradibus lix scrup primis xliiij secundis iL tertiis vij quartis iiij. Et sexaginta annorum similium motum (reiectis integris circulis) graduum sexagenas v gradus xliiij scrup prima iL secunda vij Tertia iiij. Rursum si annuum motum partiamur per dies ccclxv habebimus diarium motum scrup primorum Lix secundorum viij tertiorum xi quartorum xxij. Quod si mediam aequalemque aequinoctiorum praecessionem his adiecerimus, componemus aequalem quoque motum in annis temporariis, annuum S v g lix 1 xliv 2 xxxix 3 xxix 4 ~~[illegible]~~ xviij et diurnum scrup 1 lix 2 viij 3 xix 4 xxxvij: et ~~per~~ illum quidem motum solis ~~ut~~ (ut vulgari verbo utar) simplicem aequalem possumus appellare hunc vero aequalem compositum: quos etiam in tabulis exponemus eo modo prout circa praecessionem aequinoctiorum fecimus ~~et sunt tabulae~~ hae. Quibus additur motus anomaliae Solis aequalis, de qua postea

-- ea ratione

Tab motus ☉ æqualis simp in annis et sexagenis annorum

Anni	MOTUS							Anni	MOTUS						
1	5	59	44	~~49~~	~~17~~	49	7	31	5	52	9	~~48~~	~~13~~	22	39
2	5	59	29	~~38~~	~~35~~	38	14	32	5	51	54	~~17~~	~~31~~	11	46
3	5	59	14	~~27~~	~~53~~	27	21	33	5	51	39	~~6~~	~~49~~	0	53
4	5	58	59	~~17~~	~~11~~	16	28	34	5	51	23	~~56~~	~~7~~	50	0
5	5	58	44	~~6~~	~~29~~	5	35	35	5	51	8	~~45~~	~~25~~	39	7
6	5	58	28	~~55~~	~~47~~	54	42	36	5	50	53	~~34~~	~~43~~	28	14
7	5	58	13	~~45~~	~~5~~	43	49	37	5	50	38	~~24~~	~~1~~	17	21
8	5	57	58	~~34~~	~~22~~	32	56	38	5	50	23	~~13~~	~~18~~	6	28
9	5	57	43	~~23~~	~~40~~	22	3	39	5	50	7~~8~~	~~2~~	~~36~~	55	35
10	5	57	28	~~12~~	~~58~~	11	10	40	5	49	52	~~51~~	~~54~~	44	42
11	5	57	13	~~2~~	~~16~~	0	17	41	5	49	37	~~41~~	~~12~~	33	49
12	5	56	57	~~51~~	~~34~~	49	34	42	5	49	22	~~30~~	~~30~~	22	56
13	5	56	42	~~40~~	~~52~~	38	31	43	5	49	7	~~19~~	~~48~~	12	3
14	5	56	27	~~30~~	~~10~~	27	38	44	5	48	52	~~9~~	~~6~~	1	10
15	5	56	12	~~19~~	~~28~~	16	46	45	5	48	36	~~58~~	~~24~~	50	18
16	5	55	57	~~8~~	~~46~~	5	53	46	5	48	21	~~47~~	~~41~~	39	25
17	5	55	41	~~58~~	~~3~~	55	0	47	5	48	6	~~36~~	~~59~~	28	32
18	5	55	26	~~47~~	~~21~~	44	7	48	5	47	51	~~26~~	~~17~~	17	39
19	5	54	11	~~36~~	~~39~~	33	14	49	5	47	36	~~15~~	~~35~~	6	46
20	5	54	56	~~25~~	~~57~~	22	21	50	5	47	20	~~4~~	~~53~~	55	53
21	5	54	41	~~15~~	~~15~~	11	28	51	5	47	5	~~54~~	~~11~~	45	0
22	5	54	26	~~4~~	~~33~~	0	35	52	5	46	50	~~43~~	~~28~~	34	7
23	5	54	10	~~53~~	~~50~~	49	42	53	5	46	35	~~32~~	~~46~~	23	14
24	5	53	55	~~43~~	~~8~~	38	49	54	5	46	20	~~22~~	~~4~~	12	21
25	5	53	40	~~32~~	~~26~~	27	56	55	5	46	5	~~11~~	~~22~~	1	28
26	5	53	25	~~21~~	~~44~~	17	3	56	5	45	49	~~0~~	~~40~~	50	35
27	5	53	10	~~11~~	~~2~~	6	10	57	5	45	34	~~49~~	~~58~~	39	42
28	5	52	54	~~0~~	~~20~~	55	17	58	5	45	19	~~39~~	~~16~~	28	49
29	5	52	39	~~49~~	~~38~~	44	24	59	5	45	4	~~28~~	~~34~~	17	56
30	5	52	24	~~38~~	~~56~~	33	32	60	5	44	49	~~17~~	~~52~~	7	4
				~~33~~	~~32~~							~~7~~	~~4~~		

Chri locus

A 32 31

Motus ☉ simp in diebus et Sexag et scrup diorum

Dies	Motus					Dies	Motus				
1	0	0	59	8	11	31	0	30	33	13	52
2	0	1	58	16	22	32	0	31	32	22	3
3	0	2	57	24	34	33	0	32	31	30	15
4	0	3	56	32	45	34	0	33	30	38	26
5	0	4	55	40	56	35	0	34	29	46	37
6	0	5	54	49	8	36	0	35	28	54	49
7	0	6	53	57	19	37	0	36	28	3	0
8	0	7	53	5	30	38	0	37	27	11	11
9	0	8	52	13	42	39	0	38	26	19	23
10	0	9	51	21	53	40	0	39	25	27	34
11	0	10	50	30	5	41	0	40	24	35	45
12	0	11	49	38	16	42	0	41	23	43	57
13	0	12	48	46	27	43	0	42	22	52	8
14	0	13	47	54	39	44	0	43	22	0	20
15	0	14	47	2	50	45	0	44	21	8	31
16	0	15	46	11	1	46	0	45	20	16	42
17	0	16	45	19	13	47	0	46	19	24	54
18	0	17	44	27	24	48	0	47	18	33	5
19	0	18	43	35	35	49	0	48	17	41	16
20	0	19	42	43	47	50	0	49	16	49	28
21	0	20	41	51	58	51	0	50	15	57	39
22	0	21	41	0	9	52	0	51	15	5	50
23	0	22	40	8	21	53	0	52	14	14	2
24	0	23	39	16	32	54	0	53	13	22	13
25	0	24	38	24	44	55	0	54	12	30	25
26	0	25	37	32	55	56	0	55	11	38	36
27	0	26	36	41	6	57	0	56	10	46	47
28	0	27	35	49	18	58	0	57	9	54	59
29	0	28	34	57	29	59	0	58	9	3	10
30	0	29	34	5	41	60	0	59	8	11	22

Anomaliae motus Solis æquat in ãnis et Sexag

An m	Motus					An m	Motus				
sig											
1	5	59	44	24	46	31	5	51	56	48	11
2	5	59	28	49	33	32	5	51	41	12	58
3	5	59	13	14	20	33	5	51	25	37	45
4	5	58	57	39	7	34	5	51	10	2	32
5	5	58	42	3	54	35	5	50	54	27	19
6	5	58	26	28	41	36	5	50	38	52	6
7	5	58	10	53	27	37	5	50	23	16	52
8	5	57	55	18	14	38	5	50	7	41	39
9	5	57	39	43	1	39	5	49	52	6	26
10	5	57	24	7	48	40	5	49	36	31	13
11	5	57	8	32	35	41	5	49	20	56	0
12	5	56	52	57	22	42	5	49	5	20	47
13	5	56	37	22	8	43	5	48	49	45	33
14	5	56	21	46	55	44	5	48	34	10	30
15	5	56	6	11	42	45	5	48	18	35	07
16	5	55	50	36	29	46	5	48	2	59	54
17	5	55	35	1	16	47	5	47	47	24	41
18	5	55	19	26	3	48	5	47	31	49	28
19	5	55	3	50	49	49	5	47	16	14	14
20	5	54	48	15	36	50	5	47	0	39	01
21	5	54	32	40	23	51	5	46	45	3	48
22	5	54	17	5	10	52	5	46	29	28	35
23	5	54	1	29	57	53	5	46	13	53	22
24	5	53	45	54	44	54	5	45	58	18	09
25	5	53	30	19	30	55	5	45	42	42	55
26	5	53	14	44	17	56	5	45	27	7	42
27	5	52	59	9	4	57	5	45	11	32	29
28	5	52	43	33	51	58	5	44	55	57	16
29	5	52	27	58	38	59	5	44	40	22	03
30	5	52	12	23	25	60	5	44	24	46	50

Chm
211 19

Anomaliae ☉ in diebus et sexagenis dierum											
Dies	Motus					Dies	Motus				
1	0	0	59	8	7	31	0	30	33	11	48
2	0	1	58	16	14	32	0	31	32	19	55
3	0	2	57	24	22	33	0	32	31	28	3
4	0	3	56	32	29	34	0	33	30	36	10
5	0	4	55	40	36	35	0	34	29	44	17
6	0	5	54	48	44	36	0	35	28	52	25
7	0	6	53	56	51	37	0	36	28	0	32
8	0	7	53	4	58	38	0	37	27	8	39
9	0	8	52	13	6	39	0	38	26	16	47
10	0	9	51	21	13	40	0	39	25	24	54
11	0	10	50	29	21	41	0	40	24	33	2
12	0	11	49	37	28	42	0	41	23	41	8
13	0	12	48	45	35	43	0	42	20	49	16
14	0	13	47	53	43	44	0	43	29	57	29
15	0	14	47	1	50	45	0	44	29	5	30
16	0	15	46	9	57	46	0	45	28	13	38
17	0	16	45	18	5	47	0	46	17	21	46
18	0	17	44	26	12	48	0	47	16	29	53
19	0	18	43	34	19	49	0	48	14	38	0
20	0	19	42	42	27	50	0	49	14	46	8
21	0	20	41	50	34	51	0	50	15	54	15
22	0	21	40	58	42	52	0	51	15	2	23
23	0	22	40	6	49	53	0	52	14	10	30
24	0	23	39	14	56	54	0	53	13	18	37
25	0	24	38	23	4	55	0	54	12	26	45
26	0	25	37	31	11	56	0	55	11	34	52
27	0	26	36	39	18	57	0	56	10	42	59
28	0	27	35	47	26	58	0	57	9	51	7
29	0	28	34	55	33	59	0	58	8	59	14
30	0	29	34	3	41	60	0	59	8	7	22

Tab Motus ☉ aequat cōpositus ī annis et Sexagē ānorū

Anni	Motus							Anni	Motus				
1	5	59	45	39	29	39	19	31	5	52	35	24	28
2	5	59	31	18	59	18	38	32	5	52	21	3	58
3	5	59	16	58	29	57	57	33	5	52	6	43	28
4	5	59	2	37	59	37	16	34	5	51	52	22	58
5	5	58	48	17	29	16	35	35	5	51	38	2	28
6	5	58	33	56	59	55	54	36	5	51	23	41	58
7	5	58	19	36	29	35	14	37	5	51	9	21	28
8	5	58	5	15	59	14	33	38	5	50	55	0	58
9	5	57	50	55	29	53	52	39	5	50	40	40	28
10	5	57	36	34	59	33	11	40	5	50	26	19	58
11	5	57	22	14	29	12	30	41	5	50	11	59	27
12	5	57	7	53	59	51	49	42	5	49	57	38	57
13	5	56	53	33	29	31	8	43	5	49	43	18	27
14	5	56	39	12	59	10	28	44	5	49	28	57	57
15	5	56	24	52	29	49	47	45	5	49	14	37	27
16	5	56	10	31	59	29	6	46	5	49	0	16	57
17	5	55	56	11	29	8	25	47	5	48	45	56	27
18	5	55	41	50	59	47	44	48	5	48	31	35	57
19	5	55	27	30	29	27	3	49	5	48	17	15	27
20	5	55	13	9	59	6	23	50	5	48	2	54	57
21	5	54	58	49	28	45	42	51	5	47	48	34	27
22	5	54	44	28	58	25	1	52	5	47	34	13	57
23	5	54	30	8	28	4	20	53	5	47	19	53	27
24	5	54	15	47	58	43	39	54	5	47	5	32	57
25	5	54	1	27	28	22	58	55	5	46	51	12	27
26	5	53	47	6	58	2	17	56	5	46	36	51	57
27	5	53	32	46	28	41	37	57	5	46	22	31	27
28	5	53	18	25	58	20	56	58	5	46	8	10	57
29	5	53	4	5	28	0	15	59	5	45	53	50	27
30	5	52	48	44	58	39	34	60	5	45	39	~~29~~	~~57~~
												19	9

Motus ☉ compositus in diebus sexagenis et scrup dierum

Dies	Motus					Dies	Motus				
1	0	0	59	8	19	31	0	30	33	18	8
2	0	1	58	16	39	32	0	31	32	26	27
3	0	2	57	24	58	33	0	32	31	34	47
4	0	3	56	33	18	34	0	33	30	43	6
5	0	4	55	41	38	35	0	34	29	51	26
6	0	5	54	49	57	36	0	35	28	59	46
7	0	6	53	58	17	37	0	36	28	8	5
8	0	7	53	6	36	38	0	37	27	16	25
9	0	8	52	14	56	39	0	38	26	24	45
10	0	9	51	23	16	40	0	39	25	33	4
11	0	10	50	31	35	41	0	40	24	41	24
12	0	11	49	39	55	42	0	41	23	49	43
13	0	12	48	48	15	43	0	42	22	58	3
14	0	13	47	56	34	44	0	43	22	6	23
15	0	14	47	4	54	45	0	44	21	14	42
16	0	15	46	13	13	46	0	45	20	23	2
17	0	16	45	21	33	47	0	46	19	31	21
18	0	17	44	29	53	48	0	47	18	39	41
19	0	18	43	38	12	49	0	48	17	48	1
20	0	19	42	46	32	50	0	49	16	56	20
21	0	20	41	54	51	51	0	50	16	4	40
22	0	21	41	3	11	52	0	51	15	13	0
23	0	22	40	11	31	53	0	52	14	21	19
24	0	23	39	19	50	54	0	53	13	29	39
25	0	24	38	28	10	55	0	54	12	37	58
26	0	25	37	36	30	56	0	55	11	46	18
27	0	26	36	44	49	57	0	56	10	54	38
28	0	27	35	53	9	58	0	57	10	2	57
29	0	28	35	1	28	59	0	58	9	11	17
30	0	29	34	9	48	60	0	59	8	19	37

~~Protheoremata ad inaequalitatẽ motus Solis apparentis demonstranda~~ ~~Cap xiiij~~

Anomaliae ☉ motus aequat in annis et sexag

An m						An m					
1	6	59	44	24	34	31	5	51	56	41	47
2	5	59	28	49	8	32	5	51	41	6	21
3	5	59	13	17	43	33	5	51	25	30	56
4	5	58	57	38	17	34	5	51	9	55	40
5	5	58	42	12	52	35	5	50	54	20	15
6	5	58	26	24	26	36	5	50	38	44	39
7	5	58	10	48	1	37	5	50	23	9	14
8	5	57	55	16	~~40~~ 39	38	5	50	7	33	48
9	5	57	39	41	~~[illegible]~~ 0	39	5	49	51	58	22
10	5	57	24	5	44	40	5	49	36	22	57
11	5	57	8	30	18	41	5	49	20	47	31
12	5	56	52	54	53	42	5	49	5	12	6
13	5	56	37	19	27	43	5	48	49	36	40
14	5	56	11	44	2	44	5	48	34	1	15
15	5	56	6	8	36	45	5	48	18	25	49
16	5	55	50	33	11	46	5	48	2	50	23
17	5	55	34	57	45	47	5	47	47	14	58
18	5	55	19	22	19	48	5	47	31	39	32
19	5	55	3	46	54	49	5	47	16	4	7
20	5	54	48	11	28	50	5	47	0	28	41
21	5	54	32	36	3	51	5	46	44	53	16
22	5	54	17	0	37	52	5	46	29	17	50
23	5	54	1	25	11	53	5	46	13	42	24
24	5	53	45	29	46	54	5	45	58	6	59
25	5	53	30	14	20	55	5	45	42	31	33
26	5	53	14	38	55	56	5	45	26	56	8
27	5	52	59	3	29	57	5	45	11	20	42
28	5	52	43	28	4	58	5	44	55	45	17
29	5	52	27	52	38	59	5	44	40	9	51
30	5	52	12	17	13	60	5	44	24	34	26
							5	44	24	46	50

diurn[illegible] 6 59 · 8 · 7 22

Protheoremata ad inaequalitatem motus solaris apparentis demonstrandam. Ca. xiiij

Ad inaequalitatem vero solis apparentem magis capessendam demonstrabimus adhuc apertius, quod Sole medium mundi tenente, circa quem tanquam centrum terra volvatur: si fuerit ut diximus, inter solem et terram distantia quae ad immensitatem stellarum fixarum sphaerae non possit existimari, videbitur Sol ad quodcunque susceptum signum vel stellam eiusdem sphaerae aequaliter moveri. Sit enim maximus in mundo circulus a b [in plano signiferi] centrum eius c in quo Sol consistat, et sitque distantia Solis et terrae c d ad quam immensa fuerit altitudo mundi, circulus describatur d e in eadem superficie signiferi in quo ponitur revolutio annua centri terrae. Dico quod ad quodcunque signum susceptum vel stellam in a b circulo Sol aequaliter moveri videbitur: suscipiatur, et sit a: ad quod visus solis a terra quae sit in d porrigatur a c d. Moveatur etiam terra utcunque per d e circumferentiam: et ex e termino terrae agantur a e et b e videbitur ergo Sol modo ex e in b signo: et quoniam a c immensa est ipsi c d vel huic aequali c e, erit etiam a e immensa eidem c e. Capiatur enim in a c quodcunque signum f: et connectatur e f. Quoniam igitur a terminis c e basis duae rectae lineae cadunt extra triangulum e f c in a signum, per conversionem xxi primi libri element. Euclidis angulus f a e minor erit angulo e f c. Quapropter lineae rectae in immensitate extensae comprehendent tandem c a e angulum acutum adeo ut amplius discerni nequeat: et ipse est quo b c e angulus maior est angulo a e c: qui etiam ob tam modicam differentiam videntur aequales: et lineae a c, a e parallelae: atque Sol ad quodcunque signum stellatae sphaerae aequaliter moveri: ac si circa e centrum volveretur: quod erat demonstrandum.

Eius autem inaequalitas demonstratur: quod motus centri terrae [ac annuae revolutionis] non sit omnino circa Solis centrum. Quod sane duobus modis intelligi potest: vel per eccentrum circulum id est cuius centrum non sit Solis: vel per epicyclum in homocentro. Nam per eccentrum declaratur hoc modo. Sit enim eccentrus in [plano signiferi] orbis a b c d cuius centrum e sit extra Solis mundive centrum

|quod sit f|

no valde modica distantia: dimetiens eius per utrumque centrum a e f d. Sitque apogeon in a: quod a latinis summa absis vocatur remotissimus a centro mundi locus. d vero perigeon quod est proximum et infima absis. Dum ergo terra in orbe suo a b c d aequaliter in e centro feratur (ut iam dictum est) apparebit in f motus diversus. Sumptis enim aequalibus circumferentiis a b et c d. ductisque lineis rectis b e. c e: b f c f erunt quidem a e b et c e d anguli aequales: quibus circa e centrum circumferentiae subducuntur aequales. Angulus autem qui videtur c f d maior est angulo c e d exterior interiori: idcirco etiam maior angulo a e b aequali ipsi c e d. Sed et a e b angulus exterior est interiori a f b angulo maior: tanto magis angulus c f d maior est ipsi a f b: Utrumque vero tempus aequale produxit per a b et c d circumferentias aequales: aequalis ergo motus circa e inaequalis circa f apparebit. Idem quoque licet videre: ac simplicius. quod remotior sit a b circumferentia ab ipso f quam c d: nam per septimam tertii elementorum Euclidis lineae quibus excipiuntur a f b f longiores sunt quam c f d f: atque ut in opticis demonstratur: aequales magnitudines quae propinquiores sunt maiores apparent remotioribus. Itaque manifestum

|quod| est de eccentro proponitur. Idem quoque per epicyclum in homocentro declarabitur. Esto enim homocentrus a b c d centrum mundi e in quo etiam Sol: sitque in a centrum epicycli f g: et per ambo centra linea recta c e a f apogeon epicycli f perigeum i. patet igitur aequalitatem esse in a: inaequalitatem vero apparentiae in f g epicyclo: Quoniam si a moveatur ad partes b hoc est in consequentia: centrum vero terrae ex f apogeo in praecedentia: maior apparebit moveri e in perigeo quod est i. eo quod bini motus ipsorum a et i fuerint in easdem partes: in apogeo vero quod est f videbitur esse

[in margin: potest] tardius ipsum e quod a vincente motu solummodo e duobus contrariis movetur. atque in g constituta terra praecedit motum aequalem in k vero sequetur et utrobique secundum a g et a k circumferentiam: quibus idcirco etiam Sol diversimode moveri videbitur. Quaecumque vero per epicyclum fiunt: possunt eodem modo per excentrum accidere

[margin: f eodem plano]

k

quē transitus sideris in epicycho describit æqualē homo-
[f ac in eodē plano] centro: cuius eccentri centrū distat ab homocentri centro
magnitudine semidimetientis epicycli: Quod etiā tribus
modis continget. Quoniā si epicyclus in homocentro et
sydus in epicycho pares faciat revolutiones: sed motib;
invicem obviantibus: fixum designabit eccentrū motus syderis
utputa cuius apogeum et perigeum immutabiles sedes obtineat
Quaadmodum si fuerit a b c homocentrus: centrū mundi
d: dimetiens a d c: ponamusq; quod cum epicyclum
esset in a sydus fuerit in apogio epicylij: quod sit in g
et dimidia diametri ipsius in rectam linea d a g: capiatur autē a b circumferentia homocētri et centro b:
distantia autē æquali a g epicyclus describatur e f g
et extendantur d b et e b in recta lineā. Sumaturq;
[circumferentia] e f in cōtrarias partes: atq; similis ipsi a b fueritq; in
f sydus vel terra: et coniungatur b f: Capiatur etiam
in a d linea segmentum d k æquale ipsi b f. Quoniam
igitur anguli qui sub e b f et b d a sunt æquales et propterea
b f et d k paralleli: atq; æquales: æqualibus autem et
parallelis rectis lineis: si rectæ lineæ coniungantur
sunt etiā paralleli et æquales per xxxiij Euclidis. Et
quoniā d k: a g ponuntur æquales communis apponatur
a k erit g a k æqualis ipsi a k d: æquat igitur etiā
ipsi k f centro igitur k distantia autē k a g descriptus circulus transibit per f que quidē ipsum f motu
composito ipsorum a b et e f descripsit eccentrū homocentro æqualē: et idcirco etiā fixum, dum enim epicyclus
pares cum homocentro fecerit revolutiones necesse est
absides eccentri sic descripti eodē loco manere: ~~quoniā~~
~~b f et a d semp parallelis propter æquales e b f et b d a~~
~~angulos æquales~~ Quod si dispares epicyclij centrum
et circumferētia fecerint revolutiones: iam nō fixū
designabit eccentrū motus syderis. sed cuius centrū
et absides in precedentia vel consequētia ferantur: prout
syderis motus celerior tardiorve fuerit centro epicycli
sui. Quaadmodū si e b f maior fuerit angulo b d a
æqualis autē illi, qui sub b d m: ~~quātenus a d maior~~
demonstrabitur

(cōstituatur)

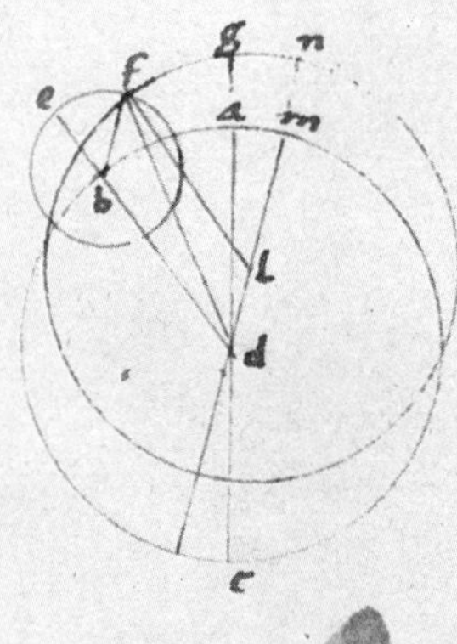

demonstrabitur etiam: quod si in dm linea capiatur dl aequalis ipsi bf: atque l centro, distantia autem lm aequali ad descriptus circulus transibit per f sydus: quo fit manifestum nf circumferentiam motu syderis composito describi eccentri circuli: cuius apogeum a signo g migravit interim in praecedentia per gn circumferentiam. Contra vero si lentior fuerit sideris in epicyclio motus: tunc enim eccentri centrum in consequentia succedet: atque eo quo epicyclii centrum feretur. Utputa si efb angulus minor fuerit ipso bda aequalis autem ei qui sub bdm, manifestum est evenire quod diximus. E quibus omnibus patet eandem semper apparentiae inaequalitatem produci: sive per epicyclum in homocentro sive per eccentrum circulum aequalem homocentro nullaque inter ipsos invicem differre: dummodo distantia centrorum aequalis fuerit ei quae ex centro epicyclii. Utrum igitur eorum existat in caelo: non est facile discernere. Ptolemaeus quidem, ubi simplicem intellexit inaequalitatem, ac certas immutabilesque sedes absidum (ut in Sole putabat) eccentrotetis rationem arbitrabatur sufficere. Lunae vero caeterisque quinque planetis duplici sive pluri differentia vagantibus eccentrepicyclos accommodavit. Ex his etiam in facile demonstratur maximam differentiam aequalitatis et apparentiae tunc videri, quando sidus apparuerit in medio loco inter summam infimamque absidem, secundum eccentri modum, secundum vero epicyclum in eius contactu: ut apud Ptolemaeum. Per eccentrum hoc modo. Sit enim ipse abcd in centro e dimetiens aec per f Solem extra centrum. Agatur autem rectis angulis per f linea bfd et connectantur be ed. apogeum sit a: perigeum c a quibus bd sint in media apparentia. Manifestum est, quod angulus aeb exterior motum comprehendit aequalem: interior autem efb apparentem: estque ipsorum differentia ebf angulus. Aio quod neutro ipsorum bd angulorum maior in circumcurrente supra lineam ef constitui potest. Sumptis enim ante et post b signis g h coniungantur gd. ge: gf item he: hf: hd. Cum igitur fg quae propior centro longior sit quam df erit angulus gdf ipso dgf maior. Sed aequales sunt qui sub edg et egd: descendentibus ad basim aequalibus eg et ed lateribus. Igitur et angulus edf aequalis ipsi ebf maior est angulo egf. Similiter quoque df longior

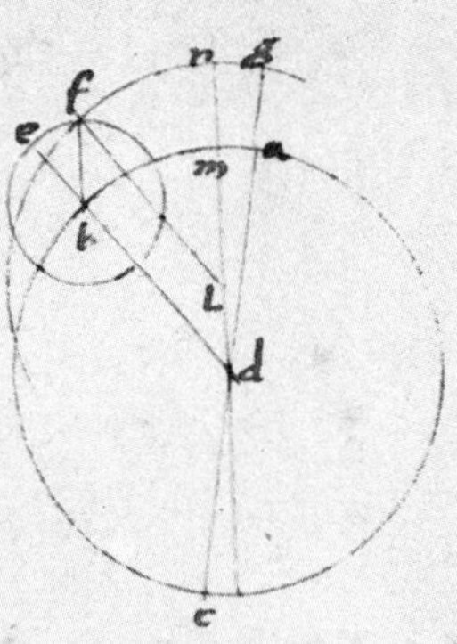

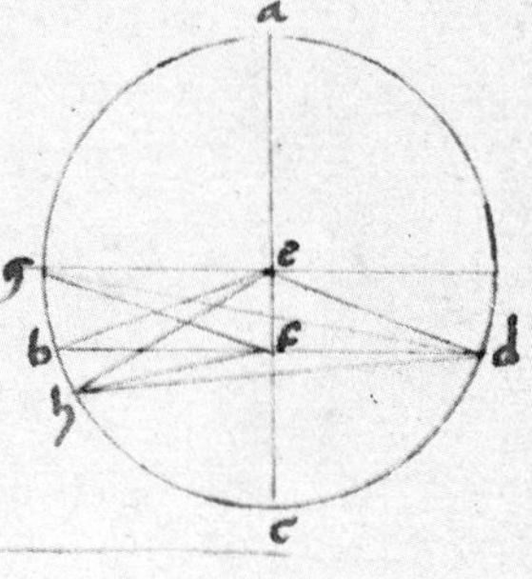

est q̄ fh: et angulus fhd maior q̄ fdh: totus autem ehd toti edh aequalis: aequales enim sunt eh: ed: reliquus ergo edf aequalis ipsi ehf reliquo etiam ehf maior est. Consequitur igitur q̄ in b et d signis supra ef lineam maior angulus constituetur. Itaque maxima differentia aequalitatis et apparentiae medio loco inter apogeon et perigeon apparente consistit

De apparente Solis inaequalitate Cap XV

Haec quidem in genere demonstrata sunt: quae non tantum Solaribus apparentiis ~~apparentiis~~ q̄ etiam aliorum syderum inaequalitati possunt accomodari. Nunc q̄ Solis sunt et terrae permutabimus. in iis primum. quae a Pto. et aliis antiquioribus accepimus: deinde q̄ recentior aetas ex experientia nos docuit. Ptolemaeus invenit ab aequinoctio verno ad Solstitium dies comprehendi xciiii s a Solstitio ad aequinoctium autumnale dies xcii s. Erat igitur pro ratione temporis in primo intervallo medius aequalisque motus partium xciii scrup ix in secundo partium xci scrup xi. Hoc modo partitus anni circulus: qui sit abcd in e centro, capiatur ab pro primo temporis spatio partium xciii scrup ix. bc pro secundo part xci scr x. Et ex a vernum spectetur aequinoctium ex b aestiua conversio: ex c autumnale aequinoctium et quod reliquum est ex d bruma. Connectantur ac: bd: quae se invicem secent ad rectos angulos in f ubi Solem constituimus. Quoniam igitur abc circumferentia est semicirculo maior: maior quoque ab q̄ bc: intellexit Pto. ex his e centrum circuli inter bf et fa lineas contineri: et apogeum inter aequinoctium vernum: et tropen Solis aestiuam. Agatur iam per e centrum ieg ad afc quae secabit bfd in l. atque hek ad bfd q̄ secet af in m. Constituetur hoc modo lemf parallelogrammum rectangulum cuius dimetiens fe in rectam extensa linea fen indicabit maximam a Sole terrae longitudinem: et apogei locum in n. Cum igitur abc circumferentia partium sit clxxxiiii scrup xix: dimidium eius ah partium xcii scrup ix s. si eiicietur ex agb relinquit excessum hb scrup lix. Rursus hg quadrans circuli partis dempta ex ah relinquit ag partis ii scrup x. semisses autem subtendentes duplum ag partes habet 377 quarum q̄ ex centro est 10000: et est aequalis ipsi

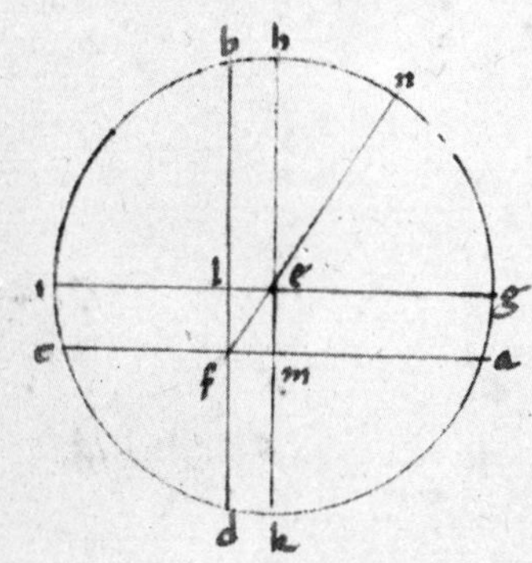

lf. Diametrum vero subtendentis dupla bh est qualium le partium
~~est~~ earundem 172. Duobus ergo ~~abf~~ elf trianguli la
teribus datis: erit subtensa ef similiter partium 414 quarum que ex centro sunt 100000
vigesimaquarta fere pars eius que ex centro ne: et
~~angulus lfe partium xxiiij s~~ ut aut ef ad el sic ne
que ex centro ad semissem subtendentis duplum nh. Igitur
ipsa nh datur part xxiiij s et secundum istas partes neh angulus
cui etiam aequalis est lfe angulus apparentiae. Tanto igitur
spacio summa absis ante Ptolemeum precedebat aestivam Solis
conversionem. At quoniam ik est quadrans circuli: a quo si
elevantur ic: dk aequales ipsis ag: bb remanent cd partium
lxxxvi scrup li et quod reliquum est ex cda ipsa da partium
lxxxxiii scrup il. Sed part lxxxvi scrup li respondent dies
lxxxviii et octava pars diei: et partibus lxxxxiii scrup
il, dies xc et octava pars diei que sunt horae iij: in
quibus sub aequali motu telluris Sol videbatur pertransire
ab autumnali aequinoctio in bruma: et quod reliquum est anni
a bruma in aequinoctium vernum reverti. Haec quidem Ptolemaeus, non aliter quam ante se ab Hipparcho prodita sunt
etiam se invenisse testatur. Quamobrem censuit et in reliquum
tempus summa absidem xxiiij grad et s ante trop aestivam
et eccentrotetam xxiiij ut dictum est partis eius que ex centro
perpetuo permansuram: utrumque iam invenitur mutatum, differentia manifesta. Albategnius ab aequinoctio verno ad
aestivam conversionem dies xciii scrup xxxv adnotavit: ad
autumnale aequinoctium dies clxxxvi scrup xxxvij: e quibus
iuxta Pto praescriptum eruit eccentrotetam partium non amplius
346 quarum que ex centro est 10000. Consentit huic Arzachel
hyspanus in eccentrotetis ratione: sed apogeum prodidit ante
Solstitium part xij scrup x: quod Albategnio videbatur partibus
vij scrup xliij ante idem solstitium. Quibus sane indiciis de-
prehensum est: aliam adhuc superesse differentiam in motu centri
terrae: quod etiam nostrae aetatis observationibus comprobatur
Nam a decem et pluribus annis: quibus earum rerum consi-
derandarum adiecimus animum: ac praesertim anno Christi
MDXV invenimus ab aequinoctio verno in autumnale
dies compleri clxxxvi scrup v s: et ne minus in capiendis
solstitiis falleremur: quod prioribus interdum contigisse nonnulli
suspicantur, alia quaedam Solis loca in hoc negotio nobis

assumimus: quae etiam praeter aequinoctia fuerint obseruatu non
utique difficilia, qualia sunt media signorum Tauri, Leonis: Scorpij et aquarij: inuenimus igitur
ab autumni aequinoctio ad medium Scorpium dies xlv scrup xvi
ad vernum aequinoctium dies clxxviij scrup liij s Aequalis autem
motus in primo internallo partium est xliiij scrup xxxvij
In secundo part clxxvi scrup xix. Quibus sic constructis
repetatur abcd circulus: sitque a signum, a quo Sol apparuit
erit vernus aequinoctialis: B, unde autumnale aequinoctium conspiciebatur. C medium Scorpij. Coniungatur ab: cd secantes
sese in f centro Solis: et subtendatur ac. Quoniam igitur
cognita est cb circumferentia: partium enim xliiij scrup xxxvij
et propterea angulus qui sub bac datur: secundum quod ccclx
sunt duo recti: et qui sub bfc angulus motus apparentis est
part xlv, quibus ccclx sunt quatuor recti: sed quatenus fuerint
duo recti, erit ipse bfc partium xc: hinc reliquus acd qui
in ad circumferentia partium xlv scrup xxiij. Sed totum
acb segmentum partium est clxxvi scrup xix: dempta bc
remanet ac partium cxxxi scrup xlij: quae cum ipsa ad colliget cad circumferentiam part clxxvij scrup v. Cum igitur

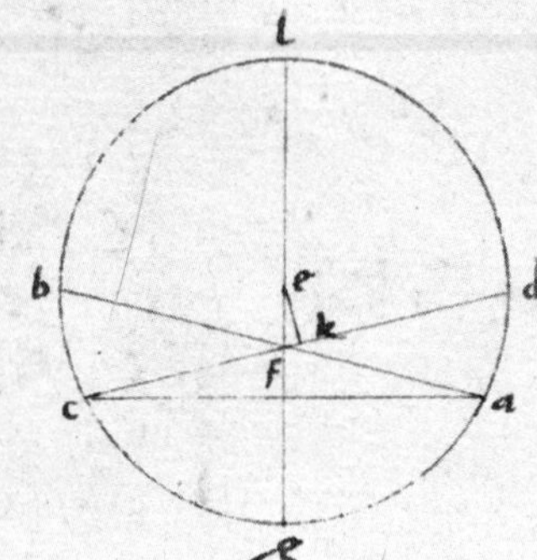

acb utrumque segmentum et cad semicirculo minus existat
perspicuum est in reliquo bd circuli centrum contineri: sitque
ipsum e: atque per f dimetiens agatur lefg: et sit l apogeum
g perigeum: excitetur ek perpendicularis ipsi cfd. Atqui
datarum circumferentiarum sunt etiam subtensae datae per canonem
ac partium 18249 ^141^ atque cfd partium 1999 ^34^ quarum dimetiens
ponitur 200000 trianguli igitur acf datorum angulorum,
erit quoque per primum planorum preceptum data ratio laterum
97961 et cf partium quibus erat ac part 1824966 idque dimidius excessus super fd, et est fk partium earundem 2000
Et quoniam cad segmentum deficit a semicirculo partibus
ij scrup liiij quarum subtensae dimidia, aequalis ipsi ek
partium est 2534 Proinde in triangulo efk duobus lateribus datis fk, ke rectum angulum comprehendentibus
datorum erit laterum et angulorum ef partium 323 qualium
est el 10000 et angulus efk partium
quibus ccclx sunt quatuor recti. qualium ante el fuerit

F totus ergo afl partium est xcvi scrup et reliquus bfl part
part lxxxiij F
et tertiae partis

lvij

partium lx, erit ef pars una scrup ~~lviij~~ proxime. Haec erat Solis a centro orbis distantia ~~lix~~ trigesimaprima iam facta quae Ptolemaeo vigesimaquarta pars videbatur. Et apogeum quod tunc aestimatione conversionis partibus xxiiij S praecedebat: nunc sequitur ipsum part vi et duabus tertijs.

Primae ac annuae Solaris inaequalitatis demonstratio cum particularibus ipsius differentijs Cap xxi

Cum ergo plures Solaris inaequalitatis differentiae reperiantur eam primus, quae annua est, ac notior ceteris deducendam censemus. Ob idque repetatur abc circulus in e centro cum dimetiente aec apogeum a perigeum c et Sol in d. Demonstratum est ante maximam esse differentiam aequalitatis et apparentiae medio loco secundum apparentiam inter utramque absidem: et eam ob causam perpendicularis excitetur bd ipsi aec quae secet circumferentiam in b signo et coniungatur be. Quoniam igitur in triangulo rectangulo bde duo latera [data sint, videlicet] be quae ex centro circuli ad circumferentiam: et de distantia Solis a centro ~~data sunt~~: erit ergo datorum angulorum: et dbe angulus datus quo bea aequalitatis differt a recto edb apparenti. Quatenus autem de maior minorque facta est, tota trianguli species est mutata. ~~ac fuint~~ sic ante Pto. b angulus partium erat ij scrup xxiij Sub Albategno et Arzahele part i scr lix nunc ante pars una scrup lj. et Pto habebat ab circumferentia: quam aeb angulus accipit, ~~habebat~~ part xciij scrup xxiij bc part lxxxvj scrup xxxvij. Albategnus ab partis xcj scr lix bc partes [illegible] scr j nunc ab par xcj scr lj bc part lxxxviij scr viiij. Exinde etiam [reliquae] differentiae patent: assumpta enim utramque alia circumferentia ab: ut in sequenti figura: ut sit angulus qui sub aeb datus ac interior bed: ac duo latera be: ed dabitur per ~~[illegible]~~ [tri]a[ngu]la planorum angulus ebd prosthaphaeresis ac differentia aequalitatis et apparentiae: quas ~~est~~ [etiam] differentias mutari necesse est, propter ed lateris mutationem ut iam dictum est.

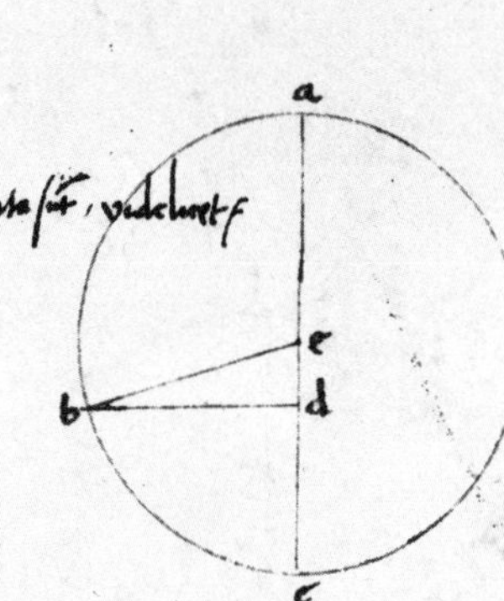

De examinatione motus aequalis secundum longitudinem Cap xxij

Haec de annua Solis inaequalitate sunt exposita. At non per simplicem ut apparuit differentiam: sed mixtam adhuc illi: quam patefecit temporis longitudo. Eas quidem posthac discernemus ab invicem. ~~Dum~~ Interea medius aequalisque motus centri terrae, eo certioribus reddetur numeris: quo magis fuerit ab inaequalitatis differentiis separatus: ac longiori temporis intervallo distans. Id autem constabit hoc modo. Accepimus illud autumni aequinoctium: quod ab Hipparcho observatum erat Alexandriae Tertio Calippi periodo, anno eius xxxij: qui erat a morte Alexandri, annus uti supra recitatum est centesimus septuagesimus septimus post diem tertium quoque intercalarium in media nocte: quam sequebatur dies quartus: secundum vero quod Alexandria longitudine Cracoviam ad orientem sequitur per unam fere horam erat una hora fere ante mediam noctis. Igitur secundum numerationem supra traditam erat autumnalis aequinoctii locus sub fixarum sphaera a capite Arietis in partibus clxxvj scrup x: et ipse erat Solis apparens locus: distabat autem a summa abside part cxiiij s. Ad hoc exemplum designetur que descripserit centrum terrae circulus abc super centro d: dimetiens sit adc et in eo Sol capiatur qui sit e. Apogeum in a: perigeum in c. At b sit unde Sol autumnalis apparuerit in aequinoctio: et connectantur rectae lineae bd: be. Cum igitur angulus deb secundum quem Sol ab apogeo distare videtur partium sit cxiiij s: fueritque de partium 416 quarum bd est 10000. Triangulum igitur bde per quartum planorum; datorum sit angulorum, et angulus qui sub dbe partium ij scrup x: quibus angulus bed: ab eo differt qui sub bda: sed angulus bed partium est cxiiij scrup xxx erit ipse bda partium cxvj scrup xl: et per hoc locus Solis medius sive aequalis a capite Arietis fixae ~~[illegible]~~ sphaerae partium clxxviij scrup xx. Huic comparavimus autumni aequinoctium a nobis observatum in Frueburgo sub eodem meridiano Cracoviensi: Anno Christi nati MDxv Decimooctavo Calend Octobris: ab Alexandri morte anno aegyptiorum MDcccxl Sexto die phaophi mensis secundi apud aegyptios ~~dimidia hora ante ortum Solis~~ dimidia hora post ortum Solis. In quo tempore autumnalis aequinoctii locus ~~cum Sole~~ secundum numerationem, ac observatum erat in adhaerentium stellarum sphaera part clij scrup xlv. distans a summa abside iuxta praecedentem demonstrationem lxxxiij partibus et scrup xx

Constituatur iam angulus qui sub bea part lxxxiij scrup xx quarum clxxx sunt duo recti: et duo trianguli latera data sunt bd part 10000 de part 323: erit per quartum demonstratum triangulorum planorum dbe angulus partis unius scrup L quasi. Quoniam si circumscripserit triangulum bde circulus, erit bed angulus in circumferentia par clxvj scrup xl quarum ccclx sunt duo recti: et bd subtensa part 19864 quarum dimetiens fuerit 20000: et secundum rationem ipsius bd ad de data, dabitur ipsa de longitudine earundem partium 640 fere: quae subtendit angulum dbe ad circumferentiam part iij scrup xl: ad centrum vero partis unius scrup L. Et haec erat prosthaphaeresis ac differentia aequalitatis et apparentiae: quae cum fuerit addita bed angulo: qui partium erat lxxxiij scrup xx habebimus angulum bda: ac ab circumferentiam partium lxxxv scrup x distantia ab apogeo aequale: ac proinde medium solis locum in adhaerentium stellarum sphaera part cliiij scrup xxxv. Sunt igitur in medio ambarum observationum anni anni aegyptij MDclxij dies xxxvij scrup prima xviij secunda xlv: et medius aequalisque motus praeter integras revolutiones, quae sunt MDclx, gradus cccxxxvj scrup fere xv, consentaneus numero: quae opposuimus in tabulis aequalium motuum

De locis et principijs aequalis motus ☉ praefigendis Cap xviij

In eccliptica igitur ab Alexandri magni decessu ad Hipparchi observationis tempore sunt anni clxij dies ccclxij scrup prima xxvij s: In quibus medius motus est secundum numerationem partium cccxij scrup xliij: Quae cum revera fuerit a grad clxxviij scrup xx Hipparchicae observationis accommodatis ccclx circuli gradibus, remanebit ad principium annorum Alexandri magni defuncti locus: in meridie primae diei mensis thoth primi aegyptiorum part ccxxv scrup xxxvij Idque sub meridiano Cracoviensi atque Gynecha nostrae observationis loco. Hinc ad principium annorum Romanorum Julij Caesaris in annis cclxxvij diebus cxvij s medius motus est post completas revolutiones partium xlvj scrup xxviij Quae alexandrino loci numeris apposita colligunt Caesaris locum in media nocte ad Calend Januarij: unde Romani annos et dies auspicari solent part cclxxij scrup iiij Deinde

in annis xlv diebus xij. Sive ab Alexandro magno in
annis cccxxiij diebus cxxx s consurgit locus Christi in
part cclxxij scrup xxvij. Cumque natus sit Christus olymp.
cxciiij anno eius tertio: quae colligunt a principio primae
olympiadis annos dcclxxv dies xij s ad mediam noctem
ante Calend Januarij, referunt simul primae olymp-
locum part xcvj scrup xvj in meridie primi diei
mensis Hecatombaeonos cuius diei nunc anniversarius est
in Calend Julij secundum annos Romanos. Hoc modo simplicis motus Solaris principia sunt constituta ad non
errantium stellarum sphaeram. Composita quoque loca aequinoctialium
praecession~~ibus~~ eorum adiectione fiunt ac instar illorum
olympiadicus locus part xc scrup lix. Alexandri part
cclxxvj scrup xxxviij Caesaris part cclxxvj scrup lix
Christi part cclxxviij scrup ij. Omnia haec ad meridianum, ut diximus relata Cracoviensem

De secunda ac duplici differentia: quae circa Solem
propter absidum mutationem contingit Cap. xix

Instat iam maior difficultas circa absidis Solaris inco-
stantiam. Quoniam, quam Ptolemaeus ratus est esse fixam
stellatae
alij motum ~~octavae~~ sphaerae sequi, secundum quod stellas quoque
fixas moveri censuerunt. Arzachel opinatus est hunc quoque
motum inaequalem ~~adeo ut etiam~~ utpote quem etiam retrocedere contingat, sumpto indicio. Quod cum Albategnius
(ut dictum est) invenisset apogaeum ante solstitium septem gradib.
xxxxiiij scrup, quod antea a Ptolemaeo in dccxl annis per
gradus prope xvij processerat, illi post annos cc minus
vij ad ~~per~~ grad iiij s fere retrocessisse videretur: ob idque aliu
quendam putabat esse motum centri orbis annui, in parvo quodam
circulo secundum quem apogaeum ante et pone deflecteret ac
centrum illius orbis a centro mundi distantias efficeret inaequales. Pulchro satis inventum: sed ideo non receptum, quod
in universum collationi ceteris non cohaeret. Quemadmodum si ex ordine ipsius motus successio consideretur.
Quod videlicet aliquamdiu ante Ptolemaeum constiterit: quod
in annis dcxl vel circiter per gradus xvij transierit. Deinde
quod in annis cc repetitus iiij vel v gradibus, reliquum

tempus ad nos usque progrederetur, nulla alia in toto
tempore regressione percepta, neque pluribus stationibus
quas motibus contrariis hinc inde necesse est intervenire. Quae nullatenus possunt intelligi, in motu ca-
nonico et circulari. Quapropter creditur a multis, illorum
observationibus errorem aliquem incidisse. Ambo quidem
mathematici, studio et diligentia pares: ut in ambiguo
sit: quem potius sequamur. Equidem fateor in nulla
parte maiorem esse difficultatem quam in apprehendendo Solis
apogeo: ubi per minima quaedam, et vix apprehensibilia, magna
ratiocinamur. Quoniam circa perigeum et apogeum totus
gradus duo solummodo plus minusve scrupula primum variat
in prosthaphaeresi: circa vero medias absides sub uno
scrupulo v vel vi gradus praetereunt: adeoque modicus error
potest sese in plurimum propagare. Proinde etiam quod apogeum in vi grad mediaetate et tertia Cancri posuerimus
non fuimus contenti, ut instrumentis horoscopis confide-
remus, nisi etiam Solis et Lunae defectus nos redderent
certiores. Quoniam si in ipsis error latuerit aliquis, de-
tegunt ipsum procul dubio. Quod igitur vero fuerit
simillimum, ex ipso in universum motus corpore, possumus
animadvertere: quod in consequentia sit inaequalis tamen.
Quoniam post illam stationem ab Hipparcho ad Ptolemaeum apparuit apogeum in continuo: ordinato: atque
aucto progressu, usque in praesens: excepto eo, quod inter Albategnium
et Arzachelem errore (ut creditur) inciderat, in caetera
consentire videantur. Nam quod etiam Solis prosthaphaeresis simili modo nondum cessat diminui: videtur
eandem circuitionis sequi rationem. Atque utramque inaequalitatem sub illa prima simplicique anomalia obligatas
signiferi vel simili coaequari. Quod ut aptius fiat
Sit in plano signiferi ab circulus in c centro dimetiens
acb: in quo sit d Solis globus tanquam in centro mundi
et ~~fiat~~ in c centro alius parvulus circulus describatur: qui e f
non comprehendat Solem: seruntur que parvum circulum
intelligatur centrum revolutionis annuae centri terrae

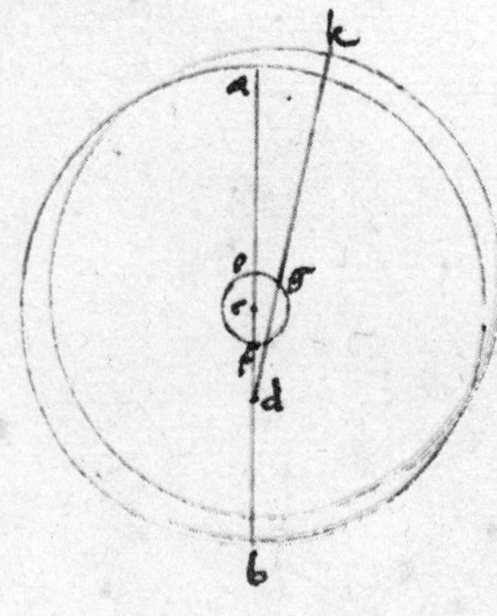

moveri, lentulo quodam progressu. Cumque fuerit ef orbiculus evectus ad lineam in consequentia: centrum vero revolutionis ~~annuae~~ per ef circulum in praecedentia utrumque vero motu admodum tardo; invenietur aliquando ipsum centrum orbis annui in maxima distantia, quae est de aliquando in minima, quae df: et illic in tardiori motu hic in velociori: at in mediis orbiculus curvaturis accrescere et decrescere faciet illam distantiam centrorum cum tempore: summamque absidem praecedere ac alternatim sequi eam absidem sive apogeum quod sub acd linea tanquam medium contingit. Quemadmodum si sumatur eg circumferentia: et facto g centro circulus aequalis ipsi ab describatur: erit enim summa tunc absis in dgk linea: et dk g distantia minor ipsi de. ~~Quoniam semper minor erit ... quae sub deg ei quae sub ...~~ Et haec quidem per eccentri eccentrum sic demonstrantur: per epicycli quoque epicyclum hoc modo. Sit enim mundo ac Soli homocentrus ab, et acb diameter in qua ~~propter~~ summa absis contingat. ~~Capiatur ante ad circumferentia utrumque~~ Et facto in a centro epicyclus describatur de: ac rursus in d centro epicyclum fg in quo ~~centr~~ terra versetur: omniaque in eodem plano zodiaci. Sitque epicycli primi motus in succedentia: ac annuus fere: secundi quoque hoc est d similiter annuus sed in praecedentia: amborumque ad ac lineam pares sint revolutiones. Rursus centrum terrae ex f in praecedentia addat parumper ipsi d. Ex hoc manifestum est quod cum terra fuerit in f maximum efficiet Solis apogaeum in g minimum: in mediis autem circumferentiis ipsius fg epicycli faciet ipsum apogaeum praecedere vel sequi: auctum diminutumve: maius ac minus: ac proinde motum apparere diversum. Ut antea de epicyclo et eccentro demonstratum est. Capiatur iam ai circumferentia: et in i centro resumatur epicyclepicyclus: et connexa ci extendatur in rectam lineam cik. Eritque kid angulus aequalis ipsi aci ~~acc~~ propter ~~revolutionum~~ revolutionum paritatem. Igitur ut superius demonstravimus d signum describet eccentrum circulum homocentro ab coaequalem in l centro ac distantia cl

Margin: ✓ e per viij tertij Euclidis

Margin: ~~q media~~

que ipi di fuerit aequalis. f quoque sum eccentri
secundum distantiam clm aequalem ipi idf: et g
similiter secundum ig et cn distantias
aequales. Interea si centrum terrae
iam emensum fuerit utrumque
fo circumferentia secti ac sui
epicycli, iam ipsum o non describet
eccentrum quod cum centrum in ac
linea contingat: sed in ea quae
ipi do parallelus fuerit. qualis
est lp. Quod si etiam coniugantur
oi et cp erunt et ipsae aequales
minores autem ipsis if et cm et
angulus dio angulo lcp per quartam primi Euclidis: et pro tanto videbitur
Solis apogeum in cp linea praecedere
ipsum a. Hinc etiam manifestum est
per eccentrepicyclum idem contingere
Quoniam in praeexistente eccentro quem descripserit
d epicyclum circa l centrum, centrum terrae
voluatur in fo circumferentia praedictis conditionibus: hoc est
plus modico quam fuerit annua revolutio. Superinduceret enim quo antea
alterum eccentrum priori circa p centrum: accidentque prorsus
eadem. Cumque tot modi ad eundem numerum sese conferrent
quis locum habeat haut facile dixerim: nisi quod illa in-
merorum ac apparentium perpetua consonantia credere cogit
eorum esse aliquem

Quanta sit secunda Solaris inaequalitatis differentia Cap. xx

Cum igitur iam visum fuerit: quod ista secunda inaequalitas
prima ac simplici illam anomaliam obliquitatis signiferi vel
eius similitudinem sequeretur: certas haberemus eius differentias, si non obstiterit error aliquis observatorum priorum
Habemus enim ipsam simplicem anomaliam anno Christi MD
secundum numerationem gradus clxv circiter fere: et eius xxxx
principium facta retrorsum supputatione lxiiii fere
annis ante Christum natum, colliguntur anni MDLXX a quo tempore ad nos usque
tunc principium inventa eccentrotes maxima partium 417
quarum quae ex centro orbis esset 10000: nunc vero, ut
a nobis

ostensum est 323. Sit iam ab linea recta in qua b fuerit
Sol et mundi centrum. Eccentrotetes maxima a b minima d b
descriptique parvi circuli, cuius dimetiens fuerit a d, capiatur
a c circumferentia pro modo primae simplicis anomaliae
quae erat partium ~~et clxx scrup~~ clxx scrup xxxix. Quoniam
igitur data est ab partium 416 quae in principio simplicis
anomaliae hoc est in a recepta est. Nunc vero b c partium
323 habebimus triangulum abc datorum a b: b c laterum
atque anguli unius c a d propter reliqua c d circumfe-
xiiij xxi rentia a semicirculo partium ~~xiiij~~ scrup ~~xx~~. Dabitur
ergo per demonstrata planorum triangulorum reliquum latus
a c et angulus abc differentia inter medium diversumque
apogaei motum: et quoniam a c subtendit datam circumferentiam dabitur etiam a d dimetiens circuli acd. Namque
21 per angulum cad partium xiiij scrup ~~xx~~ habebimus c b part
2486 ~~2596~~ quarum dimetiens circuli circumscribentis triangulum fuerit 100000 et pro ratione b c ad ab data
ipsa ab earundem partium
3225 ~~3354~~: quae subtendit a c b
angulum part cccxli scrup ~~xl~~. Inde et reliquus prout xx
ccclx sunt duo recti angulus cbd part iiij scrup xiiij
cui subtenditur a c part ~~xx~~ 35 Igitur quarum ab part
est 416 inventa est a c partium 94 fere: quae secundum quod
datam subtendit circumferentiam, habebit rationem
ad ad tamquam ad dimetientem: datur igitur a d part
96 qualium est adb par 416 et reliqua d b part 321
minima eccentrotetis distantia. Angulus autem
cbd qui inventus est partium xiiij scr xxiiij ut in
circumferentia, sed ~~erat~~ ut in centro partium ij scr ~~xiij~~ vij 8
~~et haec erat~~ prosthaphaeresis ablativa ex aequali
motu ipsius ab circa b centrum. Extendatur iam recta
linea d e contingens circulum in e signo et assumpto
f centro coniungatur e f. Quoniam igitur trianguli bef
orthogonij datum est latus e f partium ~~301 et bdf~~
47½ et et b d f partium 368½: quibus igitur f d b
tamquam ex centro fuerit 10000 erit e f partium ~~1290~~ 1300
quae semissis est subtendentis duplum anguli b e b f
estque partium vij scrup xxviij quarum ccclx sunt quatuor
recti: maxima prosthaphaeresis inter aequalem et motum

et e apparente. Hinc caeterae ac particulares differentiae constare poterunt. Quemadmodum si assumpserimus angulum a f e vj partium: habebimus enim triangulum datorum laterum e f: f b cum angulo qui sub e f b ex quibus prodibit e b f prosth scrup xlj: si vero a f e angulus fuerit xij habebimus prosthaphaeresim parte una scrup xxiij: pro xviij: partes duas scrup iij et sic de reliquis ac eo modo, ut circa annuas prosthaphaereses supra dictum est

Quomodo aequalis apogaei solaris motus una cum differente expliretur Cap xxj

Quoniam igitur tempus in quo maxima eccentrotes prima pro primae ac simplicis anomaliae congruebat, erat olymp clxxviij anno ~~tertio~~ Alexandri vero magni secundum aegyptios ~~anno~~ F ~~[illegible]~~

clix anno cclxj[illegible] et propterea locus apogaei verus simul et medius in v s grad Geminorum, hoc est ab aequinoctio verno grad lxv s. Ipsius autem aequinoctij praecessio vera tunc etiam cum media congruente erat part iiij scrup ~~[illegible]~~: quibus relictis xxxviij

ex lxv s gradibus: remanserunt a capite arietis fixarum lx scr ly

sphaerae grad ~~[illegible]~~ apogaei loco. Rursus olympiadis Dlxxiij anno secundo. Christi vero MDxv: inventus est apogaei locus vj grad et duabus tertijs Cancri: sed quoniam praecessio aequinoctij verum secundum numerationem erat partium xxvij cum quadrante unius: quae si deducantur a xcvj gradibus medietate et tertia relinquunt lxix scrup xxv: Ostensum est autem: quod anomalia prima tunc existente partium clxv scrup ~~xx~~ fuerit prosthaphaeresis xxxviij

part ij scrup ~~[illegible]~~ quibus verus locus medium praecedebat: patuit igitur ipse medius apogaei solaris locus partium lxxj scrup ~~xiij~~. Erat igitur in medijs annis MDlxxx ae xxxj

aegyptijs medius et aequalis apogaei motus part x scrup

xlj ~~xliij~~: quae cum divisa fuerint per ipsorum annorum numerum habebimus annua portione Scrup secunda xxiiij tertia ~~xliij~~ xx

Quarta ~~xxiij~~ xiij

Γ Cap xxij

De anomaliae ☉ emendatione et locis eius praefigendis

Haec si subtraxerimus ab annuo motu simplici: qui erat gradum cclix: scrup primorum xliiij: secundorum ~~[illegible]~~ xlix: tertiorum

vij : quartorum iiij . remanebit annuus anomaliae motus
46 aequalis : ccclix : scrup prima xliiij : scda xxiiij : tertia ~~xxiiij~~ ~~tertia~~ q̃
L ~~xxxviij~~ . Iter rursum distributa p ccclxv diaria portione
exhibebit scrup prima lix scda viij : tertia vij : quarta
~~xxiij~~ ~~xxiiij~~ : consentanea eis quae in tabulis iā expposita
sunt . Hinc etiā habebimus loca principiorum constitu-
torum a prima olympiade incipientes . Ostensum est
em̄ quod xviij Calend octobris olymp Dlxxij anno
ij dimidia hora post ortum Solis fuerit ~~anomaliae~~ apogei
F unde media Solis distantia partium lxxxiij : lviij F ☉ mediā grad lxxj scrup xxxvij F Suntq a prima
olympiad anni aegyptij MMcccxc : dies cclxxxj scrup
xlvj in quibus anomaliae motus est ~~grad~~ (revolutis integris circulis) grad xlij scrup xxxiij . Quae ex ~~lxxj~~ 183 grad
et ~~xxxviij~~ 58 scrup ablata relinquunt grad xl . scrup ~~iiij~~ xxv
ad prima olympiad anomaliae locum : ac eodem
modo, uti supius , annorum Alexandri locus grad clxvj
scru ~~xxxviij~~ . Caesaris grad ~~clxxx~~ 211 ~~scrup l~~ : Christi
grad ~~cic scrup lviij~~ ccxj scrup xix

Expositio canonica differentiarum aequalitatis et apparentiae — Cap xxij

Vt autem ea quae de differentijs motum ☉ aequalitatis
et apparentiae demonstrata sunt, usui magis accomo-
dentur, eorum quoque tabula exponemus : sexaginta vers
habente : ordines aute sive columellas sex . Nam bini
primi ordines utriusque hemicyclij , ascendentis , inquā et
descendentis , numeros continebut : coaugmentati per
p triadas gradum : uti supius circa aequinoctiorum motus
faciebamus . Tertio ordine scribentur partes differentiae
motus apogaei solaris sive anomaliae : q differentia ascendit ad summam gradum
quasi vij et s ~~duas partes~~ : prout unicuique triplio graduum congruit . Quartus locus scrupulis proportionum deputabitur : quae sunt ad summam lx . Et ipa penes excessu
maiorum prosthaphaereseon annuae anomaliae estimatur . Cum em maximus
earum excessus sit scrup xxxij erit sexagesima pars scda xxxij . Secundum ergo
multitudine excessus (que p eccentroteta elicimus p modu supius traditum ,)
apponemus numerum sexagesimarum singulis suis e regione triplijs . Quinto
singulae quoque prosthaphaereses annuae : ac primae differentiae , secundum minimam
solis a centro distantia constituentur . Sexto ac ultimo excessus earū : q i maxima
eccentrotete contingut . Estque tabula haec .

Tab. Prosthaphæreseon Solis

Numeri communes		prosth centri		sc pro	prosth orbis		Excessus
part	part	p	sc	part	p	sc	sc
3	357	0	21	60	0	6	1
6	354	0	41	60	0	11	3
9	351	1	2	60	0	17	4
12	348	1	23	60	0	22	6
15	345	1	44	60	0	27	7
18	342	2	3	59	0	33	9
21	339	2	24	59	0	38	11
24	336	2	44	59	0	43	13
27	333	3	4	58	0	48	14
30	330	3	23	57	0	53	16
33	327	3	41	57	0	58	17
36	324	4	0	56	1	3	18
39	321	4	18	55	1	7	20
42	318	4	35	54	1	12	21
45	315	4	51	53	1	16	22
48	312	5	6	51	1	20	23
51	309	5	20	50	1	24	24
54	306	5	34	49	1	28	25
57	303	5	47	47	1	31	27
60	300	6	0	46	1	34	28
63	297	6	12	44	1	37	29
66	294	6	23	42	1	39	29
69	291	6	33	41	1	42	30
72	288	6	42	40	1	44	30
75	285	6	51	39	1	46	30
78	282	6	58	38	1	48	31
81	279	7	5	36	1	49	31
84	276	7	11	35	1	49	31
87	273	7	16	33	1	50	31
90	270	7	21	32	1	50	32

Reliquum Tab. prosthaphaereseon ☉

Numeri communes		prosth centri		pro port	prosth orbis		Excess
part	part	p	sc	sc	p	sc	sc
93	267	7	24	30	1	50	32
96	264	7	24 [28]	29	1	50	33
99	261	7	24	27	1	50	32
102	258	7	23	26	1	49	32
105	255	7	21	24	1	48	31
108	252	7	18	23	1	47	31
111	249	7	13	21	1	45	31
114	246	7	6	20	1	43	30
117	243	6	58	18	1	40	30
120	240	6	49	16	1	38	29
123	237	6	37	15	1	35	28
126	234	6	25	14	1	32	27
129	231	6	14	12	1	29	25
132	228	6	10	11	1	25	24
135	225	5	44	10	1	21	23
138	222	5	28	9	1	17	22
141	219	5	19	7	1	12	21
144	216	4	51	6	1	7	20
147	213	4	30	5	1	3	18
150	210	4	9	4	0	58	17
153	207	3	46	3	0	53	14
156	204	3	23	3	0	47	13
159	201	3	1	2	0	42	12
162	198	2	37	1	0	36	10
165	195	2	12	1	0	30	9
168	192	1	47	1	0	24	7
171	189	1	21	0	0	18	5
174	186	0	54	0	0	12	4
177	183	0	27	0	0	6	2
180	180	0	0	0	0	0	0

De Solaris apparentiae supputatione Cap xxiij

Ex his iam satis constare censeo: quomodo ad quodcunque
tempus propositum locus Solis apparens numeretur. Quaerendus
est enim: ad ipsum tempus verus aequinoctij verni locus: sive eius
antecessio: cum anomalia simplici sua prima. uti superius
exposuimus. Deinde medius motus centri terrae simplex: sive Solis
motum nominare velis: ac annua anomaliae per tabulas
aequalium motuum: quae addantur suis constitutis principijs
Cum anomalia igitur prima ac simplici: atque eius numero
in primo vel secundo ordine tabulae praecedentis recepto. vel propi-
quiori invenies sibi occurrentem in ordine tertio anomaliae
annuae prosthaphaeresim: et ~~in~~ sequentia scrupula proportionum et haec serva. prosthaphaeresim autem addito
anomaliae annuae, si prima minor fuerit semicirculo sive
numerus eius sub primo ordine comprehensus. alioqui subtrahe.
Quod enim reliquum aggregatumve fuerit, erit anomalia Solis
coaequata. per quam rursus sumito prosthaphaeresim orbis
annui: quae quartum tenet ordinem: cum sequenti excessu:
Qui quidem excessus per scrupula proportionum prius servata fecerit
aliquid: semper addatur huic prosthaphaeresi: fietque ipsa prosth.
aequata: quae auferatur a medio loco Solis si numerus anomaliae annuae in primo loco receptus fuerit: sive minor semicirculo. Addatur autem si maior. vel alterum numerorum
ordinem tenuerit. Quod enim hoc modo residuum collectumve
fuerit verum Solis locum determinabit a capite arietis stellati sumptum. Cui si demum adijciatur vera aequinoctij verni
praecessio, confestim etiam ab aequinoctio ipso Solis locum ostendet
in signis dodecatemorijs et gradibus signorum circuli.
Quod si alio modo id efficere volueris. Loco motus simplicis compositum sumito aequalem: ~~cui~~ Et caetera quae dicta
sunt facias: nisi quod pro antecessione aequinoctij: eius
tantummodo prosthaphaeresim addas vel minuas prout
res postulaverit. Ita se habet ratio Solaris apparentiae
per mobilitatem terrae: consentiens antiquis ac recentioribus
adnotationibus: quo magis etiam de futuris praesumitur
iam esse praevisum. Verumtamen id quoque non ignoramus

N.

quod si quis existimaret centrũ annuae revolutionis esse fixum tanquã centrũ mũdi: Solem vero mobile duobus motibus similibus et aequalibus eis: quae de centro eccẽtrj demonstravimus: apparebũt quidem omnia quae prius ijdem numeri eademq demonstratio. Quando nihil aliud permutaretur in eis quã ipsa positio, presertim quae ad Solẽ pertinet. absolutus enim tunc esset motus centri terrae ac simplex circa mũdi centrũ, reliquis duobus ipsi Soli concessis. Manebitq propterea adhuc dubitatio de centro mũdi utrum illorum sit: ut a principio dicebamus ἀμφιβόλως in Sole vel circa ipm esse centrũ mũdi. Sed de hac quaestione plura dicemus: in quinq Stellarum erraticarum explanatione: qua pro posse nro etiã decidemus, satis esse putantes: si iam certos numeros minimeq fallaces ascriverimus apparentiae Solari

De νυχθημέρων hoc est diei naturalis differentia Cap xxiiij

Restat adhuc circa Solẽ de diei naturalis inaequalitate aliqd dicere: quod tempus xxiiij horarũ aequalium spatio comprehenditur: quo quidẽ hactenus tanquã communi ac certa caelestiũ motuũ mensura usi sumus. Talem vero diem alij quod est inter duos Solis exortus tempus definiunt ut Chaldei et antiquitas Iudaica. Alij inter duo occasus ut athenienses: vel a media nocte ad mediã: ut Romani. A meridie ad meridiẽ Aegyptij. Manifestum est autẽ sub eo tempore revolutionẽ propriã globi terrae compleri, cum eo quod interea ex annuo progressu superaddit pares Solis apparentem motũ. Hanc autẽ adiectionẽ fieri inaequalẽ, primus imprimis Solis apparens cursus inaequalis ostendit: et preterea: quod dies ille naturalis in polis circuli aequinoctialis contingit: annus vero sub signorum circulo. Quas ob res tempus illud apparens, communis et certa mensura motus esse nõ potest: cum dies diei ac sibiinvicẽ ab omni parte nõ constet: et idcirco mediũ quendã et aequalẽ in his eligere diem

oportunum fuit
~~coegit necessitas~~: quo sine scrupulo motus aequalitatem
metiri liceret. Quoniam igitur sub totius anni circulo fiunt
ccclxv revolutiones in polis terrae: quibus adiectione quotidiana per apparentem Solis progressum accrescit illis tota
ferme revolutio supernumeraria: consequens est, ut illius
ccclxv pars ea sit quae ex aequali supplet diem naturalem.
Quapropter definiendus nobis est atque separandus dies aequalis
ab apparente diverso. Diem igitur aequalem dicimus eum
qui totum circuli aequinoctialis revolutionem continet: et tanta
insuper parte portionem, quanta sub eo tempore Sol aequali motu
pertransire videtur. Inaequalem vero apparentemque diem,
qui unius revolutionis ccclx tempora aequinoctialis comprehendit
et praeterea ~~quae~~ id quod cum progressu Solis apparente in horizonte
vel meridiano coascendit~~at~~. Horum differentia dierum quamvis
permodica sit, nec statim sentiatur: multiplicatis tamen
diebus aliquot, in evidentiam coalescit. ~~Duabus enim Duae aut sunt~~ Cuius duae sunt causae
existentibus causis: cum inaequalitate apparentiae Solaris:
tum etiam obliquitatis signiferi dispari ascensione, quae per ~~in illa~~ prima
inaequalem Solis apparentemque motum existit, ut patuit,
quoque in semicirculo ~~in medio abside ad media~~ in quo summa absis mediat
~~inter utramque mediante~~ deficiebat secundum Ptolemaeum tempora ad partes Zodiaci
iiij semis cum dodrante unius: at in altero semicirculo
in quo infima absis ~~mediabat~~ erat ~~in~~ abundabat totidem.
Totus propterea excessus semicirculorum unius ad alterum
erat ix temporum et dimidij. In altera vero causa: quae
penes ortum et occasum maxima contingit differentia inter
semicirculos utriusque conversionis: quae inter minimum ac
maximum diem existit, diversa plurimum: nempe unicuique regioni peculiaris. Quae vero a meridie vel media nocte accidit sub quatuor terminis ubique coercetur.
Quoniam a xvi gradu Tauri ad xiiij Leonis lxxxviij
gradus temporibus xciij fere pertranseunt meridianum:
et a quartodecimo Leonis ad xvi Scorpij partes xcij
tempora lxxxvij pertereunt: ut hic quinque deficiant
tempora, illic totidem abundent. Ita quidem in primo segmento

L

dies collecti excedunt eos qui in secundo decem temporibus
quae faciunt unius horae partes duas: quod similiter in
altero ~~segmento~~ semicirculo alternis vicibus sub utrisque
terminis e diametro oppositis contingit. Placuit autem
diei naturalis principium mathematicis non ab ortu
vel occasu: sed a meridie vel media nocte accipi:
Nam quae ab horizonte sumitur differentia, multi-
plicior existit: utpote quae ad aliquot horas sese extendit
et praeterea, quod ubique non sit eadem: sed secundum obliquitatem
sphaerae multipliciter variatur. Quae vero ad meridianum pertinet eadem ubique est atque simplicior. Tota ergo
differentia: quae ex ambabus iam dictis causis, cum propter
Solis apparentem progressum inaequalem tum etiam ob inaequalem circa meridianum transitum constituitur, ante
ptolemaeum quidem a medietate aquarij diminutionis sumens
~~mobat~~ principium et a principio Scorpij accrescendo, tempora
viij et trientem unius colligebat. Quae nunc a vigesimo
gradu aquarij vel prope: ~~ad decimum Scorpij ac-~~ =
~~in aquario~~ diminuendo: a decimo vero Scorpij ad xx ac-
cresendo contracta est in tempora septem scrup xlviij
Mutantur enim et haec: propter perigaei et eccentrotetos
instabilitatem cum tempore. Quibus demum, si maxima
quoque differentia praecessionis aequinoctiorum comparata
fuerit: poterit ~~se~~ tota dierum naturalium differentia
supra x tempora se extendere sub aliquo annorum
numero. In quo tertia causa inaequalitatis dierum
latuit hactenus: eo quod aequinoctialis circuli revolutio
ad medium aequaleque aequinoctium aequalis inventa est, non
ad apparentia aequinoctia: quae, ut satis patuit, non
sunt admodum aequalia. Decem igitur tempora duplicata efficiunt horam unam cum triente: quibus aliquando dies maiores excedere possunt minores.
Haec ~~tametsi~~ circa annuum Solis progressum: caeterarumque
stellarum tardiorem motum citra errorem manifestum
poterat ~~contemni~~ forsitan contemni. Sed propter Lunae celeritatem

= ad x Scorpij

ob quā in dimidio gradu et tertia posset error committi
nullatenus sunt contemnenda. Modus igitur confer-
rendi tempus aequale cum diverso apparente in quo oēs
differentiae congruunt est iste. Proposito quovis
tpe quaerendus est in utroqz termino ipsius tpis principio
inqz et fine Locus Solis medius ab aequinoctio medio
p motū eius aequalē quē diximus compositum: atqz etiā
verus apparens ab aequinoctio vero: considerandumqz, quot
partes tpales ptransierit ex rectis ascensionibus circa
meridiē noctemve mediā: vel interfuerit eis, quae a
primo loco vero ad secundū verū. Nam si aequales
fuerit illis: q utriqz loco medio: intersunt gradibus:
erit tunc tempus assumptū apparēs aequale mediorū.
Quod si partes tpales excesserint, excessus ipe apponat
tempori dato: si vero defecerint, ipe defectus tempori
apparenti subtrahatur. Hoc em̄ facientes, ex ijs quae
collecta reliq̄ue fuerit habebimus tpus in aequalitate
commutata capiendo pro qualibet parte tpali quatuor
scrup horae: vel x scrup scda unius sexagesimae diei.
Atqui si tempus aequale datum fuerit: nosseqz velis q̄ntū
tempus apparēs illi suppetat e contrario faciendū erit.
Habuimus ante ad primā olympiadē Locum Solis
medium ab aequinoctio verno medio in meridie primae
diei mensis primi scdm Athenienses Hecatombaeonos
gradus xc lviiij: et ab aequinoctio apparente gradus
~~xxix scrup lvij Cancri~~. Ad annos ante Chr̄i mediū 0 36 Cancri
Solis motum viij g̃ ij scrup Capricorni. Verum
viij grad 48 scrup eiusdem. Ascendunt igitur in recta
sphaera a xxx lvij Geminorū ad ~~xiiij iiij~~ Capricorni viij 48
tempora clxxxix liij excedentia mediorū locorū distantiā
in ~~temporibus~~ 1 14. Quae faciunt unius horae scrup vij
~~xx~~. Et sic de ceteris: quibus exactissime posset ex-
aminari cursus Lunae: de qua sequenti libro dicetur.

um in precedenti libro, quantum nostra mediocritas
potuit exposuerimus: quae propter motum terrae
circa Solem viderentur: sitque propositum nostrum
per eandem occasionem stellarum errantium omnium motus discernere: nunc interpellat cursus Lunae. Idque necessario
quod per eam, quae diei noctisque particeps est, loca quaeque
stellarum praecipue capiuntur et examinantur: deinde
quod ex omnibus sola revolutiones suas, quamvis etiam
diversas ad centrum terrae summatim conferat: sitque terrae
cognata maxime. Et propterea quantum in se est non
indicat aliquid de mobilitate terrestri nisi forsitan de quotidiana. quin potius crediderint eam ob causam: quod
terra sit centrum mundi, commune revolutionum omnium.
Nos quidem in explicatione cursus Lunaris non differimus
a priscorum opinionibus in eo quod circa terram fiat.
Sed et alia quaedam adducemus quam quae a maioribus viris
accepimus, magisque consona: quibus Lunae quoque motum
quantum possibile est certiorem constituamus ~~et eius arcana~~
~~clarius intelligantur~~.

Hypotheses circulorum Lunarium opinione priscorum. C. i.

Lunaris igitur cursus hoc habet: quod medium ~~signorum~~
signorum circulum non sectatur: sed proprium inclinem
qui bifariam secat illum: vicissimque secatur: a quo transmigrat in utramque latitudinem. ~~Et boreum quidem limitem~~
~~Catabibazonta vocavere graeci: a quo Luna descendere~~
~~et austrum petere incipit. Alterum ac infimum austrinum~~
~~limitem anabibazonta: unde ascendit repetitque boream.~~
Quae ferme sic habent: ut in annuo motu Solis conversiones: et minirum, quod Solis annus est, hoc Lunae mensis.
Media vero loca sectionum eclyptica dicuntur: apud
alios nodi: et coniunctiones oppositionesque Solis et Lunae
in his contingentes eclypticae vocantur. Neque enim sunt

alia signa utrisque communia circulus praeter haec, in quibus
Solis Lunaeque defectus possint accidere: in alijs enim locis
digressio Lunae facit: ut minime sibi invicem obsit luminibus
sed praetereuntes non impediunt sese. Fertur etiam hic orbis
Lunae obliquus cum quatuor illis cardinibus suis circa
centrum terrae aequaliter: quotidie tribus fere scrup.
primis unius gradus. decimonono anno suam complens
revolutionem. Sub hoc igitur orbe et ipsius plano Luna
semper in consequentia moveri cernitur: sed quandoque
minimum, alias plurimum. tardior enim quanto sublimior
velocior autem quo terrae propinquior. Quod in ea facilius
quam in alio quovis sidere ob eius vicinitatem discerni potuit
Intellexerunt id igitur per epicyclum fieri: quem Luna circu-
currens, in superna circumferentia detraheret aequalitati: in
inferna autem promoveret eandem. Porro quae per epicyclum
fiunt: etiam per eccentrum fieri posse demonstratum est. Sed elegerunt
epicyclum, eo quod duplicem videretur Luna diversitatem
admittere. Cum enim in summa vel infima abside epicyclij
existeret nulla quidem apparuit ab aequali motu differentia
Circa vero epicyclij contactum non uno modo: sed longe
maior in dimidia crescente et decrescente quam si plena vel
sitiens esset: et hoc certa et ordinaria successione. Quaobrem arbitrati sunt orbem in quo epicyclum movetur
non esse homocentrum cum terra: sed eccentrepicyclum
in quo Luna feratur, ea lege: ut in omnibus oppositionibus coniunctionibusque medijs Solis et Lunae epicyclum in apogeo sit eccentri: in medijs vero circuli
quadrantibus in perigeo eiusdem. Binos ergo motus invicem contrarios imaginati sunt in centro terrae aequales
Nempe epicyclum in consequentia: et eccentri centrum et
absides eius in praecedentia: linea medij loci Solaris inter
utrumque semper mediante. Atque per hunc modum bis in mense
epicyclus excentrum percurrit. Quae ut oculis subijciantur
Sit homocentrus terrae circulus obliquus Lunae a b c d quadrifariam dissectus dimetientibus
= centrum terrae e. fuerit autem in a[c] ~~signo~~ [linea] coniunctio media ∠ a e c et b e d =
Solis et Lunae: atque in eodem loco et tempore apogeum eccentri cuius centrum sit f

/m n/

centrumq₃ epicycli simul. Moueatur iã eccẽtri apogeũ in pcedentia quãtum epicyclus in cõsequẽtia ambo æqualiter circa e reuolutionibus æqualibus et menstruis ad medias Solis coniunctiones vel oppositiones: et Luna rursus in præcedentia ex apogeo epicycli: His enim sic cõstitutis congruentia putãt apparentia. Cum enim epicyclus in semestri tpe a Sole quidẽ semicirculũ ab apogeo autẽ ~~ap~~ eccentri totã compleat reuolutionẽ. consequẽs est: ut in medio huius tpis, quod est circa Lunã dimidiã e diametro b d circulũ operatur et epicyclus in eccentro fiat perigeus vt in g signo: vbi propinquior terræ factus maiores efficit inæqualitatis differẽtias. Aequales enim magnitudines inæqualibus expositæ interuallis: quæ oculo propinquior maior apparet. Erunt igitur minimæ quãdo epicyclus in a fuerit: maximæ vero in g. Quoniã minimam habebit ~~ex~~ rationẽ m n dimetiẽs epicycli ad a e lineã: maiorẽ vero ad g e cæteris omnibus: quæ in alijs locis reperiuntur: cum ipsa g e breuissima sit omniũ: et a e siue æqualis ei d e longissima quæ a centro terræ in eccentrũ circulũ possunt extendi.

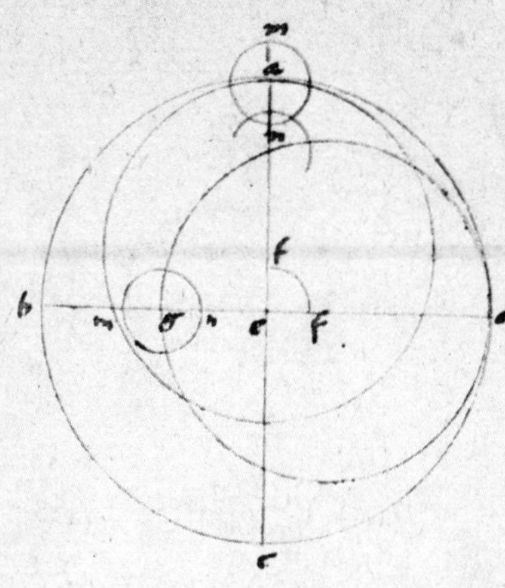

q a e et linea medij loci Solis inter illa semp media sit

longissima

De earum assumptionum defectu C 4

Talem sane circulorũ compositionẽ tanq̃ consentientem Lunaribus apparentijs assumpserunt priores. Verum si eã ipsam diligentius expenderimus: nõ apta satis nec sufficientem hanc inueniemus hypothesim: Quod ratiõe et sensu possumus comprobare. Dum enim fatentur motum centri epicycli æqualẽ esse circa centrũ terræ fateri etiã oportet inæqualẽ esse in orbe proprio: quem describit eccentro. Quoniã si a e b [illegible] sumatur partiũ xlv hoc est dimidius recti: et æqualis ipsi a e d vt totus b e d rectus fiat: ~~capiatur centrumq₃~~ capiaturq₃ centrum epicycli in g et connectatur g f manifestum est quod angulus g f d maior est ipsi g e f exterior interiori et opposito: Quapp et circumferentiæ a d b et d g dissimiles sub vno tempore ambæ descriptæ

ut cum adb quadrans fuerit: dg que interim centrum
epicycli descripsit maior ~~factus~~ est quadrante circuli. Patet
aute in Luna dividua utramque dab et dg semicirculi
fuisse: inequalis est ergo epicycli in eccentro suo motus
que ipse describit. Quod si sic fuerit: quid responde-
bimus ad axioma: motum celestium corporum equalem
esse: et nisi ad apparentiam inequalem videri: si motus
epicycli equalis apparens fuerit reipsa inequalis? accidetque constituto principio et assumpto penitus contrarium? At si dicas equaliter ipsum moveri circa terrae
centrum: atque id esse satis ad equalitatem tuendam
qualis igitur erit illa equalitas in circulo alieno
in quo motus eius non existit, sed in suo eccentro? Ita
sane miramur et illud, quod Lunae ipsius quoque ~~motus~~
in epicyclo equalitatem volunt intelligi non comparatione centri terrae per lineam videlicet egm: ad quam
merito debebat referri equalitas: ~~ad quam ipsum centrum~~
~~epicycli~~ ipso centro epicycli consentiens, sed ad punctum
quoddam diversum: atque inter ipsum et eccentri centrum
medium ~~fuerit~~ esse terram: et ~~ad~~ lineam igh tanquam indicem
~~esse~~ equalitatis Lunae in epicyclo, quod etiam re ipsa
inequalem satis demonstrat hunc motum. Hoc enim apparentiae, quae hypothesim hanc partim sequuntur, cogunt
fateri. Ita quoque Luna epicyclum suum inequaliter
percurrit: si iam ex inequalibus inequalitatem apparentiae
comprobare voluerimus, qualis futura sit argumentatio
licet animadvertere. Quid enim aliud faciemus, nisi quod
ansam praebebimus his, qui huic arti detrahunt ~
Deinde experientia et sensus ipse nos docet: quod parallaxes Lunae non consentiunt iis: quas ratio ipsorum
circulorum promittit. Fiunt enim parallaxes quas commutationes vocant, ob evidentem terrae magnitudinem
ad Lunae vicinitatem. Cum enim quae a superficie terrae
et centro eius ad Lunam extenduntur ~~rectae~~ lineae: iam
non apparuerint paralleli: sed inclinatione manifesta
sese secuerint in Lunari corpore necesse habet efficere
Lunaris apparentiae diversitatem: ut in alio loco videatur

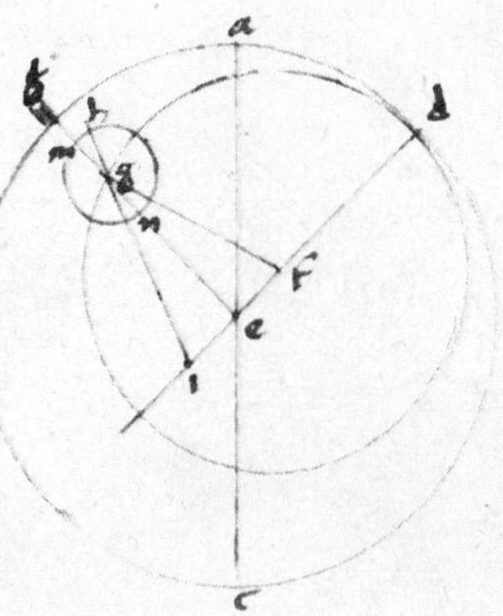

a convexitate terrae per obliquum contuentibus ipsam: quam
iis qui a centro vel vertice suo Lunam conspexerit. Tales
igitur commutationes pro ratione lunaris a terra distantia variantur. Maxima enim mathematicorum omnium
consensu est partium lxiiij et sextantis: quarum quae a centro
terrae ad ~~circumferentiam~~ superficiem est una: sed nunc
secundum illorum symetria debuit esse partium xxxiij totidemque
scrupulorum ~~Sic~~ ut Luna ad dimidium fere spatium
nobis accederet: et per consequentem rationem oportebat
parallaxas in minima et maxima distantia in duplo
quasi invicem differre. Nos autem eas, quae in dimidia Luna crescente et decrescente fiunt: etiam in perigeo
epicycli parum admodum vel nihil differre videmus
ab eis quae in defectibus solis et Lunae contigerint
ut suo loco affatim docebimus. Maxime vero declarat
errorem ~~ipse lunaris~~ globus ipsum Lunae corpus, quod
simili ratione duplo maius ~~sic~~ et minus videri contingeret
secundum diametrum: Sicut autem circuli in dupla sunt ratione
suorum dimetientium, quadrupla plerumque maior videretur in quadraturis proxima terrae: quam opposita
soli si plena luceret: Sed quoniam divisa lucet duplici
~~duplo~~ nihilominus ~~maiori~~ lumine luceret quam illic
plena existens. Cuius oppositum quamvis per se manifestum
sit, siquis tamen visu simplici non contentus per dioptram
Hipparchiam vel alia quis instrumenta quibus Lunae
dimetiens capiatur experiri voluerit inveniet ipsum non
differre: nisi quantum epicyclus sine eccentro illo postulaverit. Eam ob causam Menelaus et Timochares
circa stellarum fixarum inquisitionem per locum Lunae non
dubitaverunt eadem semper uti lunari diametro pro
semisse unius gradus: quantum Luna plerumque occupare videretur

Alia de motu Lunae Sententia Cap. iij

Ista sane apparet ~~non esse~~ eccentrum [esse] per quem epicyclus
maior ac minor appareat: sed alium modum circulorum

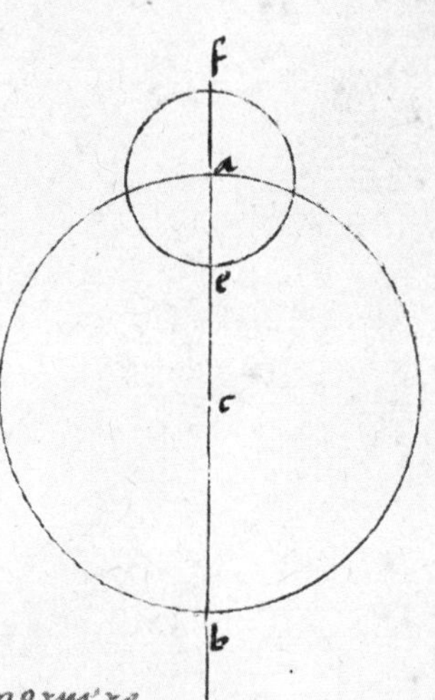

Sit enim epicyclus a b quem primum maioremque nuncupabimus centrum eius sit c: et ex centro terrae, quod sit d recta linea d c extendatur in summam absidem epicycli: et in ipso a centro aliud quoque parvum epicyclum describatur e f et haec omnia in eodem plano orbis obliqui Lunae. Moveatur autem c in consequentia: a vero in praecedentia et rursus Luna ab f superiori parte ipsius e f in consequentia: eo servato ordine ut dum linea d c fuerit una cum loco Solis medio Luna semper proxima sit centro c hoc est in e signo: in quadraturis autem atque in f remotissima. Quibus sic constitutis, aio Lunares apparentias congruere. Sequitur enim quod Luna bis in mense circumcurret epicyclum e f quo tempore c semel redierit ad Solem: videbiturque nova et plena minimum agere circulum: nempe cuius quae ex centro fuerit c e. In quadraturis autem maximum secundum distantiam a centro c f. Sicque rursus illic minores hic maiores aequalitatis et apparentiae differentias efficiet sub similibus similibus sed inaequalibus circa c centrum circumferentiis. Cumque c centrum epicycli in homocentro terrae circulo semper fuerit, non adeo diversas parallaxas exhibebit: sed ipso epicyclo solum conformes. Et in promptu causa erit: cur etiam corpus Lunare sibi simile quodammodo videatur: atque caetera omnia quae circa Lunarem cursum cernuntur sic evenient. Quae deinceps per hanc nostram hypothesim demonstraturi sumus.[F] Incipiemus autem a motibus aequalibus uti superius faciebamus sine quibus inaequalitas discerni non potest. Verum hic non parva difficultas existit propter parallaxas quas diximus. Quam ob rem per astrolabia atque alia quaevis instrumenta non est observabilis locus eius. Sed naturae benignitas humano desiderio etiam in hac parte providit: quo certius per defectus suos, quam usu instrumentorum deprehendatur ac absque erroris suspicione. Nam cum caetera mundi pura sint et diurnae lucis plena, noctem non aliud esse constat

[F] quamquam eadem rursus per eccentros fieri possint: ut circa Solem fecimus debita proportione servata.

q̄ terrae umbra: quae in conica figura intelligitur: desinitque in mucrone: qua incidens Luna hebetatur: atque in mediis constituta tenebris, intelligitur ad Solis oppositum locum indubie pervenisse. ~~Ubi nunquam melior oportunitas in ipsis cum stellis commensurationibus datur~~. Neque vero Solares defectus qui Lunae obiectu fiunt certum praebent loci Lunaris argumentum. Tunc enim accidit a nobis quidem Solis et Lunae coniunctionem videri: quae tamen comparatione centri terrae vel iam praeteriit vel nondum facta est propter dictam commutationis causam. Et ideo eundem Solis defectum non in omnibus terris aequalem magnitudine et duratione, neque suis partibus similem cernimus. In Lunaribus vero deliquiis nullum tale contingit impedimentum: sed utrobique sui similes sunt. Quoniam umbrae illius ~~terrae~~ hebetatricis ~~p centrum suum a Sole transmittit~~ axem ~~tenebrarum~~ terra per centrum suum a Sole transmittit: suntque propterea lunares ipsi defectus accommodatissimi: quibus certissima ratione cursus Lunae deprehendatur.

De revolutionibus Lunae et motibus eius particularibus. C iiij

Ex antiquissimis igitur quibus haec res curae fuit: ut posteritati numeris traderetur, repertus est Meton atheniensis: qui floruit olymp. circiter ~~xxxvii~~ trigesima septima. Hic prodidit in xix annis Solaribus ccxxxv menses compleri. Unde annus ille magnus ἐννεαδεκαετηρίς hoc est decemnovennalis metonicus est appellatus. Qui numerus adeo placuit: uti Athenis aliisque insignioribus urbibus in foro praefigeretur: qui etiam usque in praesens vulgo receptus est: quod per ipsum existiment certo ordine constare principia et fines mensium. Annum quoque Solarem dierum ccclxv cum quadrante commensurabilem ipsis mensibus. Hinc illa periodus Calippica lxxvi annorum: quibus decies et novies dies unus intercalatur: et ipsum annum Calippicum nominaverunt. At Hipparchi solertia repit

in ccciiii annis totum diem excrescere: et tunc solum
verificari; quando annus solaris fuerit ccc parte diei
minor. Ita quoque ab aliquibus annus iste magnus
Hipparchi denominatus est in quo complerentur
menses DCCLX. Haec simplicius et crassiori ut aiunt mi-
nerva dicta sunt: Quando etiam anomaliae et latitudinis restitutiones contingunt. Quapropter idem Hipparchus
ulterius ista persequitur. Nempe collatis adnotationibus
quas in eclypsibus Lunaribus diligentissime observavit
ad eas quas a Chaldaeis accepit: tempus in quo
revolutiones mensium et anomaliae simul reverterentur
definivit esse cccxlv annos aegyptios lxxxii dies et
unam horam: et sub eo tempore menses iiii cclxvii: a-
nomaliae vero iiii dlxxiii circuitus compleri. Cum ergo
per numerum mensium distributa fuerit proposita dierum
multitudo: suntque ~~duae~~ centena vigintisex milia et vii
dies atque una hora invenitur unus mensis aequat dierum
xxix scrup primorum xxxi 2a L 3a viii 4a xx 5a xx. Qua
ratione patuit etiam cuiuslibet temporis motus. Nam divisis ccclx unius menstruae revolutionis gradibus per tempus
menstruum: prodiit diurnus Lunae cursus a sole gradus
xii scrup prima xi secunda xxvi tertia xli quarta xx
quinta xviii. Haec trecenties sexagesies quinquies colligunt
ultra duodecim revolutiones annuum motum grad cxxix
scrup prima xxxvii secunda xxi tertia xxviii quarta xxviii
Porro menses iiii cclxvii ad iiii dlxxiii circuitus anomaliae, cum sint in numeris invicem compositis: utpote quos
numerat xvii communi mensura, erunt in minimis numeris
ut ccli ad cclxix in qua ratione per theorema quintumdecimum
quinti Euclidis habebimus Lunarem cursum ad anomaliae
motum. Ut cum multiplicaverimus motum Lunae per
cclxix et confectum diviserimus per ccli exibit anomaliae motus. Annus quidem post integras revolutiones
xiii, grad lxxxviii scrup prima xliii secunda viii tertia xl

quarta xx ac prima dicarius grad xiij scrup i iij 2 liiij
3 lvj 4 xxix. Latitudinis autem revolutio alia ratione habet: non enim invenit sub praefinito tempore quo anomalia restituitur: sed tunc solummodo latitudinem Lunae
redijsse intelligimus: quando posterior Lunae defectus
priori similis et aequalis fuerit priori: ut videlicet
ab eadem parte aequales utriusque fuerint observationes
magnitudine ing et duratione. ~~In quibus tunc erat~~ =
= quod accidit quando — aequales ~~reperiuntur~~ fuerint ~~ad~~ a summa vel infima abside Lunae
distantiae: tunc enim intelligitur aequales umbras aequali
tempore Luna pertransisse. Talis autem reversio secundum Hipparchum in mensibus ~~[illegible]~~ vcccclxiij contingit
quibus respondeant Latitudinis ~~vxc~~ vcMxxiij revolutiones. ~~Haec quoque ratio~~ Qua etiam ratione constabat
particulares Latitudinis motus in annis et diebus ut
caeteri. Cum enim multiplicaverimus: Lunae motum a
Sole ~~[illegible]~~ per menses vcMxxiij et collectum diviserim
per vcccclxiij habebimus latitudinis Lunae motum. In annis
quidem post revolutiones xiij gradus cxlviij scrup i xlij
2 xlvj 3 xxx 4 iiij. In diebus autem grad xiij scrup prima
xiij 2 xlv 3 xxxix 4 xl. Hoc modo Lunae motus aequales
taxavit Hipparchus: ~~quibus nemo ante ipsum~~ quibus nemo
ante ipsum accessit propinquus: attamen non omnibus adhuc
numeris absolutos fuisse sequentia secula manifestarunt
Nam ptolemaeus, medium quidem a Sole motum eundem invenit
quem Hypparchus: anomaliae vero motum ab illo deficere annuum
in scrup tertijs xi quartis xxxix Latitudinis vero annuum
abundare in Scrup tertijs liij quartis xlj. Nos autem
pluribus iam transactis temporibus ~~ab~~ Hypparchi medium
f annu- quoque motum invenimus deficere in Scrup secundis vero
tertijs duobus quartis xlix. anomaliae vero Tertia
Solummodo xxiiij quarta xlix desunt. Latitudinis quoque
motui scrup secundum j tertia ~~xl~~ j quarta xliiij abundat
Itaque motus Lunae aequalis quo differt a motu terrestri erit
annuus part ij ix xxxvij xxij xxxij xl: anomaliae part
i xxvij xlij ix v ix. latitudinis ij xxxiij xlij xliiij ~~xxxi~~
xvij xxi

MOTVS LVNAE IN ANNIS ET SEXAGENIS ANNORV

Anni	Motus					Anni	Motus				
1	2	9	37	22	32	31	0	58	18	38	52
2	4	19	14	45	5	32	3	7	56	1	25
3	0	28	52	7	38	33	5	17	33	23	58
4	2	38	29	30	10	34	1	27	10	46	30
5	4	48	6	52	43	35	3	36	48	9	3
6	0	57	44	15	16	36	5	46	25	31	36
7	3	7	21	37	48	37	1	56	2	54	8
8	5	16	59	0	21	38	4	5	40	16	41
9	1	26	36	22	54	39	0	15	17	39	14
10	3	36	13	45	26	40	2	24	55	1	46
11	5	45	51	7	59	41	4	34	32	24	19
12	1	55	28	30	32	42	0	44	9	46	52
13	4	5	5	53	4	43	2	53	47	9	24
14	0	14	43	15	37	44	5	3	24	31	57
15	2	24	20	38	10	45	1	13	1	54	30
16	4	33	58	0	42	46	3	22	39	17	2
17	0	42	35	23	15	47	5	32	16	39	35
18	2	53	12	45	48	48	1	41	54	2	8
19	5	2	50	8	20	49	3	51	31	24	40
20	1	12	27	30	53	50	0	1	8	47	13
21	3	22	4	53	26	51	2	10	46	9	46
22	5	31	42	15	58	52	4	20	23	32	18
23	1	41	19	38	31	53	0	30	0	54	51
24	3	50	57	1	3	54	2	39	38	17	24
25	0	0	34	23	36	55	4	49	15	39	56
26	2	10	11	46	9	56	0	58	53	2	29
27	4	19	49	8	42	57	3	8	30	25	2
28	0	29	26	31	14	58	5	18	7	47	34
29	2	39	3	53	47	59	1	27	45	0	7
30	4	48	41	16	20	60	3	37	22	32	40

Cl[illegible]m
3 · 29 58

3 37 22 36 ~~15~~
25

Motus Lunæ ī diebus et Sexagenis dierū et Scrupul.

Dies	Motus				
1	0	12	11	26	41
2	0	24	22	53	23
3	0	36	34	20	4
4	0	48	45	46	46
5	1	0	57	13	27
6	1	13	8	40	9
7	1	25	20	6	50
8	1	37	31	33	32
9	1	49	43	0	13
10	2	1	54	26	55
11	2	14	5	53	36
12	2	26	17	20	18
13	2	38	28	47	0
14	2	50	40	13	41
15	3	2	51	40	22
16	3	15	3	7	4
17	3	27	14	33	45
18	3	39	26	0	27
19	3	51	37	27	8
20	4	3	48	53	50
21	4	16	0	20	31
22	4	28	11	47	13
23	4	40	23	13	54
24	4	52	34	40	36
25	5	4	46	7	17
26	5	16	57	33	59
27	5	29	9	0	40
28	5	41	20	27	22
29	5	53	31	54	3
30	6	5	43	20	45

	Motus				
31	6	17	54	47	26
32	6	30	6	14	8
33	6	42	17	40	49
34	6	54	29	7	31
35	7	6	40	34	12
36	7	18	52	0	54
37	7	31	3	27	35
38	7	43	14	54	17
39	7	55	26	20	58
40	8	7	37	47	40
41	8	19	49	14	21
42	8	32	0	41	3
43	8	44	12	7	44
44	8	56	23	34	26
45	9	8	35	1	7
46	9	20	46	27	49
47	9	32	57	54	30
48	9	45	9	21	12
49	9	57	20	47	53
50	10	9	32	14	35
51	10	21	43	41	16
52	10	33	55	7	58
53	10	46	6	34	40
54	10	58	18	1	21
55	11	10	29	28	2
56	11	22	40	54	43
57	11	34	52	21	25
58	11	47	3	48	7
59	11	59	15	14	48
60	12	11	26	41	31

Motus anomaliae Lunaris ĩ annis et sexagenis annorũ

Anni	Motus						Anni	Motus				
1	1	28	43	9	~~5~~	7	31	3	50	17	41	39
2	2	57	26	18	~~10~~	14	32	5	19	0	50	44
3	4	26	9	27	~~15~~	21	33	0	47	43	59	49
4	5	54	52	36	~~20~~	28	34	2	16	27	8	55
5	1	23	35	45	~~25~~	36	35	3	45	10	18	0
6	2	52	18	54	~~30~~	43	36	5	13	53	27	5
7	4	21	2	3	~~36~~	49	37	0	42	36	36	10
8	5	49	45	12	~~41~~	58	38	2	11	19	45	15
9	1	18	28	21	~~46~~	5	39	3	40	2	54	20
10	2	47	11	30	~~51~~	102	40	5	8	46	3	26
11	4	15	54	39	~~56~~	19	41	0	37	29	12	31
12	5	44	37	49	~~1~~	241	42	2	6	12	21	36
13	1	13	20	58	6		43	3	34	55	30	41
14	2	42	4	7	12		44	5	3	38	39	46
15	4	10	47	16	17		45	0	32	21	48	51
16	5	39	30	25	22		46	2	1	4	57	56
17	1	8	13	34	27		47	3	29	48	7	2
18	2	36	56	43	32		48	4	58	31	16	7
19	4	5	39	52	37		49	0	27	14	25	12
20	5	34	23	1	43		50	1	55	57	34	17
21	1	3	6	10	48		51	3	24	40	43	22
22	2	31	49	19	53		52	4	53	23	52	27
23	4	0	32	28	58		53	0	22	7	1	32
24	5	29	15	38	3		54	1	50	50	10	38
25	0	57	58	47	8		55	3	19	33	19	43
26	2	26	41	56	13		56	4	48	16	28	48
27	3	55	25	5	19		57	0	16	59	37	53
28	5	24	8	14	24		58	1	45	42	46	58
29	0	52	51	23	29		59	3	14	25	56	3
30	2	21	34	32	34		60	4	43	9	5	9
								~~4~~	~~43~~	~~9~~	~~13~~	~~46~~
								4	43	9	7	15

3 21 07

Anomaliæ Lunaris ī diebus sexag. et scrupulis

Dies	Motus					Dies	Motus				
											ii
1	0	13	3	53	56	31	6	45	0	52	16
2	0	26	7	47	53	32	6	58	4	46	8
3	0	39	11	41	49	33	7	11	8	40	4
4	0	52	15	35	46	34	7	24	12	34	1
5	1	5	19	29	42	35	7	37	16	27	57
6	1	18	23	23	39	36	7	50	20	21	54
7	1	31	27	17	35	37	8	3	24	15	50
8	1	44	31	11	32	38	8	16	28	9	47
9	1	57	35	5	28	39	8	29	32	3	43
10	2	10	38	59	25	40	8	42	35	57	40
11	2	23	42	53	21	41	8	55	39	51	36
12	2	36	46	47	18	42	9	8	43	45	33
13	2	49	50	41	14	43	9	21	47	39	29
14	3	2	54	35	11	44	9	34	51	33	26
15	3	15	58	29	7	45	9	47	55	27	22
16	3	29	2	23	4	46	10	0	59	21	19
17	3	42	6	17	0	47	10	14	3	15	15
18	3	55	10	10	57	48	10	27	7	9	12
19	4	8	14	4	53	49	10	40	11	3	8
20	4	21	17	58	50	50	10	53	14	57	5
21	4	34	21	52	46	51	11	6	18	51	1
22	4	47	25	46	43	52	11	19	22	44	58
23	5	0	29	40	39	53	11	32	26	38	54
24	5	13	33	34	36	54	11	45	30	32	51
25	5	26	37	28	32	55	11	58	34	26	47
26	5	39	41	22	29	56	12	11	38	20	44
27	5	52	45	16	25	57	12	24	42	14	40
28	6	5	49	10	22	58	12	37	46	8	37
29	6	18	53	4	18	59	12	50	50	2	33
30	6	31	56	58	15	60	13	3	53	56	30

Motus latitudinis Lunæ in annis et sexagenis annorum

An ni	MOTVS								An ni	MOTVS							
1	2	28	42	~~44~~	~~31~~		45	17	31	4	50	5	~~0~~	~~4~~		23	57
2	4	57	25	~~29~~	~~2~~		30	34	32	1	18	48	~~44~~	~~35~~		9	14
3	1	26	8	~~13~~	~~33~~		15	52	33	3	47	30	~~29~~	~~6~~	~~16 16~~	54	32
4	3	54	50	~~58~~	~~4~~		1	9	34	0	16	13	~~13~~	~~37~~		39	48
5	0	23	33	~~42~~	~~35~~		46	26	35	2	44	56	~~58~~	~~8~~		25	6
6	2	52	16	~~27~~	~~6~~		31	44	36	5	13	39	~~42~~	~~39~~		10	24
7	5	20	59	~~11~~	~~37~~		17	1	37	1	42	21	~~27~~	~~10~~		55	41
8	1	49	42	~~56~~	~~8~~		2	18	38	4	11	4	~~11~~	~~41~~		40	58
9	4	18	24	~~40~~	~~39~~		47	36	39	0	39	46	~~56~~	~~12~~		26	16
10	0	47	7	~~25~~	~~11~~		32	53	40	3	8	30	~~40~~	~~44~~		11	33
11	3	15	50	~~9~~	~~42~~		18	10	41	5	37	12	~~25~~	~~15~~		56	50
12	5	44	33	~~54~~	~~13~~		3	28	42	2	5	55	~~9~~	~~46~~		42	8
13	2	13	15	~~38~~	~~44~~		48	45	43	4	34	38	~~54~~	~~17~~		27	25
14	4	41	58	~~23~~	~~15~~		34	2	44	1	3	20	~~38~~	~~48~~		12	42
15	1	10	41	~~7~~	~~46~~		19	20	45	3	32	3	~~23~~	~~19~~		58	0
16	3	39	29	~~52~~	~~17~~		4	39	46	0	0	46	~~2~~	~~50~~		43	17
17	0	8	6	~~36~~	~~48~~		49	54	47	2	29	28	~~52~~	~~21~~		28	34
18	2	36	49	~~21~~	~~19~~		35	12	48	4	58	12	~~36~~	~~58~~		13	52
19	5	5	32	~~5~~	~~50~~		20	29	49	1	26	54	~~21~~	~~23~~		59	8
20	1	34	15	~~50~~	~~22~~		5	46	50	3	55	37	~~5~~	~~55~~		44	26
21	4	2	57	~~34~~	~~53~~		51	4	51	0	24	29	~~50~~	~~26~~		29	44
22	0	31	40	~~19~~	~~24~~		36	21	52	2	53	3	~~34~~	~~57~~		15	1
23	3	0	23	~~3~~	~~55~~		21	38	53	5	21	46	~~19~~	~~28~~		0	18
24	5	29	6	~~48~~	~~26~~		6	50	54	1	50	28	~~3~~	~~59~~		45	36
25	1	57	48	~~32~~	~~57~~		52	13	55	4	19	11	~~48~~	~~30~~		30	53
26	4	26	31	~~17~~	~~28~~		37	30	56	0	47	59	~~33~~	~~1~~		16	10
27	0	55	14	~~1~~	~~59~~		22	48	57	3	16	37	~~17~~	~~32~~		1	28
28	3	23	57	~~46~~	~~30~~		8	5	58	5	45	19	~~2~~	~~3~~		46	45
29	5	52	39	~~31~~	~~1~~		53	22	59	2	14	2	~~46~~	~~34~~		32	2
30	14	21	22	~~15~~	~~33~~		38	40	60	20	42	45	~~31~~	~~6~~		17	21
	2									4							

Motus latitudis Lunæ ī diebus sexag. et scrup. dierum

Chri cxx9 45

DIES	MOTUS					DIES	MOTUS				
1	0	13	13	45	39	31	6	50	6	35	20
2	0	26	27	31	18	32	7	3	20	20	59
3	0	39	41	16	58	33	7	16	34	6	39
4	0	52	55	2	37	34	7	29	47	52	18
5	1	6	8	48	16	35	7	43	1	37	58
6	1	19	22	33	56	36	7	56	15	23	37
7	1	32	36	19	35	37	8	9	29	9	16
8	1	45	50	5	14	38	8	22	42	54	56
9	1	59	3	50	54	39	8	35	56	40	35
10	2	12	17	36	33	40	8	49	10	26	14
11	2	25	31	22	13	41	9	2	24	11	54
12	2	38	45	7	52	42	9	15	37	57	33
13	2	51	58	53	31	43	9	28	51	43	13
14	3	5	12	39	11	44	9	42	5	28	52
15	3	18	26	24	50	45	9	55	19	14	31
16	3	31	40	10	29	46	10	8	33	0	11
17	3	44	53	56	9	47	10	21	46	45	50
18	3	58	7	41	48	48	10	35	0	31	29
19	4	11	21	27	28	49	10	48	14	17	9
20	4	24	35	13	7	50	11	1	28	2	48
21	4	37	48	58	46	51	11	14	41	48	28
22	4	51	2	44	26	52	11	27	55	34	7
23	5	4	16	30	5	53	11	41	9	19	46
24	5	17	30	15	44	54	11	54	23	5	26
25	5	30	44	1	24	55	12	7	36	51	5
26	5	43	57	47	3	56	12	20	50	36	44
27	5	57	11	32	43	57	12	34	4	22	24
28	6	10	25	18	22	58	12	47	18	8	3
29	6	23	39	4	1	59	13	0	31	53	43
30	6	36	52	49	41	60	13	13	45	39	22

Primæ inæqualitatis Lunæ : quæ in noua plenaq̃ꝫ contingit
demonstratio . C v

Motus Lunæ æquales, prout usq̃ꝫ in pñs potuerunt nobis
innotescere, exposuimus . Nunc inæqualitatis ratio est
aggredienda : quã p modũ epicycli demonstrabimus : et
primũ eã in coniunctionibus et oppositionibus Solis contingit
Circa quã prisci mathematici ingenio mirabili usi sunt
p triadas defectuũ Lunariũ . Quã etiã viã ab illis
sic nobis pparatã sequemur . Capiemusq̃ꝫ tres eclypses a
ptolemæo diligenter obseruatas : quibus alias quoq̃ꝫ tres nõ
minori diligentia notatas comparabimus : ut motus æ-
quales iam expositi si recte se habeant examinemus — utemur aut in eorũ exploratione mediis motibus Solis et Lunæ ab æquinoctii verni loco tanq̃ æqualibus : imitatione priscorũ Quoniã diuersitas q̃ propter inæqualẽ æquinoctiorũ præcessionẽ contingit : in tam breui tempore quamuis etiã decẽ annorũ non percipitur . Prima igitur eclypsim assumit ptolemeus factã anno xvij
Adriani principis vigesimo die transacto mensis Pauni
sctm̃ ægyptios : annorũ vero Chri erat Centesimus trigesimus
tertius : Sexta die mensis Maij siue pridie Nonas . Defecitque
tota : cuius mediũ tempus erat p dodrantem horæ æqualis ante
mediã noctem . Alexandriæ : sed frueburgi siue Craconiæ fuisset
hora una cum dodrante ante mediũ noctis quã seq̃batur
dies septimus Sole xiij partes et quadrantem partis Tauri
tenente . Alteram fuisse ait Anno xix Adriani : p̃actis
duobus diebus mensis Chiach quarti ægyptiorũ . Erat
autẽ anno Chri cxxxiiij ~~Calend~~ Septembris : et defecit a Septentrione p dextante diametri sui : cuius mediũ erat una
hora æquinoctiali . Alexandriæ . Craconiæ aut duabus horis
ante mediũ noctis Sole existente in xxv grad et sextante
Signi Libræ . Tertia quoq̃ꝫ eclypsis erat . Anno xx
Adriani transactis xix diebus pharmuthi mensis octaui
ægyptiis : Annorũ Chri cxxxvi : vj Martij transacto ~~post~~
deficiente rursus a septentrione Luna ex semisse diametri :
Cuius mediũ erat Alexandriæ quatuor horis æquinoctialibus
Sed Craconiæ tribus horis post mediã noctem : cuius mane
erat in Nonis Martij : Erat quoq̃ꝫ tunc Sol in xiiij grad
et xij parte piscium . Patet autem quod in medio spacio
temporis : quod erat inter primã et secundam eclypsim

[margin:] sed sctm̃ mediũ motũ xij . xxj Tauri

[margin:] xiij Cal. Nouembris

[margin:] sed medio motu . xxv . xliij min.

[margin:] medio motu . xj . xliij piscium

Luna tantu[m] p[er]transeunt quantum Sol in motu apparente
abiectis in[que] integris circulis) clxi partes et lv scrupula
Et a secunda ad tertia part cxxxvij scrup lv. Erat
aut[em] in priori internallo annus unus: dies clxvj: horae
aequales xxiij cum dodrante unius s[e]c[un]d[u]m apparentiam: sed
examinatim horae xxiij scrup cum quinque octauis. In
secunda vero distantia annus unus dies cxxxvij: horae
quinque simplr: exacte vero horae v s. Et erat Solis
et Lunae motus aequalis coniunctim in primo interuallo reiectis circulis grad clxix scrup xxxvij: et anomaliae grad cx scrup xxj. In secundo internallo Sol
et Lunae motus similiter aequalis part cxxxvij scrup.
xxxiiij: anomaliae vero part. lxxxj scrup xxxvj. patet
igitur quod in prima distantia partes cx scrup xxi epicycli subtrahunt medio motu Lunae partes vij scrup xlij
In secunda partes lxxxj scrup xxxvj addunt parte una
scrup xxj. His sic propositis, describatur Lunaris epicyclus abc in quo prima eclypsis fuerit in a: altera
in b: ac reliqua in c: quo etia[m] ordine superius in precedentia
Lunae transitus intelligatur. Et sit ab circumferentia part
cx scrup xxj ablatiua (ut diximus) partium vij scrup xlij
bc vero partium lxxxj scrup xxxvj: q[uae] addat partem una
scrup xxj: erit reliqua circuli ca partium clxviij scrup
iij: adiectiua: quae restant partes vj scrup xxj. Quonia[m]
vero summa absis epicycli in bc et ca circumferentijs no[n]
est: cum adiectiuae sint et semicirculo minores: necessa-
riu[m] est illam in ab reperiri. Accipiamus igitur d centrum
terrae circa quod epicyclus aequaliter feratur: unde a-
gantur lineae ad signa eclypsium da: db: dc et connectantur bc: be: ce. Cum igitur ab circumferentia partes
vij. xlij Signiferi circumferentiam subtendit: erit
angulus adb partium vij: xlij qualium clxxx sunt duo recti
sed qualium ccclx duo recti fuerint: erit angulus ipse part
partium xv scrup xxiiij: et angulus aeb ad circumferentiam
est similiu[m] partium cx: xxj exterior existens trianguli bde

datur ergo ebd angulus partium xciii scrup lvii. Atqui trianguli datorum angulorum dantur ~~anguli~~ latera estque de partium 147396. be part 26798 quarum dimetiens circuli est triangulum circumscribentis fuerit ducentorum milium. Rursus, quoniam aec circumferentia comprehendit in signifero partes vi scrup xxi: erit angulus qui sub aedc partium vi scrup xxi qualium clxxx sunt duo recti qualium vero ccclx duo sunt recti erit ipse part xii ~~sed~~ scrup xlii qualium etiam qui sub aec angulus est cxci: lvii et ipse exterior existens trianguli cde ex ~~eius~~ ipso d angulo tertium ecd relinquit partium earundem clxxix scrup xv: datur ergo latera de partium 199996 ce part 22120 qualium sunt 200000 dimetiens circuli circumscribentis. Sed qualium erat de partium 147396 talium est ce 16302: qualium etiam be 26798. Cum ergo rursus in triangulo bec: duo Latera be: ed data sint: et angulus e partium lxxxi: xxxvi uti circumferentia bc habebimus etiam tertium bc latus ex demonstratis triangulorum planorum earundem illarum partium 17960. Sed cum fuerit dimetiens epicycli part ducentorum milium: ipsa bc subtendens lxxxi xxxvi erit partium 130684: atque caetera ad datam rationem talium partium ed ~~eius~~ 1072684 et ce 118637 et ~~eius~~ circumferentia part lxxxi scrup prima xlvi = x. Sed cea circumferentia ex constructione partium erat clxxvii: iii reliqua ergo ea partium est xcv scrup primorum xvi secundorum L. et eius subtensa part 147786: Hinc tota aed linea aed linea earundem partium 1220460. Quoniam vero ea segmentum minus est semicirculo non erit in ipso centrum epicycli: sed in reliquo abce. Sit ergo ipsum k: et agatur per utrasque absidas dmkL sitque L suprema absis: infima m. Manifestum est autem per trigesimum theorema tertii Euclidis: quod rectangulum contentum sub ad e aequale est ei quod sub Ldm continetur. Cum autem Lm dimetiens circuli dividue secetur in k: cui addatur in directum dm: erit quod Ldm rectangulum cum eo quod ex km quadrato aequale ei: quod ex dk datur ergo longitudine dk

ipsius ce

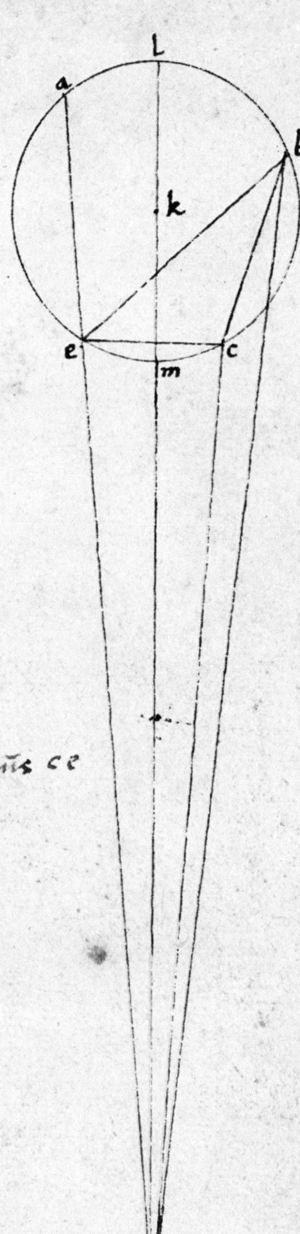

partium 1148556 qualium est LK centum millium: et propterea
qualium dk fuerit centum millium erit LK part 8706 quae ex
centro est epicycli. His ita paratis agatur kno perpendicularis ipsi ad. Quoniam igitur kd: de: ea: rationem
habent ad invicem datam in partibus: quibus LK est centum
millium: et ne dimidia ipsius ae partium est earundem 13893
Tota ergo den partium est 114 0577. At in triangulo dkn
duo latera dk: nd sunt data et angulus n rectus. Erit
propterea nkd angulus in centro partium lxxxvi scrup primorum
xxxviij s totidemque meo circumferentia: et Lao reliqua semicirculi partium xciij scrup xxi s a qua sublata oa dimidia
ipsius aoe part xlvij scrup xxxviij s manet residua La
part vl sec xliij quae est distantia Lunae a summa abside
epicycli in primo deliquio sive anomalia. Sed tota ab
partium erat cx scrup xxi reliqua igitur Lb anomalia in
altero deliquio ~~igitur~~ partium est lxiiij scrup xxxviij: et tota
Lbc partium cciijl scrup xiiij ad quam tertium deliquium incidebat
Jam quoque perspicuum erit: quod cum angulus dkn sit part
lxxxvi scrup xxxviij quarum ccclx sunt quatuor recti reliquus
angulus: qui sub dkn partium iij scrup xxij a recto
quae est prosthaphaeresis quam addit anomalia in prima
eclypsi. Totus autem angulus adb erat partium vij scrup
xlij reliquus ergo Ldb partes habet iiij scrup xx quae
minuitur ab equali motu Lunae in secunda eclypsi ad Lb
circumferentiam. Et quoniam bdc angulus erat part i. xxj
et reliquus ergo cdm remanet part ij scrup iL ablativa
prosthaphaeresis ipsius Lbc circumferentiae in tertia eclypsi
Erat ergo medius Lunae locus hoc est k centri in prima
eclypsi part ix scrup liij Scorpij eo quod apparens eius
locus esset in partibus xiij scrup xv Scorpij tot in quam
quot Sol e diametro in Tauro possidebat. ac eodem
modo medius Lunae motus in secundo eclypsi habebat
partes xxix s arietis. In tertia partes xvij scrup iiij
Virginis. Lunares quoque a Sole aequales distantiae
in prima partes clxxvij scrup xxxiiij in altera partes
clxxxij scrup iiiL In ultima part clxxxv scrup xx.
Hoc modo Ptolemaeus: quo exemplo secuti pergamus iam

ad alia trinitate lunarium deliquiorum: quae etiam a nobis
diligentissime sunt observata: Primum erat Anno Christi
MDXI Sex diebus mensis Octobris transactis: coepitque
Luna deficere una hora et ~~octava~~ parte horae ante ~~octava tertia~~ octava
medium noctis ex horis aequalibus: et restituta est in in-
tegrum duabus horis ~~et tertia~~ post medium noctis Sicque ~~et octava tertia octava~~ tertia
medium eclipsis erat ~~una hora et duode hora dimidia et tertia~~ hora 5 in 12
= cum duodecima parte horae post medium noctis: cuius
mane erat dies septimus in Nonis Octobris: defecitque
Luna tota: cum Sol esset in XXII grad ~~XXII~~ XXV scrup librae: sed secundum aequalitatem in XXIII: ~~XXII~~ 13 librae
Secunda eclipsim notavimus anno Christi MDXXII mense
Septembri elapsis quinque diebus totam quoque deficientem
cuius initium erat duabus quintis horae aequal ante medium ~~et vigesima parte~~
noctis: sed eius medium una hora cum ~~triente~~ post me- ~~quadrante et vigesima~~ triente
diam noctem: quam sequebatur dies sextus et ipse octavus
ante Idus Septembris: erat autem Sol in XXII grad et quinta
~~decima~~ virginis: sed aequalis in ~~XXIII~~ IIII scrup LIX virginis
Tertia quoque anno Christi MDXXIII XXV diebus Augusti
mensis praeteritis: quae coepit horis IIII minus ~~quinta~~ parte ~~octava quadrante et vigesima~~ quinta
horae post mediam noctem: et medium eclipsis tempus om-
nino etiam deficientis: erat IIII horae medietas ~~et duodecima~~ minus 1/12
~~pars~~ horae post mediam noctem imminente iam die Septimo
Calend Septembris: Sole in XI grad ~~XXII~~ XXI scrup virginis
medio motu in XIII: scr " virginis. Et hic quoque manifestum " IIII
est: quod distantia verorum locorum Solis et Lunae a
prima eclipsi ad secunda fuerit partium CCCXXIX scrup XLVII
Ab altera vero ad tertia part CCCXLIX scrup IX. Tempus
autem a prima eclipsi ad secunda est annorum aequalium
decem: dierum CCCXXXVI et ~~dodrantis~~ unius horae secundum ~~octava~~ dodrans
apparens tempus: sed ad exactam aequalitatem erat hora
una minus ~~decima~~ parte: A secunda ad tertia fuerunt quinta
dies CCCLIIII horae III ~~cum quadrante quod tunc etiam aequalitatis~~ sed tempore aequali hor III scrup XXIIII
~~tempus adamussim requirebat~~. In primo intervallo motus Solis hor IIII scr IX
et Lunae communium medius reiectis circulis colligit partes CCCXXXIIII
~~CCCXXIX~~ scrup XLVII: et anomaliae grad CCL scrup XXXVI au- 36
ferentque ab aequali motu partes fere quinque In secundo intervallo

motus Solis et Lunae medius partiū ~~cccxlix~~ scrup ~~...~~
cccxlvj scrup x~~...~~ Anomaliae part cccvj scrup ~~xlv~~ adiiciendis xliij
ertis medio motui partes ij scrup lix. Sit iā epicyclus
a b c: et sit a locus lunae in medio primi deliquij b ~~...~~
in scdo c in tertio: et motus epicycli intelligatur ex c
in b et b in a hoc est supne in praecedentia inferne ad co-
sequentia. Et a c b circumferentia partiū ccl. scrup xxx ~~iij~~ vj
quae auferat medio motui Lunae (ut diximus) partes
quinqz in prima tpis distantia. Circumferentia vero
b a c sit partiū cccvj scrup xl ~~iiij~~ ~~add~~ adijciens medio
motui Lunae partes ij scr. lix et reliqua igitur a c part
cxcvij scrup ~~xix~~: quae reliquas auferat partes ij scr j
Quoniā vero ipa a c maior est ~~...~~ semicirculo: et
est ab~~la~~tiua necesse est in ipā summam absida comprehendi ƒ. Capiatur ergo ex adverso d centrū terrae et
connectantur a d: d b: d e c. a b: a e: e b. Quoniā igitur trianguli d b e angulus exterior c e b datur part liij scr ~~xiii~~ vij
iuxta c b circumferentia: quae reliqua est circuli. ex b a c
et angulus b d e ad centrū quidē part ij scrup lix: sed
ad circumferentiam partiū ~~...~~ v scrup lviij: et reliquus
ergo e b d partiū xlvij scrup ~~xiiij~~. Quapp erit latus
b e partiū ~~...~~ 1042 et latus d e partiū earundem ~~...~~ 8024 quorū
quae ex centro circumscribentis triangulum fuerit 10000
pari modo a c angulus partiū est cxcvij scrup xix
circumferentia a c b constitutus: et q sub a d c partiū
est ij scrup i: ut ad centrū: sed ut ad circumferentiam
part iiij scrup ij reliquus ergo q sub d a e angulus
trianguli partiū est cxciij scrup ~~xviij~~ 17 quarū ccclx
sunt duo recti. Sunt ergo latera quoqz data in partib.
quibus: quae ex centro circumscribentis triangulū a d e
~~triangulū~~ est 10000 a e part ~~285~~ 70 2/... d e
partiū 1986 45: sed quarū d e partiū est 80 24 earū
est a e part 28 3/...: quarū etiam erat e b part 1042
Habemus ergo rursus triangulū a b e in quo duo
latera a e et e b data sunt ~~sunt~~ et angulus ƒ qui sub
a e b part ccl scrup xxx~~iij~~ quibus ccclx sunt duo recti
Ideircō p demonstrata triangulorū planorū erit etiā

ƒ neqz eñ in b a vel c b a part esse q̄ adiectiuae sunt et vtraqz semicirculo minor, sed circa ~~...~~ apogeum minor ponitur motus

ƒ totus

ab eiusdem partium ~~1229~~ 1227 quarum eb partium 1047[2]. Sic
igitur harum trium linearum ab: eb et ed lucrati sumus
rationem, per quam etiam constabunt in partibus quibus quae (circumferentiam
ex centro est epicycli decemmilium quarum etiam ab ~~capit~~ datam subtendit
1632[3]: ed 106[751] eb 13853 unde etiam eb circum-
ferentia datur part lxxxvij scrup xlj quae cum bc colligit
tota ebc part cxl scrup ~~liiij~~ cuius subtensa ce partium
est 188[51] et tota ced part 125[822]. Exponatur iam
centrum epicycli: quod necessario cadet in eac segmentum, tamquam maius semicirculo: sit quod f. et extendatur
dif g in recta linea per utrasque absides infima i et
summam g. Manifestum est iterum: quod rectangulum
quod sub cde continetur aequale est ei quod sub g d i
quod autem sub g d i una cum eo quod ex f i aequale est ei
quod ex df fit quadrato. Datur ergo longitudine
dif partium 116[22] quarum fg est 10000: quarum
igitur partium df est decemmilium erit fg partium
86[?]4 consentaneum ei quod a plerisque aliis: qui a ptolemaeo presserunt proditum invenimus. Excitetur iam
ex centro f ipsi et ad angulos rectos quae sit fl et extendatur in rectam lineam flm: secabitque bifariam ce
in l signo. Quoniam igitur ed recta linea partium
est 106[751] et dimidia ce hoc est le part 9426 erit
tota del 116[177] quarum fg est 10000 quarum etiam df
est 116[226]. Trianguli ergo dfl duo latera df et
dl data sunt ~~ratione~~ datur quoque dfl angulus partium ~~lxxxviij xxj~~ lxxxviij · xxj
~~lxxxviij xxj~~ et reliquus fdl partis unius Scrup xxxix
et iem in circumferentia similiter partium lxxxviij scrup xxj
et im c dimidia ipsius ebc part lxx scrup ~~xxij~~ 22: erit tota
imc partium clviij scrup ~~xliij~~ reliqua semicirculi gc partium 158 · L
xxj scrup ~~xiiij~~ Et haec erat distantia lunae ab apogeo epicycli sive anomaliae locus in tertia eclipsi: et gcb in
secunda partium lxxiiij scrup xxvij. ac tota gba in prima
colligit partes clxxxiij sc ~~liij~~ Rursus in tertia eclipsi
ide angulus ut in centro ~~partium~~ partis unius scrup xiL
quae prosthaphaeresis est ablativa: et totus idb angulus

in secunda eclipsi partium iiij scrup xxxviij: etiam ablativa prosthaphaeresis, ipsa enim ex g d c partib. 1. xxxix et ipsius c d b part ij scr lix constituitur: et reliquus igitur angulus a toto a d b: qui erat partium v: et est a d i qui remanebit scrupulorum primorum xxij: quae adjiciuntur aequalitati in prima eclipsi. Quapropter locus aequalis Lunae in prima eclipsi erat in xxij: iiij part Arietis apparentiae vero xxij: scrup xxx: ac tot partes quot Sol ex opposito librae obtinebat. Ita quoque in altera eclipsi medius Lunae motus erat in partibus xxvi: L piscium. In tertia vero xiij piscium. Ac Lunaris medius motus per quem separatur ab annuo terrae in prima eclipsi part clxxvij scrup lj in secunda partes 182 scrup Li in tertia part clxxix scrup lix

Eorum quae de aequalibus Lunae motibus longitudinis et anomaliae exposita sunt comprobatio C vj

Ex his etiam quae in Lunaribus deliquijs exposita sunt licebit experiri, an Lunae motus aequales: quos iam exposuimus recte se habeat. Ostensum est enim: quod in secunda priorum eclipsium erat Lunaris a Sole distantia part clxxxij scrup xlvij: Anomaliae part lxviij scrup xxxviij. In secunda vero sequentium circa tempus eclipsi Lunae motus a Sole part clxxxij scrup Lij anomalia part lxxiiij scrup xxvij. Patet quod in medio tempore completi sunt menses xvij clxvj [struck through text] . Anomaliae quoque motus reiectis circulis integris partes nove scrup quadraginta 49 nove. Tempus autem quod intercessit ab anno decimonono Adriani Mense Choiach aegyptio die sexta et duabus horis ante medium noctis qua dies mensis secutus est tertius: usque ad annum Christi Millesimum quingentesimum vigesimum secundum: ac quintum diem Septembris una hora et [struck through] unius tempore apparenti: quod cum aequatum fuerit sunt horae tres post scrup xxxiiij In quo tempore post completas revolutiones

scrup prima q si iiij

trib.

Sunt anni aegyptij Mccccxvc dies cccij horae tres 1/3

[struck through text]

cq ho sy hori iq a

mensium decemseptem milium centum et tres aequalium secundum hypparchum et ptolemaeum fuissent partes cccliiij scrup ~~xxx xxxij xxiiij~~ xxxiij
anomaliae vero secundum Hipparchum partes ix scrup ~~xxxviiij~~ xxxvii
sed secundum ptolemaeum partes ix scrup ~~xx~~ viiij deficiunt igitur
ab illis motui lunae scrup prima xxxiij anomaliae f utrisque
scrup prima ~~xxviiij~~ xxx quae nostris accrescunt consentientibus q Ptolemei Hipparchi x
numeris: quos exposuimus

De locis longitudinis et anomaliae lunaris C. vij

Iam quoque eorum uti supra: et hic loca sunt praefigenda
ad annorum constituta principia. Olympiadum Alexandri
Caesaris Christi: et si quae praeterea cuique placuerit. Si igitur
illam trium eclipsium priscarum secundam consideremus,
factam decimonono anno Adriani duobus diebus mensis
Chiach aegyptiorum una hora aequinoctiali ante mediam
noctis Alexandriae: nobis ante sub meridiano Cracoviae
duabus horis ante mediam noctis, invenimus a principio
annorum Christi ad hoc momentum annos aegyptios cxxxiij
dies ~~xxx~~ cccxxv horas xxij simpliciter, exacte vero,
horas xxi scrup ~~xxxvi~~ 37: In quo tempore lunaris motus
est secundum numerationem nostram partes cccxxxij scrup
xlix Anomaliae partes ccxvij scrup xxxi. Quae cum
ablata fuerint ab illis quae in eclipsi reperta fuerint utrumque
a specie sua relinquitur locus lunaris a Sole medius
partium ccix scrup lviij. Anomaliae ccvij scrup vij
ad principium annorum Christi in media nocte ante Calend
Ianuarij. Rursus ad hoc Christi principium sunt olymp
centum nonaginta tres anni duo dies cvic s: quae faciunt
annos aegyptiacos ~~lxxxiiij~~ Dcclxxv dies xij s: examinatim
vero horas xij scrup xi. Similiter a morte alexandri ad nativitatem Christi supputant annos aegyptios
cccxxiiij dies cxxx s tempore apparente exquisite vero horas
xij scrup xvi. Et a Caesare ad Christum sunt anni
aegyptii xlv dies xij in quo consentit utriusque temporis
ratio aequalis et apparentis. Cum igitur motus qui

qui has differẽtias temporũ continent subduxerimus a locis Chr
locis Christi subtrahendo singula singulis habebimus ad
meridiem primi diei mensis hecatonbaeonis primae olympiadis aequatũ Lunae mot a Sole distantia partiũ xliij xxxij
scrup xxxxiij Anomaliae part xlvj scrup xx. Annorũ
Alexandri ad meridiẽ primi diei mensis thoth Luna a
Sole part cccx scrup xliij Anomaliae part lxxxv scrup
xlj. Ac Julij Caesaris ad media nocte ante Calend Januarij Luna a Sole part cccl scrup xxxix Anomaliae
partiũ xcvj scrup lviij. Omnia haec ad meridianum
Cracoviensem ſ Quoniã quae vulgo fruēburgũ
dicitur vbi plerumq nras habuimus observationes ad ostia
Istolae fluuij posita huic subest meridiano: vt nos Lunae
Solisq defectus utrobiq simul observatũ docet: in quo
etiam Dirrhachiũ Macedoniae: quae antiqtus Epidamnum
vocata est continetur.

De Secunda Lunae differẽtia et quã habeat rationem Epicyclus primus ad secundum Ca viij

Ser igr — Itaq Lunae motus aequales cum prima eius differẽtia
demonstrati sunt. Inquirendum nobis iã est in qua sit
ratione epicyclus primus ad secundũ ac uterq ad distãtia centri terrae. Invenitur autẽ ~~haec~~ maxĩa ut diximus
in medijs quadraturis differẽtia: quãdo Luna dimidia
est crescens vel decrescens: quae ad septem gradus et duas
tertias se effert: vt etiã habent priscorũ adnotationes.
Observabat eñ tempus: in quo Luna dimidia ad mediã
distantiã epicycli proxime attigisset: idq circa contactũ
lineae egredientis a centro terrae: quod ꝑ numeratione
supius expositam facile percipi potuit. Et ipsa Luna tũc
existente circa nonagesimũ gradũ signiferi ab ortu vel
occasu sumptũ cauebat errorẽ: quẽ parallaxis posset
ingerere motui Longitudĩs. Tunc eñ q ꝑ vertice ~~est~~
horizontis est circulus ad angulos rectos Zodiacum
dispescit: nec admittit aliquã longitudinis commutatione
sed tota in latitudine cadit proinde artificio instrumẽti

astrolabii acceperunt locum Lunae ad Solem facta collatione inventa est Luna differens ab aequalitate septem (ut diximus graduum et duabus tertijs unius) loco quinque graduum. Describatur iam epicyclus ab centrum eius sit c: et a centro terrae quod sit d extendatur recta linea dbca. apogeum epicycli sit a: perigaeum b Et agatur tangens epicyclum de et connectatur ce. Quoniam igitur in tangente est prosthaphaeresis maxima. quae sit in proposito partium vij scrup xl. quibus etiam est angulus bde et qui sub ced rectus est, nempe in contactu circuli ab. Quapropter erit ce partium 1334 quarum quae ex centro cd est 10000. At in plena silentique Luna erat longe minor, partium siquidem earundem 861 fere. Resecetur ce et sit cf partium 860. erit in eodem centro f circumcurrens: qua Luna noua agebat atque plena et reliqua fe igitur partium 474 erit dimetiens epicycli secundi: et bifaria sectione, in g centrum ipsius: et tota cfg partium 1097 ex centro circuli: quae epicycli secundi centrum descripsit. Itaque constat ratio ipsorum cg ad ge vti 1097 ad 237 qualium partium erat cd decemmilium.

De reliqua differentia, qua Luna a summa abside epicycli inaequaliter videtur moueri Ca ix

Per hanc quoque epagogen datur intelligi: quomodo Luna in ipso epicyclo suo primo inaequaliter moueatur cuius maxima differentia contigit: quando curuatur in corniua vel gibbosa ac semiplena orbe existit. Sit rursus epicyclus ille primus: quem epicycli secundi centrum medio modo descripserit ab centrum eius c summa absis a infima b Capiatur ubilibet in circumferentia e signum et coniungatur ce. fiat autem ce ad ef ut 1097 ad 237: et in e centro distantia autem ef describatur epicyclum secundum et agantur utrobique tangentes ipsum rectae lineae cl: cm Sitque motus epicycly parui ex a in e: hoc est superne in praecedentia. Luna vero ab f in l etiam in praecedentia. Patet igitur, quod cum aequalis fuerit motus ae: ipsi tamen aequalitati epicyclum secundum per fl rursum suum addit el circumferentiam: atque per m f minuit. Quoniam

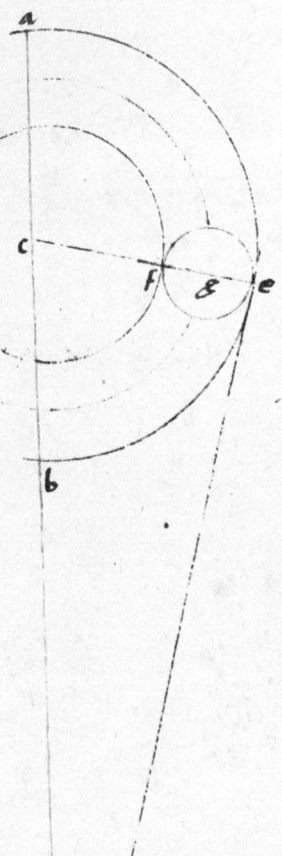

vero in triangulo c e l ad l angulus rectus est et e l
partium 237 quarum erat c e 1097. Quarum igitur ipsa
c e fuerit decemmilium: erit e l 2160 quae per canonem
subtendit angulum e c l partium xij scrup xxviij aequalem
ipsi m e f cum sint trianguli similes et aequales. Et tanta
est maxima differentia: qua Luna variat a summa abside
epicycli primi. Id autem contingit quando Luna a Sole
motu medio destiterit a Linea medij motus terrae ante et
post partibus xxxviij scrup xlvj: ~~et reliquis~~ Ita sane
manifestum est quod sub media Solis et Lunae distantia
gradium xxxviij scrup xlvj ac totidem a media hinc inde
oppositione contingunt hae maximae prosthaphaereses

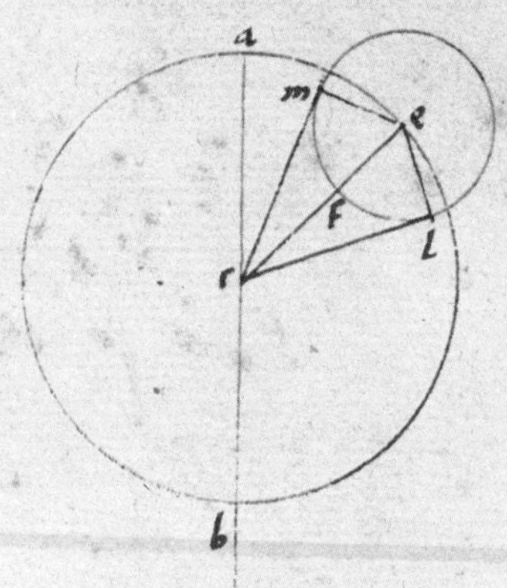

Quomodo Lunaris motus apparens ex datis aequalibus demonstretur — Ca x

His omnibus ita provisis, volumus iam ostendere: quo
ex aequalibus illis Lunae motibus propositis apparens aequalisque motus discutiatur, graphica ratione: exemplum
sumentes ex observatis Hipparchi: quo simul doctrina
per experimentum comprobetur. Anno igitur a morte Alex-
centesimo nonagesimo septimo Decima septima die mensis Paunij
qui decimus est Aegyptiorum horis diei nona et triente transactis in Rodo. Hipparchus per instrumentum astrolabium
Solis et Lunae observatione invenit a se invicem distare
grad xlviij et decima parte quibus Luna Solem sequebatur.
Cumque arbitraretur Solis locum esse in xi partibus
minus decima Cancri, consequens erat Lunam xxix grad
Leonis obtinere: Quo etiam tempore vigesimus nonus
gradus Scorpij oriebatur: decimo gradu Virginis caelum
mediante in Rodo: cum polus boreus xxxvj grad elevatur.
Quo argumento constabat Lunam circa nonagesimum
gradum signiferi a finiente constitutam: nullam tunc vel
certe insensibilem in longitudine visus commutationem ad-
misisse. Quoniam vero haec consideratio facta est a meridie illius decimiseptimi diei tribus horis et triente: quae
in Rodo respondent quatuor horis aequinoctialibus: fuissent
Cracoviae horae aequinoctiales iij et duodecima pars horae

sexta

iuxta distantia, qua Rhodos ~~uncia~~ [sextam] horarum propior
nobis est q Alexandria. Erant igitur ab Alexandri
decessu anni Centum nonaginta sex dies cclxxxvi horae tres
cum ~~duodecima~~ [sexta] parte simpliciter: regulariter aute horae
iij cum ~~quadrante~~ [tertia] quasi. In quo tpe Sol medio motu ad
grad xij scrup iij Cancri puenit: apparente vero ad
x grad ~~lv~~ scrup Cancri, vnde apparet Lunam sctm ve-
ritate in xxviij grad ~~lv~~ [37] scrup Leonis fuisse Erat aut
aequalis Lunae motus sctm menstrua revolutione in
partibus xlv scrup ~~v~~ Anomaliae a suma abside part
cccxxxiij sctm numeratione nram. Hoc exemplo
proposito, describamus epicycliu primum a b centrum
eius c dimetiens a c b quae extendatur in recta linea
ad centrum terrae sitque a b d. capiatur etia in epicyclo
circumferentia a b e partium cccxxxiij et coniungantur
c e: quae secetur in f ~~pro ratione eius c e ad e f~~
~~860 ad 1097 ad 237 vt sit c e partium 1097 et~~
~~f e partium earunde 237~~ vt sit e f partium 237 quarum
e c est 1097 et facto in e centro distantia e f describatur epicycli epicyclium f g. Sitque Luna in g signo
Circumferentia aut f g partium xc scrup ~~xviij~~ ratione
dupli motus aequalis a Sole qui erat partium xlv scr ix
et connectantur c g: e g: d g. Quoniam igitur trianguli
c e g dantur duo latera c e partium 1097 et e g 237
aequalis ipsi e f cum angulo g e c partium xc scrup ~~xviij~~
Dantur ergo p demonstrata triangulorum planorum reliquum latus c g partium earunde 1123 et angulus q
sub e c g partium xij scrup xj quibus constat etia circumferentia ei ac prosthaphaeresis adventitia anomaliae. fitque tota a b e g partium cccxlv scrup xj et reliquus g c a angulus partium xiiij scrup xlviij verae
distantiae lunaris a suma abside epicycli a b et angulus
b c g partium clxv xj. Quapp et trianguli g d c duo
quoque latera data sunt g c part 1123 quarum c d sunt
dece milia: et g c d angulus partium clxv xj. habebimus
etia ex his angulum c d g partis unius scrup primorum xxviij

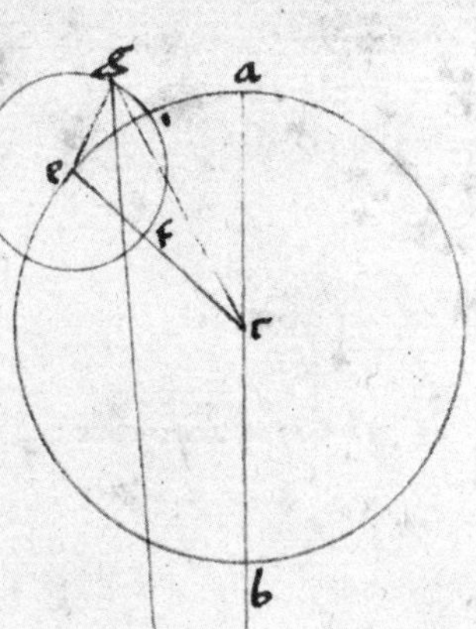

et prosthaphaeresim quae medio motu Lunae addebatur
ut esset vera Lunae distantia a medio motu Solis part
xlvi scrup ~~xxxiiii~~ xxxiiij et locus eius apparens in xxviij
xxxvij ~~xlv~~ Leonis distans a vero loco Solis part xlvi scrup
lvij differentibus ab Hipparchi consideratione scrup
primis nonē. Verum ne q̄s p̄pt̄a, vel illius inquisitionē
vel nrum fefellisse numerum suspicetur: quamvis id modicum sit, ostendemus tamē nec illum neque nos errorem commisisse: sed hoc modo recte se habere. Si
ꝑ quē ipa sequitur — enim meminerimus Lunare obliquum esse circulum ꝑ fatebimur etiā in signifero aliquid longitudini diver-
sitatis efficere: maxime circa media loca: quae inter
utrosque limites boreum et austrinum: et utrasque eclipticas
sunt sectiones, eo fere modo ut inter obliquitatē signiferi et aequinoctialē circulum: quemadmodum circa diei
naturalis inaequalitatē exposuimus. Ita quoque si ad orbē
Lunae: quē Ptolemaeus prodidit inclinari signifero tra-
stulerimus rationes inveniemus in illis locis ad signiferum
septem scrupulorum primorum facere longitudinis differentiam: quae duplicata efficiet xiiij: id quod similiter adcres-
cendo et diminuendo contingit. Quoniam Sole et Luna
p̄ quadrantem circuli distantibus: si in medio eorum fuerit =
boreus austrinusue latitudinis limes — ~~Catabibazon vel anabibazon~~: tunc Zodiaci intercepta
circumferentia maior existit quadrante Lunaris circuli
xiiij scrupulis: ac vicissim in ceteris quadrantibus
quibus eclipticae sectiones mediat: circuli p̄ polos zodiaci tantundē minus intercipiunt quadrante. Ita et
in p̄senti. Quoniam Luna circa medium: quod erat inter
austrinum ~~in borea~~ limitem — ~~anabibazonta~~ et ecliptica sectione ascendente < quā
neoterici vocat caput draconis > versabatur: et Sol
altera sectione descendente, quā illi caudā vocant
iā p̄terierat — ~~nondum fuerat assecutus~~, nihil mirū est si Lunaris illa
distantia partium xlvi scrup lvij in suo orbe obliquo ad
signiferum collata augebat ad minus scrup vij: absque
eo quod etiā Sol in occasum verges ablativa aliqua

adhibuerit visus commutationem: de quibus in explicatione parallaxium apertius dicetur. Sicque illa secundum Hipparchum distantia Luminarium, quam per instrumentum accepit partium xlviij: vi consensu mirabili et quasi ex condicto supputationi nostrae convenit.

Expositio canonis prosthaphaeresium sive aequationum Lunarium — Ca xi

Hoc igitur exemplo modum discernendi cursus Lunares generaliter intelligi arbitror. Quoniam trianguli ceg duo latera ~~eg et~~ ge et ce semper manent eadem. Sed per eius angulum gec qui continue mutatur ~~differ~~ attamen datum discernimus reliquum gc latus cum angulo ecg. Deinde et in triangulo cdg, cum duo latera dc: cg cum angulo dce numerata fuerint: fit eodem modo et d angulus circa centrum terrae manifestus: ~~in anomaliae aequatae prosthaphaeresis existit~~ f Quae ut etiam promptiora sint, exponemus canonem ipsarum prosthaphaereseon: qui sex ordines continebit. Nam post binos numeros circuli communes tertio loco erunt prosthaphaereses, quae a parvo epicyclo profectae, iuxta motum in mensibus duplicatum, anomaliae prioris variant aequalitatem: Deinde sequenti loco interim vacuo numeris futuris relicto, quintum occupabimus: in quo prosthaphaereses primi ac maioris epicycli, quae in coniunctionibus et oppositionibus medijs Solis et Lunae contingunt scribemus: quarum maxima est part iiij scrup lvj: ~~ultimo~~ penultimo loco reponuntur numeri, quibus quae fiunt in dividua Luna prosthaphaereses illas priores excedunt: quorum maximus est part ij scrup xliiij. Ut autem caeteri quoque excessus possent taxari, excogitata sunt scrupula proportionum: quorum haec est ratio. Accipiunt enim partes ij: xliiij tamquam lx ad quosvis alios excessus in contactu epicycli contingentes. Quemadmodum in eodem exemplo, ubi habuimus lineam cg part 1123 quarum cd est decemmilium, quae summam efficiunt in contactu epicycli prosthaphaeresim part vj: xxix excedentem illam primam in parte una scrup xxxiij: ut autem partes ij: xliiij ad i: xxxiij: ita lx ad xxxiiij: ac proinde habemus rationem excessus: qui in semicirculo parvi epicycli contingit ad eum qui sub data circumferentia part xc scrup xxxiij. Scribemus ergo e regione partium xc in tabula scrup xxxiiij. Hoc modo ad quasque singulas eiusdem circuli circumferentias in canone praesignatas reponimus scrupula proportionum quarto loco vacuo exponenda. Ultimo denique loco latitudinis partes adiungimus boreas et austrinas: de quibus inferius dicemus. Nam commoditas et usus operationis commonuit nos: ut ista hoc ordine poneremus.

f q ano. sthaphe intra equate

b aequa de pro ... variary motum

Prosthaphæresium Lunarium

Numeri comunes		epicycli b prosth		pro port	Epicych a prost		Exces sus		Latitud partes bor	
G	G̅	G	SC	SC	G	SC	G	SC	G	SC
3	357	0	51	0	0	14	0	7	4	59
6	354	1	40	0	0	28	0	14	4	58
9	351	2	28	1	0	43	0	21	4	56
12	348	3	15	1	0	57	0	28	4	53
15	345	4	1	2	1	11	0	35	4	50
18	342	4	47	3	1	24	0	43	4	45
21	339	5	31	3	1	38	0	50	4	40
24	336	6	13	4	1	51	0	56	4	34
27	333	6	54	5	2	5	1	4	4	27
30	330	7	34	5	2	17	1	12	4	20
33	327	8	10	6	2	30	1	18	4	12
36	324	8	44	7	2	42	1	25	4	3
39	321	9	16	8	2	54	1	30	3	53
42	318	9	47	10	3	6	1	37	3	43
45	315	10	14	11	3	17	1	42	3	32
48	312	10	30	12	3	27	1	48	3	20
51	309	11	0	13	3	38	1	52	3	8
54	306	11	21	15	3	47	1	57	2	56
57	303	11	38	16	3	56	2	2	2	44
60	300	11	50	18	4	5	2	6	2	30
63	297	12	12	19	4	13	2	10	2	16
66	294	12	12	21	4	20	2	15	2	2
69	291	12	18	22	4	27	2	18	1	47
72	288	12	23	24	4	33	2	21	1	33
75	285	12	27	25	4	39	2	25	1	18
78	282	12	28	27	4	43	2	28	1	2
81	279	12	26	28	4	47	2	30	0	47
84	276	12	23	30	4	51	2	34	0	31
87	273	12	17	32	4	53	2	37	0	16
90	270	12	12	34	4	55	2	40	0	0

Prosthaphæresium Lunarum

Numeri Communes		Epicycli b prosth		proportion	Epicycli A prosth		Excessus		Latitudinis partes aust	
G	G	G	Sc	Sc	G	Sc	G	Sc	G	Sc
93	267	12	3	35	4	56	2	42	0	16
96	264	11	53	37	4	56	2	42	0	31
99	261	11	41	38	4	55	2	43	0	47
102	258	11	27	39	4	54	2	43	1	2
105	255	11	10	41	4	51	2	44	1	18
108	252	10	52	42	4	48	2	44	1	33
111	249	10	35	43	4	44	2	43	1	47
114	246	10	17	45	4	39	2	41	2	2
117	243	9	57	46	4	34	2	38	2	16
120	240	9	35	47	4	27	2	35	2	30
123	237	9	13	48	4	20	2	31	2	44
126	234	8	50	49	4	11	2	27	2	56
129	231	8	25	50	4	2	2	22	3	9
132	228	7	59	51	3	53	2	18	3	21
135	225	7	33	52	3	42	2	13	3	32
138	222	7	7	53	3	31	2	8	3	43
141	219	6	38	54	3	19	2	1	3	53
144	216	6	9	55	3	7	1	53	4	3
147	213	5	40	56	2	53	1	46	4	12
150	210	5	11	57	2	40	1	37	4	20
153	207	4	42	57	2	25	1	28	4	27
156	204	4	11	58	2	10	1	20	4	34
159	201	3	41	58	1	55	1	12	4	40
162	198	3	10	59	1	39	1	4	4	45
165	195	2	39	59	1	23	0	53	4	50
168	192	2	7	59	1	7	0	43	4	53
171	189	1	36	60	0	51	0	33	4	56
174	186	1	4	60	0	34	0	22	4	58
177	183	0	32	60	0	17	0	11	4	59
180	180	0	0	60	0	0	0	0	5	0

De Lunaris cursus dinumeratione Ca xij

Modus igitur numerationis apparentiae Lunaris, patet et praedemonstratis: et est iste. Tempus ad quod Lunae locum quaerimus propositum: reducemus ad aequalitate per hoc medios motus: Longitudinis: anomaliae et Latitudinis, quae mox etiam definiemus, eo modo ut in Sole fecimus a data principio Christi vel alio deducemus et loca singulorum ad ipsum tempus propositum firmabimus. Deinde longitudinem Lunae aequalem sive distantiam a Sole duplicata quaeremus in tabula: occurrentemque in tertio ordine prosthaphaeresim et quae sequuntur Scrupula proportionum notabimus. Si igitur numerus ille quo intravimus in primo loco repertus fuerit: sive minor clxxx gradibus addemus prosthaphaeresim anomaliae Lunari: si vero maior quam clxxx vel secundo loco fuerit auferatur ab illa et habebimus anomaliam Lunae aequatam: atque veram eius a summa abside distantiam: per quam rursus canonem ingressi capiemus ipsi respondentem in quinto ordine prosthaphaeresim et eum qui sexto ordine sequitur excessum: quo epicyclus secundus auget super primum: cuius pars proportionalis sumpta: iuxta rationem Scrupulorum inventorum ad sexaginta semper additur huic prosthaphaeresi. Quodque collectum fuerit subtrahitur medio motui longitudinis et latitudinis, dummodo anomalia aequata minor fuerit partibus clxxx sive semicirculo: et additur si anomalia ipsa maior fuerit: et hoc modo habebimus veram Lunae a medio loco Solis distantiam ~~Praeterea et locum eius in signis in quo a loco solis medio eiusque aequinoctio vel ad verum et verum aequinoctium comparato terminaverit~~ ac motum latitudinis aequatum ⸢[Quo etiam verus locus Lunae innotescet sive a prima stella arietis motu Solis simplici sive ab aequinoctio vero composito vel praecessionis eius adiectione. Per motum denique latitudinis aequatum septimo ac ultimo loco canonis ~~[illegible]~~] ~~Per quem deinde canonem ingressi~~ habebimus septimo ac ultimo loco Latitudinis partes: quibus Luna destiterit a medio signorum circulo. Quae quidem latitudo borea tunc erit: quando latitudinis motus in priori parte tabulae repertus: id est si minor xc maiorve cclxx gradibus fuerit alias austrina sequetur Latitudinem. Et idcirco erit Lunae a septentrione descendens usque ad clxxx gradus, et exinde ab austrino limite scandens donec reliquas circuli partes compleverit. Adeoque Lunaris cursus apparens tot quodammodo circa centrum terrae habet negocia quot centrum terrae circa Solem.

Quomodo motus latitudinis Lunaris examinetur et demonstretur Cap. xiij

Nunc etiam de Lunaris latitudinis motu ratio reddenda est Qui ideo videtur inventu difficilior quod pluribus sit circumstantiis impeditus. Nam ut antea diximus, si bini Lunae defectus omniquaque similes et aequales fuerint: hoc est partibus deficientibus in ~~ae~~ eandem positionem borea vel austrina: ac circa eandem eclypticam sectionem scandentem vel descendentem: fueritque aequalis eius a terra distantia sive a summa abside. Quoniam his ita consentientibus intelligitur Luna integros latitudinis suae circulos vero motu confirmasse. Quoniam enim conica est umbra terrae: et si conus ~~plano secetur sectio~~ rectus plano secetur, ad basim parallelo, sectio circulus est minor in maiori ac maior in minori a basi distantia ac proinde aequalis in aequali: ita quidem Luna in aequalibus a terra distantiis aequales umbrae circulos pertransit, et aequales sui ipsius discos obtutibus nostris repraesentat. Hinc est quod aequalibus ipsa partibus eminens ad eandem partem, iuxta eandem aequalem a centro umbrae distantiam, de aequalibus latitudinibus nos certos efficiat, ex quibus sequi necesse sit aequalibus tunc iam intervallis ab eodem eclyptico nexu distare ipsam ~~ad~~ ac reversam in priorem latitudinis locum. Maxime vero si locus quoque ~~ab~~ utrobique consentiat. Mutat enim ipsius sive terrae accessus et recessus totam umbrae magnitudinem in modico tamen: quod vix assequi licet. Quanto igitur maius inter utrumque tempus mediaverit tanto definitiorem habere poterimus latitudinis Lunae motum, ut circa Solem dictum est. Sed quoniam rarum est binos defectus hisce conditionibus concordes invenire. nobis certe non obvenerunt adhuc. Animadvertimus tamen alium quoque esse modum per quem id effici posset. Quoniam manentibus caeteris conditionibus si etiam in diversas partes

luna deferret: ac circa sectiones ~~e diametro~~ oppositas.
Significabit enim tunc Luna in secundo defectu ad locum
prioris e diametro oppositum pervenisse: ac praeter
integros circulos descripsisse semicirculum: Quod satisfacere videbitur ad huius rei inquisitionem. Invenimus
igitur binas eclypses his fere modis affines. Prima
anno septimo: Ptolemaei Philometoris: qui erat annus
centesimus quinquagesimus Alexandri transactis diebus
ut ait Claudius xxvij mensis Phamenot aegyptiorum
septimi in nocte qua sequebatur dies xxviij. Defecitque
Luna a principio horae octavae usque ad finem horae
decimae in horis temporalibus nocturnis Alexandriae ad
summum digiti septem diametri Lunaris a septentrione
circa sectionem descendentem. Erat ergo medium deliquij
tempus duabus horis temporalibus (inquit) a media nocte
quae faciunt horas aequinoctiales duas cum triente quoniam
Sol erat in Sexto gradu tauri. Sed Cracoviae fuisset
hora una cum triente. Secundam occupavimus sub
eodem meridiano Cracoviensi anno Christi MDix. Quarto
nonas Junij Sole in xxi gradu Geminorum: cuius medium
erat post meridiem illius diei horis aequinoctialibus xi
et tribus quintis unius horae: in qua deficiebant
digiti proxime octo Lunaris diametri a parte austrina circa scandentem sectionem. Sunt igitur a
principio annorum Alexandri: anni aegyptij centumqua-
draginta novem. Dies ccvj horae xiiij ⅔ Alexandriae: Sed
Cracoviae horae xiij cum triente secundum apparentiam
examinatum vero horae xiij s. In ~~quibus~~ quo tempore
anomaliae locus erat secundum numerationem nostram con-
gruente fere cum Ptolemaei partium ~~cxliiij~~ 163 scrupulorum xxxiij [illegible]
et prosthaphaeresis partis i ~~8~~ 23 quibus verus Lunae
locus minor erat aequali. Ad secundam vero eclipsim
ab eodem Alexandri constituto principio sunt anni
aegyptij mille octingenti triginta ~~duo dies tres dies~~
~~octoginta octo horae xxij~~ cum duo. Dies ccvc. horae

vnderim scrup xlv tpe apparenti, æquato vero horæ xi
scrup lv. vnde æqualis Lunæ motus erat partiu clxxxii
scrup xviii anomaliæ locus partiu clix scrup ~~lvii~~ æ-
quatu vero partiu ~~cxlv~~ 161 scrup xiii, prosthaphæresis: qua
motus æquat minor erat apparente partis unius scrup
xliiii. Patet igitur in utraque eclipsi æquale fuisse Lunæ
a terra distantia et Solem utrobique ~~circa~~ apogeum fere
Sed differentia erat in deliquiis digitus unus. Quoniam
vero Lunæ dimetiens dimidiu fere gradu occupare co(n)suevit ut postea ostenderimus
erit eius duodecima pars pro digito uno scrup ii s. quibus
circa orbi obliquo Lunæ circa sectiones ecliptycas congruit
gradus fere dimidius: quo in secunda eclipsi remotior
fuerit Luna a sectione ascendente: qua in prima a descendente sectione: quo liquidissimu est latitudinis Lunæ veru
motum fuisse post completas revolutiones partes clxxix s
Sed anomalia Lunaris inter prima et secundam eclipsim
addit æqualitati scrup ~~xiiii~~ 21 quibus prosth: se minorem excedunt. Habebimus igitur æqualem latitudinis Lunæ
motu post integros circulos part clxxix scrup ~~xliiii~~ lii
Tempus aute inter utrumque deliquiu erat Anni mille sex
centi octuaginta tres: dies octuaginta octo horæ xxii:
scrup xxxv tempore apparente: quod æquali consentiebat
In quo tempore completis revolutionis æqualibus: vigesies bis mille quingentis septuaginta septem sunt partes clxxx
scrup xliiii Quæ congruunt nris numeris quos ia exposuimus

De locis anomaliæ latitudinis Lunæ Ca xiiii

Vt ante huius quoque cursus loca firmemus ad passumpta
principia: assumpsimus hic quoque binos defectus Lunares
non ad ~~easdem~~ eande sectione: neque e diametro et oppositas
partes: ut in precedentibus: sed ad easdem borea vel septe
~~trione~~ austru, cæteris vero omnibus conditionibus ser-
vatis ut diximus: iuxta ptolemaiu præscriptu: quibus
absque errore obtinebimus propositum nrum. Prima igitur
eclipsis: qua etia circa alios lunæ motus inquirendos usi

sumus, ea erat: quã dyximus observata a C ptolemaeo: ano
decimonono Adriani: duobus diebus mensis Chiath transactis ante media noctis una hora aequinoctiali Alexandriae
Cracoviae vero duabus horis ante mediu noctis quã sequebatur dies tertius: defecitq Luna in ipo medio eclipsis
in dextante diametri: id est decem digitis a septentrione
dum Sol esset in xxv: x Librae: et erat anomaliae Lunaris locus part lxiiij scrup xxxviij et eius prosthaphaeresis ablativa part iiij scrup ~~xxij~~ xxij circa sectionem
descendẽtem: Altera quoq magna diligentia observavimus
Romae anno Christi Millesimoquingentesimo ~~Quinto die~~
~~Nonae~~ post Nonas Novembris duabus horis a media
nocte: quae lucescebat in ~~septim~~ viij diem ante Idus Novembris
Sed Cracoviae quae ~~5~~ gradibus sequitur oriente erat
duabus horis et ~~duabus quintis~~ tertia horae post mediu noctis — dũ Sol esset i xxiij. xxij Scorpij
Colliguntur ergo a morte Alexandri anni aegyptij —
Mille octingenti viginti quatuor: dies octoginta quatuor
horae quatuordecim scrup ~~xxiiij~~ xxx ~~quae tunc aequalis tem-~~
~~pore consentiebat~~. Erat igitur motus Lunae medius
in part clxxiiij scrup xiij. Anomalia Lunaris part
ccxciiij scrup ~~xiij~~ aequata part ccxci ~~scrup iiij~~ 35 prosth
adiectiva part iiij scrup xxviij Manifestum est igit
quod Luna etiã in his utrisq defectibus distantiã ~~Lu~~
habebat a sũma abside sua prope aequalẽ: ac sol ~~hinc~~ =
inde circa media sua abside: et magnitudo tenebrarum
aequalis: q declarat Lunae latitudine ~~meridiana~~ austrina
aequalemq fuisse: et exinde Lunã ipam a sectionibus
distantias habuisse aequales: sed hic scandentem: illic
subeunte. ~~Sit circulus a b c d cum dimetiente~~
~~b d sectionũ communi orbium Lunae et signiferi. Et a sit~~
~~boreus limes: c austrinus b sectio ecliptica descendens~~
~~d scandens~~ Sunt igitur in medio ambarũ eclipsium
Anni aegyptij Mille trecenti sexagintasex dies cclxviij hor
~~xxij scrup iiij~~ Scrup xxiiij tempore apparenti: aequaliter

[Margin:] defeceruntq rursus a borea digiti decem

[Margin:] F tpe apparẽte ... horis xxiij [?] xvj

[Margin:] erat utrobiq

[Margin:] ~~obliquus Lunae~~

autem horae iiij scrup xxiiij In quibus latitudinis motus est part
55 clix scrup lxij Sit iam obliquus Lunae circulus: cuius dimetiens sit ab sectio communis signifero: sitq; c boreus Limes
austrinus d: sectio ecliptica descendens a: scandens b. Capiatur
autem binae circumferentiae ad austrinas partes aequales af: be
prout prima eclipsis fuerit in f signo: secunda in e. Ac rursus
fk prosth ablatiua in priori eclipsi: el adiectiua in secunda
Quoniam igitur kl circumferentia partium est clix scrup lxij
cui si apponatur fk quae partium erat iiij scrup xx: et el part
iiij scrup xxxviij erit tota fkle partium clxviij scrup xlij: et
reliquum eius e semicirculo partium xj scrup xviij: huius dimidium est part v scrup xxxix: aequale vtrisq; af et be
veris Lunae distantijs a segmentis a: b. Et propterea afk part
est nouem scrup lix. Hinc etiam constat a ~~katabibazonte~~, hoc
est c afk medius latitudinis locus partium nonagintanouem
scrup lix. ~~Suntq; ab hoc loco ad principium annorum Alexandri~~
~~anni aegyptij~~. Suntq; ad hunc locum et tempus illius Pto-
lemaicae obseruationis a morte Alexandri anni aegyptij
cdlvij dies nonaginta vnus horae decem: ad apparentiam
ad aequalitatem autem horae nouem scrup liij: sub quibus motus
latitudinis medius est part L scrup lix: quae cum subtracta
fuerit a partibus ic scrup lix remanent partes xlix in
meridie primae diei mensis primi Thoth secundum aegyptios ad
principium annorum Alexandri: sed ad meridiem Cracouiensem
Hinc ad caetera quaeq; principia dantur iuxta differentias
temporum loca cursus latitudinis Lunae a catabibazonte
sumpta vnde motum ipsum deducimus. Quoniam a prima
olymp ad Alexandri mortem sunt anni aegyptij cdlj: dies
ccxlvij: quibus pro aequalitate temporis auferuntur scrup vij
vnius horae sub quo tempore cursus latitudinis est part cxxxvj
scrup lxvj: A prima rursus olymp ad Caesarem sunt anni
aegyptij Dccxxx horae xij: sed aequalitati adijciuntur scrup
horaria x sub quo tempore motus est partium ccvj scrup
liij. Deinde ad Christum sunt anni xlv dies xij. Si igitur
a xlix grad demantur cxxxvj scrup lxvj accomodatis

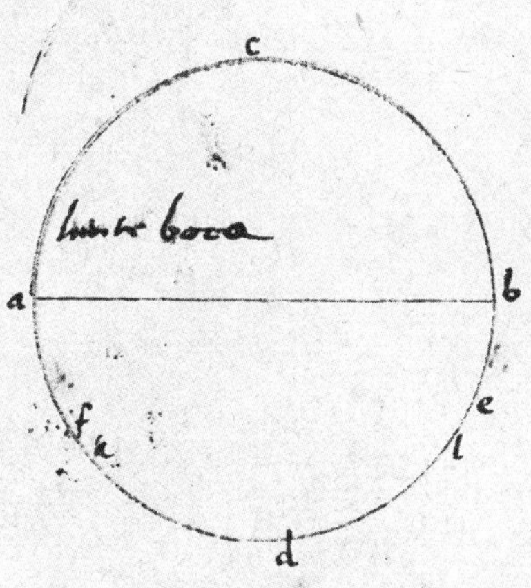

ccclx circuli, remanent partes cclxxij scrup iij ad meridiem primi diei mensis Ecatombeonos primae olympiadis. His si deinde addantur partes ccvj Scrup liij colliguntur partes cxviij Scrup lvj ad media noctem ante Calendas Ianuarij annorum Iulianorum: additis denique part x Scrup xlix colligitur locus Chri ad media similiter nocte ante Calend Ianuarij partib cxxix scrup xlv.

Instrumenti parallatici constructio Ca xv

Quod autem maxima latitudo Lunae quae iuxta angulum sectionis orbis eius et signiferi sit quinque partium quarum circulus est ccclx, occasionem experiendi non eam nobis fors contulit qua C Ptolemaeo, commutationum Lunarium impedimento. Ille autem Alexandriae cui polus boreus elevatur grad xxx scrup lviij attendebat, quod maxima accessura esset Luna ad verticem horizontis: dum videlicet in principio cancri et catabibazonte fuerit: quae iam numeris praescire poterat. Invenit ergo tunc per instrumentum quoddam, quod parallacticum vocat ad commutationes lunae deprehendendas fabricatum, duabus solum partibus et octaua partis a vertice minima eius distantiam: circa quam si quae parallaxis accidisset, necesse erat per quam modicam fuisse tam brevi intersticio. Demptis igitur duobus grad et octaua parte a partibus xxx scrup lviij reliqua sunt xxviij partes Scrup li s excedentia maxima signiferi obliquitatem: quae tunc erat partium xxiij Scrupul primorum li secundorum xx: in partibus fere quinque integris: quae latitudo Lunae, ceteris denique particularibus invenitur usque modo congruere. Instrumentum vero parallacticum tribus regulamentis constat: quorum duo sunt longitudine pares ad minus cubitorum iiij: tertium aliquanto longius. hoc atque alterum ex prioribus iunguntur utrisque extremitatibus tertij sollerti perforatione, et axoniis sive paxillis in his cohaerentibus: ut in una superficie mobiles, in iuncturis illis minime vacillent. In norma autem longiori a centro iuncturae suae exaretur recta linea per totam eius longitudinem: ex qua sectam distantiam iuncturarum quam exactissime sumpta capiat

æqualis: hæc dividatur in particulas mille æquales, vel in
plures si fieri potest: quæ divisio extendatur in reliquum secundum
easdem partes quousque perveniatur ad 1414 partes: quæ
subtendunt latus quadrantis inscriptibilis circulo: cuius
quæ ex centro fuerit mille partes. Cæterum quod superfuerit ex
hac norma amputare licebit uti superfluum. In altera quoque
norma a centro iuncturæ linea describatur illis mille part
æqualis: sive ei quæ inter centra iuncturarum existit
habeatque a latere specilla sibi infixa, ut in dioptra solet
per quæ visus permeat. Ita formata, ut meatus ipsi a
linea in longitudine normæ persignata minime declinet
sed distent æqualiter. Proviso etiam, ut ipsa linea suo
termino ad regulam longiorem porrecta possit lineam divisam
tangere: fiatque hoc modo normarum officio triangulum
isosceles cuius basis erit in partibus lineæ divisæ. Deinde
palus atque optime decussatus et levigatus erigatur et
firmetur: cui instrumentum hoc ad regulam in qua sunt
ambo ligamenta advertatur quibusdam cardinibus: in quibus
quasi ianua deceret, possit circumvolvi: Ita tamen, ut
linea recta, quæ per centra iuncturarum est regulæ, perpendi-
culo semper respondeat: et ad verticem stet horizontis tanquam
axis illius. Petiturus igitur alicuius sideris a vertice horizontis distantiam, cum sidus ipsum per specilla normæ recte
perspectum tenuerit, adhibita desubtus regula cum linea
divisa, intelliget, quod partes subtendat angulum, qui
inter visum et axem horizontis existit: quarum partium
dimetiens circuli fuerit xx milium et habebit per canonem circumferentiam circuli magni inter sidus et verticem quæsitam.

Quo modo commutationes lunæ capiatur Ca. xvj

Hoc instrumento, ut diximus, ptolemeus latitudinem lunæ
maximam esse quinque partium exhibuit deprehendit. Deinde
ad commutationem eius capiendam se convertit: et ait se invenisse
ea alexandriæ uno gradu scrup vij, dum esset sol in v grad
scrup xxviij libræ: et distantia motus lunæ medius

a Sole grad lxxxiiij scrup xiij Anomalia aequalis partium cclxij scrup xx Latitudinis motus part ccclvj scrup xl prosthaphaeresis adiectiva partes vij scrup xxvj: et idcirco Lunae locus grad iij scrup ix Capricorni: Latitudinis motus aequatus part ij scrup vj: Latitudo Lunae borea part iiij scrup lix declinatio eius ab aequinoctiali part xxiiij scrup xlix. Latitudo Alexandrina partes xxx scrup lviij. Erat igitur Luna in meridiano fere circulo visa per instrumentum a vertice horizontis part l scrup lv: hoc est plus uno gradu et vij scrup quam exigebat supputatio. Quibus ex sententia priscorum de eccentro et epicyclo demonstrat, a centro terrae Lunae distantiam tunc fuisse partium xxxix scrup xlv: quarum quae ex centro terrae est una pars: et quae deinde sequuntur ratione ipsorum circulorum. Quod videlicet Luna in maxima a terra distantia (quam aiunt esse in apogeo epicycli sub nova plenaque Luna) habeat easdem partes lxiiij scrup x sive sextantem unius: in minima vero (quae in quadraturis dimidiaque Luna perigaea existens in epicyclo) partes duntaxat xxxiij scrup xxxiij. Hinc etiam parallaxes taxavit quae circa nonagesimum gradum a vertice contingunt, minimam scrup primorum liij secundorum xxxiiij: maximam vero parte una scrup xliij (uti latius quae de his construxit licet videre. At iam in propatulo est considerare volentibus haec longe aliter se habere: quod multipliciter experti sumus duo tamen observata recensebimus: quibus iterum declaratur nostras de Luna hypotheses illis esse tanto certiores: quo magis inveniuntur apparentiis consentire: nec aliquid relinquere dubitationis. Anno millesimo a Christo nato Mdxxij quinto Calend Octobris quinque horis aequalibus et ~~duabus~~ duab ~~tertia~~ tertiis horae a meridie transactis circa Solis occasum Gynopoli accepimus per instrumentum parallaticum in circulo meridiano Lunae centrum a vertice horizontis a quo invenimus eius distantiam partes lxxxij scrup l. Erat igitur

a principio annorum Christi usque ad hanc horam anni aegyptij
millequingenti viginti duo · dies cclxxxiiij horae xvij et ~~tertia~~ duo tertiae
~~pars~~ horae secundum apparentiam : aequato vero tempore horae
xvij scrup xxxiiij · Quapropter Locus Solis apparens secundum numeratione erat in xiij grad ~~xxiiij~~ 22 scrup Librae : aequalis
Lunae motus a Sole part lxxxvij scrup vij : anomalia
aequalis part ccclvj scrup xxi vera part ccclviij scrup
~~xxix~~ addes scrup vij · Sicque locus Lunae verus in xxij
part xxxvij scrup Capricorni Latitudinis medius motus
a ~~catabibazonte~~ erat part centumnonaginta ~~...~~ septem ~~...~~ boreo limite
scrup ~~xliv~~ verus part cc iiij scrup ~~lvj~~ 18 Latitudo Lunae
austrina partium iiij scrup xxi declinatio ab aequinoctiali part
xxvj scrup xlj latitudo loci nostrae observationis partium
liiij scrup xix · quae cum declinatione Lunari colligit vera
a polo horizontis distantia part lxxxij · Igitur quae super-
erant scrup L erat commutationis : quae secundum ptolemaei
traditione debebat esse pars una scrup xvij · Aliam
rursus ~~accepimus~~ ~~...~~ adhibuimus consyderatione in eodem
loco Anno Christi millesimoquingentesimo vigesimoquarto vij
Idus Augusti sex horis a meridie transactis : vidimusque
per idem instrumentum Lunam a vertice horizontis partibus
lxxxij ~~scrup xliv~~ · Erant igitur a principio annorum
Christi ad hanc horam anni aegyptij MDxxiij : dies ccxxxiiij 234
horae xviij exacte ~~aut~~ vera horae xviij ~~scrup...~~ · Quoniam
Locus ☉ secundum numeratione erat in xxiiij grad ~~xxx~~ xiiij scrup
Leonis · Lunae medius motus a Sole part iiijC scrup 0
anomalia aequalis part ccxlij scrup x regulata part
ccxxxix scrup ~~xliv~~ 13 addes medio motui partes fere vij
Ideo verus Lunae locus erat in part ix scrup ~~xvij~~ 39 Sagittarij Latitudinis motus medius part viijC scrup xx
verus part cc scrup iiij xx · Latitudo Lunae austrina
partes iiij scrup xlj declinatio austrina part xxvj scrup
xxxvj ~~scrup xxiiij~~ : quae cum latitudine loci observationis

partium huius scrup xix colligit a polo horizontis Lunae distantia part lxxx scrup ~~xlii~~ 55 Sed apparebant partes lxxxii ~~scrup xlii~~ Igitur pars una ~~scrup~~ scr v excedens transmigravit in parallaxe Lunare: quae secundum ptolemaeum oportebat fuisse parte una scrup xxxvii et iuxta priorum sententiam quod armonica ratio: quae ex eorum hypothesi sequitur fateri cogit

Lunaris a terra distantiae: et quam habeat rationem ~~diametri circulorum eius~~ in partibus quibus quae ex centro terrae ad superficiem est una, demonstratio Cap xvii

Ex his iam apparebit quanta sit Lunaris a terra distantia sine qua non potest certa ratio assignari commutationum adinvicem enim sunt, et declarabitur hoc modo. Sit terrae circulus ~~maximus~~ a b centrum eius c: in quo etiam describatur alter circulus ad quem terrae insigne habeat magnitudinem: sitque d e: et d polus horizontis: atque in e centrum Lunae: ut sit eius a vertice nota distantia d e. Quoniam igitur angulus d a e in prima observatione partium erat lxxxii scrup L, et a c e secundum numerationem partium lxxxii tantum: ac eorum differentia a e c scrup L: quae erat commutationis: habemus a c e triangulum datorum angulorum igitur et datorum laterum. Iam propter angulum c a e datum erit c e latus partium 99219 ~~99027~~ quarum dimetiens circuli circumscribentis triangulum a e c fuerit centum milium et a c talium 1454: quae sunt in c e sexagesies octies fere: quarum a c quae ex centro terrae fuerit una pars. Et haec erat in prima consideratione distantia Lunae a centro terrae. At in secunda d a e angulus partium erat lxxxi ~~scrup xlii~~ apparens: numeratus autem a c e

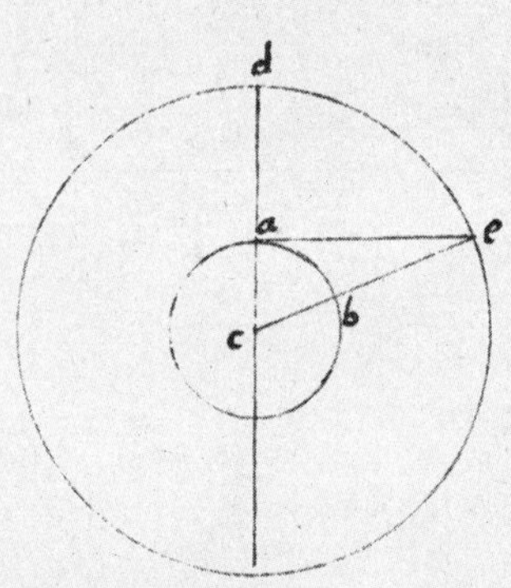

57 55 part lxxx scrup ~~xlii~~ 55 et reliquus quae sub a e c scrup lxx ~~scrup xliii~~ Igitur e c latus partium 99027 ~~99953~~ et a c 1891 ~~1745~~ quarum dimetiens circuli circumscribentis triangulum fuerit centum milium sicque c e Lunae distantia partium erat 56 scrup xlii quarum quae ex centro terrae a c est pars una. Sit modo epicyclus

Lunae maior abc: cuius centrum sit d: et suscipiatur e centrum
terrae: a quo recta linea agatur ebda, ut fuerit apogeum a, perigeum b. Capiatur autem circumferentia abc
partium ccxlij scrup x iuxta numeratam anomaliae Lunaris
aequalitatem: factoque in c centro, describatur epicyclium
secundum fgk: cuius circumferentia fgk partium sit vicc
scrup x duplicatae Lunaris a Sole distantiae et connectatur
dk: quae auferens anomaliae partes duas scrup xxvij
relinquat angulum kdb anomaliae aequatae part lix
scrup xliij: cum totus cdb fuerit part lxij scrup x
quibus excedebat semicirculum. et qui sub bek angulus
erat part vij. Trianguli igitur kdb dantur anguli
in partibus quibus clxxx sunt duo recti: datur quoque
ratio laterum de part 91856 et ek part 86354 quarum
esset circuli dimetiens circumscribentis triangulum ipsum
kde centenummillium: sed quarum de fuerit centenummillium,
erit ke part 94010. Atqui superius ostensum est quod
etiam df talium fuerit partium 8600 et tota dfg 13340
Igitur ad hanc datam rationem, quarum fuerit ek, ut
ostensum est, part lvj scrup xlij: quarum quae ex centro
terrae est una, sequitur quod de earundem sit partium
lx scrup xviij et df part v scrup xi. dfg partes
viij scrup ij: perinde ac tota edg in rectam extensa
Linea part lxviij cum triente, maxima sublimitas
Lunae dimidiatae. ablata quoque dg, remanent partes ex ed
lij scrup xvij ~~quadrante~~ minimae illius distantiae. Sic etiam
tota edf quae in plena ac sitiente contigit altitudo
partium erit lxvs ~~cum triente~~ maxima: et deducta
df ~~minima~~ part lv ~~scrup~~ viij ~~quadrante~~. Neque vero nos
movere debet, quod alij maximam distantiam plenae
novaeque Lunae existimaverint esse partium lxiiij scrup x
ij praesertim, quibus non nisi ex parte commutationis Lunae
potuerunt innotescere, ob locorum suorum dispositionem.
Nobis autem ut plenius paperentur concessit maior

propinquitate Lunae ad horizontē: circa quē constat parallaxes ipas compleri. neq tamē ob diversitatē hanc invenimus plus uno Scrupulo commutationem differre.

De diametris Lunae ac umbrae terrestris in loco transitus Lunae   Cap xviij

Pervs distantia quoq Lunae a terra, apparentes Lunae et umbrae diametri variantur: quare et de his attinet dicere. Et quamq̄ Solis et Lunae diametri p dioptram hipparchi recte capiuntur. Id tamē in Luna multo certius arbitrantur efficere, p defectus aliquos Lunae particulares: in quibus aequaliter a sūma vel infima abside sua Luna distiterit, pſertim si tuetiam Sol eodē modo se accomodaverit. ut circulus umbrae, quē Luna utrobique ptransierit aequalis inveniatur: nisi quod defectus ipsi sint in partibus inaequalibus. Manifestū est enī: qd differentia partiū deficientiū, et latitudinis Lunae invicem collata ostendit, quātum circumferentiae circa centrū terrae dimetiēs Lunae subtendit, quo percepto, mox etiā semidiameter umbrae intelligatur. Quod exemplo fiet apertius: quēadmodum, Si in medio prioris deliquij defecerint digiti sive unciae tres diametri Lunae latitudinē habentis Scrup prima xlvij Scda liiij. In altero digiti decem, cum latitudinē scrup primorū xxix scdorū xxxvij Est enī differentia partiū obscuratarū digiti vij. Latitudinis Scrup prima xviij Scda xvij: quibus proportionales sunt xij digiti ad scrup xxxi: xx subtendentia diametrū Lunae. Patet igitur. quod centrū Lunae ī medio prioris eclipsis expressit umbra quadrāte diametri sui: in quibus quo sunt latitudinis Scrup prima septem Scda L: quae si auferantur a scrup primis xlvij Scdis liiij totius latitudinis, remanent Scrup prima xxxx Scda iiij semidiametri umbrae: sicut in altera eclipsi: in qua supra latitudinē Lunae Scrup prima x. Secunda vigintiseptem ūbra pro triente diametri lunaris occupavit. cum addita fuerit Scrupula prima xxix seda xxxvij efficiūt itidem scrup prima xl seda ff iiij umbrae semidimetientem. Ita quidē ptolemaei sententia, dum Sol et Luna in maxīa a terra distantia coniunguntur vel opponuntur Lunae dimetiēs est scrupulorum primor- xxxj cum triente. qualē etiā Solis p dioptrā hipparchiā se comperisse fatetur umbrae vero partis unius scrupulor primor xxj ac trien existimavitq haec esse adinvicem, ut xiij ad v: quod ut duplū superatūs tres quītas.

Quomodo Solis et Lunae a terra distantia, eorumq diametri: ac umbrae in loco transitus Lunae, et axis umbrae simul demonstrentur. C xix

Quoniā vero Sol etiā parallaxim facit aliquā: quae cū modica sit, nō adeo facile percipitur: nisi quod haec sibi invicem cohaeret. Distantia videlicet Solis et Lunae a terra eorumq et umbrae transitus Lunae diametri et axis umbrae: quae propterea invicem se produnt ī demonstrationibus resolutorijs. Primū quidē recensebimus de his ptolemaei placita: et quomodo illa demonstraverit e quibus, quod verissimū visum fuerit eligemus. Assumit ille diametrū Solis apparentē: ~~et deximus~~ scrup primorum xxxj et tertiae: quo sine discrimine utitur: ipsi vero parem Lunae diametrū plenae nonaeq, dum apogaea fuerit: quod ait esse in partibus lxiiij scrup x distantiae qb. dimidia diametri terrae est una. Ex his reliqua demonstravit hoc modo. Esto Solaris globi circulus abc per centrū eius d terrestris autē in maxima ~~Solis~~ eius a Sole distantia efg p centrū quoq suū qd sit k. Lineae rectae utrumq contingentes ag: ce: quae extensae concurrat in umbrae mucrone: ut in s signo: et p centra Sol et terrae dks. agantur etiā ak: kc: et connectantur

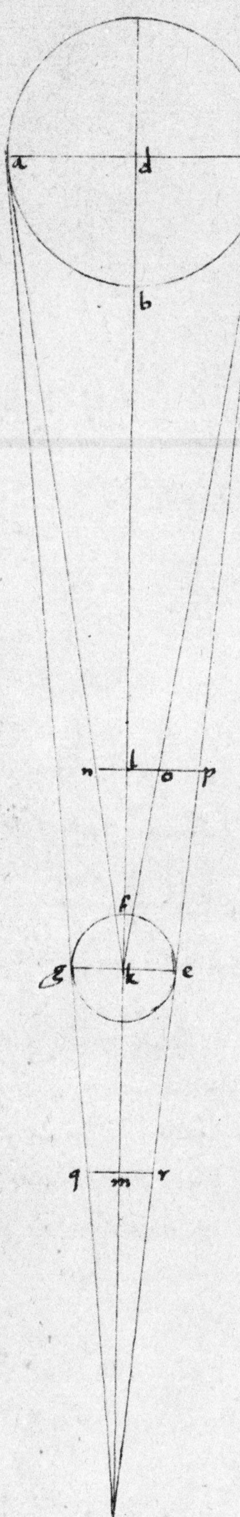

ac : ge : quas minus a diametris oportet differre, propter
ingentem earum distantiam. Capiantur autem m d k s æquales
l k : k m iusta distantias, quas Luna fuit in apogæo plena
nonaque secundum illius sententiam part lxiiii scrup x quarum
est e k pars una : et q m r dimetiens umbræ sub eodem
Lunæ transitu : atque n o l Lunæ dimetiens ad angulos rectos
ipsi d k, et extendatur l o p. propositum est primum inquirere
quæ fuerit ratio d k ad k e. Cum igitur angulus n k o
fuerit scrup xxxi et trientis quorum iiii recti partes sunt
ccclx erit semissis l k o scrup xv et bessis et qui ad l rectus
Trianguli igitur l k o datorum angulorum datur ratio
laterum k l ad l o et ipsa l o longitudine scrup primorum
xvii secundorum xxxiiii : quibus est l k part lxiiii scrup x
sive k e pars una : et secundum quod ~~k~~ l o ad m r est uti
v ad xiii erit m r scrup primorum xlv secundorum xxxvii eorundem
\+ partium. Quoniam vero l o p et m r æqualibus intervallis
sunt ipsi k e paralleli, erunt propterea l o p : m r simul
duplum ipsius k e : a quo receptis m r et l o restabat o p
scrup primorum lvi secundorum xlix. Sunt autem per secundum
sexti propositum Euclidis portionales e c ad p c : k c
ad o c : et k d ad l d in ratione, qua est ~~qua~~ k e ad o p
hoc est lx scrup prima ad scrup prima lvii secunda xlviii
Datur similiter l d scrup primorum lvi secundorum xlix quibus
tota d l k pars una fuerit. et reliqua igitur k l
scrup primorum trium secundorum xi. Quatenus autem k l fuerit
partium lxiiii scrup x quarum f k est una et tota k d erit
partium Mccx. iam quoque patuit quod m r talium fuerit
~~partium xlv scrup xxxvii~~ Scrup primorum xlv secundorum xxxviii
~~et reliqua k m erit scrup primorum xiiii secundorum xxii~~
quibus constat ratio k e ad m r : et k m s ad m s, erit
etiam totius k m s ipsa k m scrupulorum primorum xiiii secundorum
xxii : atque divisim quarum fuerit k m partium lxiiii scrup
x erit tota k m s partium ~~cciiii scrup l~~ cclxvii axis umbræ

Ita quidē Ptolemaeus. Alij vero post ptolemaeū: quoniā inuenerunt haud satis congruere haec apparētijs, alia quaedam
de his prodiderunt. fatentur nihilominus, quod maxīa
distantia plenae nouaeq; Lunae a terra sit partiū lxiiij
scrup x. Solis apogaei diametrū apparētem Scrupulorū
primorū xxxj et tertiae: concedunt etiā diametrū vmbrae
in loco transitus Lunae esse vt xiij ad v. vti ptolemaeus
ipse. Veruntamē Lunae diametrū apparētem: negant
tunc esse maiorē Scrupulis xxix s. et propterea vmbrae diametrū partis vnius et Scrup. xvj cum dodrāte fere ponūt
e quibus sequi putāt apogaei Solis a terra distantiā esse
partiū Mcxlvj et axim vmbrae ccliiij quarū quae ex centro
terrae est vna, attribuentes haec arateo illi philosopho in-
uentori: quae tamē nulla ratione possunt coniugi. Nos
ea concinnanda ac emēdanda sic rati sumus: cū posuerimus
apogaei Solis apparentē diametrum Scrup primorū xxxj
sedorum xl: oportet ~~enim~~ em ~~maiorē~~ aliquo modo esse
maiorē nūc esse, quā ante ptolemaeū. Lunae vero plenae vel
nouae, ac in sūma abside Scrup primorū xxx. vmbrae
quoq; diametrū in ipso illius transitu Scrup primorum lxxx ~~sedorum xxxvj~~ et tres quintae
~~Scrup lxxx~~ conuenit em paululo maiorē ipsis inesse
ratione, q̄ v ad xiij ~~maxime deinde distantia Lunae~~ p sed ut 150 ad ~~xxx~~ 403
~~a terra coniunctae soli vel oppositae partiū lxv s~~. Haec ~~quarū terrae semidiametros est vna~~
em sic posita certa ratione ~~inter~~ cum inter se tum cum caeteris
cohaerere videntur: et apparentibus Solis et Lunae defectibus
consentanea. Habebimus sigdem iuxta praecedentē demo-
strationē in partibus et scrupulis quibus quae ex centro terrae
pars vna quae est k e ipsam l o taliū scrupulorū primorū
~~xxvij sedorū ij Lunae semidiametrū Scrup primorum~~ xvij
sedorum ~~xv~~ viij et propterea m e ut Scrup primorū xlvj sedorū
~~x~~ j et idcirco o p Scrup primorū lvj sedorū ~~xxxix~~ lj. Et
~~quod k facit tamen partiū lxv s~~ tota d l k part
1179 ~~Mclxxix~~ Solis apogaei a terra distantia: et k m s axis ūbrae
partiū cclxv x

o Totum vero Solis non tangit alma, nisi ipsa habuerit
distantiā a terra minorem
quam sunt partes 62 quarum
quae ex centro terrae fuerit pars
una

De magnitudine horum trium siderum Solis Lunae et terrae
ac inuicem comparatione Cap. xx

Proinde etiā manifestū est quod k l est decies octies in k d
et in ea ratione est l o ad d c, decies octies autē l o efficiunt
partes quinq̧ scrup. xxvij fere quarum k e est una. Sunc
quod s k ad k e hoc est cclxv partes ad unā: est sunt totius
s k d partes Mcccclxiiij ad ipius d c partes similiter v scrup.
xxvij proportionales enī sunt et ipē. haec erit ratio diametrorum Solis et terrae. Quoniā vero globi in tripla
sunt ratione suorum dimetientiū: cum ergo triplicaue-
rimus quintuplā cum scrup. xxvij: proueniunt partes clxij
minus octaua unius: quibus Sol maior est terrestri
globo. Rursus quoniā Lunae semidimetiens scrupulorum
est primorū xvij secdorum ix ~~quorum~~: quorū k e est pars
una. Estq̧ ppea terrae dimetiens ad Lunae dimetientē
ut septem ad duo, id est, ~~in~~ tripla sesqualtera ratione
quae cum triplata fuerit, ostendit ter et quadragies terra
esse Luna maiorē minus octaua parte Lunae. ac proinde
etiā Sol maior erit Luna septies milies minus lxiij.

De diametro Solis apparente et eius commutationibus Ca. xxj

Quoniā vero eaedē magnitudines remotiores apparent
minores, ipis propinquioribus, accidit propterea Solē
Lunā et umbrā terrae variari: penes inaequales eorū
a terra distantias: nec minus q̄ parallaxes: Quae oīa
ex p̄dictis facile discernuntur ad quacunq̧ alia elongatione
primū quidē in sole id manifestum est. Cum enī demo-
strauerimus remotissima ab eo terra esse partiū 10322
quarum q̄ ex centro orbis annuae reuolutionis 10000
ac in reliquo diametri partiū 9678 proxima. Quibus
igitur partibus est suma absis Mclxxix, ~~erit infima~~
quarū quae ex centro terrae est una: erit infima partiū
partiū earundē Mcv, proinde ac media partiū Mcxlij.
Cum igitur diuiserimus 1000000 p Mclxxix, habebimus

partes 848 subtendentes in orthogonio minimum angulum Scrup primorum lj et lv maximae commutationis quae circa horizonta contingit. Similiter divisis millenis milibus per MCV minimae distantiae partes, proveniunt particulae 905 subtendentes angulum Scrupulorum l iij et vij maximae commutationis infimae absidis. Ostensum est autem quod dimetiens Solis sit partium v scrup ~~xvij~~ 27 quorum quae ex dimetiens terrae est pars una: quodque in summa abside appareat Scrup primorum xxxj et xlviij proportionales enim sunt partes MCXXIX ad partes v scrup xxvij atque 2000000 diametri circuli ad ~~[illegible]~~ 9245 quae subtendunt Scrup prima xxxj et xlviij sequitur ut in ima distantia partium MCV sit Scrup priorum xxxiij secundorum liiij. Horum ergo differentia Scrup priorum est ij secundorum ~~xiiij~~ vj inter commutationes vero sunt secunda tantum xij. ptolemaeus utramque contemnenda putavit ob paucitatem, attento quod Scrup unum vel alterum non facile sensu percipiatur: quanto minus possibile est fieri id in secundis: Quapropter si Solis parallaxim maximam Scrup iij de ubique tenuerimus nullum errorem videbimur commisisse. Medios autem Solis diametros apparentes per medias eius distantias capiemus: sive, ut aliqui, per apparentem Solis motum horarium: quem existimat esse ad suum diametrum, ut v ad lxvj: sive ut unum ad xiiij et unam quintam. Ipse enim motus horarius suae distantiae est fere proportionalis.

De diametro Lunae inaequali apparente, et eius commutationibus — Ca xxij

Maior utriusque diversitas apparet in Luna, ut in proximo sidere. Cum enim maxima eius a terra remotio fuerit partium lxv s ~~fer~~ novae plenaeque, erit minima per demonstrata supius partium lv scrup viij. Dimidiae autem elongatio maxima partium lxvij scrup xxj minima part lij scrup xvij. Igitur in his quatuor terminis habebimus Lunae orientis vel occidentis parallaxes: cum diviserimus semidia-

metrum

circuli p Lunæ a terra distantias. Remotissimæ quidem dimidiæ Scrup primorum l secundorum xviij: plenæ nonæque Scrup i lij ž xxiiij infimæ Scrup i lxj ž xxj ac infimæ dimidiæ Scrup lxv, xlv. Ex his etiã patet apparentis Lunæ diametri: ostensum est enim diametrũ terræ ad Lunæ diametrũ esse ut vij ad duo: eritque ea quæ ex centro terræ ad Lunæ dimetientem ut septem ad iiij, in qua ratione sunt etiã parallaxes ad visos Lunæ diametros: Quoniã rectæ lineæ quæ comprehendunt angulos commutationum maiorum ac diametrorum ~~Lunæ~~ apparentium in eodẽ Lunæ transitu neutiquã differunt invicem: et anguli ipsi suis subtendentibus rectis lineis, sunt fere proportionales: neque subiacet sensui eorum differentia. Quo compendio manifestum est quod sub primo limite iã expositorum commutationum, Lunæ dimeties apparẽs exit Scrup primorũ xxviij et dodrãtis Sub secundo Scrup xxx fere: Sub tertio Scrup primorum xxxv secundorum xxxviij: Sub ultimo Scrup primorũ xxxvij secundorum xxxiiij. Hec secundum ptolemei ac aliorum hypothesim fuisset prope unius gradus: oporteretque accidere ut luna tunc dimidia Lucẽs, tantum lucis afferret terris, quãtum plena.

~~Quoniã Qua ratione~~ Quæ sit ratio diversitatis umbræ terræ Ca xxiij

* Variatur ~~et~~ umbra terræ q̃uis in eodem Lunæ transitu pp inæqualẽ terræ ~~eius~~ a Sole distantiã hoc modo: repetatur enim ut in precedente figura recta linea p centra Solis et terræ d k s ac contingentiæ c e s commissis d c: k e. Quoniã ut est demonstratũ: dum esset d k distantia partiũ Mclxxix quarũ est k e pars una: et k m earundẽ partiũ lxv ~~s~~ erat m r semidimetiens umbræ Scrup primorũ xlvj secundorum x eiusdem partis k e: et angulus apparentiæ m k r. Scrup primorũ 42.32 ~~xxxiij s~~ connexis k r, et axis umbræ k m s partiũ cclxv. Cum autẽ fuerit terra proxima Soli, ut

Umbræ quoque diametrũ ad Lunæ diametrũ iã declaravimus esse ut 150 ~~lxxxix~~ ad 403 ~~xxx~~ ~~hoc dupla supponitur decemonoven transfinitas~~: quæ propterea in plena novaque Luna, dum Sol apogæus fuerit, minima
80 = reperitur Scrupul. ~~80 36~~ ~~lxxx~~, ma-
=36 xima vero Scrup primorũ xcv ~~xliij~~ secundorum xliiij sitque maxima differentia Scrup xiiij ~~lxiij~~ 8

sit d k partium MCV, umbram terrae in eodem Lunae transitu taxabimus hoc modo. Agatur enim e z ad d k: eruntque proportionales c z ad z e: et e k ad k s. Sed c z partium est um. scrup. xxvij: et z e partium MCV. Aequales enim sunt z e et reliqua d z ipsis d k: k e parallelogrammo existente k z. Erit igitur et k s partium earundem ccxlviij scrup. ixx quibus est k e una. Erat autem k m earundem partium lxiiij et reliqua igitur m s easdem partes habebit clxxxiij scrup. 19. At quoniam proportionales sunt etiam s m ad m r et s k ad k e: datur ergo m r scrupulorum primorum xlvi secundorum i, quarum est una k e ac deinde angulus apparentiae, qui sub m k r scrup. 41 secunda 04 135. Accidetque propterea in eodem Lunae transitu per accessum et recessum Solis et terrae in umbrae diametro maxima differentia scrup. i quorum est e k pars una: secundum visum scrup. x secunda lvij quorum sunt partes ccclx quatuor anguli recti. Porro umbrae diameter ad Lunae diametrum illic plus habebat in ratione quam xiij ad v hic autem minus, ipsa quodammodo media. Quapropter modicum errorem committemus, si ubique eadem usi fuerimus labori parcentes, et priscorum secuti sententiam.

Expositio canonica particularium commutationum Solis et Lunae in circulo qui per polos horizontis Ca. xxiiij

Iam quoque non erit ambiguum singulas quasque parallaxes Solis et Lunae capere. Repetatur enim terrestris circulus a b per centrum c ac verticem f. Atque in eadem superficie circulus Lunae d e Solis f g. Linea c d f per verticem horizontis et c e g in qua intelligantur vera loca Solis et Lunae quibus etiam locis connectantur visus a g: a e. Sunt igitur parallaxes Solis quidem penes angulum a g c Lunae vero secundum a e c. Inter Solem quoque et Lunam commutatio per eum qui sub g a e relinquitur angulus, iuxta differentiam ipsorum a g c et a e c. Capiamus iam angulum a c g: ad quem illa voluerimus comparare. Manifestum

Sit q3

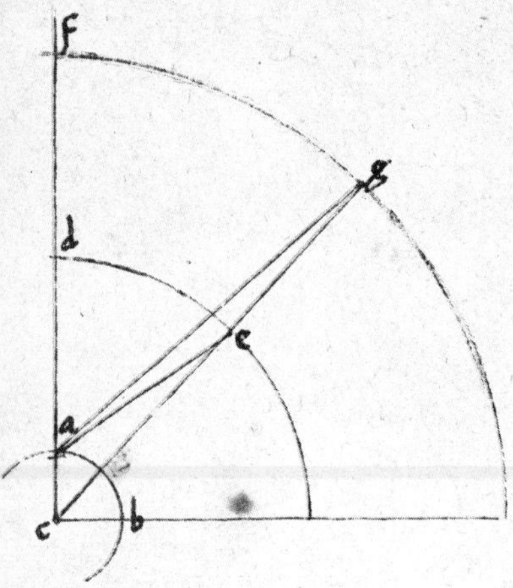

~~est enim~~ Sctaz verbi gratia partium triginta manifestum est per demonstrata triangulorum planorum [1 90], cum posuerimus c g lineam partium MCXLII quarum a c fuerit una erit ~~a c g~~ angulus a g c quo differt ~~locus~~ [altitudo] solis verus a visa ~~scrupulorum primorum~~ scrup primi unius ~~sctorum~~ et semis. Cum autem fuerit angulus a c g partium lx erit a g c scrup primorum ii sctorum xxxvi similiter in ceteris patefient: ~~quae exponemus in canone~~. At circa Lunam in quatuor suis Limitibus. Quoniam si sub maxima eius a terra distantia, in qua fuerit c e partium ut diximus, lxviii scrup xxi quarum erat c a pars una, susceperimus angulum d c e sive de circumferentiam partium partium xxx quarum ~~ccc~~ ccclx sunt quatuor recti habebimus triangulum a c e in quo duo latera a c c e cum angulo q sub a c e datur: e quibus inveniemus a e c angulum commutationis scrup primorum xxv sctorum xxviii. Et cum fuerit c e illarum partium lxv s, erit angulus qui sub a e c scrup primorum xxvi sctorum xxxvi. Similiter tertio loco, cum fuerit c e lv scrup viii, erit angulus a e c commutationis scrup primorum xxxi sctorum xlii. In minima demum distantia dum fuerit c e partium lii scrup xvii efficiet a e c angulum scrup primorum xxxiii sctorum xxvii. Rursus cum de circumferentia sumatur partium lx circuli, erunt eodem ordine parallaxes prima scrup primorum xliii sctorum lv. Secunda scrupul xlv sctorum li. Tertia scrup liiii s. Quarta lxii s. Quae omnia conscribemus in ordine canonis subiecti: quem pro comodiori usu, adinstar aliorum in xxx versuum seriem extendemus: sed per hexades graduum: quibus intelligantur duplicatus numerus eorum, qui a vertice sunt horizontis ~~ad summum nonaginta~~. Ipsum vero canonem digessimus in ordines novem. Namque

primo et secundo erunt numeri communes circuli. Tertio ponemus
Solis parallaxes: ~~in sequentibus quatuor~~ deinde Lunares commutationes: et quarto loco differentias, quibus minimae parallaxes
quae in Luna dimidia ac apogaea contingunt deficiunt a
sequentibus in plena novaque. Sextus locus eas habebit commutationes, quas in perigaeo plena vel sitiens Luna
producit: et quae sequuntur scrupula, sunt differentiae: quibus
quae in dimidia, ac proxima nobis existente Luna parallaxes
sunt illas sibi viciniores excedunt. Deinde reliqua duo
spacia quae supersunt scrupulis proportionum servantur.
Quibus inter hos quatuor Limites parallaxes poterunt
dinumerari: quae etiam exponemus: et primum circa apogaeum et quae inter priores sunt Limites hoc modo. Sit
namque circulus a b Lunae epicyclus primus cuius centrum
sit c: et suscepto d centro terrae agatur recta linea d b c a
et in a apogaeo facto centro describatur epicyclum secundum
e f g: assumaturque e g circumferentia partium lx et connectantur a g: c g. Quoniam igitur in praecedentibus
demonstratae sunt rectae lineae c e partium v scrup xj
quarum dimidia diametri terrae est una: quarum etiam d c
est partium lx scrup xviij. ac earundem e f partium duarum
scrup lj. In triangulo igitur a c g dantur latera
g a partis unius scrup xxv: et a c partium vj scrup
xxxvj cum angulo sub ipsis comprehenso c a g. Igitur
per demonstrata triangulorum planorum tertium latus c g
earundem erit partium vj scrup vij. Tota igitur d c g in
rectam acta linea: sive ipsi aequalis d c l erit partium
lxvj scrup xxv. Sed d c e partium erat ~~lx scrup xviij~~
lxv s, relinquitur ergo e l excessus scrup lv s fere. Atque
per hanc datam rationem, cum fuerit d c e partium lx
erit e f earundem partium ij scrup xxxxvj e l scrup xlvj
quoties igitur e f fuerit scrup lx erit e l excessus xviij
fere. Haec signabimus in canone septimo loco e regione

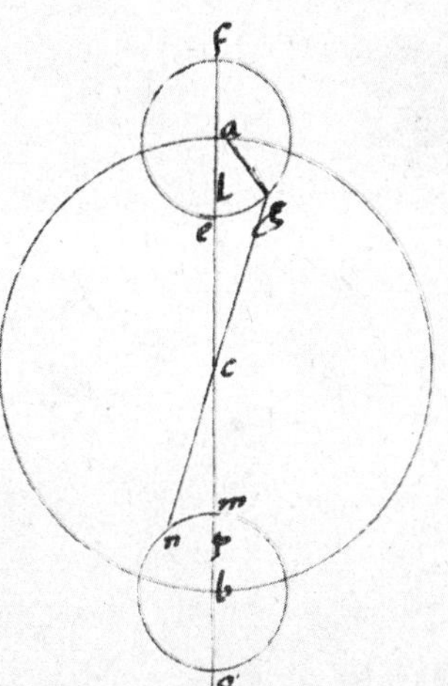

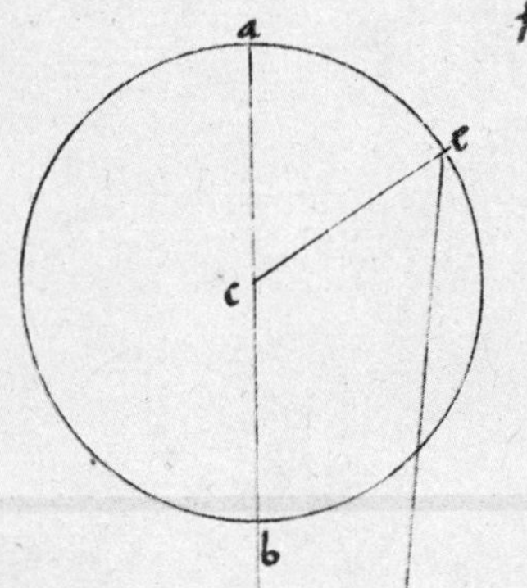

graduum lx. Similiter ostendemus circa perigaeum b in quo repetatur epicyclus secundum m n o cum angulo m b n lx ~~graduum~~ partium fiet ~~erit~~ enim triangulum b c n ut prius datorum laterum et angulorum et similiter m p excessus scrup. lvs fere quibus semidimetiens terrae est una. Sed quoniam earundem est partium d b m lv scrup. viij: quae si constituatur partium lx erit talium m b o partium iij scrup. vij: et m p excessus po scrup. lv. Sicut autem iij partes et septem scrup. ad lv scrup. ita sexaginta ad xviij fere ac eadem quae prius: distant tamen in paucis quibusdam secundis. Hoc modo et in caeteris faciemus quibus complebimus super octavam canonis columellam. Et si ipsorum loco eis quae in canone prosthaphaeresium exposita sunt, usi fuerimus neutiquam committemus errorem. Sunt enim fere eadem: ac de minimis agitur. Reliqua sunt scrupula proportionum: quae sub medijs sunt terminis videlicet inter secundum et tertium. Esto iam epicyclus primus ~~in~~ plena novaque luna descriptus a b cuius centrum sit c et suscipiatur d centrum terrae: et extendatur recta linea d b c a. Capiatur etiam ex apogaeo a quaedam circumferentia: utputa a e partium lx: et connectantur d e: c e habebimus enim triangulum d c e cuius duo latera data sunt c d partium lx scrup. xix: et c e partium v scrup. xj. Angulus quoque sub d c e interior a duobus rectis reliquus ipsius a c e. Erit igitur per demonstrata triangulorum d e partium earundem lxiij scrup. iiij. Sed tota d b a partium erat lxvs excedens ipsum e d part. ij scrup. xxvij. Ut autem ab hoc est partes x scrup. xxij ad ij partes xxviij scrup.: sic lx scrup. ad xiiij: quae scribantur in canone ad lx gradus. Quo exemplo reliqua perferimus complebimusque tabulam quae sequitur. Atque aliam adiecimus semidiametrorum Solis: Lunae et umbrae terrae: ut quantum possibile exposita habeantur.

TAB PARALLAXIVM SOLIS ET LVNAE

NVMER. COMVN		primi et secti limitis differentia ☉		Secti limitis paralaxes ☽		Tertij limitis paralaxes ☽		Tertij et 4i limitis differentia ☽		epicycli minuta temp propor ☽			
G	G	1	2	1	2	1	2						
6	354	0	10	0	7	2	46	3	18	0	12	0	0
12	348	0	19	0	14	5	33	6	36	0	23	1	0
18	342	0	29	0	21	8	19	9	53	0	34	3	1
24	336	0	38	0	28	11	4	13	10	0	45	4	2
30	330	0	47	0	35	13	49	16	26	0	56	5	3
36	324	0	56	0	42	16	32	19	40	1	6	7	5
42	318	1	5	0	48	19	5	22	47	1	16	10	7
48	312	1	13	0	55	21	39	25	47	1	26	12	9
54	306	1	22	1	1	24	9	28	49	1	35	15	12
60	300	1	31	1	8	26	36	31	42	1	45	18	14
66	294	1	39	1	14	28	57	34	31	1	54	21	17
72	288	1	46	1	19	31	14	37	14	2	3	24	20
78	282	1	53	1	24	33	25	39	50	2	11	27	23
84	276	2	0	1	29	35	31	42	19	2	19	30	26
90	270	2	7	1	34	37	31	44	40	2	26	34	29
96	264	2	13	1	39	39	24	46	54	2	33	37	32
102	258	2	20	1	44	41	10	49	0	2	40	39	35
108	252	2	26	1	48	42	50	50	59	2	46	42	38
114	246	2	31	1	52	44	24	52	49	2	53	45	41
120	240	2	36	1	56	45	51	54	30	3	0	47	44
126	234	2	40	2	0	47	8	56	2	3	6	49	47
132	228	2	44	2	2	48	15	57	23	3	11	51	49
138	222	2	49	2	3	49	15	58	36	3	14	53	52
144	216	2	52	2	4	50	10	59	39	3	17	55	54
150	210	2	54	2	4	50	55	60	31	3	20	57	56
156	204	2	56	2	5	51	29	61	12	3	22	58	57
162	198	2	58	2	5	51	56	61	47	3	23	59	58
168	192	2	59	2	6	52	13	62	9	3	23	59	59
174	186	3	0	2	6	52	22	62	19	3	24	60	60
180	180	3	0	2	6	52	24	62	21	3	24	60	60
		Solis parallaxis		primi et secti limitis differentia luna minuenda		Secti limitis parallaxis Lune		Tertij limitis parall Lune		Tertij et 4ti limitis dra add		epi B stri prop	Epi A stri prop

TAB Semidiametrorum Solis Lunae et vmbrae

Numeri comunes		Semi diamet. Solis		Semi diamt. Lunae		Semidiameter Vmbra		Variatio vmbrae
G	G	1	2	1	2	1	2	Sc
6	354	15	50	15	0	39	30	0
12	348	15	50	15	1	39	32	0
18	342	15	51	15	3	39	37	1
24	336	15	52	15	6	39	48	2
30	330	15	53	15	9	39	52	3
36	324	15	55	15	14	40	7	4
42	318	15	57	15	19	40	23	6
48	312	16	0	15	25	40	40	8
54	306	16	3	15	32	40	58	10
60	300	16	6	15	39	41	16	12
66	294	16	9	15	47	41	36	14
72	288	16	12	15	56	41	58	17
78	282	16	15	16	5	42	21	19
84	276	16	19	16	13	42	43	22
90	270	16	22	16	22	43	5	24
96	264	16	26	16	30	43	27	27
102	258	16	29	16	39	43	50	29
108	252	16	32	16	47	44	12	32
114	246	16	36	16	55	44	34	34
120	240	16	39	17	4	44	56	37
126	234	16	42	17	12	45	16	39
132	228	16	45	17	19	45	36	41
138	222	16	48	17	26	45	54	43
144	216	16	50	17	32	46	10	45
150	210	16	53	17	38	46	24	47
156	204	16	54	17	41	46	33	48
162	198	16	55	17	44	46	41	48
168	192	16	56	17	46	46	48	49
174	186	16	57	17	48	46	53	49
180	180	16	57	17	49	46	55	50

De numeratione parallaxis Solis et Lunae Cap xxv

Modum quoque numerandi parallaxes Solis et Lunae per canonem breviter exponemus. Siquidem per altitudinem Solis vel Lunae – distantia a vertice horizontis duplicatam capiemus in tabula parallaxes occurrentes Solis quidem simpliciter Lunae vero in quatuor suis Limitibus. Et in motu Lunae sive eius a Sole distantia duplicata Scrup proportionum priora: quibuscum accipiemus utriusque excessus primi et ultimi termini partes proportionales ad lx: quas a proxima sequente commutatione semper auferemus at posteriores et quarti in penultimo Limite semper addiciemus: et habebimus binas Lunae parallaxes rectificatas in apogeo et perigeo: quas epicyclus minor auget vel minuit. Deinde cum anomalia Lunari capiemus ultima Scrup proportionum: quibus e differentia parallaxium proxime inventarum sumemus etiam partem proportionalem: quam semper addemus parallaxi examinatae priori, quae in apogaeo et prodibit parallaxis Lunae quaesita pro loco et tempore. Ut in exemplo. Sint ~~altitudinis Lunae~~ partes liiij medius Lunae distantia lune a vertice motus partium xv: anomaliae aequatae partes c. Volo ex invenire per canonem parallaxim Lunarem. duplico ~~altitudinis~~ distantiae partes: fiunt cviij: quibus in canone respondet excessus inter primum et secundum Limitem Scrup primum unum secunda xlviij parallaxis secundi termini Scrup prima xliij secunda ~~xliij~~ L: parallaxis tertij Limitis Scrup liij L 2a ~~iiij~~ lix excessus tertij et quarti Scrup prima ij 2a ~~liiij~~ 46 quae singillatim notabo. Motus Lunae duplicatus efficit partes xxx cum ipso invenio Scrup proportionum priora v: quibus accipio partem proportionalem ad lx sumitque a primo excessu Scrup 2a ix haec aufero Scrup xliij Secundis ~~xlv~~ L commutationis remanet Scrup prima xliij 2a xxxvj 31: similiter a secundo excessu qui erat Scrup ij 2a ~~liiij~~ 46 pars proportionalis est Scrup 2a xiiij quae apponam scrupulis primis ~~liij~~ 50 secundis ~~liiij~~ 49 secundae commutationis fiunt Scrup prima

13 ~~liij 2a xvij~~. Harum vero parallaxium differentia est Scrup viij secunda ~~xij~~ posthaec cum partibus anomaliae aequatae 32

capio extrema scrup proportionum, quae sunt ~~xxxiiij~~ 34 : et per
has ac differentia scrup viij : ~~xli~~ 13' partē proportionalē et est
sc iiij ī ~~xxxi~~ : quā addo priori parallaxi aequatae : et colliguntur scr prima ~~xlvij~~ 47 ī ~~xiij~~ 31 : et haec erit parallaxis
Lunae in circulo altitudinis, quaesita. Veruntamē cum
tam parvum invicem distent qualescumque Lunae commutationes, ab eis quae plenae nonaeque sunt, satis esse videretur
si ubique inter medios limites contenti fuerimus : quibus
propter eclypsiū praedictiones potissimū indigemus. reliquarum non curatur tanta examinatio quae forsitan
minus utilitatis quam curiositatis habere putabitur.

Quomodo parallaxes longitudinis et latitudinis discernuntur Ca xxvj

Discernitur autē in longitudine et latitudine parallaxis simpliciter sive quae inter solem et Lunā est per circumferentias et
angulos secantium sese circulorum signiferi et eius qui per polos
est horizontis. Quoniam manifestum est quod hic circulus
cum ad rectos angulos signifero incubuerit nullā efficit
longitudinis parallaxim : sed tota in latitudinē transit
idem latitudinis et altitudinis circulus existente circulo
At ubi contigat vicissim signiferū horizonti rectū insistere
ac eundē fieri cum altitudinis circulo, tunc Luna si latitudinis expers fuerit, nō admittet aliā quā longitudinis
parallaxim. In latitudinē vero distracta, nō evadet aliquā
longitudinis commutationē. Quemadmodum. S. sit a b c
signifer circulus : qui horizonti rectus insistat : sitque a polus
horizontis : ipse igitur orbis a b c idem erit, qui circulus
altitudinis Lunae latitudine carentis : cuius locus fuerit
b eritque commutatio eius tota b c in longitudine. Cum
vero latitudinē quoque habuerit descripto per polos signiferi circulo d b e et sumpta latitudine Lunae d b vel b e
manifestū est : quod a d latus, vel a e nō erit aequale

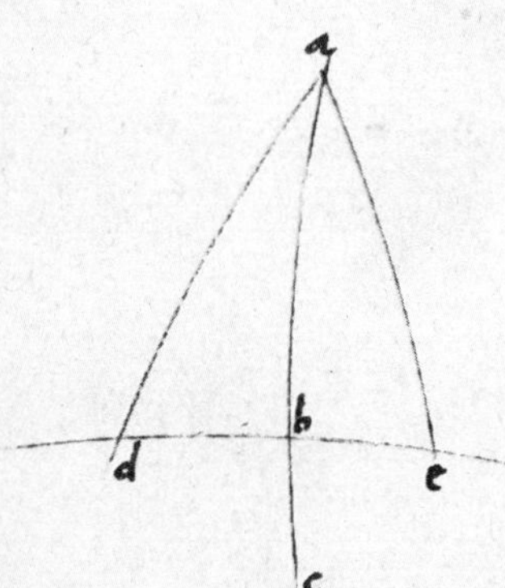

ipsi a d. nec angulus, qui sub d vel e rectus erit: cum nõ sit d a: a e circumf. circuli per polos ipsius d b e: et latitudinis aliqd participabit commutatio, et eo magis quo fuerit Luna vertici propinquior. Nam manente eadẽ basi d e triangli a d e latera a d: a e breviora a[n]gulos ad basim cõprehendẽt acutiores. Et quanto magis destiterit Luna a vertice fiẽt anguli ipsi rectis similiores. Sit iam signifero a b c obliqs altitudis Lunæ circulus d b e nõ habentis latitudinẽ: ut in ecliptica sectione: quæ sit b. Parallaxis aut in circulo altitudinis b e: et agatur circumferẽtia e f circuli per polus ipsius a b c. Quoniã igitur trianguli b e f anguli qui sub e b f datus est, ut ostensum est supius: et qui ad f rectus: latus quoq; b e datum. Per demonstrata igit triangulorũ sphæricorũ dantur reliqua latera b f: ~~est~~ hoc latitudinis: illud longitudis, ipsi b e parallaxi cõgruentia. Sed quoniã b e: e f: f b in modico et in insensibili differũt a lineis rectis ob eorum brevitatẽ, nõ errabimus: si ipso triangulo rectangulo tamq̃ rectilineo utamur, fietque propterea ratio facilis. Difficilior in Luna latitudinẽ habente. Repetatur enĩ a b c signifer: cui obliquus incidat orbis p polos horizontis d b, sitq; b locus longitudinis Lunæ: latitudo f b borea sive b e austrina. A vertice horizontis, qui sit d descendãt sup ipsam Lunã circli altitudinis d e k: d f g: in quibus sint commutationes e k f g. Erunt enĩ loca Lunæ vera secdm longũ et latum i e f signis: visa vero in k g: a quibus agantur circũferentiæ ad angulos rectos ipsi a b c signifero: qui sit k m l g. Cum igitur constiterit longitudo et latitudo Lunæ cum latitudine regionis: cognita erut in triangulo d e b duo latera d b: b e et angulus sectionis a b d: et cũ recto totus d b e: idcirco et reliquũ latus d e cum angulo d e b dabitur. Similiter in triangulo d b f, cum duo latera d b

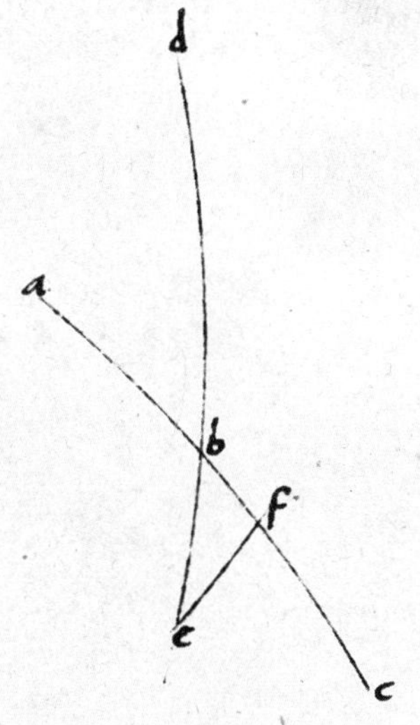

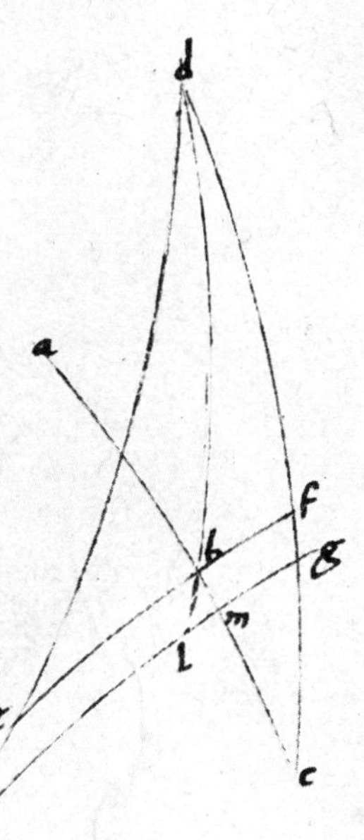

b f data fuerit cum angulo d b f : qui reliquus est ipsius
qui sub a b d a recto : dabitur etiã d f cum d f b angulo.
Vtrunq; igitur circumferentiæ d e : d f datur p̄ canonem
parallaxis e k et f g ac vera Lunæ a vertice distantia
d e vel d f similiter et visa d e k vel d f g . Atq; ĩ triangulo
e b n facta sectione ipsius d e cum signifero in n signo
datus est angulus n e b et n b e rectus cum basi b e sicut
et reliquus qui sub b n e angulus cum reliquis lateribus
b n : n e : Similiter et in triangulo toto n k m ex datis
m n angulis ac toto latere k e n constabit k m basis.
Et ipsa est latitudo Lunæ visa austrina : cuius excessus
sup̄ e b est latitudinis parallaxis : ac reliquũ latus n b m
datur a quo dempto n b remanet b m longitudinis comutatio. Sicut etiã in triangulo boreo b f c, cum
datum fuerit latus b f cum angulo b f c et b recto datur
reliqua latera b l c et f g c cum reliquo angulo c :
et ablatione f g ex f g c relinquitur g c datum latus ĩ
triangulo g l c cum duobus angulis l c g et c l g recto
ob idq; reliqua latera dantur g l : l c : ac demũ quod
relinquitur ex b c et est b l commutatio longitudinis atque
g l latitudo visa : cuius parallaxis est excessus b f veræ
latitudinis. Verumtamen, uti vides, plus habet laboris
quã fructus ista supputatio : quæ circa minima expenditur.
Satis enim erit si pro angulo d e b ipso a b d : et pro d e b
ipso d b f utamur, ac simpliciter, ut prius pro ipsis d e
e f circumferentijs media semp̄ d b neglecta Latitudine
Lunari : neq; enim propterea error apparebit, in regionibus
p̄sertim septentrionalis plagæ : Sed in valde austrinis
partibus : ubi b contigerit verticẽ horizontis cum maxima latitudine v graduũ : ac Luna terræ proxima
existente sex fere scrupulorũ est differentia. In eclipticis
autem Solis coniunctionibus : quibus latitudo Lunæ

⁜ Ex his igitur manifestum est : quod Lunae loco vero, in quadrante signiferi orientali semper addetur commutatio longitudinis : et in altero quadrante semper aufertur, ut longitudinem Lunae visam habeamus. Et latitudinem visam per commutationem latitudinis. Quoniam si in eandem eadem fuerit simul iunguntur : si in diversa aufertur a maiore minor : et quod relinquitur est latitudo visa eiusdem partis, ad quam maior declinat ⁜

sesqui gradum nequit excedere : potest esse scrupuli unius et dodrantis tantum. ⁜

Confirmatio eorum quae circa Lunae parallaxes sunt exposita Ca xxvij

Quod igitur parallaxes Lunae sic expositae conformes
sint apparentijs, pluribus alijs experimentis possumus ad-
firmare, quale est hoc quod habuimus Bononiae Septimo
Idus Martij post occasum Solis Anno Christi MiiiD. Co-
siderauimus enim, quod Luna occultatura esset stellam
fulgentem hyadum, quam palilicium vocant Romani : quo
expectato, vidimus stellam applicatam parti corporis
Lunaris tenebrosi : iamque delitescentem inter cornua Lunae
in fine horae quintae noctis, propinquiorem vero austrino
cornu per trientem quasi latitudinis sive diametri Lunae
Et quoniam stella secundum numerationem erat in duab. part
et lij Geminorum cum latitudine austrina quinque graduum
et sextantis, manifestum erat quod centrum Lunae ^ pre- ^ secundum visum.
debat stellam dimidia diametri : et idcirco locus eius
visus in longitudine partium ij scrup xxxvi et latitudine partium v scrup vj fere. fuerunt igitur a principio annorum Christi anni aegyptij MiiiD dies lxxvj
horae xxiij Bononiae. Cracoviae autem quae orientalior est gradibus fere ix, horae xxiij scrup xxxvj quibus
aequalitas addit scrup iiij. erat enim Sol in xxviij s
partibus piscium. et motus igitur Lunae aequalis a
Sole part lxxiiij, anomalia aequata part cxj scrup x
Locus Lunae verus part iij scrup xxiiij Geminorum
latitudo austrina part iiij scrup xxxv. Nam motus
Latitudinis verus erat part cciij scrup xlj. Tunc
~~autem Bononiae ascendebat xxvj gradus Scorpij in~~
~~angulo partium lix s. et L.~~ Tunc quoque Bononiae ascendebat xxvj gradus Scorpij cum angulo partium

lix s. et erat Luna a vertice horizontis part lxxxiii: et angulus sectionis circulorum altitudinis et signiferi partium fere xxix parallaxis Lunae sec pars una longitudinis scrup li latitudinis scrup xxx quemadmodum congruunt observationi: quo minus dubitauerit aliquis nostras hypotheses et quae ex eis prodita sunt recte se habere. Ca xxviii

De Solis et lunae coniunctionibus oppositionibusque medijs

Ex his ijs quae hactenus de motu Lunae: et Solis dicta sunt, aperitur modus inuestigandi coniunctiones et oppositiones eorum. Ad tempus enim propinquum: quod hoc vel illud futurum existimauerimus, quaeremus motum Lunae aequalem quem si inuenerimus iam circulum complevisse coniunctionem intelligimus: in semicirculo plenam. Sed cum id rarius sese praestet, consideranda est inter eos distantia: quam cum eam partiti fuerimus per motum Lunae diarium, sciemus quanto tempore praeterierit alterum: vel futurum sit: prout plus minusue habuerimus in motu. Ad hoc ergo tempus quaeremus motus: et loca: quibus rationabimur: vera nouilunia plenasque Lunationes: discernemusque ecclipticas earum coniunctiones ab alijs: ut inferius indicabimus. Haec cum semel constituta habuerimus licebit ad quosuis alios menses extendere: ac continuare in annos aliquot per Canonem duodecim mensium: continentem tempora et motus aequales anomaliae Solis et Lunae: ac latitudinis Lunae, coniungendo singula singulis pridem repertis etiam aequalibus. Sed anomaliam Solis apponemus verae ut statim ipsam habeamus adaequatam neque enim in uno vel aliquot annis sentietur eius diuersitas ob tarditatem sui principij: hoc est summae absidis

Menses	Ca cōiunctionis et oppositionis Solis et Lunæ											
	Temporum partes				Motus anomaliæ Lunaris				Motus Latitudinis			
1	29	31	50	8	0	25	49	0	0	30	40	13
2	59	3	40	16	0	51	38	0	1	1	20	27
3	88	35	30	24	1	17	27	0	1	32	0	41
4	118	7	20	32	1	43	16	0	2	2	40	55
5	147	39	10	40	2	9	5	0	2	33	21	9
6	177	11	0	48	2	34	54	0	3	4	1	23
7	206	42	50	57	3	0	43	0	3	34	41	36
8	236	14	41	5	3	26	32	0	4	5	21	50
9	265	46	31	13	3	52	21	0	4	36	2	4
10	295	18	21	21	4	18	10	0	5	6	42	18
12	324	50	11	29	4	43	59	0	5	37	22	32
12	354	22	1	37	5	9	48	0	0	8	2	46
	Dimidij mensis inter plenā et nouā Lunā											
	14	45	55	4	0	12	54	30	0	15	20	6
					3				3			

Menses	Anomaliæ Solaris motus				Menses				
1	0	29	6	18	7	3	23	44	6
2	0	58	12	36	8	3	52	50	24
3	1	27	18	54	9	4	21	56	42
4	1	56	25	12	10	4	51	3	0
5	2	25	31	30	11	5	20	9	19
6	2	54	37	48	12	5	49	15	37
Dimidij mensis						0	14	33	9

De veris coniunctionibus et oppositionibus Solis et Lunae perscrutandis

Ca xxix

Cum habuerimus (ut dictum est) tempus mediae coniunctionis vel oppositionis horum siderum cum illorum motibus: ad veras inveniendas necessaria est vera illorum distantia: qua se invicem praecedunt vel sequuntur. Nam si Luna prior fuerit Sole in coniunctione vel oppositione liquidum est futura esse vera, si Sol, veram quam quaerimus iam praeterisse. Quae ex utriusque prosthaphaeresi: fiunt manifesta. Quoniam si nullae vel aequales fuerint, eiusdemque affectionis: ut videlicet ambae sint adiectivae vel ablativae, patet eodem momento ~~et~~ congruere veras coniunctiones vel oppositiones cum mediis. Si vero inaequales excessus ipse indicat earum differentia distantiam ipsumque sidus praecedere vel sequi: cuius est excessus adiectivus vel ablativus. At cum in diversas fuerint partes, tanto magis praecedet id, cuius ablativa fuerit prosthaphaeresis: quae simul iunctae colligunt illorum distantiam illorum. Super qua arbitrabimur, quod integris horis possit a Luna pertransiri: capiendo pro quolibet gradu distantiae horas duas. Quemadmodum si fuerit in distantia circiter gradus vi assumemus pro eis horas xii. Ad hoc ergo temporis intervallum sic constitutum, quaeremus veram Lunae excessionem a Sole: quod efficiemus facile, ~~et~~ dum noverimus motum Lunae medium ~~uno~~ gradu unoque scrupulo sub duabus horis absolui. Horarum vero anomaliae ac verum ipsius motum circa plenam novamque Lunam esse scrupulorum fere L: quae colligent in sex horis motum aequalem gradus iii scrup totidem ac anomaliae vera profectione partes quinque: quibus in ex Canone ~~differentiarum~~ Lunarum ~~constabit quod addat~~

prosthaphaeresium considera

considerabimus inter prosthaphæreses ipsas differentiam quam addemus medio motui si anomalia in inferiori parte circuli fuerit vel auferemus si in superiori: quod enim collectum relictumve fuerit est verus motus Lunæ in horis assumptis. Is ergo motus si fuerit distantiæ prius existenti æqualis, sufficit. Alioquin multiplicatam distantiam per numerum horarum æstimatarum dividemus per motum hunc: sive per acceptum horarum motum verum simpliciter distantiam diviserimus: exhibet enim veram differentiam temporis in horis et scrupulis inter mediam veramque coniunctionem vel oppositionem. Hanc addemus tempori mediæ coniunctionis vel oppo, si Luna Soli prior fuerit vel loco solis e diametro opposito vel auferemus si posterior et habebimus tempus veræ coniunctionis vel oppositionis. Quamvis etiam fateamur: quod etiam Solis inæqualitas addat vel minuat aliquid: sed iure contemnendum siquidem in toto tractu et maxima licet elongatione: quæ se super septem gradus porrigit scrupulum unum complere non potest. estque modus iste taxandarum Lunationum magis certus: Qui enim horario lunæ motu solum nituntur quem vocant superationem horariam falluntur aliquando cogunturque sæpius ad calculi reiterationem. Mutabilis est enim Luna etiam in horas, nec manet sui similis. Ad tempus igitur veri coitus vel oppositionis connumerabimus verum motum latitudinis: ad Latitudinem ipsam Lunæ perdiscendam: et verum locum Solis ab æquinoctio verno id est in signis: quo etiam intelligitur Lunæ locus idem sive oppositus. Et quoniam tempus huiusmodi intelligitur medium et æquale ad meridianum Cracoviensem: quod per modum superius traditum reducemus ad tempus apparens. Quod si ad quempiam alium locum a Cracovia constituere hæc voluerimus considerabimus eius longitudinem

et pro singulis gradibus spatii longitudinis capiemus iiij Scrup
horae: pro quolibet scrup longitudinis iiij secunda horae
quae adijciemus tempori Cracouien si locus alius orientalior
fuerit: et auferemus si occidentalior: et quod reliquum collectum
fuerit erit tempus coniunctionis vel oppositionis Solis et Lunae

Quomodo coniunctiones et oppositiones Solis et Lunae
eclipticae discernantur ab alijs Cap XXX

An vero eclipticae fuerint nec ne, in Luna quidem facile
discernitur. Quoniam si latitudo eius minor fuerit dimidio diametrorum Lunae et umbrae subibit eclipsim Luna
sin maior, non subibit. At vero circa Solem plus satis habet
negotij, immiscente se utrisque parallaxi: per quam differt plerumque visibilis coniunctio a vera. Cum igitur scrutati
fuerimus, quae sit commutatio inter Solem et Lunam secundum
longitudinem tempore verae coniunctionis. Similiter ad unius
horae spatium praecedentis coniunctionem veram in orientali, vel
sequentis in occidentali quadrante signiferi, quaeremus visam
Lunae a Sole longitudinem: ut intelligamus: quantum a Sole
Luna feratur in hora secundum visum. Per hunc ergo motum
horarium cum diviserimus illam longitudinis commutationem
habebimus differentiam temporis inter verum visumque coitum:
Quae dum auferatur a tempore verae coniunctionis in
parte signiferi orientali, vel addatur in occidua, in qua
illic coniunctio visa veram praecedit, hic sequitur, exibit
tempus verae coniunctionis quaesitum. Ad hoc ergo tempus
numerabimus latitudinem Lunae visam a Sole, sive dista-
tiam centrorum Solis et Lunae visibilis coniunctionis deducta parallaxi Solis. Haec latitudo si maior fuerit
dimidio diametrorum Solis et Lunae non subibit Sol eclipsim: sin minor, subibit. Et ex his manifestum est quod
si Luna tempore verae coniunctionis parallaxim longitudinis non fecerit aliquam: ia eadem erit visa ac vera copula

quod circa nonagesimum gradum signiferi a oriente vel occidente sumptum contingit.

Quantus fuerit Solis Lunaeque defectus c xxxj

Postquam ergo cognouerimus Solem et vel Lunam defecturam, facile etiam sciemus quantus fuerit ipsorum defectus. In Sole quidem per latitudinem visam, quae est inter Solem et Lunam tempore visibilis copulae. Si enim subtraxerimus ipsam a dimidio diametrorum Solis et Lunae, relinquitur quod a Sole secundum diametrum deficiet: quod cum multiplicauerimus per xij, et exaggeratum diuiserimus per diametrum Solis habebimus numerum digitorum deficientium. Quod si inter Solem et Lunam nulla fuerit latitudo totus Sol deficiet vel tantum eius quanto Luna obtegere poterit. Eodem fere modo et in lunari defectu: nisi quod pro latitudine visa, utimur eius simplici: qua dempta a dimidio diametrorum Lunae et umbrae remanet pars Lunae deficiens, dummodo Latitudo Lunae non fuerit minor dimidio diametrorum in eo quod est Lunae diametro: tota enim tunc deficiet. ac insuper minor latitudo addet etiam moram in tenebris aliquam: quae tum maxima erit cum nulla fuerit latitudo: quod considerantibus esse puto liquidissimum. Igitur in particulari Lunae defectu cum partem deficientem multiplicauerimus in duodecim productumque diuiserimus per diametrum Lunae habebimus numerum digitorum deficientium, non aliter quam in Sole dictum est c xxxij

Ad cognoscendum quantisper duraturus sit defectus

Restat videre quantum duratura sit eclipsis. Ubi notandum est, quod circumferentijs, quae inter Solem Lunam et umbram contingunt utimur tamquam lineis rectis, ob earum paruitatem quae nihil differre videntur a recto. Sumpto igitur centro Solis vel umbrae in a signo: et linea b c pro ~~circumferentia~~ orbis Lunae: cuius centrum contingentis Solem vel umbram in principio incidentiae sit b in fine expurgationis c. connectantur a b : b c et ipsi b c perpendicularis ~~quaeratur~~ dimittatur a d. Manifestum est, quod cum centrum Lunae fuerit in d erit medium eclipsis. est enim a d brevissima aliorum ab a descendentium: et ~~d a b aequalis ipsi~~ b d aequatur ipsi d c: quoniam et ipsae a b a c aequales sunt: quae constant utraque e dimidio diametrorum Solis et Lunae in Solari: atque Lunae et umbrae in Lunari eclipsi: et a d est latitudo Lunae vera vel visa in medio eclipsis. Cum igitur quod ex a d fit quadratum subtraxerimus ab ipsius a b quadrato, relinquetur quod ex b d: dabitur ergo b d longitudine. Quod cum diviserimus per horarium Lunae motum verum in ipsius defectu vel visibilem in Solari, habebimus tempus dimidiae durationis Sed quoniam Luna saepenumero moram facit in mediis tenebris: quod accidit, quando dimidium aggregati diametrorum Lunae et umbrae excesserit latitudinem Lunae plus quam fuerit dimetiens eius (ut diximus) Cum igitur posuerimus e centrum Lunae in principio totius obscurationis: ubi Luna circumcurrentis umbrae contingit intrinsecus: atque f in altero contactu ubi primum emergit. Connexis a e a f declarabitur eodem modo quo prius e d: d f esse dimidia morae in tenebris: propterea quod a d est latitudo Lunae cognita: et a e sive a f quo umbrae dimidia diametros maior est Lunae dimidia diametro. Constabit ergo e d sive d f: quae rursus divisa per motum verum Lunae horarium habebimus tempus dimidiae morae quod quaerebatur Veruntamen animadvertendum est hic: quod cum Luna in orbe suo movetur non secat partes longitudinis circuli signorum omnino aequales eis quae in orbe proprio, mediantibus circuli qui per polos sunt signiferi, est tamen differentia perexigua: quae in tota distantia partium

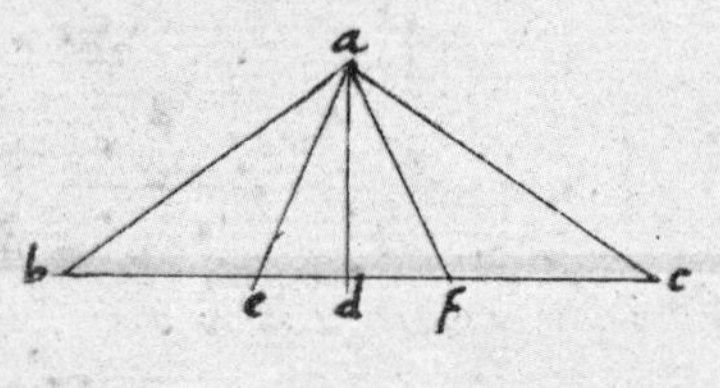

xij ab ecliptica sectione, sub quibus extremus fere limes
est deliquiorũ Solis et Lunæ nõ excedunt semissem circumferentiæ corporum orbiũ in duobus Scrupul: q̃ faceret xv parte
horæ. eapp utimur sepe altera pro altera tanq̃ eisdem.
Ita quoq utimur latitudine Lunæ eadem in terminis defectũ
qua in medio eclipsis: quamq̃ ipsa latitudo Lunæ semper
crescit vel descrescit: fiuntq propterea incidentiæ et expurgationis spatia nõ penitus æqualia: sed differentia tam
modica, ut frustra trivisse tempus videretur, exactius ista
scrutaturus. Hoc quidẽ modo tempora durationes et magnitudines eclipsium, sunt explicata. Sed quoniã multorum est sententia non penes diametros sed superficies oportere decerni deficientiũ partes: non eni lineæ sed superficies
deficiunt. Sit igitur a b c d Solis circulus vel umbræ
cuius centrũ sit e. Lunaris quoq a f c g cuius centrum
sit i: qui se mutuo secent in a c punctis: et agatur per
utrumq centrũ recta b e i f: et connectantur a e: ec: i a
i c et a k c ad rectos angulos ipsi a f. Volumus ex his
scrutari, quanta fuerit sub superficies obscurata a d c g quotue
unciarum sit totius plani, orbis Solis vel Lunæ deficientis
in parte. Quoniã igitur ex superioribus utriusq orbis
dimetiēs a e: a i datur: distantia quoq centrorũ, sive
latitudo Lunaris e i. Habemus triangulũ a e i datorum
laterũ: et propterea datorum angulorũ per demonstrata
supius, cui similis est et æqualis e i c. Erunt igitur a d c
et a g c circumferentiæ datæ in partibus quibus circumcurrens circulus est ccclx. Porro Archimedes Syracusanus
in dimensionibus circuli prodidit circumcurrentẽ ad diametrum minorẽ admittere rationẽ q̃ triplam sesqseptima
maiorẽ vero q̃ triplam superpartientem septuagesimas
primas decem. Inter has mediã assumit Ptolemaeus ut trium
Scrup prima octo secũda xxx ad unum. Qua ratione etiã
a g c et a d c circumferentiæ patebunt in eisdẽ partibus

scdm diametros

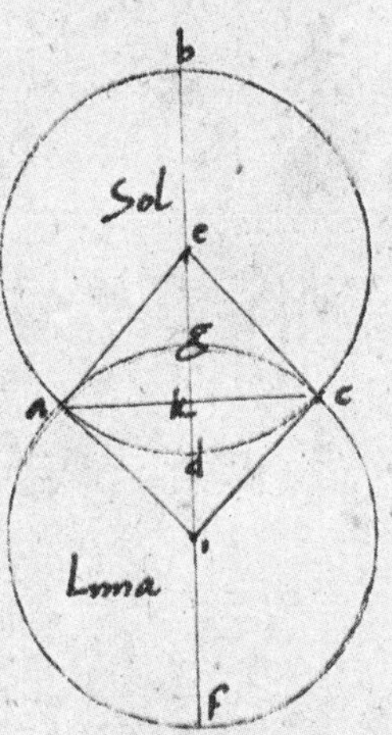

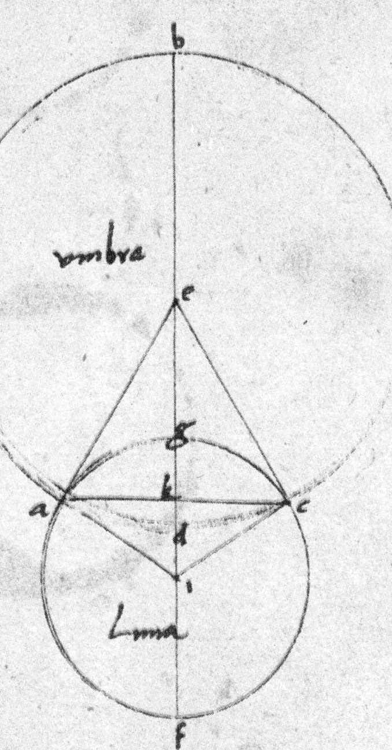

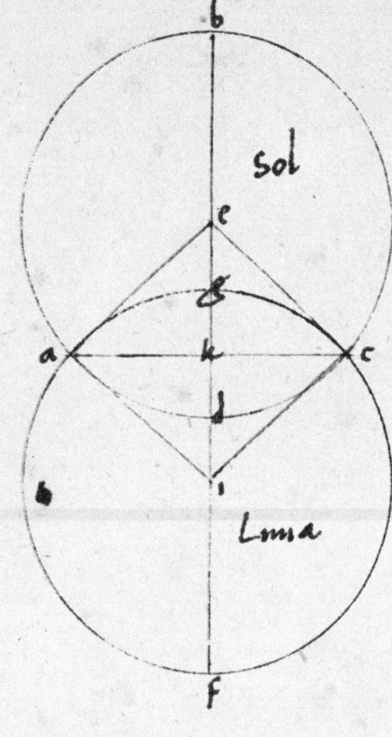

quarum erat illorum diametri sive a c et a i quibus et contenta
sub ipsis e a : a d et sub i a : a g aequalia sectoribus a e c
et a i c alterum alteri. Sed et triangulorum isoscelium
a e c et a i c datur basis communis a k c : et perpendiculares e k : k i. Et quod igitur sub ipsis a k : k g continetur
datur : et est continentia trianguli a e c. Similiter quod sub
a k : k i trianguli a c i planum. Cum igitur utraque triangula ab utrisque suis sectoribus dirempta fuerit remanebunt segmenta circulorum a f c et a c d quibus constat
tota a d c g quaesita. Cum etiam totum circuli planum
quod sub b e et b a d continetur in eclipsi Solis : sive quod
sub f i et f a g in Lunari eclipsi datur. quot igitur
unciarum fuerit ipsum a d c g defines a toto circulo sive
Solis sive Lunae fiet manifestum. Haec de Luna
modo sufficiant : quae apud alios sunt latius pertractata.
festinamus enim ad reliquorum quinque syderum revolutiones
quae in sequentibus dicentur

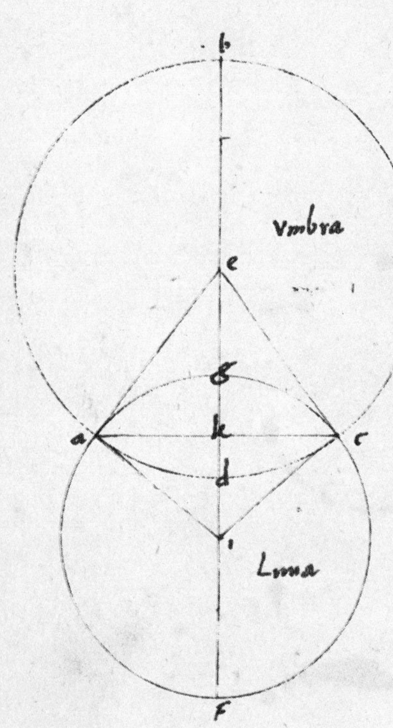

Quintus revolutionum
liber finit

*

actemus terrae circa Solem, ac Lunae circa terram pro viribus nostris absolvimus revolutiones. Aggredimur modo quinque errantium stellarum motus: quorum orbium ordinem et magnitudines ipsa terrae mobilitas consensu mirabili: ac certa symmetria connectit: ut in primo libro summatim recensuimus. Dum ostenderemus, quod orbes ipsi non circa terram sed magis circa Solem centra sua haberent. Superest igitur, ut haec omnia singillatim et evidentius demonstremus: faciamusque promissis quantum in nobis est satis, adhibitis praesertim apparentibus experimentis: quae cum ab antiquis, tum a nostris temporibus accepimus: quibus ratio ipsorum motuum certior habeatur. Denominantur

~~De revolutionibus eorum et medijs motibus Ca. 1~~

~~At quoniam feruntur et ipsi in longitudinem et latitudinem varijs modis: suntque eorum differentiae inaequales, et apparentes ad utrasque partes, operaepretium erat medios illorum et aequales motus explicare: quibus inaequalitatis differentia possit accipi. Ad aequalitatem vero percipiendam interest scire tempora revolutionum: quibus intelligatur inaequalitas priori similis redijsse ut circa Solem et Lunam fecimus~~

autem haec quinque sidera apud Timaeum Platonis secundum suam quodque speciem. Saturnus phaenon quasi lucentem vel apparentem diceres latet enim minus caeteris: citiusque emergit occultatus a Sole. Jupiter a splendore phaëton. Mars pyrois ab igneo candore. Venus quandoque φωσφόρος quandoque ἕσπερος hoc est Lucifer et vesperugo, prout eadem mane vel vespere fulserit. Denique Mercurius a micante vibranteque lumine Stilbon.

Feruntur et ipsi in longitudinem et latitudinem maiori differentia quam Luna

De revolutionibus eorum et mediis motibus — Ca. I

Bini longitudinis motus plurimum differentes apparent in ipsis. Unus est propter motum terrae quem diximus. Alius cuiusque proprius. Primum non iniuria motum commutationis dicere placuit. Cum ipse sit, qui in omnibus illis stationes progressiones et regressus facit apparere: non quod planeta sic distrahatur: qui motu suo semper procedit: sed quod per modum commutationis sic appareat quam efficit motus terrae pro differentia et magnitudine illorum orbium. Patet igitur, quod Saturni Iovis et Martis vera loca tunc tantummodo nobis conspicua fiunt, quando fuerint acronycti: quod accidit fere in medio repedationum: coincidunt enim tunc per medio loco Solis in linea rectam, illa commutatione exuti. Porro in Venere et Mercurio alia ratio est: latet enim tunc maxime hypaugi existentes ostenduntque solum suas quas faciunt a Sole hinc inde expatiationes: ut absque commutatione hac nunquam inveniantur. Est ergo privatim cuiusque planetae sua revolutio commutationis, motum dico terrae ad planetam ~~et utrorumque cursus sic cohaerentes appareant terrae sive Solis dicas, motum simplicem. Siquidem meminisse oportet in toto hoc opere et nunc maxime, de terra semper intelligi, quicquid de motu Solis vulgo dicitur~~. Quoniam vero tales periodi commutationum reperiuntur inaequales differentia manifesta: cognoverunt prisci illorum quoque motus syderum esse inaequales, et absides habere circulorum ad quas inaequalitas eorum revertebatur: easque rati sunt perpetuas habere sedes in non errantium stellarum sphaera. Quo argumento ad medios illorum motus ac periodos aequales perdiscendas patuit ingressus. Cum enim locum alicuius sectum certa a Sole et stella

~~p quadrant se invicem~~

p quo ipsi inter sese explicat. Nam motum commutationis nihil aliud esse dicimus, nisi eum in quo motus terrae aequalis illorum motum excedit ut in Saturno Iove Marte, vel exceditur ut in Venere et Mercurio

fixa distantiã memoriæ proditũ haberet: et post tpis intervallũ sydus ipsũ ad eundẽ locum pervenisse comperirent cum simili Solis distantia, visum est planeta omnẽ inæqualitatem peragrasse et per omnia ad statum redisse priorẽ cum terra. Sicq3 per tempus qd intercessit ratiocinati sunt numerũ revolutionũ integrarum et æqualium: et ex eis motus sideris particulares.

Recensuit autẽ ptolemæus hos circuitus sub nũero ãnorũ solariũ prout ab Hipparcho fatetur se recepisse; annos autem Solares vult intelligi: qui ab æquinoctio vel solstitio capiuntur. Sed iã patuit tales ãnos admodũ æquales nõ esse: Illis propterea nos utemur: qui a stellis fixis capiuntur : quibus etiã emendatiores horũ quinq3 siderum motus a nobis sunt restituti: prout hoc nr̃o tempore invenimus defecisse aliqd ex eis vel abundasse: hoc modo

Nam ad Saturnũ quinquagesies septies revolvit terra quẽ motũ commutationis diximus: in lix annis Solaribus unus die uno scrup primis vj ẽ xlviij fere. in quo tempore stella motu proprio bis circuit adiecto grad uno scrup primis vj sdis vj. Jupiter sexies quinquies superatur a terra in annis Solaribus lxxj a quibus desunt dies v scr prima xlv ẽ xxvij. Sub quibus stella revolvitur motu suo sexies deficientib: part v scrup primis xlj ẽ ij s. Martis revolutiones commutationũ sunt xxxvij in annis Solaribus lxxix dieb. ij scrup primis xxvj ẽ iij. In quibus stella motu suo cõpletis quadraginta duabus periodis adijcit gradus ij scrupul prima xxiiij ẽ lvj. Venus quinquies superat motum telluris in annis Solaribus viij demptis diebus ij scrup primis xxvj ẽ xlvj nempe per hoc tempus Solem circuit decies ter minus duobus gradibus xxiiij scrup primis xl sdis. Mercurij demũ cxlv periodus facit commutationũ in annis Solaribus

F cum qua aggregat circa Sole convertitur F

quadraginta sex additis diei scrup primis xxxiiii secundis xxiii: quibus et ipsa superat motum terrae fere tricies nonagesies et semel adiectis scrup diei xxxiiii secundis xxiii fere. Sunt igitur singulis singuli circuitus commutationis Saturno in diebus 378 ccclxxviii scrup primis v 2 xxxii 3 xi. Iovi in diebus cccxc scr primis xxiii 2 ii 3 56 Marti in dieb DCCLXXIX scr i lvi 2 ix 3 vii. Veneri dierum DLXXXIII scr lv xvii xxiiii Mercurio dierum cxv lii xlii xii. Quos resolutos in circuli gradus et multiplicatos in ccclxv cum ~~mult~~ partiti fuerimus per numerum dierum et scrupulorum suorum habebimus annuum motum Saturni grad cccxlvii scrup xxxii 2 ii 3 liiii 4 12. Iovis grad cccxxix scrup xxv viii xv vi. Martis grad clxviii scrup xxviii xxx xiii xii. Veneris grad ccxxv scrup i xlviii liii xxx. Mercurii ~~grad~~ post tres revolutiones grad liii scrup lvi xlvi liii xl. Horum trecentesima sexagesimaquinta pars est motus diurnus Saturni scrup lvii vii xliiii Iovis sc liiii ix ii il Martis scrup xxvii xli xl viii. Veneris scr xxxvi il xxviii xxxv. Mercurii grad iii scrup vi xxiiii vii xliii. prout in tabula ad instar ~~ab~~ Solis et Lunae mediorum motuum exposita sunt: quae sequuntur. Proprios autem motus eorum sic extendisse existimavimus esse superfluum constant enim ablatione istorum a medio motu ☉ quae illi componunt ut diximus. At his non contentus aliquis potest pro libito suo facere. Est enim annuus Saturni motus proprius ad non errantium stellarum sphaera. Grad xii scrup xii xlvi xii lii Iovis grad xxx scr xix xl li lviii. Martis grad clxxxxi scr xvi xxx lvii lii. In Venere autem et Mercurio quoniam non apparet nobis ipse motus ☉ pro eis usus venit simplexque modo per quem apparentiae eorum proferuntur: et demonstrationes ut inferius.

MOTVS SATVRNI IN ANNIS ET SEXAGE

Anni	MOTVS					Anni	MOTVS				
1	5	47	32	3	9	31	5	33	33	37	59
2	5	35	4	6	19	32	5	21	5	41	59
3	5	22	36	9	29	33	5	8	37	44	49
4	5	10	8	12	38	34	4	56	9	47	28
5	4	57	40	15	48	35	4	43	41	50	38
6	4	45	12	18	58	36	4	31	13	53	48
7	4	32	44	22	7	37	4	18	45	56	57
8	4	20	16	25	17	38	4	6	18	0	7
9	4	57	48	28	27	39	3	53	40	53	17
10	3	55	20	31	36	40	3	41	22	56	26
11	3	42	52	34	46	41	3	28	54	59	36
12	3	30	24	37	56	42	3	16	26	12	46
13	3	17	56	41	5	43	3	3	58	15	55
14	3	55	28	44	15	44	2	51	30	19	5
15	2	53	0	47	25	45	2	39	2	22	15
16	2	40	32	50	37	46	2	26	34	25	24
17	2	28	4	53	44	47	2	14	6	28	34
18	2	15	36	56	54	48	2	1	38	31	44
19	2	3	9	0	3	49	1	49	10	34	53
20	1	50	41	3	13	50	1	36	42	38	3
21	1	38	13	6	23	51	1	24	14	41	13
22	1	25	45	9	32	52	1	11	46	44	22
23	1	13	17	12	42	53	0	59	18	47	32
24	1	0	49	15	52	54	0	46	50	50	42
25	0	48	21	19	1	55	0	34	22	53	51
26	0	35	53	22	11	56	0	21	54	57	1
27	0	23	25	25	21	57	0	49	2	0	11
28	0	10	57	28	30	58	5	36	58	3	20
29	5	58	29	31	40	59	5	44	31	6	30
30	5	46	1	34	50	60	5	32	3	9	40

MOTVS SATVRNI IN DIEB. ET SEXAG

Dies						Dies					
1	0	0	57	7	44	31	0	29	30	59	46
2	0	1	54	15	28	32	0	30	28	7	30
3	0	2	51	23	12	33	0	31	25	15	14
4	0	3	48	30	56	34	0	32	22	22	58
5	0	4	45	38	40	35	0	33	19	30	42
6	0	5	42	46	24	36	0	34	16	38	26
7	0	6	39	54	8	37	0	35	13	46	1
8	0	7	37	1	52	38	0	36	10	53	55
9	0	8	34	9	36	39	0	37	8	1	39
10	0	9	31	17	20	40	0	38	5	9	23
11	0	10	28	25	4	41	0	39	2	17	7
12	0	11	25	32	49	42	0	39	59	24	51
13	0	12	22	40	33	43	0	40	56	32	35
14	0	13	19	48	17	44	0	41	53	40	19
15	0	14	16	50	1	45	0	42	50	48	3
16	0	15	14	3	45	46	0	43	47	55	47
17	0	16	11	11	29	47	0	44	45	3	31
18	0	17	8	19	13	48	0	45	42	11	16
19	0	18	5	26	57	49	0	46	39	19	0
20	0	19	2	34	41	50	0	47	36	26	44
21	0	19	59	42	25	51	0	48	33	34	28
22	0	20	56	50	9	52	0	49	30	42	12
23	0	21	53	57	53	53	0	50	27	49	56
24	0	22	51	5	38	54	0	51	24	57	40
25	0	23	48	13	22	55	0	52	22	5	24
26	0	24	45	21	6	56	0	53	19	13	8
27	0	25	42	28	50	57	0	54	16	20	52
28	0	26	39	36	34	58	0	55	13	28	36
29	0	27	36	44	18	59	0	56	10	36	20
30	0	28	33	52	2	60	0	57	7	44	5

Jouis motus comuta ī annis et sexagenis annoꝝ

An m	Motus					An m	Motus				
1	5	29	25	8	15	31	2	11	59	15	48
2	4	58	50	16	30	32	1	41	24	24	3
3	4	28	15	24	45	33	1	10	49	32	18
4	3	57	40	33	0	34	0	40	14	40	33
5	3	27	5	41	15	35	0	9	39	48	48
6	2	56	30	49	30	36	5	39	4	56	3
7	2	25	55	57	45	37	5	8	30	5	18
8	1	55	21	6	0	38	4	37	55	13	33
9	1	24	46	14	15	39	4	7	20	21	48
10	0	54	11	22	31	40	3	36	45	30	4
11	0	23	36	30	46	41	3	6	10	38	19
12	5	53	1	39	1	42	2	35	35	46	34
13	4	22	26	47	16	43	2	5	0	54	49
14	4	51	51	55	31	44	1	34	26	3	4
15	4	21	17	3	46	45	1	3	51	11	19
16	3	50	42	12	1	46	0	33	16	19	34
17	3	20	7	20	16	47	0	2	41	27	49
18	2	49	32	28	31	48	5	32	6	36	4
19	2	18	57	36	46	49	5	1	31	44	19
20	1	48	22	45	2	50	4	30	56	52	34
21	1	17	47	53	17	51	4	0	22	0	50
22	0	47	13	1	32	52	3	29	47	9	5
23	0	16	38	9	47	53	2	58	12	17	20
24	5	46	3	18	2	54	2	28	37	25	35
25	5	15	28	26	17	55	1	58	2	33	50
26	4	44	53	34	32	56	1	27	27	42	5
27	4	14	18	42	47	57	0	56	52	50	20
28	3	43	43	51	2	58	0	26	17	58	35
29	3	13	8	59	17	59	5	55	43	6	50
30	2	42	34	7	33	60	5	25	8	15	6

Iouis motus com in diebus et sexagenis

1	0	0	54	9	3	31	0	27	58	40	58
2	0	1	48	18	7	32	0	28	52	50	2
3	0	2	42	27	11	33	0	29	46	59	5
4	0	3	36	36	15	34	0	30	41	8	9
5	0	4	30	45	19	35	0	31	35	17	13
6	0	5	24	54	22	36	0	32	29	26	17
7	0	6	19	3	26	37	0	33	23	35	21
8	0	7	13	12	30	38	0	34	17	44	25
9	0	8	7	21	34	39	0	35	11	53	29
10	0	9	1	30	38	40	0	36	6	2	32
11	0	9	55	39	41	41	0	37	0	21	36
12	0	10	49	48	45	42	0	37	54	20	40
13	0	11	43	57	49	43	0	38	48	29	44
14	0	12	38	6	53	44	0	39	42	38	47
15	0	13	32	15	57	45	0	40	36	47	51
16	0	14	26	25	1	46	0	41	30	56	55
17	0	15	20	34	4	47	0	42	25	5	59
18	0	16	14	43	8	48	0	43	19	15	3
19	0	17	8	52	12	49	0	44	13	24	6
20	0	18	3	1	16	50	0	45	7	33	10
21	0	18	57	10	20	51	0	46	1	42	14
22	0	19	51	19	23	52	0	46	55	51	18
23	0	20	45	28	27	53	0	47	50	0	22
24	0	21	39	37	31	54	0	48	44	9	26
25	0	22	33	46	35	55	0	49	38	18	29
26	0	23	27	55	39	56	0	50	32	27	33
27	0	24	22	4	43	57	0	51	26	36	37
28	0	25	16	13	46	58	0	52	20	45	41
29	0	26	10	22	50	59	0	53	14	54	45
30	0	27	4	31	54	60	0	54	9	3	49

Martis cō· motus in annis et sexagenis annorum

Anni	Motus					Anni	Motus				
1	2	48	28	30	36	31	3	2	43	48	38
2	5	36	57	1	12	32	5	51	12	19	14
3	2	25	25	31	48	33	2	39	40	49	40
4	5	13	54	2	24	34	5	28	9	20	26
5	2	2	22	33	0	35	2	16	37	51	2
6	4	50	51	3	36	36	5	5	6	21	38
7	1	39	19	34	12	37	1	53	34	52	14
8	4	27	48	4	48	38	4	42	3	22	50
9	1	16	16	35	24	39	1	30	31	53	26
10	4	4	45	6	0	40	4	19	0	24	2
11	0	53	13	36	36	41	1	7	28	54	38
12	3	41	42	7	12	42	3	55	57	25	14
13	0	30	10	37	48	43	0	44	25	55	50
14	3	18	39	8	24	44	3	32	54	26	26
15	0	7	7	39	1	45	0	21	22	57	3
16	2	55	36	9	37	46	3	9	51	27	39
17	5	44	4	40	13	47	5	58	19	58	15
18	2	32	33	10	49	48	2	46	48	28	51
19	5	21	1	41	25	49	5	35	16	59	27
20	2	9	30	12	1	50	2	23	45	30	3
21	4	57	58	42	37	51	5	12	14	0	39
22	1	46	27	13	13	52	2	0	42	31	15
23	4	34	55	43	49	53	4	49	11	1	51
24	1	23	24	14	25	54	1	37	39	32	27
25	4	11	52	45	1	55	4	26	8	3	3
26	1	0	21	15	37	56	1	14	36	33	39
27	3	48	49	46	13	57	4	3	5	4	15
28	0	37	18	16	49	58	0	51	33	34	51
29	3	25	46	47	25	59	3	40	2	5	27
30	0	14	15	18	2	60	0	28	30	36	4

Martis motus ro· in dieb· sexage et singul· dierum

Dies et singu	Motus					Dies	Motus				
1	0	0	27	41	40	31	0	14	18	31	51
2	0	0	55	23	20	32	0	14	46	13	31
3	0	1	23	5	1	33	0	15	14	55	12
4	0	1	50	46	41	34	0	15	41	36	52
5	0	2	18	28	21	35	0	16	9	18	32
6	0	2	46	10	2	36	0	16	37	0	13
7	0	3	13	51	42	37	0	17	4	41	53
8	0	3	41	33	22	38	0	17	32	23	33
9	0	4	9	15	3	39	0	18	0	5	14
10	0	4	36	56	43	40	0	18	27	46	54
11	0	5	4	38	24	41	0	18	55	28	35
12	0	5	32	20	4	42	0	19	23	10	15
13	0	6	0	1	44	43	0	19	50	51	55
14	0	6	27	43	24	44	0	20	18	33	36
15	0	6	55	25	5	45	0	20	46	15	16
16	0	7	23	6	45	46	0	21	13	56	56
17	0	7	50	48	26	47	0	21	41	38	37
18	0	8	18	30	6	48	0	22	9	20	17
19	0	8	46	11	46	49	0	22	37	1	57
20	0	9	13	53	27	50	0	23	4	43	38
21	0	9	41	35	7	51	0	23	32	25	18
22	0	10	9	16	48	52	0	24	0	6	59
23	0	10	36	58	28	53	0	24	27	48	39
24	0	11	4	40	8	54	0	24	55	30	19
25	0	11	32	21	48	55	0	25	23	12	0
26	0	12	0	3	29	56	0	25	50	53	40
27	0	12	27	45	9	57	0	26	18	35	20
28	0	12	55	26	49	58	0	27	46	17	1
29	0	13	23	8	30	59	0	27	13	58	41
30	0	13	50	50	11	60	0	27	41	40	22

Veneris motus comut in ãnis et sexagenis ãnorum

An m ag	MOTVS				
1	3	45	1	50	11
2	1	30	3	40	22
3	5	15	5	30	33
4	3	0	7	20	45
5	0	45	9	10	56
6	4	30	11	1	7
7	2	15	12	51	18
8	0	0	14	41	30
9	3	45	16	31	41
10	1	30	18	21	52
11	5	15	20	12	3
12	3	0	22	2	15
13	0	45	23	52	26
14	4	30	25	42	37
15	2	15	27	32	48
16	0	0	29	23	0
17	3	45	31	13	11
18	1	30	33	3	22
19	5	15	34	53	33
20	3	0	36	43	45
21	0	45	38	33	56
22	4	30	40	24	7
23	2	15	42	14	18
24	0	0	44	4	30
25	3	45	45	54	41
26	1	30	47	44	52
27	5	15	49	35	3
28	3	0	51	25	15
29	0	45	53	15	26
30	4	30	~~0~~	~~55~~	~~6~~
			~~55~~	~~5~~	~~37~~
			52	31	50

An m	MOTVS				
31	2	15	56	55	48
32	0	0	58	46	0
33	3	46	0	36	11
34	1	31	2	26	22
35	5	16	4	16	33
36	3	1	6	6	45
37	0	46	7	56	56
38	4	31	9	47	7
39	2	16	11	37	18
40	0	1	13	27	30
41	3	46	15	17	41
42	1	31	17	7	52
43	5	16	18	58	3
44	3	1	20	48	15
45	0	46	22	38	26
46	4	31	24	28	37
47	2	16	26	18	48
48	0	1	28	9	0
49	3	46	29	59	11
50	1	31	31	49	22
51	5	16	33	39	33
52	3	1	35	29	45
53	0	46	37	19	56
54	4	31	39	10	7
55	2	16	41	0	18
56	0	1	42	50	30
57	3	46	44	40	41
58	1	31	46	30	52
59	5	16	48	21	3
60	3	1	50	11	15
			45	3	40

Veneris motus comut ī dieb: et sexag · scrup etc

Dies	Motus					Dies	Motus				
1	0	0	36	59	28	31	0	19	6	49	52
2	0	1	13	58	57	32	0	19	43	43	21
3	0	1	50	58	26	33	0	20	20	42	50
4	0	2	27	57	54	34	0	20	57	42	19
5	0	3	04	57	29	35	0	21	34	41	48
6	0	3	41	56	52	36	0	22	11	41	16
7	0	4	18	56	21	37	0	22	48	40	45
8	0	4	55	55	50	38	0	23	25	40	14
9	0	5	32	55	19	39	0	24	2	39	43
10	0	6	9	54	48	40	0	24	39	39	12
11	0	6	46	54	16	41	0	25	16	38	40
12	0	7	23	53	45	42	0	25	53	38	9
13	0	8	0	53	14	43	0	26	30	37	38
14	0	8	37	52	43	44	0	26	57	37	7
15	0	9	14	52	12	45	0	27	44	36	36
16	0	9	51	51	40	46	0	28	21	36	4
17	0	10	28	51	9	47	0	28	58	35	33
18	0	11	5	50	38	48	0	29	35	35	2
19	0	11	42	50	7	49	0	30	12	34	31
20	0	12	19	49	36	50	0	30	49	34	0
21	0	12	56	49	4	51	0	31	26	33	28
22	0	13	33	48	33	52	0	32	3	32	57
23	0	14	10	48	2	53	0	32	40	32	26
24	0	14	47	47	31	54	0	33	17	31	55
25	0	15	24	47	0	55	0	33	54	31	24
26	0	16	1	46	28	56	0	34	31	30	52
27	0	16	38	45	57	57	0	35	8	30	21
28	0	17	15	45	26	58	0	35	45	29	50
29	0	17	52	44	55	59	0	36	22	29	19
30	0	18	29	44	24	60	0	36	59	28	~~48~~ 35

Mercury commutationis motus in annis et sexagenis annorum

Anni aeg.	Motus						Motus				
1	0	53	57	23	6	31	3	52	38	56	21
2	1	47	54	46	13	32	4	46	36	19	28
3	2	41	52	9	19	33	5	40	33	42	34
4	3	35	49	32	26	34	0	34	31	5	41
5	4	29	46	55	32	35	1	28	28	28	47
6	5	23	44	18	39	36	2	22	25	47 51	54
7	0	17	41	41	45	37	3	16	23	15	0
8	1	11	39	4	52	38	4	10	20	38	7
9	2	5	36	27	58	39	5	4	18	1	13
10	2	59	33	51	5	40	5	58	15	24	20
11	3	53	31	14	11	41	0	52	12	47	26
12	4	47	28	37	18	42	1	46	10	10	33
13	5	41	26	0	24	43	2	40	7	33	39
14	0	35	23	23	31	44	3	34	4	56	46
15	1	29	20	46	37	45	4	28	2	19	52
16	2	23	18	9	44	46	5	21	59	47	59
17	3	17	15	32	50	47	0	15	57	6	5
18	4	11	12	55	57	48	1	9	54	29	12
19	5	5	10	19	3	49	2	3	51	52	18
20	5	59	7	42	10	50	2	57	49	15	25
21	0	53	5	5	16	51	3	51	46	38	31
22	1	46	2	28	23	52	4	45	44	1	38
23	2	40	59	51	29	53	5	39	41	24	44
24	3	34	57	14	36	54	0	33	38	46	51
25	4	28	54	37	42	55	1	27	36	10	57
26	5	22	52	0	49	56	2	21	33	34	4
27	0	16	49	23	55	57	3	15	30	57	10
28	1	10	46	47	2	58	4	9	28	20	17
29	2	4	44	10	8	59	5	3	25	43	23
30.	2	58	41	33	15	60	5	57	23	6	30

47

47

Mercurij commutationis motus in diebus et sexagenis

Dies	Motus					Dies	Motus				
1	0	3	6	24	13	31	1	36	18	31	3
2	0	6	12	48	27	32	1	39	24	55	17
3	0	9	19	12	41	33	1	42	31	19	31
4	0	12	25	36	54	34	1	45	37	43	44
5	0	15	32	1	8	35	1	48	44	7	58
6	0	18	38	25	22	36	1	51	50	32	12
7	0	21	44	49	35	37	1	54	56	56	25
8	0	24	51	13	49	38	1	58	3	20	39
9	0	27	57	38	3	39	2	1	9	44	53
10	0	31	4	2	16	40	2	4	16	9	6
11	0	34	10	26	30	41	2	7	22	33	20
12	0	37	16	50	44	42	2	10	28	57	34
13	0	40	23	14	57	43	2	13	35	21	47
14	0	43	29	39	11	44	2	16	41	46	1
15	0	46	36	3	25	45	2	19	48	10	15
16	0	49	42	27	38	46	2	22	54	34	28
17	0	52	48	51	52	47	2	26	0	58	42
18	0	55	55	16	6	48	2	29	7	22	56
19	0	59	1	40	19	49	2	32	13	47	9
20	1	2	8	4	33	50	2	35	20	11	23
21	1	5	14	28	47	51	2	38	26	35	37
22	1	8	20	53	0	52	2	41	32	59	50
23	1	11	27	17	14	53	2	44	39	24	4
24	1	14	33	41	28	54	2	47	45	48	18
25	1	17	40	5	41	55	2	50	52	12	31
26	1	20	46	29	55	56	2	53	58	36	45
27	1	23	52	54	9	57	2	57	5	0	59
28	1	26	59	18	22	58	3	0	11	25	12
29	1	30	5	42	36	59	3	3	17	49	26
30	1	33	12	6	50	60	3	6	24	13	40

Aequalitatis et apparentiae motuum siderum demonstratio opinione priscorum Cap ij

Medii igitur motus eorum hoc modo se habent. nunc ad apparentem inaequalitatem convertamur. Prisci mathematici, qui immobilem tenebant terram, imaginati sunt in Saturno, Iove, Marte et Venere eccentrepicyclos: et praeterea alium eccentrum ad quem epicyclus aequaliter moveretur: ac planeta in epicyclo. Quemadmodum si fuerit eccentrus ab circulus: cuius centrum sit c dimetiens autem acb in quo centrum terrae d: ut sit apogeum in a: perigeum in b. secta quoque dc bifariam in e: quo facto centro describatur alter eccentros priori aequalis fg in quo suscepto utcumque h centro designetur epicyclus ik et agatur per centrum eius recta linea ikc similiter et lh me. intelligatur autem eccentri inclines a plano signiferi atque epicyclus ad eccentri planum propter latitudines quas facit planeta. sed hic tamquam sint in uno plano ob demonstrationis comoditatem. Aiunt igitur totum hoc planum moveri circa d centrum orbis signorum cum e c punctis ad motum stellarum fixarum: per quod volunt intelligi ratas haec habere sedes in non errantium stellarum sphaera: epicyclum quoque in consequentia in fhg circulo: sed ad peres ihc lineam ad quam etiam stella revolvatur aequaliter in ipso ik epicyclo. Constat autem quod aequalitas epicycli fieri debuit ad e centrum sui deferentis et planetae ~~ad~~ revolutio ad lme lineam. Concedunt igitur et hic motus circularis aequalitatem fieri posse circa centrum alienum et non proprium ~~quod Scipio Ciceronis vix somniasset~~. Similiter etiam in Mercurio ac magis accidere. Sed iam circa Lunam id sufficienter, ut arbitror, refutatum est. Haec et similia nobis occasionem praestiterunt de mobilitate terrae aliisque modis cogitandi: quibus aequalitas et principia artis permaneret et ratio inaequalitatis apparentis ~~pos~~ reddatur constantior.

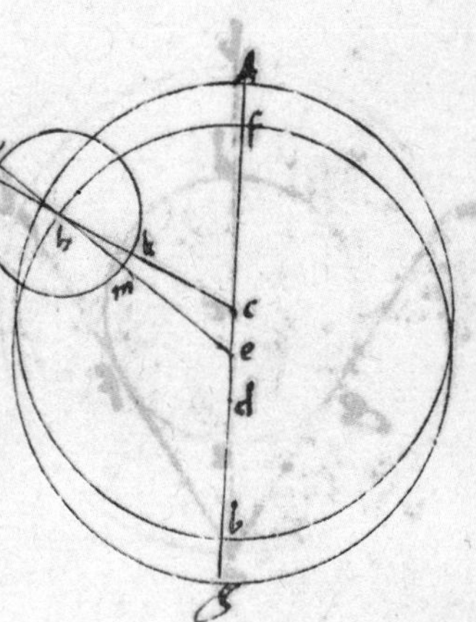

Generalis demonstratio inaequalitatis apparentis propter motum terrae. Cap. III

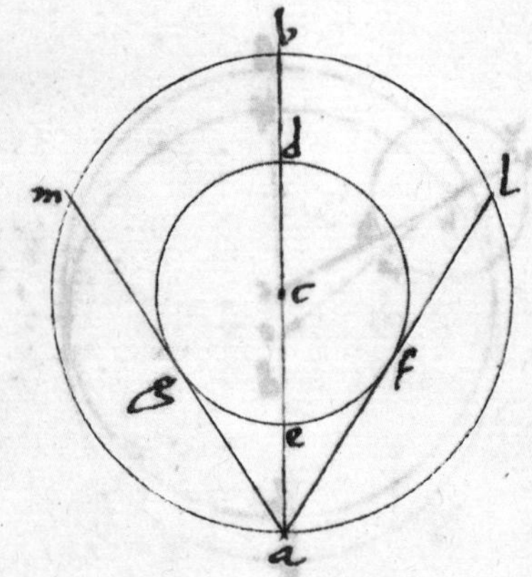

Duabus igitur existentibus causis: quibus planetae aequalis motus appareat inaequalis: cum propter motum terrae tum etiam propter motum proprium, utramque earum in genere declarabimus, ac separatim oculari demonstratione: quo melius invicem discernantur: incipientes ab ea quae omnibus illis sese commiscet propter motum terrae. Et primo circa Venerem et Mercurium: qui terrae circulo comprehenduntur. Sit ergo circulus ab eccentrus a Sole: quem centrum terrae descripserit annuo circuitu, iuxta modum superius traditum centrumque sit c. Nunc autem ponamus quasi nullam aliam habuerit inaequalitatem planeta praeter hanc quod erit si homocentrum fecerimus ipsi ab qui sit de sive Veneris sive Mercurii: quem propter latitudinem inclinari oportet ipsi ab: sed commodioris causa demonstrationis cogitentur ac si sint in eodem plano et assumatur in a signo terra: a qua educantur visus afl et agm contingentes circulum planetae in fg signis: et dimetiens acb utriusque communis. Sit autem utriusque motus terrae inquam et planetae in easdem partes hoc est in consequentia: sed velociore existente planeta quam terra. Apparebit ergo c et ipsa linea acb secundum Solis medium motum ferri, oculo in a delato: sydus autem in dfg circulo, tamquam in epicyclo maiori tempore pertransibit fdg circumferentiam in consequentia: quam reliquam gef in praecedentia: et illic totum fag angulum addet medio motui Solis, hic auferet eundem. Ubi igitur motus stellae ablativus, praesertim circa e perigeum maior fuerit adiectivo ipsius c secundum eminentem videtur repedare ipsi a: quod accidit in his stellis: quibus ce linea ad ae lineam plus fuerit in ratione quam motus a ad cursum planetae: secundum demonstrata Apolonij, pergaei, ut postea dicetur. Ubi vero motus ablativus adiectivus par fuerit ablativo, compensatis invicem, stationem facere videbitur: quae omnia competunt apparentijs. Si igitur alia non fuisset in motu stellae differentia: ut opinabatur Apolonius, poterat ista sufficere. Sed maximae elongationis a loco Solis medio ~~ho~~: quae intelliguntur per angulos f a e et g a e matutinae et vespertinae horum siderum non inveniuntur ubique aequales: neque altera alteri: neque coniunctim et ad se invicem, evidenti coniectura: quod cursus eorum non sit in homocentris cum terreno circulo. sed in alijs quibusdam quibus efficiunt diversitatem secundam.

Idem quoque demonstratur in tribus superioribus Saturno Iove. Marte: qui ambiunt undique terram. Repetito enim terrae circulo priori, assumatur exterior d e homocentrus tamquam in eodem plano in quo locus planetae, sumatur utcumque in d signo: a quo rectae lineae agantur d f d g contingentes orbem terrae in f g signis: et d a c b e dimetiens communis. Manifestum est, quod ex a solummodo, verus locus planetae ~~apparebit~~ in linea d e, medij motus solis, apparebit, existens acronychus et terrae proximus: nam ex opposito in b existente terra quamvis in eadem linea minime apparebit hypaugus factus propter Solis ad e cognationem tempore vero cursus terrae maior existens, quo superat motum planetae per apogaeum g b f circumferentia apponere videbitur motui stellae g totum angulum g d f ac in reliqua f a g eundem auferre: sed tempore minori ista f a g circumferentiam minore. Et ubi motus ablativus terrae superaverit motum adiectivum stellae circa a praesertim, videbitur ipsa a terra destitui et in praecedentia moveri: et ibi stationem facere: ubi minima fuerit differentia ipsorum motuum contrariorum

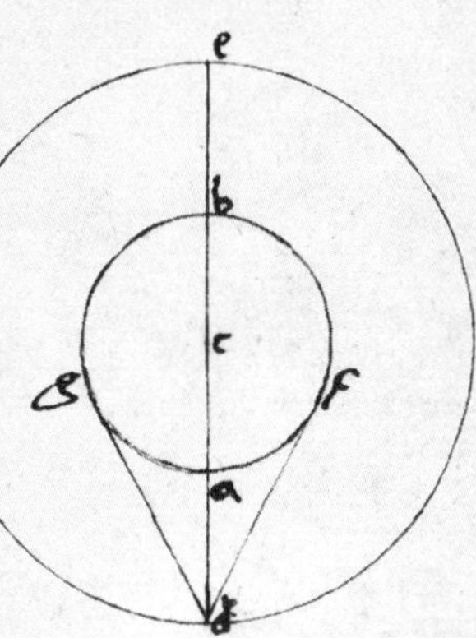

secundum visum. Sicque rursus manifestum est ea omnia accidere per unum motum terrae: quae priores quaesiverunt per epicyclia singulorum. Sed quoniam motus stellae non invenitur aequalis praeter opinionem Apolonij et antiquorum: prodente id inaequali ad stellam revolutione terrae, non igitur in homocentro feruntur planetae sed alio modo: quem proximus etiam demonstrabimus

Quibus modis errantium motus proprij apparent inaequales Cap iiij

Quoniam vero motus eorum secundum longitudinem proprij eundem fere modum habent, excepto Mercurio, qui videtur ab illis differre. Quaobrem de illis quatuor coniunctim tractabitur. Mercurio alius deputatus est Locus. Quod igitur priores unum motum in duobus eccentris (ut recensitum est) posuerunt, nos duos esse motus censemus aequales: quibus inaequalitas apparentiae componitur: sive per eccentri eccentrum sive per epicycli epicyclum sive etiam mixtum per eccentrepicyclum quae eandem possunt inaequalitatem efficere: uti supra circa Solem et Lunam demonstravimus. Sit igitur eccentrus a b circulus circa c centrum: dimetiens a c b linea medij loci Solis per summa ac infima absida planetae: in qua etiam centrum orbis terreni sit d. factoque in summa abside a, distantiae autem tertiae partis c d describatur epicyclum e f in cuius perigeo quod sit f planeta constituatur. Sit autem motus epicycli per a b eccentrum in consequentia. planetae vero in circumferentia epicycli superiori similiter in consequentia in reliqua ad praecedentia ac utrumque epicycli inquam et planetae paribus invicem revolutionibus. Accidet propterea, ut cum epicyclum in summa abside fuerit eccentri et planeta in perigeo epicycli ex opposito permutetur ad invicem in contrarias partes, cum uterque suum peregerit hemicyclum

At in quadrantibus alterisque medijs : utrumque absidem suam media habebit : et tunc solum epicycli diametros erit ad a b lineam : ac rursus his dimidiatis : recta ad eandem a b . Caeterum annuus semper et abnues : quae omnia ex ipsorum motuum consequentia facile intelliguntur . Hinc etiam demonstrabitur : quod sidus hoc motu composito non describit circulum perfectum : iuxta priscorum sententiam mathematicorum : differentia tamen insensibili . repetatur enim idem epicyclus in b centro qui sit k l : ac desumpto quadrante circuli a g in ipso g epicyclus h i : et trifaria secta c d sit c m triens aequalis ipsi g i : connectanturque g c : i m : quae secent se in q . Quoniam igitur a g circumferentia similis est ex praescripto h i circumferentiae : et angulus qui sub a c g rectus est : rectus igitur et h g i angulus : et qui ad q verticem sunt etiam aequales : aequiangula sunt igitur triangula g i q et q c m : sed et aequalium laterum alterum alteri : quoniam g i basis ponitur aequalis ipsi c m basi : et maior est subtensa q i ipsi g q : sicut etiam q m ipsi q c . Tota ergo i q m maior est toti g q c . Sed f m : m l : a c : c g sunt invicem aequales . Descriptus ergo circulus in m centro per f l signa : ac proinde aequalis ipsi a b circulo secabit i m lineam eodem modo ; demonstrabitur ex opposito ac altero quadrante . Planetes igitur per aequales motus epicyclij in eccentro : et ipse in epicyclio suo describit circulum perfectum ; sed quasi : quod erat demonstrandum .

Describatur modo in d centro orbis terrae annuus qui sit n o : et extendatur i d r insuper et p d s parallelo ipsi c g : erit igitur i d r recta linea veri motus planetae : g r medij et aequalis : atque in r verum terrae apogaeum ad planetam : in s medium : ~~atque inter eos~~ angulus igitur

angulus enim r d s siue i d p est utriusque differentia inter
inter aequalem apparentemque motum: nempe inter a e g angulum et c d i. Quod si loco ab eccentri caperemus
ipsi aequalem in d homocentrum: qui deferat epicyclum
cuius quae ex centro fuerit aequalis ipsi c d: in hoc ipso
quoque alterum epicyclum: cuius dimetiens sit dimidium
ipsius c d moveatur autem primus epicyclus in consequentia
secundus tantundem in diversum: in quo demum
planetes duplicato reflectatur motu: accidet eadem
quae iam diximus, nec multo aliter quam circa Lunam:
sive etiam per quaelibet aliorum modorum supradictorum
Sed elegimus hic eccentrepicyclum: eo quod manente
semper Sole et inter Solem et c centrum D interim mutasse reperitur, ut in Solaribus apparentiis ostensum est
Cum quidem mutationem caeteris pariter non obsequentibus
necesse est in illis aliquam sequi differentiam quae tamen
etsi permodica sit, in Marte tamen et Venere percipitur
ut suo loco videbitur. Quod igitur eae hypotheses
apparentiis sufficiant ammodo ex observatis demonstrabimus
idque primum de Saturno Iove et Marte: in quibus praecipuum
est atque difficillimum apogaei locum et c d
distantiam invenisse: quoniam per ea caetera facile demonstrantur. In his autem eo ferè modo utemur: quo circa
Lunam usi sumus. Nempe trium oppositionum Solarium
antiquarum: quas acronychias ipsorum fulxiones appellant graeci ad totidem novarum facta comparatione
quas acronychias ipsorum fulxiones appellant graeci
nos extrema noctis dum videret planeta lineam
rectam medii motus Solis incideret Soli oppositus
ubi omnis illa differentia quia motus telluris
ingerit exuitur. Talia quippe loca ex observationibus
capiuntur per instrumenta astrolabica ut supra expositum est, adhibita etiam supputatione Solis: donec constiterit ad eius oppositum planetam pervenisse -

Saturnini motus demonstrationes   Cap v

Incipiamus igitur a Saturno: assumptis tribus locis olim acronychijs observatis a Ptolemeo. Quorum primus erat anno undecimo Adriani: mense Mechyr die eius septimo: prima hora noctis Christi anno cxxvij die septimo Calend Aprilis: horis xvij aequalibus a media nocte transactis ad meridianum Cracoviensem habita ratione: quae una hora distare ab Alexandria invenimus. Inventus est autem locus stellae partibus clxxiiij scrup xl fere ad fixarum stellarum sphaeram: ad quam haec omnia referimus: tamquam principium aequalitatis quoniam Sol motu simplici erat tunc ex opposito in part cccliiij scrup xl a cornu arietis sumpto exordio. Secundus erat anno Adriani xvij: mense epiphi: die eius xviij secundum Aegyptios. Christi vero secundum Romanos cxxxiij die tertia ante Nonas Junij: undecim a media nocte aequinoctialibus: repertaque stella in partibus ccxliij scrup tribus: dum esset Sol medio modo in part lxiij scrup iiij horis xv a media nocte. Tertia deinde prodiit anno eiusdem Adriani vigesimo: Mense Mesori secundum Aegyptios die mensis xxiiij: Quod erat anno Christi cxxxvj die octavo ante Idus Julij: a media nocte horis xj: et similiter secundum meridianum Cracoviensem in part cclxxvij scrup xxxvij: dum Sol medio motu esset in part xcvij scrup xxxvij. Sunt igitur in primo intervallo: anni vj: dies lxx scrup lv: sub quibus mota est stella secundum visum part lxviij scrup xxiij: medius telluris motus a stella et est commutationis: partium ccclij scrupul xliiij. Igitur quae desunt a circulo partes vij scrupul xvj accrescunt medio stellae motui: ut sit partium lxxv scrup xxxix. In secundo intervallo sunt anni aegyptij tres dies xxxv scrup l. motus apparens planetae part xxxiiij scrup xxxiiij. Commutationis part ccclvj scrup xliij: e quibus etiam reliquae circuli partes iij scrup xvij adiiciuntur motui sideris apparenti: ut sint in medio eius motu part xxxvij

Scrup. lj. Quibus sic recensitis, describatur circulus planetae eccentrus a b c, cuius centrum sit d: dimetiens f d g in quo fuerit e centrum orbis magni terrae. Sit autem a centrum epicycli in prima noctis summitate: b in secunda: c in tertia. In quibus describatur idem epicyclus secundum distantiam tertiae partis ipsius d e: et ipsa a b c centra iungantur cum d e rectis lineis quae secabunt epicycli ~~circumferentiam in k l m signis~~ circumcurrentis in k l m signis: et capiantur similes circumferentiae k n ipsi a f: l o ipsi b f atque m p ipsi f b c: connectanturque e n: e o: e p. Est igitur a b circumferentia secundum numerationem partium lxxx scrup. xxxix. B c partium xxxvij scr. lj. Angulus autem apparentiae n e o partium lxviij scr. xxiij et qui sub o e p part. xxxiiij scr. xxxiiij. Propositum est primum scrutari summae ac infimae absidis loca hoc est ipsorum f g: cum distantia centrorum d e: sine quibus aequalitatis apparentisque motus discernendi non est modus. Sed occurrit hic quoque difficultas non minor quam apud Ptolemaeum in hac parte. Quoniam si n e o angulus datus comprehenderet a b circumferentiam datam: et o e p ipsam b c. Jam pateret aditus ad demonstrandum ea quae quaerimus. Sed a b circumferentia cognita subtendit a e b angulum ignotum: et similiter sub b c nota latet angulus b e c: oportebat autem utraque nota esse. Sed nec angulorum differentiae a e n: b e o et c e p: percipi possunt: nisi prius constiterint a f: f b et f b c circumferentiae similes eis: quae sunt epicycli, adeoque dependentia sunt haec invicem: ut simul lateant vel patescant

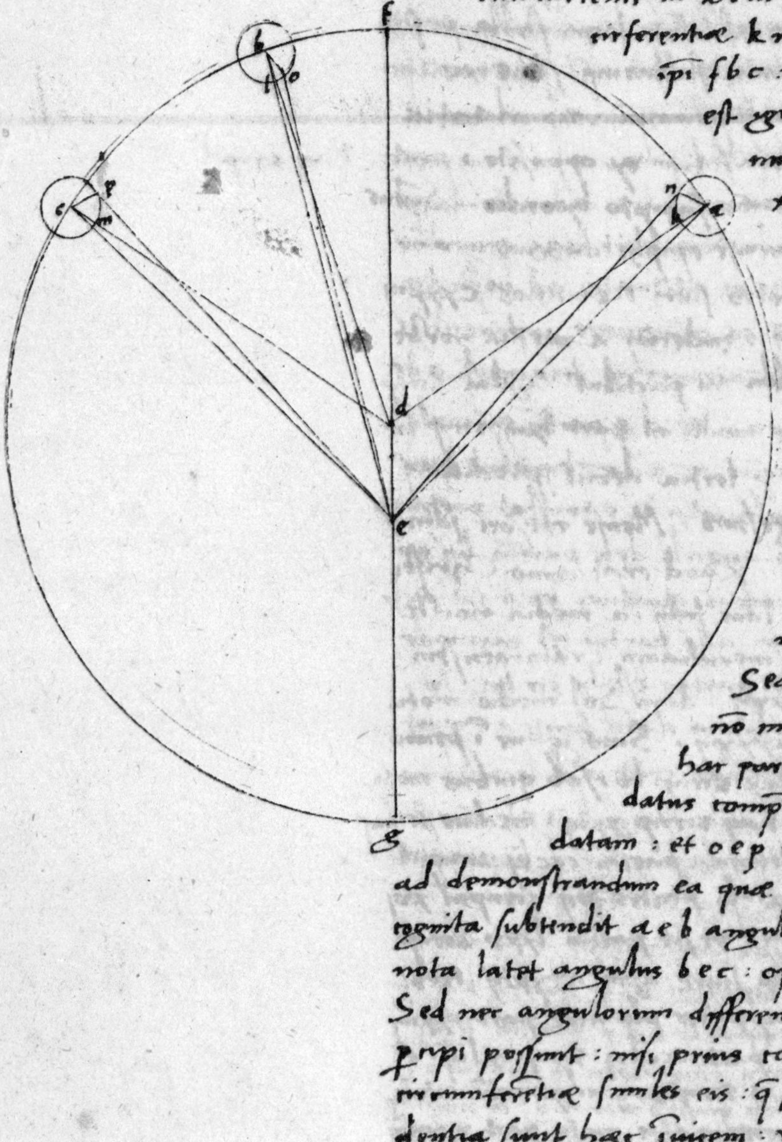

Illi ergo demonstrationum medijs destituti: a posteriori ac
p ambages ~~sunt conversi~~ adnixi sunt: ad quae recta et a priori non patuit accessus: ~~sicut accidit in circuli quadra-~~
~~tura et alijs plerisque~~. Ita ptolemeus in his exequendis
prolixo sermone in ingentem ~~numerorum~~ multitudinem se diffudit
quae recensere molestum censeo et supervacaneum: eo presertim
quod etiam in nostris quae sequuntur eundem fere modum sumus imi-
taturi: Invenitque tandem in retractatione numerorum a f
circumferentiam esse partium lvij scrup i. f b part xviij
scrup xxxvij f b c part lvj s. Distantia vero centrorum
partium ~~xij~~ xvi quarum d f fuerit lx: sed quarum in nostris numeris + vj scrup l
d f est decem millium sunt 1016. Ex his dodrante acceptis
d e partium 854 reliquum quadrantem part 285 epicyclio
dedimus: quibus sic assumptis et mutuatis ad nostram
hypothesim demonstrabimus ea congruere apparentijs
observatis. Quoniam in primo acronychio trianguli a d e
latus a d datur partium 10000 et d e partium earundem
854 cum a d e angulo reliquo ex a d e: equibus per
demonstrata triangulorum planorum a e constat partibus
similibus 10489: et reliqui anguli d e a partium lij scr
vj d a e part iij scrup lv quibus quatuor recti sunt ccclx
sed angulus k a n aequat ipsi a d f partium est earundem
lvij scrup i totus ergo k n a e partium est lx scr lvij. In
triangulo igitur k n a e duo latera data sunt a e part
10489 et k n a part 285 quarum erat a d decem milium
cum angulo k n a e: dabitur etiam qui sub a e k et est
partis unius Scrup xxij: et reliquus k e d ~~apparentiae~~
partium lj scrup xliiij quarum quatuor recti sunt ccclx
~~quae quaerebamus~~ Similiter in sexto acronychio. Nam trianguli b d e datur latus d e partium 854 quarum b d est
10000 cum angulo b d e reliquo ex b d f partium clxi
scrup xx ij: fiet et ipse datorum angulorum et laterum:
b e latus partium 10812 quarum erat b d 10000: et angulus
d b e partis unius scrup xxvij et reliquus b e d part xvij

scrup xi : sed et obl[iquus] angulus fcr aequat[us] ipsi bdf partium
erat xviij scrup xxxvj : totus ergo ebo partium est centum
xx scrup v . In triangulo igitur ebo duo latera data sunt
be partium 10812 et bo part 285 cum angulo ebo dabitur
per demonstrata triangulorum planorum reliquus qui sub beo
scrup primorum xxxij . Remanet bed igitur part xvj scr
xxxix . In acronychio quoque tertio trianguli cde duo
latera cd de data sunt ut prius : et angulus cde part 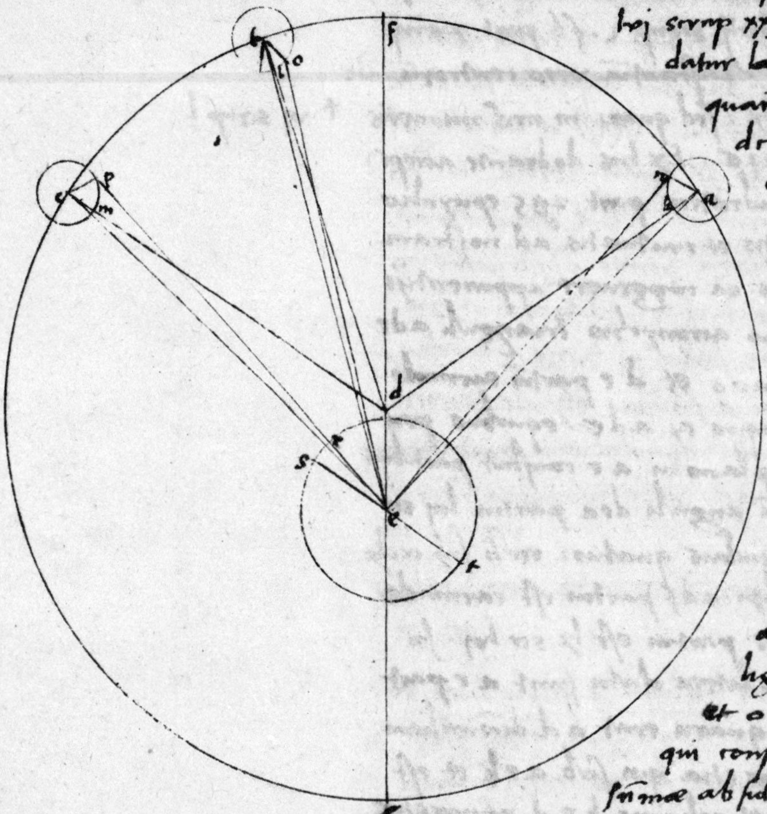
lvj scrup xxx : per quartum planorum propterea
datur ~~latus~~ basis ce partium 10512
quarum est cd 10000 et angulus
dce part iij scrup liij cum reliquo
ced partium lij scrup xxxvj
totus ergo qui sub ecp partium
est lx scrup xxij quarum iiij
recti sunt ccclx . Sic etiam
trianguli ecp duo latera
data sunt cum angulo ecp
~~et basis igitur~~ pe datur
etiam cep angulus et est
partis unius scrup xxij
unde et ped reliquus part
est lj scrup xiiij . Hinc totus
angulus oen apparentiae colligitur part lxviij scrup xxiij
et oep part xxxviij scrup xxxv
qui consentiunt observatis . Et summae
absidis locus eccentri ad partes
ccxxvj scrup xx pertingit a capite arietis
quibus si adiciatur partes vj scrup xl praecessionis aequinoctij
verni tunc existentis perveniret ad xxiij grad Scorpij
iuxta Ptolemaei sententiam . Erat enim locus stellae apparens in hoc tertio acronychio ut recitatum est , partium
cclxxvij scrup xiiij : quibus si auferatur partes lj scrup xiiij
iuxta angulum apparentiae pdf ut demonstratum est

remanet ipse locus summae absidis eccentri in part ccxxvj scrup xxiij. Explicetur iam quoque orbis terrae annuus r s t qui secabit p e lineam in r signo: et agatur dimetiens s e t iuxta c d lineam medij motus planetae. Aequalibus igitur angulis s e d ipsi c d f erit s e r angulus differentia et prosthaphaeresis inter apparentem mediumque motum: hoc est inter c d f et ~~p~~ p e d angulos partium v scrup xvj atque eadem inter mediam veramque commutationis motum quae dempta ex semicirculo, relinquit r t circumferentiam part clxxiiij scrup xliiij ac motum aequalem commutationis a signo t sumpto principio: id est a media Sol et stellae coniunctione, usque ad hanc tertiam noctis extremitatem: sive veram terrae et stellae oppositionem. Habemus igitur iam, quod hora huius observationis anno videlicet vigesimo imperij Adriani. Christi vero cxxxvj octavo Idus Julij xj horis a media nocte anomalia Saturni a summa abside excentri sui part lvj s mediique motus commutationis part clxxiiij scrup xliiij: quae demonstrasse propter sequentia fuerit opportunum.

De alijs tribus recentius observatis circa Saturnum acronychijs Cap v

Cum autem supputatio motus Saturni a ptolemaeo tradita haud parum discrepet nostris temporibus: neque statim potuerit intelligi in qua parte lateret error: coacti sumus novas observationes adhibere: e quibus iterum accepimus tres extremitates eius nocturnas. Prima anno Christi MDxiiij tertio nonas Maij ~~hora~~ hora ~~fere~~ una $\frac{1}{5}$ ante medium noctis: in qua repertus est Saturnus in part ccv scrup xxiiij. Altera erat anno Christi MDXX tertio Idus Julij in meridie ~~decimo Calend Augusti ante meridiem~~ in part cclxxiij ~~duabus horis~~ scrup xxv. Tertia quoque anno eiusdem MDxxvj vj Idus octobris ~~horis~~ ~~...~~ ~~a media nocte~~ vj ~~duabus~~ horis ~~ante ortum~~ ~~Sol~~ a media nocte apparuitque Saturnus vij scrup unius partis a cornu arietis

Sunt igitur inter prima et secundam anni aegyptii vi dies lxx scrup xxxiii in quibus motus est Saturnus secundum apparentiam part lxxv scrup viii. A secunda ad tertiam sunt anni aegyptii vi dies lxxxix scrup xlvi et motus stellae apparens part ~~nonaginta~~ sex scrup l octuaginta sex scrup xlii Et medius motus in primo interuallo part lxxv scrup xxxix: in secundo part octuaginta octo scrup xxix. Igitur in inquisitione summe absidis et eccentrotetis agendum est primum iuxta preceptum Ptolemaei ac si stella in simplici eccentro moueretur, quod quamuis non sufficiat: attamen eo moniti facilius ad verum peruenienus. Sit igitur ipse circulus a b c tamquam is in quo planeta aequaliter moueatur. Et sit in a signo primum acronychion in b secundum in c tertium: et suscipiatur in ipso centrum orbis terrae quod sit d cui connectantur ad: bd

f vna/ cd: atque ex his quilibet extendatur in recta linea ad oppositas circumferentiae partes quemadmodum c d e: et coniungantur a e b e. Quoniam igitur angulus b d e datus est partium lxxxvi scrup xlii: quarum ad centrum duo recti sunt clxxx erit reliquus b d e angulus partium xciii scrup xviii Sed quarum ccclx sunt duo recti erit partium clxxxvi scrup xxxvi et bed secundum be circumferentiam partium lxxxviii se xxix et reliquus igitur qui sub dbe partium lxxxiiii scrup lv. Trianguli igitur b d e datorum angulorum dantur latera per canonem be partium 19953: et de part 13501 quarum dimetiens circumscribentis triangulum fuerit 20000. Similiter in triangulo a d e. Quoniam a d e datur partibus cliii scrup xlviii quarum duo recti sunt clxxx: et reliquus a d e part xxv scrup xvii. Sed quarum ccclx sunt duo recti erit partium l scrup xxxiiii: quarum etiam a e d iuxta abc circumferentiam est part clxiii scrup viii et reliquus sub d a e partium cxlv scrup xviii proinde et latera constant d e partium 19090 et a e part ~~84~~ 8542 quarum dimetiens ipsum a d e circumscribentis triangulum fuerit 20000. Sed quarum d e dabatur partium 13501 talium erit a e partium 6043 quarum erat etiam be part 19953

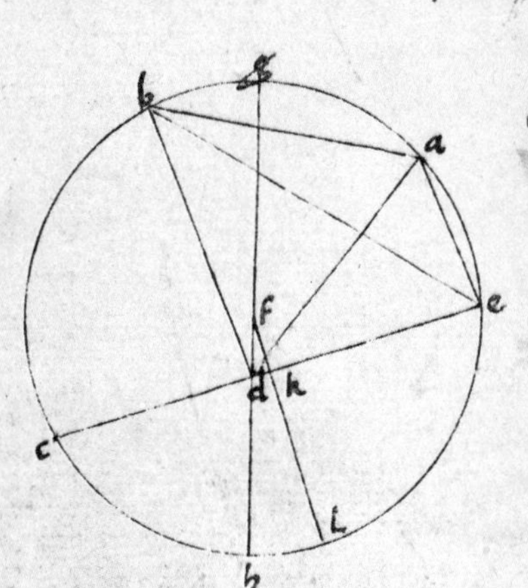

Inde etiã in triangulo a b e, haec duo latera data sũt b e et ea
cum angulo a e b: qui constat partibus lxxv scrup xxxviij
secũdũ circumferẽtiam a b: p demonstrata igitur triangulorũ
planorũ a b partiũ est 15647 quarũ erat b e part 19968
Secundũ vero qd a b subtenditur datae circumferentiae ~~erit~~
part 12266: quarũ dimetiens eccentri fuerit 20000. erit
ipsa e b partiũ 15664 et d e 10599: p subtensam igitur
b e datur ea b a e circumferẽtia part ciij scrup viij. Hic
tota e a b c part cxci scrup xxxvj et reliqua circuli c e
part clxviij scrup xxiiij ac p eam subtensa c d e partiũ
19898 et c d excessus part 9299. Jamq̃ manifestum est
qd si ipsa c d e fuisset dimetiens eccentri: in ipsam caderent
summae ac infimae absidis loca: pateretq̃ centrorũ distãtia:
sed quia maius est segmentum e a b c in ipso erit centrum
sitq̃ ipsum f p quod atq̃ d extendatur dimetiens ~~l f d m~~
g f d h: et ipsi c d e ad angulos rectos f k l. Manifestũ
est autẽ quod rectangulum quod sub c d d e continetur: aequale
est ei quod sub ~~g f f~~ g d d h ~~quae data sunt p c d d e eam~~
~~datas~~: sed quod sub g d d h cum eo quod ex f d fit quadrato
aequale est ei quod a dimidia ipsius g d h quae est f d h
ablato igitur dimidij diametri quadrato: ab eo quod sub
g d d h sive aequali quod sub c d d e rectangulo remanebit ex f d quadratũ: dabitur ergo longitudine ipsa f d
et est partiũ 1200: quarũ q ex centro g f fuerit 10000
sed quarũ g f fuerit partiũ 60 fuisset f d partes vij scrup
xij: quae parũ distant a Ptolemaeo. Quoniã vero c d k
est semissis totius c d e partiũ 9949 et c d demonstrata
est partiũ 9299 reliqua ergo d k partiũ est 650 ~~quarũ~~
~~eaรundẽ~~ quarum g f ponitur 10000 et f d 1200: sed
quarũ f d fuerit 10000 erit d k part 5411 quae pro
semisse subtendentis duplum anguli d f k: est ipse anguli
partiũ xxxij scrup xlv quorũ quatuor recti sunt ccclx
~~et reliquus c d h partiũ quadrãtia~~ atq̃ his similes
in h l circumferẽtia subtendit in centro existẽs circuli
sed tota c h l medietas ipsius c l e partiũ est lxxxiiij scrup
xiij: ergo residua c h ab acronychio tertio ad perigeũ

est partiū lj scrup xxviij : quæ dempta a semicirculo relinquit cbf circumferentiā partium cxxviij scrup xxxij a sūma abside ad acronychiū tertiū. Cumqȝ fuerit cb circumferentia partiū ~~lxxv scrup x~~ lxxxviij scrup xxix : erit residua bf part xl scrup iij a sūma abside ad acronychiū secundum. Deinde quæ sequitur bf a: circumferentia partiū lxxv scrup xxxix suplet af quod erat ab acronychio primo ad apogæum f partes xxxv scrup xxxvj

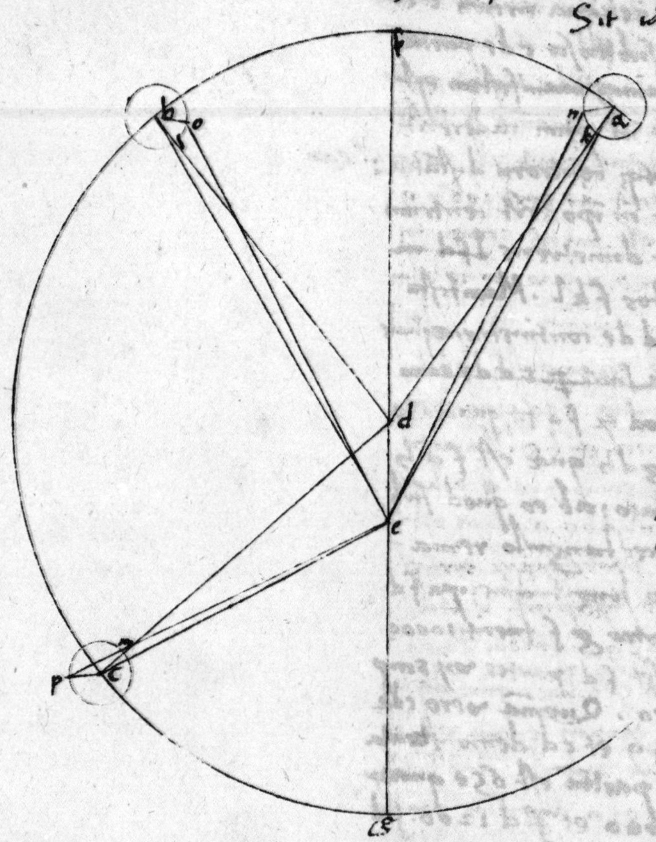

Sit iam abc circulus cuius dimetiens sit fdeg centrum d apogæū f perigæum g circumferentia af part xxxv scrup xxxvj fb part xl scrup iij fbc part cxxviij scrup xxxij. Capiatur autem ex iam demonstrata centrorum distātia de dodrans part ~~sexl~~ 900 : et quadrās qui reliquus est part 300 quarū quæ ex centro fd fuerit 10000 sectm quē quadrante in abc centris epicycliū describatur : et compleatur figura iuxta proposita hypothesim. Quibus sic dispositis si elicere voluerimus observata loca saturni per modū supius traditum ac mox repetendū inueniemus non nihil discrepantiæ. Et ut summatim dicā ne pluribus lectore oneremus: neue plus laborasse videamur in deuiis indicandis : quā recta protinus monstrada via : perducunt hæc necessario per triangulorū demonstrationes ad neo angulum part lxvj scrup xxxv : et alterum quē sub oem part lxxxvij scrup xij : atqȝ hic apparenti maior est semigradu: et ille xxvj scrup minor. At tunc solum quadrare inuicem copimus si promoto aliquātulum apogæo constituerimus af part xxxviij scrup L ac deinceps fb circumferētiam part xxxvj scrup ~~xxx~~ il

fbc part cxxv scrup xviij · Centrorum quoqz de distantia partium
854 : qua atqz eam q ex centro epicycli partium 285 quarum
fd fuerit 10000 : quae fere consentiunt ptolemeo ut superius est ex
positum . Quod em hec magnitudines apparentijs con
ueniat ac tribus fulxionibus nocturnis observatis exind
pspicuum fiet . Quoniam sub acronychio primo in triangulo
ade latus de datur partibus 854 quibus ad est 10000
et angulus ade partium cxli scrup x quarum circa centru
cum adf sunt duo recti : demonstratur ex his reliquum latus
ae partium est 10679 quarum q ex centro fd erat 10000 et
reliq anguli dae part ~~xxx~~ ij scrup lij et dea part xxxv
scrup lviij . Similiter in triangulo aen : quoniam q sub
kan equalis est ipsi adf erit iam totus part xlij scrup f ean
xlij : et latus an part 285 quarum erat ae part 10679 :
demostrabitur angulus aen minus esse partis scrup lij
~~fere reliquus~~ sed totus dea constat part xxxv scrup lviij
reliquus igitur q sub den partium erit xxxiiij lv · In
altera quoqz summe noctis fulxione triangulum bed
duorum laterum datorum est : nam de partium 854 qualium
bd 10000 cum angulo bde erit idcirco et be illarum
partium 10697 angulus dbe part ij scrup xlv et reliquus
bed part xxxiiij scrup iiij : sed q sub lbo aequalis est
ipsi bdf : totus ergo ebo partium erit part xxxix scrup
xxxiiij ad centrum : hunc aute ~~contine~~ suscipiunt data
latera bo partium 285 et be part 10697 quibus demon
stratur beo ~~partium esse~~ scrupulorum esse lix : quae depta
ab angulo bed relinquit oed part xxxiij scrup v : Iam
vero demonstratum est in prima fulxione angulum deo fuisse
partium xxxiiij scrup lv : totus ergo oen angulus ~~partium~~
erit part lxviij ~~sedq que videbatur primum acronychium~~
~~a suo observatus consentientem~~ p quem apparuit di
stantia fulxionis primae a secunda ac observationibus
consentanea . Similiter etiam ostendetur de tertio a
cronychio . Quoniam trianguli cde angulus cde datur
partium liij scrup xlij : et latera cd de q prius : quibus
demonstratur tertium ec latus earundem esse partium 9532

et reliqui anguli ~~dce part iiij scrup xiiij~~ ced partium cxxj scrup v dce part iiij scrup xiij. Totus ergo pce part cxxix scrup xxxj. Ita rursus epc trianguli duo latera pc ce data sunt cum angulo pce: quibus ostenditur angulus pec partis ~~unius~~ unius scrup xviij qui demptus ex ced relinquet angulum ped ~~anguli~~ part cxix sr xliij a summa abside eccentri ad locum planetae in acronychio tertio. Ostensum est autem quod in secundo erat partes xxxiij sr v: remanet igitur inter secundam tertiamque summae noctis Saturni fulxionem partes lxxxvj scrup xlij: quae etiam cognitetes ~~astrp~~ adstipulantur observationibus. Erat autem locus Saturni per considerationem tunc inventus i octo scrupulis unius partis a prima stella Arietis sumpto exordio. et ~~inter~~ ab ipso ad infima absida eccentri ostensum est partes fuisse lx scrup xiij, pervenit igitur ipsa infima absis ad lx gradus et unius fere trientem, atque summae absidis locus e diametro in part ccxl et trientis unius. Exponatur iam orbis orbis terrae magnus rst in e centro suo: cuius dimetiens set ad cd lineam medij motus compareretur, factis angulis fdc et des inuicem aequalibus. Erit ergo terra et visus noster in pe linea, utputa in r signo. angulus autem pes sive rs circumferentia: qua differt fdc angulus a dep, aequalitatis ab apparenti; qui demonstratus est par v scrup xxxj: quae cum subducta fuerit a semicirculo relinquit rt circumferentia partium clxxiiij scrup xxix distantiae syderis ab apogeo orbis quod est t tamquam a loco Solis medio. Sicque demonstratum habemus, quod anno Christi MDxxvij sexto Idus Octobris ~~duabus~~ horis vj $\frac{2}{5}$

a media ~~noctante ortum Solis~~ fuerit Saturni motus anomaliae a summa abside eccentri part cxxv scrup xviij, motus autem commutationis part clxxiiij scrup xxix. et locus summae absis in part ccxl scrup xxj a prima stella Arietis inhaerentium stellarum sphaera.

De motus Satur. examinatione Cap vj

Ostensum est autem. Quod Saturnus tempore ultimae trium consyderationum Ptolemaei secundum commutationis suae motum fuerit in part clxxiiij scrup xliiij Locus autem summae absidis ecentri in part ccxxvj scrup xxiij a capite arietis stellati. Patet igitur quod in medio tempore utriusque observationis Saturnus commutationum suarum aequalium compleverit revolutiones Mcccxliij minus quadrante unius gradus. Sunt autem a vigesimo anno Adriani a vigesimo quarto die mensis Mesori aegyptiorum una hora ante meridiem: usque ad annum Christi MDxxxvj sextum idus Octobris. ~~duas~~ horas ~~ante ortum Solis~~ [huius consyderationis] Anni Aegyptij Mcccxcij dies lxxv scrup xlviij Quibus etiam si ex ~~aequa~~tatione colligere voluerimus motum ipsum invenerimus ~~eius~~ similiter graduum sexagenas v gradus lix scrup xlviij Recte ~~se igitur habent quae exposuimus de aequalibus quae superfluunt~~ a revolutionibus commutationum Milletrecentisquadraginta tribus Recte se igitur habent quae exposita sunt de medijs Saturni motibus. In quo etiam tempore quia motus Solis simplex est partium lxxxij Scrup 30 ~~xxxviij~~ quibus demptis grad ccclix scrup xlv remaneret partes lxxxij scrup 45 ~~xliij~~ motus Saturni medij: quae iam excrescunt in quadragesimam septimam eius ~~Saturni~~ revolutionem supputationi congruentia. Interim quoque et summae absidis locus ecentri ~~postpositus~~ est xiij [promotus] gradibus et lviij Scrup sub non errantium stellarum sphaera quam credebat ptolemaeus eodem modo fixam: At nunc apparet ipsum moveri in centum annis ~~moveri~~ per gradum unum fere.

De saturni locis constituendis Cap vij

Sunt autem a principio annorum Christi ad annum vigesimum Adriani xxiiij diem mensis Mesori una hora ante meridiem observationis ptolomei. Anni aegyptij cxxxv dies ccxxij scrup xxvij in quibus motus Saturni commutationis est part ~~cccciij scrup v~~ cccxxviij scrup lv quae reiecta ex clxxiiij scrup xliiij relinquunt part ccv scrup xlix: locum distantiae medij loci Solis a medio Saturni: et est motus commutationis eius ad in media nocte ad kal Ianuarij ad huc locum a prima olympiade anni aegyptij Dcclxxv dies xii s comprehendunt motum praeter integras revolutiones part lxx scrup lv quae reiectus a part ccv scrup xlix relinquit partes cxxxiiii scrup liiii ad principium olympiadum in meridie primi diei mensis hecatombaeonos. Exinde post annos cccclj dies ccxlvij praeter integros circuitus sunt partes xiii scrup vij appositae prioribus colligentes Alexandri magni locum part cxlviij scrup viii ad primum diem in meridie mensis thoth aegyptiorum: et ad caesare anni cclxxviij dies cxviij s: motus autem part ccxlvij scrup xx constituentes locum part xxxv scrup xxi in media nocte ad Calend Januarij.

De Saturni commutationibus: quae ab orbe terrae annuo proficiscuntur. et quanta illius sit distantia Cap viij

Motus Saturni longitudinis aequales una cum apparentibus sunt hoc modo demonstrati. Caetera enim quae illi accidunt apparentia, commutationes sunt (ut diximus) ab orbe terrae annuo proficiscentes. Quoniam sicut terrae magnitudo ad Lunae distantia parallaxes facit, ita et orbis illius ~~annuus~~ in quo annuo revolvitur circa quinque errantes stellas habet efficere: sed pro magnitudine eius longe evidentiores. Tales autem commutationes accipi nequeunt nisi prius altitudo stellae innotuerit. Quam tamen per unam qualibet commutationis consideratione possibile est apprehendere. Qualem circa Saturnum habuimus Anno Christi MDxiiij Sexto Calend Martij a media nocte praecedente quinque horis aequinoctialibus: Visus est enim Saturnus in linea recta stellarum quae sunt in fronte Scorpij: nempe secundae et tertiae quae eandem longitudinem habentes sunt in ccix partibus adhaerentium stellarum sphaerae: patuit igitur et Saturni locus per easdem. Sunt autem a principio annorum Christi ad hanc horam Anni aegyptij MDxiiij dies lxxvij scrup xiij: et idcirco secundum numeratione locus Sol medius in part cccxv scrup xlj: anomalia commutationis Saturni

part cxvj scrup xxxi: ac propterea locus Saturni medius
part cxcix scrup x: et summae absidis eccentri in partibus
ccxl cum triente fere. Esto iam secundum propositum modum
circulus abc eccentrus cuius centrum sit d: et in dimetiente bdc sit b apogaeum: perigaeum c centrum orbis terrae
e connectantur ad: ae: et facto in a centro: distantia
dante tertiae partis ipsius de describatur epicyclium in quo
f sit locus stellae facto daf angulo aequali ipsi adb: et
in centro e orbis terrae exponatur hi: quasi in eodem fuerit
plano ipsius abc circuli: cuius dimetiens parallelus
existat ipsi ad: ut intelligatur respectu planetae
apogaeum orbis in h perigaeum in i. Capiatur Deinde
ante ex ipso orbe circumferentia hl partium cxvj
scrup xxxj iuxta supputationem anomaliae commutationis connectaturque f l el et f k e m producta secet
utramque orbis circumferentiam. Quoniam igitur adb
angulus partium est xl et qualium etiam qui sub daf ex
hypothesi et reliquus ade partium cxxxviij scrupul l
et de partium est 854 qualium est ad 10000 quibus in
triangulo ade demonstratur latus tertium ae partium esse
earundem 10667 angulus dea part xxxviij scrup ix
et reliquus sub ead partium iij scrup unius. Totus ergo
eaf part xliij scrup xi. Sic rursus in triangulo fae
latus fa datur partium 285 quibus etiam ae: demonstrabitur
reliquum fke latus partium earundem 10465 et angulus
aef partis unius scrup vi. Manifestum est igitur: quod
tota differentia sive prosthaphaeresis inter medium verumque
locum stellae est partium iiij scrup vj qua colligunt
anguli dae et aef. Quam ob rem si terrae locus in k vel
m fuisset: apparuisset Saturnus in partibus cciij scrup
xvj ab ariete stellato tanquam ex e centro locus suus. Iam
vero in l existente terra visus est in partibus ~~ccxviiij~~
ccix. Differentiae part v scrup ~~xx~~ xliiij sunt commutationis penes angulum kfl. At quoniam hl circumferentia secundum aequalitatem numerata est part cxvj scrup

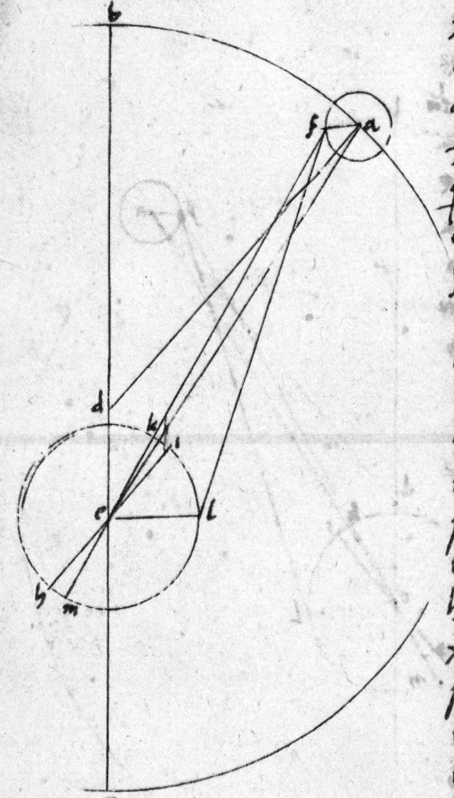

xxxiiij: a qua sublata h m prosthaphaeresi, remansit m l part
cxij scrup xxv: quaeque superest l i k part lxvij scrup xxxj
quibus etiam constat angulus k e l. Quapropter triangulum
f e l datorum angulorum, laterum quoque rationem habet datam
per quam in partibus quibus erat e f 140465 talium quoque
e l partium est 1090: quarum etiam ad sinum b d part 10000
Sed quarum b d iuxta usum antiquorum fuerit partium lx erit
e l partium vj scrup xxxij quae certe parum etiam differt a
traditione ptolemaei. Tota igitur b d e partium est 10854
et reliqua diametri c e partium 9146. Sed quoniam epicyclium in b semper aufert celsitudini planetae partes 285
in c vero totidem addit id est dimidium diametri sui: erit
propterea maxima distantia Saturni ab e centro partium
10569 minima partium 9431 quarum sunt b d 10000. Secundum
hanc rationem Saturno apogeo sunt partes novem scrupula
xlij altitudinis quarum quae ex centro orbis terrae fuerit
pars una: perigaeo partes viij scrup xxxix. Quibus
iam liquido constare possunt Saturni commutationes ipsi maiores per modum circa lunam de parvis illic expositum. Suntque
Saturno huic maximae in apogeo existenti partium v scrup lv:
~~minima vero~~ in perigeo part vj scrup xxxix. differuntque
invicem scrup xliiij: quae in contactibus orbis a stella
venientibus lineis contingunt. Atque hoc exemplo particulares quaeque differentiae motus Saturni inveniuntur quas
postea simul ac coniunctim horum quinque siderum exponemus

Jovis motus demonstrationes — Ca ix

Absoluto Saturno, circa Jovis quoque motum ~~eo modo~~ eodem
modo et ordine demonstrationis utemur, repetitis primum
tribus locis a ptolemaeo proditis ac demonstratis; quae per
postensam circulorum metamorphosim, vel eadem, vel non
multum a se differentia restituemus. Primus ~~erat~~ in
extremae noctis fulxionibus erat Anno xvij Adriani
mense ~~epphi~~ Epiphi aegyptiorum die primo mensis, una
hora ante medium noctis sequentis in xxiij partibus ut ait
et xj scrup Scorpij: Sed deducta praecessione aequinoctiorum

in partibus ccxxvj scrup xxxiij. Altera notauit Anno xxj
Adriani mense phaophi ægyptior̄ die xiij duabus horis an
mediū noctis sequentis in partibus vj scrup liij pistium
sed ad fixarum sphæra erat partes cccxxxij scrup xvj. Tertia
Antonini anno primo: mense Atyr in nocte sequēte diem
mensis vigesimū: quinq̄ horis post medietatē noctis i septē
grad xlv scrup non erratium sphæræ. Sunt igitur a pri
ma ad secundā anni ægyptij iij dies cvj horæ xxij: et stellæ motus
apparēs part ciij scrup xliij. A secunda ad tertiā annus
unus dies xxxvij horæ vij: et motus apparēs stellæ part
xxxvj scrup xxix. In primo tp̄is internallo
medius motus est part ic scrup lv:
In secundo part xxxiij scrup xxvj.
Inuenit autē eccentri circumferentiam a summa abside ad acro-
nychū primū partes lxxvij
Scrup xv: et q̄ deinde sequitur: a secunda fulxi-
one ad infimā absida
partes duas scrup l. atq̄
hinc ad acronychium
tertiū partes xxx scr xxxij
Totius autē eccentrotetes
partes v s: quarū quæ
ex centro est partiū lx
sed quarū esset 10000
sunt hæc 917: quæ omnia
obseruatis propemodū respō-
debat. Esto iam a b c circulus
Cuius a b circumferētia a prima
fulxione ad secundā habeat partes pro
positas ic scrup lv b c part xxxiij scrup xxvj
atq̄ d centro agatur dimetiēs f d g: ut sint ab
f summa abside f a part lxxvij scrup xv: f a b part clxxvij
scrup x et g c part xxx scrup xxxvj. Capiatur aut

e centrum orbis terrae: et declaratis prius 917 sit d e
distantia 687 et secundum quadrantem 229 describatur epicyclum in a b c signis: connectanturque ad: bd: cd. ae be ce
ac in epicyclis ak bl cm ut anguli qui sub dak: dbl
dcm aequales sint ipsis adf: fdb: fdc: denique klm coniungantur rectis etiam lineis ipsi e. Quoniam igitur tria-
guli ade datur angulus ade part cy scrup xlo propter
adf datum: et de latus 687 quorum ad est 10000: tertium
quoque latus ae demonstrabitur earundem
10174 et qui sub aed angulus part
trium scrup xlviij et reliquus dae lxxy
totusque eak part lxxxj scrup
iij. Igitur et in triangulo
aek duobus lateribus datis
ea 10174 qualium est ak
229 et angulo eak pa-
tefiet angulus aek ~~part~~
~~scrup xy unius partis~~
~~et reliquus ked partes~~
partis unius scrup xvj
Hinc etiam qui reliquus
est sub ked partium erit
lxxy scrup x. Similiter
ostendetur in triangulo bed
manent enim semper aequalia
prioribus latera bd: de: sed
angulus bde datur partium ij
scrup l exibit propterea be basis
part 9314 qualium est db 10000
et angulus dbe partis unius scrup xij
Sunt rursus in triangulo elb duo latera sint
data et totus ebl angulus part ~~iij scrup~~ ij dabitur etiam
qui sub leb angulus ~~scrup iij unius partis~~: collecta simul
scrup xvj cum ablata fuerit ab fdb angulo: relinquit
partes ~~cy scrup xxix~~ quae sunt anguli fel a quo cum
ablatus fuerit ked part lxxy scrup x supersunt partes

clxxvj xxij ~~cy. lvij~~

clxxxj liiij

cum scrup xliij summatim eius ~~kel~~ anguli apparentiæ inter primum et secundum observationum terminorum congruentes fere. fidem tertio loco per triangulum c de datis lateribus c d d e cum angulo c d e qui erat partium xxx scrupul xxxvj demonstrabitur e c basis part 9410 ~~quarum etiam c m est 229~~ et angulus d c e part ij scrup viij unde totus e c m part cxlvij scrup xliij in triangulo e c m quibus ostenditur c e m angulus scrup xxxix: et exterior qui sub d x e, æqualis ambobus interioribus e c x et c e x opposito partium ij scrup xlvij quibus d e m minor est ipsi f d c ut sit g e m ~~partium~~ reliquus partium xxxiij scrup xxiij et totus l e m part xxxvj scrup xxix: qui erat a secunda fulxione ad tertiam, consentiens etiam observatis. At quoniam hæc tertia summæ noctis fulxio inventa erat in vij grad et xlv scrup, sequens infimam absida partibus ut ostensum est, ~~xxxvj scr~~ xxxiij scrup xxiij declarat sumæ ~~primæ~~ absidis locum fuisse per id quod superest semicirculi in part cliij scrup xxx fixarum sphæræ. Exponatur iam circa e orbis terræ annuus r s t cum diametro s e t comparata ad d c lineam. patuit autem quod angulus g d c fuerit part xxx scrup xxxvj cui æqualis est g e s: et quod angulus d x e sive æqualis ei r e s atque r s circumferentia est partium ij scrup xlvij distantiæ planetæ a perigæo orbis medio: per quam tota t s r a summa abside orbis extat partium ~~partium et scrup xxx~~ clxxxij scrup xlvij. Et per hoc confirmatur, quod in hac hora tertij acronycthi ~~acro~~ Iovis adnotati Anno primo Antonini die xx mensis Athyr ægyptiorum quinque horis a media nocte subsequuta Iovis stella fuerit secundum anomaliam commutationis in partibus clxxxij scrup xlvij. Locus eius æqualis secundum longitudinem in part iiij scrup liiij At summæ absidis eccentri locus in part cliij scrup xxij. Quæ omnia huic quoque nostræ hypothesi mobilitatis terræ atque æqualitatis absolutissime planè sunt convenientia.

De alijs tribus acronycthijs Iovis recentius observatis Cap. xx

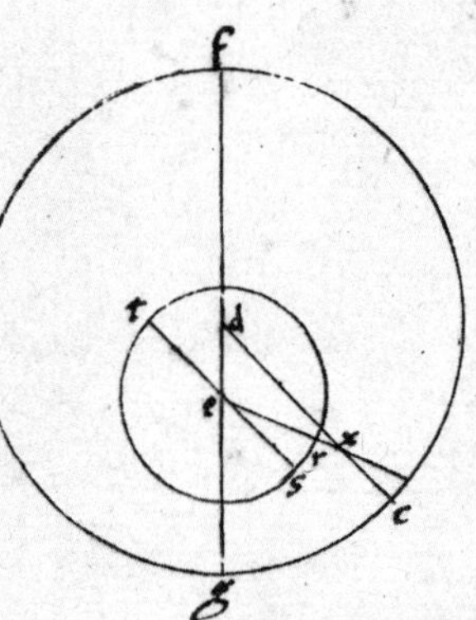

Tribus locis Stellae Jovis olim proditis atq; hoc modo taxatis
alia tria substituemus: quae etia summa diligentia obser-
uavimus ipsi Jovis acronychi. Primu Anno Chri MD
xx pridie Calend May a media nocte praecedente horis
xj in grad cc scrup xxviij fixarum sphaerae Secundu
Anno Chri MDxxvj Quarto Calend Decembris a me-
ᶠ in grad xlviij xxxiiij ᶠ dia nocte horis tribus ᶠ. Tertiu vero Anno eiusdem
MDxxix ijjis Calend februarij horis xix a media
ᶠ in grad cxiij xliiij ᶠ nocte transactis ᶠ. A primo ad secundu sunt anni vj
dies ccxij scrup xl sub quibus Jovis motus ~~est~~ visus
est part ccviij scrup vj. A scdo ad tertiu sunt anni
aegyptij duo: dies lxvj scrup xxxix et motus stella apparens part lxv scrup x. Motus aute aequalis in primo
tpis intervallo partiu est ~~cx~~ cic scrup xl in scdo
part lxvj scrup x. Ad hoc exemplu describatur circulus
eccentrus a b c in quo existimetur planeta simpliciter et
aequaliter moveri: designenturq; tria loca notata scdm
ordine litterarum a b c. Ita quide vt a b circumferetia
habeat partes cic scrup xl: b c partes lxvj scrup x
ac propterea q superest circuli a c part xciiij scrup x
Suscipiatur quoq; d centru orbis annui terrae cui conectantur a d b d c d: quaru quelibet utputa d b exte-
datur in rectam linea ad utrasq; partes circuli q sit
b d e: et coniungantur a c: a e: c e. Quoniam igitur
angulus b d c apparetiae partiu est lxv scrup x quaru
ad centru quatuor recti sunt ccclx: et reliquus c d e
similiu partiu erit cxiiij scrup l sed quaru sut ccclx duo
recti (ut ad circumferentia erit ipse part ccxxviiij scrup
xl: et qui sub c e d ~~infra~~ in b c circumferetia partiu
lxvj scrup x. et reliquus igitur q sub d c e part lxiiij
scrup x. trianguli igitur c d e datoru angulorum dantur
latera c e partiu 18150 et e d partiu 10918 quaru dimetiens circumscribentes trianguliu fuerit 20000 Similiter
in triangulo a d e: quoniam angulus a d b datur partiu

cli scrup liiij residuus a circulo propter distantia data
a primo ~~acq~~ acronychio ad secdm: et reliquus igitur ade
partiu erit xxviij scrup vj ut in centro sed ut in circumferetia part lvj scrup xij: et qui sub aed ~~angulus~~ in bc a
circumferetia partiu clx scrup xx: erit reliquus aed
part cxliij scrup xxviij: e quibus ae latus venit part
9420 et ed part 18992 quaru dimetiens circuli ~~ci~~ circumscribentis ade triangulu partes habeat 20000: Sed
quaru erat ed 10918 earum erit ae 5415 quarum
erat etia ce 18150. Habemus ergo rursus triangulu
eac cuius duo latera ea et ec data sunt cum angulo
aec in circumferetia ac part xciij scrup x. quibus
etia demonstrabitur ace angulus ut in ae circumferetia
partiu xxx scrup xli: quae cum ac colligit partes cxxiiij l
~~scrup l~~ cuius subtensa ce partiu est 17727 quaru dimetiens excentri fuerit 20000: et sub ratione prius data
erit quoq de earunde partiu 10665 Tota vero circumferentia beae partiu est ~~cxci scrup~~ cxci sequitur reliqua
circuli eb part clxviiij ~~scrup lx~~: qua subtendit tota bde
part 19908: quarum sunt reliq bd 9243. Quonia
igitur maius segmetum est beae in ipo erit centru circuli
quod est f: exponatur iam dimetiens gfdh. Manifestu
est aute quod rectangulu qd sub ed de continetur
equale est ei qd sub gd dh: quod idcirco etia datur.
Sed quod sub gd dh cum eo quod ex fd aequale est
ei quod ex fdh: quo ablato ab eo quod sub gd dh relinquitur quod ex fd fit quadratu: datur ergo fd longitudine 1193 quaru fg sunt 10000 sed quaru essent
f sub[?] lx part vij scrup ix. ~~Quonia vero semissis est partiu~~
~~9954 et dc partiu 9243 relinquitur dk part 711 quaru~~
~~fd sunt 1193 sed quaru fuerit 10000 erit dk 5954~~
~~tamq dimidia subtendentis [illegible] circumferentiam partium~~
~~xxxvi scrup [illegible]~~. Secetur iam be bifaria in k et extendatur fkl: erit idcirco ad angulos rectos ipi be.
Et quonia semissis bdk partiu est 9954 et db part 9243
relinquitur dk partiu 711. triangulo igitur dfk dato

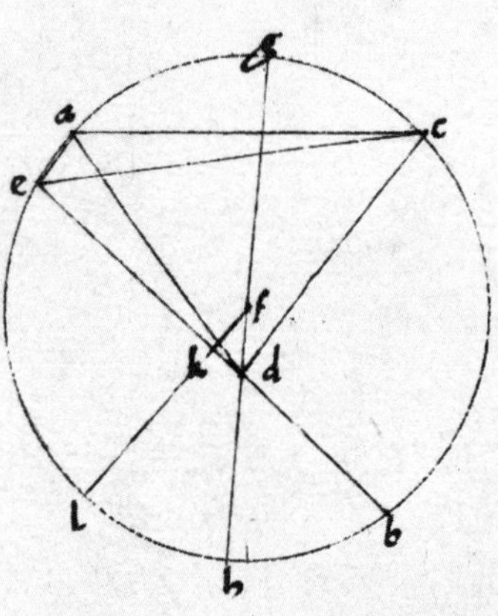

laterum datur etiam angulus dfk partium xxxvj scrup
xxxv: et lh circumferentia similiter xxxvj xxxv. Sed
tota lhb partium est lxxxiiij s reliqua bh partium ~~manet~~
xlvij scrup lv distantia a perigeo scilicet loci et reliqua
quae sequuntur ad apogeum bcg part cxxxij scrup v
reiectis bc lxvj x restat lxv scrup lv ~~distantiae~~ ab
tertij loci ad apogeum. haec a g xciiij scrup x relinquit xxviij xv ab apogeo ad primum locum epicyclij.
Quae nimirum parum conveniunt apparentijs in currente
planeta per propositum ~~ex~~ eccentrum: ut neque modus hic
demonstrationis ~~incerto~~ incerto nixus principio certum
quid possit afferre. Cuius etiam ~~hic~~ inter multa indicium
est: quod apud Ptolemaeum: in Saturno maiore iusto distantia centrorum protulit. In Ioue minore: nobis autem
satis idem maiore: ut evidenter appareat omnis planetae assumptis alijs atque alijs circuli circumferentijs
non eodem modo quod quaeritur evenire. Nec aliter ~~hu-~~
~~ic~~ Iouis motum aequalitatis et apparentiae possibile erat
componere in his tribus ~~terminis~~ propositis ac deinde omnibus: nisi sequeremur totam centrorum egressionem eccentrotetis a Ptolemaeo prodita partium v scrup xxx quarum quae ex
centro eccentri fuerit lx sed quarum fuerit 10000 sunt
917. Quodque sint circumferentiae a summa abside ad a-
cronychium primum partes xlv scrup ij: ab infima abside
ad secundum partes lxiiij scrup xlij: et a tertio acronychio ad summam absida xlix. viij. Repetatur enim
figura superior eccentrepicyclij: quatenus tamen huic exemplo
congruat. ~~Tunc manifestum est: quod in triangulo~~
~~aed duo latera sunt data de partium praedictarum~~
~~partium 87: quarum reliquus~~ quadrans. Erunt igitur
pro dodrante totius distantiae centrorum nostra hypo-
thesum utrumque in de part 687 et pro reliquo quadranti in epicyclio partes 229 quarum fd fuerit
10000. Cum igitur adf angulus fuerit partium
xlv scrup ij: erit triangulum ade duorum laterum datorum

a d d e cum angulo a d e: quibus ostendetur a e tertium latus esse partium 10496 qualium est a d 10000: et d a e anguli duae partes xxxix scrup.: et quoniam angulus d a k ponitur aequatus ipsi a d f erit totus e a k partium xlvii scrup xxxiii cum quo etiam duo latera dantur a k a e trianguli a e k: quae reddunt angulum a e k scrup lvii: qui cum ablatus fuerit ex k d f una cum eo qui sub d a e remanet k e d part xli scrup xxvi in prima summe noctis fulxione. Similiter ostendetur in triangulo b d e quoniam duo latera b d d e data sunt et anguli b d e partium lxiiij scrup xlij erit etiam hic tertium latus b e notum part 9725 quibus est b d 10000 et angulus d b e partium iij scrup xl: proinde et in triangulo b e l duo quoque latera b e et b l data sunt cum toto angulo e b l partium cxviij scrup lvij: fiet etiam b e l datus partis unius scrup x: atque ex his qui sub d e l part cx scrup xxviij sed iam patuit etiam a e d partium fuisse xli scrup xxviij: totus ergo k e l collegit partes cli scrup liiij: ex quibus quae restant a quatuor rectis partium ccclx sunt partes ccviij vi apparentiae inter primam secundamque fulxionem: congruentes observatis. Tertio demumque loco dantur eodem modo de de latera trianguli c d e angulus quoque c d e partium cxxx scrup lij propter f c d datum: tertium quoque latus d e prodibit partium 10463 qualium etiam est c d 10000 et angulus d c e part ij scrup lij: totus ergo e c m partium lj scrup lviij. proinde etiam trianguli c e m duo latera c m et c e data sunt et angulus m c e: manifestabitur et m e c angulus et est partis unius et ipse cum d e c prius

ducento æquales sunt differentiæ inter f d c et d e x angulos
æqualitatis et apparentiæ ac proinde ipse d e m partium erit
xlvi scrup xvii in acronycho tertio, sed iam demonstratum
est d e l fuisse part cx scrup xxvii, erit igitur qui mediat
lem part lxvi scrup x ~~inter~~ a secunda ~~ad~~ tertia observata fulxione
convenientes etiam observationibus. Quoniam vero tertius
ipse Jovis locus visus est in part cxiii scrup xliiii non
errantium sphæræ ostendit summæ absidis Joviane locum
in part clix fere. Quod si iam circa e descripserimus
orbem terræ r s t: cuius dimeties r e s sit ad d c. tunc
manifestum est: quod in acronychio Jovis tertio ~~angu~~ angulus
f d c ~~circumferentia~~ fuerit part xlix scrup viii cui ~~similis~~
est æqualis d e s, quodque in r sit apogeum æqualitatis ad
commutationem: at ~~iam~~ pacto terra semicirculum cum s t
circumferentia coniunxit se Jovi acronycho: quæ quidem
s t circumferentia partium est triuum scrup li prout s e t
angulus ad eum numerum est demonstratus. Itaque
compertum ex his est. Quod anno Christi MDxxix februarii
Caled a media nocte horis xix anomalia commutationis
Jovis æqualis fuerit in partibus clxxxiii scrup li: et
quod apogeum eccentri iam sit in clix fere partibus
a cornu arietis stellati. Quod erat inquirendum

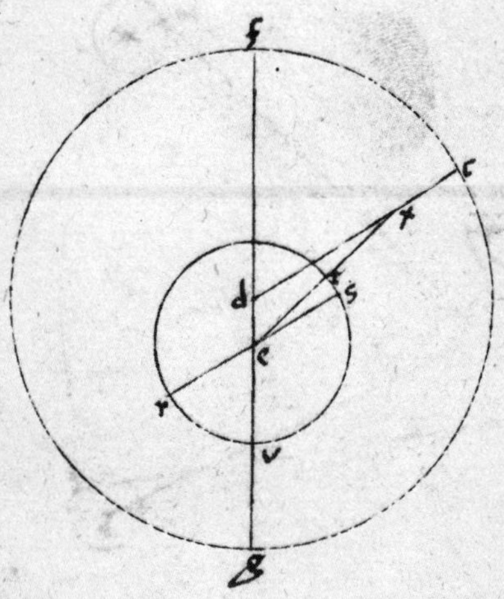

F sup vero motu : 109 lij f

Comprobatio æqualis motus Jovis Ca xi

At iam superius visum est, Quod in ultima trium summæ noctis
fulxionum a ptolemæo consideratarum Jovis Stella fuerit
motu suo medio in iiii part lviii scrup: cum anomalia
commutationum part clxxxii Strup xlvii. Quibus constat
quod in medio temporis utriusque observationis effluxerint in
motu commutationis Jovis supra plenas revolutiones
pars una Strup v: et in motu suo partes fere xcix C iiii
scrup liiii Tempus ante quod intercedit ab anno primo
Antonini die vigesimo mensis Athyr ægyptiorum post horas
quinque a media nocte sequenti: usque ad Annum Christi
MDxxix ac ipas Calend februarii horas xix post mediam
noctis precedentis Sunt anni ægyptii Mcccxcii dies ic

scrup dies xxxvj. Cui etiam tempori secundum numerum superius expositum respondet similiter gradus vnus scrup v post revolutiones integras: quibus terra Iouem aequalibus milies bis centies bisque trigesies septies consecuta percurrauit: Sicque numerus visu comperto consentiens certus examinatusque habetur. Sub hoc quoque tempore manifestum iam est, quod summa infimaque absis eccentri permutatae sunt in consequentia gradibus iiij S. Distributio coequata ostendit coincidit ccc annis gradu vnum proxime.

Loca motus Iouis assignanda Ca xij

Quoniam vero tempus ab vltima trium obseruationum Anno primo Antonini vigesima die mensis Atyr quinque horis a media nocte sequente ascendendo ad principium Annorum Christi sunt anni aegyptij cxxxvj dies cccxiiij scrup x Sub quibus medius commutationum motus sunt partes lxxxiiij scrup xxxj quibus cum ablata fuerit partibus clxxxij scrup xlvij manent partes iic scrup xvj pro media nocte ad Calend Ianuarij principio annorum Christi. Hinc ad primam olympiadem in annis aegyptijs Dcclxxv dieb. xij S numeratur in motu praeter integros circulos partes lxx scrup lviij detracta a part iic scrup xvj, dimittunt partes xxvij scrup xviij loco Olympiadico A quo sub descendentibus annis ccccli diebus ccxlvij excrescunt partes cx scrup lij quae cum olympiadicis conflant partes cxxxviij scrup x. Alexandri loco ad meridiem primae diei mensis thoth apud aegyptios Atque hoc modo in quibuslibet alijs.

De Iouis commutationibus percipiendis et eius altitudine pro ratione orbis reuolutionis terrenae Ca xiij

Vt autem et caetera circa Iouem apparentia percipiantur: Quae commutationis sunt, obseruauimus diligentissime locum eius Anno Christi MDXX duodecimo Calend ~~februarij~~ Martij: et vidimus per instrumentum quod Iupiter praecederet primam stellam in fronte Scorpij magis fulgentem per gradus iiij scrup xxxj et quoniam locus stellae fixae erat in part ccix scrup xl

iiij

F vj horis ante meridie

patet locum Iovis fuisse in part ccv scrup ix ad non errantium stellarum sphaeram. Sunt igitur a principio annorum Christi anni MDXX aequales dies lxij scrup xv: usque ad horam huius considerationis: a quo motus Solis medius deducitur ad partes cccix scrup xvj ac anomalia commutationis ad partes cxj scrup xv: quibus constituitur medius stellae Iovis locus in partibus ciic scrup unus: Et quoniam locus summae absidis eccentri hoc tempore nostro repertus in partibus clix, erat anomalia Iovis eccentri in part xxxix scrup uno. Hoc exemplo descriptus sit circulus eccentrus abc cuius centrum sit d dimetiens adc in a sit apogeum in c perigeum: et propterea in dc sit e centrum orbis terrae annui. Capiatur autem ab circumferentia partium xxxix scrup unius: atque in ipso b facto centro epicyclium describatur pro tertia bf parte ipsius de distantiae. fiat etiam dbf angulus aequalis ipsi adb; et connectantur rectae lineae bd: be: fe. Quoniam igitur in triangulo bde duo latera data sunt de part 687 quarum bd est 10000 comprehendentia datum angulum bde partium cxl scrup lix. demonstrabitur ex eis be basis partium earundem esse 10543 et angulus qui sub dbe partium ij scrup xxj quibus bed distat ab adb: totus ergo ebf angulus partium erit xlj scrup xxij. Igitur in triangulo ebf datus est ipse angulus ebf cum duobus lateribus ipsum comprehendentibus eb partium 10543 quarum bf 229 pro tertia parte ipsius de distantiae quarum etiam est bd 10000 sequitur reliquum latus ex eis fe partium 10373 et angulus bef scrupulorum L. Secantibus autem se lineis bd: fe in x signo: erit dxe angulus sectionis differentia inter fed et bda medij ac veri motus: quae componunt dbe et bef partium iij scrup xj quae ablata partibus xxxix scrup i relinquunt fed angulum part xxxv scrup L a summa abside excentri ad stellam: Sed summae absidis locus erat in part clix: faciunt coniunctim partes cxciiij scrup L: Hic erat verus locus Iovis respectu e centri. Sed visus est in partibus ccv scrup ix: differentia igitur part x scrup xx sunt commutationis. Explicetur iam orbis terrae circa e centrum r s t cuius dimetiens r e t ad b d comparetur: ut sit r apogaeum commutationis: assumatur quoque r s circumferentia secundum mensura mediae anomaliae commutationis part cxi scrup xv: et extendatur f e u in rectam lineam per utramque circumferentiam orbis terrae, eritque u in apogaeum verum planetae: et angulus differentiae r e u aequalis ipsi d x e: constituit totam u r s circumferentiam part cxxiii scrup xxvi: ac reliquum f e s part lxv scrup xxxiiii sed quoniam e f s inventus est part x scrup xx: reliquus qui sub f s e part ciiii scrup vi, erit in triangulo e f s datorum angulorum ratio laterum data f e ad e s sicut 9698 ad 1791. Quarum igitur est f e 10373 talium erit e s 1916 quarum etiam est b d 10000. Ptolemaeus autem invenit e s partium xi scrup xxx quarum quae ex centro eccentri est partium lx, estque eadem fere ratio earum quae partium 10000 ad 1916 in quo propterea nihil ab illo videmur differre Est igitur a d e dimetiens ad r e t dimetientem: ut partes v scrup xiii ad unam. Similiter a d ad e s sive ad r e ut v scrup xiii et 9 ad unum. Sic erit d e scrup primorum xii secundorum xxi secundorum xxix et b f scrup primorum vii secundorum x. Tota igitur a d e minus b f existente apogaeo Iovis erit ad semidiametrum orbis terrae ut v: scrup prima xxxvi et xxix ad unum et reliqua e c una cum b f in perigeo ut iiii: scrup prima lviii secunda xlix. ac in mediis locis prout convenit: quibus habetur, quod Iupiter apogaeus maximam commutationem facit partium x scrup xxxv: perigeus autem partium xi scrup xxxv estque inter eas differentia gradus unius.

Proinde et Iovis motus aequales una cum apparentibus sunt demonstrati.

De stella Martis — Cap xviii

Nunc Martis sunt nobis inspiciendae revolutiones, assumptis tribus illius extremae noctis fulxionibus, antiquis: quibus etiam illi coniungamus mobilitatis terrenae antiquitatem

Ex eis igitur quae prodidit Ptolemaeus erat Anno —

(prima)

quintodecimo Adriani : die xxvi mensis tybi ægyptiorum
quinti post mediam noctis sequentis una hora ægrotistali : atque
eam fuisse in xxi partibus Geminorum : sed ad fixarum sphæra
stellarum comparatione erat in part lxxiiii scrup xx. Secundam
notavit Anno eiusdem decimonono vi die pharmuthi mensis
ægyptiorum ortam ante mediam noctis sequentis tribus horis
in xxviii part L scrup Leonis : sed non erratum sphæræ in
part cxlii scrup x tertia vero Anno secundo Antonini duodecimo die mensis epiphi ægyptiorum undecimi ante mediam
noctis sequentis duabus horis ægrotistalibus in duabus
partibus xxxiiii scrup Sagitarii : sed ad adhærentium stellarum sphæra in part ccxxxv scrup liiii Sunt igitur inter
primam et secundam anni ægyptii iiii dies lxix horæ viginti
sine scrup diei L et motus stellæ apparens post integras
revolutiones part lxvi scrup L. A secunda vero fulxione
ad tertiam anni iii : xcvi dies : et hora una : et motus stellæ
apparens part xciii scrup xliiii. Motus autem medius in primo
intervallo præter integras circuitiones partes lxxxi scrup xliiii
in secundo part vc scrup xxviii. Totam demum centrorum dista-
tiam invenit part xii quarum quod ex centro eccentri esset lx
sed quarum fuerit 10000 ~~sunt~~ proportionales sunt 2000. Atque
in medijs motibus ~~a summa abside ad primam fulxionem~~ partes

a prima fulxione ad summam abside

xli scrup xxxiii. ac deinde aliud ex alio : secunda fulxione
a summa abside : part xl scrup xi : ~~et tertia ad~~ et tertia
fulxione ad infima absida part xliiii scrup xxi. Secundum
vero nostram hypothesim æqualium motuum erunt inter centra
eccentri et orbis terræ pro dodrante illarum partium ~~2000~~
1500 et quod superest quadrans 500 pro semidiametro epicycli
Exponatur iam hoc modo circulus eccentrus abc : cuius
centrum sit d dimetiens per utramque absida fdg in qua
sit e centrum orbis annuæ revolutionis : sintque ex ordine
signa observatarum fulxionum abc : sed af partium xli scrup

circumferentia

xxxiii : fb part xl scrup xi : et cg part xliiii scrup xxi
et in singulis ~~[illegible]~~ abc punctis epicyclum describatur pro
tertia parte distantiæ de : et coniungantur ad : bd : cd

a e : b e : c e. Et in epicyclio a l : b m : c n : Ita tamen ut anguli d a l : d b m : d c n aequales sint ipsis a d f : b d f : c d f. Quoniam igitur in triangulo a d e angulus a d e datur partium cxxxviii propter angulum f d a datum et duo latera a d : d e nempe de part 1500 qualium est a d 10000 sequitur ex eis reliquum a e latus earundem part 11172 et angulus qui sub d a e partium v scrup vii. Totus igitur qui sub e a l part xlvi scrup xl. Sic quoque in triangulo e a l datus est angulus e a l cum duobus lateribus a e par 11172 et a l part 500 qualium erat a d 10000 dabitur etiam angulus a e l part unius scrup lvi: qui cum d a e angulo efficit totam differentiam inter a d f et a e d partium vii scrup iii atque d e a part xxxiiii s. Similiter in secunda noctis extremo trianguli b d e datus est angulus b d e part cxxxix scrup xlix et d e latus part 1500 qualium est b d 10000 efficiunt latus b e part 11188 et angulum b e d part xxxv scrup xiii et reliquum d b e part iiii scrup lvii. Totus ergo e b m part xlv scrup xii quibus datis b e et b m comprehensus lateribus: quibus sequitur angulus b e m part unius scrup liii et reliquus d e m part xxxiii scrup xx. Totus igitur m e l partium est lxvi scrup l per quae etiam visus est motus stellae a prima noctis fulxione ad secundam et consonat experientiae numerus. Rursus quoniam in tertia noctis extremitate triangulum c d e duorum laterum c d d e datorum est comprehendentium angulum c d e

partium xliiij scrup xxj : quae basim c e produnt partium
8988 quarum est c e 10000 sive d e 1500 et angulum c e d
partium xxxvij scrup xxxix cum reliquo d c e part vj scrup
xlij : Sic rursus in triangulo c e n totus e c n angulus
partium cxlij scrup xxj notis e c n comprehensus est lateribus
quibus dabitur etiam angulus c e n part viiij scrup lij
remanet ergo reliquus n e d part cxxxvj scrup vi in summitate
noctis tertiae Jam vero ostensum est quod d e m partium
erat xxxiij scrup xx : relinquitur m e n part xciij scrup vl
et est angulus apparentiae inter per secunda et tertia noctis
extremitatem : In quibus etiam satis congruit numerus
cum observatis . At quoniam in hac ultima Martis
observata futurione visa est stella in part ccxxxv scrup
liiij distans ab apogaeo eccentri part vt demonstratum
est cxxxvj scrup v . Erat ergo locus apogaei eccentri
cviij gr L Martis in partibus ~~cix in quinta parte minus dextante quota~~ [scrup xlix]
~~fere omnis partis~~ non errantium stellarum sphaerae . Ex-
plicetur iam orbis terrae annuus circa e centrum r s t cum
diametro r e t parallelo ipsi d c quatenus r sit apogaeum
commutationis t perigaeum . Quoniam igitur visus planetae erat
in e x [ad] partes secundum longitudinem ccxxxv scrup liiij et angulus d x e ostensus est partium viij scrup xxxiiij differentia
aequalitatis et apparentiae : et propterea medius motus
part ccxliiij s . Sed angulo d x e aequalis est ei qui
circa centrum s e t partium similiter viij scrup xxxiiij
Si igitur s t circumferentiae part viij scrup xxxiiij
auferatur a semicirculo habebimus medium motum
commutationis stellae et est r s circumferentia partium clxxj scrup xxvj . Promde etiam inter caetera demonstratum habemus per hanc hypothesim mobilitatis
terrae : quod Anno secundo Antonini duodecimo die mensis
Epiphi aegyptiorum decem horis a meridie aequalibus stella
Martis secundum motum longitudinis medium fuerit in part ccxliiij s
et anomalia commutationis in part clxxj scrup xxvj .

De alijs tribus extremae noctis fulxionibus circa stellam Martis noviter observatis Ca xv

Ad has quoque ptolemaei circa Martem considerationes comparavimus tres alias: quas non sine diligentia accepimus Prima Anno Christi MDxij Nonis Iunij: una hora a media nocte. Inventusque est locus Martis in part ccxxxv scrup xxiij. pront Sol ex opposito erat in part lv scrup xxiij a prima stella Arietis fixarum sphaerae sumpto initio. Secundam Anno Christi MDxviij pridie Idus Decembris viij horis a meridie apparuitque stella in part ~~liij scrup xvj~~ lxiij scrup ij. Tertiam vero anno eiusdem MDxxij viij Calend Martij vij horis ante meridiem in part cxxxiij scrup xx. Sunt igitur a prima ad secundam anni aegyptij vj: dies cxij scrup xlv. A secunda ad tertiam anni iij dies lxxj scrup xxij. Motus apparens in primo temporis intervallo part clxxxvj scrup xxix ~~In secundo part~~ aequalis autem part ~~cxxxxij cxlvj~~ clxvij scrup vij. In secundo temporis spacio motus apparens part lxx scrup xix: aequat part lxxxiij. Repetatur modo eccentrus Martis circulus: nisi quod ab sit partium sit iam partium clxvij scrup vij et bc part lxxxiij. Simili igitur modo ac ut illorum numerorum multitudine involutionem ac tedium silentio praetereamus, quo circa Saturnum et Iovem usi sumus, invenimus demum et in Marte apogaeum in bc circumferentia. ~~atque etiam propterea~~ Nam quod in ab non potuerit esse: ex eo manifestum est: quod motus apparens maior fuerit medio. partibus quippe ~~xxij~~ xix scrup xxj. Rursus quoque nec in ca: quoniam et si minor exsistat sequenti se praecedens hanc bc in maiori tamen discrimine motum excedit apparentem: quam ca. Sed quemadmodum supra demonstratum est in eccentro minor motus circa apogaea contingit, ac diminutus. Recte igitur existimabitur in ipsa b e apogaeum: quod sit f: et dimetiens circuli f d g in quo etiam centrum orbis terrae sit. Sumpsimus igitur f e a part cxxv scrup xxix: ac deinde quod sequitur b f part lxxvj scrup xviij: f e part xvj scrup xxxvj. Centrorum vero d e distantia 1460 quarum quae ex centro d f sunt 10000: atque epicycli dimidia dimetri earundem part 500: quibus apparens aequalisque motus demonstratur invicem cohaerere, ac plane consentire experimentis. Compleatur ergo figura ut antea: ostendetur enim quod cum duo latera ad de trianguli a d e sint cognita cum angulo a d e: qui erat a primo Martis acronycto ad perigaeum partium liiij scrup xxxj exibit angulus d a e part vij scrup xxiij et reliquus a e d part cxviij scrup ~~xx~~ v tertium quoque latus a e ~~earundem~~ part 9229. Aequalis est ante d a l angulus ipsi f d a ex hypothesi, totus igitur e a l partium est cxxxij scrup liiij. Ita quoque in triangulo e a l duo latera e a: a l data sunt angulum a datum comprehendentia: reliquus igitur a e l est part ij scrup xij: relinquitur quod sub l e d part cxv scrup ~~lij~~ liij. Similiter in acronycto secundo ostendetur quod, tum in triangulo b d e duo latera data d b d e comprehendant angulum b d e partium cxij scr xxxvj, angulus d b e per demonstrata triangulorum planorum fuerit part vij sex xi et reliquus d e b part lx scrup xiiij basis quoque b e part 10668 quarum d b est 10000 et b m 500: totus quoque e b m part lxxxij scrup ~~[illegible]~~ xxxvj

Sic quoque in triangulo e b m datorum laterum datum angulum
comprehendentium demonstrabitur quod sub b e m angulus
part ij scrup xxxvj a quo relinquitur d e m part lvj
scrup xxxiiij deinde quod super est exterior a perigaeo m e g partium
est cxxiij scrup xxiiij. Sed iam demonstratum est, quod
angulus l e d fuerit partium cxv scrup lvj: qui sequitur
ipsum exterior erit part quod sub l e g partium erat lxiiij scrup
lvj quibus cum g e b iam inuento colligit part clxxxvij
scrup xxix quarum ccclx sunt iiij recti, Quae congruunt
distantiae apparenti a primo acronycto ad secundum. Est etiam
pari modo uidere in acronycto tertio. Demonstratur enim
d c e angulus partium ij scrup vj et e c latus partium 11407
quarum est c d 10000. toto igitur angulo e c n existente
partium xviij scrup xlij, datisque iam c e c n lateribus trianguli e c n: constabit angulus c e n scrup L qui cum
d c e componit partes ij scrup lvj: quibus angulus apparentiae d e m minor est aequalitati sub f d e c datur ergo
d e n part xiij scrup xl: quae etiam fere congruunt apparentiae inter secundum et tertium acronyctum obseruatae. Quoniam
igitur apparuit Martis stella in hoc loco, uti narrauimus a
capite Arietis stellati in partibus cxxxiij scrup xx. et angulus f e n ostensus est partium xiij scrup xl fere, manifestum
est retrorsum numeranti, quod apogaei locus eccentri in hac
ultima consideratione fuerit in partibus cxix scrup xL
adhaerentium stellarum sphaerae. Quem tempore Antonini
ptolemeus in part cviij scrup L inueniebat: qui propterea
ad nos usque in decem gradibus et dextante unius est permutatus in consequentia. Centrorum quoque distantiam
minorem inuenimus in ~~scrup xl~~ part 40 quibus quae
ex centro eccentri datur 10000, non quod errauerit ptolemeus
vel nos: sed argumento manifesto: quod centrum orbis magni
telluris accesserit centro orbis Martis sole interim immobili
permanente. Respondet enim haec sibi inuicem fere: ut inferius
Luce clarius apparebit. Exponatur iam orbis ipse terrae

circulus sup e centro cum dimetiente suo q sit s e r ad c d
propter æqualitate revolutionu: sitq in r apogeu æquale
ad stellam: in s perigeu. ~~Secabit aut e c linea in e cir-~~
~~cumferentiam~~ in t terra. Secabit aute et extensa in q
visus stellæ secabit c d in x signo. Erat aute in ipa
e t x visus, ad partes longitudinis: ut dictu est, hoc
ultimo loco part cxxxiij scrup xx. angulus quoq d x e
demonstratus est partiu ij scrup lvj. est em differentia
qua x d f angulus ipi x e d maior existit, medius apparenti. sed ipe s e t æqualis est ei qui sub d x e alterno
est q prosthaphæresis comutationis: quæ cu ablata
fuerit a semicirculo relinqt partes clxxvj scrup iiij
anomalia comutationis æquale ab r apogæo, imo æqualitatis deducta. Ut etia hec demonstrata habeamus
quod anno Chri MDxxiij. Octavo Calend
Martij septem horis æquinoctialibus ante
meridie Martis stella fuerit suo medio
motu longitudinis in part cxxxvj,
scrup xvj: et anomalia comutationis eius æqualis in part clxxvj
scrup iiij: atq suma absis excentri
in part cxix scrup xl. Quæ erat
demonstranda.

Comprobatio motus Martis Ca xvj

patuit aut supius: quod in ultima
triu observationu ptolemei. Mars fuerit
medio cursu in part ccxliiij s. et anomalia comutationis in part clxxj scrup xxvj
Igitur in medio tpe post integras revolutiones excreverunt gradus vij scrup ~~iiij~~ xxxviij. Sunt aute a secundo
anno Antonini duodecimo die mensis Epiphi æ-
gyptiorum undecimi: nona horis a meridie hoc est tribus
horis æquinoctialibus ante mediu noctis subsequentis respectu meridiani Cracovien. usq ad annu Christi mil-

lesimu quingentesimu xxiiij ~~Decimu~~ octauu Calend Martij: Septem horis ante meridiem Anni aegyptij MCCClxxxiiij dies ccli scrup xix. In quo tempore: venit secundum numerum superius expositum anomaliae commutationis gradus v scrup xxxviij completis eius revolutionibus DCCiL Solis ante opinatus ~~opinatus~~ motus penes aequalitatem est part cclvj s a quo deductis G v scrup xxxviij motus commutationis, supersunt G ccli sz medius Martis motus secundum longitudinem. Quae omnia fere consentiunt eis quae modo exposita sunt.

Locorum Martis praefixio Ca xvij

Numerantur autem a principio annorum Christi ad annum secundum Antonini duodecimu diem mensis Epiphi aegyptiorum et tres horas ante mediam noctis Anni aegyptij cxxxviij dies clxxx scrup lij Motus commutationis in eis ~~est~~ part ccxciii scrup xxij ~~cccxxij scrup xl~~: quae cum auferantur a part clxxxj scrup xxxvj observationis ultimae pro mutuata revolutione integra, remanet partes ~~cccxliij~~ ccxxxviii scrup ~~[illegible]~~ xxv, in annum primum Christi media nocte ad Calend Januarij. Ad hunc locum a prima olympiade sunt anni aegyptij, DCClxxv dies xij s Sub quibus motus commutationis est part cclxiij scrup i. Quae similiter ablata partibus ccxiiij scrup xlvj mutuato circuitu relinquunt primae olympiadis locum part cccxliiij scrup xxi. Similiter iuxta intervalla temporum aliorum motus convenendo habebimus annorum Alexandri locum partes cxx scrup xxxix Caesaris part cxi scrup xxv.

Quantus sit orbis Martis in partibus quarum orbis terrae annuus fuerit pars una Ca xviij

Ad haec etiam observavimus coniunctionem Martis cum stella fulgente prima chelarum, austrina vocata chele factam Anno Christi MDXij in ipsis Calend Januarij Vidimus enim mane horis sexta ante meridie illius diei aequinoctialibus Martem a stella fixa distante quarta parte unius gradus: sed in ortum solsticialem deflexum quod significabatur: quod Mars iam separatus esset a stella secundum longitudinem in consequentia per octavam partem unius grad: sed latitudine borea quinta. Constat autem locus stellae a prima Arietis in part cxci scrup xx: cum latitudine borea scrup xl: patuit etiam Martis locus in partib. cxci scrup xxviij habentis latitudinem boream scrup lj. Huic autem tempori secundum numerationem: Anomalia commutationis est partium xcviij scrup xxviij: ~~ac~~ Solis locus medius in part cclxij, ac medius Martis part clxiij scrup xxxij anomalia eccentri part xliij scrup liij. Quibus sic propositis describatur eccentrus abc centrum eius d, dimetiens adc: apogeum a perigeum c eccentrotes de partium 1460 quarum est bd ad 10000 datur autem ab circumferentia part xliij scrup liij facto in b centro, distantia vero bf partium 500 quarum est etiam ad 10000 epicyclum describatur: ut angulus dbf sit aequalis ipsi adb, ~~in e quoque centro orbis magni terrae expliceter orbis ipse rst~~ et coniungantur bd, be: fe.

In e quoque centro expliceter orbis magnus terrae qui sit rst cum dimetiente suo ret ad bd: in quo sit r apogeum commutationis planetae et apogeum aequalitatis eius: Sit autem in s terra: et secundum rs circumferentia anomalia commutationis aequalis quae numeratur part xcviij scrup xxviij extendatur etiam fe in rectam lineam fev: quae secet bd in x signo: atque in v circumferentia convexam orbis terrae in quo apogeum commutationis verum. Quoniam igitur trianguli bde duo latera data sunt de partium 1460: quarum est bd 10000, continentia angulum bde datum in part cxxxvi scrup viij interiorem ipsius adb dati part xliij scrup liij: demonstrabitur ex eis

tertium be latus illarum esse partium 11097 et angulus
dbe part v scrup xiiij. Sed angulus qui sub dbf aequalis est ei qui sub adb per hypothesim, erit totus
ebf partium xlix scrup v, continentes datis eb bf lateribus. Habebimus propterea angulum bef duarum partium
et reliquum latus fe partium 10776 quarum db est
10000. Igitur qui sub dxe partium est vij scrup xiiij
ipsum enim colligunt xbe et xeb interiores et oppositi
Haec est prosthaphaeresis ablativa, qua angulus
adb maior erat ipso xed, et locus Martis medius
vero. Medius autem numeratus est part clxiij scrup
xxxiij, praecessit ergo verus in part clvj scrup xix
Sed apparuit in part cxci scrup xxviij circa s apparentibus ipsum, facta est igitur eius parallaxis
sive commutatio part xxxv scrup ix in consequentia
patet ergo efs angulus part xxxv scrup ix. Parallelis autem existentibus rt ipsi bd erat dxe angulus
ipsi reo aequalis, et ro circumferentia similiter
part vij scrup xiiij. Sic tota ors partium est cv
scrup xl anomaliae commutationis coaequatae quibus
constat angulus oes exterior trianguli fes. Exinde
etiam datur angulus interior et oppositus fse partium
lxx scrup xxxj ac omnes in eisdem partibus, quibus
clxxx sunt duo recti. Sed trianguli datorum angulorum
datur ratio laterum, ergo longitudine fe partium 9428
es 5757 quarum dimetiens circuli circumscribentis circulum triangulum fuerit 10000. Quarum igitur ef
fuerit 10776 erit es 6580 fere, quarum bd est 10000
in modico quoque distans a ptolemaico invento ac eadem
fere. Tota vero ade eam modo partium est 11460
et reliqua er 8540. Et quas aufert epicyclium in
a partes 500 summa abside eccentri eas reddit in infima
ut fiat manerat illic partes 10960 hic summae

hic 9080 infimae. Quatenus igitur dimidia diametri orbis terrae fuerit pars una, erunt in apogaea Martis ac summa distantia pars una scrup xxxviiij z viij, in infima pars una scrup xxij z xxvi, in media pars una scrup xxxi z xxj. Ita quoq et i Marte motus magnitudines et distantiae ratione certa p terrae motum explicata sunt.

De stella Veneris Ca xix

Trium superiorum Saturni Jovis et Martis ambientium terra expositis motibus, nunc de eis, quos ipa terra circuit occurrit dicere. Et primo de Venere, quae sui motus demonstratione faciliore q illi evidentioreq admittet, si modo observationes necessariae quorundam locorū non defuerit. Quonia si maximae illius a loco Solis medio hinc inde distantiae matutina et vespertina inveniantur invicem aequales, ia certum habemus i medio duorum ipsorum locorū Solis Veneris esse summam vel infima absida excentri, quae discernuntur ex eo, quod minores fiūt circa apogaeū, maiores i opposito tales digressionum paritates. In caeteris denique locis p differentias ipsarum quibus sese excedunt, quatum a summa vel infima abside distet orbis Veneris, ac eius excentrotes percipitur absq dubio: prout haec a ptolemaeo sunt aptissime tradita, ut ea singillatim repetisse nō fuerit opus: nisi quatenus ipa etia nrae hypothesi mobilitatis terrenae applicentur ex eisdē ptolemei considerationibus. Quarum prima accepta Theone alexandrino mathematico facta Anno ut ingt, sextodecimo Adriani die xxj pharmuthi mensis prima hora noctis subsequentis. Quod erat anno Christi cxxxij in crepusculo viij Id. Martij. Visaq est Venus in maxima distantia vespertina a loco Solis medio partiū xlvij cum quadrante partis: dum esset

ipse locus Solis medius secundum numerationem in partibus
cccxxxvij scrup xlj fixarum sphaerae. Ad hanc sua contulit aliam observationem, quam dicit se habuisse anno
Antonini quarto, Duodecimo die mensis Thoth illucescente, Siquidem anno Christi cxlij cxlij in diluculo tertij Cal
Augusti in qua rursus ait fuisse maximum Veneris ma
tutinae limitem part xlvij scrup xv, atque priori aequalem
a loco Solis medio, qui erat in part cxix fere adhaerentium stellarum sphaerae, qui pridem erat in part cccxxxvij
scrup xlj. Manifestum est, quod inter haec loca media
sunt absidum part xlviij et ccxxviij cum trientibus
suis invicem opposita. Quae quidem adiectis utrobique
part vj et duabus tertijs praecessionis aequinoctiorum cadunt
in partes xxv Tauri et Scorpij ex sententia Ptole.
in quibus e diametro summam ac infimam absidas Ve
neris esse oportebat. Rursus ad maiorem huius rei
affirmationem assumit aliud a Theone observatum
Anno quarto Adriani diluculo diei xx mensis Athyr
qui erat a nativitate Christi annus cxix quarto Idus
Octobris mane, ubi reperta est denuo Venus in maxima
distantia part part xlvij scrup xxxij a loco Solis
medio existente in part cxci scrup xiij. Cui subiungit
suum observatum anno xxj Adriani: qui erat Christi
annus cxxxvj nono die mensis Mechir aegyptijs. Romanis ante viij Cal Januarij hora prima noctis
sequentis, in quo rursum vespertina distantia reperiebatur
part xlvij scrup xxxij a Sole medio in part cclxv.
Sed in praecedente Theonis consideratione erat locus Sol
medius in part cxci scrup xiij, inter haec media
loca cadunt iterum in partes xlviij scrup xx et ccxxviij
scrup xx quasi, in quibus oportet esse apogeum et perigeum. suntque ab aequinoctijs partes xxv Tauri et
Scorpij. Quae deinde per alias binas considerationes
separavit sequentes. Una earum erat Theonis anno

tertio decimo Adriani die tertij mensis Epiphi. Sed annorum Christi erat centesimus xxix Duodecimo Calend Junij diluculo in qua recepit extremum Veneris matutine limitem part xliiij scrup xlviij, dum Sol esset medio motu in part xlviij et dextante et Venus apparens in part iiij fixarum sphaerae. Altera accepit ipse Pto. anno xxi Adriani sexto die mensis Tybi aegyptiorum. quibus colligimus annum Romanum a nato Christo centesimum trigesimum sextum ~~xiiij~~ v Cal Januarij una hora noctis sequentis Sole existente medio motu in part ccxxviij ~~et dextante~~ scrup a quo Venus plurimum distabat vespertina part xlvij scr xv ~~[illegible]~~ apparens ipsa in part cclxxvj et sextante Quibus discretae sunt absides inuicem. nempe summa in part xlviij cum triente ubi breuiores accidunt Veneris euagationes. et infima in part ccxxviij et triente ubi maiores. quod erat demonstrandum

Quae sit ratio dimetientium orbis terrae et Veneris

Ca xx

Proinde etiam ex his ratio constabit diametrorum orbis terrae et Veneris. Describatur enim orbis terrae ab in centro c, dimetiens eius a c b per utramque absida in qua capiatur d centrum orbis Veneris eccentri ad ab circulum, sit autem apogaei locus a in quo existente terra plurimum distabat centrum orbis veneris, dum esset ipsa a b medij motus Solis linea ad partes xlviij et tertia, in b vero ~~perigaeum~~ ad partes ccxxviij, ~~scrup~~ et triente ~~tertia~~. Agantur etiam rectae lineae a e, b f contingentes orbem Veneris in e f signis, et connectantur d e, d f. Quoniam igitur qui sub d a e angulus subtendit ad centrum circuli partes circumferentiae ~~xliiij~~ xliiij et quatuor quintas, et angulus a e d est rectus erit triangulum d a e datorum angulorum ac deinde laterum nempe d e tamquam dimidia subtendentis duplum d a e partium 7046 quarum est a d 10000. Eodem modo

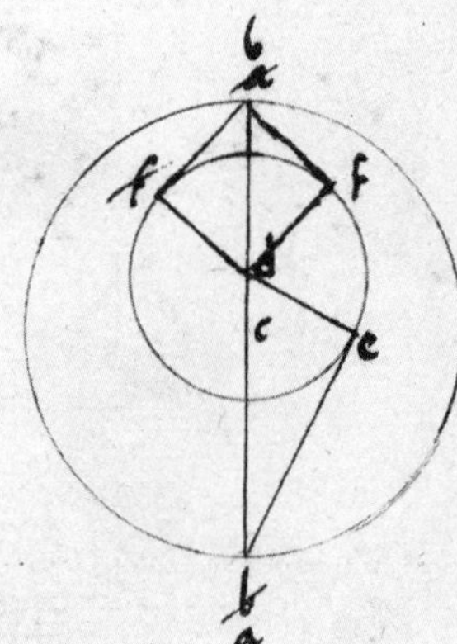

in triangulo rectangulo bdf datus est angulus dbf partiu xlvj et trientis, erit quoq subtensa df part 7346 quaru fuerit ad 10000. Quibus igitur df aequalis ipsi de fuerit part 7046 erit bd earund 9582. Hinc tota acb part 19582 et ac dimidia 9791 et reliqua cd 208. Quibus igitur ac fuerit una pars, erit de scrup xliij et sextans scrupuli, et cd scrup unu cum quarta fere. Et qualiu ac fuerit 10000 erit de sive df 7193 et cd 208 fere, quod erat demonstrandu. ~~Quae omnia etia temporibus eadem congruere, multiplices observationes docuerunt, nisi quod eccentrotes decrevisse videtur~~

De gemino Veneris motu Ca xxj

Attamen circa d non est aequalitas Veneris simplex, duaru maxime ptolemaei consideratione argumento. Quaru una habuit Anno xviij Adriani secudo die mensis pharmuthi aegyptioru, sed secdm Romanos erat annus a nato Christo centesimus trigesimus quartus in diluculo duodecimi Cal Martij. Tunc enim Sole medio motu in part cccxviij et dextante minus existente Venus matutina appares in part signiferi cclxxv et quadrante attigerat extremu digressionis sue limitem part xliij scrup xxxv. Secunda accepit Anno tertio Antonini eodem mense pharmuthi die eius quarto secdm aegyptios quod erat anno Christi secdm Romanos centesimo quadragesimo in crepusculo duodecimi diei ante Calendas Martij. Tunc quoq erat locus Solis medius i part cccxviij cum dextante, ac Venus in maxima ab illo distantia vespertina part xlvij et tertia visa in pte longitudinis viij et dextante minus. His ita expositis Suscipiatur in eode orbe terreno g signu in quo fuerit terra, ut sit ag quadrans circuli, p quae Sol ex opposito in utraq observatione secdm motu suu mediu perdere visus est apogaeu eccentri Veneris et coniungatur gc cui dk parallelus existetur et contingentes orbem Veneris ge, gf, connectantur de, df dg. Quoniam igitur angulus egd matutinae elongationis in observatione priori partium erat xliiii scrup xxxv, at in altera vespertina egf part xlvii et tertia colligunt ambo totum egf part xci cum demum v-nius partis, et idcirco dimidius dgf partium est xlv scrup ~~lx~~ lviii s, et reliquus egd partium duarum scrup xxiii : sed dcg rectus est. Igitur trianguli cgd datorum angulorum datur ratio laterum, et cd longitudine 416 quarum cg est 10000. Prius autem ostensum est quod ipsa centrorum distantia fuerit earumdem partium 208, iam duplo fere maior facta. Secta igitur bifariam cd in m signo erit similiter dm 208 tota differentia huius accessus et recessus. Haec si rursus dissecta fuerit in n, videbitur esse medium et aequalitas huius motus. Proinde ut in tribus superioribus accidit etiam Veneri motus ex duobus aequalibus compositus, sive per eccentri epicyclum fiat id fiat ut illic, sive alium antedictorum modorum. Habet tamen haec stella aliquid diversitatis ab illis in ordine et commensuratione ipsorum motuum. Idque facilius et commodius (ut opinor) per eccentri eccentrum demonstrabitur. Quemadmodum si circa n centrum distantia vero dn ~~sem~~ circulum parvum descripserimus in quo orbis Veneris circumferatur ac permutetur ea lege, ut quandocumque terra inciderit in acb diametrum in qua est summa ac infima absis eccentri ~~Vener~~ centrum orbis planetae sit semper in minima distantia id est in m signo, in media vero abside, ut est g, centrum orbis ad d signum et maximam distantiam cd perveniat. Quibus datur intelligi quod eo tempore, quo terra semel circuit ~~ab~~ orbem suum, centrum orbis planetae geminatas faciat revolutiones circa ?? centru, ac in easdem partes ad quas terra idq in consequentia. Per talem em circa Venerem hypothesim omnimodis exemplis consentiunt aequalitas et apparentia, ut mox apparebit.

De motu Veneris examinando   Ca xxv

~~vbus~~ ~~Quod ut aptius fiat~~ assumpsimus duo loca accuratissime observata. Vnu a ptolemaeo. Antonini anno sedo, ante luce diei vigesimi, mensis Tybi. Vidit enim inter Luna et prima fulgentemq stella earu quae in fronte sunt Scorpij maxime borea in eade linea recta Venere, uno et dimidio spacio distante a Luna q a stella fixa semel. Et quonia locus stellae fixae notus ~~erat~~ est, nempe in part ccix medietate et sexta. latitudinis aute boreae part una et triente, oportebat erat etia Lunae locum visum nosse ad locu Veneris discernendum. Erant em a nato Chro ad horam huius considerationis anni cxxxviij aegyptij dies xvij horae iij cum dodrã Alexandriae[†] Cracoviae autem horae ij cum dodrã simplic, examinatim vero horae ij scrup xlj Sive scrup diei g ix ?? xxxij Quonia Sol medio motus simplici erat ? part cclv s, apparenti in xxij Sagittarij. Erat ergo Lunae aequalis a sole distantia part cccxix scrup xviij, anomalia eius media part lxxxvij scrup xxxvj anomalia latitudinis media a boreo limite part xij scrup xix, quibus numeratus est locus Lunae verus part ccix scrup iiij cum latitudine borea part iiij scrup lviij, sed precessio aequinoctioru q tunc erat part vj scrup xlj adiecta constituit Luna in partes v scrup xlv Scorpij. ~~Et quonia sextus gradus Virginis caelum mediabat~~ Et quonia p instrumentum visi sunt Alexandriae caelum mediare, ~~et xxv Sco~~ duo grad Virgis et xxv Scorpij oriebantur, et propterea Lunae comutatio

Inveniuntur aute haec oia q hactenus de Venere demonstrata sunt etia nris consentanea tpibus, nisi quod eccentrotes ~~quinta~~ fere parte decreverit, ut q prius erat tota part 4 1/6 nunc sit ~~3..~~ 3 5/6 qd nos multae observationes docent

[†] a media nocte

scdm numeratione nram erat longitudis scrup lij lati xvij : quibus est productus Lunæ visus locus Alexandrie et examinatus in part ccix scrup liij cum latitudine boreæ part iiij scrup xlij Ex his certificatus est locus Veneris in part longitudinis ccix scrup xlvj latitudis boreæ ij : xl . Sit ergo iam orbis terræ a b in centro c cum dimetiente a c b p utramque abside transeunte : et sit a unde spectetur orbis veneris in apogeo in part xlviij et tertia : et b exposito ad partes ccxxviij et tertia , sumat aute in diametro distantia c d part 312 quarum est a c 10000 , et in d centro distantiaq3 d f tertie partis c d hoc est 104 circulus describatur parvus . Quoniam vero Solis medius ~~motus~~ locus erat part ccix ccl os ~~scrup~~ erat propterea distantia terræ ab infima absede part xxvij scrup x Sit ergo b e circumferentia partium xxvij scrup x et conectantur e c : e d : d f : ita qd c d f angulus duplux existat ipi b d e . demu in f centro describatur orbis veneris ~~in~~ cuius tanq circumferentia extensa in recta linea e f seret in k L , ad qua etia circumferentia agat f k ipi c e parallelus erit Sit aute planeta in g signo et conectantur g e : g f His sic pstructis propositum est invenire k g circumferentia , quæ est distantia planetæ ab apogæo orbis sui medio qd est k L Quoniam igitur angulus d c e partium est xxvij scrup x trianguli c d e et latus c d 312 quarum c e est 10000 erit propterea reliquum latus d e part earunde 9724 et angulus c e d scrup L . Similiter in triangulo d e f quoniam duo latera data sunt d e 9724 quarum est 104 d f qualium etiam erat c e 10000 et angulus datus comprehensus lateribus e d f . datur em c d f part 54 . 20

L et anguli c e o

o et ~~conectantur~~ d e f ~~quæ~~ et ~~similiter~~ ab diametro c o

et reliquus semicirculi f d b part cxxv scrup xl. ergo
totus f d e part clij scrup l, datur ob id latus reliquum
e f part 9817 in illis partibus et angulus d e f scru xvj
ac totus c e f partis unius scrup vj, quo differt medius
ab apparenti motu centri f idest angulus b c e ab e o b, datur
ergo b o e part xxviij scr xvj, quod erat primum
quesitum. Deinde quoniam e f angulus c e g partium
est xlv scrup xliiij secundum distantiam planetae
a loco solis medio, erit totus f e g part xlvj scrup l.
Sed e f datur part 9817 quarum sunt ac 10000, quarum
etiam f g prodita est in precedentibus part 7193. In
triangulo igitur e f g datur ratio laterum e f: f g cum
angulo f e g, dabitur etiam e f g angulus et ipse
part lxxxiiij scrup xix, quibus l f g exterior datur part
cxxxj scrup v et l k g circumferentia distantia planetae
ab apogeo sui orbis apparenti. Sed quoniam k f l angulus aequalis ipsi c e f est differentia inter mediam veramque absidem partis ut ostensum unius scrup vj, quae
cum ablata fuerint a partibus cxxxj scrup v remanet part cxxx et circumferentia k g di-
a planeta ad absidem mediam, et quod superest
a circulo part ccxxix anomaliae aequalis
sumptae ab k signo. Hinc habemus, quod anno sexto
Antonini sive anno Christi cxxxviij, Cracoviae
xiij Cal Januarij horis tribus scrup xlv a media
nocte fuerit anomalia Veneris aequat part ccxxix
. Quod quaerebamus. Alterum locum Veneris
observavimus ipsi Anno Christi MDxxix Quarto idus
Martij una hora post occasum Solis ac in principio
horae octavae a meridie. Vidimus quod Luna coepit
occultare Venerem in parte tenebrosa secundum mediam distantiam utriusque cornu. Duravitque occultatio haec usque
ad finem eiusdem horae vel paululo plus donec videretur
planeta ex altera parte in medio gibbositatis cornuum versus

/ emergere /

occasum/ Patet igitur, quod in medio huius horae vel circiter fuerit secundum centra coitus Lunae et Veneris. Idque Frueburgi nacti sumus spectaculum. Erat autem Venus in augmento adhuc vespertino, ac citra contactum orbis. Sunt igitur a nato Christo Anni aegyptii MD-XXIX dies LXXXVII horae VII S secundum tempus apparens aequatum vero horae VII scrup XXXIIII. Et locus quidem Solis simplex medius provenit ad partes CCCXXXII scrup XI, praecessio aequinoctiorum part XXVII scrup XXIIII. Lunae motus aequat a Sole part XXXIII scrup LXII, anomalia aequat part CCV scrup VIII Latitudinis LXXI scrup LIX. Ex his numeratus est verus Lunae locus in part decem sed ab aequinoctio in part VII scrup XXIIII Tauri cum latitudine borea partis unius scrup XIII. At quoniam XV partes Librae oriebantur erat propterea parallaxis Lunae longitudinis scrup XLVIII latit XXXII et ideirco locus visus in part VI scrup XXXVI, [†Tauri] sed fixarum sphaerae longit part ~~decem scrup~~ noue scrup XII cum latitudine borea scrup XLI atque idem Veneris locus apparens vespertinae distantis a loco Solis medio part XXXVII scrup uno, distantia terrae ad summam absida Veneris LXXVI. g praeceden

. Repetatur iam figura secundum praecedentis modum constructionis, nisi quod ea circumferentia sive angulus e c a sit partium LXXVI scrup IX, cui duplus existat c d f part CLII scrup XVIII. Eccentrotes vero c e d f quales hodiernis temporibus inveniuntur part 246 et d f 104 quarum c e est 10000. Habemus ergo in triangulo c d e datum angulum reliquum d c e part CIII scrup LI, datis comprehensum lateribus, e quibus demonstrabitur angulus c e d parte una scrup XV, et d e tertium latus 10056 et reliquus angulus c d e part LXXIIII scrup LIIII. Sed c d f duplus ipsi a c e partium est CLII scrup XVIII, a quibus si aufero c d e angulum superest e d f part LXXVII scrup XXIIII. Sic rursum in triangulo d e f duo latera d f

partium

~~et reliquus semicirculi f d b part cxxx scrup xl. ergo totus f d e part clij scrup l~~ partium 104 quarum est de 10056
comprehendunt angulum e d f ~~part lxxvj scrup xxvj. Sic ergo in triangulo d e f~~ datum, datur etiam d e f angulus ~~part~~
scrup xxxv. et reliquum latus e f 10034. hinc totus angulus c e f part vna scrup l. Demum quoniam angulus
totus c e g partium est xxxvij sub vnius scilicet quo planeta
distare visus est a medio loco Solis, a quo dum ablatus
fuerit c e f relinquitur f e g partium xxxvj scrup xj. quod
etiam in triangulo e f g cum angulo e dato, dantur etiam
bina latera e f part 10034 quarum est f g 7193. hinc
etiam reliqui ~~latera~~ numerati venient. e g f part liij s
et e f g part xcj scrup xix quibus distabat
planeta a perigeo vero sui orbis. Sed cum
k f l dimetiens parallelus ipsi c e acta
fuerit, vt sit k apogeum aequalitatis
et l perigeum. sublato e f l angulo
aequali ipsi c e f remanebit l f g angulus, et l g circumferentia part lxxxix
scrup xxix et reliqua k g semicirculi part xc scrup xxxj anomalia
commutationis planetae a summa abside sui orbis aequali deducta quam
inquirebamus ad hanc hora observationis
nra. Sed in ptolemaica precedente erat partes
ccxxx ~~scrup xxxiij~~ Sunt igitur in medio tempore vltra
completas revolutiones part ccxx scrup xxxj. Tempus
autem ab Anno sexto Antonini octo horis et quadrante
ante meridiem † vigesimi diei mensis Tybi aegyptiorum ad annum
Christi MDxxix iiij Idus Martij, ~~xiij~~ horis vij s post
meridiem, sunt anni aegyptij Mccclxcj dies lxix scrup
xxxix 2a xxiij in quibus similiter numerantur partes ccxx
scrup xxxi preter integras circuitiones, quae sunt Dccc
lix pro ratione mediorum motuum, qui propterea recte se
habet. De locis anomaliae mediae Veneris Ca xxiij

† Caranomj

f manserunt interim loca absidum eccentri in part xlviij et tertia et ccxxviij. ~~xx~~ ~~p~~ non mutata

Hinc etiam loca commutationis anomaliae Veneris facile constituuntur. Sunt etiam enim a Christo nato ad Ptolemaei observationem anni aegyptii cxxxxiii dies xviii scr ix s et motus huic tempori congruens part cv scr xxv quae Qui detractus a partibus ccxxx considerationis Ptolemaei, deducit anomaliam Veneris ad partes cxxiiii scrup xxxv, media nocte ante cal Ianuarii. Deinde reliqua loca pro ratione motus et temporis saepe repetiti. Olymp primae part cccxviii scr ix. Alexandri part lxxix scr xiiii Caesaris part lxx scr xlviii.

De motu Veneris examinando Cap xxii

Extat alia observatio Timocharis sub anno terciodecimo Ptolemaei Philadelphi, ab Alexandri morte cccclxii anno lii in diluculo diei decimi octavi Mesori mensis aegyptiorum, in qua proditum est, quod Venus fuisse visa fuerit occupasse stellam fixam praecedentem ex quatuor, quae in sinistra ala sunt Virginis, estque sexta in descriptione eius signi, Cuius longitudo est part cli s latitudo bor partis unius et sextantis magnitudinis tertiae. Erat igitur et ipse Veneris locus sic manifestus. Locus autem Solis medius secundum numerationem in part cxciii scrup xxiii. Quo exemplo in descripta figura, et signo a in part xlviii scrup xx manente, erat a e circumferentia part cxlvi scrup iii et reliqua b e scrup part xxxiii scrup lvii, angulus quoque c e g distantiae planetae a Solis loco medio partium xlii scrup liii. Quoniam igitur c d linea partium est 312 quarum c e 10000 et angulus b c e partium xxxiii scrup lvii, erit reliqui in triangulo c d e angulus c e d part partis unius scrup xxx unius, et d e tertium latus 9743. Sed angulus c d f duplus ipsi b c e partium est lxvii scrup liiii reliquus e semicirculo reliquus b d f angulum part cxii scrup vi, et qui sub b d e exterior trianguli

E quibus assumpsimus duo loca accuratissime observata unum a Timochari

1/3 xxxiij lviij.
cde, quibus constat totus cdf part cxliiij scr iiij, et df datur 104 quarum est de 9743, erit etiam in triangulo def angulus def part Scrup xx, ac totus cef part uiiij scr xxij et latus cf part 9831. At iam patuit totum ceg esse partium xlij scrup liij, reliquus igitur feg partium erit xli scr xxxij. et quae ex centro orbis fg est partium 7193 quarum est ef 9831. Igitur in triangulo efg p datam rationem laterum et angulum feg dantur anguli reliqui, et efg part lxxij scr v. Quibus adiecto semicirculo colliguntur partes ~~xxlij scr v~~ cclij scr quinque circumferentiae klg a summa abside ipsius orbis. Sic quoque demonstratum habemus, quod anno xiij ptolemaei philadelphi in diluculo diei xviij mensis Mesori fuerit anomalia commutationis Veneris partium cclij scrup v.

Alterum locum observavimus ~~observavimus~~ ipsi Anno uti ♀ Sed in Timochareos observatione erat partes cclij Scrup quinque Sunt igitur in medio tpe ultra completas revolutiones Mcxv partes cyc scrup xxvj. Tempus autem ab anno xiij ptolemaei philadelphi in diluculo diei xviij Mesori mensis ad annum Christi MDxxix iiij Idus Martij horas viij s post meridiem, sunt anni aegyptij Mdccc dies ccxxxvj scrup xl fere. Cum igitur multiplicaverimus motum revolutionum Mcxv part cyc scrup xxvj ~~p annos~~ p dies ccclxv et collectum diviserimus p annos Mdccc dies ccxxxvj scrup xl: habebimus annuum motum g sexage iij grad xlv scrup primorum i 2 xlv 3 iiij 4 xl. Haec rursus distributa p dies ~~ccclx~~ ccclxv relinquunt diurnum motum scrupulorum primorum xxxvj 2 lix 3 xxviij. Quibus expansus est canon quem supius exposuimus ~~Et haec de motu quoque Veneris dicta sunt~~

De locis anomaliae Veneris Ca xxiij

Sunt autẽ a prima olympiade ad annũ xiij Pto-
philadelphi ad diluculũ decimioctaui diei mensis
Mesori. Anni ægyptij Dij dies ccxxviij scrup xl. i
quibus numeratur motus part ccxc scrup xxxix.
Quod si auferantur a part cclij scrup v repetita una
revolutione remanet part cccxxi scrup xxvj primæ
olympiadis locus: a quo reliqua loca pro ratione motus
et temporis iam sepe dicti Alexandri part lxxxj scrup
lij Cæsaris part lxx scrup xxvj. Christi partium
~~cxx~~ cxxvj scrup xlv.

De Mercurio — Cap xxiiij

Quibus modis Venus motui telluris alligetur, et sub qua ratione
circulorũ æqualitas eius lateat ostensũ est. Sup est Mercurius
qui procul dubio eodẽ quoq assumpto principio sese pbebit; ta-
quoq ~~etsi~~ pluribus vagatur obvolutionibus q illa, vel aliquis ex
supradictis. Illud sane constat experientia priscorũ observa-
torũ quod in signo libræ minimas faciat Mercurius a Sole
digressiones: ac maiores in eius opposito ut par est, Non
tamẽ hoc loco maximas: sed in alijs quibusdã ultro citroq
utputa in Geminis et Aquario tpe psertim Antonini secundũ Pto
sententia: quod in nullo alio sidere contingit. Huius rei
causam prisci mathematici credentes imobilẽ esse terram
et Mercuriũ in epicyclo suo magno moveri p eccentrũ
cum animadverteret, quod unus ~~et~~ ac simplex eccentrus
hisce apparentijs satisfacere nõ posset, concesso etiam quod
eccentrus ipe in nõ suo, sed alieno centro moveretur, coacti sunt insup admittere eundẽ eccentrũ in alio quodã
parvo circulo moveri epicyclũ deferente: qualẽ circa Lunæ
eccentrũ admittebat. ~~Neq enim alia ratione huiusce~~
~~stellæ apparentia servari posse rati sunt. Ut diffusius~~
~~in constructione ptolemaica declaratur. De~~ Adeoq
tribus existentibus centris. nempe eccentri deferentis epicyclũ
altero parvi circuli: et tertio eius, quẽ recentiores appellat
æquantem circuli, duobus prioribus pteritis nõ nisi circa

aequatis centrum aequaliter ferri epicyclum consenserunt quod erat a vero centro, et eius ratione, ac utrisque praeexistentibus centris alienissimum, neque vero alia ratione huius stellae apparentia servari posse rati sunt, ut diffusius in constructione Ptolemaica declaratur. Vt autem et hoc ultimum sidus a detrahentium iniuria et occasionibus vindicetur, pateatque non minus quam aliorum praecedentium eius aequalitas sub mobilitate terrae assignabimus etiam illi eccentri eccentrum pro eo quem opinabatur antiquitas epicyclum, sed modo quodam diverso quam in Venere, et nihilo minus epicyclum quoddam in ipso eccentro, quibus omnibus eius apparentiae demonstrabuntur. Sed ut apertius hypotheses accipiat, sit orbis terrae magnus ab centrum eius c dimetiens a c b in quo assumpto d centro inter b c signa distantiam autem terrae partis c d describatur parvus circulus e f, ut sit in f maxima distantia ab ipso c et in e minima, ac super f centro expliceetur orbis Mercurii qui sit h i. Deinde in i summa abside facto centro super addatur epicyclum quod planeta percurrat, fiat hic orbis eccentri eccentrus existens eccen-

modo/ trepicyclus: hoc opposita figura cadat hec omnia ex ordine in linea rectam a b c e d f k i l b, interim vero planeta in k hoc est in minima a centro orbis f distantia, quae est k f constituatur. Tali ita modo costituto Mercurii revolutionum exordio intelligatur quod centrum f binas faciat revolutiones ad unam terrae

f moveatur, in quo stella non secundum circumferentiam sed diametrum eius sursus deorsumque feratur, quod fieri posset etiam ex aequalibus circularibus motibus, uti supius circa aequinoctiorum precessione est expositum, nec mirum, quoniam et Proclus in expositione elementorum Euclidis fatetur, pluribus etiam motibus rectam lineam describi posse et ad easdem partes, quod est in consequentia. Similiter et planeta in k l ~~respectu orbis sui h i~~. Sequitur enim ex his quod quandocumque terra fuerit in a vel b centrum orbis Mercurii sit in f ac remotissimo a c loco, in mediis vero quadrantibus existente terra, sit in e proximo; ~~Sic quoque~~ ac secundum hoc contrario modo quam in Venere. Hac quoque lege Mercurialis ~~epicyclus~~ percurrens proximus centro orbis deferentis epicyclum existit quod est i k quando terra a b diametrum incidit ac in locis utrobique mediis ad l longissimum locum sydus pervenit ~~quacumque interim perveniat epicyclus id est i~~ movetur ~~sur~~ motu suo proprio secundum h i ~~circumcentrum~~ [orbe et centro ipsius] aequaliter ~~circumcentrum~~ in lxxx fere diebus una absoluendo revolutione simpliciter et ad stellarum fixarum sphaeram. Sed in eo quo motum terrae superat, quem commutationis motum vocamus, vertitur ad ipsam sub diebus cxvi, prout exactius ex canone mediorum motuum elici potest. ~~Accedit quoque propterea planum etiam hypothesim apparentiae quae videntur~~ quod ex historia observationum Ptolemaei ac aliorum fiet manifestum.

De loco absidum summae et infimae Mercurii Cap. xxx

Observavit enim Mercurium Ptolemaeus primo anno Antonini post occasum vigesimi diei mensis Epiphi dum esset planeta in maxima distantia vespertinus a Solis loco medio. Erant autem ad hoc tempus anni Christi cxxxvij, dies clxxxviij scrup xlij s Cracoviae. Et idcirco locus Solis medius secundum numerationem nostram partium lxiij scrup l, et stella per instrumentum in septem partibus (ut inquit) Cancri. Sed deducta praecessione aequinoctiorum quae tunc erat part vj scrup xl patuit locus Mercurii part xc scrup xx a principio arietis fixarum sphaerae, ac elongatio maxima a Sole medio partium xxvj s. Altera accepit considerationem anno quarto Antonini, decimonono die mensis Phamenot illucescente, cum transisset a principio annorum Christi anni cxl, dies lxvij scrup xij fere

Sed de his alia quaedam ac plura inferius circa latitudines afferemus

○ sed per ipsam diametrum sursum ac deorsum respectu centri f orbis h i ○

π diametrum epicycli k l π

‡ fiunt hoc modo centri orbis in circumferentia parvi circuli e f atque stellae per diametrum h k binae ac geminae revolutiones invicem aequales, et anno spatio telluris commensurabiles. Interim vero epicyclum sive f i linea ‡

‡‡ provenit sequitur quod Mercurius motu suo proprio haud semper eandem circumcurrentis circuli describit, sed pro ratione distantiae a centro orbis sui plurimum differentem. Minimam quidem in k signo, maximam in l, ac mediam per i ~~centrum epicycli~~ eodem prope modo: quemadmodum ~~que~~ in Lunari epicycli epicyclo licet ~~ad~~ animadvertere. Sed quod Luna per circumferentiam hoc Mercurius per diametrum facit. Atque haec hypothesis apparentiis omnibus quae videntur Mercurii sufficit ‡‡

motu reciproco, ex aequalibus tamen composito, qui quomodo fiat ~~circa~~ superius circa praecessiones aequinoctiorum ostendimus.

Sole existente medio in part cccxiii scrup xix Mercurius ante apparebat per instrumentum in xiii part et s Capricorni: sed a principio arietis fixo erat in part cclxxvi scrup xlix fere: et ideirco maxima distantia matutinalis erat similiter part xxvi s. Cum igitur aequales hincinde fuerint digressionum limites a loco Solis medio, necesse est, ut utrobique in mediis temporum locorum fuerit Mercurii absides, hoc est inter partes lxiii scrup L et xc scrup xx ~~Quae~~ Et sunt partes iii scrup xxxiiii et clxxxiii scrup xxxiii ~~p q~~ e diametro in quibus oportuit esse Mercurii utramque absida supremam et infimam. Quae discernuntur ut in Venere per binas observationes quarum prima habuit anno decimonono Adriani in diluculo diei quintidecimi mensis athyr. Dum Solis locus medius esset in part clxxxii scrup xxxviii, erat maxima ab eo distantia Mercurii matutina part xix sc iii quoniam locus apparens Mercurii erat in part cxliii scr xxxv, ac eodem anno Adriani decimonono qui erat a nato Christo Mcccv sub crepusculo deciminoni diei mensis Pachon secundum aegyptios inventus est Mercurius adminiculo instrumenti in xxvii part xliii scrup fixarum sphaerae dum esset Sol medio motu in part iiii scrup xxviii patuit maxima rursus vespertina stellae distantia partium xxiii scrup xv ac ~~pr~~ priori maior unde satis perspicuum erat Mercurii apogeum non esse ~~in Ariete~~ nisi in ~~libra~~ part clxxxiii et trientes fere ipso tempore quod erat notandum -

Quanta sit eccentrotes Mercurii, et quam habeat orbium symmetriam Ca xxvi

Per ~~que~~ quae simul etiam demonstratur centrorum distantia et orbium magnitudines. Sit enim a b recta linea per absidas Mercurii, a summam, et b infimam transiens. assumptoque centro d describatur orbis planetae: ~~Centrum vero orbis magni terrae sit~~ . Excitentur ergo lineae contingentes orbem a e: b f: et connectantur d e: d f. Quoniam igitur in priori duarum observationum praecedentium visa erat maxima distantia matutina

1 medio

2 et ipsa dimetiens magni orbis cuius centrum sit c

partium xix scrup iii, erat propterea cae angulus partium xx scrup iii. In altera vero consideratione videbatur maxima vespertina partium xxiii cum quadrante. Igitur in utroque triangulo orthogonio aec et bfd datorum angulorum, erunt etiam laterum datae rationes: Ut quarum adf fuerit partium 100000 sit ec quae ex centro orbis part 32639. Sed quarum bd fuerit partium 100000 erit fd talium partium 39474 Sed secundum partes quibus est fd aequalis ipsi ec (nempe ex centro circuli) partium 32639 quarum etiam erat adc part 100000 erit reliqua db part ~~82692~~ 82685 huius dimidia ~~ad~~ ac part ~~91345~~ 91342 ac reliqua cd part 8658 ~~quarum~~ distantia ~~est ce sive cf part 39474~~ Quarum autem ac fuerit pars una sive lx scrup, erit quae ex centro orbis Mercurii scrup xxi secunda xxvi et cd scrup v 2a xli et quarum est ac 100000 earum est df part 35733 Sed hae quoque magnitudines non manent ubique eaedem distantque plurimum ab eis quae circa medias accidunt absidas, quod apparentes matutinae vespertinae in illis locis observatae longitudines docent, quales a Theone et Ptolemaeo produntur. Observavit enim Theon vespertinum Mercurii limitem Anno Adriani xiiii die xviii mensis Mesori post occasum Solis: et sunt a nativitate Christi anni cxxix dies ccxvi scrup xlv dum locus Solis medius esset in part xciii s. id est media fere abside Mercurii. Visus est autem planeta per instrumentum praecedere Leonis basiliscum iii partibus et dextante unius, eratque propterea locus eius part cxix et dodrans et maxima eius vespertina distantia partium xxvi et quadrantis. Alterum vero limitem ~~pto~~ a se prodidit observatum Anno secundo Antonini xxi die mensis Mesori diluculo: quo tempore erant anni Christi cxxxviii dies ccxix scrup xii. Locus

convertat figura

+ 82685

retroz

+ ed 9479

qd erat demonstrandum

itidem Solis medius ~~pp~~ part xciij scrup xxxix, a quo
maxima distantia ƒ Mercurij invenit part xx et ~~do~~
quadrantis. visus est enim in part lxxxij et duabus quintis
fixarum sphaerae. Repetatur ergo a c d b dimetiens magni
orbis per absides Mercurij transiens qui prius, et a puncto
c excitetur ad rectos angulos linea medij motus Solis
quae sit c e, Atque inter c d ~~capiatur~~ suscipiatur f signum
in quo describatur orbis Mercurij ~~g h, et agantur e h, e g~~
~~contingent~~ quae contingant e h, e g recte lineae et conjun-
gantur f g, f h. propositum est ~~iterum~~ invenire f punctum
et eam quae ex centro f g qua habeat rationem ad a c
Quoniam enim datus est angulus c e g partium ~~xx~~ xxvi cum quadrante
et qui sub c e h partium xx cum quadrante, totus igitur
h e g part xlvj s ~~et reliquus c e f partium iij~~ dimidius
h e f partium xxiij et quadrantis, reliquus igitur qui sub ~~c e d~~ c e f
habebit iij partes. Eapropter trianguli c e f rectanguli dantur
latera c f part ~~[illegible]~~ 524 et subtensa f e part 10014
quarum est c e aequalis ipsi a c part 10000. prius autem
ostensum est, quod tota c d fuerit partium earundem
948 dum esset terra in summa vel infima abside planetae, erit d f excessus dimetiens parvi circuli, quem
centrum orbis ~~terrae~~ describserit partium 424 et quae
ex centro i f part 212 ~~fere, in quo circulo centrum~~
~~orbis revolvitur in anno [illegible]~~
~~talis in consequentia, sed converso modo quam in Venere~~
~~ut diximus. Quod erat demonstrandum~~ ƒ. Similiter
et in triangulo h e f, angulo h recto, datur etiam h e f
part xxiij et quadrantis, ~~datur ex quibus~~ f h part 3947 quarum
fuerit e f 10000: sed quarum e f fuerit 10014 qualium est
etiam c e part 10000 erit ipsa f h part 3953. Supra autem
ostensum est eam fuisse partium earundem 3573, ~~nunc autem~~
~~excrevit in part 380~~ cum sit aequalis f k. erit ergo reliqua
h k part 380 maxima differentia elongationis stellae ab f
centro sui orbis ƒ propter quam elongationem ~~stella circumfe~~
~~rentias ad aequales angulos describit inaequales et diximus~~

ƒ matutina

a

q e f

c

b

Hinc tota c f i part ~~[illegible]~~ 736

ƒ e quibus constat

et eius diversitate

ƒ quae a summa et infima abside ad mediam contingit ƒ

circa f centrum orbis sui stella inaequales circulos distabit

~~maximum partium 3573 minimum part~~ in se diversas

distantias ~~et in apogeo [illegible]~~ minimam partium

3573 maximam part 3953 inter quas mediam esse

oportet 3763 quod erat demonstrandum

Cur digressiones Mercurii maiores appareant circa hexagoni latus eis quae in perigeo contingunt. c xxvj

Hinc etiam minus mirum videbitur, quod Mercurius circa hexagoni circuli latera maiores faciat digressiones, quam in perigeo, quoniam etiam maiores eis quas iam demonstravimus, ut in una revolutione sibi fieri bis orbis eius terrae proximus crederetur a priscis. Constituatur enim bec angulus part lx, erit propterea bif angulus part cxx, ponitur enim f dupla facere revolutionem ad unam ipsius e terrae. ~~Quoniam vero maxima differentia accessus [illegible] planetae demonstratur est part 380 quarum ae est 10000. Assumatur ergo parvulus quidam circulus [illegible]~~. Coniungantur ergo ef et ei. Quoniam igitur ci ostensa est partium 736 quales sunt in ec 10000 et angulus ecei datur part lx, erit propterea trianguli eci reliquum latus ei partium 9655 et angulus cei part iij scrupl xlvij fere, quo cie minor est quam ace sed ipse datur partium cxx, erit igitur cie part cxvj scrup xiij. ~~Sed et angulus eif partium est lx reliquus a bif ad duos rectos, relinquitur eif part part lxj scrup xiij. Quoniam igitur ei ostensa est part 734 quarum sunt in ec 10000 et angulus eci part iij scrup ponitur esse partium lx erit propterea trianguli aei reliquum latus ei part earundem 9655 et reliquus angulus cei part iij scrupul xlvij, quo cie minor est quam ace. Sed ipse datur part lx erit et reliquus eci part lx. Erit igitur cie part cxvj.~~

Sed et angulus

~~scrup xiij~~, sed et angulus ~~f d l~~ f i b part est cxx, duplus
enim ex constructione ipsius e c i et qui sequitur semicirculum c i f part lx relinquitur e i f part lxv scrup xiij
Sed i f ostensa est part 212 quarum ~~est~~ e i partium est 9655
~~et ac~~ comprehendentes angulum e i f datum e quibus elicitur
f e i angulus partis unius scrup iiij, et reliquum latus
e f part 9540. Exponatur iam ad f centrum orbis
Mercurij g h et excitentur ab e ~~et~~ contingentes orbem
e g e h et connectantur f g, f h. Scrutandum est nobis
primum quanta fuerit quae ex centro f g sive f h in hac ha-
bitudine, quod sic faciemus. Assumatur enim circulus
parvus cuius diameter k l habeat partes 380 quarum
a c fuerit 10000 per quam diametrum sive ei aequalem stella
in f g vel f h recta linea ~~accedere~~ et ~~abscedere~~ ipsi f centro
intelligatur per modum quem supra circa precessionem aequinoctiorum
exposuimus. Et iuxta hypothesim, qua b c e part lx circumferentiae subtendit capiatur k m in h[...]is partibus cxx, et agatur m n ad rectos angulos ipsi k l,
quae dimidia subtensa dupli ~~k l sive~~ k m sive m l resecabit
l ~~m~~ n quadrantem ~~circuli~~ diametri part xcv quod duodecima xiij, coniuncta xv quinti elementorum euclidis demo-
stratur, reliquae ergo in partes ipsius k n erunt partes ~~295~~ 285
quae cum minima distantia stellae colligit 3858 hoc loco
lineam f g vel f h quaesitam, quarum similiter a c sunt partes
10000, qualium etiam e f ostensa est part 9540. Quapropter
trianguli f e g sive f e h rectangulo duo latera data sunt
erit propterea angulus f e g vel f e h etiam datus partium
quarum enim e f fuerit part 10000 erit f g vel f h part ~~4054~~ 4054
subtendentium angulum part xxiij scrup lij quibus totus
g e h erit part xlvij scrup ~~xliiij~~ Sed in infima abside visae
sunt partes solummodo xlvj s, in media ~~vero part~~ similiter
part xlvj s, factus est igitur hic utroque maior in parte
una scrup ~~xxx~~ xliiij Non quod ~~planeta propter~~ orbis planetae

f quinque superest c e f part ij scrup xliiij
quo discernitur centrum orbis planetae a medio loco Solis f

propinqor sit terrae q̃ fuerit in perigaeo, sed quod planeta maiore hic circulu describit q̃ illic, quae omnia tam p̃sentibus q̃ præteritis observationibus sunt consentanea et ex æqualibus motibus confluunt.

Medij motus Mercurij examinatio Cap. XXIX

Inuenitur enim in antiquioribus Mercurij considerationibus, Quod anno XXI Ptolemaei philadelphi in diluculo diei XIX mensis Thoth sc̃dm ægyptios apparuerit Mercurius a linea recta transeunte p̃ prima et sc̃dam stellaru Scorpij in fronte eius existentium separatus in consequẽtia p̃ duas diametros lunares, et a prima stella p̃ vnã lunæ diametru boræa versus. Lo patet aute, quod locus primæ stellæ est partium longitudis CCIX medietatis et sextæ latitudinis partis vnius cum triente. Secundæ vero longitudis partis CCIX latitudis austrinæ part I mediæ et tertia siue dextantis, e quibus colligebatur Mercurij locus longe part CCX medietatis et sextæ Latitudinis boreæ pars vna et dextans fere. Erant aute ab Alexandri morte anni LIX dies XVI scrup XLV et locus Sol medius sc̃dm numerationẽ nostram part CCXXVIII scrup VIII et distantia stellæ matutina part XVI scrup XXVI crescens adhuc, quod subsequentib IIII dieb notabat quo certum erat planeta nondu p̃uenisse in extremu matutinu limitẽ neq ad orbis sui contactu: Sed in inferiori adhuc circumferentia et propinqore terræ versari. Quoniã vero suma absis erat in part CLXXXIII scrup XX erat ad mediu Solis locus partes XLIIII scrup XXVIII. Sit ergo rursus diameter orbis orbis magni a c b qui supra, et c centro educatur linea medij motus Solis c e vt angulus a c e partium sit XLIIII scrup XXVIII et in c centro paruus circulus in quo centrum excentri ferat quo sit f et capiatur b c f angulus sc̃dm hypothesim dupl

ſ boreæ

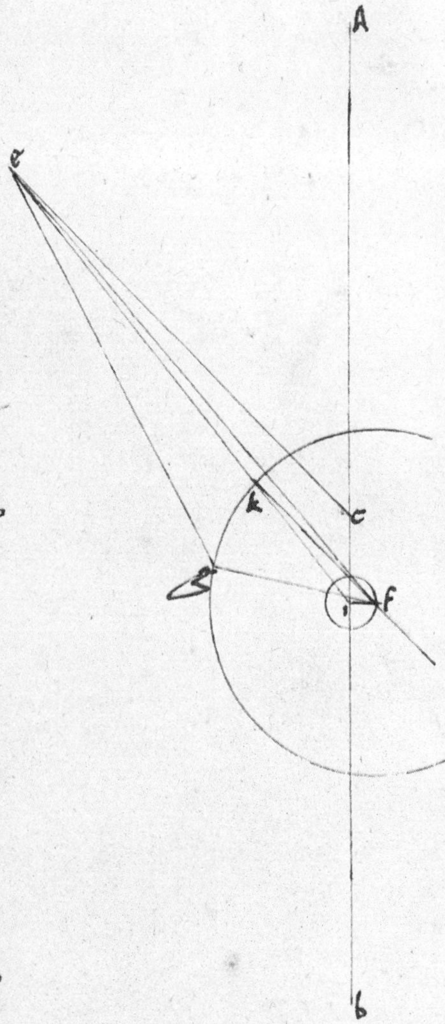

ipsi a c e partium ~~xliiii scrup lvi~~ xic scrup xxxvi. Et coniungantur e f, e i. Quoniam igitur in triangulo e c i duo latera data sunt c i part 736½ quarum c e est 10000 comprehendentia datum angulum e c i part cxxxix scrup xxiv complementum ei qui sub a c e. Erit reliquum e i latus partium 10534 et angulus c e i part ii scr xlix quo minor est e i c ipsi a c e. datur ergo et ~~e i f~~ c i e part xli scrup lix. Sed et c i f qui succedit ipsi b i f partium est xc scrup xxiiii. Totus ergo e i f est part cxxxii scr xxiii, quem etiam ~~datis lateribus comprehenditur~~ data latera comprehendunt trianguli e f i, nempe e i part 10534 et i f part 211½ quarum a c ponitur 10000, quibus innotescit angulus f e i scrup l cum reliquo latere e f part 10678, et quod superest c e f angulus partis unius scrup lix. Capiatur modo circulus parvus l m cuius dimetiens l m sit partium 380 quarum a c sunt 10000 et circumferentia l n sit partium xic scrup xxxvi iuxta hypothesim, et agatur eius subtensa l n atque n r ~~ad rectas anc~~ perpendicularis ipsi l m. Quoniam igitur quod ab l n aequale est ei quod sub l m l r secundum quam data ratione, datur utique et l r longitudine part 189 fere quarum dimetiens l m 380 secundum quam lineam rectam sive ei aequalem dignoscitur planeta dimissus ab f centro sui orbis, a tempore quo et linea a c e angulum compleverit. Hae igitur partes cum adiectae fuerint ipsis 3573 minimae distantiae colligunt hoc loco part 3762. centro igitur f, distantia autem partium 3762 describatur circulus, et agatur e g, quae secet convexam circumferentiam in g signo ita tamen ut c e g angulus sit partium xvii scrup xxvii, quibus stella a medio loco Solis elongata videbatur et coniungantur f g et f k parallelos ipsi c e. Cum autem c e f angulum reciperemus a toto c e g reliquus sub f e g partium erit xv scrup xxix. Huius trianguli e f g duo latera data sunt e f part 10678 et f g 3762 angulus quoque f e g part xv scrup xxix quibus constabit angulus e f g part xxxiii scrup xlvi a quo dempto e f k aequali ipsi c e f relinquitur k f g et k g circumferentia part XXXI scrup XLVI distantia stellae ad a perigaeo medio sui orbis quod est k cui si addatur semicirculus colliguntur partes CCXI scrup XLVI medii motus anomaliae commutationis in hac observatione quod erat demonstrandum

De recentioribus Mercurii motibus observatis

Hanc sane via huius stellae cursum examinandi prisci nobis praemonstrarunt sed caelo adiuti sereniori, nempe ubi Nilus (ut ferunt) non spirat auras, quales apud nos Vistula. Nobis enim rigentiore plagam inhabitantibus illam commoditatem natura negavit, ubi tranquillitas aeris rarior, ac insuper ob magnam sphaerae obliquitatem rarius sinit videri Mercurium quamvis in maxima a Sole distantia, siquidem in Ariete et piscibus non oritur conspectui nostro, nec rursus occidit in Virgine et Libra. Sed neque in Cancro se repraesentat vel Geminis se repraesentat quoquomodo, quando crepusculum noctis solum vel diluculum est, nox vero nunquam, nisi Sol in bona parte Leonis recesserit, multis propterea ambagibus et labore nos torsit hoc sidus ut eius errores scrutaremur. Mutuavimus propterea tria loca ex eis quae Nurnbergae ~~Bernardus Valterus regiomontani discipulus observavit~~ sunt diligenter observata, primum a Bernardo Valtero Regiomontani discipulo anno Christi MCCCCXCI nona die Septembris Quinto Idus a media nocte quinque horis aequalibus per armillas astrolabicas ad pallurium comparatas et vidit Mercurium in partibus XIII ~~et duabus partis fere quinta fere~~ Virginis cum latitudine borea part I moderatae et tertia eratque tunc stella in principio occultationis matutinae dum per praecedentes dies continue decrevisset matutinus. Erat igitur a principio annorum Christi anni MCDXCI dies aegyptii dies CCXLVI scrup XII S, et locus Solis medius simplex part CXLIX scrup XLVIII, sed ab aequinoctio verno et, XXVI Virginis sc XLVII. Unde et distantia Mercurii erat part XIII et quinta ~~[illegible]~~

s dimidio gradu

Secundus erat anno Christi MDIIII quinto Idus Ianuarii horis
a media nocte vi s. dum coelum mediaret Normbergae x Scorpii observatus a Io Schonero cui apparuit stella in part iii et tertia
~~et quadrante~~ Capricorni borea part o xlv. Erat autem Solis
secundum numerationem locus medius ab aequinoctio verno in xxvii
et scrup vii Aquarii, quem Mercurius matutinus praecedebat
part xxiii scr xlii. Tertia quoque ab eodem Ioanne observatio
eodemque anno MDIIII, xv ~~Kl~~ Calend Aprilis, qua invenit
Mercurium in part xxvi ~~f~~ Arietis borea tribus fere gradibus [illegible]
dum caelum Normbergae mediaret xxv Cancri per armillas
ad eandem palatilium stellam comparatas horis a meridie vii s.
In quo tempore Solis locus medius ab aequinoctio verno part
v scr xxxix Arietis atque Mercurius ~~eiusdem signi part~~ Vesp-
tinus a Sole part xxi scr ~~lx~~ xvii. Sunt igitur a primo loco
ad secundum anni aegyptii xii dies cxxv scr iii ² xlv in quibus
motus Solis simplex est part cxx scr xiiii. anomaliae commutationis Mercurii cccxvi scr ~~xxiiii~~. In secundo intervallo sunt
dies lxix scr xxxi ² xlv Locus Solis medius simplex part
lxviii scr xxxi ac Mercurii media commut part ~~[illegible]~~ {ccxvi scr}
~~xxiiii~~. Ex his igitur tribus observatis volumus pro
hoderno tempore Mercurii cursus examinare, in quibus con-
cedimus putamus commensurationes interea mansisse etiam a Ptolemaeo, cum et in aliis non inveniantur in hac parte fefellisse
priores bonos auctores. ~~Describatur ergo figura modo~~
~~priori nisi quod~~ Si enim hic etiam absidis eccentri locum
habuerimus, nihil praeterea desideraretur in apparente motu
huius quoque stellae, assumpsimus autem summae absidis locum
in part ccxi s, hoc est in xxviii s signi Scorpii. Neque
enim minorem licuit accipere sine praeiudicio observatorum
Ita siquidem habebimus anomaliam eccentri distantiam
inquam medii motus Solis ab apogaeo in primo termino
part cciiic scr xv in secundo part lxiii scr xxix in tertio
partium cxxxii scr i. Describatur ergo figura secundum
modum priorem, nisi quod ac e angulus constituatur part

f et cetera quae deinde sequuntur iuxta hypothesim f

lxi scr xlv quibus linea medii Solis precedebat apogeum
in prima observatione f. et quoniam ic datur part 736 ÷
quibus est ac 10000 et angulus qui sub ~~eci~~ iec in triangulo
eci, dabitur etiam angulus ec ci et est partium iij scr xxxv
atque ie latus 10369 qualium est ~~fe zci~~ ec 10000. qualium
est etiam if 211 ÷ Sunt igitur et in triangulo efi duo latera
rationem habentia data angulus autem
bif partium cxxiij s nempe duplum ipsi aec
ex presumptis, et quod sequitur cif part lvj s
~~et reliquus~~ totus ergo eif partium est cxxiij scr
xl, igitur et sub ief partis est unius scr x et
latus ~~est~~ ef partium 10371. ~~Hinc~~ Hinc et
angulus cef part ij s. Ut autem sciamus quantum
per motum accessus et recessus acceperit orbis cuius
centrum est f, ab apogeo vel perigeo, exponatur circulus parvulus quadrifariam sectus per diametros lm nr
in centro o, et capiatur angulus pom duplex ipsi aec
nempe part cxxiij s, et a p signo perpendicularis agatur
ipsi lm quae sit ps, erit igitur secundum rationem data op sive
aequalis ei lo ad os, id est part 10000 ad 8349 / et 190
ad 105, quae simul constituunt ls partes 295 qualium sunt
ac 10000, quibus stella [illegible] facta est ab f retro.
Haec cum addita fuerit partibus 3573 minime distantiae
colligunt 3868 potentem secundum quam in f centro circulus
describatur hg, coniungatur eg, et ef ~~extensa~~ in rectas — extendatur —
lineas efh. Quoniam igitur cef angulus demonstratus
est partium ij s, quique sub gec observatus ~~est~~ part xiij
et quartae partis distantiae stellae matutinae a medio Sole.
erit ergo totus feg part xv cum dodrante. Sed et ratio
ef ad fg trianguli efg ut 10371 ad 3868 cum angulo
e dato ostendet nobis etiam egf angulum part xlix scrup
viij, hinc et reliquus exterior erit part lxiij scr liij.
quae a toto circulo deductae relinquunt part ccxcvi scr vij
anomaliae commutationis verae, cui si addas angulum

cef, exhibet media aequalitatis partes ccxlv scrupula xxxvi quam quaerebamus. Cui si adijciatur partes cccxvi scrupula i habebimus sextae observationis anomaliam commutationis aequatam, quam etiam ostendemus esse certam et observationi consonam. Ponamus enim angulum aec, anomaliae eccentri sextae partes lviii scrupula ~~xxix~~ xxix. Tunc quoque in triangulo cei duo latera dantur ic 736 qualium est ec 10000, et angulus eci, et tertium igitur latus ei earundem partium 10404 atque angulus ~~cie~~ partium iii cei scrupulorum xxxviii. Similiter in triangulo eif quoniam angulus eif partium est cxviii scrupula iii, et latus if 211 qualium est ie 10404, erit tertium ef latus talium 10505 atque sub ief angulus scrupula lxi, et reliquus igitur fec partes iiii scrupula xxxviii, ~~est~~ quae est prosthaphaeresis eccentri, quaeque addita commutationis motui medio colligit veram partes cclvi s. x[ ] Jam quoque capiamus in epicyclo accessus et recessus circumferentiam lp sive angulum sub lop duplum ipsi aec partes cxvi scrupula lviii. Tunc quoque trianguli rectanguli ops per rationem datam laterum op ad os sunt 10000 ad 4535, erit ipsum os 85 qualium op sive lo 190, et tota los longitudine 276, quae addita minimae distantiae 3573 colligit 3849, secundum quam distantiam in f centro circulus describatur hg, ut sit apogeum commutationis in ~~h~~ h signo a quo stella distet per circumferentiam hg praecedentium partes ciii scrupula lv, quibus deficit tota revolutio a motu commutationis examinatae quae erat

f partes ccliii scrupula xxxviii f

f pro modo f

eic sequitur cxxi · 31

Quae hic sequuntur, videantur in quaternione sub signo tali ЭЄ

Z

Ca prosthaphaeresεon SAturni

NVMERI CŌMVNES		prosth aphe resis eccetri		scru pula pro porti onū		paral laxes orbis Magni		Exces sus paral laxeos	
G̅	G̅	G	SC	G	SC	G	SC	G	SC
3	357	0	20		0	0	17	0	2
6	354	0	40		0	0	34	0	4
9	351	0	58		0	0	51	0	6
12	348	1	17		0	1	7	0	8
15	345	1	36		1	1	23	0	10
18	342	1	55		1	1	40	0	12
21	339	2	13		1	1	56	0	14
24	336	2	31		2	2	11	0	16
27	333	2	49		2	2	26	0	18
30	330	3	6		3	2	42	0	19
33	327	3	23		3	2	56	0	21
36	324	3	39		3	3	10	0	23
39	321	3	55		4	3	25	0	24
42	318	4	10		5	3	38	0	26
45	315	4	25		6	3	52	0	27
48	312	4	39		7	4	5	0	29
51	309	4	52		8	4	17	0	31
54	306	5	5		9	4	28	0	33
57	303	5	17		10	4	38	0	34
60	300	5	29		11	4	49	0	35
63	297	5	41		12	4	59	0	36
66	294	5	50		13	5	8	0	37
69	291	5	59		14	5	17	0	38
72	288	6	7		16	5	24	0	38
75	285	6	14		17	5	31	0	39
78	282	6	19		18	5	37	0	39
81	279	6	23		19	5	42	0	40
84	276	6	27		21	5	46	0	41
87	273	6	29		22	5	50	0	42
90	270	6	31		23	5	52	0	42

prosthaphaereseon Saturni

NVMERI COMMVNES		prosthaphaereses centri collectae		Scrupula proportionum		parallaxes orbis magni in summa abside		Excessus in infima abside	
G	G	G	Sc	Sc		G	Sc	G	Sc
93	267	6	31	25	0	5	52	0	43
96	264	6	30	27	0	5	53	0	~~44~~ 44
99	261	6	28	29	0	5	53	0	~~44~~ 45
102	258	6	26	31	0	5	51	0	46
105	255	6	22	32	0	5	48	0	46
108	252	6	17	34	0	5	45	0	45
111	249	6	12	35		5	40	0	45
114	246	6	6	36		5	36	0	44
117	243	5	58	38		5	29	0	43
120	240	5	49	39		5	22	0	42
123	237	5	40	41		5	13	0	41
126	234	5	28	42		5	3	0	40
129	231	5	16	44		4	52	0	39
132	228	5	3	46		4	41	0	37
135	225	4	48	47		4	29	0	35
138	222	4	33	48		4	15	0	34
141	219	4	17	50		4	1	0	32
144	216	4	0	51		3	46	0	30
147	213	3	42	52		3	30	0	28
150	210	3	24	53		3	13	0	26
153	207	3	6	54		2	56	0	24
156	204	2	46	55		2	38	0	22
159	201	2	27	56		2	21	0	19
162	198	2	7	57		2	2	0	17
165	195	1	46	58		1	42	0	14
168	192	1	25	59		1	22	0	12
171	189	1	4	59		1	2	0	9
174	186	0	43	60		0	42	0	7
177	183	0	22	60		0	21	0	4
180	180	0	0	60		0	0	0	0

IOVIS prosthaphaereses										
NVMERI Comunes		Aequatio centri		Scrup proportionum		parallaxes orbis		Excessus		
G	G	G	Sc	Sc	2	G	Sc	G	Sc	
3	357	0	16	0	3	0	28	0	2	
6	354	0	31	0	12	0	56	0	4	
9	351	0	47	0	18	1	25	0	6	
12	348	1	2	0	30	1	53	0	8	
15	345	1	18	0	45	2	19	0	10	
18	342	1	33	1	3	2	46	0	13	
21	339	1	48	1	23	3	13	0	15	
24	336	2	2	1	48	3	40	0	17	
27	333	2	17	2	18	4	6	0	19	
30	330	2	31	2	50	4	32	0	21	
33	327	2	44	3	26	4	57	0	23	
36	324	2	58	4	10	5	22	0	25	
39	321	3	11	5	40	5	47	0	27	
42	318	3	23	6	43	6	11	0	29	
45	315	3	35	8	48	6	34	0	31	
48	312	3	47	8	50	6	56	0	34	
51	309	3	58	9	53	7	18	0	36	
54	306	4	8	10	57	7	39	0	38	
57	303	4	17	12	0	7	58	0	40	
60	300	4	26	13	10	8	17	0	42	
63	297	4	35	14	20	8	35	0	44	
66	294	4	42	15	30	8	52	0	46	
69	291	4	50	16	50	9	8	0	48	
72	288	4	56	18	10	9	22	0	50	
75	285	5	1	19	17	9	35	0	52	
78	282	5	5	20	40	9	47	0	54	
81	279	5	9	22	20	9	59	0	55	
84	276	5	12	23	50	10	8	0	56	
87	273	5	14	25	23	10	17	0	57	
90	270	5	15	26	57	10	24	0	58	

Iouis prosthaphæreses

Numeri Communes		Aequatio centri		Scrup proportionum		parallaxes orbis		Extensum	
Grad	Grad	G	Sc		Sc 2	G	Sc	G	Sc
93	267	5	15	28	33	10	26	0	59
96	264	5	15	30	12	10	33	1	4
99	261	5	14	31	~~48~~ 43	10	34	1	[illegible]
102	258	5	12	33 ~~0~~	~~30~~ 17	10	34	1	[illegible]
105	255	5	10	34	50	10	33	1	12
108	252	5	6	36	21	10	29	1	13
111	249	5	0	37	47	10	23	1	15
114	246	4	55	39	0	10	15	1	17
117	243	4	49	40	25	10	5	1	19
120	240	4	41	41	50	9	54	1	21
123	237	4	~~44~~ 32	43	18	9	41	1	[illegible]
126	234	4	23	44	46	9	25	1	[illegible]
129	231	4	13	46	11	9	8	0	59
132	228	4	2	47	37	8	56	0	58
135	225	3	50	49	2	8	27	0	57
138	222	3	38	50	22	8	5	0	55
141	219	3	25	51	46	7	39	0	53
144	216	3	13	53	6	7	12	0	50
147	213	2	59	54	10	6	43	0	47
150	210	2	45	55	15	6	13	0	43
153	207	2	30	56	12	5	41	0	39
156	204	2	15	57	0	5	7	0	35
159	201	1	59	57	37	4	32	0	31
162	198	1	43	58	6	3	56	0	27
165	195	1	27	58	34	3	18	0	23
168	192	1	11	59	3	2	40	0	19
171	189	0	53	59	36	2	0	0	15
174	186	0	35	59	58	1	20	0	11
177	183	0	17	60	0	0	40	0	6
180	180	0	0	60	0	0	0	0	0

Martis prosthaphaereses

Numeri Comunes		Aequatio ecentri		Scrup proportionum		parallaxes orbis		Excessus par	
Grad	Grad	G	Sc	Sc	2a	G	Sc	G	Sc
3	357	0	32	0	0	1	8	0	8
6	354	1	5	0	2	2	16	0	17
9	351	1	37	0	7	3	24	0	25
12	348	2	8	0	15	4	31	0	33
15	345	2	39	0	28	5	38	0	41
18	342	3	10	0	42	6	45	0	50
21	339	3	41	0	57	7	52	0	58
24	336	4	11	1	13	8	58	1	8
27	333	4	38 41	1	34	10	5	1	16
30	330	5	10	2	1	11	11	1	25
33	327	5	38	2	31	12	16	1	34
36	324	6	6	3	2	13	22	1	43
39	321	6	32	3	32	14	26	1	52
42	318	6	58	4	3	15	31	2	2
45	315	7	23	4	37	16	35	2	11
48	312	7	47	5	16	17	39	2	20
51	309	8	10	6	2	18	42	2	30
54	306	8	32	6	50	19	45	2	40
57	303	8	53	7	39	20	47	2	50
60	300	9	12	8	30	21	49	3	0
63	297	9	30	9	27	22	50	3	11
66	294	9	47	10	25	23	48	3	22
69	291	10	3	11	28	24	47	3	34
72	288	10	19	12	33	25	44	3	46
75	285	10	32	13	38	26	40	3	59
78	282	10	42	14	46	27	35	4	11
81	279	10	50	16	4	28	29	4	29
84	276	10	56	17	24	29	21	4	36
87	273	11	1	18	45	30	12	4	50
90	270	11	5	20	8	31	0	5	5

Martis prostaphaereses

Numeri communes		Aequatio centri		Proportionum		Parallaxes orbis		Excessus	
G	G	G	S	Scrup.		G	Sm	G	S
93	267	11	7	21	32	31	45	5	20
96	264	11	8	22	58	32	30	5	35
99	261	11	7	24	32	33	13	5	51
102	258	11	5	26	7	33	53	6	7
105	255	11	1	27	43	34	30	6	25
108	252	10	56	29	21	35	3	6	45
111	249	10	45	31	2	35	34	7	4
114	246	10	33	32	40	35	59	7	25
117	243	10	11	34	31	36	21	7	46
120	240	10	7	36	16	36	37	8	11
123	237	9	51	38	1	36	49	8	34
126	234	9	33	39	46	36	54	8	59
129	231	9	13	41	30	36	53	9	24
132	228	8	50	43	12	36	45	9	49
135	225	8	27	44	50	36	25	10	17
138	222	8	2	46	26	35	59	10	47
141	219	7	36	48	1	35	25	11	15
144	216	7	7	49	35	34	30	11	45
147	213	6	37	51	2	33	24	12	12
150	210	6	7	52	22	32	3	12	35
153	207	5	34	53	38	30	26	12	54
156	204	5	0	54	50	28	5	13	28
159	201	4	25	56	0	26	8	13	7
162	198	3	49	57	6	23	28	12	47
165	195	3	12	57	54	20	21	12	12
168	192	2	35	58	22	16	51	10	59
171	189	1	57	58	50	13	1	9	1
174	186	1	18	59	11	8	52	6	40
177	183	0	39	59	44	4	32	3	28
180	180	0	0	60	0	0	0	6	0

T

Veneris prostaphæreses

Numeri communes		Aequationes centri		proportionum		parallaxes orbis		Excessus	
G	G	G	S	Sc	2	G	S	G	Sa
3	357	0	6	0	0	1	15	0	1
6	354	0	13	0	0	2	30	0	2
9	351	0	19	0	10	3	45	0	3
12	348	0	25	0	39	4	59	0	5
15	345	0	31	0	58	6	13	0	6
18	342	0	36	1	20	7	28	0	7
21	339	0	42	1	39	8	42	0	9
24	336	0	48	2	23	9	56	0	11
27	333	0	53	2	59	11	10	0	12
30	330	0	59	3	38	12	24	0	13
33	327	1	4	4	18	13	37	0	14
36	324	1	10	5	3	14	50	0	16
39	321	1	15	5	45	16	3	0	17
42	318	1	20	6	32	17	16	0	18
45	315	1	25	7	22	18	28	0	20
48	312	1	29	8	18	19	40	0	21
51	309	1	33	9	31	20	52	0	22
54	306	1	36	10	48	22	3	0	24
57	303	1	40	12	8	23	14	0	26
60	300	1	43	13	32	24	24	0	27
63	297	1	46	15	8	25	34	0	28
66	294	1	49	16	35	26	43	0	30
69	291	1	52	18	0	27	52	0	32
72	288	1	54	19	33	28	57	0	34
75	285	1	56	21	8	30	4	0	36
78	282	1	58	22	32	31	9	0	38
81	279	1	59	24	7	32	13	0	41
84	276	2	0	25	30	33	17	0	43
87	273	2	0	27	5	34	20	0	45
90	270	2	0	28	28	35	21	0	47

Veneris prostaphaereses

Numeri communes		Aequatio eccentri		proportionum		parallaxes		Excessus	
93	267	2	0	29	58	36	20	0	50
96	264	2	0	31	28	37	17	0	53
99	261	1	59	32	57	38	13	0	55
102	258	1	58	34	26	39	7	0	58
105	255	1	57	35	55	40	0	1	0
108	252	1	55	37	23	40	49	1	4
111	249	1	53	38	52	41	36	1	8
114	246	1	51	40	19	42	18	1	11
117	243	1	48	41	45	42	59	1	14
120	240	1	45	43	10	43	35	1	18
123	237	1	42	44	37	44	7	1	~~19~~ 22
126	234	1	39	46	6	44	32	1	26
129	231	1	35	47	36	44	49	1	30
132	228	1	31	49	6	45	4	1	36
135	225	1	27	50	12	45	10	1	41
138	222	1	22	51	17	45	5	1	47
141	219	1	17	52	33	44	51	1	53
144	216	1	12	53	48	44	22	2	0
147	213	1	7	54	28	43	36	2	6
150	210	1	1	55	0	42	39	2	~~27~~ 13
153	207	0	55	55	57	41	12	2	19
156	204	0	49	56	47	39	20	2	34
159	201	0	43	57	33	36	58	2	27
162	198	0	37	58	16	33	58	2	~~4~~ 27
165	195	0	31	58	59	30	14	2	27
168	192	0	25	59	39	25	42	2	16
171	189	0	19	59	48	20	20	1	56
174	186	0	13	59	54	14	7	1	26
177	183	0	7	59	58	7	16	0	46
180	180	0	0	60	0	0	16	0	0

Mercury prosthaphæreses

Numeri communes		Aequatio eccentri		proportionum		parallaxes		Excessus parallaxeon	
3	357	0	8	0	3	0	44	0	8
6	354	0	17	0	12	1	28	0	15
9	351	0	25	0	24	2	12	0	23
12	348	0	34	0	50	2	56	0	31
15	345	0	43	1	43	3	41	0	38
18	342	0	51	2	42	4	25	0	45
21	339	0	59	3	51	5	8	0	53
24	336	1	8	5	10	5	51	1	1
27	333	1	16	6	41	6	34	1	8
30	330	1	24	8	29	7	15	1	16
33	327	1	32	10	35	7	57	1	24
36	324	1	39	12	50	8	38	1	32
39	321	1	46	15	7	9	18	1	40
42	318	1	53	17	26	9	59	1	47
45	315	2	0	19	47	10	38	1	55
48	312	2	6	22	8	11	17	2	2
51	309	2	18 2	24	31	11	54	2	10
54	306	2	18	26	17	12	31	2	18
57	303	2	24	29	17	13	7	2	26
60	300	2	29	31	39	13	41	2	34
63	297	2	38 4	33	59	14	14	2	42
66	294	2	38	36	12	14	46	2	51
69	291	2	43	38	29	15	3 17	2	59
72	288	2	47	40	45	15	46	3	8
75	285	2	50	42	58	16	14	3	16
78	282	2	53 3	45	6	16	40	3	24
81	279	2	56	46	59	17	4	3	32
84	276	2	58	48	50	17	27	3	40
87	273	2	59	50	36	17	48	3	48
90	2[illegible]	3	0	52	2	18	6	3	56

Mercurii prostaphaereses

Numeri communes		Aequatio eccentri		proportionum		parallaxes		Excessus parall.		
93	267	3	0	53	43	18	~~44~~ 23	4	3	
96	264	3	0	55	4	18	~~28~~ 37	4	11	
99	261	3	0	56	14	18	48	4	19	
102	258	2	59	57	14	18	56	4	27	
105	255	2	58	58	1	19	~~41~~ 2	4	34	
108	252	2	56	58	40	19	~~25~~ 3	4	42	
111	249	2	55	59	14	19	~~0~~ 3	4	49	
114	246	2	53	59	40	18	59	4	54	
117	243	2	49	59	57	18	~~34~~ 53	4	58	
120	240	2	44	60	0	18	~~15~~ 42	5	2	
123	237	2	39	59	49	18	~~52~~ 7	5	4	
126	234	2	34	59	35	18	8	5	6	
129	231	2	28	59	19	17	~~18~~ 44	5	9	
132	228	2	22	58	59	17	~~59~~ 17	5	9	
135	225	2	16	58	32	16	~~38~~ 44	5	6	
138	222	2	10	57	56	16	~~38~~ 7	5	3	
141	219	2	3	56	41	15	~~49 25~~	4	59	15 25
144	216	1	55	55	27	14	~~57~~ 38	4	52	
147	213	1	47	54	55	13	~~51~~ 47	4	41	
150	210	1	38	54	25	12	~~44~~ 52	4	26	
153	207	1	29	53	54	11	51	4	10	
156	204	1	19	53	~~54~~ 23	10	44	3	53	
159	201	1	10	52	~~23~~ 54	9	34	3	33	
162	198	1	0	52	~~54~~ 33	8	20	3	10	
165	195	0	51	52	~~33~~ 18	7	4	2	43	
168	192	0	41	52	18	5	43	2	14	
171	189	0	31	52	~~8~~ 3	4	19	1	43	
174	186	0	21	52	2	2	54	1	9	
177	183	0	10	52	2	1	27	0	35	
180	180	0	0	52	2	0	0	0	0	

Quomodo horum quinque siderum loca numerentur in longitudine

Per hos ergo canones sic a nobis expositos horum
quinque errantium siderum loca longitudinis absque difficul-
tate numerabimus. Est enim in omnibus his idem
fere supputationis modus, in quo tamen tres illi superiores
a Venere et Mercurio aliquantulum differunt. Prius
ergo dicamus de Saturno Ioue et Marte. Quorum cal-
culatio talis est, Ut ad tempus quodlibet propositum
commutationis — queratur medij motus, Solis inquam simplex et ~~anomalias~~ planetae
per modum superius traditum, Deinde locus summae absidis ec-
centri planetae auferatur a loco Solis simplici atque ab
eo quod remanserit, commutationis ~~anomalia~~ motus, quod
deinde — ~~enim~~ reliquum fuerit est anomalia eccentri stellae. Cuius
numerum inter communes quaeremus, in alterutro primorum
ordinum canonis, et ex aduerso in tertia columella capiemus aequationem eccentri et sequentia scrupula proportionum. Aequationem hanc addemus motui commutationis =
si numerus quo intrauerimus in prima serie repertus fuerit
~~vel auferemus~~ si ordinem tenuerit secundum. Quodque collectum relictumue fuerit erit anomaliae commutationis ae- et e
quatae, seruatis interim scrupulis proportionum in usum
mox dicendum, Deinde anomalia sic aequata quaeremus
etiam inter priores numeros communes, ac e regione in quinta
columella commutationis prosthaphaeresim capiemus cum
eius excessu in fine apposito, a quo excessu partem accipiemus proportionalem iuxta numerum scrupulorum
proportionalium: quam semper addemus prosthaphaeresi, et
colliget veram planetae commutationem, auferendam
ab ~~ea~~ anomalia commutationis aequata, si ipsa minor
fuerit semicirculo, vel addendo in semicirculo maiore
Ita enim habebimus veram apparentemque a Solis loco.

[Margin notes:]
= et auferemus ab anomalia eccentri
et econuerso auferemus ab anomalia commutationis et addemus anomaliae eccentri

medio stellae distantia in praecedentia, qua cum a Sole
reiecerimus relinquitur locus stellae quaesitus ad non errantium sphaeram. Cui demum si praecessio aequinoctiorum ad-
posita fuerit, a sectione verna locum eius determinabit.
In Venere et Mercurio pro anomalia eccentri eo utimur
quod a summa abside ad locum Solis medium existit, per quam
anomaliam adaequamus motum commutationis, ubi iam (et anomaliam eccentri ipsarum)
dictum est. ~~et commutationem ipsam~~ Sed prosthaphaeresis
eccentri una cum parallaxi aequata si unius fuerint
affectionis vel speciei simul adduntur vel auferuntur
~~mot~~ loco Solis medio. Sin autem diversorum fuerint specierum
auferatur a maiore minor, et cum eo quod reliquum
fuerit fiat quod modo diximus secundum maioris numeri
proprietatem adiectivam vel ablativam, et exibit eius qui-
quaeritur locus apparens

De stationibus et repedationibus quinque errantium siderum

fol 197b

uam vim effectumque habeat assumpta revolutio terrae in motu apparenti longitudinis errantium siderum, et in quem ea omnia cogat ordinem certum et necessarium pro posse nostro indicavimus. Reliquum est, ut circa transitus illorum syderum, quibus in latitudinem digrediuntur occupemur. Ostendamusque quomodo etiam in his eadem terrae mobilitas exerceat imperia legesque praescribat illis etiam in hac parte. Est autem et haec pars scientiae necessaria, quod digressiones ipsorum siderum haud parvam efficiunt circa ortum et occasum, apparitiones, occultationes, atque alia quae in universum superius exposita sunt, differentiam. Quin etiam vera loca ipsorum tunc cognita dicuntur, quando longitudo simul cum latitudine a signorum circulo constiterit. Quae igitur prisci Mathematici hic etiam per stabilitatem terrae demonstrasse rati sunt, eadem per assumptam eius mobilitatem maiori fortassis compendio ac magis apposite facturi sumus.

De in latitudine digressu quinque errantium expositio generalis

Duplices omnino in omnibus his latitudinis expatiationes invenerunt prisci, duplici cuiusque ipsorum longitudinis inaequalitati respondentes. Et aliam fieri occasione orbium eccentrorum, aliam penes epicyclos, quorum loco epicyclorum unum orbem terrae magnum, iam saepe repetitum, accipimus. Non quod orbis ipse aliquo modo declinet a signiferi plano semel in perpetuum obtento, cum idem sint. Sed quod orbes illorum siderum ad hunc inclinentur obliquitate non fixa. Quae quidem varietas ad motum ac revolutiones orbis magni terrae regulatur. Quoniam

vero tres superiores Saturnus Jupiter et Mars alijs quibusdam
legibus feruntur in longitudine quam reliqui duo. Ita quoque
in latitudinis motu non parum differunt. Scrutati sunt igitur
primum ubinam essent, et quanti illorum extremi limites
boreae latitudinis, quos invenit
Ptolemaeus in Saturno et Jove circa principium Librae in Marte
vero circa finem Cancri in apogaeo propemodum eccentri
Nostris autem temporibus invenimus hos terminos septen-
trionales Saturno in septimo Scorpij, Jovi in xxvij
Librae, Marti in xxvij Leonis, prout etiam apogaea
ad nos usque permutata sunt. Ipsum namque motum orbium
illorum inclinationes et cardines latitudinum sequuntur
Inter hos terminos per quadrantes circulorum secundum longitudinis distantias
aequatas sive apparentes, nullam prorsus videntur
facere latitudinis abscessum, ubicunque contigerit tunc esse terram
in his ergo medijs longitudinibus intelliguntur esse in
sectione communi suorum orbium cum signifero, non aliter
quam Luna in sectionibus eclipticis, non quod orbis [quas hic vocat Ptolemaeus nodos ascendentem a quo stella progreditur septentrionalis descendentem quo transmigrat in austrinos]
terrae magnus idem semper in plano signiferi manens latitu-
dinis eis adducat aliquam, sed omnis latitudinis digressus
ex illis est, qui in alijs ab his locis plurimum variat
quibus appropinquante terra, quando soli videntur oppositi
et acronycti, maiori semper excurrunt abscessu, quam in
quacunque alia terrae positione, in hemisphaerio boreo in borea, in austrino in austrum, idque maiori discrimine quam terrae
accessus et recessus postulat. Qua occasione cognitum
est inclinationem illorum orbium non esse fixam, sed quae
mutetur quodam librationis motu revolutionibus orbis
magni terrae commensurabili, ut paulo inferius dicetur
Venus autem et Mercurius alijs quibusdam modis videntur
excurrere certa tamen lege observata ad absidas medias

extremas et infimas. Nam in mediis longitudinibus, Quando videlicet linea medii motus Solis per quadrantem distiterit a summa vel infima illorum abside: ipsaeque stellae ab eadem linea medii motus abfuerint per quadrantem suorum orbium vespertini vel matutini, nullum in eis inuenerunt ab orbe signorum abscessum, per quod intellexerunt, eos tunc esse in sectione communi orbium signorum et signiferi, quae sectio transit per illorum apogaea et perigaea. Et idcirco superiores vel inferiores respectu terrae existentes, egressiones fecerunt manifestas, maximas vero in summa a terra distantia hoc est, circa emersiones vespertinas, vel matutinas occultationes, ubi Venus maxime borea videtur Mercurius austrinus At alternatim in propinquiori terrae loco, quando vespertini occultantur vel emergunt matutini Venus austrina est Mercurius boreus. Vice versa in loco huic opposito existente terra, atque in altera abside media, dum videlicet anomalia eccentri fuerit partium ccLxx apparet Venus in maiori a terra distantia austrina Mercurius boreus, ac terra propinquiorem terrae locum Venus borea Mercurius austrinus. In conversione vero terrae ad apogaea horum siderum inuenerunt Ptolemaeus Veneri matutinae latitudinem boream vespertinae austrinam Id quoque vicissim in Mercurio, matutino austrinam vespertino boream. Quae similiter in opposito perigaei loco convertuntur, ut Venus Lucifer austrina videatur vesperugo borea At Mercurius matutinus boreus vespertinus austrinus. Atqui in his utrisque locis inuenerunt Veneris abscessum boreum semper maiorem quam

austrinam. Mercurij maiorem austrinam ~~maiore~~ quam boream.
Qua occasione duplices hoc ~~hi~~ loco rationati sunt latitudines.
Et tres in universum. primam quam in medijs longitudinibus in
clinationem vocarunt, alteram quam in summa ac infima absidis
obliquationem, ac reliquam huic coniunctam deviationem
Veneri boream semper Mercurio austrinam. Inter hos quatuor
terminos invicem commiscentur, ac alternatim crescunt et
et decrescunt mutuoque cedunt. Quibus omnibus convenientes
assignabimus occasiones.

Hypotheses circulorum quibus hae stellae in latitudine feruntur. Cap. ij

Assumendum est igitur, in his quinque stellis, orbes eorum ad
planum signiferi inclinari, quorum sectio communis sit per
diametrum ipsius signiferi inclinatione variabili sed regulari. Quoniam in Saturno Iove et Marte angulus sectionis in sectione illa tamquam axe librationem quandam recipit
qualem circa praecessionem aequinoctiorum demonstravimus, sed simplicem, et motui commutationis commensurabilem sub quo
augetur et minuitur certo intervallo. Ut quotiescumque
terrae proxima fuerit planetae nempe acronycto maxima
contingat inclinatio orbis planetae in opposito minima
in medio mediocris. Ut cum fuerit planeta in limite
maximae latitudinis, multo maior appareat eius latitudo, [sive boreae sive austrinae]
in propinquitate terrae quam eius maxima distantia. Et quamvis
haec sola possit esse causa huiusce diversitatis, inaequalis
terrae distantia, secundum quod propinquiora maiora videntur
remotioribus, sed maiori differentia excrescunt, deficiuntque
harum stellarum latitudines, quod fieri non potest nisi etiam
orbes illorum in obliquitate sua librentur. Sed ut antea
diximus in his quae librantur oportet ~~intelligi~~ medium quoddam

extremorum accipe. ~~Quae ut apertiora fiant, assumendum est in his quinque stellis orbes eorum ad planum signiferi inclinari quorum sectio communis in eius stabit sit per diametrum ipsius signiferi, inclinatione variabili sed regulari. Quin~~

Quae ut apertiora fiant Sit orbis magnus qui in plano signiferi a b c d centrum habens e, ad quem inclinis sit orbis planetae qui sit f g k l mediae ac permanentis ~~declinationis~~ declinationis, cuius limes latitudinis boreus f, austrinus k, descendens sectionis nodus g, ascendens l sectio communis b e d quae extendatur in rectas lineas g b d l, qui quidem quatuor termini non mutentur nisi ad motum absidum. Intelligatur autem quod motus stellae longitudinis non feratur sub plano ipsius f g circuli, sed sub alio quodam obliquo ipsi f g ~~l~~ sit o p, qui se mutue secet in eadem g b d l recta linea. Dum ergo stella sub o p orbe feratur, et ipse interdum motu librationis coincidens ipsi f k plano, transmigrat in utrasque partes, facitque ob id latitudinem apparere variam. Sit enim primum stella in maxima latitudine boraea sub o signo proxima terrae in a existente, excresceret tunc ipsa latitudo stellae penes angulum o g f maxime inclinationis o g p orbis. ~~Cum autem~~ [cuius] motus accessus et recessus, quia motui commutationis commensurabilis existit per hypothesim, si tunc terra fuerit in b congruet o in f et minor apparebit stellae latitudo in eodem loco quam prius, multo etiam minor si terra in c signo fuerit transmigrabit enim o in extremam et diversam librationis suae partem, et relinquet tantum quantum fuerit a libratione

f homocentro

ablatiua latitudinis boreae superfuerit, nempe ab angulo
aequali ipsi ogf. Exinde per reliquum hemicyclium edc
crescet latitudo stellae boreae existentis circa f donec ad
primum a signum redierit unde exierat. Idem processus
atque modus erit in stella meridiana circa k signum constituta, sumpto a c terrae motus exordio. Quod si stellae
in altero g vel l nodo fuerit acronychus vel sub Sole
latens, quamvis tunc ~~plurimum~~ plurima inclinatione desti-
terint inuicem orbes fk et op, nulla propterea latitudo
stellae sentietur, utpote quae sectionem orbium communem tenuerit
Ex quibus arbitror facile intelligitur, quomodo latitudo planetae borea decrescat ab f ad g, et austrina a g ad k au-
geatur, quae ad l tota euanescit, transeatque in septentriones
Et tres illi superiores hoc modo se habent, a quibus ut
in longitudine sic in latitudinibus non parum differunt Venus
et Mercurius. Quia sectiones orbium communes per apogaea et
perigaea habeant collocatas, eorum vero maximae inclinationes
ad medias absidas convertuntur libramento mutabiles ut illorum
superiorum, sed alia insuper hi librationem subeant priori dissimilem
ambae tamen revolutionibus telluris sunt commensurabiles, sed
non uno modo. Nam prima libratio hoc habet, quod revoluta
semel terra ad illorum absides, motus librationis ipse bis revolvitur, axem habens permanentem, sectionem quam diximus, per
apogaea et perigaea, ut quotiescumque linea medii motus Solis
fuerit in perigaeo sive apogaeo illorum, maximus accidat
angulus sectionis, in mediis autem longitudinibus minimus
semper. Secunda vero libratio huic superveniens ~~variat ipsam~~ differt ab illa in eo quod
mobilem axem habens, efficiatque ut in media longitudine con-
stituta terra sive Veneris sive Mercurii, planeta semper sit in
axe id est in sectione communi huius libramenti, maxime vero
devius, quando ad apogaeum vel perigaeum eius respexerit terra
Venus in boream semper, ut dictum est, Mercurius in austrum
cum tamen propter priorem ac simplicem inclinationem latitudinis

tunc carere debuisset. Ut exempli gratia dum medius Solis motus
fuerit ad apogaeum Veneris et ipsa in eodem loco manifestum est quod
secundum simplicem inflexionem primamque librationem in communi sectione
sui orbis cum plano signiferi nullam tunc admisisset latitudinem
sed secunda libratio declinationem suam superinducit ei maximam. Habet
sectionem sive axem per transversam diametrum orbis excentri secans
eam quae per summam ac infimam absida ad angulos rectos. Si
vero eodem tempore fuerit in altera quadrantum ac circa absidas medias
sui orbis, tunc axis huius librationis cognatus cum linea medii
motus Solis, et ipsa Venus addet reflexioni boreae declinationem maximam, quam austrinae reflexioni auferet minoremque
relinquet. ~~Est autem et haec libratio motui terrae commensurabilis~~
~~Ut dum linea medii motus Solis fuerit per apogaeum vel perigaeum~~
~~planetae sit ipse tunc maxime devius, in quacumque parte fuerit~~
~~sui orbis constitutus, circa medias autem absidas declinatione ca-~~
~~rebit~~ Atque hoc modo libratio declinationis motui telluris
commensuratur. Quae ut etiam facilius capiantur. Repetatur
orbis magnus abcd orbis Veneris vel Mercurii excentrus et obliquus
ad abc circulum secundum inclinationem aequalem fgkl horum sectio communis
fg per apogaeum orbis quod sit f et perigaeum g. Ponamus autem
primum commodioris causa demonstrationis ipsius gkf orbis excentri
inclinationem tanquam simplicem et fixam, vel dum placet mediam
inter minimam et maximam, nisi quod fg sectio communis secundum
perigaei et apogaei motum permutetur. In qua dum fuerit terra
nempe in a vel c atque in eadem linea planeta manifestum
est quod nullam tunc faceret latitudinem, quando omnis latitudo a lateribus est in hemicyclis gkf et flg quibus
planeta in boreas vel austros facit abscessus, ut dictum est
pro modo inflexionis ipsius flg circuli ad Zodiaci planum.
Vocant autem hunc planetae digressum obliquationem, alii re-
flexionem. Cum vero terra fuerit in b vel d hoc est ad medias
absidas planetae, erunt eaedem latitudines superius et inferius

fkg et glf quas vocant declinationes. Itaque nomine potius quam re differunt a prioribus, quibus etiam nominibus in locis mediis conveniuntur. Sed quoniam angulus inclinationis horum circulorum in obliquatione reperitur esse maior, quam in declinatione, intellexerunt per quandam librationem id fieri inflectentem se in fg sectione, tamquam axe, ut dictum est in superioribus. Cum igitur utrobique talis sectionis angulum notum ~~haberent~~ haberemus facile ex eorum differentia intelligeremus, quanta fuerit ipsa libratio a minima ad maximam. Intelligatur iam alius circulus deviationis obliquus ipsi gkfl homocentrus quidem in Venere eccentrus autem eccentri in Mercurio ut postea dicetur, ~~et sit ipsa~~ quorum sectio communis sit rs tamquam axis huius librationis in circulum mobilis, ea ratione ut dum terra in a vel b fuerit, planeta sit in extremo limite deviationis ubicumque fuerit, ut in t signo. Et quantum ex a terra progressa fuerit, tantum planeta subintelligatur a t removeri decrescente interim obliquitate circuli deviationis, ut dum terra emensa fuerit quadrantem ab, intelligatur planeta ad nodum pervenisse huius latitudinis id est in r. Sed coincidentibus tunc planis in medio librationis momento, ac in ~~contrarias partes~~ diversa nitentibus, reliquum hemicyclium deviationis quod prius erat austrinum erumpet in boream in quod succedens Venus austro neglecto septentriones repetit, nunquam oppetitura austrinum per hanc librationem. Sicut Mercurius contrarias sectando partes Austrinus permanet. Qui etiam in eo differt quod non in homocentro eccentri, sed ~~eccentri~~ eccentri eccentro libratur ~~ut circa motum longitudinis eius demonstravimus. Atque~~ pro quo circa longitudinis motum epicyclio usi sumus in inaequalitatis demonstratione. Verum quoniam illic longitudo sine latitudine, hic latitudo sine longitudine consideratur. Quae dum una eademque ~~revolutio~~ revolutio comprehendat pariterque reducat, satis apparet unum esse ~~mod~~ motum eandemque librationem, quae potuit utramque varietatem efficere eccentra et obliqua simul existens, nec aliam praeter hanc, quam modo diximus ~~hypot~~ hypothesim, ~~de plu~~ de qua plura inferius.

~~illae longitudinis sive latitudinis, haec latitudinis sive longitudinis cum sit idem motus, eademque libratio utramque producens varietatem ut licet animadvertere~~ Ca iii

Quanta sit inclinatio orbium Saturni Iovis et Martis

Post hypotheses digressionum quinque planetarum expositas, ad res ipsas descendendum nobis est, discernendaque singula. Atque in primis quantae sint singulorum circulorum inclinationes quas per eum qui per polos est circuli inclinati et ad rectos angulos ei qui per medium signorum est descriptus maximum circulum rationemur, ad quem fiunt latitudinum transitus considerantur. His enim propositis via cognoscendarum cuiusque latitudinum aperitur. Incipientibus etiam a tribus superioribus, quo in extremis limitibus latitudinum austrinis expositione Ptolemaica patet abscessus Saturni acronycti gradus iii scr. v. Iovis gradus duos scr. vii. Martis gr. vii ~~scr. vii~~. In locis autem oppositis: dum videlicet Soli comparent Saturni grad. ii scrup. iii. Iovis gr. i scr. v. Martis scr. dumtaxat iiii adeo ut pene contingat signorum circulum, prout ex eis quae circa occultationes illorum et emersus observavit latitudinibus licebat animadvertere. Quibus ita propositis. Esto in plano quod fuerit ad rectos angulos signorum circulo et per centrum sectio communis zodiaci a b eccentri vero cuiuslibet trium c d per maximos austrinos et boreos limites centrum quoque zodiaci e, et magni orbis terrae dimetiens f e g. Sit autem d austrina latitudo c borea, quibus coniungantur c f, c g, d f, d g. ~~Exemplificabimus autem in Marte eo quod is praestetit latitudinibus omnibus f exuperet~~ Cum ergo fuerit in d signo acronyctus, in g terra existente patuit angulus a f c part. vii scr. vii. Sed quoniam ipsius c locus datus est et ipse in apogaeo Martis, et ex magnitudinibus orbis supra demonstratis c e partium est

~~una scrup primus xxv ? xx, ut fg est pars una. In triangulo igitur cef data ratione laterum ce. ef cum angulo cfe habebimus etiam cef angulum inclinationis eccentri maximum datum, et est iuxta rationem triangulorum planorum part vi scr xl. In opposito autem existente terra hoc est in g planeta adhuc in c posito erat angulus cgf apparentis latitudinis scrup iiij~~

Iam vero superius circa singulos demonstratae sunt rationes eg orbis magni terrae ad ed eccentri planetae ad quaelibet loca eorum proposita. Sed et maximarum latitudinum loca data sunt ex observationibus. Cum ergo bgd angulus maximae latitudinis austrinae datus fuerit ~~extem~~ exterior trianguli egd dabitur etiam per demonstrata triangulorum planorum interior et oppositus angulus ged inclinationis eccentri maximae austrinae ad zodiaci planum. Similiter per minimam latitudinem austrinam demonstrabimus minimam inclinationem occupata per angulum efd. Quoniam trianguli efd datur ratio laterum ef ad fd cum angulo efd habebimus angulum exteriorem datum dfe minimae inclinationis austrinae hinc per differentiam utriusque declinationis totam librationem excentri ad zodiacum. Quibus etiam angulis inclinationum latitudines boreas oppositas ratiocinabimur, quales videlicet fuerint anguli afc et egc, qui si observatis consenserint, nos minime errasse significabunt. Exemplabimus autem de Marte, eo quod ipse praeteris excurrat omnibus in latitudine, Cuius latitudinem maximam boream austrinam adnotavit ptolemaeus partium fere vij ~~minimam~~ atque hanc in perigeo martis maximam quoque boream ~~part iiij scr xx fere ut alij~~ partium iiij scr xx f in apogeo. Nos autem cum accepimus angulum bgd partium vi scr l invenimus ei respondentem afc angulum partium iiij scr xxx fere, Cum enim ratio data eg ad ed sit sicut unum ad unum scr xxv ? xxvi habebimus ex eis cum

angulo b g d angulum d e g part 1 scr li fere inclinationis
maximae austrinae, et quoniam e f ad c e est sicut unum
ad viii, scrup prima ~~xxxi sec 60~~ xxxix secunda lxvij et angulus c e f aequat ipsi d e g part 1 scr li sequitur
exterior (quem diximus) angulus c f a part iiij s
existente planeta acronycto / Similiter in opposito loco dum cum Sole currit si assumpserimus
angulum d f e ~~partium~~ scrup v ex d e et e f
datis lateribus cum angulo e f d habebimus
angulum e d f et exteriorem d e g scr prope novem
minimae inclinationis qui etiam apud nobis angulum
c g e boreae latitudinis ~~minime~~ scrupulorum prope
sex. Cum ergo reiecerimus minimam inclinationem
a maxima hoc est 9 scr ab una parte et li
scr relinquitur pars una scr xli est que libratio
huius inclinationis et dimidia scr xx l s fere
Simili modo aliorum duorum ~~Saturni et Jovis~~
Jovis et Saturni patuerunt anguli inclinationum
cum latitudinibus Nempe Jovis inclinatio maxima
partis unius scr ~~minima~~ xlij minima partis unius scr
xviij, ut tota eius libratio non comprehendat amplius
quam scr xxiiij Saturni autem inclinatio maxima part
ij scr xliij minima part ij scr xvj interea libratio
scr xxvij. Hinc et per minimos inclinationum angulos qui in
in opposito loco contingunt, dum fuerit sub Sole latentes
exibunt et abscessus latitudinis a signorum circulo Saturni
part ij scr iij Jovis pars 1 scr vj, quae erat ostendenda
ac servanda pro tabulis exponendis inferius

De caeteris quibuslibet et in universum latitudinibus exponendis

horum

horum triu syderu C

Ex his demu sic ostensis patebunt in universum ac singulae latitudines ipsorum triu syderu. ~~Esto enim orbis terrae magnus quadripartitus dimetientes a b c d centru eius e ad quem intelligatur plani recti sectio communis~~ Intelligatur enim q primi plani recti ad circulu signoru sectio comis a b per limites extremaru digressionu ~~boree~~ et sit boreus limes in a sectio quoq comunis orbis planetae recta c d quae secet a b in d signo, quo facto centro describatur orbis magnus terrae e f et ab acronycto qd est e capiat utrumq e f circumferentia cognita, ab ipsis quoq f et c loco stellae pperpendiculares agantur ipsi a b et sint c a, f g et conectantur f a, f c. Quaerimus primu angulum a d c inclinationis eccentri quantus ipse sit in hoc themate. Ostensum est aut tunc maximu fuisse quando terra erat in e signo. patuit etia q tota eius libratio comensuratur revolutioni terrae. e f circulo penes dimetientem b e prout exigit natura librationis, erit ergo pp e f circumferentia data c d ad e g ratio data, et sic est ~~libramentum~~ totius ad id quod quo modo ab angulo a d c decrevit. Datur propterea ad pns angulus a d c. Ideirco trianguli a d c datoru angulorum datur omnibus eius lateribus. Sed quoniam c d ratione habet data ad e d ex precedentibus, datur etia ad reliqua d g, igitur c d et ad ad eande g d hinc et reliqua a g datur quibus etia datur f g est enim dimidia subtendentis duplum e f duobus ergo lateribus trianguli [illegible] anguli a g f datis, datur subtensa a f et ratio [illegible]f ad a c. Sic rursum demu duobus lateribus trianguli re[illegible]anguli a c f datis dabitur angulus a f c et ipse est lati[illegible]dinis apparentis qui quaerebatur. Exemplabimus hoc rursus [illegible] marte, cuius maximus limes australis latitudinis sit

circa a fore in infima eius abside contingit. Est autem locus
planetae in c, ubi dum esset terra in e signo demonstratum est
a d c angulum inclinationis maximum fuisse nempe partis
unius scr. L. ponamus iam terram in f signo et motum comutationis secundum e f circumferentiam part. XLV
datur ergo f g recta 7071 quarum est e d 10000
et g e reliqua eius quae ex centro part. 2929
Ostensum est autem dimidium librationis a d c anguli
esse part. 0 50 ÷ ratione habens augmenti et diminutionis hoc loco ut d e ad g e ita 50 ÷
ad 15 proxime. quae cum reiecerimus
a part. 1 L remanebit pars 1 scr. XXXV
angulus inclinationis a d c in praesentia. erit
propterea triangulum a d c datorum angulorum atque laterum et quoniam superius
ostensum est c d partium esse 9040 quare
est e d 6580 erit earundem f g 4653. a d
part 9036 et reliqua a g part 4383 et a c
part 249 ÷ Trianguli igitur a f g rectanguli
perpendiculare a g basi f g part 4383 et basim f g
part 4653 sequitur subtensa a f part 6392 Sic demum
trianguli a c f habente c a f angulum rectum cum lateribus a c a f datis datur angulus a f c part 2 scr XV
latitudinis apparentis ad terram in f constituta. Eodem modo
in aliis duobus Saturno et Iove exercebimus ratiocinatio[nem]

tum

De Veneris et Mercurii latitudinibus C

transitus latitudinum

evagationibus

incipiemus ab

tractationem

separetur

Supersunt Venus et Mercurius, quorum in latitudine
simul demonstrabuntur, tribus ut diximus
involutorum. Quae ut singulatim discerni queant,
ea, qua declinatio vocatur, tamquam a simpliciori
et siquidem soli accidit, ut a caeteris interdum separ[etur]
quod circa medias longitudines, circaque nodos
secundum epicyclum inclinatos

partium cclxj scr. x. Atque propterea qui sequitur angulus sub efg partium lxxxj scr. v. Sic rursus in triangulo efg duo latera data sunt fg 3849 qualium est ef 10505. erit propterea feg angulus partium xxj scr. xix qui cum ceif faciet totum ceg partium xxvj scr. xlvj et est distantiae apparentis inter centrum orbis magni e et g planetam quam etiam parum distat ab observato. Quod etiam tertio concordat confirmabitur. Etenim posuerimus angulum ace partium cxxvj scr. j sive sequentem bce lij lix. habebimus rursus triangulum cuius duo latera nota sunt ei partium 735 quarum sunt ec 10000 comprehendentia angulum eci partium lij scr. lix. quibus demonstratur cie angulus esse partium iij scr. xxxj et latus ie 9575 qualium ec 10000. Et quoniam angulus eif ex constructione datus partium xlix scr. xxviij. datis etiam comprehendentibus lateribus fi 211 qualium ie 9575 erit etiam reliquum latus tale 9440 et angulus ief scr. lix. quae ab toto iec dempta relinquunt cum qui sub fec reliquum partium ij scr. xxxij. et est prosthaphaeresis ablativa anomaliae eccentri, quae cum addita fuerit anomaliae commutationis mediae quam numeravimus partium cix scr. xxxviij f exibit vera partium cxij scr. x. Sumatur enim in epicyclo angulus lop duplus ipsi eci partium cv et lviij. habebimus hic quoque pro ratione po ad os ipsam os 52 ut tota los sit 242. quae cum addiderimus minime distantiae 3573 habebimus adaequatam 3815 secundum quam in centro f describatur circulus in quo summa absis commutationis sit h in recta extensione facta ipsius efh lineae atque pro modo anomaliae commutationis verae capiatur circumferentia hg partium cxij scr. x et coniungantur gf erit ergo sequens sub gfe angulus partium lxvij scr. l

f cum adiecerimus partes ccxvj secunde f

quae comprehendunt data latera GF 3815 qualium est 9440 quibus constabit angulus FEG part. xxiii scr. L a deducta CEF prosthaphaeresi remanet CEG part. xxi scr. xviii apparentiae inter stellam vespertinam et centrum orbis magni, qualis fere per observationem recepta est distantia. Haec ergo tria loca sic observatis consonantia attestantur proculdubio ipsum esse locum summae absidis eccentri, quem assumebamus parte ccxl s sub fixarum sphaera hoc tempore nostro ac deinde quae sequuntur esse certa, anomaliam videlicet commutationis aequalem in primo loco part. cciii c scr. xxxvi, in secundo part. ccliii scr. xxxviii, in tertio part. cix scr. xxxviii. Quae erat inquirenda. In illa vero consideratione antiqua. Anno xxi Ptolemaei Philadelphi in diluculo diei xix mensis primi Thoth secundum aegyptios, erat summae absidis eccentri locus Ptolemaei sententia, ad fixarum sphaeram in part. clxxxiii scr. xx. Anomalia vero commutationis aequalis in part. ccxi scr. xlvi. Tempus autem inter hanc novissimam ac illam antiquam observationem sunt anni aegyptii MDCCLXVIII dies cc scr. xxxiii. In quo tempore summa absis eccentri mota est sub non errantium stellarum sphaera part. xxviii scr. x, et commutationis motus ultra integras revolutiones quae sunt VDLXX partibus cclvii scr. li. Siquidem in xx annis complectuntur periodi lxiii fere, ~~sic in MDCCLX~~ quae colligunt in MDCCLX annis periodos VDXLIII, et in reliquis viii annis et diebus revolutiones xxvi. Proinde in VDCCLXVIII diebus cc scrupulis xxxiii excreverunt ~~post~~ revolutiones VDLXX, partes cclvii scr. xli quibus differunt observata loca primus ille antiquus a nostro, quae etiam consentiunt numeris quos exposuimus in tabulis. Dum autem partes xxviii scr. x comparaverimus ad hoc tempus, quibus apogeum eccentri motum est, videbitur in lxiii annis per unum gradum fuisse motum si modo aequalis fuerit.

De praefiniendis locis Mercurii

Quoniam igitur a principio annorum Christi usque ad

vltima obseruatione sunt anni aegyptij M.D.iiij dies lxxxvj scrup xlviij in quibus est anomaliae commutationis Mercurij motus part lxiij scr xiiij reiectis integris revolutionibus, quae dum ablata fuerit a part cxi scr xxxviij, remanet partes xlvij scr xxiiij locus ano commutatois ad principium anno Christi. a quo rursus ad principium primae olympiadis sunt anni aegyptij DCCLXXV dies xij s in quibus innumeratus motus partes vc scr iij post integras revolutiones quae a loco Christi deducta, mutuata revolutione una remanet ad prima olymp locus part cccxj scr xxj, Hinc quoque ad Alexandri morte in annis cccclj diebus ccxlvij supputatione facta prevenit locus ad partes ccxiij scr iij.

De alia quadam ratione accessus et recessus

Prius autem quam recedamus a Mercurio placuit alium adhuc modum recensere priore non minus credibilem, per quem accessus et recessus ille fieri ac intelligi possit. Sit enim circulus quadrifariam sectus g h k p in f centro, cui etiam parvulus inscribatur circulus homocentrus l m, ac rursus centro l distantia vero l f o aequali ipsi f g vel f h alius circulus o r. ponatur autem quod tota haec forma circulorum feratur circa f centrum in consequentia cum suis g f r et h f p sectionibus, quotidie per partes circiter ij scrup vij quantum videlicet motus commutationis stellae superat telluris motum in zodiaco ab apogaeo eccentri stellae, quae interim reliquos velut a g signo motus per o r circulum proprium commutationis superat semisse fere motui terreno, assumatur etiam, quod in hac eadem

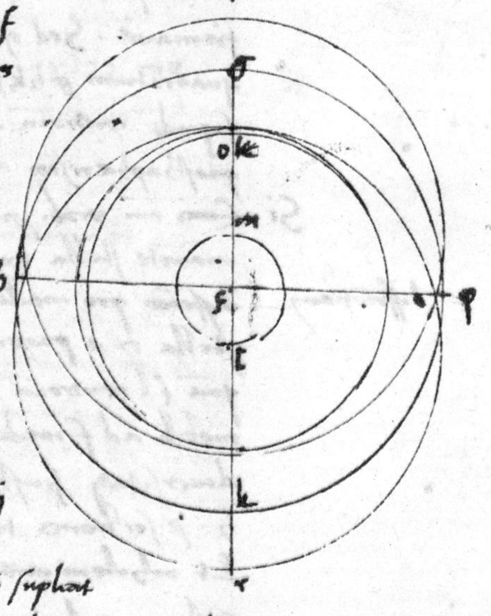

~~reciprocando~~ duplo maiore eo quam prius posuimus, reciprocando

revolutione id est annua centrum orbis o r stella deferentis feratur motu librationis per l f in diametrum [duplo maiorem] reuertenda ut supra dictum diximus. Quibus sic constitutis. Cum posuerimus terram medio motu contra apogeum excentri stellae, et eo tempore centrum orbis stella deferentis in l ipsum vero stella in o signo cum quae tunc in minima ab f distantia describet motu totius minimum circulum cuius quidem centrum fuerit f o Et quae deinde sequuntur, vt cum terra fuerit in circa media abside, stella in h g signum cadens secundum maxima ad f distantia describet maximos anfractus, nempe secundum circulum cuius centrum est f, ~~reciprocante tunc~~ congruit enim tunc deferens cum f h f q o orbe per vnitate centri in f. Hinc pergente terra in partes perigaei et centro orbis o r in alterum extremorum quod est in adtollitur etiam orbis ipse supra g k atque stella in r rediet rursus in minimam distantiam ipsi f et accidet ei quod a principio Concurrunt enim hic tres revolutiones inuicem aequales. vtpote terrae in apogeum orbis excentri Mercurij, libratio centri secundum l in diametrum, atque planetae ab f per lineam in eandem [a quibus solum differt motus sectionum g h k p ab ~~fr~~ absidis excentrici vti diximus.] Sta sane circa hoc sidus, et tam admirabili varietate lusit natura, quam tamen ordine perpetuo, ac certo, et immutabili confirmauit. Sed est hic animaduertendum, quod in medijs spatijs quadratum g h k p sidus non pertransit absque longitudinis defectu siquidem centrorum mediis diuersitates interueniens, necessario facit prosthaphaeresim aliquam. Sed obstat centri illius instabilitas Si ~~Cum~~ enim, verbi gratia, ~~stella fuerit in o signo~~ centro in l permanente stella ex o procederet, maxima circa h admitteret ~~defectum~~ [differentiam] pro modo excentrotetis f l. Sed ex assumptis sequitur quod stella ex o progressa ordiatur quidem promittere differentiam quam f l centrorum distantia habet efficere, sed accedente centro mobili ad f medium, detrahitur magis ac magis promissae diuersitati, frustraturque adeo, vt circa medias ~~sectiones~~ h. p sectiones tota vanescat, vbi maxima debebat expectari Et nihilominus (quod fatemur) facta etiam parua sub radijs Solis occultatur. Atque in oriente vel occidente sidere matutino

tutino vespertinoque non cernitur penitus sub amfractibus
circuli. Et hunc quidem modum praeterire noluimus non
minus rationabilem priori, quippe ~~circa~~ circa latitudinum discessus
aptissimo usu veniet. ~~Tabulas quidem exemplis in-~~
~~ure Epilogus omnium quinque errantium~~ rationum quibus
~~in his quinque sideribus usi fuimus, commoditatis causa~~
~~Canones apponimus~~, cuique proprios sex ordinum
versuum vero XXX per triadas graduum uti solemus.
Primi duo ordines numeros habebunt communes tam
anomaliae eccentri quam commutationum. ~~Secundus~~ Tertius
prosthaphaereses eccentri collectas, totas inquam differentias
quae cadunt ~~cadunt~~ inter aequalem diversumque motum illorum
orbium. Quarto Scrupula proportionum quae sunt sexagesimae
quibus commutationes ob maiorem minoremve terrae distantiam augentur vel minuuntur. Quinto prosthaphaereses
ipsae quae sunt commutationes in summa abside eccentri contingentes. Sexto et ultimo excessus, quibus superant
eae quae fiunt in infima abside eccentri. Et sunt
canones isti

De ~~appositione~~ tabulis prosthaphaereseon
quinque siderum errantium.

Haec de Mercurii ac caeterorum
errantium motu aequalitatis et
apparentiae demonstrata et numeris sunt exposita, quorum exemplis quilibet ~~alia loca~~ ad quaelibet
alia loca differentias motuum
numerandi via patebit, sed ad
faciliorem usum Canones
paravimus.

De stationibus et repedationibus quinque erraticarum siderum.

Ad rationem quoque motus qui secundum longitudinem est pertinere videtur stationum regressionum et repedationum eorum notitia ubi quando quantaeque fiant. De quibus etiam non pauca tractarunt mathematici, praesertim Apolonius pergeus ~~sed~~

Sed eo modo

quasi una dumtaxat inaequalitate, et ea quae respectu solis stellae ipsae moventur, quam nos diximus commutationem propter motum orbis magni terrae. Quoniam si stellarum circuli fuerint orbi magno terrae homocentrii, quibus dispari cursu stellae feruntur omnes in easdem partes, hoc est, in consequentia, et aliqua stella in orbe suo, et intra orbem magnum, ut Venus et Mercurius velocior fuerit quam motus terrae, ~~et acta quaedam recta linea~~ ex qua acta quaedam recta linea sic secet orbem stellae ut assumpta ipsius sectionis in orbe dimidia ad eam quae a visu nostro, quod est terra, usque ad inferiorem, repandamque secti orbis circumferentiam rationem habeat quam motus terrae ad stellae velocitatem, factum tunc signum a sic acta linea ad perigeam circuli stellae circumferentiam discernit repedationem a progressu adeo ut sidus in eo loco constitutum stationis faciat estimationem. Similiter in caeteris tribus ~~superioribus~~ exterioribus, quorum motus tardior est velocitate terrae, acta recta linea per visum nostrum orbem magnum sic secet, ut dimidia sectionis quae in orbe ad eam quae a stella ad visum nostrum in propinquiori et convexa orbis superficie constitutum rationem habeat, quam motus stellae ad terrae velocitatem, eo tunc loci visui nostro stantis imaginem stella praefert. Quod si sectionis dimidia quae in circulo sicut dictum est, maiorem habuerit rationem ad reliquum exterius segmentum quam velocitas terrae ad velocitatem Veneris vel Mercurii, sive motus alicuius trium superiorum ad velocitatem terrae progredietur sidus in consequentia, sin minor ratio fuerit retrocedet in praecedentia. Quibus demonstrandis assumit Apolonius lemmation quoddam, sed ad immobilitatis terrae hypothesim, quod nihilo secius etiam nostris congruit principiis

i immobilitate telluris, quo propterea nos etiã utemur.
Et possumus ipm pronunciare in hanc formã. Si trianguli
maius latus ita secetur, ut unũ segmentorũ nõ sit minus
lateri sibi cõiuncto, erit ipius segmenti ad reliquũ segmentum
maior ratio q̃ angulorũ ad ipm latus sectũ constitutorũ
ordine ~~ref~~ reciproco. Sit igr trianguli abc maius latus
bc in quo si capiatur cd nõ minus q̃ ac, aio q cd
ad bd maiore ratione habebit, q̃ sub abc angulus ad eum
q sub bca anguli, demonstratur aute hoc modo. Compleatur enĩ parallelogrãmum adce, et extensæ
ba et ce coincidant in f signo. Quoniã igitur
ae nõ est minor ipi ac, centro igitur a dista-
tiaq ae descriptus circulus, p c transibit vel
supra ipm, transeat modo p c q sit gec. Cũq
maius sit aef triangulũ ipo aeg sectore, minus
aute aec triangulũ sectore aec, maiore habet
ratione aef triangulũ ad aeg ~~sectore~~ quã
aeg sector ad aec sectore. Sed ut aef tri
angulũ ad aec, sic fe basis ad ec maiorem
ergo ratione habet fe ad ec q̃ sub fae angulus
ad eac angulũ, sed ut fe ad ec, ita cd
ad db. æqualis enĩ est fae angulus ipi abc
qui vero sub eac ipi bca, igitur et cd ad db
maiore habet ratione, q̃ sub abc angulus ad eũ
qui sub acb. Manifestum est aute q multo
maior erit ratio, si nõ equalis assumatur cd
ipi ac hoc est ae sed maior illi ponitur.
Esto iam circulus Veneris vel Mercurij abc
sup d centro et extra circulum terra mobilis e
circa idẽ centrũ d mobilis, et ex e visu nro agatur p centrum
circuli recta linea cda, sitq a remotissimus a terra locus
c proximus, et ponatur dc ad ce maiore ratione habere
quã motus ~~velocitatis~~ visus ad velocitate stellæ, possibile
igitur est lineã invenire efb sic se habentẽ, ut dimidia
bf ad fe ratione habeat quã motus visus ad cursũ stellæ.
ipa enĩ efb linea a centro d remota, fb minuitur, et ef

augetur donec occurrat postulata. Dico quod in f signo sidus constitutum ~~stantis~~ stationis speciem nobis efficiet, et quantulamcunque de- sumpserimus ab utraque parte ipsius f circumferentiam, versus apogeum quidem sumpta progressiva inveniemus, ad apogeum vero regressiva. Capiatur enim primum versus apogeum contingens f g circumferentia, et extendatur e g k et connectantur b g, d g, d f. Quoniam igitur trianguli b g e maioris b e lateris maius est segmentum b f quam b t b g, maiorem rationem habet b f ad e f quam sub f e g ~~ad~~ angulus ad eum qui sub g b f angulum, proinde et dimidia ipsius b f ad f e maiorem habet rationem quam sub f e g angulus, ad duplum g b f anguli, id est g d f anguli, ratio autem dimidiae ipsius b f ad b e eadem est quae motus terrae ad cursum sideris, minorem ergo rationem habet qui sub f e g angulus ad g d f quam velocitas terrae ad velocitatem sideris. Angulus igitur qui eandem rationem habet ad f d g angulum quam motus terrae ad sideris cursum maior est ipso f e g. Sit igitur ipse f e l aequalis ~~[illegible]~~. In tempore igitur quo g f circumferentiam orbis stella pertransiit, ~~[illegible]~~ existimabitur in eo visus noster ~~in~~ contrarium illius ~~fuisse~~ ~~[illegible]~~ spatium pertransisse quod est inter lineam ~~[illegible]~~ e f et lineam e l. ma- nifestum quod in ~~aequali~~ eodem tempore ~~minore angulo~~ quo ~~ad visum nostrum~~ ipsa g f circumferentia sidus in praecedentia transtulit ~~[illegible]~~ sub angulo f e g ~~quam tamen~~ ~~minore [illegible] in quo transportant ipsius orbes~~ ‡‡ ~~[illegible] in contrarium adeo ut [illegible] ipsa st[illegible] postposita~~ ~~[illegible] f e [illegible] g e l angulo et nondum inchoata regressio~~

Manifestum est autem quod per eadem media demonstrabitur Sinus contrarium. Si in eadem descriptione, ipsius g k dimidiam ad g e posuerimus habere rationem quam qua habet motus terrae ad velocitatem planetae. Circumferentia vero g f, perigeum versus ab e k recta linea assumpserimus, connexa enim k f facienteque triangulum k e f in quo g e designatur maior quam e f, minorem habebit rationem k g ad g e quam f e g angulus ad f k g. Sic quoque

‡‡ telluris transitus retraxit ea in consequentia sub f e l maiore, adeo ut stella relicta adhuc sub g e l angulo et nondum initiata progressione videretur ‡‡ adeo ut stella relicta adhuc sub g e l angulo et postposita non stetisse videatur

dimidia ipsius k g ad g f minorem habet rationem quam f e g angulus ad duplum ipsius f k g hoc est ad g d f angulum vicissim ut prius est demonstratum, et colligetur per eadem quod g d f angulus minorem habeat rationem ad f e g angulum quam stellae velocitas ad visus velocitatem. Itaque eandem habentibus rationem, facto maiore ei qui sub g d f angulo, maiorem quoque in praecedentia gressum quam progressio posset stella perficeret. Ex his etiam manifestum est, quod si assumpserimus circumferentias aequales f c et c k erit in f k signo statio secunda. ducta siquidem linea e k m n erit quoque medietas k m ad k e eadem ratio quae velocitatis terrae ad stellae velocitatem sicut erat dimidia b f ad f e et idcirco f et k signa utrasque stationes comprehendet, totaque f c k circumferentia regressiva determinabit et reliquam circuli progressiva. Sequitur etiam, quod in quibus distantiis non maiorem habuerit rationem d c ad c e, quam velocitas terrae ad velocitatem stellae neque possibile erit aliam rectam lineam ducere in ratione aequali huic neque stare vel antecedere videbitur stella. Cum enim in triangulo d g e assumpta fuerit d c recta non minor ipsi e g minorem rationem habebit c e g angulus ad c d g quam d c recta ad c e. Sed d c ad c e non est maior ratio quam velocitas terrae ad velocitatem stellae, minorem igitur rationem habebit etiam c e g angulus ad c d g quam velocitas terrae ad velocitatem stellae, quod ubi contigerit progredietur stella, nec usquam in orbe planetae circumferentiam per quam repedare videretur inveniemus. Haec de Venere et Mercurio qui intra orbem magnum sunt. De caeteris tribus exterioribus eodem modo demonstrabuntur, eademque descriptione mutatis solum nominibus, et a b c orbem magnum terrae ponamus ac visus nostri circulationem, in e vero stellam, cuius motus in orbe suo minor est quam visus nostri celeritas in orbe magno. Caeterum procedet demonstratio per omnia quo prius

Quomodo tempora loca et circumferentiae regressionum discernuntur

Porro si iam orbes quibus sidera feruntur errantia, essent homocentri magno orbi, facile constaret q demonstrationes predictes pollicentur, eadem semp existente ratione celeritatis stelle ad visus celeritate; sed ~~quia~~ eccentri sunt et exinde motus secundum apparentiam diversi. Qua ob causa oportebit nos discretos adequatosque motus ubique (et eorum velocitatis differentias assumere, eisque in demonstrationibus uti et no simplicibus et equalibus. Ostendemus autem hec ~~primum in rebus superioribus~~ Martis exemplo, quia is ~~p ceteris plures patitur inequalitates~~ e quo reliquorum etiam repedationes exemplo fient apertiores. Sit enim orbis magnus, in quo visus nr vectatur. Stella autem in e signo. Unde agatur p centrum orbis recta linea a c e d a, et eb ~~in qua~~ ~~perpendicularis d g cadento~~. Habeatque dimidia b f hoc est g f ad e f ratione qua velocitas ~~visus~~ superat ad velocitatem ~~stelle~~ visus stella superat ~~discreta~~. ~~Ponatur autem primum stella circa media absida eccentri, ubi motus longitudinis et anomalie parum differunt ab equalibus secundum visum~~. Propositum est nobis comperire f c circumferentia, dimidie retrocessionis sive a b f et sciamus quantum stella distiterit a remotissimo ab a loco stationis faciens atque angulum sub f e c comprehensum. Ex his enim tpe et locum talis affectionis stelle perdiscemus. Ponatur autem ~~primum~~ stella circa media absida eccentri, ubi motus longitudinis et anomalie parum differunt ab equalibus. Cum igitur in stella Martis quatenus mediocris eius motus fuerit ~~partes 10000~~ hoc est linea g f, talium commutationis motus, id est visus nri ad stelle mediocrem motum, colligitur partium 1 ~~588~~ est e f recta ut sit tota e b talium ~~20000~~. ~~Demonstrata est autem~~ ~~...~~, et sub ipsis b e f comprehensum

3 16 14

f nisi circa medias longitudines contingit esse stellam ubi solummodo mediocri motu ferri videtur in orbe suo

f abc

f stelle discreta

c pars una .8. 7

~~5752456 8808~~

quod d a q ex centro orbis sit part 6580 qualium est
d e 10000, erit tota e a 16580, et reliqua 3420 ~~ef~~ e c
et sub ipsis a e c comprehensum rectangulum ~~56703600~~
56703600 cui est aequale quod sub b e f. sed et b e ad
e f rationem habent datam, ~~et quod sub ipsis quae datur~~. quod
sub e b f cui aequale est id quod sub a e c nempe 56703600
ad id quod ab e f habebimus ergo et e f longitudine ~~part~~
4164 qualium est d e 10000 ~~et reliqua totam e f g et part~~ qualium est etiam d f 6580
~~13618 et reliquam g f 4727 proinde trianguli d f g~~
~~datis lateribus d f, f g et angulo g recto habebimus an~~
~~gulum f d g part xxxiij s xx~~ proinde trianguli d e f
datorum angulorum laterum dantur anguli f e d part xxxvj
s vj f d e xvj ij quibus abf circumferentia clxij. com anomaliae
ad primam stationem, cui dum adiecerimus duplum
f c habebimus reliquam a b a sumpta circum
ferentia part cxcvij s ij p f c vero circumferentiam
sciemus quanto tempore pertransierit a statione prima ad
acronychon quod est c quod duplatum ostendet nobis totius
regressionis tempus. Haec in longitudinibus centri mediis
Secundo vero quam in maxima fuit distantia supputationis.
prosthaphaeresis quam uni gradui congruit efficit, ut motus
stellae discretus ad motus visus sive ~~et~~ anomaliae commutationis
discretum hoc est g f linea ad e f lineam sit rationem habeat
ut 10000 ad 8917 et tota b e ad ~~est~~ e f ut ~~2917~~
28917 ad 8917, ~~et qualium d a~~ et quoniam demonstrata
est d e partium 10960 qualium ~~est~~ a d 6580, qualium igitur
d e fuerit 10000 erit ipsa a d 6004, et tota a e 16004
cum reliqua e c 3996 comprehendens orthogonium 63963984
defiries a quadrato quod ab e f pro ratione partium ipsius b e
ad e f habemus igitur e f longitudine 4441 qualium
est d e 10000 sive d f 6004, habemus ergo rursus
trianguli d e f datorum laterum, et angulos igitur

verte

hensum rectanguli 3 16 14 ~~2 32 15~~ Demonstravimus aut

quod d a q ex centro orbis sit 6580, qualium est de 10000

sed qualium de fuerit 60 erit a d talium 39 29, et tota

a e ad ec sicut 99 29 ad 20 31 et sub ipsis comprehensum

rectangulum 2041 4 ~~4 vera expa~~ cui intelligitur

aequale quod sub b e f. Quae igitur ex parabola pro-

creantur facta in q divisione ipsorum 2041 4 per

3 32 14 (16) proveniunt nobis 624 4 ~~844 [illegible]~~ et latus eius

2458 52 ~~24 54 2~~ ~~28 35 2~~ quod est e f ~~quae multiplicata in exposita~~

~~ratione fg et ef linearum, ipsam quidem fg facit~~

~~ad expositas ed et df magnitudines part 28 35 2~~

~~ipsam vero ef part 25 10 40, quarum de est 60~~

~~qualium erit est etiam df 39 29~~ in partibus quibus

proponebatur 60 de, qualium autem fuerit 10000

4163 5 erit ipsa e f ~~4150~~ ~~4764 et pro ratione data g f ad~~

~~f e dabitur ea ipsa ef 4196 qualium est etiam~~

~~d f 6580~~ qualium est etiam de d f 6580, trianguli

igitur d e f datorum laterum habebimus d e f ~~e f~~ angulum

partium ~~xxvj sc x~~ xxxvj sc ~~xxx~~ 15, qui angulus

est regressionis sideris f. Cum igitur ad primam stationem

sidus apparuerit in ef linea, et ipsa stella acronychus

in ec. Si nequaquam moveretur stella in consequentia,

ipsae c f circumferentiae partes ~~xxvj~~ 16 50 l comprehen-

derent regressionis partes viginti xxxvj. ~~xxxvj~~ 15 sub a e f

angulo. Sed penes expositam rationem velocitatis stellae

ad velocitatem visus respondent ipsis anomaliae com-

mutationis ~~par~~ sectionibus xvj sc ~~xxxiiij~~ longitudinis

stellae partes xviij ~~[illegible]~~ 39 fere, ~~et dies sub quibus~~

~~ipsa conficiuntur xxxvj et modico plus~~, quibus ablatis

a xxxvj. 15 ~~xxxvj~~ relinquuntur ab altera statione ad acro-

nychion partes vij sc ~~[illegible]~~ 18 xxxvj, et dies ~~xxxvj vel paulo~~ 36

fere plus sub quibus partes illae longitudinis conficiuntur xviiij

f et angulum e d f anomaliae commutationis part xvj sc ~~[illegible] xxxvj~~ l

~~lvj~~ xxxix ~~[deleted]~~, ac deinde tota regressione part ~~[deleted]~~ 16. 16.
sub diebus lxxiij ~~et quarta fere~~. Haec in longitudinibus
eccentri medijs. Secundum vero quae in maxima fiunt distantia supputationes, prosthaphaeresis quae motus aequales
retardat efficit, ut motus stellae discretus ad motum
visus sive anomaliae commutationis discretum, hoc est
gf linea ad ef lineam, rationem habeat, quam secunda prima
46 ii 20 iii 6 ad partem unam, et tota be ad ef
ut 2 32 40 ad unum, atque sub ipsis bef comprehensum
rectangulum idem 2 32 40. At quoniam ostensum
est quod in summa abside de sit partium 10960, quarum
da fuerit 6580, qualium igitur ipsa de
fuerit partium 60 talium erit da 36 · 1 · 20 ut tota ae
fiat 96 · 1 · 20 et reliqua 23 · 58 · 40 et sub ipsis ae ec
comprehensum 2302 23 · 58, quae cum divisa fuerit
per 2 32 40, prodeunt 904 · 51 · 12, et quod latus
eius 30 · 4 · 51, et est linea ef qualium erat partium
de 60. Sed qualium fuerit 100000 ipsa ef 50135
qualium est etiam df 60037. Trianguli igitur
def datorum laterum omnium dantur anguli def
part xxvij · xviij · 40 ~~et edf [deleted] circa~~
regredientis stellae velocitate, et edf part xxj 9 50
circa anomaliam commutationis visus. Quibus adiectis
secundum apogaei rationes discretae longitudinis partes xvij · 19 · 3
aequalis vero motus partes xx · lviij · 3, colligitur dimidia
regressio part ix ~~[deleted]~~ lix · 37 sub diebus xl proxime. Tota
vero repedatio part xix lix · xviij, et dies lxxx.

Circa perigeum quoque similiter ratiocinabimur, ubi motum
stellae discretum ad motum visus discretum invenimus habere
rationem quam 1 50 40 ad unum, in qua ratione sunt
gf ad fe, et idcirco sub ipsis bef comprehensum rectangulum 4 41 21. Sed de linea demonstrata est part 9040

Quae similiter in alijs locis demonstravimus
sed adhibita stellae discreta
semper velocitate prout locus postulaverit, ut diximus. Proinde
et in Saturno Jove, Marte
patet ratio demonstrationis similiter modo
in Venere et Mercurio
Dummodo pro stella visum et pro
visu stellam capiamus, accidit
nimirum conversa haec in orbibus
quae terram ambiuntur ab his qui
terram ambiunt, et idcirco ne
eandem cantilenam identidem
repetamus ista sufficiant.
Verumtamen cum non parvam
~~sit~~ afferat difficultatem variabilis ille stellae motus secundum
visum et stationum ambiguitatem
a quibus neutiquam relevat nos
illud Apolonii assumptum.
Haud scio si non melius foret
aliquo simpliciter et de proximo
loco inquirendo stationes, eo
modo, quo acronychi sideris
ad lineam medij motus Solis
congressum coniunctionem, sive
quorumlibet siderum coitum
ex numeris motuum notis eos
colligentes, quod relinquemus
industriae cuiusque placito.

qualium a d 6580, qualium igitur d e fuerit part lx
talium est a d 43 · 40 · 21, et tota a e c 103 40 21
et reliqua c e 16 19 39 hinc comprehensum sub ipsis
a e c rectangulum 1672 42 52. Cumque facta partitione
per 4 41 21 provenerit 360 59 1 et latus ipsius est
— quod e f est — 18 59 58 quibus est d e 60. sed qualium d e fuerit 100000
talium e f est part 31665, qualium est etiam d f
72787. Trianguli igitur datorum laterum dantur
anguli d e f part 25 45 16 stellae commutationis
qua retrocedit et e d f 10 53 13; quo visus
distat ab acronycto, quo medio et regressionis
Sed in tempore, quo visus pertransit f c circumferentiam
part 10. 53 13 stella secundum discretum motum peragit
partes xix xliiii bone, aequali vero part xvi
xvii xxxi; reliqua regressionis medietate part
vi esse sub diebus xxxi et duodecima parte
et tota regressio colligitur part xx 52 1 quasi
sub lxii diebus et sexta

longitudinis motus, per quadrantes circulorum constituta terra
ab apogeo et perigeo planetae, cui in propinquitate terrae in-
venerint latitudinis partes austrinae vel boreae in Venere vj scr
xxij in Mercurio partes iiij scr v. In maxima vero distantia
terrae Veneri ~~scr~~ parte una scr ij Mercurij part j scr xlv pro
quibus anguli inclinationum in hoc situ sunt manifesti per
expositos canones aequationum, quibus Veneris eo loci in summa
a terra distantia part viij scr ij, in ima partibus vj scr xxij
congruunt utrobique circumferentiae orbis partes ij s proxime.
Mercurij vero superne pars una scr xlv, inferne part iiij scr
v, sunt orbis circumferentiam partes vj cum quadrante unius postulat
ut sit angulus inclinationis orbium Veneri quidem part ij scr xxx
Mercurij vero part vj cum quadrante quarum ccclx sunt quatuor
recti, quibus in eo situ particulares quaeque latitudines quae sunt
declinationis possunt explicari. Ut modo demonstrabimus, et primum
in Venere. Sit enim in subiecto circulo signorum ac per centrum
recti plani sectio communis abc, ipsa vero dbe sectio communis
superficiei orbis Veneris. Et esto centrum quidem terrae a
orbis autem planetae b atque abe angulus inclinationis orbis ad signiferum, et descripto circa
b orbe dfeg ~~coniungatur~~ fbg dimetiens
recta ad de dimetientem, intelligatur autem
orbis ~~planum ad superficiem~~ planum ad ad-
sumptum rectum ita se habere, ut ipsi de ad
rectos angulos in ipso ductae sint invicem
paralleli et circuli signorum plano, et in ipso
sola fbg. Propositum est, ex ab et bc datis
rectis lineis, cum angulo inclinationis abe dato invenire,
quantum planeta aberit in latitudine. Ut verbi gratia
dum distiterit ab e signo terrae proximo part xlv, quod
idcirco elegimus Ptolemaeum sequuti, ut appareat si Veneri vel Mercurio afferat aliquid diversitatis in longitudine orbis inclinatio. Tales quippe differentias circa media
loca, inter dfeg terminos oporteret plurimum videri, eo

X

maxime, quod stella in his quatuor terminis constituta easdem efficit longitudines, quas faceret absque declinatione, ut est de se manifestum. Capiamus ergo e h circumferentiam ut dictum est partium xlv ~~et agatur~~ et agantur perpendiculares, ipsi b e quidem h k, ad planum vero signiferi subrectum k l et h m, et connectantur h b, l m, a m et a h. Habebimus l k h m quadrangulum parallelogrammum et rectangulum, eo quod h k ad planum sit signiferi, nam et l a m angulus longitudinis prosthaphaeresim comprehendit ipsum latus, latitudinis autem transitum. quod q sub h a m angulus, cum etiam h m in idem signiferi planum cadat perpendicularis. Quoniam igitur angulus h b e datur partium xlv, erit h k semissis subtendentis duplum h e partium 7071 qualium est e b 10000 Similiter trianguli b k l angulus k b l datus est partium 45 et ~~bk~~ b l k rectus et subtensa b k 7071 qualium et etiam b e 10000 erunt etiam reliqua latera earundem partium k l partium 308 et b l 7064 Sed quoniam a b ad b e ~~et~~ ex prius ostensis et ut 10000 ad 7193 proxime erunt reliqua in eisdem partibus h k 5086 h m aequalis ipsi k l 221, et b l 5081 hinc reliqua l a 4919 Jam quoque trianguli a l m datis lateribus a l l m aequali h k et a l m recto habebimus subtensam a m 7075 et angulum m a l partium xlv 57 fere quod est prosthaphaeresis

F statim inventu

sive commutatio magna Veneris. Similiter trianguli datis lateribus a m partium 7075 et m h aequali k l constabit angulus m a h partis unius 57 xlvi latitudinis ~~apparentis~~ declinationis. Quod si trutinare non pigeat, quid afferat haec Veneris inclinatio diversitatis in longitudine. Capiamus triangulum a l h, cum intelligamus l h diametrum esse paralleli l k h m est enim partium 5091 quarum a l 4919 et a l h angulus rectus e quibus colligitur subtensa a h 7079 Data igitur ratione laterum erit angulus h a l partium xlv scr lxviij. Sed alm ostensa est part xlv scr lxij excresunt ergo scr dumtaxat vj. Quae erant demonstranda. Rursum in Mercurio ~~eodem modo demonstrabi p simile descriptione nisi quod abe angulum inclinationis statuamus et be part 3961 qualium est ab 10000~~ Simili ratione declinationis latitudines demonstrabimus p descriptione precedenti simile, in qua eh circumferentia ponatur partium xlv ut utraque rectarum hk, kb talium itidem capiatur part 7071 qualium est hb 10000 subtensa. Qualium igitur fuerit bh ex centro 3953 ac ipsa ab 9964 hoc loco, prout ex pdemonstratis longitudinum differentiis colligi potest, talium utraque bk et kh erunt part 2795. Et quoniam angulus inclinationis abe ostensus est part vj scr xv qualium sunt ccclx quatuor recti. trianguli igitur rectanguli bkl datorum angulorum datur basis kl earundem partium 304, ~~sed et lm aequalis ipsi bk~~ et ppendicularis bl 2778 igitur et reliqua al 7186. Sed et lm aequat ipsi bk 2795 trianguli igitur alm angulo l recto habebimus subtensam am part 7710 et angulum lam part xxj scr xvj, et ipse est prosthaphaeresis numerata. Similiter trianguli amh duobus lateribus datis am, mh et recto in angulum comprehendentibus constabit mah angulus part ij scr xvj latitudinis qsitae. Quod exquiri libeat quatum verae et apparenti prosthaphae debeatur sumpto dimetiente parallogrammi lk qui ex lateribus lateribus nobis colligitur part 2811 et al part 7186, quae exhibebunt angulum lah part xxj scr xxiij prosth apparentis, qui excedit prius numeratum in scr fere vij, quae erat demonstranda.

cum duobus datis lateribus al lm

l aequalis kl

De secundo in latitudine transitu Veneris et Mercurij secundum obliquitatem suorum orbium in apogaeo et perigaeo.

Haec de transitu latitudinis horum siderum quae circa medias longitudines suorum orbium contingit, quasque latitudines declinationes vocari diximus. Nunc de iis dicendum est, quae accidunt circa perigaea et apogaea, quibus ille tertius deviationis excursus commiscetur, non ut in tribus superioribus, sed qui ratione facilius discerni separarique possit, ut sequitur. Observavit enim Ptolemaeus latitudines has tunc maximas apparere, quando stella fuerit in rectis lineis orbem contingentibus a centro terrae, quod accidit in maximis a sole distantiis matutinis ac vespertinis, ut diximus. Invenitque Veneris latitudines boreas maiores triente unius gradus quam austrinas, Mercurii vero austrinas sesqui gradu fere maiores quam boreas. Sed difficultati et labori calculationum consulere volens, accepit secundum media quadam ratione sestertia graduum in diversas partes latitudinis sive apertum, quod non evidentem propterea errorem profuturum existimavit, ~~...~~ prout etiam mox ostendemus. Quod si modo gradus 5 tantum a signorum circulo abscessus hinc inde aequales capiamus, excludamusque interim deviationem, erunt demonstrationes nostrae simpliciores ac facilioris doceri ~~inflexi~~ inflexionum latitudines determinaverimus

per quos gradus in circulo ad zodiacum recto circa terram latitudines ipsae subtenduntur, per quem latitudines definiuntur

Ostendendum igitur est primum, quod huius latitudinis excursus, circa contactus circuli eccentri maximus contingat, ubi etiam longitudinis prosthaphaereses sunt maximae. Esto enim communis sectio planorum zodiaci et circuli eccentri sive Veneris sive Mercurii per apogaeum et perigaeum in qua capiatur a terrae locus, atque b centrum eccentri c d e f g circuli ad signiferum obliqui, ut videlicet rectae lineae quomodocumque ad rectos angulos ipsi c g ductae angulos comprehendant aequales obliquitati. Agantur quoque a e quidem contingens circulum a f d utrumque secans. Ducantur etiam a d e f signis perpendiculares in c g quidem ipsae d h, e k, f l. In subiecto vero signiferi plano ipsae d m, e n, f o. Et coniungantur m h, n k, o l. Et insuper a n, a o m, ipsa enim a o m recta est. Cum tria enim signa in duobus sint planis, nempe medii signorum circuli et ipsius a d m recto ad planum signiferi. Quoniam igitur in proposita obliquatione: longitudinis quidem anguli, qui sub ham et kan prosthaphaereses harum stellarum comprehendunt latitudinis autem excursus, qui sub dam et ean. Aio primum quod ean angulus latitudinis qui in contactu constituitur sit omnium maximus, ubi etiam fere prosthaphaeresis longitudinis maxima existit. Cum enim sub eak angulus maior sit omnium ipsa ke ad ea maiorem rationem habebit quam utraque hd et lf ad utramque da et fa, sed ut ek ad en sic hd ad dm et lf ad fo, aequales enim sunt anguli, sicut diximus, quos subtendunt. et qui circa m n o recti. Igitur et ne ad ea maiorem habet rationem quam utraque md et of ad utramque da et fa, ac rursus, qui sub dma et ena et ofa sunt anguli recti, maior est igitur et qui sub ean angulus ipso dam atque omnibus eis qui hoc modo constituuntur. Unde manifestum est, quod etiam quae sunt ex hac obliquatione secundum longitudinem inter prosthaphaereses differentiae maxima est, quae in maximo transitu determinatur circa e signum. Nam propter angulos quos subtendunt aequales, hd ke, et lf proportionales sunt ad hm, kn et lo. Cumque maneat eadem ratio earum ad excessus suos, consequens est excessum ek et kn maiorem habere rationem ad ea quam reliquas ad similes ipsi ad. Hinc etiam manifestum est, quod qua habuerit rationem maxima secundum longitudinem prosthaphaeresis ad latitudinis maximum transitum, eandem habebunt rationem segmentorum earum secundum longitudinem prosthaphaereses ad transitus latitudinis. Quoniam, ut ke ad en, sic et omnes similes ipsis lf et hd ad similes ipsis fo et dm. Quae demonstranda proponebantur.

Quales sunt anguli obliquationum utriusque sideris Veneris et Mercurii

His ita probatis, videamus quantus utriusque sideris sub inflexione planorum angulus contineatur, repetitis quae prius dicta sunt quod inter maximam minimamque distantiam quinque partibus utrique sit plurimum boreus magis austrinusque fieret in contraria iuxta orbis positione. Quandoque Veneris transitus sine differentia manifesta maiore et minore per quintam partem per apogaeum et perigaeum eccentri digressione faciunt ~~in contraria iuxta orbis positione~~ Mercurii vero medietate partis plus minusve. Esto igitur quod prius sectio communis Zodiaci et eccentri abc, et descripto circa b centrum orbe obliquo stellae ad signiferi planum secundum expositum modum educatur ex centro terrae a d recta linea tangens orbem in d signo. ~~agantur etiam~~ a quo deducantur perpendiculares in c b e quidem d f, in subiectum vero signiferi planum d g, et connectantur b d. f g. a g. Assumatur quoque sub d a g angulus comprehendens dimidium expositae ~~expositae~~ secundum latitudinem differentiae utriuslibet sideris part 45 qualium sunt 4 recti ccclx. Propositum sit angulum obliquitatis planorum utrumque quantus ipse sit invenire, hoc est comprehensum sub d f g angulum. Quoniam igitur in stella Veneris qualium quae ex centro orbis partes est 7193. demonstrata est distantia maior quae in apogaeo part 10208 et minor quae in ~~apogeo~~ perigaeo part 9792 atque inter has media part 10000. quam assumi in hac demonstratione placuit Ptolemaeo volenti consulere difficultati. et sectanti quantum licet compendia. Ubi enim extrema non ferent apertam differentiam, tutius erat medium sequi. Igitur ab ad b d rationem habebit quam 10000 ad 7193 et angulus a d b est rectus habebimus ergo latus a d longitudine part 6947. Simili modo, quoniam ut b a ad ad sic b d ad d f, et ipsam d f habebimus longitudine part 4993. Rursus quoniam quod sub d a g angulus ponitur esse partium 45 et a g d rectus est, in triangulo igitur datorum angulorum, erit d g latus partium earundem 303 f Sec sqee ad 6 quoque duo latera d f, d g data sunt et d g f angulus rectus, erit angulus f d f g partium 4 3 xxix. At quoniam, qui sub d a f anguli excessus, ad eum quod sub f a g, differentia

c

b

d

f

g

e

a

f inclinationis sive obliquationis

rentia secundum longitudinem commutationis facta compensendat
illuc et ipsa taxanda est ex deprehensis ~~ipsorum~~ illorum magnitudinibus
postquam enim ostensum est ~~talium esse partium d g 303 qualium est~~
~~a d subtensa 6947~~ quod qualium d g partium est 303 talium
subtensa a d 6947 ~~habebimus per eas angulum d a f partium~~
~~fere xlvij~~ et d f 4997. Cumque quod ex d g fit quadratum
ablatum fuerit ab eis quae ex utrisque a d et f d remanent quae
ab utrisque a g et g f sunt quadrata, dantur ergo longitudine a g partium 6940 f g 4988, quibus autem a g fuerat
10000 erit f g 7187. et angulus f a g partium xlv scrupulorum lviij
et quarum a d fuerit 10000 erit d f 7193 et angulus d a f
partium prope xlvij, deficit ergo in maxima obliquatione commutationis prosthaphaereses in scrup iij fere. Patuit autem quod in
media abside angulus inclinationis orbium fuerit duarum
partium cum dimidia, hic autem accreuit totus fere gradus, quem
primus ille librationis motus, de quo diximus adauxit.
In Mercurio ~~idem~~ modo demonstratur eodem modo. Qualium enim
quae ex centro orbis fuerit partium 3573 talium maxima orbis
a terra distantia est 10948, minima vero 9052 inter haec
media 10000, ipsa quoque a b ad b d rationem habet quam 10000
ad 3573, ~~in qua~~ habebimus ergo tertium earundem d d latus
partium 9340 ~~Similiter~~ et quoniam ut a b ad a d, sic b d
ad b f, est ergo d f longitudine talium 3337. Cumque d a g
latitudinis angulus positus sit partium ij s, erit etiam d g 407
qualium d f 3337. Sicque in triangulo d f g horum duorum
laterum data ratione et angulo g recto habebimus angulum sub d f g partium vij proxime. et ipse est angulus
inclinationis, sive obliquitatis orbis Mercurij a plano signiferi
Sed circa ~~latitudines~~ longitudines sive quadrantes medias
ostensus est angulus ipse inclinationis partium vj scrupulorum xxx
accesserunt ergo librationis primae motu minus scrupulorum xlv.
Similiter concernendi causa angulos ~~pr~~ prosthaphaereseis et
eorum differentiam licet animaduertere quod postquam ostensum sit

d g rectam partiū esse 407 qualiū est ád 9340 et d f 3337
Si igitur qd ex d g quadratum auferamus ab eis q̄ sunt
ád et d f relinquentur ea q̄ ex a g et ex f g habebimus ergo longitudine a g qdē 9331 f g
vero 3314, quibus elicitur angulus prosthaphæresis g a f partiū xx scr xlviij. Qui vero
sub d a f partiū xx scr lvj, a quo deficit
ille qui scdm obliquationē est scr viij quasi
Adhuc sup est ut videamus si anguli tales
obliquationū, atq latitudines penes maximā
minimāq orbis distantiā conformes inveniantur eis
q̄ ex observationibus sunt receptę. quaobrem assumatur
iterum in eadē descriptione, primū ad maximā Veneris
orbis distantiā, ab ratio ad bd, q̄ 10208 ad 7193
et quoniā sub a d f rectus est angulus, erit ad lōgitudinē
earundē partiū 7238. et pro ratione a b ad ád ut
bd ad d f erit d f longitudine taliū 5102. Sed angulus
obliqtatōs d f g inventus est part iij scr xxix erit reliquum latus d g 309 qualiū est etiā á d 7238. qualiū
igitur ád fuerit 10000 taliū erit d g 427. unde conclu-
ditur d a g angulus esse partiū ij scr xxvij in sūma a terra
distantia. Ad iuxta minimam, quoniā, qualiū est q̄ ex cētro
orbis bd 7193 taliū est a b 9792, et ad quā a d ppendicularis 6644 Et similiter ut a b ad ád, et bd ad d f
datur longitudine d f taliū partiū 4883. Sed angulus d f g
positus est partiū iij scr xxix. datur ergo d g 297 qualiū
est etiā a d 6644 et idcirco datorū laterū trianguli
datur angulus d a g partiū ij scr xxxiij. Sed nec iij
nec iiij scr tanti sunt, q̄ instrumentorū astrolabiorū artificio capientur. bene ergo se habet. q̄ putabatur maxima
latitudo deflexionis in stella Veneris. Assumatur iterū
maxīa distantia orbis Mercurij hoc est a b ad bd
ratio quæ 10948 ad 3573. ut p similes prioribus demonstrationes

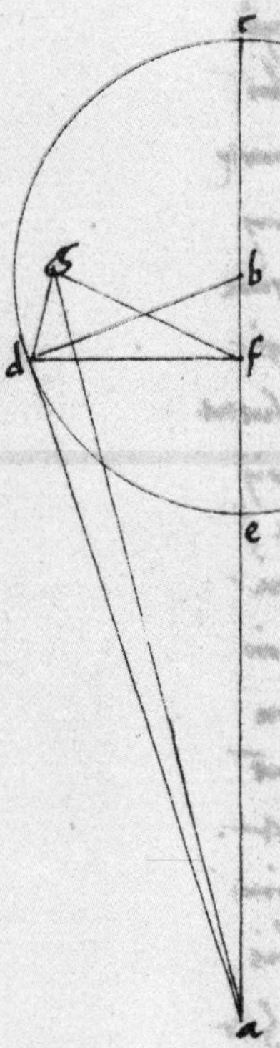

tiones colligamus, ad quarum part 9452 df autem 3085. Sed hic quoque dfg angulum obliquationis proditum habemus part vij, rectam vero dg propterea talium 376 qualium est df 3085 sive da 9452. Igitur et in triangulo dag rectangulo datorum ~~angul~~ laterum habebimus angulum dag part ~~part~~ ij scr xvj proxime, maximae digressionis in latitudine. In minima vero distantia ab ad bd ratio ponitur 9052 ad 3573 eaque ad part est earundem 8317, df autem 3283. Cum autem ob eandem obliquationem ponitur df ad dg ratio, quae 3283 ad 400, qualium est etiam ad part 8317, unde etiam angulus sub dag partium est ij scr xlv. Differt igitur ab ea quae secundum mediam rationem latitudinis digressionem, hic quoque part ij s assumpta quae in apogaeo ad minimum scrupulis xiij, quae vero in perigaeo ad maximum scr ~~xlv p~~ xv, pro quibus in calculatione iuxta mediam rationem, unius partis quadrantem secundum sensum ab observatis non differentem hinc inde obtinemus.

His ita demonstratis atque etiam quod eadem ~~sit ratio~~ habeat rationem maxima longitudinis prosthaphaeresis ad maximum latitudinis transitum, et in reliquis orbis sectionibus, prosthaphaereseon partes ad singulos latitudinis transitus, omnes nobis ad manus venient latitudinum numeri, quae per obliquitatem orbis contingunt Veneris et Mercurij. Sed eae dumtaxat quae medio modo ~~se habent~~ inter apogaeum et perigaeum, ut diximus, colliguntur, quarum ostensa est maxima latitudo part ij s. Prosthaphaeresis autem Veneris maxima est part xlvj, Mercurij vero circiter xxij. Iamque habemus in tabulis inaequalium motuum singulis orbium sectionibus appositas prosthaphaereses, quanto igitur quaeque earum minor fuerit maxima, partem illi similem in utroque sidere ex illis ij s partibus capiemus, ipsam ~~apponemus~~ ascribemus Canonio infrius exponendo suis numeris. Et hoc modo particulares quasque latitudines obliquationum quae in summa et infima abside illorum existente terra

habebimus explicatas, prout etiā in medijs quadrantibus
longitudinibusq3 medijs, declinationum latitudines exposuimus
Quæ vero inter hos quatuor terminos contingunt, mathe-
maticæ quide artis subtilitate ex proposita circulorū hypothesi
poterit explicare, nō sine labore tamē. Ptolemæus autem
quantū fieri potuit ubiq3 compendiosus, videns, q in utraq3
species harū latitudinum, secūdum se tota et in omnibus suis partibus proportionaliter cresceret et decresceret, ad instar latitudinis lunaris, Duodecies igitur sumendo quaslibet
eius partes, eo q maxima eius latitudo quinq3 sit partium
qui numerus est duodecima pars sexagesimæ, scrupula proportionum ex eis constituit, Quibus non solum in his
duobus stellis verum etiā in tribus superioribus utendum
putauit ut inferius patebit

De tertia latitudinis specie Veneris et Mercurij
quā variant deviatione

Quibus etiā sic expositis, restat adhuc de tertio latitudinis motu aliqd dicere, q est deviatio, Hanc priores qui
terrā in medio mūdo detinent, p eccentri simul cum epicycli
declinationē fieri existimāt circa centrū terræ, maxime i
apogæo vel perigæo constituto epicyclo in Venere p sextantem
partis ~~in Mercurio~~ in boræa semp Mercurio vero pre dodrantem semp in austrū, ut antediximus, Nec tamē satis
liquet, an æqualem semp eandēq3 voluerit esse talē orbium
inclinationē, Id enim numeri illorum indicat, dum iubet sextā
semp partē scrupulorū proportionaliū accipi pro deviatione
Veneris et Mercurij vero ~~dege~~ dodrantē, quod locū nō habet
nisi maneret idem semp angulus inclinationis prout ratio
illorum scrupulorū exigit in quo sese fundat, Qui etiā manēte
eodē angulo, nō poterit intelligi, quomodo hæc latitudo illorū
siderū a sectione cōmuni resiliat in eandē repente latitudinē, quā prīde reliquit, nisi dicas id fieri p modum
refractionis luminum, ut in opticis, Sed hic de motu agimus
qui instantaneus nō est, sed tempori suapte natura commensurabilis

Oportet igitur fateri librationem illis inesse, que faciat partes
circuli permutari in diversa, qualem exposuimus, quam etiam
sequi necesse est, ut illorum numeri per quintam partem
unius gradus in Mercurio differat. Quo minus
mirum videri debet, si secundum nostram quoque hypothesim variabilis est, nec adeo simplex hec
latitudo, non tamen apparentem producens errorem, que in omnibus differentiis sic potest
discerni. Esto enim in subiecto plano ad
signiferum recto communis sectio, in qua sit a
centrum terrae, b centrum orbis, maxima minimaue
terrae distantia, que sit cdf tamquam per polos ipsius
orbis inclinati. Et quoniam in apogeo et perigeo hoc est in
ab existente centro orbis, stella existit in declinatione maxima
ubicunque fuerit, secundum circulum parallelum orbi ~~ab~~ est, cuius
df dimetiens parallela ad cbe dimetientem aequalium orbis
quorum communes ponuntur sectiones rectorum ad cdf
planum. Secetur autem bifariam df in g, eritque ipsum g
centrum parallelli, et coniungantur bg, ag, ad et af
ponamusque sub bag angulum qui comprehendat sextans
unius gradus, ut in summa declinatione Veneris, in tria-
gulo igitur abg angulo recto b habemus rationem
laterum ab ad bg ut 10000 ad 29, sed tota abc earundem partium est 17193 et ae reliqua 2807, quarum etiam
dimidiae subtendentium sub dupla cd et ef aequales sunt ipsi bg
erunt igitur anguli cad scrupulorum vi et eaf scrup fere x
differentes ab eo qui sub bag, ille scrup duntaxat iiij, hic
v, que plerumque contemnuntur ob exiguitatem. Erit igitur apparens
declinatio Veneris in apogeo et perigeo ipsius constituta terra
modico maior vel minor scrup x in quacunque parte sui orbis
stella fuerit. At in Mercurio cum statuerimus angulum bag dodrantem unius gradus et ab ad bg, ut 10000
ad 131, atque abc 13573 et reliquam ae 6427, habebit qui
sub cad angulus scrup xxxiiij, eaf autem scrup prope lxx.

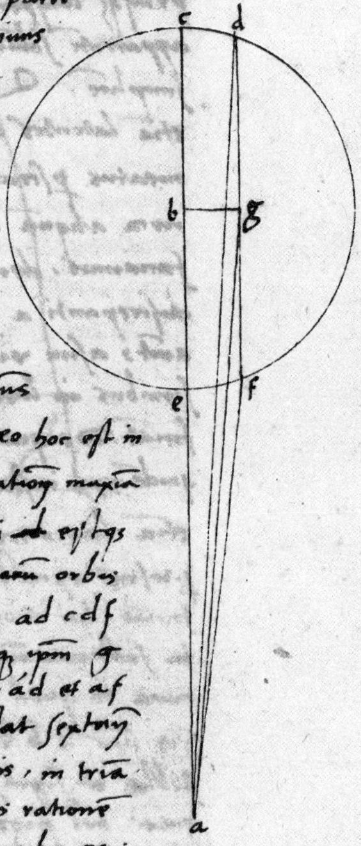

Desunt igitur illic scrup. xv, hic abundant scr. xxv. Attamen eae differentiae sub radiis Solis fere absumuntur priusquam conspectui nostro emergat Mercurius, quaobrem apparentes solummodo deviationes eius secuti sunt prisci quasi simplices. ~~Quod si insuper~~ ~~Si quis insuper~~ etiam latentes illos ~~meatus Mercurij~~ Mercurij sub Sole meatus perscrutare voluerit plus laboris impendet quam circa aliquam latitudinem supradictarum, quapropter haec missa faciamus, demusque locum numerationi priscorum, non multum discrepanti a vero, ne in re tam modica et umbratica aut tam a sim videamur habuisse certamen, et haec de digressionibus ~~in latitudine quinque errantium stellarum dicta sufficiant. De quibus etiam canona subiecimus. Versuum quidem xxx instar praecedentium~~. Si quis insuper etiam latentes illos sub Sole meatus, laboris minime pertaesus exactam rationem sequi voluerit, quomodo id fiat, hoc modo ostendemus. ~~Sit enim a b recta linea in sectione communi orbis~~ Hoc autem exempli gratia in Mercurio eo quod insigniora faciat deviationes quam Venus. Sit enim a b recta linea in sectione communi orbis stellae et signiferi, dum terra, quae sit a, fuerit in apogaeo vel perigaeo orbis stellae. ponimus autem a b lineam absque discrimine part. 10000, tamquam longitudinem mediam inter maximam minimamque, ut circa obliquationem fecimus. Describatur autem circulus d e f in c centro, qui sit orbi eccentro parallelus, sectum c b distantia, in quo parallelo stella tunc maxima deviatione fieri intelligatur. et sit dimetiens huius circuli d c f, quam etiam oportebit esse ad ab, et ambae lineae in eodem plano ad orbem stellae recto. assumatur ergo e f circumferentia partium verbi gratia xlv ad quam scrutamur stellae deviationem, et perpendiculares agantur e g in c f et ad subiectum planum orbis e k, g h, connexaque h k compleatur parallelogrammon rectangulum, coniungantur quoque a e, ak, e c

Cum ergo bc fuerit in Mercurio secundum maximam declinationem partium 131 qualium sunt ab 10000, quarum est etiam ce 3573, estque triangulum rectangulum rectangulum datorum angulorum, erit etiam latus eg sive kh earundem 2526. Sed ablata bh quae aequalis est eg sive cg relinquitur ah 7474. Trianguli igitur ahk datorum laterum, rectum h angulum comprehendentium erit subtensa ak 7889. Sed aequalis ipsi cb sive gh positus est talium esse partium 131. Igitur et in triangulo ake duobus lateribus ak, ke datis, k rectum comprehendentibus datur angulus kae respondens declinationi ad assumptam ef circumferentiam quam quaerebamus, quae parum differ[t] ab observatis. Similiter in aliis et circa Venerem facientes consignabimusque in Canone subscripsimus.

Quibus sic expositis, pro eis quae inter hos sunt limites sexagesima sive scrupula proportionum adaptabimus. Sit enim circulus abc orbis excentrici Veneris vel Mercurii. Sintque a c nodi huius latitudinis, b limes maximae declinationis, quo facto centro circulus parvus describatur, cuius dimetiens per transversum sit dbf, per quem fiat libratio declinationis motus. Et quoniam positum est, quod existente terra in apogaeo vel perigaeo orbis excentrici stellae, ipsa stella maximam faciat declinationem in f signo, in quo circulus stellam deferens parvum circulum contingit. Sit modo terra utcumque remota ab apogaeo vel perigaeo excentri stellae, secundum quem motum capiatur similis circumferentia parvi circuli, quae sit fg, et describatur agc circulus secans diametrum dbf in e signo in quo suscipiatur stella in k, secundum ek circumferentiam ipsi fg similem iuxta hypothesim, agaturque kl perpendicularis ad abc circulum. Propositum est ex fg, ek et be invenire magnitudinem kl, id est distantiam stellae ab abc circulo. Quoniam per fg circumferentiam erit eg data tamquam recta ac minime differens a circulari sive convexa, et ef similiter in partibus quibus bf et reliqua be. Est autem bf ad be sicut subtensa dupli ce quadrantis ad subtensam dupli ck et similiter be ad kl. Si igitur utramque bf et eam quae ex centro ce sub eodem numero lx habebimus, ex eis ~~quibus~~ quae concernat be, quae cum in se multiplicata fuerit et procreatum per 60 diviserimus habebimus kl scrupula proportionum ek circumferentiae. Quae similiter assignavimus canoni quinto ac ultimo loco, quae sequitur

Latitudines Saturni Iovis et Martis

Numeri communes		Saturni latitud. bor.		aust.		Iovis latitud. bor.		aust.		Martis latitud. bor.		aust.			
G	G	G	S	G	S	G	S	G	S	G	S	G	S	Sr	
3	357	2	3	2	2	1	6	1	5	0	6	0	5	59	48
6	354	2	4	2	2	1	7	1	5	0	7	0	6	59	36
9	351	2	4	2	3	1	7	1	5	0	9	0	6	59	6
12	348	2	5	2	3	1	8	1	6	0	9	0	6	58	36
15	345	2	5	2	3	1	8	1	6	0	10	0	8	57	48
18	342	2	6	2	3	1	8	1	6	0	11	0	8	57	0
21	339	2	6	2	4	1	9	1	7	0	12	0	9	55	48
24	336	2	7	2	4	1	9	1	7	0	13	0	9	54	36
27	333	2	8	2	5	1	10	1	8	0	14	0	10	53	18
30	330	2	8	2	5	1	10	1	8	0	14	0	11	52	0
33	327	2	9	2	6	1	11	1	9	0	15	0	11	50	12
36	324	2	10	2	7	1	11	1	9	0	16	0	12	48	24
39	321	2	10	2	7	1	12	1	10	0	17	0	12	46	24
42	318	2	11	2	8	1	12	1	10	0	18	0	13	44	24
45	315	2	11	2	9	1	13	1	11	0	19	0	15	42	12
48	312	2	12	2	10	1	13	1	11	0	20	0	16	40	0
51	309	2	13	2	11	1	14	1	12	0	22	0	18	37	36
54	306	2	14	2	12	1	14	1	13	0	23	0	20	35	12
57	303	2	15	2	13	1	15	1	14	0	25	0	22	32	36
60	300	2	16	2	15	1	16	1	16	0	27	0	24	30	0
63	297	2	17	2	16	1	17	1	17	0	29	0	25	29	12
66	294	2	18	2	18	1	18	1	18	0	31	0	26	29	24
69	291	2	20	2	19	1	19	1	19	0	33	0	29	27	21
72	288	2	21	2	21	1	21	1	21	0	35	0	31	28	18
75	285	2	22	2	24	1	22	1	22	0	37	0	34	29	15
78	282	2	24	2	24	1	24	1	24	0	40	0	37	10	12
81	279	2	25	2	26	1	25	1	25	0	42	0	39	79	9
84	276	2	27	2	27	1	27	1	27	0	45	0	41	6	24
87	273	2	28	2	28	1	28	1	28	0	48	0	45	3	12
90	270	2	30	2	30	1	30	1	30	~~4~~	~~30~~	~~6~~	~~50~~	0	0
										0	51	0	49		

Numeri communes		Saturni bor		Saturni aust		Jovis bor		Jovis aust		Martis bor		Martis aust		Scrup propor		
93	267	2	31	2	31	1	31	1	31	0	55	0	52	3	12	
96	264	2	33	2	33	1	33	1	33	0	59	0	56	6	24	
99	261	2	34	2	34	1	34	1	34	1	2	1	0	9	24	
102	258	2	36	2	36	1	36	1	36	1	6	1	4	12	24	
105	255	2	37	2	37	1	37	1	37	1	10	1	8	15	24	
108	252	2	39	2	39	1	39	1	39	1	15	1	12	18	24	
111	249	2	40	2	40	1	40	1	40	1	18	1	17	21	24	19
114	246	2	42	2	42	1	42	1	42	1	24	1	22	24	24	25
117	243	2	43	2	43	1	43	1	43	1	30	1	28	27	12	31
120	240	2	45	2	45	1	45	1	44	1	36	1	34	30	0	35
123	237	2	46	2	46	1	46	1	46	1	40	1	40	32	36	41
126	234	2	47	2	48	1	47	1	47	1	47	1	47	35	12	47
129	231	2	49	2	49	1	49	1	49	1	54	1	55	37	36	54
132	228	2	50	2	51	1	50	1	51	2	2	2	5	40	0	2
135	225	2	52	2	53	1	51	1	53	2	8	2	15	42	12	10
138	222	2	53	2	54	1	52	1	54	2	9	2	26	44	24	09
141	219	2	54	2	55	1	53	1	55	2	[illegible]	2	38	46	24	29
144	216	2	55	2	56	1	55	1	57	2	[illegible]	2	48	48	24	37
147	213	2	56	2	57	1	56	1	58	2	45	3	4	50	12	47
150	210	2	57	2	58	1	58	1	59	2	56	3	20	52	0	51
153	207	2	58	2	59	1	59	2	1	3	[illegible]	3	32	53	18	12
156	204	2	59	3	0	2	0	2	2	3	[illegible]	3	52	54	36	23
159	201	2	59	3	1	2	1	2	3	3	[illegible]	4	13	55	48	44
162	198	3	0	3	2	2	2	2	4	3	[illegible]	4	36	57	0	46
165	195	3	0	3	2	2	2	2	5	3	7	5	0	57	48	57
168	192	3	1	3	3	2	3	2	5	4	9	5	23	58	36	9
171	189	3	1	3	3	2	3	2	6	4	17	5	40	59	6	17
174	186	3	2	3	4	2	4	2	6	4	23	6	15	59	36	23
177	183	3	2	3	4	2	4	2	7	4	29	6	35	59	48	27
180	180	3	2	3	5	2	4	2	7	4	30	6	50	60	0	30

Numeri communes		Veneris decli	Veneris obliq	Mercurij decl	Mercurij obli	Vene deviatio	Merc deviatio	Sexag. proporcionalia
						Sa		Sc 2
3	357	1 2	0 8	1 45	0 5	0 7	0 33	59 36
6	354	1 2	0 8	1 45	0 11	0 7	0 33	59 12
9	351	1 1	0 12	1 45	0 16	0 7	0 33	58 25
12	348	1 0	0 16	1 44	0 22	7	33	57 14
15	345	1 0	0 21	1 44	0 27	7	33	55 41
18	342	1 0	0 25	1 43	0 33	7	33	54 9
21	339	0 59	0 29	1 42	0 38	7	33	52 12
24	336	0 59	0 33	1 40	0 44	7	34	49 43
27	333	0 58	0 37	1 48	0 49	7	39	47 21
30	330	0 57	0 41	1 36	0 55	8	34	45 4
33	327	0 56	0 45	1 34	1 0	8	34	42 0
36	324	0 55	0 49	1 30	1 6	8	34	39 15
39	321	0 53	0 53	1 27	1 11	8	35	35 53
42	318	0 51	0 57	1 23	1 16	8	35	32 51
45	315	0 49	1 1	1 19	1 21	8	35	29 41
48	312	0 46	1 5	1 15	1 26	8	36	26 40
51	309	0 44	1 9	1 11	1 31	8	36	23 34
54	306	0 41	1 13	1 8	1 35	8	36	20 39
57	303	0 38	1 17	1 9	1 40	8	37	17 40
60	300	0 35	1 20	0 59	1 44	8	38	15 0
63	297	0 32	1 24	0 54	1 48	8	38	12 20
66	294	0 29	1 28	0 49	1 52	9	39	9 55
69	291	0 26	1 32	0 44	1 56	9	39	7 38
72	288	0 23	1 35	0 38	2 0	9	40	5 39
75	285	0 20	1 38	0 32	2 3	9	41	3 57
78	282	0 16	1 42	0 26	2 7	9	42	2 34
81	279	0 12	1 46	0 21	2 10	9	42	1 28
84	276	0 8	1 50	0 16	2 14	0 10	0 43	0 40
87	273	0 4	1 54	0 8	2 17	0 10	0 44	0 10
90	270	0 0	1 57	0 0	2 20	0 10	0 45	0 0

Numeri communes		Veneris decl	obliq	Mercury decl	obliq	Vene demano	Mercury demano	Scrup ad demation	
93	267	0 5	[illegible]	0 8	2 23	0 10	0 49	0 10	
96	264	0 10	2 0	0 15	2 25	0 10	0 46	0 40	
99	261	0 15	2 3	0 23	2 27	0 10	0 49	1 28	
102	258	0 20	2 6	0 31	2 28	11	48	2 34	
105	255	0 26	2 9	0 40	2 29	11	48	3 57	
108	252	0 32	2 12	0 48	2 29	11	49	5 39	
111	249	0 38	2 15	0 57	2 30	11	50	7 38	
114	246	0 44	2 17	1 6	2 30	11	51	9 55	
117	243	0 50	2 20	1 16	2 30	11	52	12 20	
120	240	0 59	2 22	1 25	2 29	12	52	15 0	
123	237	1 8	2 24	1 35	2 28	12	53	17 40	
126	234	1 18	2 26	1 45	2 26	12	59	20 39	
129	231	1 28	2 27	1 55	2 23	12	56	23 34	
132	228	1 38	2 29	2 6	2 20	12	56	26 40	
135	225	1 48	2 30	2 16	2 16	13	56	29 41	7
138	222	1 59	2 30	2 27	2 11	13	0 57	32 51	
141	219	2 11	2 30	2 37	2 6	13	0 58	35 53	
144	216	2 25	2 29	2 47	2 0	13	0 59	39 15	
147	213	2 43	2 28	2 57	1 53	13	1 59	42 0	0
150	210	3 43	2 26	3 7	1 46	13	1 59	45 4	1
153	297	3 23	2 22	3 17	1 38	13	1 60	47 21	2
156	294	3 44	2 18	3 26	1 29	14	1 17	49 43	3
159	291	4 5	2 12	3 34	1 20	14	1 4	52 12	
162	198	4 26	2 4	3 42	1 10	14	1 5	54 9	
165	195	4 49	1 55	3 48	0 59	14	1 6	55 41	
168	192	5 13	1 42	3 54	0 48	14	1 7	57 14	7
171	189	5 30	1 27	3 58	0 36	14	1 7	58 29	7
174	186	5 52	1 9	4 2	0 24	0 14	1 8	59 12	
177	183	6 7	0 48	4 4	0 12	0 14	1 9	59 36	
180	180	6 22	0 25	4 5	0 0	0 14	1 9	60 0	
			0 0				1 10		

De numeratione latitudinum quinque errantium

Modus autem supputandarum latitudinum quinque stellarum erratium per has tabulas est. Quoniam in Saturno Jove et Marte anomaliam eccentri discretam sive aequatam, ad numeros communes comparabimus. Martis quidem suam qualis fuerit. Jovis autem facta prius ablatione xx partium. Saturni vero additis l partibus. Quae igitur occurrunt e regione sexagesimae sive scrupula proportionum ultimo loco posita notabimus. Similiter per anomaliam commutationis discretam, numerum cuiusque proprium, capiemus adiacentem latitudinem, primam quidem atque boream si scrup. proport. superiora fuerint, quod accidit, dum anomalia eccentri minus quam xc vel plusquam cclxx habuerit. Austrinam vero ac sequentem latitudinem si inferiora sint scrup. proport. hoc est, si plus xc vel minus cclxx partes in ano. eccentri, qua intratur, fuissent. Si igitur alteram harum latitudinum per suas sexagesimas multiplicemus, prodibit a circulo signorum distantia in boream vel austrum, iuxta denominationem numerorum assumptorum. Sed in Venere et Mercurio assumendae sunt primum per anomaliam commutationis discretam tres latitudines declinationis et obliquationis et deviationis occurrentes quae seorsum signentur, nisi quod in Mercurio reiiciatur decima pars obliquationis si anomalia eccentri et eius numerus inveniatur in superiori parte tabulae vel addatur tantundem si in inferiori, et reliquum vel aggregatum ex eis servetur ♀ Deinde cum ano eccentri discreta capiantur scrup. proportionum omnibus quinque communia quamvis tabulis superioribus ascripta quae assignentur obliquationi ac ultimae deviationi. Post haec additis eidem ano eccentri xc gradibus, cum ipso aggregato iterum scrupula proport. communia quae occurrunt applicando latitudini declinationis. His omnibus in ordine sic positis, multiplicentur singulae tres latitudines expositae per sua quaeque scrupula proportionum et exibunt ipsae pro loco et tempore omnes examinatae.

♀ earum vero denominationes, an boreae austrinaeve fuerint sunt discernendae. Quoniam si ano commutationis discretae fuerit in apogaeo semicirculo hoc est minor xc vel plus cclxx, eccentri quoque anomalia minor semicirculo, aut rursus si ano commut. fuerit in circumferentia perigaea, nempe plus xc ac minus cclxx et ano eccentri semicirculo maior, erit declinatio Veneris borea, Mercurii austrina. Si vero ano commut. in perigaea circumferentia existente, eccentri ano semicirculo minor fuerit, vel co. ano in apogaea parte et eccentri ano plus semicirculo erit vicissim declinatio Veneris austrina Mercurii borea. In obliquationibus vero si an. co. semicirculo minor, et an. eccentri apogaea, aut an. co. maior semicirculo et eccentri an. perigaea erit obliquatio Veneris bor. Mercur. aust. quae etiam convertuntur. Deviationes autem semper manent Veneri bor. Mercurio aust. ♀

Vt denique summam trium latitudinum, in his duobus sideribus habeamus. si fuerint omnes unius nominis simul
aggregentur, sin minus duo saltem earum quae eiusdem
sunt nominis coniungantur, quae prout maiores minoresve
fuerint tertiae latitudini diversae ~~minor~~ ab minorem auferatur
remanebit prepollens latitudo quaesita

hochgebornen [illegible] [illegible] [illegible] Zu [illegible]
lichsten Fürsten vnnd Herrn, Herrn [illegible]
nlichen des Reichs, in Germanien [illegible]
[illegible] zu [illegible] Hertzog zu [illegible]
vnnsers allergnedigsten Herrn vnnd [illegible]
[illegible] Im [illegible], vnnd des [illegible]
gegenwerttigkheitt meyner des Notarien vnnd
Herrn H. F. Johann Graff vnnd H. [illegible]
[illegible] [illegible] [illegible] [illegible] [illegible] vnnd
ausgesprochen vom welchem Befelch die geb[illegible]
verfolgett, Inhibitiones Citationes vnnd Compulso
[illegible] zu [illegible] [illegible] vnnd [illegible]
die Acta dar auff seiner gnaden, daß Befelch
Cantzley, her auß [illegible] gnedichlich [illegible]
[illegible] dem Hr. Cantzler, vnnd [illegible]
geantwortt darauff. der Herr Cantzler durch [illegible]
wortt [illegible] lassz, daß er die Acta [illegible]
jedoch daß er jnn nicht allein die [illegible]
[illegible] vnnd dem [illegible] vnnd [illegible]
[illegible] auch allein [illegible] [illegible]
[illegible] [illegible] [illegible] [illegible]
[illegible]
[illegible]
[illegible] sey [illegible] [illegible]
[illegible]
[illegible]
[illegible]
[illegible]
[illegible]
[illegible]
[illegible]
[illegible]
[illegible]
[illegible]

Nicolai Copernici
Opus de Re
volutionibus
coelestibus manu
propria [illegible]